普通高等教育"十一五"国家级规划教材

大气污染控制工程

（第二版）

羌 宁 季学李 徐 斌 等编著

U0231649

化学工业出版社

·北京·

本书系统地介绍了大气污染的产生、扩散及管理控制的思想、理论和技术，重点论述了大气污染控制的技术原理、装置及设计计算，并强调管理在大气污染控制方面的作用，同时引入了室内空气污染控制的基础内容。书中还简要介绍了当今大气污染控制工程的新技术和发展趋势，注重引导学生开拓思路。每章节均给出了内容提要，有利于读者学习领会。

　　本书主要作为高等学校环境工程专业学生的教材，也可供环境保护的管理人员、有关的工程技术人员和相关的大专院校师生参考。

图书在版编目（CIP）数据

大气污染控制工程/羌宁，季学李，徐斌等编著. —2版.
北京：化学工业出版社，2015.1（2022.2重印）
普通高等教育"十一五"国家级规划教材
ISBN 978-7-122-22598-6

Ⅰ.①大…　Ⅱ.①羌…②季…③徐…　Ⅲ.①空气污染控制-高等学校-教材　Ⅳ.①X510.6

中国版本图书馆 CIP 数据核字（2014）第 300643 号

责任编辑：满悦芝　　　　　　　　　　文字编辑：郑　直
责任校对：宋　玮　李　爽　　　　　　装帧设计：刘剑宁

出版发行：化学工业出版社（北京市东城区青年湖南街 13 号　邮政编码 100011）
印　　装：北京捷迅佳彩印刷有限公司
787mm×1092mm　1/16　印张 23¾　字数 595 千字　　2022 年 2 月北京第 2 版第 3 次印刷

购书咨询：010-64518888　　　　　　　售后服务：010-64518899
网　　址：http：//www.cip.com.cn
凡购买本书，如有缺损质量问题，本社销售中心负责调换。

定　　价：49.80 元　　　　　　　　　　　　　　版权所有　违者必究

前　言

  距本书第一版出版已有近十年，中国大气污染的形势和控制要求也发生了巨大的变化。$PM_{2.5}$和挥发性有机物已越来越被关注，迅猛发展的互联网技术也给知识的汇集和传播方式带来了巨大的变化。本书在继承第一版对大气污染控制工程基本概念、原理和技术路线清晰明了介绍的基础上，更进一步强调对学生工程思维能力、基本技能和创新能力的训练，并通过技术发展沿革的介绍，解析大气污染控制技术进步的动力和途径。

  本次修订中，第1章中更新了一些大气污染状况的材料，引进大气污染物迁移转化概念图说明大气污染物的转化归宿，还列举了一些参考资料的来源网址。对第2章、第3章的部分内容进行了精简。第4章，精炼了对大气污染源控制的基本方法的介绍，补充了一些与环境大气质量相关的标准煤、标准油的概念，调整了低氮燃烧方面的内容。第5章，对空气质量标准情况及空气质量模型概述进行了修改。第6章，从物料衡算的角度改进了颗粒物捕集效率的说明方式，增加了电除尘、袋式除尘的技术发展内容。第7章，主要对吸附、燃烧和常温氧化技术等方面进行了完善。第8章，主要对垃圾焚烧烟气净化、挥发性有机物控制工艺和机动车污染防治的相关内容进行了改写。第9章，主要从强化工程设计的角度进行了一些改写。

  本次修订中，第1、2、4、5、7、8、10章由羌宁编写，第3、6章由徐斌编写，第9章由刘涛编写。在编写过程中荀志萌、陈檬、李照海和吴娅等也承担了大量的工作，在此表示感谢。

  本教材为教育部普通高等教育"十一五"国家级规划教材，同济大学"十二五"规划教材，得到了同济教材、学术著作出版基金委员会资助，在此表示衷心感谢。

编著者

2015 年 2 月于同济生态楼

第一版前言

空气是人类基本生存环境的重要组成部分，人一刻也不能脱离空气。空气一直处于不同尺度的运动之中，污染物在空气中的扩散几乎不受限制。被污染的空气，不但直接影响生态，危害人体健康，而且会引发一系列环境问题。由此可见空气环境的重要性和复杂性。

随着社会发展，能源、资源消耗增大，污染物排放不断增加；同时，人们的环境意识增强，对环境质量的要求越来越高。虽然人们在环境整治方面已做了巨大努力，但目前的环境空气质量仍不能尽如人意。因此防治污染、改善空气环境是当今的迫切任务。

"空气污染控制工程"是高等学校环境工程专业的主干专业课之一。本书是在总结20多年教学经验的基础上编写的教材，主要对象是环境工程专业本科生，也可供环境科学、环境监测、环境管理等专业的学生选用，同时也适合工程技术人员参考。教材必须具有系统性和适当的覆盖面，符合教学要求，为此编著者在内容选取和安排上做了仔细斟酌，以保证教学效果。专业课必须理论联系实际，对此本书特别注重：在阐明基本理论的基础上，介绍主要污染控制技术、控制设备的原理、结构及其工程应用，并且强调控制系统的整体性和实用性。

近年来科学技术发展迅速，空气污染控制技术也日新月异。本书力求既要把基本内容讲透，也对近年研发的新技术进行必要的评价，并适当介绍学科当前主要发展前沿和热点。

实践证明仅靠工程技术不能完全解决治理污染、改善环境的问题。若解决上述问题，必须给未来的环境工作者以完整、系统的概念，所以本书适当增加了大气环境规划和管理方面的内容。

室内空气环境对人体健康的影响最为直接，是空气污染控制工程的一部分，近年来受到普遍关注，本书也引入了这方面的新内容。

本书第1章概述空气环境及近期污染的发生、影响与综合防治措施；第2章介绍污染气象学和大气扩散方面的内容；第3章阐述污染物动力学原理，侧重于颗粒物动力学，对气态污染物动力学等在基础课中已有的内容均不重复；第5章主要介绍城市空气质量管理，包括体系、法规、大气环境规划和城市空气环境质量报告和预报；第4章、第6章、第7章、第8章依次阐述污染物的产生、散发及控制原理和技术；第9章是污染控制设施的系统化和工程应用；第10章介绍室内空气环境品质和污染防治。

本书第2章、第3章、第6章、第9章由季学李编写，第5章、第7章、第8章、第10章由羌宁编写，第1章、第4章由季学李、羌宁合写。

本书编写过程中刘道清、郭小品、沈秋月、王晨昊、裴冰和樊奇等参与了大量的工作，在此表示感谢。

本教材为同济大学"十五"规划教材，教育部普通高等教育"十一五"国家级规划教材，得到了同济教材、学术著作出版基金委员会资助，在此表示衷心感谢。

由于编者水平所限，缺点和错误在所难免，敬请读者赐教。

2005 年 4 月
于同济

目　　录

第1章 概 述

本章提要

　　了解大气的组成、掌握大气污染与主要大气污染物的分类，了解大气污染的来源、了解大气污染的影响（包括局地和全球）与大气污染物的转化与归宿，建立大气污染综合控制的概念。

　　重点是掌握、理解与大气污染及大气污染物有关的一些基本概念。

1.1 大气及洁净大气的组成

　　地球的周围包裹着一层由空气构成的大气层。大气是自然界中最宝贵的资源。每个人每时每刻都要呼吸空气。一个成年人 24h 内大约需要 $12\sim15m^3$ 的空气，相当于一天食物量的 10 倍，饮水量的 6 倍。资料表明，一个人 5 周不吃食物，5 天不喝水仍可维持生命，而 5 分钟不呼吸空气，将会导致生命的终结。空气，特别是洁净的空气，对于动植物的生长和人类的生存起着十分关键的作用。

　　通常所指的空气是一种混合体，其构成成分包括干燥清洁的空气、水汽和悬浮颗粒。在人类活动的范围内，干洁空气的组成和物理性质基本相同，空气中主要含有 78.09% 的氮气，20.95% 的氧气及 0.93% 的氩气和一定量的 CO_2，它们的含量占全部干洁空气的 99.996%（体积分数），氖、氦、甲烷等次要成分只占 0.004% 左右。干洁大气的平均相对分子质量为 28.996，在标准状态下（273.15K，1atm）的密度为 $1.293kg/m^3$，可近似看作理想气体。大气含水量随时间、地点、气象条件等不同而有较大变化，变化范围可达 0.02%～6%。大气中水分对气象、气候的影响很大。大气中水分导致的云、雾、雨、雪、霜、露等天气现象不仅引起大气中湿度的变化，而且还引起热量的转化。同时水汽所具有的很强的吸收长波辐射能力对地面的保温起着重要作用。悬浮微粒主要是大气尘埃和悬浮在大气中的其他物质及水汽变成的水滴、冰晶。悬浮微粒对大气中的各种物理现象和过程有着重要的影响，如削弱太阳辐射、在大气中形成各种光学现象、影响大气能见度等。

　　由于大气具有全球流动的特点，加上动、植物代谢等的气体循环作用，所以大气的基本组成成分是稳定和均匀的。

1.2 大气污染及大气污染物

1.2.1 大气污染

　　大气污染系指由于人类活动或自然过程引起的某些物质进入大气中，呈现出足够的浓度、持续足够的时间并因此危害了人体的舒适、健康和福利或危害了环境。自然过程包括火山活动、森林火灾、岩石和土壤风化、动植物尸体的腐烂等，自然过程的污染往往不会超过自然的承受容量。目前我们所关注的大气污染问题主要是由人类活动所造成的。

大气污染影响着我们全部的现代生活，它来自生产、运输过程以及为人们的生产、生活、娱乐等提供能量的能源使用过程。其中各类燃烧产能过程是造成大气污染的最主要的原因。

大气具有良好流动性和相当大的稀释容量，因此与受到边界条件约束的水体和固体污染相比，其污染特性也就表现出局地的严重性、区域性和全球性的特点。

局地的严重性是指早期大气污染严重的区域往往出现在污染源附近，污染的急性效应往往随扩散距离而迅速衰减，同时局地的污染状况与地形、地理位置、气象条件等密切相关。

大气污染的区域性和全球性体现在大气无国界，对于那些在大气中具有较长停留时间的污染物或在大气中二次反应生成的污染物可扩散传播到数千千米尺度的范围甚至全球各地，其中在迁移转化过程中产生出的影响全球气候、生态系统等的慢性效应，包括全球气候模式变化、臭氧层破坏和酸雨三大问题。

1.2.2　大气污染物

大气污染物是指由于人类的活动或是自然过程所直接排入大气或在大气中新转化生成的对人或环境产生有害影响的物质。

迄今为止，人们从环境大气中已识别出的人为大气污染物超过 2800 种，其中 90% 以上为有机化合物（包括金属有机物），而不到 10% 为无机污染物。燃料燃烧污染源，尤其是机动车，排放出大约 500 种组分的污染物。然而，目前人们仅对很少的已知种类大气污染物进行了测定，并且也只有大约 200 种污染物的健康和生态效应数据。

影响健康的主要大气污染物是悬浮颗粒物（烟雾、灰尘、PM_{10}、$PM_{2.5}$、$PM_{1.0}$）、二氧化硫（及进一步氧化产物三氧化硫、硫酸盐）、氮氧化物、一氧化碳、挥发性有机化合物（碳氢化合物和氧化物）、臭氧、铅和其他有毒金属。目前在我国很多地区频发的雾霾现象就是由区域大气中积聚或二次生成的细微颗粒物所造成的。

污染物按存在的形态可分为两大类：颗粒态污染物和气体状态污染物。

颗粒态污染物指分散在气体相中的固态或液态微粒，其与载气构成非均相体系。按来源和物理性质可将其分为以下几种。

（1）粉尘（dust）　固体颗粒，能重力沉降，但可以在某段时间内保持悬浮，由物理破碎、风化等形成。粒子范围在 $1\sim200\mu m$。

（2）烟（fume）　指冶金过程形成的固体离子气溶胶，为熔融物质挥发后的冷凝物，往往为氧化产物。烟的粒子尺寸很小，一般为 $0.01\sim1\mu m$。

（3）飞灰（fly ash）　系指随燃烧过程产生的烟气飞出的分散得较细的灰分。

（4）黑烟（smoke）　黑烟一般系指由燃料燃烧过程产生的可见气溶胶，我国将冶金和化学过程形成的固体粒子气溶胶称为烟尘，燃烧过程的飞灰和黑烟也称为烟尘，而其他情况或泛指小固体粒子时则统称粉尘。

（5）雾（fog）　是气体中液体悬浮物的总称。

（6）烟雾（smog）　是固液混合态气溶胶。当烟和雾同时形成时就构成了烟雾。Smog 一词本身就是由 smoke 和 fog 两个词复合而成的。

通常在大气质量管理和控制中，还根据大气中粉尘（或烟尘）颗粒的大小将其分为总悬浮颗粒（TSP）、降尘、飘尘和微细颗粒物。总悬浮颗粒系指大气中空气动力学直径小于 $100\mu m$ 的所有颗粒物。降尘是大气中空气动力学直径大于 $10\mu m$ 的固体颗粒。飘尘又称为可吸入尘、PM_{10}，是指空气中空气动力学直径小于 $10\mu m$ 的固体颗粒。微细颗粒物，亦即

$PM_{2.5}$，是指空气中空气动力学直径小于 $2.5\mu m$ 的固体颗粒。就颗粒物的危害而言，小颗粒较大颗粒的危害要大得多。

气态污染物指在大气中以分子状态存在的污染物，与载气构成均相体系。气态污染物的种类很多，常见的有以二氧化硫为主的含硫化合物、以一氧化氮和二氧化氮为主的含氮化合物、碳氧化物、碳氢化合物及卤素化合物和臭氧等。

污染物按形成过程又可分为一次污染物和二次污染物。

一次污染物是指由污染源直接排入环境大气中且在大气中物理和化学性质均未发生变化的污染物，又称为原发性污染物，如 SO_2、CO、NO 和 VOCs 等。

二次污染物是指由一次污染物与大气中已有成分或几种污染物之间经过一系列的化学或光化学反应而生成的与一次污染物性质不同的新污染物，又称为继发性污染物。如一次污染物 SO_2 在环境中氧化生成的硫酸盐气溶胶，氮氧化物、碳氢化合物等在日光紫外线辐射下生成的臭氧、过氧化乙酰硝酸酯、醛等，以及各类污染物在大气中转化形成的二次颗粒物等。通常二次污染物对环境和人体的危害比一次污染物严重得多。

目前颗粒污染物中的 PM_{10} 或 $PM_{2.5}$、硫氧化物中的 SO_2、氮氧化物中的 NO_2 及 CO、铅和臭氧等被划分为标准污染物，世界各国都对其制定了相应的大气质量标准。世界卫生组织（WHO）2006 年提出 $PM_{2.5}$、PM_{10}、SO_2、NO_2、Pb、CO 和 O_3 的全球大气质量指导值。我国 2012 年修订的空气质量标准中共提出了 10 种物质的空气质量标准，增加了 $PM_{2.5}$ 指标。美国的国家环境空气质量标准中对 6 种污染物制定了标准。

几种主要大气污染物的空气本底浓度和典型污染空气中的浓度情况如表 1.1 所示。

表 1.1 本底空气和典型污染空气中污染物情况对比

污染组分	本底空气	典型污染空气
颗粒物	$10\sim20\mu g/m^3$	$260\sim3200\mu g/m^3$
SO_2	$(0.001\sim0.01)\times10^{-6}$（体积比）	$(0.02\sim3.2)\times10^{-6}$（体积比）
CO_2	$(300\sim330)\times10^{-6}$（体积比）	$(350\sim700)\times10^{-6}$（体积比）
CO	1×10^{-6}（体积比）	$(2\sim300)\times10^{-6}$（体积比）
NO_x	$(0.001\sim0.01)\times10^{-6}$（体积比）	$(0.3\sim3.5)\times10^{-6}$（体积比）
总碳氢化合物	1×10^{-6}（体积比）	$(1\sim20)\times10^{-6}$（体积比）
总氧化剂	0.01×10^{-6}（体积比）	$(0.01\sim1.0)\times10^{-6}$（体积比）

1.2.3 大气污染的衡量方式

大气污染的程度目前大多数还是以浓度及其相应的指数形式来表示的，并通过暴露时间与浓度的累积形式-剂量的方式来评估污染受体的受害程度。本节主要讨论一下大气污染物浓度的表达形式。

大气污染物浓度可用单位量的大气中所含污染物的量来表示。对于气溶胶颗粒物通常采用单位体积大气中颗粒物的质量表示，由于大气体积受温度、压力的影响很大，为便于相互比较，往往采用标准状态下的大气体积，即浓度单位为 mg/m^3（标准状态），有时也采用 $\mu g/m^3$（标准状态）。在某些情况下，尤其是对于空气洁净工程还采用单位体积空气内颗粒物的个数来表示。对于气态污染物通常也采用 mg/m^3（标准状态）来表示，但还有一种常用的单位，即 10^{-6}（体积比）。10^{-6}（体积比）无量纲，其物理含义为百万分之一，对于气体污染物可表示为：

$$10^{-6}（\text{体积比}）=\frac{1\text{体积气体污染物}}{10^6\text{体积含污染物空气}} \tag{1.1}$$

对于 0℃，一个大气压（101.325kPa）（标准状态），mg/m^3（标准状态）与 10^{-6}（体积比）的关系式为：

$$mg/m^3（标准状态）=\frac{10^{-6}（体积比）×污染物相对分子质量}{22.4}\qquad(1.2)$$

注意：日本、美国等国采用 25℃、一个大气压（101.325kPa）为标准状态，此时式(1.2)中理想气体的摩尔体积为 24.5L/mol。例如，我国大气质量标准（GB 3095）中二类地区的 SO_2 和 NO_2 的日平均浓度标准限值分别是 $0.15mg/m^3$（标准状态）和 $0.12mg/m^3$（标准状态），按式(1.2)折算后得到的相应浓度为 SO_2 $0.053×10^{-6}$（体积比），NO_2 $0.058×10^{-6}$（体积比）。SO_2 和 NO_2 的年平均浓度标准限值分别是 $0.06mg/m^3$（标准状态）和 $0.08mg/m^3$（标准状态），按式(1.2)折算后得到的相应浓度为 SO_2 $0.021×10^{-6}$（体积比），NO_2 $0.039×10^{-6}$（体积比）。

采用 10^{-6}（体积比）（即 ppm）的优点是可直接进行数据比较，而无须考虑载气的状态。ppm 在我国已为法定废除单位，但在美国等国家仍在使用。

1.3　大气污染源

大气污染的来源可分为天然污染源和人为污染源两类。天然污染源是指因自然原因向环境释放污染物的污染源，如火山爆发、森林火灾、飓风、海啸、土壤和岩石的风化及生物腐烂等。人为污染源是指人类活动形成的污染源。

尽管大气污染源有人为和天然之分，但对大气污染而言，绝大多数是由于人为造成的。表 1.2 为主要大气污染物和人为来源的简要情况。

表 1.2　主要大气污染物和人为来源

污染物	人为来源
二氧化硫	以煤和石油为燃料的火力发电厂、工业锅炉、垃圾焚烧炉、生活取暖、柴油发动机、金属冶炼厂、造纸厂等
颗粒物（灰尘、烟雾、PM_{10}、$PM_{2.5}$）	以煤和石油为燃料的火力发电厂、工业锅炉、垃圾焚烧炉、生活取暖、餐饮烹调、各类工厂、柴油发动机、建筑、采矿、水泥厂、裸露地面等
氮氧化物	以煤和石油为燃料的火力发电厂、工业锅炉、垃圾焚烧炉、机动车、氮肥厂等
一氧化碳	机动车、燃料燃烧
挥发性有机化合物（$VOCs$），如苯	机动车、加油站泄漏气体、油漆涂装、石油化工、干洗等
有毒微量有机物（如多环芳烃、多氯联苯、二噁英等）	垃圾焚烧炉、焦炭生产、燃煤、机动车
有毒金属（如铅、镉）	机动车尾气（含铅汽油）、金属加工、垃圾焚烧炉、石油和煤燃烧、电池厂、水泥厂和化肥厂
有毒化学品（如氯气、氨气、氟化物）	化工厂、金属加工、化肥厂
温室气体（如二氧化碳、甲烷）	二氧化碳：燃料燃烧，尤其是燃煤发电厂 甲烷：采煤、气体泄漏、废渣填埋场
臭氧	挥发性有机化合物和氮氧化物形成的二次污染物
电离辐射（放射性核物质）	核反应堆、核废料储藏库
气味	污水处理厂、污水泵站、垃圾填埋场、化工厂、石油精炼厂、食品加工厂、油漆制造、制砖、塑料生产

从表 1.2 中可知，人为的大气污染源种类繁多。根据对主要大气污染物的分类统计，大气污染源可大致划分为燃料燃烧、工业生产和交通运输三类，通常前两类统称为固定源，交通运输类

则称为移动源。另外，还有一类越来越得到关注的大气污染来源就是散发源（主要为扬尘）。

目前各个国家的政府网站均有主要大气污染物排放量的数据。

1.4 大气污染类型和现状

大气污染的主要来源是能源和交通。对发达国家而言，由于主要采用了洁净的天然气和较为洁净的其他燃料，固定源的污染所占的份额相对较低，交通所造成的污染比重较大。而我国由于燃料结构的原因，目前阶段而言，大气污染的主要问题仍然还是集中在燃煤过程的能量生产上，但近年来随着机动车保有量的剧增，柴油车和汽油车等交通污染问题也越来越突出。各类生产生活过程的有毒有害污染物问题也越来越受到关注。有关世界能源的情况可参见英国石油公司每年出版的世界能源报告等资料。

1.4.1 大气污染的类型

大气污染的类型可分为煤烟型污染、石油型污染和混合型污染三种。

煤烟型污染的主要原因是燃煤。由于燃煤烟气中含较高浓度的 SO_2、CO 和颗粒物，遇上低温、高湿度的阴天，在风速很小并伴有逆温存在时，这些污染物扩散受阻，易在低空聚积，SO_2 能被雾滴和微粒中的各种金属杂质转变生成硫酸盐和硫酸气溶胶烟雾。1952 年冬季的伦敦烟雾事件便是这种类型，所以又称伦敦烟雾型。它能引起呼吸道和心肺疾病。

石油型污染物的主要来源是汽车尾气和燃油锅炉的排气。由于采用石油作燃料，排气中的主要污染物是氮氧化物和碳氢化合物。它们受阳光中的紫外线辐射而发生光化学反应，生成二次污染物，如臭氧、醛类、过氧化乙酰硝酸酯、过氧化氢等物质。它能使橡胶制品开裂，对人的眼部有强烈刺激作用，并能引起呼吸系统疾病。这种烟雾首次出现于美国洛杉矶，所以又称洛杉矶烟雾。

混合型污染是指煤炭和石油燃烧产生的污染物与从工矿企业排放出的各种化学物质，互相结合在一起所造成的大气污染。早期的如 1948 年美国宾夕法尼亚州发生的多诺拉污染事件和 1961 年日本四日市发生的哮喘事件，都属于混合型污染。有人认为这些地区高浓度的 SO_2 及其氧化产物和 NO_x 与金属粉尘、金属氧化物反应生成的硫酸盐、硝酸盐，它们与大气中的尘埃结合在一起是造成危害的主要原因。而近年来我国中东部区域的灰霾现象呈现出区域性复合污染的特征。

1.4.2 国内外大气污染状况

（1）国外大气污染概况　国外发达国家在其工业化的进程中都不同程度地产生了大气污染。20 世纪 50 年代前，由于主要还是采用煤为能源，所以主要是以烟尘和 SO_2 为主的煤烟型污染。其后，随着石油在能源中比重的剧增和机动车的发展，发展成为石油型污染。由于严重的环境污染、经济发展到了一定的水平及环境对经济发展的制约作用等因素的综合作用，各国政府开始重视大气污染的控制工作。自 20 世纪 70 年代以来，通过大量的人力、物力和财力的投入，通过立法等管理手段和污染控制技术进步两方面的作用，污染控制工作取得了显著的成效，环境质量得到明显的改善。各发达国家在工业、经济增长的情况下，大气污染物的浓度却不断下降。

第二次世界大战后的欧洲经济恢复期间，大量的污染物排放到大气中后形成了严重的污染。如德国的法兰克福 1965 年左右 SO_2 年均浓度也高达 0.15mg/m³（标准状态），自 20 世纪 70 年代采取产业结构调整、燃料替代、烟气脱硫、绿化等措施后，SO_2 的浓度逐渐下降，20 世纪 80 年代时降到 0.075mg/m³（标准状态），20 世纪 90 年代时降到 0.03mg/m³（标准状态），目前在 0.01~0.02mg/m³（标准状态）。但由于燃油和交通等因素，法兰克福大气中的 NO_x 年均浓度较 1965 年前后有所上升。

在美国，尽管出现了洛杉矶烟雾事件，部分城市如匹兹堡和圣路易斯的大气质量也很糟糕，联邦政府也于 1956 年就推出了首部空气污染控制法，但城市大气污染这个词在 1968 年前对大多数的美国人来说还相当陌生。到了 1969 年，美国人的环境意识开始迅速提高，1970 年颁布的《洁净空气法》有力地推动了全美范围的空气污染控制活动。从 20 世纪 70 年代初开始，美国制定了一系列的法律控制大气污染，各州还根据自身的情况制定了地方法规，如加州的机动车污染控制措施是全球最严格的，这些都对大气质量的改善做出了贡献。1990 年的《洁净空气法》修正案在原有只考虑局地大气污染问题的基础上，开始增加有关酸雨、臭氧耗竭等区域性、全球性问题的内容。就污染源排放控制而言，2012 年与 1970 年相比，美国在人口增长 53%，GDP 增长 2.19 倍及公路行驶总里程增加 1.69 倍的情况下，六种主要污染物的排放量却下降了 72%。目前大多数的美国城市的空气质量比较好，但一些地区由于地形和气象因素等的原因，空气质量仍不能满足美国的环境空气质量要求。

第二次世界大战后，日本在工业和经济被全面摧毁的情况下，采取了各种措施以保证经济快速增长，但是没有考虑环境后果。在 20 世纪 60 年代和 70 年代初发生了一系列的水污染和大气污染灾难之后，日本政府终于在 70 年代中期承认需要治理污染。当时东京的大气污染问题严重到会出现学生们在操场上晕倒的现象，很多人行道上不得不安装投币式吸氧机。很快，污染被视为"社会犯罪"。通过采取严格执行改燃煤为燃低硫油的能源替代政策、工业装置上广泛安装污染控制设备、建成高效电气化铁路和地铁网、减少汽油中的铅含量并于 1975 年开始使用无铅汽油等政策措施，东京的大气质量得到明显改善。在这个有 2000 万人的城市里，二氧化硫、悬浮颗粒物和大气中铅含量明显下降。现在主要的大气质量问题是由于机动车辆，特别是柴油卡车的大量增加造成的高浓度二氧化氮和臭氧问题。

总的来说，发达国家在过去的三十年中，已经较有效地控制了煤烟型的污染，并在部分程度上控制了石油型污染的发展，加上其他的措施，其大气质量已得到了很大的提高。但近年来随着煤炭在一次能源中比例的回升，烟尘和 SO_2 的控制问题又重新引起各国的注意。酸沉积已成为地区性的污染问题。而伴随机动车产生的 NO_x、HC 和光化学臭氧的污染仍然困扰着一些发达国家的城市。

（2）国内大气污染概况　经历了 30 多年的快速经济增长，我国已成为全球最大的产品制造基地，同时也付出了巨大的环境代价，近来我国中东部广大地区饱受雾霾之扰，控制大气污染已成为全体中国人民共同关注的焦点。国家环保部网站每年的环境状况公报对大气状况予以公告，同时网上实时显示主要城市地区的实时空气质量情况。

1.5　大气污染的影响

大气污染影响范围广，情况复杂。大气污染的主要危害有：污染的大气直接产生危害；大气中的污染物通过干沉降、湿沉降或水面和地面吸收，进而污染土壤和水体，产生间接危害；大气中的污染物还会影响地表能量的得失，改变能量平衡关系，影响气候，也能产生间接危害，见图 1.1。

1.5.1 对人体健康的影响

大气污染通过三种途径对人体健康产生影响，即表面接触、食入含污染物的食物和水、吸入被污染的空气，其中第三种途径的影响贡献最大。

很早以前，人们就认识到撇开数量概念来谈论某一物质是否有害是毫无意义的。物质的剂量决定其是否产生毒害作用，对大气污染也是如此。为了能更好地叙述大气污染对人的毒害作用，我们需考虑的是人所接受的剂量，即：

$$剂量 = \int 吸入空气浓度 \times 时间 \quad (1.3)$$

目前所关注的大气污染危害主要集中在长期低浓度的暴露（产生慢性的反应）。短期、高浓度的暴露（产生急性效应）只在工

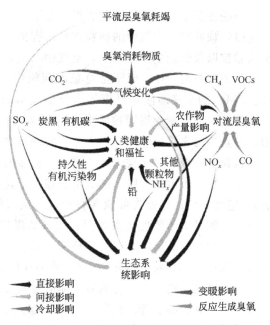

图 1.1　大气污染物的影响及其相互关系

业事故类的大气污染事件期间才会出现。早期出现过的一些工业污染事件目前已很少发生。

为了确定什么剂量是有害的，就需要建立一条剂量-危害响应曲线。而这类曲线只能是针对某一种污染物而获得，通常无法做出某一类大气污染的剂量-危害响应曲线（无法考虑协同反应，如硫氧化物就存在协同效应）。

污染物的剂量-危害曲线有两种类型。一类为无阈值曲线，另一类为有阈值曲线。无阈值曲线的剂量情况可采用式(1.3)计算。而所谓有阈值曲线考虑的是人体对某些毒物具有一定的自我清除能力或某一浓度下污染物产生的毒害作用难以觉察，可以忽略。此时式(1.3)可变成：

$$有害剂量 = \int [呼吸速率 - 人体排毒去除速率] \times 时间 \quad (1.4)$$

建立剂量-危害曲线的可能途径有三种：动物实验、实验室内的人体志愿实验和人群流行病学统计研究。

总的来说，动物和人体实验主要可以用来研究大气污染危害发生的机理，而只有通过细致全面的人群流行病学研究才能最终确定污染-健康的响应因子。

空气污染的流行病学研究方法包括对死亡率和住院率与所测量的空气污染浓度的关系的研究。这方面的工作可以从调查历史记录（回顾研究）或选择一类或更多类的人群跟踪其健康和寿命及所暴露的空气污染物浓度的情况（展望研究）来进行。

美国 EPA 曾选择 36 个城市进行了死亡率与细微颗粒物浓度关系的 14 年的展望研究。研究的结果表明，在对吸烟和空气中其他一些因素进行修正以后，得到的死亡率与空气细微颗粒物浓度的关系基本上为线性，并且不存在阈值。研究的结果反映的是较低浓度水平下的情况，所得到的研究结果成为美国在 1997 年修改颗粒物标准的重要数据之一。

空气污染物对人体的主要影响包括：中毒、致癌、致畸、刺激眼睛及呼吸道；增加了人体对病毒感染的敏感性而易于患上肺炎、支气管炎，同时会加重心血管疾病等。许多情况下空气污染物还具有协同效应，如二氧化硫的危害会因颗粒物的存在而成倍增加。城市地区的呼吸道疾病很大程度上是空气污染的结果之一。

一些主要空气污染物的危害概述如下。

（1）颗粒物　空气中的颗粒物是由有机物和无机物构成的复杂混合物，包括天然海盐、土壤颗粒以及燃烧生成的烟尘，空气中二次转化生成的硫酸盐、硝酸盐等。人们越来越认识到，是细颗粒物 PM$_{2.5}$ 而不是总悬浮颗粒物（TSP）导致了城区人口患病率和死亡率的增加。PM$_{2.5}$ 的浓度即使相对较低也能引起肺功能的改变，导致心血管和呼吸系统疾病（哮喘）增加。原因在于细颗粒物空气动力学直径较小，可以一直进入到人体的下呼吸道和肺泡，并直接与血液接触；令人十分不安的是细颗粒物可能没有一个安全浓度阈值。到达肺泡的细颗粒物一般不可能被无害地排出，更多的情况是被吸收进入血液对人体形成危害；或者如果细颗粒物不溶解，吸入的数量又很大，这些颗粒物可能存留于肺中，引起肺病（如肺气肿）。空气中的细颗粒物可能含有经过再次凝结的有机物或金属蒸气，使得其毒性更明显。柴油发动机排放的黑色油质细颗粒物（如煤烟或碳颗粒）中含多环芳烃类的复杂有机化合物。对动物的实验研究表明，多环芳烃具有致癌性。多环芳烃是由两个或两个以上的苯环组成的有机化合物，其中苯并[a]芘是致癌性最强的物质之一。

（2）硫氧化物　二氧化硫对人体的呼吸器官有较强的毒害作用，造成鼻炎、支气管炎、哮喘、肺气肿、肺癌等。此外，二氧化硫还通过皮肤经毛孔侵入人体，或通过食物和饮水经消化道进入人体而造成危害。但硫氧化物中对人体影响最大的为硫酸和硫酸盐的危害，动物实验表明，硫酸烟雾引起的生理反应要比单一的 SO$_2$ 气体强 4～20 倍。

（3）一氧化碳　一氧化碳是一种影响全身的毒物，它之所以能影响健康是因为它妨碍血红蛋白吸收氧气，恶化心血管疾病，影响神经并导致心绞痛。通过呼吸摄入的一氧化碳会进入血液。人体血液中血红蛋白的正常功能之一是把氧气输送到身体的各个组织，但血红蛋白与一氧化碳的亲和力很强，会形成碳氧血红蛋白，占据了结合氧的位置。一氧化碳与血红蛋白的亲和力是氧与血红蛋白亲和力的 200～240 倍。因此，吸入一氧化碳的后果是降低血液的输氧能力，并可能使脑和其他组织缺氧。

（4）氮氧化物　造成空气污染的 NO$_x$ 主要是 NO 和 NO$_2$，其中 NO$_2$ 的毒性要比 NO 大 5 倍。另外，若 NO$_2$ 参与了光化学作用而形成光化学烟雾，其毒性更大。接触较高水平的二氧化氮会危及人体的健康。NO$_2$ 的危害性与暴露接触的程度有关，据资料报道，若在含 NO$_2$ 为（50～100）×10^{-6}（体积比）的气氛中暴露几分钟到 1h，有可能导致肺炎。二氧化氮的急性接触可引起呼吸系统疾病（如咳嗽和咽喉痛），如果再加上二氧化硫的影响则可加重支气管炎、哮喘病和肺气肿。这对幼童和哮喘病患者格外有害。实验室研究显示，765μg/m^3 的二氧化氮浓度（城市地区有时会达到这一浓度）可以增加人对传染病的敏感度。

NO 的活性和毒性都不及 NO$_2$。与 CO 和 NO$_2$ 一样，NO 也能与血红蛋白作用，降低血液的输氧功能。然而，在大气污染物中，NO 的浓度远不如 CO，因此，它对人体血红蛋白的危害是有限的。

（5）光化学氧化剂　臭氧、过氧乙酰硝酸酯（PAN）、过氧苯酰硝酸酯（PBN）等氧化剂及醛等其他能使碘化钾的碘离子氧化的痕量物质，称为光化学氧化剂。空气中的光化学氧化剂主要是臭氧和 PAN。光化学氧化剂（主要是 PAN 和 PBN）对眼睛有很强的刺激性，当它们和臭氧混合在一起时，会刺激鼻腔、喉，引起胸腔收缩，接触时间过长还会损害中枢神经。臭氧还会引起溶血反应、使骨骼早期钙化等。长期吸入光化学烟雾会影响体内细胞的新陈代谢，加速人体的衰老。

（6）有机化合物　某些挥发性有机化合物会刺激眼睛和皮肤，引起困倦、咳嗽和打喷嚏。同时，城市空气中含有的很多有机化合物是可疑的三致物质，包括卤代烃、芳香烃和含氮有机物等，特别是多环芳烃（PAH）类物质，大多具有致癌作用，其中苯并[a]芘是国际公认的强致癌物质。城市空气中的苯并[a]芘主要来自煤、油等燃料的不完全燃烧及机动车尾气。另外，主要通过汽车尾气释放的苯和1,3-丁二烯也是致癌物质，可引起白血病。和苯并[a]芘一样，苯也被划定为遗传中毒性致癌物质，这意味着它直接影响细胞的遗传物质（DNA），因此无法确定出其绝对安全的接触标准。苯在原油中天然存在，也会在炼油过程中形成。城市大气中苯的主要排放源包括机动车尾气、汽车加油以及储运过程的蒸发。

1.5.2 对植物的伤害

大气污染对植物的伤害作用包括对叶芽、果实组分的损害，抑制或降低生长速率，增加植物对病虫害及不利天气条件变化的敏感程度，干扰破坏植物的繁殖过程等。

而排入到大气中的污染物导致的酸雨对环境和生物体的危害性则更明显。大气污染还会因沉积而降低土壤和水体资源的质量。酸雨沉降到土壤中后，会导致钾、钙、磷等类碱性营养物质被淋洗而使土壤肥力显著下降，大大影响作物的生长。

1.5.3 对器物和材料的伤害

污染空气除使衣物、建筑物变脏外，还能使某些物质迅速发生质的变化，造成很大的损失。首先在污染的大气中，金属的腐蚀速率要大大高于无污染或较少污染的情形，油漆涂层的寿命也有同样的情况。轮胎这类橡胶制品因大气中的臭氧而易于恶化，使人们不得不在橡胶制品中添加抗氧化剂。光化学烟雾还会加速电镀层的腐蚀。氮氧化物能使某些织物的染料褪色。氮氧化物对材料的腐蚀作用，主要是由其次级产物硝酸和硝酸盐引起的。此外，高浓度的氮氧化物能使尼龙织物分解。

大气污染还会造成建筑物的褪色、腐蚀和建筑材料的老化分解。对于一些名胜古迹，其损失就很难用物质财富来衡量了。如酸雨对于建筑物和露天材料有较强的腐蚀性，据不完全统计，全世界每年因遭酸雨腐蚀而造成的经济损失达200亿美元之巨。

1.5.4 对大气能见度的影响

大气污染最常见的后果之一是能见度的下降。能见度的下降不仅会使人感到不愉快，而且还会造成极大的心理影响。另外，还会产生安全方面的公害。能见度下降的原因是由于大气中的颗粒污染物对光的吸收和散射所造成的。能见度主要受大气中二次颗粒污染物的影响，同时二氧化碳、水蒸气和臭氧浓度的增高也会改变大气对光的吸收和透射特性。能见度是指视力正常的人在当时天气条件下，能够从天空背景中看到和辨认出的目标物（黑色、大小适度）的最大水平距离。能否观察到目标其实是指一种对比度的阈值，即天空和目标间亮度的差异小到观察者几乎无法观察到目标物。实际上，能见度确定时还涉及被观察目标的大小、搜寻目标的时间和观察者生理和心理等因素，很难给出一个明确的客观标准。

通常我们说能见度变差其实指的就是颗粒物对光线产生了散射作用，使得我们无法看清楚远方的物体。颗粒物对光线的吸收或散射作用的程度主要取决于颗粒物粒径和光波长的比例。如颗粒物粒径比光的波长大很多，光线会被吸收或反射（若颗粒物的反射性很好的话）。而如果颗粒物粒径比光的波长小很多，光线既不会被吸收也不会被反射，而是透射而过。但当颗粒大小与入射光波长相当时，就会出现很强的光散射现象。研究表明，大气中由散射引起的光衰减是造成大气能见度下降的重要原因。可见光辐射的波长范围大致在 $0.4 \sim 0.8 \mu m$，而其最大强度在 $0.52 \mu m$ 左右，因此，大小在 $0.1 \sim 1 \mu m$ 亚微粒范围内的固体和液

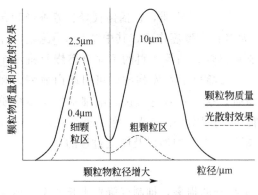

图 1.2 城市大气中颗粒物粒径分布
与光散射效果示意图

滴对能见度的下降作用很大。值得注意的是，同样范围的颗粒物也能侵入人的肺部从而导致严重的健康问题。图 1.2 为城市大气中颗粒物的粒径分布及对光线散射影响的示意图。从图中可以看出，城市中颗粒物大致可分成细微颗粒和粗颗粒两类，其中细微颗粒部分对光线的散射作用贡献非常大。

当粒径为 $0.1\sim1.0\mu m$ 的颗粒的浓度大于 $100\mu g/m^3$ 时，能见度会受到很大的影响。令人遗憾的是，目前许多除尘设备只对大于 $1\mu m$ 粒径的颗粒较为有效，所以尽管从总量上看，颗粒物的净化效率可能较高，但对那些对能见度影响很大的细微颗粒物的净化作用不大。

根据经验，能见度和颗粒物浓度之间的关系可近似表达为：

$$Lv \approx \frac{1.2\times10^3}{C} \tag{1.5}$$

式中，C 为颗粒物浓度，mg/m^3；Lv 为能见度，m。

数据表明，Lv 的实际值可能比式(1.5)的计算值大或小 2 倍。然而，作为经验之谈，按式(1.5)所采用单位计，能见度和浓度的乘积约为 1000。式(1.5)是根据典型的大气颗粒状况估算出来的，在相对湿度超过 70% 时，上述方程式可能会得出相当大的误差。通常的情况是，湿度大的天气条件下能见度大大下降。原因是在较大的相对湿度条件下，由于细微颗粒物的成核作用，使很多小颗粒长大到能更有效地散射光的直径。

1.5.5 全球性和区域性影响

大气污染的全球性影响包括全球气候模式变化、臭氧层破坏和酸雨。

（1）全球气候模式变化 大气污染对气候的影响很大，污染物对局部地区和全球气候都会产生一定影响，尤其是对全球气候的影响，从长远的观点看，这种影响将是很严重的。

许多气体成分既造成局地大气污染，又影响气候变化。在已知的 30 多种与气候变化相关的大气组分中，二氧化碳、甲烷、氧化亚氮、氟利昂和臭氧是对气候变暖贡献最为显著的 5 种大气成分。而气溶胶的致冷作用也逐渐得到重视。21 世纪以来所进行的一些科学观测表明，大气中各种温室气体的浓度都在增加。1750 年之前，大气中二氧化碳含量基本维持在 280×10^{-6}。工业革命后，随着人类活动，特别是消耗的化石燃料（煤炭、石油等）的不断增长和森林植被的大量破坏，人为排放的二氧化碳等温室气体不断增长，大气中二氧化碳含量逐渐上升，每年大约上升 1.8×10^{-6}（约 0.4%），到目前已上升到近 360×10^{-6}。从测量结果来看，大气中二氧化碳的增加部分约等于人为排放量的一半。

按现在的一些发展趋势，科学家预测气候变化有可能出现的影响和危害有以下几项。

① 海平面上升。全世界大约有 1/3 的人口生活在离海岸线 60km 的范围内，经济发达，城市密集。全球气候变暖导致的海洋水体膨胀和两极冰雪融化，可能在 2100 年使海平面上升 50cm，危及全球沿海地区，特别是那些人口稠密、经济发达的河口和沿海低地。这些地区可能会遭受淹没或海水入侵，海滩和海岸遭受侵蚀，土壤恶化，海水倒灌和洪水加剧，港口受损，并影响沿海养殖业，破坏供排水系统。

② 影响农业和自然生态系统。随着二氧化碳浓度增加和气候变暖，可能会促进植物的

光合作用，延长生长季节，使世界一些地区更加适合农业耕作。但全球气温和降雨形态的迅速变化，也可能使世界许多地区的农业和自然生态系统无法适应或不能很快适应这种变化，使其遭受很大的破坏性影响，造成大范围的森林植被破坏和农业灾害。

③ 加剧洪涝、干旱及其他气象灾害。气候变暖导致的气候灾害增多可能是一个更为突出的问题。全球平均气温略有上升，就可能带来频繁的气候灾害——过多的降雨、大范围的干旱和持续的高温，造成大规模的灾害损失。有的科学家根据气候变化的历史数据，推测气候变暖可能破坏海洋环流，引发新的冰河期，给高纬度地区带来可怕的气候灾难。

④ 影响人类健康。气候变暖有可能加大疾病危险和死亡率，增加传染病。高温会给人类的循环系统增加负担，热浪会引起死亡率的增加。由昆虫传播的疟疾及其他传染病与温度有很大的关系，随着温度升高，可能使许多国家疟疾、淋巴腺丝虫病、血吸虫病、黑热病、登革热、脑炎增加或再次发生。在高纬度地区，这些疾病传播的危险性可能会更大。

⑤ 气候变化及其对我国的影响。从中外专家的一些研究结果来看，总体上我国的变暖趋势冬季将强于夏季；在北方和西部的温暖地区以及沿海地区降雨量将会增加，长江、黄河等流域的洪水暴发频率会更高；东南沿海地区台风和暴雨也将更为频繁；春季和初夏许多地区干旱加剧，干热风频繁，土壤蒸发量上升。农业是受影响最严重的。温度升高将延长生长期，减少霜冻，二氧化碳的"肥料效应"会促进光合作用，对农业产生有利影响；但土壤蒸发量上升，洪涝灾害增多和海水侵蚀等也将造成农业减产。对草原畜牧业和渔业的影响总体上是不利的。海平面上升最严重的影响是增加了风暴潮和台风发生的频率和强度，海水入侵和沿海侵蚀也将引起经济和社会的巨大损失。

全球气候系统非常复杂，影响气候变化的因素非常多，涉及太阳辐射、大气构成、海洋、陆地和人类活动等诸多方面。对气候变化趋势，在科学认识上还存在不确定性，特别是对不同区域气候的变化趋势及其具体影响和危害还无法做出比较准确的判断。但从风险评价角度而言，大多数科学家断言气候变化是人类面临的一种巨大环境风险。

(2) 臭氧层破坏 大气中的臭氧含量极低，但在平流层中，存在着臭氧层，其中臭氧的含量占这一高度大气总量的十万分之一。臭氧层的臭氧含量虽然极少，却具有非常强烈地吸收紫外线的功能，可以吸收太阳光紫外线中对生物有害的部分 (UVB)。由于臭氧层有效地挡住了来自太阳紫外线的侵袭，才使得人类和地球上各种生命能够存在、繁衍和发展。

1985 年，英国科学家观测到南极上空出现臭氧层空洞，并证实其同氟利昂 (CFCs) 分解产生的氯原子有直接关系。这一消息震惊了全世界。到 1994 年，南极上空的臭氧层破坏面积已达 $2400 \times 10^4 km^2$，北半球上空的臭氧层比以往任何时候都薄，欧洲和北美上空的臭氧层平均减少了 $10\% \sim 15\%$，西伯利亚上空甚至减少了 35%。科学家警告说，地球上臭氧层被破坏的程度远比一般人想象的要严重得多。

氟利昂等消耗臭氧层物质 (ODS) 是臭氧层被破坏的元凶。氟利昂是 20 世纪 20 年代合成的，其化学性质稳定，不具有可燃性和毒性，被当作制冷剂、发泡剂和清洗剂，广泛用于家用电器、泡沫塑料、日用化学品、汽车、消防器材等领域。80 年代后期，氟利昂的生产达到了高峰，产量达到了 $144 \times 10^4 t$。在对氟利昂实行控制之前，全世界向大气中排放的氟利昂已达到了 $2000 \times 10^4 t$。由于它们在大气中的平均寿命达数百年，所以排放的大部分仍留在大气层中，其中大部分仍然停留在对流层，一小部分升入平流层。在对流层相当稳定的氟利昂在上升进入平流层后，在一定的气象条件下，会在强烈紫外线的作用下被分解，分解释放出的氯原子同臭氧会发生连锁反应，不断破坏臭氧分子。科学家估计一个氯原子可以破坏数万个臭氧分子。

臭氧层破坏的后果是很严重的。如果平流层的臭氧总量减少 1%，预计到达地面的有害紫外线将增加 2%。有害紫外线的增加会产生以下一些危害。

① 使皮肤癌和白内障患者增加，损坏人的免疫力，使传染病的发病率增加。据估计，臭氧减少 1%，皮肤癌的发病率将提高 2%～4%，白内障的患者将增加 0.3%～0.6%。有一些初步证据表明，人体暴露于紫外线辐射强度增加的环境中，会使各种肤色的人们的免疫系统受到抑制。

② 破坏生态系统。对农作物的研究表明，过量的紫外线辐射会使植物的生长和光合作用受到抑制，使农作物减产。紫外线辐射也使处于食物链底层的浮游生物的生产力下降，从而损害整个水生生态系统。有报告指出，由于臭氧层空洞的出现，南极海域的藻类生长已受到了很大影响。紫外线辐射也可能导致某些生物物种的突变。

③ 引起新的环境问题。过量的紫外线能使塑料等高分子材料更加容易老化和分解，结果又带来光化学大气污染。

（3）酸雨（acid rain）　酸雨通常指 pH 值低于 5.6 的降水，但现在泛指酸性物质以湿沉降或干沉降的形式从大气转移到地面上。湿沉降是指酸性物质以雨、雪形式降落地面，干沉降是指酸性颗粒物以重力沉降、微粒碰撞和气体吸附等形式由大气转移到地面。酸雨形成的机制相当复杂，是一种复杂的大气化学和大气物理过程。酸雨中的酸性物质绝大部分是硫酸和硝酸，主要来源于排放的二氧化硫和氮氧化物。

"酸雨"这个名词是 1872 年由英国化学家 Robert Smith 在考察了英国曼彻斯特工业区上空煤气与当地降雨酸度的关系后而首次提出的，但直到 20 世纪 50 年代，发达国家才设置监测网，开始研究工作，从而使酸雨作为一个重大环境问题被认识。

20 世纪六七十年代以来，随着世界经济的发展和矿物燃料消耗量的逐步增加，矿物燃料燃烧中排放的二氧化硫、氮氧化物等大气污染物总量也不断增加，酸雨分布有扩大的趋势。欧洲和北美洲东部是世界上最早发生酸雨的地区，但亚洲和拉丁美洲有后来居上的趋势。酸雨污染可以发生在距其排放地 500～2000km 的范围内，酸雨的长距离传输会造成典型的越境污染问题。

欧洲是世界上一大酸雨区。主要的排放源来自西北欧和中欧的一些国家。这些国家排出的二氧化硫有相当一部分传输到了其他国家，北欧国家降落的酸性沉降物一半来自欧洲大陆和英国。受影响重的地区是工业化和人口密集的地区，即从波兰和捷克经比利时、荷兰、卢森堡三国到英国和北欧这一大片地区，其酸性沉降负荷高于欧洲极限负荷值的 60%，其中在中欧部分地区超过生态系统的极限承载水平。

美国和加拿大东部也是一大酸雨区。美国曾经是世界上能源消费量最多的国家，消费了全世界近 1/4 的能源，美国每年燃烧矿物燃料排出的二氧化硫和氮氧化物也名列前茅。从美国中西部和加拿大中部工业心脏地带污染源排放的污染物定期落在美国东北部和加拿大东南部的农村及开发相对较少或较为原始的地区，其中加拿大有一半的酸雨来自美国。

亚洲是二氧化硫排放量增长较快的地区，并主要集中在东亚，其中中国南方是酸雨最严重的地区，成为世界上又一大酸雨区。

酸雨的危害主要表现在以下几个方面。

① 损害生物和自然生态系统。酸雨降落到地面后得不到中和，可使土壤、湖泊、河流酸化。湖水或河水的 pH 值降到 5 以下时，鱼的繁殖和发育会受到严重影响。土壤和底泥中的金属可被溶解到水中，毒害鱼类。水体酸化还可能改变水生生态系统。

酸雨还抑制土壤中有机物的分解和氮的固定，淋洗土壤中钙、镁、钾等营养因素，使土壤贫瘠化。酸雨损害植物的新生叶芽，从而影响其生长发育，导致森林生态系统的退化。

② 腐蚀建筑材料及金属结构。酸雨腐蚀建筑材料、金属结构、油漆等。特别是许多以大理石和石灰石为材料的历史建筑物和艺术品，耐酸性差，容易受酸雨腐蚀和变色。

从欧美各国的情况来看，欧洲地区土壤缓冲酸性物质的能力弱，酸雨危害的范围还是比较大的，如欧洲 30％的林区因酸雨影响而退化。在北欧，由于土壤自然酸度高，水体和土壤酸化都特别严重，特别是一些湖泊受害最为严重，湖泊酸化导致鱼类灭绝。另据报道，从1980 年前后，欧洲以德国为中心，森林受害面积迅速扩大，树木出现早枯和生长衰退现象。加拿大和美国的许多湖泊和河流也遭受着酸化危害。美国国家地表水调查数据显示，酸雨造成 75％的湖泊和大约一半的河流酸化。加拿大政府估计，加拿大 43％的土地（主要在东部）对酸雨高度敏感，有 14000 个湖泊是酸性的。

虽然目前酸雨和环境酸化还不如全球气候模式变化和臭氧层破坏那样构成全球性危害，但无论对生态系统破坏程度还是所造成的经济损失却是十分惊人的。酸雨和环境酸化已是不容忽视的重大环境问题。

1.6 大气污染物的转化与归宿

污染物在大气中发生一系列复杂的物理、化学反应，这些反应大致可归纳为：气体污染物之间的反应；气体污染物之间的催化反应；颗粒污染物对气体污染物的吸附；气体污染物与颗粒污染物表面反应；气体污染物溶于液态气溶胶；气体污染物光化学反应。

一次污染物转化为二次污染物，其危害作用可能增加，例如二氧化硫转化成硫酸。一次污染物也可能转化为危害性较小的二次污染物或非污染物。所以应该重视大气中多种污染物综合作用对环境的影响。

污染物在迁移、转化的同时，也有一部分通过沉降、土壤表面或水面吸收、植物吸收等过程，从大气中被清除。大颗粒物很容易自然沉降到地表（干沉降）。较小的颗粒物可能被降水冲刷，并降落到地表（湿沉降）。气态污染物主要是被降水吸收，以湿沉降方式到达地表；还可能有一部分直接为土壤表面、水面、植物叶片等吸收，见图 1.3。

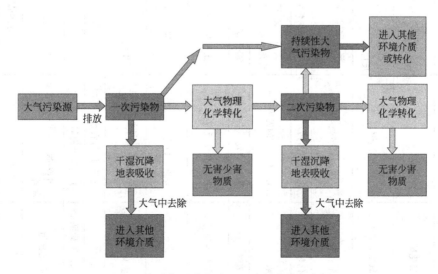

图 1.3 大气污染物发生及迁移变化示意图

表1.3 大气中主要污染物及水汽等的特征

污染物或气体	主要的人为源	主要的天然源	估计年排放量/t		在大气中停留时间		主要的转化作用
			人为的	天然的	对流层	平流层	
二氧化碳	燃烧	生物腐烂、海洋散发	$(4\sim5)\times10^9$（以碳计）	$(2\sim3)\times10^{10}$（以碳计）	4年		生物吸收、光合作用、海洋吸收
一氧化碳	汽车排放、燃烧	森林着火、海洋散发、萜烯反应	2.5×10^8	$>10^9$	0.1~3年	2年	未知；有大量沉降存在
二氧化硫	化石燃料燃烧	海洋散发（硫酸盐分解）、火山喷发	8×10^7（以硫计）	硫酸盐 5×10^7（以硫计）	约4d		氧化成硫酸或硫酸盐
硫化氢	化学过程、污水处理	有机物腐烂、火山喷发	3×10^6（以硫计）	1×10^8（以硫计）	约2d		氧化成 SO_2、降水冲刷
臭氧	工厂排出物的光化学反应	火山喷发、雷电、森林着火、氧的光离解	少量	2×10^9	1~3月	0.2~2年	还原成 O_2
水蒸气	燃烧、蒸发	蒸发、蒸腾	10^{10}	5×10^{14}	10d	2年	交界层具有汇聚作用
二氧化氮	燃烧、化学过程、有机物	土壤生物作用	3×10^7（以氮计）	1.5×10^{10}（以氮计）	5d		氧化后生成硝酸盐
氨	废物处理	生物腐烂	4×10^6	6×10^9	2~5d		与 SO_2 反应生成$(NH_4)_2SO_4$气溶胶
碳氢化合物	燃烧、化学过程、农牧业排运	生物过程	4×10^7	$>2\times10^8$			光化学反应
甲烷	工厂排出物氧化	天然气散发、生物体腐烂	9×10^7	$>10^9$	15~100年		光化学反应
过氧乙酰硝酸盐							
氟碳化合物	制冷剂、烟雾剂、合成材料						
卤素	工厂排放	土壤、海洋的 Br_2、I_2					
气溶胶	工业、农业等排放、二次生成	海盐、土壤扬尘、火山喷发、森林着火	2×10^8	1.1×10^9	大颗粒约10d 小颗粒约30d	1~2年	降水冲刷、干沉积

全球范围各种主要大气污染物的来源、数量、在大气中停留的时间及主要转化作用如表 1.3 所示。

1.7 大气污染的控制

世界上还不存在哪一种单独的技术和经济手段能简单有效地减少能源和交通造成的污染。进一步而言,世界上也不存在一种措施能简单地解决所有地区的空气质量问题。这一切都是因为空气质量问题的复杂性所造成的。因此,对各地区大气污染问题的解决办法也不尽相同。

采用不同大气污染控制方法的原因是多方面的。特定区域的大气中所含污染物的种类取决于该区域的能源结构和交通状况。更重要的一点是各区域应针对自身特点制定对各类污染物的控制优先级别。对于一些地区而言,首先要考虑的是减少局地大气污染物的影响,所以就需要优先考虑诸如减少柴油车颗粒物排放,控制二氧化硫、烟尘排放等措施。而对于另一些地区可能强调的是减少区域大气污染程度,此时 NO_x 和 VOCs 的排放控制就成为须优先解决的问题。

对于某一具体地区的大气质量而言,除了城市类型、自然或人为污染源外,区域的地形、地理和气象条件也具有极其重要的影响作用。这些因素在一定程度上决定了区域的大气环境容量。

从人为的因素考虑,区域大气质量的控制取决于区域规划、管理措施的到位和社会经济及控制技术的支撑两个方面。区域大气质量控制已从最初的污染源排放控制发展成为一项系统工程,内容涉及到规划与生态系统、区域污染源和大气质量监测、能源结构调整、交通流量规划与公共交通选择、市民环保意识的提高等。

大气污染的综合防治实质上就是为了达到区域环境大气质量控制目标,对多种大气污染控制方案的技术可行性、经济合理性、区域适应性和实施可能性等进行最优化选择和评价,从而得出最优的控制技术方案和工程措施。

习 题

1.1 CCl_4 气体与空气混合成浓度为 150×10^{-6} 的混合气体,在管道中流动的流量为 $10m^3/s$,试确定:(1) CCl_4 在混合气体中的质量浓度 $c_m(g/m^3)$;(2)每天流经管道的 CCl_4 质量是多少?

1.2 成人每次吸入的空气量平均为 $500cm^3$,假如每分钟呼吸 15 次,空气中颗粒物的浓度为 $200\mu g/m^3$,试计算每小时沉积于肺泡中的颗粒物质量。已知该颗粒物在肺泡中的沉积系数为 0.12。

第2章　污染气象学原理与大气扩散

本章提要

　　了解大气圈层结构；了解主要气象要素，理解干空气绝热直减率、温度层结和大气稳定度等概念，学会判断大气稳定度，理解大气稳定度条件下烟流的不同形状；理解逆温的形成过程，以及逆温对污染物扩散的影响；了解大气扩散的基本概念及基本原理，包括正态分布理论及扩散微分方程、常用大气扩散模式；初步学会估算烟气抬升高度及大气污染浓度。

　　污染物排入大气，在大气中扩散稀释，并被传输和转化。利用大气的稀释作用，可以降低污染物浓度，减少其环境影响，这是一种有效而经济的污染控制方法，被称为稀释控制。污染物在大气中的扩散受到多种气象条件和地形条件等的影响。

2.1　大气层及气象要素

2.1.1　大气层结构

　　大气层的温度、压强、密度、成分和气流运动情况等沿铅直方向均有变化，由低到高可分为5层：对流层、平流层、中间层、热层和散逸层（图 2.1）。

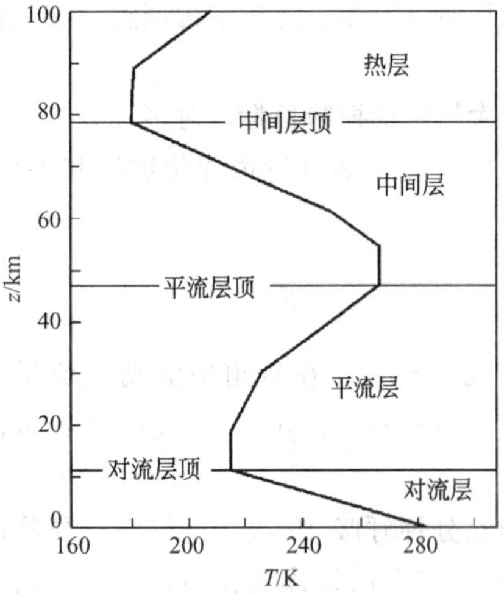

图 2.1　大气层结构示意

　　（1）对流层　对流层为贴近地表的一层，其主要特点是：气温随高度增加而降低，平均温度梯度为 0.65℃/100m；铅直方向存在强烈的对流运动；在水平方向温度和湿度分布不均匀，经常发生大规模水平方向的运动。对流层较薄，其厚度随纬度增高而减低，热带 16～17km，温带 10～12km，极地 8～9km。对流层集中了大气总重量的 3/4 和几乎全部水汽，主要天气现象都发生在这一层。对流层受人类活动的影响最大，对人类的影响也最大。

　　对流层下部厚度 1～2km 范围的气流受地面阻滞和摩擦作用影响很大，被称为大气边界层或摩擦层。该层中气温的变化大，风速随高度增加而降低，大气边界层的有规则对流运动和无规则湍流运动较强，水汽充足，直接影响污染物的扩散、传输和转化。

　　（2）平流层　对流层顶至 45～50km 高度为平流层。其中高度在约 20km 以下部分的温度几乎不随高度变化，为同温层；同温层以上气温随高度增加而增加，为逆温层。平流层中空气几乎没有对流运动，竖向混合作用很弱。平流层上部存在厚度约 30km 的臭氧层，大量吸收波长为 200～300nm 的太阳紫外线，对地面生物起重要的保护作用。

16

（3）中间层　平流层顶至约 80km 高度为中间层，其气温随高度增加而降低，对流运动很强，竖向混合作用明显。

（4）热层　中间层顶至 800km 高度为热层。由于太阳的强烈紫外线辐射和宇宙射线作用，气温随高度增加而升高。热层空气处于高度电离状态，故又称为电离层。

（5）散逸层　大气的外层为散逸层。散逸层温度很高，气体稀薄，空气粒子运动速度很高，可以摆脱地球引力而向外太空散逸。

2.1.2 气象要素

表示大气状态的气象要素主要有：气温、气压、气湿、风向、风速、云况（云状和云量）等。

（1）气温　空气的温度，单位用 K（开尔文）或℃（摄氏度）。气象学中的地面气温是指在地面以上高度 1.5m 处无高温热源热辐射影响条件下测得的空气温度。

（2）气压　空气的压强，单位用 Pa 或 kPa。通常情况下空气压强随高度增加而降低。在纬度为 45°的海平面上，当温度为 0℃时的气压为 101.325kPa。

（3）气湿　空气湿度的简称。常用的气湿表示方法有：绝对湿度、相对湿度、水汽压强、饱和气压和露点等。

（4）风向和风速　气象上将水平运动的空气称为风。风直接影响着污染物的扩散和传输。一般情况下风是不稳定的，气象站给出的风向、风速均为一定时段（如 2min 或 10min）的。

风向可用 8 个方位或 16 个方位表示（图 2.2）。

风速是单位时间内空气运动的距离，单位 m/s。蒲福将风力大小分为 13 个等级（0～12），风速与风力的等级关系可用式（2.1）表示。气象站给出的地面风速为距地表 10m 处的平均风速。

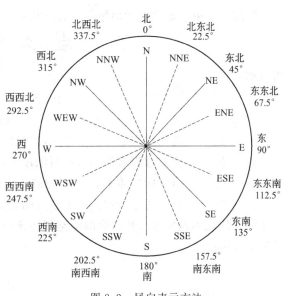

图 2.2　风向表示方法

$$u \approx 0.84F^{\frac{3}{2}} \tag{2.1}$$

式中　F——蒲福风力等级数；

　　　u——风速，m/s。

（5）云状和云量　云是由大气中水蒸气凝结成的大量小水滴、冰晶或两者的混合物构成，按其高度不同分为高云（云底高度在 5000m 以上）、中云（云底高度在 2500～5000m）和低云（云底高度在 2500m 以下）。云会阻挡太阳对地表的辐射，云的状态和云量多少影响大气的稳定度，从而影响污染物的扩散。云量指云遮蔽天空的成数，阴天云量为 10，无云时云量为 0。我国气象台站按总云量和低云量分别观测和记录（总云量记为分子，低云量记为分母）。

（6）能见度　见 1.5.4。

2.2　大气热力过程与竖向运动

2.2.1　低层大气的加热和冷却

低层大气的加热或冷却是太阳、地表及大气之间热交换的结果。太阳向地表的辐射以短波辐射为主，地表吸收太阳的辐射并向空中进行长波辐射。空气吸收短波辐射的能力很弱，而吸收长波辐射的能力极强，因此近地层空气温度变化主要受地表温度的影响，随地表温度升高或降低，近地面空气自下而上被加热或冷却。

2.2.2　气温的绝热变化

某一空气块在大气中上升，因周围气压降低而膨胀，一部分内能对外做功，温度下降；反之，气块下降，温度升高。空气块在升降过程中因膨胀或压缩引起的温度变化，要比与外界热交换引起的温度变化大得多，所以一般可将无水汽相变的空气块升降运动近似当作绝热过程。

按照热力学第一定律可导出绝热过程方程：

$$\frac{\mathrm{d}T}{T} = \frac{R}{C_p} \times \frac{\mathrm{d}P}{P} \tag{2.2}$$

也可表示为：

$$\frac{T_2}{T_1} = \left(\frac{P_2}{P_1}\right)^{\frac{R}{C_p}} = \left(\frac{P_2}{P_1}\right)^{0.288} \tag{2.3}$$

式中　T_1，T_2——绝热过程起始和终结时的温度，K；

　　　P_1，P_2——绝热过程起始和终结时的压力，Pa；

　　　R——空气的气体常数，$R = 287\mathrm{J/(kg \cdot K)}$；

　　　C_p——空气的定压比热，干空气的 $C_p = 996.5\mathrm{J/(kg \cdot K)}$。

干空气块或不发生水汽相变化的湿空气块绝热升降100m温度降升的数值被称为干绝热递减率 γ_d，即：

$$\gamma_\mathrm{d} = -\frac{\mathrm{d}T_i}{\mathrm{d}z} \tag{2.4}$$

式中　T_i——气块温度，K；

　　　z——高度，m。

将式(2.2)代入上式可得：

$$\frac{\mathrm{d}T_i}{\mathrm{d}z} = \frac{RT_i}{C_p} \times \frac{\mathrm{d}P_i}{P_i \mathrm{d}z} \tag{2.5}$$

式中　P_i——气块压强，kPa。

对于大多数大气过程，可以认为气块压强与周围大气相平衡，即满足准静力条件：$P_i = P$，$P_i + \mathrm{d}P_i = P + \mathrm{d}P$，且 $P = \rho R T$（ρ 为空气密度，$\mathrm{kg/m^3}$），则：

$$\gamma_\mathrm{d} = \frac{g}{C_p} \times \frac{T_i}{T} \approx \frac{g}{C_p} \approx 0.98\mathrm{K/100m} \tag{2.6}$$

2.2.3　大气竖向温度分布与静力稳定度

大气竖向温度分布又称温度层结，它是大气竖向运动状态的决定性因素。正常情况下气温随高度增加而降低，称高度增加 100m 温度的降低值为温度直减率。如图 2.3 所示，温度层结有四种类型：①气温 T 随高度 z 增加而降低，即 $\gamma>0$，为正常温度层结；②温度直减率与干绝热直减率相等，即 $\gamma=\gamma_d$，为中性温度层结；③气温不随高度变化，即 $\gamma=0$，为等温层结；④气温随高度增加而升高，即 $\gamma<0$，为温度逆转，简称逆温。

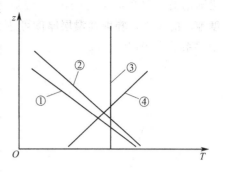

图 2.3 温度层结曲线

大气静力稳定度是大气在静力作用下铅直方向的稳定程度。某一气块受力作用产生向上或向下的运动以后可能有 3 种情况：运动逐渐减速，并有返回原位的趋势；运动逐渐加速，呈远离原位的趋势；运动既不加速，也不减速，可随处保持平衡。第一种情况为大气稳定状态，第二种情况为不稳定状态，第三种情况称其为中性状态。

若以气块的温度、压强和密度分别为 T_i、P_i 和 ρ_i，周围大气相应参数为 T、P、ρ，则单位气块在浮力 ρg 和重力 $-\rho_i g$ 作用下产生运动加速度：

$$a=\frac{(\rho-\rho_i)g}{\rho_i} \tag{2.7}$$

根据准静力条件和理想气体状态方程又可得：

$$a=\frac{(T_i-T)g}{T} \tag{2.8}$$

设初始位置气块和周围大气温度分别为 T_{i0}、T_0，气块绝热运动 Δz 高度，温度 $T_i=T_{i0}-\gamma_d\Delta z$，相同高度周围空气温度 $T=T_0-\gamma\Delta z$，则：

$$a=\frac{(\gamma-\gamma_d)}{T}g\Delta z \tag{2.9}$$

由上式可知，大气稳定度与温度层结密切相关，按照大气实际温度直减率 γ 与干绝热直减率 γ_d 相对大小不同，可分为三种情况：

① $\gamma>\gamma_d$，气团出现上升或下降运动后，上升或下降运动呈加速趋势，大气处于不稳定状态；

② $\gamma<\gamma_d$，气团上升或下降后，运动逐渐减速，并有复位趋势，大气处于稳定状态；

③ $\gamma=\gamma_d$，上升或下降的气团随处平衡，大气处于中性状态。

2.2.4 逆温

大气温度层结一般是 $\gamma>0$，即气温随高度增加而降低，但在某些条件下也会出现 $\gamma=0$ 或 $\gamma<0$。通常将温度随高度增加而升高的空气层称为逆温层。逆温层内空气铅直对流很弱，不利于污染物扩散。高于地面的逆温层会阻挡下方的污染物向高空扩散。所以空气污染事件多数与逆温和静风等气象条件有关。

根据逆温形成过程的不同可分为：辐射逆温、下沉逆温、平流逆温、锋面逆温和湍流逆温等多种。

（1）辐射逆温

由于地表强烈辐射冷却形成的逆温。晴朗少云、风速不大的夜晚，地表很快因辐射而降温，空气自下而上被冷却。近地面空气降温多，远地面空气降温少，因而形成自地面起的逆温层 [图 2.4(a)、(b)、(c)]。日出后太阳辐射逐渐增强，地表升温，逆温层便自下而上

逐渐消失 [图 2.4(d)、(e)]。辐射逆温在陆地上常年可见,冬季白天也可能出现。在中纬度地区的冬季,辐射逆温层厚度可达 200~300m,有时可达 400m 左右。辐射逆温与大气污染关系最为密切。

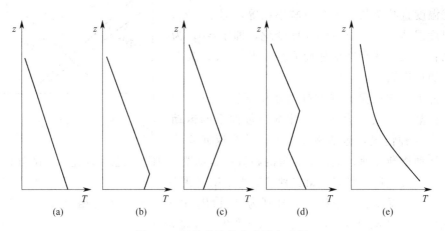

图 2.4　辐射逆温的生成消失过程

(2) 下沉逆温　由于空气下沉时受到压缩而引起的逆温 (图 2.5)。高压区内某一空气团出现下沉运动,气压逐渐增大,气层在水平方向辐散,厚度减小。由于气层顶部下沉距离比底部下沉距离大 ($H > H'$),绝热压缩升温程度比底部升温高,因而出现逆温,下沉逆温范围广、厚度大、持续时间长,一般出现在高空。冬季下沉逆温与辐射逆温相结合,会形成很厚的逆温层。

(3) 平流逆温　暖空气平流到冷地面上,下层空气受地面影响大,降温多,上部降温少,因而形成逆温。海上暖空气流到陆地上,或暖空气流到低地,盆地聚集的冷空气上方,都可能形成平流逆温。

(4) 湍流逆温　低层空气由于湍流混合,在混合层的上方形成逆温层。图 2.6 中 AB 为气层原气温分布,气温直减率低于干绝热递减率 ($\gamma < \gamma_d$)。经湍流混合后气温分布线逐渐接近 γ_d 线 (图 2.6 中的 CD)。这样,在下部湍流混合层与上部未发生湍流混合层之间形成温度过渡的逆温层。这种逆温层厚度不大,仅约几十米。

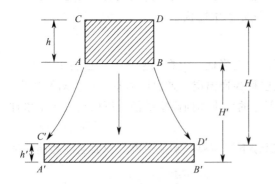

图 2.5　下沉逆温的形成

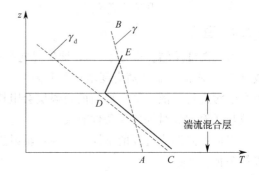

图 2.6　湍流逆温的形成

(5) 锋面逆温　对流层中冷暖空气相遇,暖空气密度小,爬到冷空气的上面,两者之间形成倾斜的过渡逆温层 (图 2.7)。

以上讨论了较常见的几种逆温的形成，实际上大气中出现的逆温往往是几种原因共同造成的。

2.2.5 大气稳定度与烟流扩散

排放的烟气在大气中扩散，受大气稳定度影响形成不同的烟流形状，如图 2.8 所示。

(1) 波浪型 [图 2.8(a)] 烟流呈波浪状，出现于不稳定气层中 $(\gamma > \gamma_d)$，多发生在晴朗的白天，地面最大浓度落地点距烟囱较近，浓度较大。

(2) 锥型 [图 2.8(b)] 烟流呈圆锥形，发生在中性条件下 $(\gamma \approx \gamma_d)$，常在阴天出现。垂直扩散比波浪型差，但比平展型好。

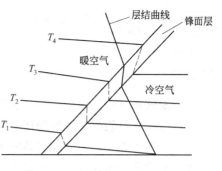

图 2.7 锋面逆温的形成

(3) 平展型 [图 2.8(c)] 烟流呈扇形展开，出现在强稳定大气层中 $(\gamma < 0)$，铅直方向扩散受抑制。

(4) 爬升型 [图 2.8(d)] 又称屋脊型，当烟囱处于稳定大气层（逆温层）顶部时发生，多出现于日出前后，持续时间较短。烟流向上方扩散，近地面污染物浓度不高。

(5) 漫烟型 [图 2.8(e)] 又称熏蒸型，在烟囱口以上大气稳定（烟囱口上方有逆温，下部 $\gamma > \gamma_d$）的情况下发生，多出现于日出后（约 8～10 点钟），近地面逆温消失，上空仍存在逆温。由于烟流向上的扩散受阻，容易造成近地面空气污染。

对上述五种典型的烟流，这里只从温度层结和大气静力稳定度的角度做了粗略分析。实际的烟流要复杂得多，影响因素也复杂得多。例如，还应考虑动力因素的影响，在近地层主要考虑风和地面粗糙度的影响。这五种烟型可以作为判断大气稳定度的一种依据。

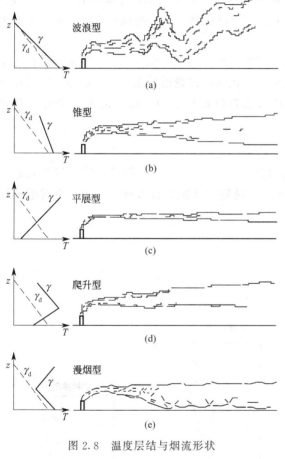

图 2.8 温度层结与烟流形状

2.3 大气的水平运动

气象学上将空气的水平运动称为风。风对污染物起传输和稀释的作用。

2.3.1 水平方向的作用力

作用于大气的水平方向的作用力有气压梯度力、地转偏向力、摩擦力和惯性离心力等。

(1) 水平气压梯度力 由水平方向气压差引起的作用于单位质量空气上的力 (F_G)。它

与气压梯度 $-\dfrac{\partial P}{\partial N}$ 成正比（负号表示由高气压指向低气压），与空气 ρ 密度成反比，即：

$$F_G = -\frac{1}{\rho} \times \frac{\partial P}{\partial N} \tag{2.10}$$

（2）地转偏向力　由于地球自转产生的使运动空气偏离气压梯度方向的作用力，又称为科里奥利力。它只能改变空气的运动方向，不会改变速度的大小。

（3）惯性离心力　做曲线运动的单位质量空气所受的惯性离心作用力。由于大气中存在的曲线运动的曲率半径很大，故惯性离心力一般很小。

（4）摩擦力　有外摩擦力和内摩擦力两种。外摩擦力是贴近下垫面的运动空气所受到的下垫面（包括地面、山体、植被、建筑物等）的阻力，其大小与相对运动速度和下垫面粗糙度成正比，方向与运动方向相反。内摩擦力是做相对运动的空气层由于黏性作用而产生的。摩擦力随高度的增加而减小，到 $1 \sim 2 km$ 以上已经可以忽略。故将高度在 $1 \sim 2 km$ 以下的大气层称为摩擦层，此高度以上称为自由大气。

以上 4 种作用力中，水平气压梯度力是引起大气水平运动的原始动力，其他力是在运动发生以后才起作用，且作用大小随具体情况而异。例如，讨论近地面或低纬度地区大气运动可以不考虑地转偏向力，对接近直线的运动可忽略惯性离心力，在自由大气中可忽略摩擦力。

2.3.2　近地层风速轮廓线

气象上称平均风速随高度变化的曲线为风速轮廓线（图 2.9），称风速轮廓线的表达式为风速轮廓模式。近地层（约地面以上 100m）风速轮廓线模式有多种，常用的有对数和指数表达式 2 种。

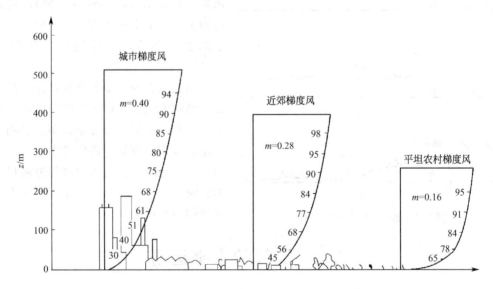

图 2.9　不同粗糙度地区的风随高度变化的情况（图中曲线上数字是占梯度风的比例，%）

注：自由大气的圆形气压场中，当气压梯度力、地转偏向力和惯性离心力达到平衡时，空气沿曲线等压线水平等速运动，称为梯度风

（1）对数律模式　中性层结条件下近地层风速轮廓线可用对数律模式表示：

$$\bar{u} = \frac{u^*}{k} \ln\left(\frac{z}{z_0}\right) \tag{2.11}$$

式中　$\bar{u}$——高度 z 处的平均风速，m/s；

　　　u^*——摩擦速度，具有速度量纲的常数，m/s；

　　　k——卡门常数，对于大气可取 0.44；

　　　z_0——地面粗糙度（表 2.1），m。

表 2.1　地面粗糙度

地面类型	z_0/cm	有代表性的 z_0/cm	地面类型	z_0/cm	有代表性的 z_0/cm
草原	1～10	3	分散的大楼（城市）	100～400	100
农作物区	10～30	10	密集的大楼（大城市）	>400	>300
村落、分散的树林	30～100	30			

（2）指数律模式　非中性层结条件下近地层风速可用指数律模式表示：

$$\bar{u} = \bar{u}_1 \left(\frac{z}{z_1}\right)^P \tag{2.12}$$

式中　$\bar{u}_1$——高度 z_1 处的平均风速，m/s；

　　　P——稳定度指数，见表 2.2；

　　　z——高度，m，当 z>200m 时，取 200m。

一般认为，中性条件下指数律模式不及对数律模式准确，特别对近地面层（几米高度）。但由于指数律模式计算简便，实际应用较多，在离地面几米以上至 300～500m 高度能得到满意的计算结果。

表 2.2　稳定度指数 P 值

稳定度		A	B	C	D	E,F
P	城市	0.15	0.15	0.20	0.25	0.30
	乡村	0.07	0.07	0.10	0.15	0.25

2.4　局地气象特征

城市、山区和水陆交界处等，由于下垫面的热力和动力效应不同，表现出的局部地域气象特征与平原地区不同，这些局地气象特征对污染物的扩散影响极大。

2.4.1　城市气象特征

（1）城市热岛效应　城区气温比周围乡村气温高，这一现象即城市热岛效应。热岛产生的主要原因是：燃料和其他能量被大量消耗，最终转化为热量散发到空气中；大量建筑物等白天大量吸收太阳辐射，热量积聚到夜晚向空气散发；地表被建筑物、路面和地面铺筑覆盖，减少了水分蒸发的显热消耗；受污染空气对地面长波辐射的增强；人口集中，也会大量向环境空气散热。

（2）城市混合层　晴朗的白天，城市和乡村一般均为随高度递减的温度层结，只是城市气温递减率更大；夜间，乡村出现辐射逆温的空气流到城市上空，下部仍维持递减温度层结，因而形成不厚（几十米至几百米）的混合层（图 2.10）。

（3）城市风场与湍流　城市热岛出现，市区气压低于乡村，因而产生由周围乡村吹向市

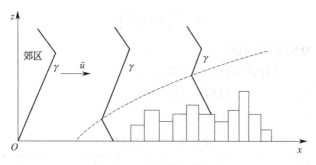

图 2.10　城市热岛混合层

区的局地风（城市风），并在市区上空复合形成上升气流，至 $300\sim500\text{m}$ 高度再向四周辐散，从而形成城市热岛环流（图 2.11）。城市风使污染物向市区中心集中。热岛效应使城市大气稳定程度减低，热力湍流增大；粗糙的下垫面使近地面风速和风速梯度减小；风向摇动增大，并使机械湍流增大，总体上城区比郊区湍流强度平均高 $30\%\sim50\%$。

　　城市下垫面的动力效应可表现为街道引起的渠道效应和铅直向地环流；单个建筑物形成更小尺度的涡流。这些都使得城市近地面风场变得复杂多变。

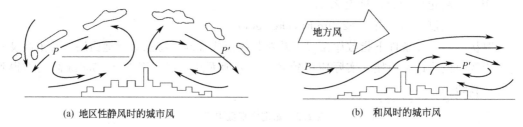

(a) 地区性静风时的城市风　　　　　　　　　　(b) 和风时的城市风

图 2.11　城市热岛环流

2.4.2　山区气象特征

　　山区地形复杂，使得局地气象（主要表现在速度场、风场和湍流）与平原地区不同。局地气象特征影响污染物的扩散。

　　复杂地形造成地面受热不均（向阳、背阴、坡度大小等），使水平温度分布很不均匀，引起局部热力环流，形成坡风、山谷风等（图 2.12）。由于地形影响，风速较小，日照时间短，因而逆温层厚、持续时间长、出现次数多。这些情况都对污染物扩散不利，容易引起污染物聚集。山区地形使热力和机械湍流增强。

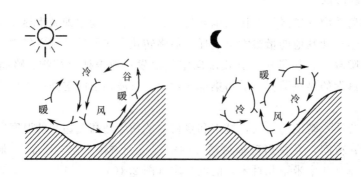

图 2.12　坡风与山谷风

2.4.3　水陆交界处的影响

大面积水域与陆地交界处（如海岸、大湖边），由于水陆热力和动力特性的差异，使得大气运动和污染物扩散有其特定规律。

（1）海陆风　水陆交界处，水面温度变化比陆面小。白天在太阳辐射作用下陆地增温快，暖空气上升，水面冷空气补充流向陆地，成为海风［图 2.13(a)］；夜晚陆地辐射冷却快，近陆地空气流向水面，形成陆风［图 2.13(b)］。

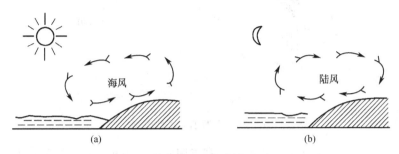

图 2.13　海陆风

（2）热边界层　春末夏初，水面开始升温，近岸处升温快，远岸处升温慢。若远岸处于逆温状态的空气持续流向陆地，其下部被逐渐加热而趋向不稳定，上部仍维持稳定的逆温，于是形成自岸边向内陆逐渐增高的热边界层（图 2.14）。

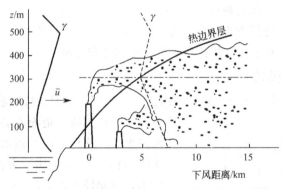

图 2.14　热边界层

2.5　大气扩散模式

污染物排入大气，在风和湍流作用下向下风向输送（图 2.15），其波及范围逐渐扩大，浓度因稀释作用不断降低。污染物在大气中的扩散，习惯上称其为大气扩散。在建立污染大气扩散模式时，做如下假定：①全部空间的风速是均匀而稳定的；②污染物排放（即源强）是连续、稳定的；③污染物浓度在与烟流轴线垂直的方向（y、z）是正态分布（高斯分布）；④污染物在扩散过程中不发生物理和化学变化。点源扩散模型及其坐标系统如图 2.15所示。

2.5.1　无限空间点源扩散模式

无限空间点源扩散不受边界限制，情况最为简单，可作为其他实际应用模型的基础。根

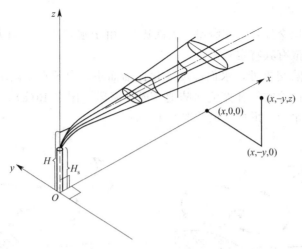

图 2.15 点源烟流扩散模型

据烟流污染物浓度呈正态分布的假定，可得到无限空间点源扩散在空间任意点（x，y，z）污染物浓度的计算模式——高斯模式：

$$c(x,y,z)=\frac{q}{2\pi\,\bar{u}\,\sigma_y\sigma_z}\exp\left[-\left(\frac{y^2}{2\sigma_y^2}+\frac{z^2}{2\sigma_z^2}\right)\right] \tag{2.13}$$

式中　$c(x,y,z)$——空间任意点污染物浓度，mg/m^3；

　　　　q——污染源的源强，mg/s；

　　　　$\bar{u}$——空间任意点环境风速，m/s；

　　　　σ_y，σ_z——y 和 z 方向的扩散参数（正态分布标准差），m。

2.5.2 高架点源扩散模式

高架点源排放的污染物在半无限空间内扩散，下方有地面。按照前面所述假定④可以认

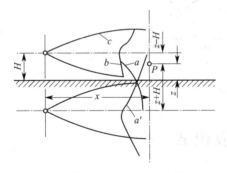

图 2.16 高架点源扩散模型分析示意

为，污染物扩散至地面不会被吸收，而是全部反射回大气。这样，高架点源的污染物扩散就可用实源和像源扩散叠加的方法来计算。如图 2.16 所示，空间任意点 $P(x,y,z)$ 的污染物浓度是实源 $(0,0,H)$ 和像源 $(0,0,-H)$ 两部分污染物贡献之和。

实源和像源排放的污染物扩散到 P 点的浓度 c_1 和 c_2 可分别按式（2.14）和式（2.15）计算：

$$c_1=\frac{q}{2\pi\,\bar{u}\,\sigma_y\sigma_z}\exp\left[-\left(\frac{y^2}{2\sigma_y^2}+\frac{(z-H)^2}{2\sigma_z^2}\right)\right] \tag{2.14}$$

$$c_2=\frac{q}{2\pi\,\bar{u}\,\sigma_y\sigma_z}\exp\left[-\left(\frac{y^2}{2\sigma_y^2}+\frac{(z+H)^2}{2\sigma_z^2}\right)\right] \tag{2.15}$$

则：

$$c(x,y,z,H)=c_1+c_2=\frac{q}{2\pi\,\bar{u}\,\sigma_y\sigma_z}\exp\left(-\frac{y^2}{2\sigma_y^2}\right)\left\{\exp\left[-\frac{(z-H)^2}{2\sigma_z^2}\right]+\exp\left[-\frac{(z+H)^2}{2\sigma_z^2}\right]\right\} \tag{2.16}$$

利用式(2.16)可计算高架点源排放在空间任意点造成的污染物浓度。

当式中 $z=0$，即为地面污染物浓度：

$$c(x,y,0,H)=\frac{q}{\pi \bar{u}\sigma_y\sigma_z}\exp\left(-\frac{y^2}{2\sigma_y^2}\right)\exp\left(-\frac{H^2}{2\sigma_z^2}\right) \tag{2.17}$$

当式中 $z=0$，$y=0$，即为地面轴线污染物浓度：

$$c(x,0,0,H)=\frac{q}{\pi \bar{u}\sigma_y\sigma_z}\exp\left(-\frac{H^2}{2\sigma_z^2}\right) \tag{2.18}$$

由于 σ_y 和 σ_z 随距离 x 增加而增大，式(2.18)右边第1项将随 x 增加而减小；而右边第2项随 x 增加而增大。因此，地面轴线浓度在某一距离 $x_{c\max}$ 出现最大值 $c_{\max}$。在最简单情况下，假定 σ_y/σ_z 为常数，将式(2.18)对 σ_z 求导，并令导数等于零，则可求得最大地面浓度及相应的扩散参数 $\sigma_{z(x_{c\max})}$。再按 $\sigma_{z(x_{c\max})}$ 求出最大地面浓度对应的距离 $x_{c\max}$。

$$c_{\max}=\frac{2q}{\pi \bar{u}H^2\mathrm{e}}\times\frac{\sigma_z}{\sigma_y} \tag{2.19}$$

$$\sigma_{z(x_{c\max})}=\frac{H}{\sqrt{2}} \tag{2.20}$$

2.5.3　地面点源扩散模式

当高架点源的源高为零，即相当于地面点源。故令式(2.16)中的 $H=0$，即得地面点源扩散模式：

$$c(x,y,z,0)=\frac{q}{\pi \bar{u}\sigma_y\sigma_z}\exp\left[-\left(\frac{y^2}{2\sigma_y^2}+\frac{z^2}{2\sigma_z^2}\right)\right] \tag{2.21}$$

比较式(2.21)和式(2.13)可知，地面连续点源排放造成的污染物浓度正好是无界连续点源所造成的污染物浓度的两倍。

用此式同样可计算地面点源排放造成的污染的地面浓度（$z=0$）和地面轴线浓度（$z=0$，$y=0$）。

2.5.4　线源扩散模式

在横向风作用下，无限长线源下风向与线源距离相等处的污染物浓度均相等。所以将点源模式沿 y 方向积分，即得线源扩散计算模式。当风向与线源垂直时，无限长线源下风向污染物地面浓度计算模式为：

$$c(x,y,0,H)=\frac{q}{\pi \bar{u}\sigma_y\sigma_z}\exp\left(-\frac{H^2}{2\sigma_z^2}\right)\int_{-\infty}^{\infty}\left(-\frac{y^2}{2\sigma_z^2}\right)\mathrm{d}y \tag{2.22}$$

$$c(x,H)=\frac{\sqrt{2}q}{\sqrt{\pi}\bar{u}\sigma_z}\exp\left(-\frac{H^2}{2\sigma_z^2}\right) \tag{2.23}$$

当风向与线源夹角 $\varphi>45°$，下风向污染浓度计算模式（$\varphi<45°$不适用）为：

$$c(x,H)=\frac{\sqrt{2}q}{\sqrt{\pi}\bar{u}\sigma_z\sin\varphi}\exp\left(-\frac{H^2}{2\sigma_z^2}\right) \tag{2.24}$$

有限长线源两端存在边缘效应。以通过计算点沿平均风向的直线为 x 轴，线源由 y_1 至 y_2（$y_1<y_2$），则有限长线源扩散模式为：

$$c(x,H)=\frac{\sqrt{2}q}{\sqrt{\pi}\bar{u}\sigma_z}\exp\left(-\frac{H^2}{2\sigma_z^2}\right)\int_{P_2}^{P_1}\frac{1}{\sqrt{2\pi}}\exp\left(-\frac{P^2}{2}\right)\mathrm{d}P \tag{2.25}$$

式中，$P_1 = y_1/\sigma_y$，$P_2 = y_2/\sigma_y$。

2.5.5　面源扩散模式

常见的面源计算模式有虚拟点源模式和窄烟流模式两种。

（1）虚拟点源模式　先将面源做网格化处理，即以一定边长的正方形作为基本单元，再按网格逐一分析计算。

用上风向虚拟点源替代面源做扩散计算。该方法假定（如图 2.17 所示）：在水平方向，烟流扩散至面源单元形心所在横断面处，烟流宽度（边界处浓度为轴线浓度的 1/10）等于单元宽度 W；在铅直方向，烟流扩散至面源单元形心所在横断面处烟流厚度等于面源高度 $\overline{H}$。这就等于横向和竖向分别增加了初始扩散参数 σ_{y0} 和 σ_{z0}，由此可得扩散计算模式。

$$c = \frac{q}{\pi\,\bar{u}\,(\sigma_{y0}+\sigma_y)(\sigma_{z0}+\sigma_z)}\exp\left\{-\left[\frac{y^2}{(\sigma_{y0}+\sigma_y)^2}+\frac{\overline{H}^2}{(\sigma_{z0}+\sigma_z)^2}\right]\right\} \tag{2.26}$$

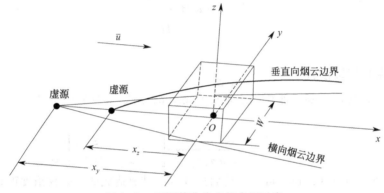

图 2.17　面源简化为虚拟点源示意

根据假定的面源单元宽度 W 和单元厚度 $\overline{H}$ 可知：

$$\sigma_{y0} = \frac{W}{4.3} \tag{2.27}$$

$$\sigma_{z0} = \frac{\overline{H}}{2.15} \tag{2.28}$$

（2）窄烟流模式　实际情况表明，一般面源相邻单元的源强差别不大，很少相差超过 2 倍以上；烟流扩散宽度不大，某点污染物主要来源于其上风向单元污染源，旁侧单元影响很小。根据以上特点，可以建立窄烟流模式：

$$c = A\frac{q_0}{u} \tag{2.29}$$

$$A = \frac{0.8x}{(1-\alpha_2)\sigma_2} \tag{2.30}$$

式中　q_0——所在单元的源强；

　　　x——计算点至上风向边缘的距离；

　　　α_2——计算 σ_2 的指数。

$$\sigma_2 = \gamma_2 x^{\alpha_2} \tag{2.31}$$

A 值与大气稳定度有关，吉福德给出了 A 的典型值：不稳定状态，$A=50$；中性状态，$A=200$；稳定状态，$A=600$；长期平均，$A=225$。

2.6 污染物浓度估算

2.6.1 烟流高度计算

排至大气的烟流，在风的作用下向下风向伸展，同时由于动力和热力作用而上升，到一定距离烟流轴线才趋向水平（图 2.18）。实际烟流的轴线并非直接由点源 A 水平伸向下风，而相当于虚拟点源 A' 开始向下风向扩散。所以，有效源高 H_e 等于几何源高 H_s 与抬升高度 ΔH 之和，即：

$$H_e = H_s + \Delta H \tag{2.32}$$

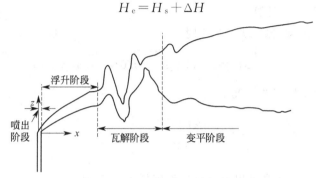

图 2.18 烟流抬升的各个阶段

烟流抬升高度的计算公式很多，均为实地观测结果分析得出，分别适用于不同条件。

《制定地方大气污染物排放标准的技术方法》（GB/T 3840—91）规定了不同烟气热释放率 q_H、烟气与环境空气温差 $\Delta T = T_s - T_a$ 和环境风速 $\bar{u}_0$ 条件下的烟气抬升高度计算式。

① 当 $q_H \geqslant 2100\text{kJ/s}$，且 $\Delta T \geqslant 35\text{℃}$ 时：

$$\Delta H = n_0 q_H^{n_1} H_s^{n_2} \bar{u}^{-1} \tag{2.33}$$

式中　H_s——烟囱高度，m；

　　　$\bar{u}$——烟囱出口处环境平均风速，按地面风速 $\bar{u}_0$ 计算，$\bar{u}_0$ 取邻近气象（台）站最近 5 年平均值（式 2.12），m/s；

　　　n_0——烟气和地表状况系数（表 2.3）；

　　　n_1——烟气热释放指数（表 2.3）；

　　　n_2——烟囱高度指数（表 2.3）。

$$q_H = 0.35 P_a Q_v (T_s - T_a)/T_s \tag{2.34}$$

式中　P_a——大气压强，kPa；

　　　T_s——烟气温度，K；

　　　T_a——环境空气温度，取最近 5 年平均值，K；

　　　Q_v——烟气排放率，m³/s。

表 2.3 n_0，n_1，n_2 值

$q_H/(\text{kJ/s})$	地表状况（平原）	n_0	n_1	n_2
$q_H \geqslant 21000$	农村或城市远郊区	1.427	1/3	2/3
	城区及近郊区	1.303	1/3	2/3
$2100 \leqslant q_H < 21000$	农村或城市远郊区	0.332	3/5	2/5
且 $\Delta T \geqslant 35\text{K}$	城区及近郊区	0.292	3/5	2/5

② 当 $1700\text{kJ/s} \leqslant q_H < 2100\text{kJ/s}$ 时：

$$\Delta H = \Delta H_1 + (\Delta H_2 - \Delta H_1)\frac{q_H - 1700}{400} \tag{2.35}$$

$$\Delta H_1 = \frac{2(1.5v_s d_s + 0.01q_H)}{\bar{u}} - \frac{0.48(q_H - 1700)}{\bar{u}} \tag{2.36}$$

式中　v_s——烟气排出速度，m/s；

　　　d_s——烟囱口内径，m；

　　ΔH_2——按式(2.33)计算，m。

③ 当 $q_H < 1700\text{kJ/s}$，或 $\Delta T < 35\text{K}$ 时：

$$\Delta H = 2(1.5v_s d_s + 0.01q_H)/\bar{u} \tag{2.37}$$

在有风且大气处于稳定的情况下：

$$\Delta H = q_H^{1/3}\left(\frac{\mathrm{d}T_a}{\mathrm{d}z} + 0.0098\right)^{-3/8} \tag{2.38}$$

式中　$\dfrac{\mathrm{d}T_a}{\mathrm{d}z}$——排气筒几何高度以上的大气温度梯度，K/m。

在 $\bar{u}_0 < 1.5\text{m/s}$ 情况下：

$$\Delta H = 5.5q_H^{1/4}\left(\frac{\mathrm{d}T_a}{\mathrm{d}z} + 0.0098\right)^{-3/8} \tag{2.39}$$

式中，$\dfrac{\mathrm{d}T_a}{\mathrm{d}z}$ 取值不宜小于 0.01K/m。

2.6.2　扩散参数确定

在进行大气扩散计算时，需要扩散参数 σ_y 和 σ_z 的值。扩散参数需要通过专门的气象观测和复杂的计算或模拟试验来确定。为了实际应用的简便，帕斯奎尔（F. Pasquill）在大量观测和研究基础上总结出了一套根据常规气象资料划分大气稳定度等级和估算扩散参数的方法；后来吉福德（F. A. Gifford）又将其编制成更便于应用的图表。这一扩散参数估算法被称为帕斯奎尔-吉福德（P-G）曲线法。

帕斯奎尔根据太阳辐射情况、云量和地面风速将大气的稀释扩散能力划分为 A~F 共 6 个稳定度级别：A 为极不稳定，B 为不稳定，C 为弱不稳定，D 为中性，E 为弱稳定，F 为稳定。稳定度等级划分条件如表 2.4 所示。表中所列的夜间指日落前 1 小时至次日凌晨日出后 1 小时。不论何种天气状况，夜间前后各 1 小时定为中性，即 D 级稳定。碧空下太阳高度角大于 60°时为强太阳辐射，太阳高度角为 15°~35°时为弱太阳辐射。仲夏晴天中午为强太阳辐射，冬季晴天中午为弱太阳辐射。云会减弱太阳辐射，要将云量与太阳高度一起考虑。如碧空下太阳高度角大于 60°，辐射等级为强；但若有碎中云 [云量(6/10)~(9/10)]，辐射强度为中等；有碎低云时辐射等级要定为弱。这种稳定度等级划分方法对开阔的乡村比较合适，而城市由于下垫面粗糙度大和存在热岛效应等原因，结果会有较大偏差，尤其是静风晴夜。

表 2.4 稳定度等级划分

地面风速 $\bar{u}_{10}$（距地面 10m 处）/(m/s)	白天太阳辐射			阴天的白天或夜间	有云的夜间	
	强	中	弱		薄云遮天或低云 ≥5/10	云量 ≤4/10
<2	A	A～B	B	D	E	F
2～3	A～B	B	C	D	E	F
3～5	B	B～C	C	D	D	E
5～6	C	C～D	D	D	D	D
>6	C	D	D	D	D	D

上述大气稳定度等级判定方法主观性强，可能出现个人判断的差异。为此，特纳尔（Turner）提出了一套更为客观的方法，该方法后又经我国气象工作者按照我国气象资料的情况进行了修订。首先根据太阳高度角、云高、云量确定太阳辐射等级（查表 2.5），再由辐射等级和地面风速场确定稳定度等级（查表 2.6）。

表 2.5 太阳辐射等级

总云量/低云量	夜间	太阳高度角 h_0			
		$h_0 \leqslant 15°$	$15° < h_0 \leqslant 35°$	$35° < h_0 \leqslant 65°$	$h_0 > 65°$
<4/≤4	−2	−1	+1	+2	+3
5～7/≤4	−1	0	+1	+2	+3
≥8/≤4	−1	0	0	+1	+1
≥7/5～7	0	0	0	0	+1
≥8/≥8	0	0	0	0	0

表 2.6 大气稳定度等级

地面风速 /(m/s)	太阳辐射等级					
	+3	+2	+1	0	−1	−2
≤1.9	A	A～B	B	D	E	F
2～2.9	A～B	B	C	D	E	F
3～4.9	B	B～C	C	D	D	E
5～5.9	C	C～D	D	D	D	D
≥6	C	D	D	D	D	D

太阳高度角用下式计算：

$$h_0 = \arcsin[\sin\varphi\sin\delta + \cos\varphi\cos\delta\cos(15t + \lambda - 300)°] \tag{2.40}$$

式中 h_0——太阳高度角，(°)；

φ——当地地理纬度，(°)；

λ——当地地理经度，(°)；

t——观测时的北京时间，h；

δ——太阳倾角，(°)，可按当时的月份和日期查表 2.7 求得。

表 2.7 太阳倾角的概略值   单位：(°)

旬	月份											
	1	2	3	4	5	6	7	8	9	10	11	12
上	−22	−15	−5	6	17	22	22	17	7	−5	−15	−22
中	−21	−12	−2	10	19	23	21	14	3	−8	−18	−23
下	−19	−9	2	13	21	23	19	11	−1	−12	−21	−23

确定了大气稳定等级后，即可用 P-G 曲线图（图 2.19 和图 2.20）查出相应等级稳定度

下污染源下风向距离 x 处的横向和竖向的扩散参数 σ_y 和 σ_z。

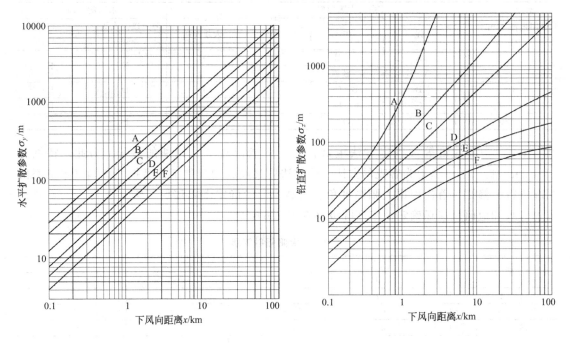

图 2.19　水平扩散参数与下风向距离的关系　　图 2.20　铅直扩散参数与下风向距离的关系

　　为了便于应用计算机进行数值计算，可将 P-G 扩散参数曲线用近似的幂函数式表示：

$$\sigma_y = \gamma_1 x^{\alpha_1} \qquad \sigma_z = \gamma_2 x^{\alpha_2} \tag{2.41}$$

　　式中，γ_1、γ_2、α_1、α_2 一般情况下是随 x 变化的，但在较大区间内可看作常数。有风情况下 30min 取样时间的扩散参数 σ_y、σ_z 幂函数式中的 γ 和 α 值列于表 2.8 中。小风（1.5m/s＞$\bar{u}_0 \geqslant 0.5$m/s）和静风（$\bar{u}_0 ＜ 0.5$m/s）情况下 30min 取样时间的扩散参数的数值可按表 2.9 选取。

表 2.8　**P-G 曲线近似幂函数数据**（取样时间 30min）

稳定度	$\sigma_y = \gamma_1 x^{\alpha_1}$			稳定度	$\sigma_z = \gamma_2 x^{\alpha_2}$		
	α_1	γ_1	下风距离 x/m		α_2	γ_2	下风距离 x/m
A	0.901074	0.425809	0～1000	A	1.12154	0.0799904	0～300
	0.850934	0.602052	＞1000		1.51360	0.00854771	300～500
					2.10881	0.000211545	＞500
B	0.914370	0.281846	0～1000	B	0.964435	0.127190	0～500
	0.865014	0.396353	＞1000		1.09356	0.057025	＞500
B～C	0.919325	0.229500	0～1000	B～C	0.941015	0.114682	0～500
	0.875086	0.314238	＞1000		1.00770	0.0757182	＞500
C	0.924279	0.177154	0～1000	C	0.917595	0.106803	＞0
	0.885157	0.232123	＞1000				
C～D	0.926849	0.143940	0～1000	C～D	0.838628	0.126152	0～2000
	0.886940	0.189396	＞1000		0.756410	0.235667	2000～10000
					0.815575	0.136659	＞10000
D	0.929418	0.110726	0～1000	D	0.826212	0.104634	1～1000
	0.888723	0.146669	＞1000		0.632023	0.400167	1000～10000
					0.555360	0.810763	＞10000

$\sigma_y = \gamma_1 x^{a1}$				$\sigma_z = \gamma_2 x^{a2}$			
稳定度	α_1	γ_1	下风距离 x/m	稳定度	α_2	γ_2	下风距离 x/m
D~E	0.925118	0.0985631	0~1000	D~E	0.776864	0.111771	0~2000
	0.892794	0.124308	>1000		0.572347	0.528992	2000~10000
					0.499149	1.03810	>10000
E	0.920818	0.0864001	0~1000	E	0.788370	0.0927529	0~1000
	0.896864	0.101947	>1000		0.565188	0.433384	1000~10000
					0.414743	1.73241	>10000
F	0.929418	0.0553634	0~1000	F	0.784400	0.0620765	0~1000
	0.888723	0.733348	>1000		0.525969	0.370015	1000~10000
					0.322659	2.40691	>10000

表 2.9　小风和静风情况下扩散参数的回归系数

稳定度等级	γ_1		γ_2	
	静风	小风	静风	小风
A	0.93	0.76	1.57	1.57
B	0.76	0.56	0.47	0.47
C	0.55	0.35	0.21	0.21
D	0.47	0.27	0.12	0.12
E	0.44	0.24	0.07	0.07
F	0.44	0.24	0.05	0.05

大气扩散模式估算的污染物浓度是一定时间（即取样时间）内的平均值。由于随取样时间增加，风的摆动范围增大，从而使 σ_y 增大，所以污染物平均浓度值随取样时间增加而减小。竖向扩散因受地面限制，虽然 σ_z 也随取样时间增加而增大，但当时间增加到 $10\sim20\min$ 后，σ_z 就不再随取样时间而增加。平均浓度随取样时间增大而减小的作用被称为时间稀释作用，其变化关系如下式所示：

$$\sigma_{y\tau2} = \sigma_{y\tau1}\left(\frac{\tau_2}{\tau_1}\right)^q \tag{2.42}$$

$$c_{\tau1} = c_{\tau2}\left(\frac{\tau_2}{\tau_1}\right)^q \tag{2.43}$$

式中　$c_{\tau1}$，$c_{\tau2}$——对应于取样时间 τ_1、τ_2 的浓度；

$\sigma_{y\tau1}$，$\sigma_{y\tau2}$——对应于取样时间 τ_1、τ_2 的横向扩散参数；

q——时间稀释指数，$1h\leqslant\tau<100h$ 时 $q=0.3$，$0.5h\leqslant\tau<1h$ 时 $q=0.2$。

国家标准 GB 3840 推荐的 q 值的取法见表 2.10。

表 2.10　国家标准 GB 3840 推荐的 q 值的取法

稳定度	B	B~C	C	C~D	D
$\tau=0.5\sim2h$	0.27	0.29	0.31	0.32	0.35
$\tau=2\sim24h$	0.36	0.39	0.42	0.45	0.48

习　　题

2.1　现测得教室中的空气温度为 $27℃$，相对湿度为 70%，试估算此状态下 $1m^3$ 自然空气中的含水量为多少克（绝对湿度）？

2.2 生产过程中氮氧化物发生量为 38g/s, 废气经处理后排放 (净化效率为 95%), 排气筒顶端有风帽, 尾气由水平方向排出 (不计抬升高度), 已知 $\delta_z/\delta_y = 0.4$, 地面风速为 4m/s, 为保证下风向氮氧化物最大浓度不超过 $0.1mg/m^3$, 排气筒高度应为多少?

2.3 某发电厂烟囱高度 120m, 内径 5m, 排放速度 13.5m/s, 烟气温度为 418K。大气温度 288K, 大气为中性层结, 源高处的平均风速为 4m/s。试用霍兰德、布里格斯 ($x \leqslant 10H_s$)、国家标准 GB/T 3840—91 中的公式计算烟气抬升高度。

2.4 某污染源排出 SO_2 量为 80g/s, 有效源高为 60m, 烟囱出口处平均风速为 6m/s。在当时的气象条件下, 正下风方向 500m 处的 $\sigma_y = 35.3m$, $\sigma_z = 18.1m$, 试求正下风方向 500m 处 SO_2 的地面浓度。

第3章 污染物动力学基础

本章提要

本章主要讨论大气污染物在其发生、传输及分离、转化方面的一些机理。

掌握颗粒物在流体中运动所受的阻力及颗粒物做抛射运动、重力沉降时的基本运算，了解颗粒物在惯性力、扩散力、电场力作用下的运动机理，了解颗粒的凝并、附着与反弹以及电泳、热泳、扩散泳、光泳等方面的基本概念。

掌握分子扩散的表达式及其物理含义，了解分子扩散反应方程的基本概念，了解分子在多孔固体中扩散的主要过程，了解污染物在相转变过程中的气液平衡、成核作用、蒸发等的基本概念。

在人们研究大气污染控制的过程中逐渐形成了一门研究污染物运动和变化的分支学科——污染物动力学，它是研究污染物发生、传输及分离、转化机理以及开发污染控制技术的理论基础。

3.1 颗粒的受力与运动

气溶胶颗粒物是指能长期悬浮在气体环境中、可观察或者测量到的固体或液体粒子的集合体。作为重要的大气污染物，其在大气中的受力以及由受力所引发的运动和运动状态变化，成为了污染物动力学的重要基础知识。

3.1.1 颗粒在流体中的运动阻力

在不可压缩的连续流体中，做稳定运动的颗粒必然受到流体阻力的作用。这种阻力由两种现象引起。一方面，由于颗粒具有一定的形状，做运动时必须排开其周围的流体，导致其前方压力较后方大，产生了所谓的形状阻力。另一方面，颗粒与其周围流体间存在着摩擦，导致所谓的摩擦阻力。通常把两种阻力合并在一起考虑，称为流体阻力。流体阻力的大小取决于颗粒的形状、粒径、表面特性、运动速度及流体的种类、性质等因素。阻力的方向总是与速度向量方向相反，其大小可按如下方程计算：

$$F_r = C_f a \frac{\rho_g v^2}{2} \tag{3.1}$$

式中　F_r——颗粒受到的运动阻力，N；

C_f——阻力系数；

a——颗粒垂直于运动方向的最大断面积，m²；

ρ_g——气体密度，kg/m³；

v——颗粒与气体之间的相对运动速度，m/s。

颗粒在气体中受到的运动阻力与颗粒的形状有关。实际上的污染物颗粒形状各异，绝大多数形状很不规则，为了研究的方便，以下均以球形颗粒为基础进行讨论。

对于球形颗粒：

$$F_r = C_f \frac{\pi d_p^2 \rho_g v^2}{4} \cdot \frac{1}{2} = C_f \frac{\pi d_p^2 \rho_g v^2}{8} \tag{3.2}$$

式中　d_p——颗粒的直径，m。

球形颗粒在气体中的运动阻力系数 C_f 只取决于流体相对颗粒运动的雷诺数 Re，C_f 和 Re 的关系如图 3.1 所示，并可用下式表示：

$$C_f = \frac{a}{Re^m} \tag{3.3}$$

式中　Re——雷诺数，其中 $Re = d_p \rho_g v / \mu$；

　　　a，m——常数。

常数 a 和 m 在不同的 Re 范围有不同的值，因而 C_f 值也不同。

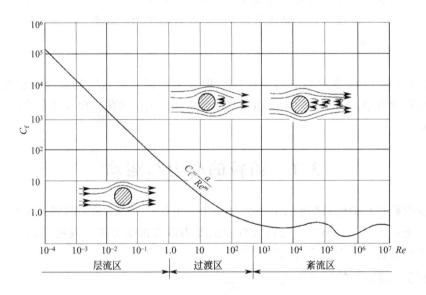

图 3.1　球形颗粒的阻力系数

（1）层流区（Stokes 区）运动阻力　层流区指的是颗粒周围空气绕颗粒物运动的 $Re \leqslant 1.0$，流过颗粒的气体为层流状态，流体的惯性影响比流体的黏性影响小很多，流体流动稳定，相应的 $a = 24$，$m = 1.0$，则：

$$C_f = \frac{24}{Re} = \frac{24\mu}{\rho_g v d_p} \tag{3.4}$$

式中　μ——气体的动力黏度，Pa·s。

将式(3.4)代入式(3.2)，即可得层流区球形颗粒的阻力计算式：

$$F_r = 3\pi \mu v d_p \tag{3.5}$$

（2）过渡区（Allen 区）运动阻力　当流体的状态介于层流和紊流之间时，即当 $1 < Re \leqslant 500$，流过颗粒的气体处于过渡状态，相应的 $a = 18.5$，$m = 0.6$，则：

$$C_f = \frac{18.5}{Re^{0.6}} \tag{3.6}$$

同样可得过渡区球形颗粒的阻力计算式：

$$F_r = 2.31\pi \mu^{0.6} \rho_g^{0.4} v^{1.4} d_p^{1.4} \tag{3.7}$$

（3）紊流区（Newton区）运动阻力　对于较高气流速度或较大颗粒运动速度的情况，$Re>500$，流过颗粒的气体处于紊流状态，相应的 $a=0.38\sim0.50$，$m=0$。由于 a 的变化范围不大，可取平均值，$a=0.44$，则：

$$C_{\mathrm{f}}=0.44 \tag{3.8}$$

由此可得紊流区球形颗粒的阻力计算式：

$$F_{\mathrm{r}}=0.055\pi\rho_{\mathrm{g}}v^2 d_{\mathrm{p}}^2 \tag{3.9}$$

前面的讨论对颗粒不是很小时是有效的，但对于很小的颗粒，会发生滑动现象。粒径小到接近气体分子运动平均自由程的颗粒在气体介质中运动时，其与气体分子的碰撞不是连续发生的。这种情况下，颗粒在运动中受到的实际阻力就比按连续介质考虑的阻力要小。因此而进行的阻力修正，称为滑动修正或坎宁汉（Cunningham）修正。戴维斯（Davis）以密尔堪（Millkan）的油滴实验为基础，综合热力和动力因素，给出了滑动修正系数的表达式：

$$C_{\mathrm{u}}=1+\frac{2\lambda}{d_{\mathrm{p}}}\left[1.257+0.400\exp\left(-0.55\frac{d_{\mathrm{p}}}{\lambda}\right)\right] \tag{3.10}$$

式中　d_{p}——颗粒粒径，μm；

$\quad\quad\lambda$——气体分子运动平均自由程，μm。

我们把分子两次碰撞之间走过的路程称为自由程，而分子两次碰撞之间走过的平均路程称为平均自由程。气体分子平均自由程 λ(m) 可按下式计算：

$$\lambda=\frac{\mu}{0.499\rho_{\mathrm{g}}\bar{v}} \tag{3.11}$$

其中，$\bar{v}$(m/s) 是气体分子的算术平均速度：

$$\bar{v}=\sqrt{\frac{8RT}{\pi M}} \tag{3.12}$$

式中　R——通用气体常数，$R=8.314\mathrm{J/(mol\cdot K)}$；

$\quad\quad T$——气体温度，K；

$\quad\quad M$——气体的摩尔质量，kg/mol。

此刻微粒在气体中所受到的阻力为 $F_{\mathrm{r}}'=F_{\mathrm{r}}/C_{\mathrm{u}}$。坎宁汉系数 C_{u} 与气体的温度、压力和颗粒大小有关，温度越高、压力越低、粒径越小，C_{u} 值越大。作为粗略估计，在 293K 和 101325Pa 下，$C_{\mathrm{u}}=1+0.165/d_{\mathrm{p}}$，其中 d_{p} 以 μm 为单位。

3.1.2　抛射运动

当颗粒以初速度 v_0 抛射入气体，在阻力作用下做减速运动，根据牛顿第二定律，可写出如下运动方程：

$$-F_{\mathrm{r}}=m_{\mathrm{p}}\frac{\mathrm{d}v}{\mathrm{d}t} \tag{3.13}$$

式中　m_{p}——颗粒的质量，kg；

$\quad\quad t$——颗粒的运动时间，s。

对于球形颗粒，其运动方程为：

$$-C_{\mathrm{f}}\frac{\pi d_{\mathrm{p}}^2}{4}\frac{\rho_{\mathrm{g}}v^2}{2}=\frac{\pi d_{\mathrm{p}}^3\rho_{\mathrm{p}}}{6}\frac{\mathrm{d}v}{\mathrm{d}t} \tag{3.14}$$

则运动加速度：

$$\frac{\mathrm{d}v}{\mathrm{d}t} = -\frac{3}{4}\frac{C_\mathrm{f}\rho_\mathrm{g}v^2}{\rho_\mathrm{p}d_\mathrm{p}} \tag{3.15}$$

运动时间：

$$\mathrm{d}t = -\frac{4}{3}\frac{\rho_\mathrm{p}d_\mathrm{p}}{C_\mathrm{f}\rho_\mathrm{g}}\frac{\mathrm{d}v}{v^2} \tag{3.16}$$

运动距离：

$$\mathrm{d}s = v\mathrm{d}t = -\frac{4}{3}\frac{\rho_\mathrm{p}d_\mathrm{p}}{C_\mathrm{f}\rho_\mathrm{g}}\frac{\mathrm{d}v}{v} \tag{3.17}$$

式中　ρ_p——颗粒的密度，kg/m^3。

做抛射运动的颗粒在阻力作用下逐渐减速，随着与气体的相对运动速度减小，受到的气体阻力也减小。所以，微粒要达到完全静止需要经过无限长时间。具有初速度 v_0 的粒子，它在 v_0 方向继续运动的最大距离称作抛射距离。

（1）层流状态（$Re \leqslant 1.0$）下的抛射距离　将层流下的阻力系数代入式（3.17）并积分得：

$$s = \frac{\rho_\mathrm{p}d_\mathrm{p}^2}{18\mu}\int_{v_0}^{v}\mathrm{d}v = \frac{\rho_\mathrm{p}d_\mathrm{p}^2}{18\mu}(v_0 - v) \tag{3.18}$$

式中　s——颗粒的运动距离，m；

　　　v_0——颗粒的初速度，m/s。

将 $v=0$ 代入上式，即得层流状态下颗粒抛射距离的计算式：

$$s_\mathrm{max} = \frac{\rho_\mathrm{p}d_\mathrm{p}^2}{18\mu}v_0 \tag{3.19}$$

（2）过渡状态（$1 < Re \leqslant 500$）下的抛射距离　如果颗粒的初速度大，流过颗粒的气体处于过渡状态。由于气体阻力的作用，颗粒的运动速度逐渐降低。当速度降低到 $v \leqslant \dfrac{\mu}{\rho_\mathrm{g}d_\mathrm{p}}$ （即 $Re \leqslant 1.0$）时，颗粒周围的气体开始进入层流状态。所以，颗粒的运动过程可分为两个阶段（见图 3.2）。

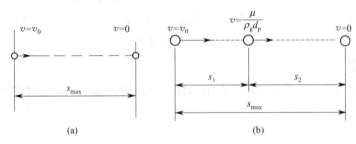

图 3.2　颗粒抛射运动过程

第一阶段（过渡区）颗粒的运动距离（即由 $v=v_0$ 至 $v=\mu/\rho_\mathrm{g}d_\mathrm{p}$）$s_1$ 的计算式，可用过渡区阻力系数表达式［式（3.7）］导出：

$$s_1 = \frac{0.12\rho_\mathrm{p}}{\rho_\mathrm{g}^{0.4}}\frac{d_\mathrm{p}^{1.6}}{\mu^{0.6}}\left[v_0^{0.6} - \left(\frac{\mu}{\rho_\mathrm{g}d_\mathrm{p}}\right)^{0.6}\right] \tag{3.20}$$

第二阶段（层流区）颗粒的运动距离（即由 $v=\mu/\rho_\mathrm{g}d_\mathrm{p}$ 至 $v=0$）s_2 的计算式用 $v_0=$

$\mu/\rho_g d_p$ 代入式(3.19)即可获得：

$$s_2 = \frac{\rho_p d_p}{18\rho_g} \qquad (3.21)$$

过渡状态下的颗粒抛射距离：

$$s_{max} = s_1 + s_2 \qquad (3.22)$$

无风情况下的动力扬尘可被近似地当作颗粒抛射运动，前述抛射距离即为扬尘距离。

【例 3.1】 直径为 0.1mm、密度为 2400kg/m³ 的球形颗粒以 30m/s 的初速度抛入标准状态的空气 [密度 $\rho_g = 1.252$kg/m³，动力黏度 $\mu = 1.715 \times 10^{-5}$ Pa·s] 中，忽略重力作用，计算其最大运动距离。

解 首先判别抛射运动开始时空气与颗粒相对运动的流态：

$$Re = \frac{\rho_g v d_p}{\mu} = \frac{1.252 \times 30 \times 0.0001}{1.715 \times 10^{-5}} = 219$$

$1 < Re < 500$，即处于过渡状态。

用式(3.20)计算过渡区运动距离：

$$\begin{aligned}
s_1 &= \frac{0.12\rho_p d_p^{1.6}}{\rho_g^{0.4}\mu^{0.6}}\left[v_0^{0.6} - \left(\frac{\mu}{\rho_g d_p}\right)^{0.6}\right] \\
&= \frac{0.12 \times 2400 \times 0.0001^{1.6}}{1.252^{0.4} \times (1.715 \times 10^{-5})^{0.6}}\left[30^{0.6} - \left(\frac{1.715 \times 10^{-5}}{1.252 \times 0.001}\right)^{0.6}\right] \\
&= 0.5605(m)
\end{aligned}$$

用式(3.21)计算层流区运动距离：

$$\begin{aligned}
s_2 &= \frac{\rho_p d_p}{18\rho_g} \\
&= \frac{2400 \times 0.0001}{18 \times 1.252} \\
&= 0.0106(m)
\end{aligned}$$

则该颗粒的最大抛射距离为：

$$s_{max} = s_1 + s_2 = 0.5605 + 0.0106 = 0.5711(m)$$

3.1.3 重力沉降

(1) 沉降速度 静止的气体中静止的颗粒受到的外力为重力和浮力，所受外力为：

$$F_w = F_g - F_f = \frac{1}{6}\pi d_p^3(\rho_p - \rho_g)g \qquad (3.23)$$

式中 F_g——重力，N；

       F_f——浮力，N；

       g——重力加速度，m/s²。

在上述外力作用下，颗粒加速沉降（图 3.3）。而一旦颗粒沉降，就会受到气体阻力作用。颗粒做沉降运动的运动方程为：

$$F_w - F_r = m_p \frac{dv}{dt} \qquad (3.24)$$

将式(3.2)和式(3.23)代入式(3.24)，可得：

$$\frac{dv}{dt} = \frac{(\rho_p - \rho_g)g}{\rho_p} - \frac{3C_f\rho_g}{4d_p\rho_p}v^2 \qquad (3.25)$$

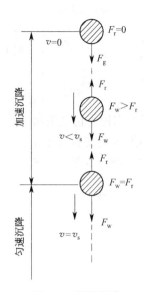

图 3.3 颗粒沉降
运动过程

颗粒加速沉降时,随沉降速度增加,阻力也增加,直至使颗粒沉降的作用力与阻力平衡,颗粒沉降速度达到最大值 v_s,此后颗粒继续做匀速沉降运动(图 3.3)。颗粒做自由沉降运动所能达到的最大运动速度 v_s 称为沉降速度。

颗粒做匀速沉降时:

$$\frac{dv}{dt} = \frac{(\rho_p - \rho_g)g}{\rho_p} - \frac{3C_f \rho_g}{4 d_p \rho_p} v^2 = 0 \qquad (3.26)$$

则

$$v_s = \left[\frac{4 d_p (\rho_p - \rho_g)g}{3 \rho_g C_f} \right]^{\frac{1}{2}} \qquad (3.27)$$

式中 v_s——沉降速度,m/s。

由于 Re 数不同,阻力系数表达式不同,因而沉降速度的计算式也不同。

① 层流状态下的沉降速度。如果颗粒较小,沉降速度较低,与颗粒做相对运动的气流可能是层流状态($Re \leqslant 1.0$)。将式(3.4)代入式(3.27)即可得到层流状态下的沉降速度计算式:

$$v_s = \frac{(\rho_p - \rho_g)g d_p^2}{18\mu} \qquad (3.28)$$

自由沉降的颗粒,其周围相对运动的空气呈层流状态,相应的颗粒粒径最大值可根据 $Re = 1.0$ 的条件求得:

$$Re = \frac{\rho_g d_p v_s}{\mu} = \frac{\rho_g (\rho_p - \rho_g)g d_p^3}{18\mu^2} \leqslant 1$$

由于 ρ_g 与 ρ_p 相比可以忽略不计,则做层流沉降的颗粒粒径最大值为:

$$d_{p(max)} = \left(\frac{18\mu^2}{\rho_g \rho_p g} \right)^{\frac{1}{3}} \qquad (3.29)$$

【例 3.2】 锅炉飞灰颗粒的密度为 1200kg/m³,在标准状态的空气 [密度 $\rho_g = 1.252$kg/m³,动力黏度 $\mu = 1.715 \times 10^{-5}$ Pa·s] 中做自由沉降,计算其处于层流条件的最大粒径。

解 按式(3.29):

$$d_{p(max)} = \left(\frac{18\mu^2}{\rho_g \rho_p g} \right)^{\frac{1}{3}}$$

$$= \left[\frac{1.8 \times (1.715 \times 10^{-5})^2}{1.252 \times 1200 \times 9.81} \right]^{\frac{1}{3}}$$

$$\approx 70(\mu m)$$

② 过渡状态下的沉降速度。如果颗粒较大,沉降速度较大,与颗粒做相对运动的气流可能处于过渡状态($1 \leqslant Re \leqslant 500$)。将式(3.6)代入式(3.27),即可得过渡状态下的沉降速度计算式:

$$v_s = 0.153 \left[\frac{(\rho_p - \rho_g)g d_p^{1.6}}{\mu^{0.6} \rho_g^{0.4}} \right]^{\frac{1}{1.4}} \qquad (3.30)$$

③ 紊流状态下的沉降速度。如果颗粒更大,沉降速度也更大,与颗粒做相对运动的气流可能处于紊流状态($Re > 500$)。将式(3.8)代入式(3.27),即可得紊流状态下的沉降速

度计算式：

$$v_s = 1.74 \left[\frac{(\rho_p - \rho_g) d_p g}{\rho_g} \right]^{\frac{1}{2}} \tag{3.31}$$

（2）影响沉降的因素　前面讨论的是单个球形颗粒的自由沉降，考虑的作用因素仅有重力、浮力和阻力。实际上影响颗粒沉降的因素很多，重要的因素有：颗粒的大小和形状、颗粒的凝并和变形、颗粒间的相互作用、器壁影响、介质对流等。

① 形状的影响。Whylaw-Gray 和 Patterson 对椭球形颗粒进行仔细研究后发现，当长短轴径之比在 3∶1 以内，可用同体积球形颗粒按斯托克斯公式［式(3.28)］进行计算，再加上细长修正系数的修正；但当轴比大于 3∶1，修正系数太大，以致斯托克斯公式失去意义。

考虑颗粒形状对阻力的影响，可在阻力表达式中加入形状系数 S_f：

$$C_f = \frac{24}{S_f Re} \tag{3.32}$$

S_f 为任意形状颗粒的沉降速度与球形颗粒沉降速度之比。Orr 进一步研究后，用下式定义形状系数：

$$S_f = \frac{18 \mu v_s'}{g d_p^2 (\rho_p - \rho_g)} \tag{3.33}$$

式中　v_s'——任意形状颗粒的沉降速度，m/s。

对于椭球体、圆柱体和长方体，可用下式考虑颗粒形状和取向的影响：

$$\lg S_f = \frac{-0.27}{\psi^{1/2} \left(\frac{d_e}{d_c} \right)^{0.345}} \left(\frac{d_e}{d_c} - 1 \right) + \lg \left(\frac{d_e}{d_c} \psi^{\frac{1}{2}} \right) \tag{3.34}$$

式中　ψ——等体积球体表面积与颗粒表面积之比；

d_e——与颗粒在运动方向垂直面上投影面积相等的圆的直径；

d_c——与颗粒等体积的球体的直径。

任意形状的颗粒（流线型除外）与球形颗粒（相同密度、相同体积）相比，沉降速度较小，有时可相差 50%。沉降过程中颗粒自动无规则取向，更会给预计沉降速度带来困难。

② 凝并的影响。单个微粒有形成微粒团的趋势，颗粒凝并成团块后，给沉降运动增加了许多新的影响因素。团块密度比微粒密度小得多，形状复杂。任何情况下，微粒团比单个微粒沉降更快，团块越大，沉降越快。

③ 器壁的影响。前面的讨论仅限于自由沉降，忽略了器壁的影响。实际上由于器壁干扰了流动状况，使靠近壁面的边界层内微粒沉降速度降低。

④ 微粒之间的相互影响。气溶胶中个别微粒的沉降要受到周围颗粒的影响。均匀分散于介质中的微粒沉降，并不是将其下方的介质压缩，而是把下方的气体分子挤上去。在高浓度情况下，微粒之间距离很小，上升的气体分子就会对邻近的微粒产生向上的附加作用力，使微粒沉降速度降低。这种影响与微粒浓度有关。沉降运动还受微粒彼此碰撞和凝并的影响。如果浓度极高，微粒可以彼此接触，形成整体运动的微粒云，而不是形成微粒团块。

3.1.4 惯性碰撞

气体夹带颗粒物与某物体做相对运动，气流中的颗粒随气流一起运动，很少或不产生滑动。但是，若有一静止或缓慢运动的障碍物体处在气流中，就会成为一个靶子，促使气流发生绕流，某些颗粒物可能因碰撞而滞留在上面。

如图 3.4 所示，由于遇到障碍物，气体发生绕流，流线在障碍物前 x_d 处出现弯曲。但质量远大于气体分子的颗粒因惯性作用，继续向前运动。颗粒在前进中受到气体阻力的作用，速度逐渐降低（相当于抛射运动），存在最大运动距离 x_s。当 $x_s < x_d$ 时颗粒与障碍物不会碰撞；而当 $x_s \geqslant x_d$ 时便发生碰撞；且 x_s/x_d 越大，碰撞越激烈，所以可用 x_s/x_d 来表征碰撞效应。

x_d 不易计算求取，但可以认为 x_d 与障碍物宽度 b（圆柱形或球形物为直径）成正比，因此可以用 x_s/b 组成表征碰撞效应的无量纲数，并称其为惯性碰撞数 N_I。

惯性碰撞是惯性除尘、过滤除尘和洗涤除尘等的重要作用机理。

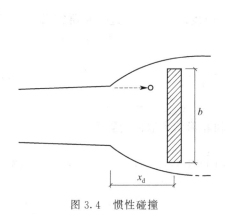

图 3.4 惯性碰撞

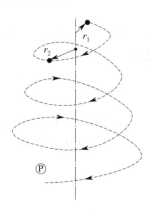

图 3.5 微粒的圆周运动

3.1.5 离心力沉降

在旋转气流内，微粒随气流做圆周运动（图 3.5）。如果运动处于斯托克斯区，则微粒切向运动方程为：

$$\frac{\pi}{6} d_p^3 (\rho_p - \rho_g) \frac{1}{r} \frac{d}{dt}\left(r^2 \frac{d\theta}{dt}\right) = 3\pi \mu d_p (v_t - v_p)$$

$$\frac{d}{dt}\left(r^2 \frac{d\theta}{dt}\right) = \frac{18\mu}{(\rho_p - \rho_g) d_p^2} r(v_t - v_p) \tag{3.35}$$

式中　θ——圆周运动中心角；

　　　r——圆周运动半径；

　　　t——运动时间；

　　　v_t——气体切向运动速度；

　　　v_p——微粒切向运动速度。

微粒径向运动方程为：

$$\frac{\pi}{6} d_p^3 (\rho_p - \rho_g) \left[\frac{d^2 r}{dt^2} - r^2 \left(\frac{d\theta}{dt}\right)^2\right] = -3\pi \mu d_p \frac{dr}{dt}$$

$$\frac{d^2 r}{dt^2} - r^2 \left(\frac{d\theta}{dt}\right)^2 = -\frac{18\mu}{(\rho_p - \rho_g) d_p^2} \frac{dr}{dt} \tag{3.36}$$

经适当简化后得：

$$\frac{\mathrm{d}^2 r}{\mathrm{d}t^2} + \frac{18\mu}{(\rho_\mathrm{p} - \rho_\mathrm{g})d_\mathrm{p}^2}\frac{\mathrm{d}r}{\mathrm{d}t} - \frac{v_\mathrm{t}^2}{r} = 0$$

略去高阶微分项可得：

$$\frac{18\mu}{(\rho_\mathrm{p} - \rho_\mathrm{g})d_\mathrm{p}^2}\frac{\mathrm{d}r}{\mathrm{d}t} - \frac{v_\mathrm{t}^2}{r} = 0$$

由此可得离心力作用下微粒的径向运动速度：

$$v_\mathrm{r} = \frac{\mathrm{d}r}{\mathrm{d}t} = \frac{(\rho_\mathrm{p} - \rho_\mathrm{g})d_\mathrm{p}^2}{18\mu}\frac{v_\mathrm{t}^2}{r} \tag{3.37}$$

将上式整理并积分可得微粒由 r_1 运动到 r_2 所需的时间：

$$t = \int_0^t \mathrm{d}t = \frac{18\mu}{(\rho_\mathrm{p} - \rho_\mathrm{g})d_\mathrm{p}^2}\int_{r_1}^{r_2}\frac{r\,\mathrm{d}r}{v_\mathrm{t}^2} \tag{3.38}$$

如果能掌握切向运动速度在径向的分布规律，就可以求出运动时间 t。

3.2 颗粒的扩散

3.2.1 布朗运动与扩散

（1）布朗运动　气体或连续介质中的原子、分子或分子团做无规则运动，其运动轨迹为无规则折线［图 3.6(a)］。介质中的颗粒受原子或分子碰撞，也做无规则运动。颗粒运动时由于分子多次碰撞的结果（一般每秒钟碰撞约 10^{21} 次），所以其运动轨迹更为复杂［图 3.6(b)］。这种运动首先由英国植物学家布朗在 1827 年观察并描述，所以称为布朗运动。

在 t 时间里，微粒在某一方向上位移的统计平均值，即方均根值，爱因斯坦研究发现，一定时间内布朗运动的均方根位移有如下关系：

$$\overline{X}^2 = 2D_\mathrm{B}t \tag{3.39}$$

式中　$\overline{X}$——均方根位移，m；

D_B——布朗扩散系数，m^2/s；

t——运动时间，s。

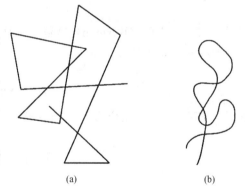

(a)　　　　　(b)

图 3.6　分子运动和布朗运动

（2）布朗扩散通量　大量颗粒的布朗运动引起布朗扩散。单位时间内通过单位面积扩散的微粒量为布朗扩散通量，它与介质中颗粒浓度梯度成正比：

$$J_\mathrm{B} = -D_\mathrm{B}\frac{\mathrm{d}c}{\mathrm{d}x} \tag{3.40}$$

式中　J_B——布朗扩散通量，$\mathrm{g}/(\mathrm{m}^2 \cdot \mathrm{s})$ 或 $(\mathrm{m}^2 \cdot \mathrm{s})^{-1}$；

D_B——布朗扩散系数，m^2/s；

c——微粒浓度，g/m^3 或 m^{-3}；

x——距离，m。

对粒径等于或略大于气体分子平均自由程的颗粒，其扩散系数可按爱因斯坦公式计算：

$$D_B = \frac{kTC_u}{3\pi\mu d_p} \qquad\qquad (3.41)$$

式中　k——玻耳兹曼常数，$1.38\times10^{-23}\,\mathrm{J/K}$。

对粒径小于气体分子平均自由程的颗粒，其扩散系数可按朗格谬尔（Langmuir）公式计算：

$$D_B = \frac{4kT}{3\pi d_p^2 P}\left(\frac{8RT}{\pi M}\right)^{\frac{1}{2}} \qquad\qquad (3.42)$$

式中　T——气体温度，K；

　　　P——气体压强，Pa；

　　　R——气体常数，J/(mol·K)；

　　　M——气体摩尔质量，g/mol。

3.2.2　紊流扩散

紊流情况下，流体微团除有主流方向的运动之外，还有垂直于主流方向的运动。横向运动引起质量和动量的交换，称为紊流扩散，其规模比分子扩散大得多。由于动量交换，气溶胶内的颗粒能保持悬浮分散。

紊流引起的颗粒扩散通量可用下式表示：

$$J_T = -D_T\frac{\mathrm{d}c}{\mathrm{d}x'} \qquad\qquad (3.43)$$

式中　D_T——紊流扩散系数，$\mathrm{m^2/s}$；

　　　x'——紊流扩散方向的运动距离，m。

$$D_T = Kv_Rx' \qquad\qquad (3.44)$$

式中　K——卡门（Kerman）常数，根据 Nikuradse 的试验，$K=0.4$；

　　　v_R——动力速度，m/s。

$$v_R = \left(\frac{F_{\tau0}}{\rho_g}\right)^{\frac{1}{2}} \qquad\qquad (3.45)$$

式中　$F_{\tau0}$——壁面切应力，$\mathrm{g/(m\cdot s^2)}$。

3.3　颗粒的凝并

凝并或称凝聚、碰并，是气溶胶颗粒通过物理的或者化学的相互作用、相互接触而结合成大颗粒的过程。根据凝并机理的不同，分为热凝并和动力学凝并。如果是布朗运动造成的碰撞，该过程称为热凝并；如果是外力引起的运动碰撞，则称为动力凝并。

颗粒的凝并是污染控制的重要机制之一，通过凝并可使小颗粒集结成较大的颗粒，使其更容易从气体中分离。

3.3.1　布朗运动与凝并

气溶胶中颗粒的布朗运动引起碰撞，部分颗粒经碰撞而合并，颗粒数减少。促进颗粒凝并的作用因素还有紊流、重力、静电力和光泳等。布朗运动和静电力是起控制作用的因素。

Smoluchowski 研究了连续介质中单分散球形颗粒的碰撞凝并速率，得到以下关系式：

$$\frac{\mathrm{d}n}{\mathrm{d}t} = -2\pi D_B n^2 r_p \qquad\qquad (3.46)$$

式中 n——单位体积内作为碰撞中心的微粒数，m^{-3}；

r_p——微粒半径，m。

介质中两种不同的微粒碰撞凝并，可用两种微粒扩散系数之和（$D_{B1}+D_{B2}$）及两个微粒影响半径之和的一半 $[(r_{01}+r_{02})/2]$ 来取代上式中的 D_B 和 r_p，则：

$$\frac{\mathrm{d}n}{\mathrm{d}t}=-\pi(D_{B1}+D_{B2})(r_{01}+r_{02})n^2 \qquad (3.47)$$

进一步推导可得：

$$\frac{1}{n}-\frac{1}{n_0}=\frac{2}{3}\frac{RT}{nN_0}S_r t \qquad (3.48)$$

式中 n_0——单位体积内初始微粒数，m^{-3}；

S_r——微粒的影响半径与半径之比，假定对所有微粒都是常数；

N_0——阿伏伽德罗常数，$6.02\times10^{23}\,mol^{-1}$。

3.3.2 凝并速率与影响因素

（1）凝并速率 各种颗粒群的凝并速率不一样，主要与颗粒和介质的特性、介质中颗粒的密集度（单位体积内的颗粒数）有关，并可用下式表示：

$$\frac{\mathrm{d}n}{\mathrm{d}t}=-k_n n^2 \qquad (3.49)$$

式中 k_n——凝并系数，m^3/s。

凝并系数仅在很小的程度上取决于粒度，粒度的增加受到限制时，凝并系数可以看做是常数。表 3.1 为常见微粒的凝并常数。

表 3.1 微粒的凝并常数

微粒物质	$k_n\times10^{-9}/(cm^3/s)$	微粒物质	$k_n\times10^{-9}/(cm^3/s)$
氯化铵	0.60	油酸	0.51
氧化铁	0.66	树脂	0.49
氧化镁	0.83	石蜡油	0.50
氧化镉	0.80	p-二甲基-偶氮-β-萘酚	0.63
硬脂酸	0.51		

（2）影响凝并速率的因素 颗粒的凝并与颗粒的大小有关，还受到介质的温度、压强和黏度，机械扰动，声波作用，颗粒荷电和蒸汽凝结等因素的影响。

① 颗粒的大小和形状。Whylaw Gray 和 Patterson 的试验证明，颗粒的大小不同，其凝并速率也不同，多分散气溶胶比单分散气溶胶凝并速率大，颗粒粒径悬殊越大，凝并越快。较大的颗粒比较小的颗粒凝并要慢得多。

液体微滴总是球形的（表面张力所致），相互碰撞合并后仍是球形。固体颗粒大多数是不规则的，凝并后形成不规则团块。除长棒状颗粒外，一般颗粒的形状对凝并速率影响不大。

② 介质的温度、压强和紊流度。温度升高，布朗运动加剧；压强升高，气体分子运动平均自由程减小，这些都会导致凝并加快。

紊流使颗粒相对运动加剧，碰撞机会增加，因而凝并加快。颗粒与壁面碰撞造成的颗粒数减少可以忽略。

③ 声波作用。用强声波引起粒子间的相对运动时就会产生声凝并。粒径不同的粒子对

高强声波的反应不同，大粒子可能不受影响，而小粒子会随声波一起振荡，促使颗粒活动度增大，凝并加快。Green 和 Lane 描述过振动气体中颗粒的运动，并断定运动状态与辐射引起的压力、相邻颗粒间的流体动力学力、颗粒共振等因素有关。声波引起凝并速率的变化与微粒浓度、在声波中暴露的时间、振动强度、振动频率、颗粒的黏着性等有关。对不同的分散体系，促进凝并的最佳频率不同。

声波引起颗粒振动，在不连续介质中声波振幅与颗粒振幅之比的表达式为：

$$\frac{a_s}{a_p} = \left\{ \left[\frac{4\pi r_p^2 \rho_p f_s}{9\mu} \left(1 + \frac{C_u \lambda}{r_p} \right) \right] + 1 \right\}^{\frac{1}{2}} \tag{3.50}$$

式中　a_s——声波振幅；

　　　a_p——颗粒振幅；

　　　f_s——声波频率；

　　　C_u——滑动修正系数。

利用超声波促进颗粒凝并，已在颗粒控制技术中被尝试应用。但主要困难在于：高浓度颗粒阻碍超声波的传播；低浓度时颗粒碰撞机会很少，凝并速度过低，促进凝并的效果不明显，而且，为了产生几十千赫兹甚至更高频率的声波，需要损耗大量电能，这比一般的高效气溶胶捕集器，如静电除尘器的能耗还要高。

④ 蒸气凝结。Aptemob 发现氯化铵烟的凝并与介质气相的相对湿度有很大关系。外加蒸气既可能使凝并加快，也可能使减慢。这取决于蒸气的种类、压强和蒸气量。

⑤ 颗粒荷电。空气中始终有离子存在，通过碰撞使颗粒荷电，颗粒也可人为荷电。微细粒子在预荷电区，一部分粒子荷以正电荷，另一部分荷以负电荷，然后进入凝并区，带异电荷的粉尘在库仑力的作用下，颗粒间的凝并效果明显加强。即使没有分别荷以相反电荷，颗粒荷电也能明显影响凝并：带同性电荷的颗粒之间距离大时，斥力起支配作用；如果靠得很近，则引力起支配作用。Russell 曾指出，大小不同，或大小相同但荷电量不同的颗粒，当距离很小时，就会彼此吸引。

单极荷电颗粒的凝并速率可用下式表示：

$$\frac{dn}{dt} = -8\pi D_B n^2 \left[\frac{\lambda}{\exp(\lambda - 1)} + \lambda \right] \tag{3.51}$$

两种电性荷电颗粒之间有强引力作用，使碰撞概率明显增加，凝并加快，其凝并速率表达式为：

$$-\frac{dn}{dt} = 8\pi r_p D_B \left[\frac{(n_+^2 + n_- \lambda + 2n_+ n_- \lambda)\exp(\lambda)}{\exp(\lambda - 1)} \right] + \frac{4\pi q^2 D_B (n_+ + n_-)^2}{k_p T} \tag{3.52}$$

式中　n_+——带正电颗粒密集度，m^{-3}；

　　　n_-——带负电颗粒密集度，m^{-3}；

　　　k_p——普朗克常数，$6.63 \times 10^{-34} J \cdot s$。

3.4　颗粒的电泳、热泳、光泳和扩散泳

气溶胶中的颗粒在电场、磁场、温度场、浓度场或光的作用下，会产生电泳、磁泳、热泳、扩散泳或光泳。

3.4.1 电泳

在外加直流电源的作用下，胶体微粒在分散介质里向阴极或阳极做定向移动，这种现象叫做电泳。颗粒在电场中所受作用力与其荷电量及电场强度有关：

$$F_e = qE \tag{3.53}$$

式中　F_e——电场作用力，N；

　　　q——颗粒的荷电量，C；

　　　E——颗粒所在位置的电场强度，V/m。

层流情况下，如果忽略极化作用，荷电颗粒在电场中达到的最大运动速度：

$$v_s = \frac{qEC_u}{3\pi\mu d_p} \tag{3.54}$$

荷电颗粒穿过磁力线，会受到磁场的作用，但作用力不大。

【例3.3】　标准状态空气（分子运动平均自由程 $\lambda = 0.0667\mu m$）中直径为 $1\mu m$、荷电量为 2.6×10^{-17} C 的颗粒，在电场强度为 5×10^5 V/m 的均匀电场中，计算其最大运动速度。

解　用式(3.10)计算滑动修正系数：

$$
\begin{aligned}
C_u &= 1 + \frac{2\lambda}{d_p}\left[1.257 + 0.400\exp\left(-0.55\frac{d_p}{\lambda}\right)\right] \\
&= 1 + \frac{2 \times 0.0667}{1}\left[1.257 + 0.4\exp\left(-0.55 \times \frac{1}{0.0667}\right)\right] \\
&= 1.168
\end{aligned}
$$

用式(3.54)计算最大运动速度：

$$v_s = \frac{qEC_u}{3\pi\mu d_p} = \frac{2.6 \times 10^{-17} \times 5 \times 10^5 \times 1.168}{3 \times \pi \times 1.715 \times 10^{-5} \times 1 \times 10^{-6}} = 0.094(\text{m/s})$$

3.4.2 热泳

在气体介质中，如果有温度梯度存在，颗粒就会受到由热侧传向冷侧的力的作用，粒子向较冷区域运动，这一现象称为热泳或温度差泳。这是因为热区介质分子剧烈运动，单位时间碰撞颗粒的次数较多，而冷区介质分子碰撞颗粒的次数较少，两侧分子碰撞次数和能量传递的差异，就会使颗粒产生由高温区向低温区的运动（图3.7）。

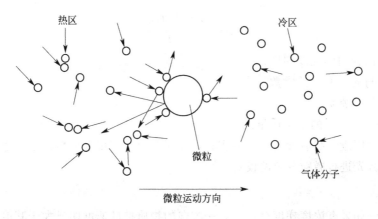

图 3.7　气体介质中颗粒的热泳

Epstein公式可用来计算等温度梯度介质中球形颗粒受到的热作用力的合力：

$$F_{th} = -9\pi \left(\frac{d_p}{2}\right)\left(\frac{\lambda_g}{\lambda_g + \lambda_p}\right)\left(\frac{\mu^2}{\rho_g T}\right) G_t \tag{3.55}$$

式中　F_{th}——热作用力；

$\quad\quad\lambda_g$——气体介质导热系数；

$\quad\quad\lambda_p$——颗粒的导热系数；

$\quad\quad G_t$——温度梯度。

热作用力还是气体压强的函数：

$$F_{th} = -\frac{P\lambda d_p^2 G_t}{T} \tag{3.56}$$

式中　P——气体压强；

$\quad\quad\lambda$——气体分子运动平均自由程。

温度梯度引起的颗粒运动，其运动速度随温度梯度增加而增加。Rosenblatt 和 Lamar 建立了以下关系式：

$$v_p = -17.9\left(\frac{1}{2 + \lambda_p/\lambda_g}\right) \times \left(\frac{P\lambda^2}{T}\frac{dT}{dx}\right) \times \left\{\frac{1 + (2\lambda/d_p)[A + B\exp(-Cd_p/2\lambda)]}{6\pi\mu}\right\} \tag{3.57}$$

3.4.3　光泳

悬浮在气体（气溶胶）或液体（气溶胶）中的小粒子，当被足够强度的光照射时，会开始往远离光源的方向移动的现象称为光泳。光泳与很多因素有关，如微粒的大小和形状、微粒的透明度、光的波长和强度、光对微粒的入射角等。

对光泳的解释有两种：一种理论认为，光使微粒迎光面加热，热量传递给附近空气，使空气分子热运动加剧，分子碰撞微粒使其沿光线照射的方向运动；另一种理论认为，微粒在光压作用下运动。

光泳与介质压力有关。Cadle 提出了微粒光泳力的两个著名公式如下。
对于低压：

$$F_1 = \frac{3\pi\mu^2 d_p R G_p}{2PM} \tag{3.58}$$

对于高压：

$$F_1 = \frac{\pi a d_p^3 P G_p}{24 T} \tag{3.59}$$

式中　G_p——微粒内的温度梯度；

$\quad\quad a$——与光泳有关的常数；

$\quad\quad R$——气体常数；

$\quad\quad M$——介质分子的摩尔质量。

藤野进行过用激光照射含尘气体的实验，发现在激光作用下微粒的运动速度可达 $1m/s$，并提出了利用激光进行微粒分离的设想。

3.4.4　扩散泳

气体介质中如果有浓度梯度存在，某一方向的物质扩散速度明显大于其他方向（例如液面蒸发）。微粒在扩散运动分子的撞击下，也会产生与扩散方向相同的运动（图 3.8），这种现象称为扩散泳。

微粒扩散泳运动速度与扩散体系的组成和压强、扩散物性质、扩散物浓度梯度等因素有关，并可用下式表示：

$$v_p = -\frac{\sqrt{M_z}P}{\sqrt{M_z}P_z + \sqrt{M_g}P_g} \times \frac{D_z}{\rho_g}G_{zp}$$

(3.60)

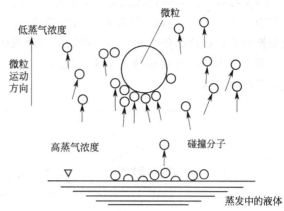

图 3.8　气体介质中颗粒的扩散泳

式中　M_z——扩散物摩尔质量；

　　　M_g——介质气体摩尔质量；

　　　P——系统总压；

　　　P_z——扩散物分压；

　　　P_g——介质气体分压；

　　　D_z——扩散物在介质气体中的扩散系数；

　　　G_{zp}——分压梯度。

Dervagin 的实验表明，温度在 273～323K，氢气中的水蒸气浓度梯度为 0～70mg/(m³·cm) 时，扩散泳速度为 0～0.12cm/s。

影响扩散泳的主要因素有：颗粒大小、扩散物在气体介质中的扩散系数、气体介质中扩散物的浓度和浓度梯度、扩散物的特性（如分子量、挥发性、压强等）。

由于压强保持平衡，扩散后的分子位置由气体分子填补，因而形成与扩散方向相反的气体介质运动。这一运动也会影响颗粒的运动。

3.5　颗粒的附着与反弹

在颗粒物输送和捕集过程中会出现颗粒在管道设备表面附着，或从固体表面反弹。颗粒附着是某些除尘过程的必需条件，这有利于粉尘的捕集和避免二次扬尘，如过滤和静电沉积；而反弹往往影响捕集效果，例如在旋风除尘器和惯性除尘器中。颗粒物在管道或除尘器内表面附着，造成管道和设备的堵塞，会影响装置的正常运行，必须加以清除。

3.5.1　颗粒的附着与去除

（1）颗粒物的附着　颗粒与任何表面接触，都会附着其上。附着作用主要有范德华力、静电力、液膜表面张力等。一般情况下，颗粒物的粒径小，形状不规则，表面粗糙，含水率高，润湿性好以及荷电量大时，易产生附着现象。当然粉尘的附着力还与所处介质的性质有关，例如，颗粒物在液体介质中的附着力要比在气体中小得多；在粗糙或者黏性物质的固体表面，附着力会大大提高。

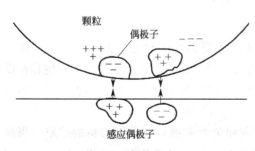

图 3.9　范德华力

范德华力是颗粒附着最重要的作用力。电子随机运动产生偶极子，每一瞬间电荷集中都会在相邻材料中感生互补偶极子，因而产生引力（图 3.9）。范德华力随表面距离增加而迅速减小，影响范围仅为几倍分子直径。

颗粒与表面开始时仅几点接触，接触面之间的平均距离 x（见图 3.10）取决于粗糙度。光滑表面 $x \approx 0.0004 \mu m$。附着力 F_{adh} 与粒径 d_p 成正比，与距离 x 的平方成反比。颗粒与表面接触后，在范德华力和静电力作用下接触表面逐渐变形，使接触面积逐渐增大，距离减小，直至引力与抵抗变形的力平衡，这一过程可能长达数小时。材料硬度决定最终接触面积，影响附着强度。

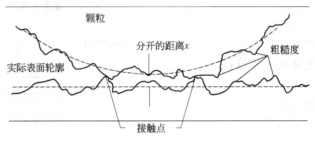

图 3.10　亚微米显微镜下表面接触的几何形状

有一些实验证明了静电荷能使粉尘粒子黏附的强度显著增加。大多数粒径小于 $0.1 \mu m$ 的颗粒都带有少量净电荷，存在静电力，静电力 F_e 与电荷量 q 的平方成反比。在低温度下颗粒能保持电荷，借助静电力附着于表面。当 $d_p > 0.1 \mu m$，荷电量约与 $\sqrt{d_p}$ 成正比，所以静电力约与粒径成正比。

液体的表面张力越大，粉尘粒子的粒度越粗，相互接触的表面可湿性越好，则粉尘粒子表面接触的毛细力越大。因而由于接触点附近毛细空间液体的表面张力形成黏附力。

通常条件下，固体材料表面均吸附有液体分子，当空气相对湿度 $\varphi > 90\%$，这种黏附力为：

$$F_s = 2\pi\sigma d_p \tag{3.61}$$

式中　σ——液体表面张力。

毛细力和电场力实际上是不能同时作用的。

（2）颗粒物的去除　为了将表面附着的颗粒物清除，必须有去除作用力。去除力可由振动、离心等作用产生，也可由气流产生。振动或离心作用产生的去除力与颗粒直径的 3 次方成正比，气流去除力与粒径平方成正比。小颗粒去除比较困难，粒径小于 $10 \mu m$ 的颗粒用普通的方法难以去除，但形成沉积层的颗粒物容易以大片形式（$0.1 \sim 10mm$）移动。颗粒与颗粒之间附着紧密，而颗粒聚集体容易被振动、气流去除。

3.5.2　颗粒的反弹

当颗粒以低速与固体表面接触，颗粒和固体表面变形消耗了动能，颗粒沉积于固体表面。高速运动的颗粒碰撞固体表面，部分动能被消耗，另一部分转化为回弹动能，使颗粒反弹。反弹会使某些除尘过程（如惯性分离和离心分离）捕集效率下降。在液体表面很少出现颗粒反弹。

Ellenbeker 等（1980 年）用粒径 $2 \sim 15 \mu m$ 飞灰和荧光素钠染料颗粒实验的结果：当颗粒动能低于 $2 \times 10^{-16} J$，不会出现反弹；当颗粒动能在 $2 \times 10^{-15} \sim 1 \times 10^{-13} J$，有 50% 颗粒反弹。相应于空气动力学直径 $10 \mu m$ 的颗粒，运动速度低于 $30mm/s$ 无反弹；运动速度在 $90 \sim 600mm/s$，有 50% 颗粒反弹率。

3.6 分子扩散和反应

3.6.1 自由空间分子扩散

(1) 扩散通量 分子的热运动引起扩散，扩散通量与扩散物的浓度梯度成正比，可用下式表示：

$$J = -D \frac{\partial c}{\partial x} \tag{3.62}$$

式中 J——分子扩散的扩散通量，$mol/(cm^2 \cdot s)$；

D——分子扩散的扩散系数（表 3.2），$cm^2 \cdot s$；

c——扩散物的浓度，mol/cm^3；

x——扩散距离，cm。

物质的分子扩散系数表示它的扩散能力，是物质的物理性质之一。扩散系数的大小主要取决于扩散物质和扩散介质的种类及其温度和压力。物质扩散系数可通过实测求得或按经验式计算。

表 3.2 气体的扩散系数   单位：$cm^2 \cdot s$

气体	在标准状态空气中	在水中	气体	在标准状态空气中	在水中
H_2	0.611	5×10^{-5}(293K)	SO_3	0.095	—
N_2	0.132	2.6×10^{-5}(293K)	HCl	0.130	2.3×10^{-5}(293K)
O_2	0.178	2.10×10^{-5}(293K)	NH_3	0.170	1.64×10^{-5}(293K)
CO_2	0.138	1.92×10^{-5}(293K)	H_2O	0.220	—
SO_2	0.103	1.66×10^{-5}(293K)			

(2) 双组分体系的扩散系数

① 气相扩散。由物质 A 和物质 B 组成的气相扩散体系，其扩散系数可用下式计算：

$$D_{AB} = \frac{0.4357 T^{1.5}}{[(\sum V)_A^{\frac{1}{3}} + (\sum V)_B^{\frac{1}{3}}]^2 P} \left(\frac{1}{M_A} + \frac{1}{M_B} \right)^{0.5} \tag{3.63}$$

式中 D_{AB}——双组分体系的扩散系数，$cm^2 \cdot s$；

T——扩散体系的温度，K；

P——扩散体系的压强，kPa；

M_A，M_B——物质 A 和物质 B 的摩尔质量，g/mol；

$(\sum V)_A$，$(\sum V)_B$——A 和 B 的扩散体积（表 3.3），cm^3/mol。

表 3.3 原子或分子的扩散体积   单位：cm^3/mol

原子		分子	
C	14.8	H_2	14.3
H	3.7	O_2	25.6
Cl	24.6	N_2	31.2
Br	27.0	空气	29.9
I	37.0	Cl_2	48.4
N	15.6	CO	30.7
S	25.6	CO_2	34.0
O	7.4	NO	23.6
O(在甲酯中)	9.1	NH_3	25.8
O(在酸中)	12.0	H_2O	18.9
O(在甲醚中)	9.0	H_2S	32.9
苯环	—15	SO_2	44.8

【例 3.4】 求三氧化硫在 293K、101.325kPa 空气中的扩散系数。

解 由表 3.3 查得空气分子的扩散体积 $V_B = 29.9 cm^3/mol$。同时由表 3.3 查得 S 和 O 的原子扩散体积，并计算 SO_3 分子的扩散体积。

$$(\sum V)_A = 25.6 + 7.4 \times 3 = 47.8 (cm^3/mol)$$

用式(3.63) 计算 SO_3 在空气中的扩散系数：

$$D_{AB} = \frac{0.4357 T^{1.5}}{[(\sum V)_A^{\frac{1}{3}} + (\sum V)_B^{\frac{1}{3}}]^2 P} \left(\frac{1}{M_A} + \frac{1}{M_B}\right)^{0.5}$$

$$= \frac{0.4357 \times 293^{1.5}}{(47.8^{\frac{1}{3}} + 29.9^{\frac{1}{3}})^2 \times 103.325} \left(\frac{1}{80} + \frac{1}{29}\right)^{0.5}$$

$$= 0.103 (cm^2/s)$$

② 液相扩散。物质 A 在很稀的溶液中的扩散系数可按下式计算：

$$D'_A = 7.4 \times 10^{-11} \frac{(\beta M)^{\frac{1}{2}} T}{\mu V_A^{0.6}} \tag{3.64}$$

式中 D'_A——A 物质在液相中的扩散系数，$cm^2 \cdot s$；

M——溶剂的摩尔质量，g/mol；

μ——溶剂的动力黏度，$Pa \cdot s$；

V_A——A 物质在正常沸点下的扩散体积（也可用表 3.3 数值估算），cm^3/mol；

β——溶剂的缔合因数，水为 2.6，甲醇为 1.9，乙醇为 1.5，非缔合溶剂（如苯、乙醚）为 1.0。

（3）多组分体系的扩散系数 由组分 A_1，A_2，…，A_n 组成的多组分体系，A_1 向其余 $n-1$ 个组分的混合物扩散，其扩散系数可按下列关系式计算：

$$\frac{1}{D_1} = \frac{1}{1-y_1} \sum_{i=2}^{n} \frac{y_i}{D_{1i}} \tag{3.65}$$

式中 D_1——物质 A_1 在多组分混合物中的扩散系数；

D_{1i}——物质 A_1 在单一物质 A_i 中的扩散系数；

y_1——组分 A_1 的摩尔分率。

3.6.2 扩散-反应方程

在典型的扩散-反应过程中，某一反应物的反应速率既是其自身浓度的函数，又是与其同时传递的其他物质浓度的函数。体系中每一种物质的浓度变化都服从扩散-反应方程：

$$\frac{\partial c}{\partial t} = D \frac{\partial^2 c}{\partial x^2} - r \tag{3.66}$$

式中 r——扩散物在 x 处的反应速率。化学反应消耗扩散物，r 为正；化学反应生成扩散物，r 为负。

由式(3.66) 可见，如果在 x 处 $r \to \infty$，则 $\frac{\partial^2 c}{\partial x^2}$ 也趋向无限大，即浓度分布曲线在 x 处不连续。这就是瞬时反应出现的情况。

扩散-反应方程式 [式(3.66)] 只有在确定了符合扩散过程的特定边界条件后，才能求解。下面讨论两种基本情况：

（1）半无限深液体（$x = \infty$，在 $x = 0$ 处为表面）

① 在液相中被溶气体 A 的初始浓度 c_{A0} 均一而恒定；当 $t = 0$ 时，表面（$x = 0$）A 的浓

度为平衡浓度 c_A^*；液相主体内 A 的浓度为 c_{A0}，并保持不变。

由式(3.62)可知，在此情况下气体吸收速率取决于表面上的浓度梯度，即：

$$J_A = D_A \left(\frac{\partial c_A}{\partial x} \right)_{x=0} \tag{3.67}$$

② 在液相中，每种反应物都具有均一的初始浓度 c_B，在 $x=\infty$ 处 c_{B0} 也不变；反应物是挥发性的，即它不能从液相向气相扩散。

在此情况下，由式(3.62)可知，在 $x=0$ 处 $\frac{\partial c_B}{\partial x}=0$。如果反应物在接近表面时发生瞬时反应，则在接近表面处 $\frac{\partial c_B}{\partial x}\neq 0$，但在表面上 $\frac{\partial c_B}{\partial x}$ 仍等于零。反应产物的边界条件与反应物的边界条件相同。

(2) 厚度为 δ 的液膜（$x=0$ 处为界面，$x=\delta$ 处为液膜与液相主体的边界） 在此情况下，溶质通过液膜做稳定扩散，所以 $\frac{\partial c_A}{\partial x}=0$。

对于稳态物理吸收过程：

$$D_A \frac{\mathrm{d}^2 c_A}{\mathrm{d}x^2} = 0 \tag{3.68}$$

$$D_A \frac{\mathrm{d}c_A}{\mathrm{d}x} = 常数$$

稳态吸收过程的吸收速率：

$$J_A = -D_A \left(\frac{\mathrm{d}c_A}{\mathrm{d}x} \right)_{x=0} \tag{3.69}$$

在膜内溶质的浓度梯度可当作常数，即：

$$\frac{\mathrm{d}c_A}{\mathrm{d}x} = -\frac{c_A^* - c_A}{\delta} \tag{3.70}$$

将式(3.70)代入式(3.69)可得：

$$J_A = D_A \frac{c_A^* - c_A}{\delta} \tag{3.71}$$

当扩散物以局部反应速率 r 被消耗时：

$$D_A \frac{\mathrm{d}^2 c_A}{\mathrm{d}x^2} = r \tag{3.72}$$

或用一般形式表示为：

$$D \frac{\mathrm{d}^2 c}{\mathrm{d}x^2} = r \tag{3.73}$$

对于下列反应：

$$A + b B \longrightarrow e E \tag{3.74}$$

可分别写出反应物和生成物的扩散-反应方程：

$$D_A \frac{\mathrm{d}^2 c_A}{\mathrm{d}x^2} = r \tag{3.75}$$

$$D_B \frac{\mathrm{d}^2 c_B}{\mathrm{d}x^2} = br \tag{3.76}$$

$$D_E \frac{d^2 c_E}{dx^2} = -er \tag{3.77}$$

3.7 多孔固体中的扩散

吸附或催化反应中的气-固传质通常是通过多孔物质内的扩散过程进行的。多孔固体中的扩散过程可分为主体扩散、微孔扩散（Knudsen 扩散）和表面扩散 3 类。

3.7.1 主体扩散

孔道很大，孔内气体密集情况下的扩散称为主体扩散，其性质与一般的扩散过程相同。由于孔道只占总体的一部分，所以有效扩散通道的截面也只是整个截面的一部分；孔道是曲折的，实际扩散长度大于平均扩散方向的直线距离；孔道截面不断变化，扩散通道时而缩小，时而扩大，使扩散阻力增大。由于上述各种原因，通过多孔体的扩散通量总小于自由空间的扩散通量。考虑前述因素对扩散的影响，多孔体有效扩散系数可用下式表示：

$$D_e = \frac{D\varepsilon}{l's'} \tag{3.78}$$

式中　D_e——多孔体有效扩散系数；

　　　D——自由空间扩散系数；

　　　ε——多孔体孔隙率；

　　　l'——长度因子；

　　　s'——形状因子。

式中长度因子和形状因子两者均大于 1，以考虑这两种影响。有许多研究者企图发展一个使 l' 或 s' 与某些容易测量的性质如粒子孔隙率或粒子大小发生关系的理论表达式，但是没有一个能够普遍应用，虽然可以得到 l' 总是随孔空间体积分数的减小而增加。

对吸附剂或催化剂来说，实际上 l' 与 s' 不能分开。所以可将 l' 和 s' 的乘积作为一个因子来考虑，并称其为曲折因子 h'。曲折因子是多孔体的特性，不是扩散分子性质的表征。可以料想，当扩散分子的大小接近扩散孔道的大小时，孔道壁会对扩散产生阻滞作用。许多研究者都尝试建立多孔体扩散模型和曲折因子与某些易测定的特性参数（如孔隙率或颗粒大小）之间的关联式，但目前出现的表达式都还不能普遍应用。在 Wheller 提出的模型中，$h'=2$；在 Weisz 和 Schwartz 提出的模型中 $h'=\sqrt{3}$。多种催化剂的实测结果表明，曲折因子大多数在 1.7～7.5 之间。

3.7.2 微孔扩散

当气体密度很低，孔道很小时，分子与孔壁的碰撞常比分子间的碰撞更频繁。这种情况下的扩散称为微孔扩散。碰在孔壁上的分子被瞬时吸附，然后又向不同方向逃逸（扩散反射），由于吸附和扩散反射占去一定时间，所以会使扩散通量降低。在液体中观测不到微孔扩散。对气体在直线圆形孔中的微孔扩散，分子运动理论提供了下面的关系：

$$N = \frac{D_k}{x_0}(c_1 - c_2) = \frac{D_k}{RT}\frac{(P_1 - P_2)}{x_0}$$

$$= \frac{2r_p u(P_1 - P_2)}{3RTx_0} = \frac{2r_p}{3RT}\left(\frac{8RT}{\pi M}\right)^{\frac{1}{2}}\frac{(P_1 - P_2)}{x_0} \tag{3.79}$$

式中 N——相对于固定坐标系统的扩散通量；

D_k——微孔扩散系数；

r_p——微孔半径；

x_0——扩散层厚度；

u——分子平均速度。

当分子与孔壁的碰撞与分子在孔内自由空间中的碰撞相比较不重要时，发生的是主体扩散。情况相反时发生的是微孔扩散。在给定的孔中，存在着这样一个分子浓度的范围，在这一范围中两类碰撞是同样重要的。这就是"过渡区"，由于压力减小，当气体分子的平均自由程变为与孔半径相等时，从主体扩散到微孔扩散的变化并不是突然发生的。对这种状态，只有若干有局限性的经验表达式。

不管是主体扩散，还是微孔扩散，不仅取决于孔的大小和体系的压强，也取决于 D/D_k。D 与压强成反比，而与孔径无关；D_k 与孔径成正比，与压强无关。温度对两种扩散的影响也不同：温度升高，D 有中等程度的增加，相应的活化能在 $8.37\sim20.93\text{kJ/mol}$ 范围内；D_k 随温度的平方根增加而增加，相应的活化能在 293K 时为 1.256kJ/mol，在 773K 时为 3.224kJ/mol。

【例 3.5】 计算在温度为 273K 下二氧化硫在直径为 $0.06\mu\text{m}$ 的直圆微孔中的扩散系数。

解 已知条件下 SO_2 分子的平均速度：

$$u=\sqrt{\frac{8RT}{\pi M}}=\sqrt{\frac{8\times8314.3\times273}{\pi\times64}}=300.5(\text{m/s})$$

由式 (3.79) 可知微孔扩散系数：

$$D_k=\frac{2}{3}r_p u=\frac{2}{3}\times3\times10^{-8}\times300.5=6.01\times10^{-6}(\text{m}^2/\text{s})$$

3.7.3 表面扩散

气体分子在多孔介质中不仅能沿着微孔通道扩散，而且能在孔壁形成吸附表面层。气体分子在固体表面层具有浓度梯度，因而具有一定的可移动性，由表面上分子的运动引起的传递称为表面扩散。表面扩散的方向与浓度减小的方向相同。平衡吸附量与近表面气体中被吸附组分的分压有关。沿扩散方向，吸附量和分压二者都递减，因此表面扩散与气体扩散过程是平行的。由于被吸附的分子受吸附表面的束缚较紧，所以只有当吸附量很大时，表面扩散才会有显著表现；高温下吸附量少，表面扩散可以忽略，只有在低温下，表面扩散才可能起重要作用。

表面扩散过程的扩散通量可用下式表示：

$$J_s=-\frac{D_s}{h_s'}\rho_1 a_s\frac{dc_s}{dx}\tag{3.80}$$

式中 J_s——表面扩散通量；

D_s——表面扩散系数；

ρ_1——多孔体密度；

a_s——比表面积；

c_s——表面扩散物浓度；

h_s'——表面扩散的曲折因子。

$$D_s=D_e\exp\left(-\frac{E_s}{RT}\right)\tag{3.81}$$

式中　D_e——主体扩散系数；

　　　E_s——表面扩散活化能。

3.8　污染物的相转变

大气污染物的产生、散发、传输和分离、转化过程中，可能经过多次相转变。污染物控制也要通过各种物理、化学过程（如冷凝、吸收、吸附或化学转化），实现污染物相转变，从而将污染物捕集或转化。

3.8.1　相界面上的气液平衡

（1）溶液表面的相平衡　溶液中不挥发溶质的存在，会使溶液表面的蒸气压下降。这是因为溶液表面一部分位置为不挥发溶质的分子占据，使溶剂分子减少，并受到溶质分子的束缚。酸雾散发量的大小与此效应有密切关系。上述效应可用下式表示：

$$P_s = \gamma x P_{s0} \tag{3.82}$$

式中　P_s——溶液表面的溶剂蒸气压；

　　　P_{s0}——纯溶剂的蒸气压；

　　　x——溶剂的摩尔分数；

　　　γ——活度系数。

（2）液滴表面的相平衡　液滴表面是曲面，其里层分子数比表层分子数少，表层分子所受束缚较少。所以液滴表面蒸气压比平液面蒸气压高，这种效应称为开尔文效应。开尔文效应可用下式表示：

$$\ln \frac{P_d}{P_s} = \frac{4\bar{V}\sigma}{d_p RT} \tag{3.83}$$

式中　P_d——液滴表面的蒸气压；

　　　P_s——平液面的蒸气压；

　　　$\bar{V}$——液体的摩尔体积；

　　　σ——液体的表面张力；

　　　d_p——液滴直径。

开尔文效应使液滴更容易挥发，液滴越小，开尔文效应越强。因此，液滴只有达到足够大，才能稳定存在。使液滴稳定存在的直径称为临界直径 d^*。图 3.11 是几种液滴的表面蒸气压与液滴直径之间的关系。

二元液滴表面蒸气压的变化可用下式表示：

$$\ln \frac{P_d}{P_{s0}} = \frac{4\bar{V}\sigma}{d_p RT} + \ln\gamma_1 - \ln\left[1 + \frac{n_2\bar{V}_2}{\frac{\pi d_p^3}{6} - n_2\bar{V}_2}\right] \tag{3.84}$$

式中　$\bar{V}$——摩尔体积；

　　　$\bar{V}_2$——溶质摩尔体积；

　　　γ_1——溶剂活度系数；

　　　n_2——溶质的物质的量。

对含无表面活性溶质的稀溶液，上式可简化为：

$$\ln \frac{P_d}{P_{s0}} = \frac{4\overline{V}\sigma}{d_p RT} - \frac{6n_2 \overline{V}_1}{\pi d_p^3} \quad (3.85)$$

3.8.2 成核过程

污染物由气态转变成微粒状态的过程称为凝结过程或成核过程。凝并会改变气溶胶中的颗粒数和粒度分布，却不会引起质量浓度的变化；而凝结会导致微粒质量浓度的增加。成核过程可能是物理过程、化学过程，或同时存在物理和化学过程。

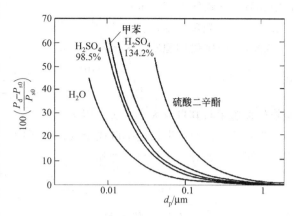

图 3.11 液滴表面蒸气压与直径之间的关系

体系变成过饱和时，分子团数目增加。由于单个分子的附着，使分子团直径增大，直到超过临界直径，形成稳定的凝结核。蒸气本身形成凝结核的过程称作均质成核作用或自身成核作用。当体系中颗粒浓度高，而过饱和度低时，便在原有微粒上凝结，而不生成新核。这一过程称作异质性凝结。均质成核产生大量极小的颗粒，异质性凝结时微粒数不变。成核作用可由均质气相过程产生，也可受颗粒相中的过程控制。无论是物理过程还是化学过程，体系都可能出现过饱和状态；此时如果有足够数量的凝结核，就会发生凝结，系统中过饱和状态也就消失。

物理过程，如辐射或传导冷却、绝热膨胀、与冷却气体混合等，都可能发生凝结。气相化学反应也能产生可凝结物和凝结核，即使气相中反应产物不饱和，还可能由于生成二元溶液微滴，出现凝结。

气相内形成可凝结物后，体系就处于不平衡状态，产生新核，或在已有的微粒上凝结，体系向热力平衡态转化。如果已在原有微粒上凝结，凝结物本身的成核作用便被遏止。

气体分子可以在微粒表面或液滴内发生反应，该过程可分为迁移和转化两步。如果迁移比转化迅速，则微粒生长速率受微粒相中化学反应速率控制。

颗粒的生长速率与其大小和体系的物理、化学性质有关，化学反应也导致颗粒生长。在一定饱和度下，颗粒达到临界直径后即可凝结而生长。生长速率取决于颗粒大小 d_p 及颗粒与介质分子运动平均自由程 λ 的相对大小。

当 $d_p < \lambda$，颗粒生长速度受蒸气分子碰撞速率控制，液滴生长速率：

$$\frac{dV_p}{dt} = n_z V_m \quad (3.86)$$

式中　V_p——液滴体积；

　　　t——时间；

　　　n_z——因凝结而达到液滴表面的分子数；

　　　V_m——分子体积。

$$n_z = \pi d_p^2 (P - P_d)(2\pi mkT)^{\frac{1}{2}} \quad (3.87)$$

式中　m——蒸气分子质量；

　　　k——玻耳兹曼（Boltzmann）常数。

$$V_m = \frac{M}{\rho_p N_A} \quad (3.88)$$

式中　M——蒸气摩尔质量；

　　　ρ_p——颗粒密度；

　　　N_A——阿伏伽德罗（Avogdro）常数。

则

$$\frac{\mathrm{d}d_p}{\mathrm{d}t}=\frac{2M(P-P_d)}{\rho_p N_A (2\pi m k T)^{\frac{1}{2}}} \tag{3.89}$$

颗粒生长速率与其自身大小无关。

当 $d_p>\lambda$，颗粒生长速率取决于气体分子向液滴表面的扩散速率，液滴扩散速率可以忽略，与液滴相比分子直径也可忽略。

$$n_z=\frac{2\pi d_p D_r(P-P_s)}{kT} \tag{3.90}$$

式中　D_r——蒸气分子扩散系数。

此时开尔文效应可以忽略。

$$\frac{\mathrm{d}d_p}{\mathrm{d}t}=\frac{4D_r M(P-P_s)}{RT\rho_p d_p} \tag{3.91}$$

此时生长速率与液滴大小成正比。当 $P<P_s$ 时，液滴呈负增长，即蒸发。

3.8.3　蒸发过程

蒸发是凝结的逆过程。与凝结不同，蒸发不存在临界粒径的限制，纯液体液滴能完全蒸发。

当 $d_p\gg\lambda$，液滴蒸发速率：

$$\frac{\mathrm{d}d_p}{\mathrm{d}t}=\frac{4D_r M}{R\rho_p d_p}\left(\frac{P_\infty}{T_\infty}-\frac{P_d}{T_d}\right) \tag{3.92}$$

式中　P_∞——远离液滴处的蒸气分压；

　　　T_∞——环境温度；

　　　T_d——液滴表面温度。

上式积分可得液滴由 d_{p1} 减小到 d_{p2} 经历的时间：

$$\int_{d_{p1}}^{d_{p2}}\rho_p\mathrm{d}d_p=\int_0^t \frac{4D_r M}{R\rho_p}\left(\frac{P_\infty}{T_\infty}-\frac{P_d}{T_d}\right)\mathrm{d}t$$

$$d_{p2}^2-d_{p1}^2=\frac{8D_r Mt}{R\rho_p}\left(\frac{P_\infty}{T_\infty}-\frac{P_d}{T_d}\right)$$

液滴蒸干（$d_{p2}=0$）时间：

$$t=\frac{R\rho_p d_p^2}{8D_r M\left(\frac{P_d}{T_d}-\frac{P_\infty}{T_\infty}\right)} \tag{3.93}$$

该式计算 $10\sim50\mu m$ 的液滴相当准确。

对 $d_p<10\mu m$ 的挥发性液滴，上式需要修正。当 d_p 接近于 $0.1\mu m$，P_d 可由开尔文公式计算：

$$\frac{P_d}{P_s}=\exp\left(\frac{4\sigma M}{\rho RTd^*}\right) \tag{3.94}$$

式中　d^*——开尔文径，使液滴稳定存在的临界直径。

当 $d_p\to0$，上式计算出的蒸发速率偏大。Davis（1978 年）给出的计算式：

$$\frac{\mathrm{d}d_\mathrm{p}}{\mathrm{d}t}=\frac{4D_\mathrm{r}M}{R\rho_\mathrm{p}d_\mathrm{p}}\left(\frac{P_\infty}{T_\infty}-\frac{P_\mathrm{d}}{T_\mathrm{d}}\right)\left[\frac{2\lambda+d_\mathrm{p}}{d_\mathrm{p}+5.33\left(\frac{k}{d_\mathrm{p}}\right)+3.42\lambda}\right] \tag{3.95}$$

当 $d_\mathrm{p}>50\mu\mathrm{m}$，液滴因重力沉降而与空气做相对运动，使蒸发加快。空气动力学直径 $50\mu\mathrm{m}$ 的液滴蒸发速率增加不到 10%，空气动力学直径 $100\mu\mathrm{m}$ 的液滴蒸发速率增加 30% 以上。

习　　题

3.1　直径为 $0.1\mu\mathrm{m}$，密度 $2400\mathrm{kg/m^3}$ 的球形微粒以 $30\mathrm{m/s}$ 的初速度抛入标准状态的空气 [密度 $\rho=1.252\mathrm{kg/m^3}$，动力黏度 $\mu=1.715\times10^{-5}\mathrm{Pa\cdot s}$] 中，如果忽略重力作用，试计算其最大运动距离。

3.2　试确定某水泥粉尘排放源下风向无水泥沉降的最小距离（意指最小颗粒的最大飘移距离）。水泥粉尘是以离地面 15m 高处的旋风除尘器出口垂直排出的，水泥粒径范围为 $25\sim500\mu\mathrm{m}$，真密度为 $1960\mathrm{kg/m^3}$，风速为 $1.4\mathrm{m/s}$，气温为 293K，气压为 1atm。已知空气黏度 $\mu=1.89\times10^{-5}\mathrm{Pa\cdot s}$，密度 $\rho_\mathrm{g}=1.205\mathrm{kg/m^3}$。

3.3　直径为 $0.25\mu\mathrm{m}$ 的微粒，在标准状态空气中做布朗运动，试计算 1s 时间的扩散距离 $\sqrt{\overline{\Delta x^2}}$。

3.4　直径为 $1\mu\mathrm{m}$，荷电量为 $1.6\times10^{-18}\mathrm{C}$ 的微粒，在场强为 $3\times10^6\mathrm{V/m}$ 的均匀电场中运动，试计算其运动速度。

3.5　试计算常温（293K），常压（101.3kPa）下甲烷在直径为 $0.0015\mu\mathrm{m}$ 的直圆孔中的扩散系数。

第4章 污染源的控制

本章提要

本章主要讨论大气污染源的产生及收集控制方面的内容。要求掌握大气污染源的分类和排放特性参数的相关概念,初步学会污染源排放估算的方法,理解控制大气污染源基本方法的思路。

了解燃料的分类和性质,掌握燃烧过程及其控制条件,理解燃料组成和性质及其对环境可能产生的影响;分析影响燃烧过程的因素(包括燃料效率及污染物的形成);学会计算燃烧过程产生的烟气量和污染物浓度;掌握通过改变燃烧条件减少污染物生成的途径和方法。

掌握局部大气污染控制方法(即大气污染物集气系统)的原理、集气罩的种类和工作原理。了解控制风速法、流量比法、临界断面法等集气罩排风量计算方法的原理。

大气污染物的产生与散发是污染过程的起始环节,防止大气污染,首先要有效控制大气污染源。

4.1 污染源及其控制思想

4.1.1 污染源的种类与特性

(1)污染源的种类 如第1章所述,人为的大气污染源种类繁多。人为污染源有各种分类方法。

根据对主要大气污染物的分类统计,大气污染源可概括为燃料燃烧、生产设备和交通工具三类。前两类为固定源,后一类为移动源。除以上源外,还有一类污染源是敞开源,通常指农田、道路、工地、矿场、散料堆场和裸露土地等。敞开源虽然也产生气态污染物(如垃圾堆场或填埋场),但主要是产生颗粒物。

污染源按空间分布可分为:点源、面源和线源。生产中的大型燃烧和反应装置一般都是有组织排放,其特点是排放口集中,排放量大,就其污染物排放情况来看,可作为点源;生产中的无组织排放、民用炉灶等,特点是分布面广,污染物排放方式为低空排放或自由弥散,可做面源处理;多部机动车辆行驶,为连续线源。实际工作中,点源、线源、面源的划分,还与所研究环境的范围大小有关。

(2)污染源的特性 污染源的特性不同,排放的污染物在大气中的扩散情况也不同。影响污染物扩散的排放特性参数主要有源强、源高、排气温度和排放热量、排气速度和排气口直径等。

① 源强。源强是污染源在单位时间内的污染物排放量,点源按各个源分别计算源强,线源和面源一般分别按单位长度和单位面积计算源强。

② 源高。源高可分为实际源高和有效源高。实际源高是指排放口离地面的高度;由于排气有一定的速度,排气温度也可能高于周围气温,在惯性和浮升力作用下还会有一定的抬升高度;实际源高和抬升高度之和称为有效源高。按实际源高的不同,污染源可分为高架源

和地面源。

③ 排气温度和排气速度。排气温度和排气速度是烟气抬升的主要条件，排气温度高、速度高，抬升高度大，对扩散有利，但能量损失也大。湿式废气净化会使尾气温度降得很低，不利于净化后的污染物扩散稀释；为了弥补这一不足，有时将净化后的尾气再加热后排放。

④ 排放方式和排放规律。废气的排放方式分有组织排放和无组织排放两种。将废气收集并经净化处理（排放条件允许，则可不处理）后，在适当的空间和时间，以一定的参数排放，为有组织排放；反之为无组织排放。为了有效控制空气污染，应尽可能采取有组织排放，减少无组织排放。

废气排放规律有连续排放和间歇排放、稳定排放和不稳定排放。

4.1.2 污染排放量估算

污染排放量估算对于环境规划与管理、环境评价和污染控制措施的决策和工程设计而言是非常重要的。污染源污染物排放量估算目前基本上可通过三种途径进行，即物料衡算、现场测定及排放因子法。最好的情形是通过对污染源排放测定或连续监测来得到污染源的排放量，因为从理论上说，这样可以得到最真实的排放数据。但实际上很难随时获得某一个污染源的排放数据，即使组织现场监测，其结果往往也难以反映出污染排放随时间的变化情况。

物料衡算是根据物质不灭定律，在生产过程中，投入的物料量等于产品量和物料流失量的总和，以此来估算污染物发生量。估算的准确度取决于调查者对工艺的熟悉和理解程度。

因此，尽管存在局限，排放因子通常是污染排放量估算的最可行的方法。所以，排放因子也就成为污染源排放清单调查和空气质量管理的重要基础数据。

(1) 污染源排放因子 所谓排放因子是指用来代表某一污染源或产生污染的活动与污染物排放量之间关系的一个数值。这些因子通常以单位质量、体积、距离或持续时间的污染排放活动所排放的污染物质量来表示（如燃烧 1t 煤所排放的颗粒物的千克数）。排放因子可用来很方便地估算各类空气污染源的排放量。多数情况下，这些因子是已有的质量较可靠数据的平均值，反映了某一类污染源中各种设施的长期平均值。

基于排放因子的污染物排放量计算式如下：

$$E = A \times EF \times (1 - ER/100) \tag{4.1}$$

式中 E——排放量；

    A——排污行为量；

  EF——排放因子；

  ER——总污染净化效率。

表 4.1 所示为欧洲的公共电厂采用不同燃料的排放因子情况，其排放因子以电厂装置输入的燃料热量计，可以更加便于不同燃料排污水平的比较。

表 4.1   排放因子（以 g/GJ 输入热量计，相应于 50~300MW）

燃 料 类 型	SO_2	NO_x	NMVOC	CH_4	CO
动力煤	659	283	1.5	1	10
木材	25	130	48	32	160
城市垃圾	76	150	9	6	10
秸秆	18	131	35	24	115
重油	325	323	3	3	15
汽油	31	100	2	2	12
天然气	0.3	240	3	3	20

表 4.1 中数据均未考虑净化过程,其中的燃煤 SO_2 数值为燃煤含硫量为 1% 时的典型值,实际的排放量取决于燃料的含硫量。

由于排放因子取决于燃料的种类、燃料装置的种类和尺寸及烟气净化工艺,所以即使是采用同样的燃料和燃烧设备也很难给出一个普遍适用的排放因子数值,而对于工业生产工艺过程而言,其排放因子的确定相对更加困难。

多年来,美国 EPA 在污染源排放清单调查的基础上一直在开展建立污染物排放因子的有关工作,已有的结果汇总于 AP42 (http://www.epa.gov/ttn/chief/),并且还在不断地对 AP42 进行增补修订。

污染物排放因子为动态数据,它表示的是在目前正常技术经济和管理等条件下,生产单位产品或产生污染行为的单位强度(如重量、体积和距离等)所产生的原始污染物量。显然,排放因子与产品生产工艺、原材料、规模、设备技术水平等有关。随着科技进步和管理水平提高,污染物排放因子也会随之有所变化。

(2) 污染源排放清单　所谓污染源排放清单是包括了城市地区的污染源位置、类型以及每种污染物排放量等信息的一览表。

排放清单应编制成动态的数据管理系统,并定期更新,因为工业排放源和控制排放的措施都是动态变化的。大多数国家已经编制了国家级的排放清单,但需要更多的城市编制这种清单。清单内的信息应当包括污染源的地理坐标、类型(点源、面源或线源)、源强、源高等。排放源也可按燃料类型分类(例如按煤和无烟燃料、轻重燃料油、汽油和柴油、气体和固体废物分类)。现代的污染排放清单编制往往还与城市地理信息系统相结合构成数字化城市管理的一部分。

由于基础资料方面的原因,编制某些污染物(如挥发性有机化合物、氨等)的排放清单时会遇到很大的困难。而对于二次污染物就会出现更多的困难,因为空气中臭氧以及大部分的二氧化氮等污染物并非被直接排放到大气中,而是由其他污染物经化学反应形成二次污染物。编制二次污染物的清单需要复杂的模型,这些模型包括了把一次污染物转化为二次污染物的各种化学反应。

排放清单是空气质量管理系统极其重要的组成部分,只有明确了解每种排放源(发电厂、工厂、家庭采暖、交通)对城市中任何一种空气污染问题起多大作用,才能有依据地做出执行减排措施的决定,否则的话就可能做出费用高昂但无效或意义不大的决定。

4.1.3　大气污染源控制的基本方法

大气污染源控制可分为减少污染的产生和控制污染物的散发两方面。从道理上来说,减少污染物的产生是最合理的污染控制措施。但由于多种条件的限制,对大量的污染过程还不可能将污染物完全消灭在产生阶段,只能尽量减少其产生量(产生阶段的控制),并控制其散发(散发阶段的控制)。污染源的情况复杂、多变,控制方法也有多种,因此特别需要因地制宜。

(1) 生产污染的控制　生产(包括物质和能量两类生产)过程的污染物产生与原材料、燃料、工艺条件和设备等多种因素有关,因此污染控制必须与其工艺设计和生产作业密切结合,否则很难做到有效、合理。

① 产生阶段的控制。污染物产生阶段的控制及减少污染物的产生量,首先应从工艺方面考虑。主要技术措施有:尽可能采用清洁的原材料、燃料或能源,改进工艺(如燃烧、反应、加工)条件,以达到无污染或少污染;采用湿法作业、封闭循环和密闭运转;减少物料

扰动，避免设备、管道泄漏。

② 散发阶段的控制。由于技术和经济两方面的原因，目前还很难不产生污染物，大多数情况要在污染物产生后控制其散发。控制污染物散发的方法有两种：一种是将污染物在生产设备中就地捕集或转化，如在有粉尘发生的设备内部空间构造高压电场，以设备外壳作集尘极捕集粉尘，又如向炉膛喷射还原剂，将烟气中的氮氧化物还原；另一种是对难以封闭的设备，用气流引导并收集其散发的污染物，再进行处理，这是目前生产中普遍采用的污染物散发控制措施。

(2) 交通污染源的控制　城市主要交通污染源是汽车，汽车行驶引起城市空气污染的问题日渐突出。交通污染的防治可从加强宏观管理和采取污染控制措施两方面进行。

合理的规划和管理，保持交通量的适度增长和合理分布，良好的调度和指挥，可以保持正常的运行状态，这些都能有效地减少交通污染。

当前汽车引起的空气污染，主要是化石燃料利用引起的污染。就机动车本身而言，污染控制的措施可从燃料、汽车发动机及尾气净化等方面着手，具体内容将在第 8 章中介绍。

(3) 散发源的控制　散发源中对环境影响最大的是各类扬尘源。所谓扬尘可定义为非排气筒排放的从某一表面悬浮到空气中的颗粒物。当风速较大或机动车驶过裸露的地面或散料堆场旁时，往往会形成明显的扬尘现象，但扬尘中的 PM_{10} 和 $PM_{2.5}$ 的数量并不是很大。许多对不同污染源颗粒物及环境空气中颗粒物样品的化学元素分析及源解析结果表明，平均而言，散发源对空气中的 PM_{10} 和 $PM_{2.5}$ 的贡献率分别为 40%~60% 和 5%~20%。散发源中，工业类的排放只占其中很小的一部分，未铺砌道路、铺砌道路、建筑工地和风侵蚀作用的贡献占到散发源 PM_{10} 贡献量的 80% 以上和 $PM_{2.5}$ 贡献量的 75% 以上。对城市而言，未铺砌道路、建筑工地和裸露地面的风侵蚀作用是最主要的贡献源。

扬尘的发生取决于表面的性质和施加于这些表面的行为。扬尘量取决于颗粒物的粒径、表面的荷尘量、表面条件、风速、空气和表面的湿度以及使颗粒物飞扬的行为。

散发源具有规模大、条件复杂等特点，其污染控制相当困难，采取防治措施需要因地制宜。

对地面扬尘，铺砌和绿化是有效的控制措施。如美国未铺砌的道路扬尘量占颗粒物总排放量的 46.7%，而已铺砌道路的扬尘量仅占颗粒物排放总量的 1.5%。绿化不但可以防止地面扬尘，而且可以大大减少已沉降的颗粒物再次飞扬。

对散料堆场，物料表面增湿或喷洒抑尘剂有很好的防尘效果。对大规模的物料堆场，特别是不宜加湿的物料，可采取减风防尘的办法加以控制。具体措施是在上风向种植树木，形成绿篱，或增加人工构筑物，降低料堆表面风速。

挡风网是钢筋混凝土或金属构筑物，能对散料堆场起有效的减风防尘作用。试验表明，在下风向距离为网高的 2~5 倍范围内，减尘率可达 99%，下风向 16 倍网高处，减尘率仍在 80% 以上。挡风网开孔率 35%~50%，均有良好的效果。网高为堆垛高度的 1.1 倍即能有效防尘，网高超过堆垛高 1.5 倍效果增加不明显。

4.2　燃烧过程的污染控制

能源燃烧是引起大气污染的主要原因，研究燃烧过程的污染控制有重要意义。本章主要讨论锅炉燃烧过程的污染控制。

4.2.1 燃料

（1）燃料的种类

被广泛采用的燃料主要是煤、石油、天然气等化石燃料，又称常规燃料。可以利用的非常规燃料种类很多，例如可燃的固体废弃物（城市垃圾和污泥、工业废料、农业废弃物）、再生燃料和合成燃料。常规燃料按其形态可分为固体燃料、液体燃料和气体燃料三类。

① 固体燃料。固体燃料主要是煤。煤是一种复杂的物质聚集体，主要由碳、氢和少量的氧、氮、硫等元素组成。按形成年代的不同，煤可分为褐煤、烟煤和无烟煤三大类。

a. 褐煤。形成时间最短，呈黑色、褐色或泥土色。褐煤的挥发物含量较高（大于40%），且析出温度较低。干燥无灰的褐煤含碳 60%～75%，含氧 20%～25%，含氮 0.8%～1.7%，含水量和含灰量较高，发热量较低（26000～30000kJ/kg），不能用于炼焦。

b. 烟煤。形成时间较长，黑色，含碳 75%～90%，含挥发物 10%～40%，含氮 0.4%～1.2%，发热量 27000～37000kJ/kg，密度 1200～1500kg/m^3。烟煤的含氧量低，含水量和含灰量已不那么高，成焦性强。

c. 无烟煤。形成时间最长，黑色，有光泽，机械强度高。无烟煤含碳量高（一般高于93%），含氮 0.5%，含挥发物量低于 10%，发热量 33500～35600kJ/kg，密度 1400～1800kg/m^3。无烟煤着火困难，储存稳定性好，成焦性很差。

固体燃料燃烧困难，容易发生不完全燃烧，产生的污染物量大。

② 液体燃料。液体燃料主要是石油。原油是天然存在的由链烷烃、环烷烃和芳香烃等碳氢化合物组成的混合液体，含碳、氢和少量的氧、氮、硫等元素，还含有微量金属元素，如镍、钒等，也可能受氯、砷和铅的污染。

原油经蒸馏、裂化和重整，生产出各种规格的燃料油、溶剂和化工产品。构成燃料的烃，所含原子数越少，着火点越低。石油产品按馏分由轻到重通常分为汽油、煤油、柴油和重油。

a. 汽油。航空汽油的沸点 40～150℃，密度 710～740kg/m^3；车用汽油的沸点 50～200℃，密度 730～760kg/m^3。

b. 煤油。沸点 150～280℃，密度 780～820kg/m^3，是喷气发动机的燃料，也可作为民用燃料。

c. 柴油。沸点 200～350℃，密度 800～850kg/m^3，是车船及各种机械动力发动机用燃料。

d. 重油。原油加工的残留物，以重馏分为主；密度大，黏度大，含硫量高，热值低，燃烧性能差。

液体燃料发热量高，燃烧产生的污染物量较少。

③ 气体燃料。气体燃料有天然的和人工制造的两类，常用的有天然气、液化石油气、焦炉煤气、发生炉煤气等。

a. 天然气。由油气地质构造地层采出，主要成分为甲烷（约 85%），其次为乙烷（约10%）和丙烷（约 3%），还有少量的 CO_2、N_2、O_2、H_2S 和 CO 等。天然气是工业、交通和民用的燃料和化工原料。

b. 液化石油气。石油精炼过程的副产品，含 C_1～C_4 烃类，加压液化后贮存和输送，减压气化后燃烧。液化石油气可作为民用或汽车发动机燃料。

c. 裂化石油气。通水蒸气、空气或氧气使原油或重油裂化制得。裂化石油气热值在

$4168\sim12560kJ/m^3$，通常作城市燃气（可与焦炉气混合）。

d. 焦炉煤气。炼焦副产品，含 CO、CH_4 和 H_2 等可燃成分和 N_2、CO_2 等不可燃气体（合计约占 8%～16%）。焦炉煤气是主要的一种城市燃气。

e. 发生炉煤气。由煤气化制得，有空气煤气、水煤气等几种。

气体燃料容易燃烧，燃烧效率高，产生的污染物量很少。

（2）燃料的成分　燃料的成分分析包括工业分析和元素分析两种。

① 工业分析。工业分析主要针对煤进行，包括水分、灰分、挥发分和固定碳等项指标，并以此估算热值。

a. 水分。煤的水分包括外部水分和内部水分。外部水分是粒径在 13mm 以下的煤样在 $318\sim323K$ 温度下干燥 8h 所失去的水分质量占原样品质量的百分数；内部水分是上述样品在 $375\sim380K$ 温度下继续干燥 2h 失去的水分质量占原样品质量的百分数。两部分水分之和即为煤的全部水分。

b. 灰分。煤中不可燃物的质量占总质量的百分数。

c. 挥发分。挥发物是指煤干馏时放出的气态可燃物。挥发分是风干的煤样在 1200K 温度下，加热 7min 所失去质量的占煤样质量的百分数。

d. 固定碳。煤除去水、灰和挥发物三部分，就是固定碳，它是煤的主要可燃物。

② 元素分析。燃料（尤其是煤）所含元素很多，通常主要测定碳、氢、硫、氮、氧几种元素。

燃料中的碳、氢是主要可燃成分，硫是烟气中硫氧化物生成的物质基础，氮是燃料中氮氧化物生成的物质基础。

（3）煤的质量基准　由于煤中水分和灰分的含量受到外界条件的影响，其他成分的含量亦将随之变更，所以不能简单地用成分百分数来表明煤的种类和某些特性，而必须同时指明百分数的基准是什么。"基"就是表示化验结果是以什么状态下的煤样为基础而得出的。煤质分析中常用的"基"有空气干燥基、干燥基、收到基、干燥无灰基、干燥无矿物质基，定义如下。

① 空气干燥基。以与空气湿度达到平衡状态的煤为基准，表示符号为 ad（air dry basis）。

② 干燥基。以假想无水状态的煤为基准，表示符号为 d（dry basis）。

③ 收到基。以收到状态的煤为基准，表示符号为 ar（as received）。

④ 干燥无灰基。以假想无水、无灰状态的煤为基准，表示符号为 daf（dry ash free）。

⑤ 干燥无矿物质基。以假想无水、无矿物质状态的煤为基准，表示符号为 dmmf（dry mineral matter free）。

（4）燃料的发热量　燃料的发热量是单位燃料（通常固体和液体燃料按质量计、气体燃料按体积计）完全燃烧产生的热量，又称热值。如果燃料含氢和水，燃烧生成和释放出水。水若以水蒸气形式存在，必然要吸收汽化热。这样就有高位发热量（高热值）和低位发热量（低热值）之分。高位发热量包括燃烧产物中水的汽化热，低位发热量则不包括这一部分热量。由于一般燃烧设备的排烟温度高于水的露点温度，即水以气态随烟气排出，所以可供利用的热量是低位发热量。

燃料的发热量可用实验测定，也可按各成分的燃烧热计算求得。高低位发热量之间的关系可用下式表示：

$$q_1 = q_h - 2500(9W_H + W_w) \tag{4.2}$$

式中 q_1——燃料的低位发热量，kJ/kg 或 kJ/m³；

q_h——燃料的高位发热量，kJ/kg 或 kJ/m³；

W_H——燃料中氢的质量分数；

W_w——燃料中水的质量分数。

各种燃料的发热量列于表 4.2。

表 4.2 燃料的发热量

燃 料 名 称	低位发热量/(kJ/kg)	燃 料 名 称	低位发热量/(kJ/m³)
标准煤(TCE)	29310	天然气	35590～39770
焦炭	28470～29310	油田气	约 41870
动力煤	16750～20930	焦炉气	17170～18840
无烟煤	25120～27200	高炉气	3517～4187
劣质煤	12560～16750	转炉气	8374～8792
标准油(TOE)	41870	发生炉气	4187～6280
重油	39770～41870		
轻油	41870～43960		
焦油	约 37680		

注：TCE 为吨标准煤；TOE 为吨标准油。

4.2.2 燃烧过程和燃烧方式

（1）燃烧过程 燃料燃烧时发生剧烈的氧化反应，燃料形态不同，其燃烧过程经历的阶段也不同。

① 气体燃料燃烧。气体燃料的燃烧过程首先是空气和燃料气体的混合，然后是氧和可燃物分子在气相扩散并反应。气体燃料燃烧迅速，反应也比较完全，过程受混合和扩散控制。

② 液体燃料燃烧。液体燃料的燃烧过程首先是液体燃料蒸发变成气体，然后是气体可燃物与空气混合，在气相扩散并反应，过程受蒸发控制。

③ 固体燃料燃烧。固体燃料的燃烧，首先是挥发物气化，再与空气混合，在气相扩散并反应；固定碳的燃烧是氧分子通过气相向固相表面扩散并反应，氧分子继续向固相深处扩散并反应。固体燃料燃烧进行得比较慢，容易发生不完全燃烧。

固体燃料的燃烧过程在宏观上可分为四个阶段：燃料的预热和干燥、干馏、燃烧和燃尽。在预热和干燥阶段，燃料温度逐渐升高，水分蒸发，这一阶段不需要空气；当燃料温度升高到一定值，进入干馏阶段，此时挥发物开始析出，随温度升高析出量增加，此阶段后期挥发物温度达到着火点而燃烧，此时开始需要空气；挥发物燃烧，温度急剧上升，当温度达到固定碳着火点后进入燃烧阶段，此时燃烧全面进行，这是燃烧过程的主要阶段，温度最高，需要的空气量最大；可燃物不断消耗，温度逐渐降低，达到燃尽阶段，灰渣形成，这一阶段需要的空气量逐渐减少。不同燃料需要的空气量差异很大，供给的空气量必须与之相适应，特别在干馏后期和燃烧阶段，如果空气量不足，就会使燃烧反应不完全。

（2）燃烧条件 使燃烧尽可能完全的基本条件是：供给足够的空气量；使空气和燃料充分混合；保持足够高的温度；保证充分的燃烧反应时间。

① 空气量。供给的空气量不足，燃烧就会不完全。但供给的空气量过多，会使炉温降低，增加不必要的排烟热损失，并会使氮氧化物的发生量增加。

② 空气与燃料的混合程度。空气与燃料充分混合，才能保证氧与燃料有效接触，使燃烧完全。混合程度取决于气相的紊流度。紊流度增加，使液体燃料蒸发加快，使固体燃料表面的边界层变薄，有利于氧气向燃料表面扩散，这些都使得燃烧过程加快，燃料燃烧更完全。

③ 温度。燃料达到着火点，燃烧反应才能进行。当某一处开始燃烧，产生的热量传递给周围的燃料和空气，使之也达到着火点，才能保持燃烧继续进行。但温度过高，会使氮氧化物发生量增加。各种燃料的着火温度列于表 4.3 中。

④ 时间。虽然燃烧反应速率很高，但混合、扩散需要一定时间，所以必须保证燃料在燃烧室内停留足够长的时间，才能使燃烧比较完全。

表 4.3 燃料的着火温度

燃 料 名 称	着火温度/K	燃 料 名 称	着火温度/K
木炭	593～643	发生炉煤气	973～1073
无烟煤	713～773	氢气	853～873
重油	803～853	甲烷	923～1023

（3）不完全燃烧　由于燃烧条件不可能充分保证，燃烧装置均存在不完全燃烧。不完全燃烧不但造成燃料浪费（相当于热损失，称为不完全燃烧热损失），而且产生的不完全燃烧产物也是污染物。由于不完全燃烧产生的原因不同，可分为化学不完全燃烧和机械不完全燃烧两种。

① 化学不完全燃烧。化学不完全燃烧是指气相中燃料不完全燃烧，它使烟气中存在可燃气体（主要是一氧化碳，还有少量的氢和甲烷等碳氢化合物）。化学不完全燃烧损失所占比例不大，层燃炉约占 1%，煤粉炉不超过 0.5%，油、气炉 1%～1.5%，但它是气态污染物的重要来源。

② 机械不完全燃烧。机械不完全燃烧是指固相燃料燃烧不完全，它使灰渣中残留可燃物。这项损失较大，层燃炉可达 5%～15%，煤粉炉为 1%～5%，正常燃烧的油、气炉的机械不完全燃烧可以忽略。

（4）燃烧方式　燃料的燃烧方式有层状燃烧、悬浮燃烧和流化床燃烧（FBC）三种；液体和气体燃料均属于悬浮燃烧。

① 层状燃烧（图 4.1）。燃料置于炉排（又称炉栅或炉箅）上燃烧，燃烧可以自下而上

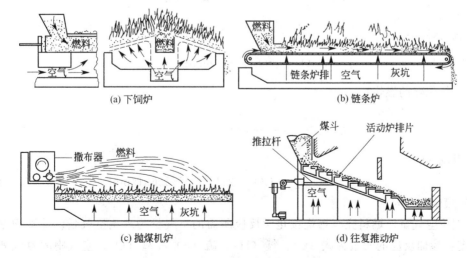

(a) 下饲炉　　　　(b) 链条炉

(c) 抛煤机炉　　　　(d) 往复推动炉

图 4.1　层燃炉

进行（称正烧）或自上而下进行（称反烧）。常见的炉排形式有固定式、往复式、平移式（链条炉排）。

② 悬浮燃烧（图 4.2）。燃料悬浮于炉腔内燃烧，煤粉炉、油炉和气炉都是这种燃烧方式。

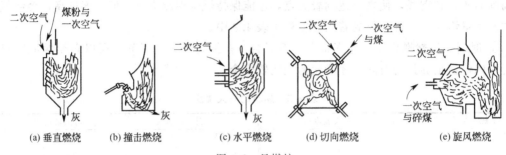

图 4.2　悬燃炉

(a) 垂直燃烧　(b) 撞击燃烧　(c) 水平燃烧　(d) 切向燃烧　(e) 旋风燃烧

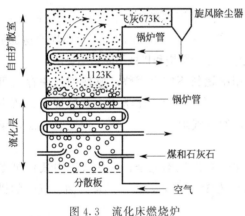

图 4.3　流化床燃烧炉

③ 流化床燃烧。流化床燃烧又称沸腾燃烧。沸腾炉的原理如图 4.3 所示，气流以较高的速度通过一定大小颗粒的燃料层，使其呈流化状态。这种燃烧方式可燃用劣质煤和矸石，且燃烧温度低，氮氧化物生成量很少。

4.2.3　烟气体积及污染物排放量计算

（1）燃烧反应方程式

① 碳的燃烧。完全燃烧：

$$C+O_2 \longrightarrow CO_2+406.1kJ/mol \qquad (4.3)$$

不完全燃烧：

$$C+O_2 \longrightarrow CO+123.1kJ/mol \qquad (4.4)$$

② 氢的燃烧：

$$H_2+\frac{1}{2}O_2 \longrightarrow H_2O+241.1kJ/mol \qquad (4.5)$$

③ 硫的燃烧：

$$S+O_2 \longrightarrow SO_2+296.8kJ/mol \qquad (4.6)$$

④ 一氧化碳的燃烧：

$$CO+\frac{1}{2}O_2 \longrightarrow CO_2+283.0kJ/mol \qquad (4.7)$$

⑤ 甲烷的燃烧：

$$CH_4+2O_2 \longrightarrow CO_2+2H_2O+753.6kJ/mol \qquad (4.8)$$

（2）燃烧空气量

① 理论空气量。燃料完全燃烧按化学反应所需的空气量为理论空气量。计算理论空气量时假定：参加反应的元素为碳（C）、氢（H）、硫（S）和氧（O）；空气中的氮气和氧气的摩尔比为 79/21，即 3.76。据此可写出燃烧反应式：

$$C_x H_y S_z O_w + \left(x + \frac{y}{4} + z - \frac{w}{2}\right)O_2 + 3.76\left(x + \frac{y}{4} + z - \frac{w}{2}\right)N_2 \longrightarrow$$

$$x CO_2 + \frac{y}{2}H_2O + z SO_2 + 3.76\left(x + \frac{y}{4} + z - \frac{w}{2}\right)N_2 \tag{4.9}$$

根据上述反应式即可得出理论空气量的计算式。

对液体和固体燃料，按元素组成计算：

$$V_{aT} = 8.881W_C + 26.457W_H + 3.329W_S - 3.333W_O \tag{4.10}$$

式中　　　　V_{aT}——液体和固体燃料燃烧的理论空气量，m^3/kg；

W_C，W_H，W_S，W_O——燃煤中碳、氢、硫、氧的质量分数。

对气体燃料，按化合物组分（共 n 种）计算：

$$V_{aT} = 4.762\sum_{i=1}^{n}\phi_i\left(x + \frac{y}{4} + z - \frac{w}{2}\right)_i \tag{4.11}$$

式中　V_{aT}——气体燃料燃烧的理论空气量，m^3/m^3 干燃气；

ϕ_i——气体燃料中各可燃组分的体积（或摩尔）分数。

燃烧空气质量与燃料质量之比称为空气燃料之比或简称空燃比，可作为计算参数。

② 实际空气量。燃烧过程中空气与燃料不可能充分混合并反应，因此仅按理论空气量供给空气，就会使燃料发生不完全燃烧。为了燃烧充分，需要供给过量空气。

实际空气量（V_a）与理论空气量（V_{aT}）的比值称为过量空气系数（α）。燃烧状况、燃烧热效率和污染物生成量均与过量空气系数密切相关，燃料和燃烧装置不同，要求过量空气系数不同（表4.4）。

表 4.4　锅炉的过量空气系数

炉　型	烟煤	无烟煤	重油	煤气
手烧炉和抛煤机炉	1.3～1.5	1.3～2.0		
链条炉	1.3～1.4	1.3～1.5		
悬燃炉	1.2	1.25	1.15～1.20	1.05～1.1

燃烧装置的过量空气系数可以用实测烟气量和烟气成分数据求算。

烟气不含 CO 时：

$$\alpha = 1 + \frac{x_{O_2}}{0.264x_{N_2} - x_{O_2}} \tag{4.12}$$

烟气含 CO 时：

$$\alpha = 1 + \frac{x_{O_2} - 0.5x_{CO}}{0.264x_{N_2} - (x_{O_2} - 0.5x_{CO})} \tag{4.13}$$

式中　x_{O_2}，x_{CO}，x_{N_2}——烟气中氧气、一氧化碳和氮气的体积分数。

（3）烟气量

① 理论烟气量。在供给理论空气量条件下，燃料完全燃烧产生的烟气量为理论烟气量。计算理论烟气量时不考虑氮氧化物的生成，即假定烟气中仅存在二氧化碳、二氧化硫、氮气和水蒸气。前三者合称干烟气，包括水蒸气则称湿烟气。

液体和固体燃料的理论干烟气量可用下式计算：

$$V_{fTd} = 1.865W_C + 0.699W_S + 0.799W_N + 0.79V_{aT} \tag{4.14}$$

式中　V_{fTd}——理论干烟气量，m^3/kg。

液体和固体燃料的理论湿烟气量用下式计算:

$$V_{fT} = 1.865W_C + 11.111W_H + 0.699W_S + 0.799W_N + $$
$$0.79V_{aT} + 1.24(W_w + V_{aT}d_a) \tag{4.15}$$

式中　V_{fT}——理论湿烟气量, m^3/kg;

　　　W_w——燃料含水量, kg/kg 燃料;

　　　d_a——空气含湿量, kg/m^3 干空气。

气体燃料的理论干烟气量可按下式计算:

$$V_{fTd} = \sum_{i=1}^{n} x_i\phi_i + \sum_{i=1}^{n} z_i\phi_i + \phi_{N_2} + 0.79V_{aT} \tag{4.16}$$

式中　V_{fTd}——理论干烟气量, m^3/kg;

　　　ϕ_{N_2}——干燃气中氮气的体积(或摩尔)分数。

气体燃料的理论湿烟气量可按下式计算:

$$V_{fT} = \sum_{i=1}^{n} x_i\phi_i + \sum_{i=1}^{n} \frac{y_i}{2}\phi_i + \sum_{i=1}^{n} z_i\phi_i + \phi_{N_2} + 0.79V_{aT} + 1.24(d_g + V_{aT}d_a) \tag{4.17}$$

式中　V_{fT}——理论湿烟气量, m^3/m^3 干燃气;

　　　d_g——燃气含湿量, kg/m^3 干燃气。

② 实际烟气量。实际烟气量为理论烟气量与过剩空气量之和。实际干烟气量和实际湿气量可分别用下列两式计算:

$$V_{fd} = V_{fTd} + (\alpha - 1)V_{aT} \tag{4.18}$$
$$V_f = V_{fT} + (\alpha - 1)V_{aT}(1 + 1.24d_a) \tag{4.19}$$

式中　V_{fd}, V_f——实际干烟气量和湿烟气量, $m^3/($kg 液体或固体燃料$)$ 或 m^3/m^3 干燃气。

(4) 污染物发生量　燃料燃烧过程并不是反应式(4.9)所示的那样一个简单过程,还同时存在分解和其他的氧化、聚合等过程。燃烧烟气主要由少量的悬浮颗粒物、燃烧产物、未燃烧或部分燃烧的燃料、氧化剂和惰性气体(主要为 N_2)等组成。燃烧过程中产生的污染物发生量与燃料的种类和成分、燃烧装置的结构和燃烧条件等因素有关。燃烧过程可能释放出的污染物有:二氧化碳、一氧化碳、颗粒物、硫氧化物、氮氧化物、金属盐类、醛、酮和多环碳氢化合物,还可能有少量汞、砷、氟、氯和微量放射性物质。烟气中的部分污染物在高温烟气中为气态,排至空气立即冷凝成颗粒物,这是烟气中细小颗粒物的重要来源。典型锅炉污染物发生量的参考值列于表 4.5~表 4.7 中。各种燃煤锅炉的烟尘排放情况如表 4.8 所示。

表 4.5　典型燃煤锅炉的污染物发生量

炉　种	容量 /(10^4kJ/h)	炉型	污染物发生量/(g/kg 燃料)					
			颗粒物	硫氧化物 (以 SO_2 计)	氮氧化物 (以 NO_2 计)	碳氢化合物 (以 CH_4 计)	一氧化碳	醛
大型锅炉	100	煤粉炉	$8W_A$	$19W_S$	9	0.15	0.5	0.0025
		旋风炉	$1W_A$	$19W_S$	27.5	0.15	0.5	0.0025
工业或商业锅炉	10~100	下饲炉,链条炉	$2.5W_A$	$19W_S$	7.5	0.5	1	0.0025
		抛煤炉	$6.5W_A$	$19W_S$	7.5	0.5	1	
小型民用锅炉	<10	抛煤炉	$1W_A$	$19W_S$	3.0	5	5	0.0025
		手烧炉	$20W_A$	$19W_S$	1.5	45	45	0.0025

注: W_A 为煤中灰分质量分数; W_S 为煤中硫分质量分数,下同。

表 4.6 典型燃油锅炉的污染物发生量

炉 种	燃料品种	污染物发生量/(g/kg 燃料)					
		颗粒物	硫氧化物 （以 SO_2 计）	氮氧化物 （以 NO_2 计）	碳氢化合物 （以 CH_4 计）	一氧化碳	醛
大型锅炉	重油	1	$19.2W_S$	12.6	0.25	0.4	0.12
工业或商业锅炉	重油	2.75	$19.2W_S$	9.6	0.35	0.5	0.12
	重柴油	1.8	$17.2W_S$	9.6	0.35	0.5	0.25
小型民用锅炉	重柴油	1.2	$17.2W_S$	1.5	0.35	0.6	0.25

注：切向燃油炉的氮氧化物的发生量取表中数值的一半。

表 4.7 典型燃气锅炉的污染物发生量

炉种	燃料品种	污染物发生量					
		单位	颗粒物	一氧化碳	碳氢化合物 （以 CH_4 计）	硫氧化物 （以 SO_2 计）	氮氧化物 （以 NO_2 计）
大型锅炉	天然气	g/km^3	80～240	272	16	$209W_S$	$160\exp(-0.0189\varphi)$[①]
工业或商业锅炉	天然气	g/km^3	80～240	272	48	$209W_S$	1920～3680
	丙烷 （液化石油气）	g/L	0.20	0.18	0.036	$0.1W_S$ g/km^3（气）	1.35
	丁烷 （液化石油气）	g/L	0.22	0.19	0.036	$0.1W_S$ g/km^3（气）	1.45
小型民用锅炉	天然气	g/km^3	80～240	320	128	$209W_S$	1280～1920[②]
	天然气 （液化石油气）	g/L	0.22	0.23	0.084	$0.1W_S$ g/km^3（气）	0.8～1.3[②]
	丙烷 （液化石油气）	g/L	0.23	0.24	0.096	$0.1W_S$ g/km^3（气）	1.0～1.5[②]

① 式中 φ 为锅炉负荷率（%），对切向燃烧锅炉的氮氧化物排放量取 4800；

② 民用锅炉取低值，商业采暖锅炉取高值。

表 4.8 燃煤锅炉烟尘情况

炉 型	烟尘浓度 /(g/m³)	占灰分比例 /%	PM_{10}含量 /%	炉 型	烟尘浓度 /(g/m³)	占灰分比例 /%	PM_{10}含量 /%
手烧炉（自然引风）	0.6～2	15～20	5	振动炉	3～8	15～20	
手烧炉（机械引风）	1.5～5	15～20	5	抛煤炉	5～13	20～40	11
往复炉	0.5～2	15～20		煤粉炉	10～30	70～85	25
链条炉	2～5	15～20	7	沸腾炉	20～60	40～60	4

【例 4.1】 煤的成分：$W_C=65.7\%$，$W_H=3.2\%$，$W_S=1.7\%$，$W_O=2.3\%$，$W_w=9.0\%$，$W_A=18.1\%$。当过量空气系数 $\alpha=1.2$，空气含湿量 $d_a=0.018kg/m^3$ 干空气，要求计算：①理论湿烟气量；②煤中硫分 80% 转化为二氧化硫时烟气中二氧化硫的浓度；③煤中灰分 20% 形成飞灰且无黑烟情况下烟气中颗粒物的浓度。

解：① 理论湿烟气量。理论空气量按式（4.10）计算：

$$V_{aT}=8.881W_C+26.457W_H+3.329W_S-3.333W_O$$
$$=8.881\times0.657+26.457\times0.032+3.329\times0.017-3.333\times0.023$$
$$=6.661(m^3/kg)$$

理论湿烟气量按式（4.15）计算：

$$V_{fT}=1.865W_C+11.111W_H+0.699W_S+0.799W_N+0.79V_{aT}+1.24(W_w+V_{aT}d_a)$$
$$=1.865\times0.657+11.111\times0.032+0.699\times0.017+0.79\times6.661+1.24\times$$
$$(0.09+6.661\times0.018)$$
$$=7.115(m^3/kg)$$

② 烟气中二氧化硫的浓度。煤中硫分 80% 转化为二氧化硫时的理论干烟气量按式(4.16) 计算：

$$V_{fTd}=1.865W_C+0.699\times0.8\times W_S+0.799W_N+0.79V_{aT}$$
$$=1.865\times0.657+0.699\times0.8\times0.017+0.79\times6.661$$
$$=6.497(m^3/kg)$$

此时实际干烟气量用式(4.18) 计算：

$$V_{fd}=V_{fTd}+(\alpha-1)V_{aT}=6.497+(1.2-1)\times6.661=7.829(m^3/kg)$$

80% 硫分形成的二氧化硫量：

$$m_{SO_2}=\frac{M_{SO_2}}{M_S}\times0.8W_S=\frac{64.26}{32.06}\times0.8\times0.017=0.0272(kg/kg)$$

烟气二氧化硫浓度：

$$c_{SO_2}=\frac{m_{SO_2}}{V_{fd}}=\frac{0.0272}{7.829}\times10^6=3474(mg/m^3)$$

③ 烟气中颗粒物的浓度。20% 灰分形成飞灰，烟气颗粒物浓度：

$$c_p=\frac{m_p}{V_{fd}}=\frac{0.20\times0.181}{7.829}\times10^6=5.5572(mg/m^3)$$

4.2.4 不完全燃烧产物的发生和控制

燃烧过程产生的不完全燃烧产物主要有一氧化碳和碳氢化合物（含黑烟）。

（1）一氧化碳的发生 燃烧过程中，燃料的碳首先氧化成 CO。CO 主要通过与 OH 反应生成 CO_2，与 O_2 直接反应的速度很慢。CO 如果不能被完全氧化，则存在于烟气中。

碳氢化合物在预混火焰中燃烧时，反应物和生成物的浓度分布如图 4.4 所示。由图可见，在 CH_4 即将燃尽时，中间产物 CO 浓度达到最大值。如果氧气充足，停留时间足够长，CO 转化为 CO_2，CO 浓度可降到很低的水平。CO 的生成和转化过程都受反应动力学控制。

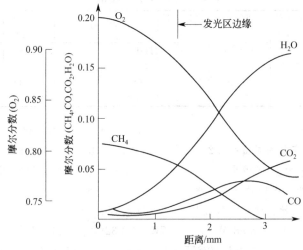

图 4.4 预混层流火焰中的浓度分布

碳氢化合物生成一氧化碳的基本反应路线之一是 R→RH→RCHO→RCO→CO（其中 R 为烃基）。

（2）碳氢化合物的发生 燃烧过程中，部分未燃烧的碳氢化合物以气态形式存在于烟气中；部分经过脱氢、分链、叠合、环化和凝聚等复杂的化学和物理过程，形成微粒态污染物，即黑烟。据测定，黑烟中存在芘、菲、蒽、醌等多种多环芳烃和其他有机物。

碳氢化合物的生成量与燃料的成分有很大关系，如果燃料中烯烃和芳烃的含量多，烟气中易反应的碳氢化合物和多核有机化合物（POM）浓度就高。

（3）不完全燃烧产物的控制措施　影响燃烧过程进行的主要因素有燃烧温度、空气量、燃料与空气的混合程度、反应时间等。为了减少由于不完全燃烧产生的污染物，可提高燃烧温度，适当增加过剩空气量，增加燃烧反应的紊流度，以及增加燃烧反应时间。这些措施一般对提高燃烧设备的热效率和出力也是有益的。提高燃烧温度和过剩空气量，可能导致氮氧化物增加，燃烧碳层温度过高还会使二氧化碳还原成一氧化碳。过剩空气量过大，可能降低燃烧温度，并且增加排烟热损失。

燃烧过程的连续、稳定，对于提高燃烧效率、减少不完全燃烧产物是十分有利的。人工加煤的小型锅炉，其燃烧过程是间歇的，在加煤后的一段时间内，大量挥发物产生，但此时炉温不高，不能充分燃烧，形成黑烟。这一类小锅炉应该淘汰，如果暂时做不到，也应尽快改为机械加煤。一些民用炉灶采用反烧法，即让煤层由上向下燃烧，补充的燃料产生的挥发物通过炽热的碳层，可以得到较充分的燃烧。

4.2.5 氮氧化物的发生与控制

（1）氮氧化物的发生　燃烧过程氮氧化物来源有两部分：一部分是燃料含氮经氧化生成；另一部分是燃烧空气中的氮和氧在高温下化合生成。前者称为燃料氮氧化物，后者称为热力氮氧化物（包括快速热力型氮氧化物）。

① 热力氮氧化物。按照泽利多维奇（Я. Б. зельдович）的理论，热力氮氧化物的生成过程可用下列反应表达式：

$$O + N_2 \underset{k_{-1}}{\overset{k_1}{\rightleftharpoons}} NO + N \tag{4.20}$$

$$N + O_2 \underset{k_{-2}}{\overset{k_2}{\rightleftharpoons}} NO + O \tag{4.21}$$

上述反应的动力学方程为：

$$\frac{d[NO]}{dt} = k_1[N_2][O] - k_{-1}[NO][N] + k_2[N][O_2] - k_{-2}[NO][O] \tag{4.22}$$

反应体系中，中间产物氮原子比产物一氧化氮分子浓度低 $10^{-8} \sim 10^{-5}$ 倍。故可假定，在短时间内氮原子浓度不变，即：

$$\frac{d[N]}{dt} = k_1[N_2][O] - k_{-1}[NO][N] - k_2[N][O_2] + k_{-2}[NO][O] = 0 \tag{4.23}$$

由此可得：

$$[N] = \frac{k_1[N_2][O] + k_{-2}[NO][O]}{k_{-1}[NO] + k_2[O_2]} \tag{4.24}$$

将式(4.24)代入式(4.22)，整理可得：

$$\frac{d[NO]}{dt} = \frac{2k_1k_2[O][O_2][N_2] - k_{-1}k_{-2}[NO]^2[N]}{k_2[O_2] + k_{-1}[NO]} \tag{4.25}$$

由于 $[NO] \ll [O_2]$，而 k_2 和 k_{-1} 的大小基本上是同一数量级的，所以 $k_{-1}[NO] \ll k_2[O_2]$。这样式(4.25)便可以简化为：

$$\frac{d[NO]}{dt} = 2k_1[N_2][O] \tag{4.26}$$

如果认为氧气的离解反应 $O_2 \rightleftharpoons O + O$ 处于平衡状态，则 $[O] = k_0[O_2]^{\frac{1}{2}}$（此处 k_0 为

平衡常数)。将此关系式代入式(4.26)得：

$$\frac{d[NO]}{dt}=2k_0 k_1 [N_2][O_2]^{\frac{1}{2}}$$ (4.27)

式中　$[O_2]$，$[N_2]$，$[NO]$——O_2、N_2、NO 的浓度，mol/cm^3。

泽利多维奇通过实验得出：

$$k=2k_0 k_1=3\times10^{14}\exp\left(-\frac{542000}{RT}\right)$$ (4.28)

式中　T——温度，K；

　　　　R——通用气体常数，$J/(mol\cdot K)$。

由上式可见，温度对氮氧化物的生成速率有重要作用，当温度在 1800K 以下时，热力氮氧化物生成量很少，超过 1800K，每增加 100K，反应速率增大 6～7 倍。当温度超过 2300K，生成速率极高（图 4.5）。

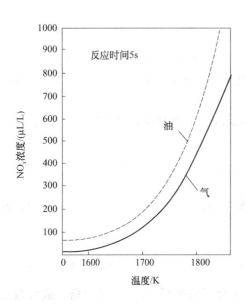

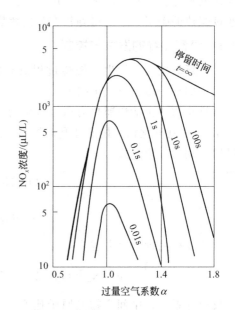

图 4.5　热力氮氧化物浓度与温度的关系　　图 4.6　热力氮氧化物浓度与过量空气系数的关系

影响热力氮氧化物生成的另一重要因素是氧浓度。由图 4.6 可见，在燃料过剩（$\alpha<1$）的情况下，随氧浓度升高热力氮氧化物生成量增大，在过量空气系数等于或稍大于 1 时达到最大值；随过量空气增多，虽然氧浓度升高，但由于温度降低，热力氮氧化物生成速率反而降低。

② 燃料氮氧化物。液体和固体燃料中存在含氮有机物，如喹啉（C_9H_7N）、吡啶（C_5H_5N）。石油平均含氮 0.65%，煤一般含氮 1%～2%。

燃料进入炉膛被加热后，燃料中的氮有机物首先被热分解成氰（HCN）、氨（NH_3）等中间产物，它们随挥发分一起从燃料中析出，被称为挥发分 N。挥发分 N 析出后仍留在燃料中的氮化合物，被称为焦炭 N。随着炉膛温度的升高及煤粉细度的减小（煤粉变细），挥发分 N 的比例增大，焦炭 N 的比例减小。挥发分 N 中的主要氮化合物是 HCN 和 NH_3，它们遇到氧后，HCN 首先氧化成·NCO；·NCO 在氧化性环境中会进一步氧化成 NO，如在还原性环境中，·NCO 会生成·NH；·NH 在氧化性环境中进一步氧化成 NO，同时又能与生成的 NO 进行还原反应，使 NO 还原成 N_2，成为 NO 的还原剂。主要反应式如下。

在氧化性环境中，HCN 氧化成 NO：

$$HCN + \cdot O \rightleftharpoons \cdot NCO + H$$
$$\cdot NCO + \cdot O \rightleftharpoons NO + CO$$
$$\cdot NCO + \cdot OH \rightleftharpoons NO + CO + H$$

在还原性环境中，$\cdot$ NCO 生成 $\cdot$ NH：

$$\cdot NCO + H \rightleftharpoons \cdot NH + CO$$

$\cdot$ NH 在还原性环境中：

$$\cdot NH + H \rightleftharpoons \cdot N + H_2$$
$$\cdot NH + NO \rightleftharpoons N_2 + \cdot OH$$

$\cdot$ NH 在氧化性环境中：

$$\cdot NH + O_2 \rightleftharpoons NO + \cdot OH$$
$$\cdot NH + \cdot OH \rightleftharpoons NO + H_2$$

NH_3 氧化生成 NO：

$$NH_3 + \cdot OH \rightleftharpoons \cdot NH_2 + H_2O$$
$$NH_3 + \cdot O \rightleftharpoons \cdot NH_2 + \cdot OH$$
$$\cdot NH_2 + \cdot O \rightleftharpoons NO + H_2$$

以上反应生成的 NO_x 在燃烧过程中如遇到烃（CH_m）或碳（C）时，NO 将会被还原成 N_2，这一过程被称为 NO 的再燃烧或燃料分级燃烧。根据这一原理，将进入锅炉炉膛的煤粉分层分级引入燃烧的技术可以有效地控制 NO_x 的生成排放。

一般情况下，燃料 NO_x 的主要来源是挥发分 N，占总量的 $60\% \sim 80\%$，其余为焦炭 N。在氧化性环境中生成的 NO_x 遇到还原性气氛时，会还原成 N_2。因此，锅炉燃烧最初形成的 NO_x 并不等于其排放浓度。随着燃烧条件的改变，生成的 NO_x 可能被还原，或者被破坏。煤中的 N 在燃烧过程中转化为 NO_x 的量与煤的挥发分及燃烧过量空气系数有关。在过量空气系数大于 1 的氧化性气氛中，煤的挥发分越高，NO_x 的生成量越多；若过量空气系数小于 1，高挥发分燃煤的 NO_x 生成量少，其主要原因是高挥发分燃料迅速燃烧，使燃烧区域氧量降低，不利 NO_x 的生成。

一般燃烧装置中 NO 的转化率都比上述数值低。一些试验表明，燃料氮的 $20\% \sim 80\%$ 转化为燃料氮氧化物。燃料含氮量越高，燃料氮向燃料氮氧化物的转化率越低（图 4.7）。

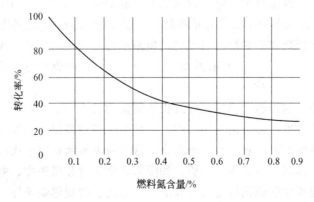

图 4.7　燃料 N 的转变率与燃料含氮量的关系

普通燃烧条件下，燃油炉中的转化率大多在 32%～40%；煤粉炉中的转化率一般在 20%～25%，不超过 32%。燃料氮氧化物的生成与含氮合物种类无关。

当过量空气系数在 1.1 以上时，燃料氮的转化率基本稳定；过量空气系数低于 1.0 时，燃料氮的转化率急剧下降（图 4.8）。燃料氮氧化物的生成，受温度的影响很小。

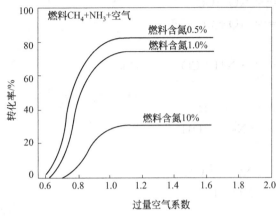

图 4.8　燃料型 NO 转变率与过量空气系数的关系

③ 快速热力型 NO 的生成。快速热力型 NO 是碳氢系燃料在氧浓度较低时（$\alpha = 0.7 \sim 0.8$）在预混合燃烧中生成的。此时几乎全生成快速热力型 NO，其生成地点不是在火焰面的下游，而是在火焰面的内部。它的生成机理还不是很明确。

费尼摩利认为，燃料中的 C 或 CH 基与空气中的 N_2 首先生成中间产物 HCN、N、CN 等，中间产物再与活性基（O、O_2、OH）反应生成 NO，其生成速度很快。这一快速热力型 NO 生成机理与前述燃料型 NO 生成机理很相近。用燃料型 NO 生成机理计算快速热力型 NO，其结果与实验结果相当一致。其中 HCN 是重要的中间产物，90% 的快速热力型 NO 是经 HCN 而产生的。当氧气十分充足时，中间产物 HCN 等发生很少，快速热力型 NO 生成就不会太多。

因此，要降低快速热力型 NO 的生成量，只要供给足够的氧气就可以了。

快速热力型 NO 的生成量实际上受温度的影响不大。由于热力型和快速热力型 NO 都是空气中的氮被氧化而生成的，所以也有人把这两种 NO 总起来称为热力型 NO，而把按泽利多维奇机理生成的热力型 NO 称为狭义的热力型 NO。

④ NO_2 的生成。在通常的燃烧温度水平下，NO_2 的生成浓度很低，与 NO 的浓度相比可以忽略不计。如甲烷燃烧时，当过量空气系数 $\alpha = 1.66$ 时，$[NO_2]/[NO]$ 约为 0.002。在锅炉烟气中，NO_2 仅占 NO_x 总量的 5%～10%。因此，在前面讨论 NO_x 时，就没有把 NO_2 作为一个问题，只讨论 NO 的生成。但燃气轮机排气中，NO_2 占比例相当大，在某些形态的火焰中 NO_2 所占比例也相当大。由于这种情况还不具有普遍性，所以本书就不做介绍了。

根据以上所述可以知道，不同燃料燃烧时生成 NO 的途径是不同的，因而控制其生成的技术措施也不相同。气体燃料中一般不含氮的有机化合物，各种煤气中虽有 N_2 分子，但不会生成燃料型 NO。轻质燃料中的含氮量很低，一般小于 0.03%。这些燃料的热值很高，火焰温度也就很高，所以燃烧这些燃料时主要是控制热力型 NO 的生成。我国生产的渣油含氮量一般为 0.4%～1.0%，煤中含氮量为 0.7%～2.5%，因而燃烧这些含氮量高的燃料时，主要应控制燃料型 NO 的生成。

（2）氮氧化物的控制措施　根据燃烧过程氮氧化物的生成机理，减少氮氧化物生成的主要方法有：降低燃烧温度；保持适当的氧浓度；缩短燃料在高温区的停留时间；采用含氮量低的燃料；扩散燃烧时推迟燃料与空气的混合。这些减少氮氧化物生成的方法，有许多与减少不完全燃烧产物、提高燃烧效率有矛盾，如降低燃烧温度和氧浓度、缩短停留时间、推迟混合。此外，向炉膛添加还原剂也是被研究的一种方法。改变燃烧条件，以降低氮氧化物发生量的技术通称为低氮氧化物燃烧技术。主要的低氮氧化物燃烧技术汇总于表 4.9 中，这些技术多数是针对大型悬燃式燃烧装置的。

① 分段燃烧（图 4.9）。燃烧分两段进行，第一段供给理论空气量的 80%～90%，第二段补足所需空气量。第一段供给的空气量越少，控制氮氧化物的效果越好（图 4.10）。分段燃烧可使燃烧过程变缓，防止局部出现过高的温度。该方法可使热力氮氧化物减少 30%～50%，燃料氮氧化物减少 50%，缺点是可能造成燃烧不稳定和不完全。

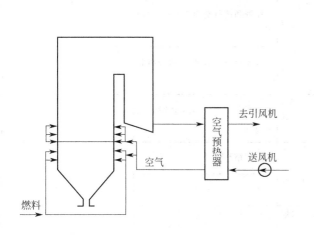

图 4.9　二段燃烧系统　　　　　　图 4.10　二段燃烧时 NO_x 生成特性

② 烟气循环（图 4.11）。将部分烟气循环，掺入燃烧空气中，以降低氧浓度，控制燃烧温度。一般认为这一措施仅能减少热力氮氧化物。烟气循环率（循环烟气占烟气量的百分率）可取 15%～20%（图 4.12），该方法也会降低热效率。

③ 浓淡燃烧（多用于燃油锅炉）。将燃烧器分为中间和周围两组，中间燃烧器燃料过剩，周围燃烧器空气过剩。中间燃烧器由于空气不足，燃烧强度降低；周围燃烧器空气过剩，既可弥补中间燃烧器的不完全燃烧，又因为空气过剩，冷却快，使燃烧温度降低。

④ 向燃烧室内喷水或蒸汽，降低火焰温度。该方法会增加烟气排热造成的损失。

⑤ 向燃烧室通还原性气体（NH_3、H_2），使氮氧化物还原。该方法比较简单，但效率不高，且不易控制。当氨氮比为 1.5～2.0 时，氮氧化物消除率为 50%～60%。

各种低氮氧化物燃烧技术的概况分别见表4.9。由表可见，采用组合技术比单一技术效果更好。

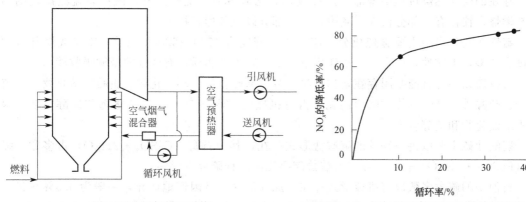

图 4.11　烟气循环系统　　　　　　图 4.12　烟气循环率对 NO_x 排放的影响

表 4.9 低氮氧化物燃烧技术概况

方法和装置		技术要点和效果	存在问题	NO$_x$ 平均降低率/%
低 NO$_x$ 燃烧方法	低氧燃烧	降低氧浓度,使 NO$_x$ 生成量减少	容易引起不完全燃烧,使烟尘量增加	
	二段燃烧	燃烧器的空气为燃烧所需空气的 85%,其余空气通过布置在燃烧器上部的喷口送入炉内,使燃烧分阶段完成	二段空气量过大,会使不完全燃烧损失增大;燃煤炉由于还原性气氛,易结渣,或引起腐蚀	27 44(与烟气循环联合)
	烟气循环	让一部分温度较低的烟气与燃烧用空气混合(循环率 15%~20%),降低氧浓度,使燃烧温度降低	投资和运行费用较大;占地面积大	32
	乳化燃料燃烧	在油中混入一定数量的水,制成乳化燃料后燃烧,可降低燃烧温度,并可提高燃烧效率	可能出现乳化燃料的分离和凝固	
	浓淡燃烧	装有两个或两个以上的燃烧器的锅炉,部分燃烧器供给所需空气量的 85%,其余供给较多的空气	如燃烧组织不好,会使烟尘增加	18
低 NO$_x$ 燃烧器	促进混合型	改善燃料与空气的混合,缩短在高温区的停留时间,同时可降低过量空气量	需要精心设计	27
	自身循环型	利用空气抽力,将部分炉内烟气引入燃烧器	燃烧器结构复杂	
	多股燃烧型	用多股小火焰代替大股火焰,增大火焰散热表面积,降低火焰温度		35(与浓淡燃烧联合)
	阶段燃烧型	让燃料先进行过浓燃烧,然后补足所需空气	容易引起烟尘浓度增加	
	喷水燃烧型	让油水从同一喷嘴喷入燃烧区,降低火焰中心温度	喷水量过多时,将产生燃烧不稳定	34(与二段燃烧联合)
低 NO$_x$ 炉膛	大型燃烧室	增大炉膛尺寸,降低炉膛热负荷,使燃烧温度降低	炉膛体积增大	
	分割燃烧室	用双面水冷壁将大炉膛分割,以提高炉膛冷却能力,控制火焰温度	炉膛结构复杂,操作要求高	
	切向燃烧室	火焰靠近炉壁流动,冷却条件好,燃料与空气混合较慢,火焰温度低而且较为均匀,对控制热力 NO$_x$ 有效		

4.2.6 硫氧化物的发生与控制

(1) 硫氧化物的发生 煤的含硫量一般为 0.5%~5%。煤中的硫以四种形式存在:硫铁矿(FeS$_2$),含硫有机物(C$_x$H$_y$S$_z$)、硫酸盐(MSO$_4$)和硫黄(S)。以有机硫和硫铁矿形式存在的硫在燃烧过程中全部参加反应,氧化为 SO$_2$,统称挥发性硫;而硫酸盐硫则不参与燃烧,往往有一部分留在底灰中,另一部分以飞灰形式排出。

硫铁矿硫是煤中主要含硫成分。硫铁矿的密度为 4700~5200kg/m^3,比煤或煤矸石的密度大得多,无磁性,但在强磁场作用下能变成顺磁性物质;有较强的微波吸收能力。

有机硫以各种官能基团存在,如噻吩、芳香基硫化物、环硫化物、脂肪族硫化物、二硫化物、硫醇等。烟煤中构成噻吩的硫分占有机硫的 40%~70%,二硫化物和硫醇不多。褐煤中二硫化物和硫醇较多。

硫酸盐硫主要以钙、铁等的硫酸盐形式存在,其中石膏(CaSO$_4$·2H$_2$O)占多数,绿矾(FeSO$_4$·7H$_2$O)较少。煤中硫酸盐硫要比前两种硫分少得多。

石油中的硫大多数以有机硫形式存在,原油的含硫量因产地而异,一般为 0.5%~2%。原油中的硫分大部分留在重馏分中,所以重油含硫量较高,一般为原油含硫量的 1.5 倍,并以复杂的环状结构存在。轻油中含硫醇、二硫化物、环硫化物和硫化氢等。

气体燃料中硫以气态硫化氢的形式存在，天然气中含硫量一般小于1%。

燃料燃烧时，如果过量空气系数低于1.0，即在富燃料状态下，燃料中的可燃硫将分解，除了生成SO_2外，还有一些其他的硫氧化物，如一氧化硫（SO）及其二聚物（$SO)_2$，还有少量氧化二硫（S_2O）和H_2S等，但由于它们化学反应能力强，所以仅在各种氧化反应中以中间体形式出现；当过量空气系数高于1.0，即贫燃料状态时，可燃硫将全部燃烧生成SO_2，在完全燃烧条件下，生成SO_2的同时，约有$0.5\%\sim2.0\%$的SO_2将进一步氧化而生成SO_3。

如前所述，当烟气中有过剩氧存在时，SO_2会继续氧化为SO_3，研究表明，影响SO_3生成量的主要因素有：燃料中的含硫量越多，SO_2和SO_3的生成量越多；过量空气系数越大，SO_3的生成量越多；火焰中心温度越高，生成的SO_3也越多；烟气停留时间越长，SO_3生成量就越多。另外，近年来关于对流受热面催化作用的进一步研究证明，烟气流过尾部对流受热面烟道后，SO_3的浓度比炉膛出口处有明显增加，表明在一定的温度范围内，对流受热面管壁上的氧化膜和积灰中的某些金属氧化物也会催化SO_2向SO_3的转变。

燃料燃烧生成的水以水蒸气的状态存在于烟气中，通常占烟气质量的百分之几。这些水蒸气在温度较低的区域会和烟气中的SO_3结合，生成硫酸蒸气。研究表明，当温度低至110℃时，几乎所有的SO_3都和水蒸气结合成硫酸蒸气。硫酸蒸气的存在使烟气的露点（通常称酸露点）显著升高，如1×10^{-6}的硫酸蒸气可使含水蒸气11%烟气的露点从48℃提高到110℃。硫酸浓度越高，酸露点也越高。烟气露点的升高极易引起管道和气体净化设备的腐蚀。

（2）硫氧化物的控制　在煤粉炉和燃油炉中，目前还不能采用改进燃烧技术的方法控制SO_2的生成量，因而SO_2的生成量正比于燃料中的含硫量。控制燃料燃烧引起的二氧化硫污染，可通过燃料脱硫、燃烧中固硫和烟气脱硫等途径来实现，还可通过高空排放控制近地面二氧化硫的浓度。在这里主要讨论燃烧过程固硫，烟气脱硫将在第8章专门论述。

在燃烧过程中加入固硫剂，使其与硫氧化物反应，生成比较稳定的硫酸盐，使硫固定于灰渣中，是一种控制二氧化硫的有效措施。常用的固硫剂有石灰、石灰石、白云石（碳酸钙、碳酸镁）等。石灰石和白云石在炉内的固硫过程可分别用下列两组反应式表示：

$$\begin{cases} CaCO_3 \xrightleftharpoons[T<473K]{T>1173K} CaO+CO_2 & (4.29) \\ CaO+SO_2+\dfrac{1}{2}O_2 \longrightarrow CaSO_4 & (4.30) \end{cases}$$

$$\begin{cases} CaCO_3 \cdot MgCO_3 \longrightarrow CaO+MgO+2CO_2 & (4.31) \\ CaO+SO_2+\dfrac{1}{2}O_2 \longrightarrow CaSO_4 & (4.32) \\ MgO+SO_2+\dfrac{1}{2}O_2 \xrightarrow{MnO,Fe_2O_3} MgSO_4 & (4.33) \end{cases}$$

影响燃烧过程固硫效果的主要因素有：固硫剂添加量、固硫剂粒度、温度和停留时间等。以钙的化合物为固硫剂，固硫剂用量可用钙硫比（摩尔比）β表示：

$$\beta=\frac{\text{固硫剂用量}\times\text{Ca 的含量}/40.1}{\text{燃料耗量}\times\text{S 的含量}/32} \tag{4.34}$$

固硫剂的添加方式有掺入燃料、加入型煤和喷入炉膛等几种。

① 掺入燃料。对层燃炉,将固硫剂掺入燃料是一种简便的方法,但固硫效率不高。当 $\beta=2\sim3$ 时,固硫效率仅约为 50%；如果要达到 90% 的固硫效率,β 要大于 5。高钙硫比使固硫剂消耗量大,灰渣量明显增大。

② 型煤添加固硫剂。小型锅炉和民用炉灶燃用型煤,是节煤和减少污染有效而易行的措施。据报道,燃用添加石灰、电石渣、无硫造纸黑液等固硫剂的型煤,可减少二氧化硫排放量 50% 以上,减少烟尘排放量 60%,节煤 $10\%\sim15\%$。

③ 向炉膛内喷射固硫剂。大型动力燃煤锅炉常用煤粉炉。在煤粉中掺入一定数量的石灰石粉,能在燃烧时固硫,其固硫效果比层燃炉燃料掺入石灰石的固硫效果好。

20 世纪 70 年代中期以后,流化床燃烧技术迅速发展,流化床锅炉进入实用阶段。1970 年出现了在流化床中加石灰层,用以控制二氧化硫排放,并逐渐进入实用阶段。目前,全世界已有很多流化床装置建成并投入运行。

在沸腾炉中添加石灰石固硫,当流化速度一定时,固硫率随钙硫比增大而提高；当钙硫比一定时,固硫率随流化速度提高而降低。温度在 1020K 以下,石灰石难以分解；而当温度超过 1270K,生成的硫酸钙又会分解。因此,当 $\beta=1.9$ 时,温度宜控制在 $1070\sim1120K$,这样的温度既可防止结渣,又利于固硫,氮氧化物生成量也很少。温度控制是靠在流化床层中适当布置受热面(通水管束)达到的。

流化床内气流速度在 $2.4\sim3.0m/s$,使大小在 3.2mm 以下的颗粒流化。石灰石层操作温度在 $1089\sim1144K$,控制二氧化硫的效果最好。据报道,用于燃煤锅炉,脱硫效率可达 90%；用于燃气锅炉,脱硫效率可达 99%。流化床燃烧装置可分为沸腾床 [图 4.13(a)] 和循环床 [图 4.13(b)] 两种。

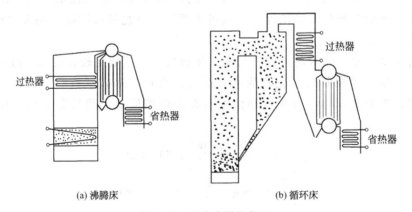

(a) 沸腾床　　　　　　　　　　(b) 循环床

图 4.13　流化床燃烧装置

4.2.7　飞灰的形成和控制

(1) 飞灰的形成　燃烧产生的颗粒物通常称为烟尘,它包括黑烟和飞灰两部分。黑烟由不完全燃烧产物形成；而飞灰则是灰渣分散成的颗粒被烟气带出。燃烧过程的烟尘发生量和粒径分布(见表 4.8 和表 4.10)与燃料的成分和性质、燃烧方式和炉型、燃烧条件等因素有关。黑烟作为不完全燃烧产物,其发生和控制已在 4.2.4 中介绍。

表 4.10　几种燃烧方式的烟尘粒径组成

粒径范围/μm	手烧炉	链条炉	抛煤机炉	煤粉炉	沸腾炉
<10	5	7	11	25	4
<20	8	15	23	49	10
<44	30	25	42	79	20
<74	40	38	56	92	26
<149	49	57	73	98	74
>149	51	43	27	2	26

(2) 飞灰的控制　燃烧过程飞灰的发生量及其粒度分布与燃料含灰量和灰渣熔点、炉型、燃烧空气和烟气流速等关系密切，控制措施主要从下面几方面着手。

① 选择适当炉型。不同类型的锅炉，其飞灰发生量差别很大，层燃炉（特别是自然引风）飞灰发生量小，悬燃炉和沸腾炉飞灰发生量大。

旋风炉是一种悬燃炉，可烧粒径在 4.7mm 以下的碎煤。由于气流切向进入，强烈湍动，细煤粉在其中剧烈燃烧，炉温可达 1900K。在高温下，灰渣呈熔融状态，液态排渣。粗煤粒在旋转气流中被甩向炉壁，并被炉壁上的熔渣黏附，在壁面燃烧。因此，旋风炉的飞灰排放量较其他悬燃炉小。

② 控制风量，保证气流均匀分布。控制适当的风量，使通过炉排和炉膛的气流速度不过大，可减少扬尘量和随烟气带出的尘量。对层燃炉，要使气流比较均匀，避免局部风速过大而引起过量扬尘。

③ 采用二次风。对层燃炉采用二次风，不但能使燃烧更完全，而且可使通过煤层的风量（一次风）减少，降低扬尘量。

4.2.8　汞的形成与排放

2000 年 12 月，美国 EPA 宣布将开始控制燃煤电厂烟气中汞的排放，燃煤过程中的汞排放开始在空气污染控制领域成为广泛关注的焦点。2013 年 1 月 19 日，140 多个国家在联合国框架下签署了《水俣公约》，旨在全球范围内减低汞排放，以减少汞对环境和人类健康造成的危害。联合国环境规划署的数据显示，2005 年全球人为排放汞的总量约 2000t，而中国的排放量达到了 800 多吨。就已发掘煤矿的分析，全球原煤中汞的含量在 0.012～0.33mg/kg 范围。美国 EPA 估计，美国每年汞的人为排放量在 144t，其中燃煤电厂贡献率 33%，城市固体废弃物焚烧 19%，工、商业炉窑 18%，医疗焚烧 10%。由于中国贫油富煤的能源结构，有 70% 的能源消费来自煤炭。煤炭中含有的微量汞经过燃烧随烟气排放到大气中，这部分汞占中国总汞排放量的 50%。

汞对人体健康的危害包括肾功能衰减、损害神经系统等。进入水体的汞经甲基化后，易累积在鱼类和以食鱼动物为主的食物链中，然后进入人的消化系统。孕妇、胎儿、婴儿最易受到伤害。

汞的挥发性很强，这使得它在燃烧过程中与其他微量元素有着不同的化学行为。在燃煤过程中大多数的微量元素基本残留在底灰和飞灰中（99.9%），但汞首先在燃烧高温中气化成气态汞（Hg^0），然后随着与其他燃烧产物的相互作用和冷却过程会生成氧化态汞（Hg^{2+}）和颗粒态汞（Hg_p）。三种形态总称为总汞（Hg_T）。

煤中汞的析出率与燃烧条件有关。当燃烧温度高于 900℃ 时，析出率大于 90%。相对而言，还原气氛下的析出率低于氧化气氛。

汞在现有的烟气净化系统中的去除率取决于其在烟气中的形态。在烟气净化系统中 Hg^0 与 Hg^{2+} 往往以气态方式存在，无法通过除尘装置净化。Hg^0 不溶于水，所以无法通过湿式洗涤净化，湿式洗涤净化系统净化 Hg^{2+} 的效率取决于其所构成化合物的水溶性。Hg^0 与 Hg^{2+} 均易于吸附到飞灰、粉末活性炭及钙剂脱硫剂等多孔性物体上，通过除尘得到净化，Hg^{2+} 的吸附情况要强于 Hg^0。而 Hg_p 则较易黏附在颗粒物上而在除尘系统中除去。目前，已出现了一些利用燃煤脱汞和现有净化系统改进来减少汞向大气排放的技术，但如何有效地控制燃煤过程汞的排放仍然是控制燃煤污染的新课题之一。

4.3 生产过程污染散发的控制

生产过程中产生和散发污染物也是引起大气污染的重要原因之一。对这类污染源的控制，大致可分为减少污染物的产生和控制污染物的散发两方面。理论上说，通过清洁生产、改革工艺，采用无污染或少污染的原材料，缩短流程，密闭运行，综合利用，加强管理，防止泄漏等，从根本上防止污染物的产生，是最为合理的。但就目前的技术水平和经济条件而言，大部分生产过程还达不到无污染物产生的要求，所以控制污染物散发仍然是防止大气污染的重要手段。

4.3.1 局部空气污染的控制方法

局部空气污染控制是保证生产空间空气质量的技术措施，也是防止大气污染的技术措施。控制污染物散发的基本方法有：封闭污染源并辅以适当排气；用气流引导并收集污染物；用清洁空气将局部空间的污染物稀释并排出。前两种在工业通风中称为局部排气，后一种称为全面换气。

4.3.2 局部排气

为了防止工艺过程产生的污染物污染生产空间的空气并进而污染大气，必须对污染物加以控制、收集和净化处理。与全面换气相比，局部排气能以较小的排气量将污染物控制在最小的范围内，因而更为经济、有效。局部排气系统的关键是集气罩。

（1）对集气罩的要求

① 尽可能包围或靠近污染源，以减少污染扩散范围和排气量；

② 吸气方向与污染气流方向尽量一致；

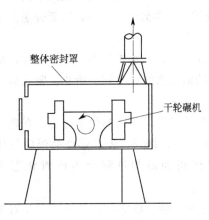

图 4.14 围挡罩

③ 不让污染气流通过人的呼吸带；

④ 不妨碍操作，便于检修。

（2）集气罩的种类和形式 集气罩根据作用原理不同，可分为以下四种。

① 围挡罩（图 4.14）。又称封闭罩。这种集气罩将污染源包围，并自罩内排气，既将污染物带走，又保证罩内负压，可防止污染物外逸。这种集气罩能以较小的排气量将污染物控制在罩内，是最经济而有效的罩型，应尽量采用。

围挡罩的封闭程度越高，排气量越小。但不宜完全密闭，否则没有气流流动，不能将罩内污染物排走。

② 接受罩（图 4.15）。罩口朝向污染气流，待污染气体运动到罩口，即被接受并排出。这种集气罩能利用污染物的运动趋势，防止污染物扩散，节省排气量。如果能与工艺协调配合，这种集气罩能有很好的污染物控制效果。

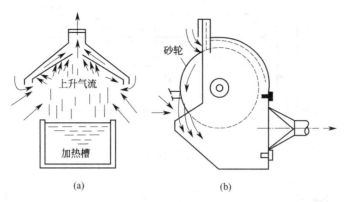

图 4.15　接受罩

污染气流是一种射流，沿轴线方向断面和流量不断增大。所以接受罩应尽量靠近污染源，否则罩口面积和排气量都要增加。

③ 外部吸气罩（图 4.16）。简称外吸罩，靠集气罩的主动吸气，在罩外一定范围造成吸气流场，引导和收集污染源散发的污染物。这种集气罩对工艺运行操作影响较少，不受方向限制。但由于吸气口外气流速度随距离增大而迅速衰减，因而有效作用范围有限。所以外吸罩更应尽量靠近污染源，否则不能有效控制污染物散发或很不经济。

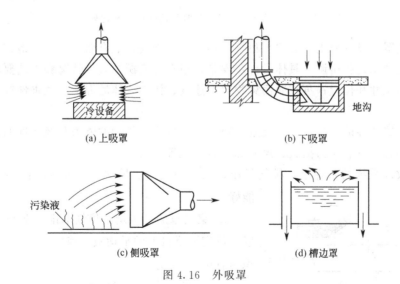

图 4.16　外吸罩

④ 吹吸罩（图 4.17）。吸气是一种汇流，吸气口外气流速度衰减很快，有效作用范围不大；吹气是一种射流，速度衰减慢，有效作用距离远（图 4.18）。利用射流这一特性，可将离吸气口较远的污染物推送到吸气口作用范围内，就能有效收集污染物。吹吸气流配合，形成气带，能将污染气体与清洁空气隔开。

为了与工艺密切配合，集气罩可设计成固定式、启闭式和移动式（横向移动或竖向升降）等。集气罩的形状和尺寸直接关系到使用效果和经济性，所以集气罩要根据污染源的特点和工艺操作要求因地制宜、精心设计。

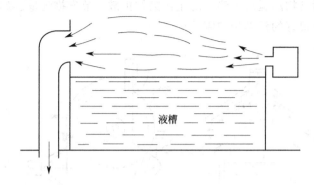

图 4.17 吹吸罩

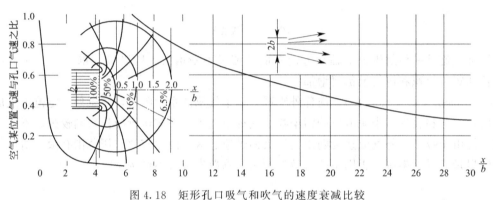

图 4.18 矩形孔口吸气和吹气的速度衰减比较

（3）集气罩的设计原则和方法 集气罩的设计原则是：最有效、最经济地控制污染物的散发，并与生产工艺相协调。具体设计步骤是：根据污染源的实际情况和工艺要求，确定集气罩的形状、尺寸和位置；再按照污染物散发速度、污染气体的温度、危害性等条件计算排气量；计算罩口阻力。

（4）集气罩的性能 集气罩性能是反映集气罩捕集污染物的能力及经济性的技术经济指标，一般指集排气量、压力损失、尺寸和材料消耗等。对一个确定的污染源，在控制污染物无组织排放效果系统的条件下，排气量小、压力损失小、尺寸小、材料消耗小的集气罩性能好。

① 集气罩的排风量。集气罩排风量 $Q(\mathrm{m^3/s})$，可以通过实测罩口上的平均吸气速度 $v_0(\mathrm{m/s})$ 和罩口面积 $A_0(\mathrm{m^2})$ 确定。

$$Q=A_0 v_0 \qquad (4.35)$$

也可以通过实测连接集气罩直管中的平均速度 $v(\mathrm{m/s})$、气流动压 $P_\mathrm{d}(\mathrm{Pa})$ 或气体静压 $P_\mathrm{s}(\mathrm{Pa})$ 及其管道截面积 $A(\mathrm{m^2})$ 按下式确定（参见图 4.19）：

$$Q=Av=A\sqrt{(2/\rho)P_\mathrm{d}} \qquad (4.36)$$

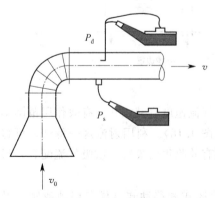

图 4-19 集气罩流量系数测定示意

$$Q=\varphi\sqrt{(2/\rho)\,|P_\mathrm{s}|} \qquad (4.37)$$

$$\varphi = \sqrt{P_d / |P_s|} \tag{4.38}$$

式中　ρ——气体密度，kg/m^3；

　　　φ——集气罩的流量系数，只与集气罩的结构形状有关，结构形状一定时 φ 为常数。

由式(4.38)可知，只要测出集气罩的连接直管中的动压 P_d 和静压 P_s，便可求出集气罩的流量系数。

② 集气罩的压力损失。集气罩的压力损失 $\Delta P (Pa)$ 一般表示为压力损失系数 ξ 与连接直管中动压 P_d 之乘积的形式，即：

$$\Delta P = \xi P_d = \xi (\rho v^2)/2 \tag{4.39}$$

由于集气罩罩口处于大气中，所以该处的全压等于零。因而集气罩的压力损失应为：

$$\Delta P = 0 - P = -(P_d - P_s) = |P_s| - P_d \tag{4.40}$$

式中　P，P_d，P_s——集气罩连接直管中测试断面的气体全压、动压和静压，Pa。

由式(4.38)～式(4.40)可得出流量系数 φ 与压损系数 ξ 的关系为：

$$\varphi = 1/\sqrt{1+\xi} \tag{4.41}$$

因此，系数 φ 与 ξ 只需已知其中一个，便可求出另一个。

(5) 集气罩集气排风量计算　集气罩的形式不同，其排气量的计算方法也不同。主要计算方法有：罩口风速法、控制风速法、流量比法和临界断面法（用于吹吸罩）等。

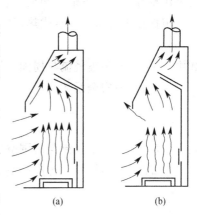

① 围挡罩排气量计算。围挡罩通常用罩口风速计算排气，一些定型的吸气罩可用经验方法计算。

排气柜（图 4.20）是围挡罩的一种，其排气量计算方法具有代表性。排气柜排气量计算的出发点是，在工作口造成一定的吸气速度（罩面风速），使吸气速度大于污染物外逸速度。工作口的吸气速度根据污染物散发情况和毒性等因素确定，具体数值可参考附录 4。

图 4.20　排气柜

普通排气柜的排气量按下式计算：

$$V = \beta v f \tag{4.42}$$

式中　V——排气量，m^3/s；

　　　v——工作口吸气速度，m/s；

　　　f——工作口面积，m^2；

　　　β——安全系数，取 $1.05 \sim 1.10$。

热气体排气柜的排气量按下式计算：

$$V = 0.119(qhf)^{\frac{1}{2}} \tag{4.43}$$

式中　q——柜内产热量，kJ/s；

　　　h——工作口高度，m。

② 接受罩排气量计算。本书介绍用流量比法的计算过程。

上悬式接受罩工作情况如图 4.21 所示：当横向气流速度 $v_0 = 0$，上升的污染气流正对上部接受罩 [图 4.21(a)]；当 $v_0 > 0$，污染气流偏向接受罩一侧 [图 4.21(b)]；v_0 大到一定程度 [图 4.21(c)]，污染气流偏到临界状况；v_0 再增大，污染气流部分逸出罩外 [图 4.21

(d)]。上悬式接受罩排气量 V 应等于污染气流量 V_1 与吸入周围空气流量 V_2 之和，即：

$$V = V_1 + V_2 \tag{4.44}$$

令 $K = V_2 / V_1$，并称其为流量比。流量比大，抗横向气流干扰的能力强。

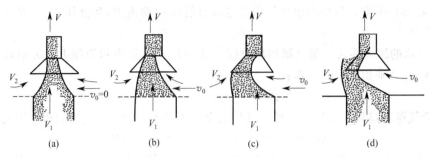

图 4.21　上吸罩工作状况

保证污染气流不逸出罩口 [图 4.21(c)] 的最小流量比称作临界流量比 K_V，其数值与污染源特性、吸气罩形状和尺寸、吸气罩与污染源相对位置、罩外遮挡情况等因素相关。

根据以上分析，上悬式热污染气流接受罩的排气量可用下式计算：

$$V = V_1 (1 + n K_V') \tag{4.45}$$

式中　K_V'——污染气流与周围空气温度不等时的临界流量比；

　　　n——安全系数。

$$K_V' = K_V + \frac{3 \Delta T}{2500} \tag{4.46}$$

式中　K_V——污染气流与周围空气温度相同时的临界流量比；

　　　ΔT——污染气流与周围空气之间的温差，K。

$$n = 1 + 6.5 \frac{v_2}{v_1} \tag{4.47}$$

式中　v_1——污染气流速度，m/s；

　　　v_2——横向气流速度，m/s。

由试验得出临界流量比与集气罩几何尺寸（图 4.22）之间的关系式为：

$$K_V = \left[1.4 \left(\frac{H}{E} \right)^{1.5} + 0.3 \right] \left[0.4 \left(\frac{W}{E} \right)^{-3.4} + 0.1 \right] \left(\frac{E}{J} + 1 \right) \tag{4.48}$$

式中　H——罩口至污染源的距离，m；

　　　E——污染物散发口短边长或直径，m；

　　　J——污染物散发口长边长度，m；

　　　W——罩口宽度，m。

上述计算式的适用条件：$\frac{H}{E} \leqslant 0.7$，$1.0 \leqslant \frac{W}{E} \leqslant 1.5$，$0.2 \leqslant \frac{E}{J} \leqslant 1.0$，$\frac{W'}{E} \geqslant 0.3$。

③ 外吸罩排气量计算。颗粒物由于某种原因（如振动、跌落）以初速度 v_0 进入空气（即尘化），在空气阻力作用下逐渐减速。尘粒速度降到零的位置点称零点，尘粒最大运动距离称尘化距离（亦即抛射运动距离，参见 3.1.2）。气态污染物的散发与尘化过程类似。

外吸罩风量可以通过控制风速法和流量比法等进行计算，下面介绍控制风速法。

处于零点的污染物，能被速度很慢的气流带走。能有效控制污染物运动的最低气流速度，称为控制风速。将离吸气口最远的点作为控制点，控制点至吸气口的距离称为控制距离（图 4.23）。控制风速与污染物形态、散发速度和环境风速等因素有关（见表 4.11），确定风速还要考虑污染物危害性的大小。

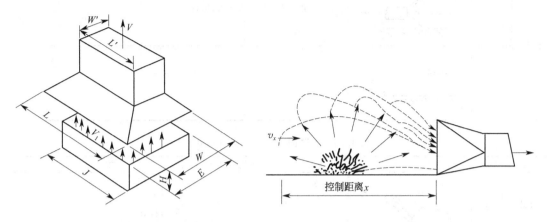

图 4.22 集气罩的几何尺寸   图 4.23 外吸罩工作情况

表 4.11 污染源的控制风速

污染物散发情况	工艺举例	控制风速/(m/s)
低速度散发到很平静的空气中	蒸发,敞口容器中气体或烟气漫逸	0.25～0.5
低速度散发到较平静的空气中	室内喷漆,断续倾倒干粉料,焊接	0.5～1.0
较高速度散发,或散发到流动迅速的空气中	翻砂,脱模,高速(>1m/s)皮带输送机转运点	1.0～2.5
高速散发	磨削,重破碎,岩石表面加工	2.5～10

控制风速计算排气量，是通过理论分析或实验找出罩口风速与罩外控制点气流速度之间的关系，应用这一关系和要求的控制风速可计算出需要的罩口风速，据此计算排气量。常见外吸式集气罩的排气量计算式如表 4.12～表 4.14 所示。

表 4.12 矩形和圆形平口侧吸罩排气量计算式

型式	编号	图示	适用条件	排气量/(m³/s)	附注
无边	1		$h/B \geqslant 0.2$ 或圆口	$V=(10x^2+F)v_x$	v_x——控制风速,m/s;
	2				F——罩口面积,m²;
					x——口罩至控制点的距离,m
有边	3		$h/B \geqslant 0.2$ 或圆口	$V=0.75(10x^2+F)v_x$	
	4				

型式	编号	图　　示	适用条件	排气量/(m³/s)	附　　注
台上	5		$h/B \geqslant 0.2$ 或圆口	$V = 0.75(10x^2 + F)v_x$	
	6			有边 $V = 0.75(5x^2 + F)v_x$ 无边 $V = (5x^2 + F)v_x$	

表 4.13　条缝侧吸罩排气量计算式

型式	编号	图　　示	适用条件	排气量/(m³/s)	附　　注
无边	1		$h/B \leqslant 0.2$	$V = 3.7Bxv_x$	控制风速 $v_x = 10\text{m/s}$； 阻力系数 $\zeta = 1.78$
有边	2		$h/B \leqslant 0.2$	$V = 2.8Bxv_x$	
台上	3		$h/B \leqslant 0.2$	无边 $V = 2.8Bxv_x$ 有边 $V = 2Bxv_x$	
台上或 槽上无边	4		$h/B \leqslant 0.2$	$V = BWC$ 或 $V = 2.8BWv_x$	h——按罩口速度 10m/s 确定； C——排气量系数，在 $0.25 \sim 2.0\text{m}^3/$ 　　$(\text{m}^2 \cdot \text{s})$ 范围内变化； $\zeta = 2.34$

表 4.14　伞形外吸罩排气量计算式

型　　式	编号	图　　示	排气量/(m³/s)	附　　注
下吸(冷态)	1		$V = (10x^2 + F)v_x$	
上吸(冷态)	2		侧面无围挡时 $V = 1.4PHv_x$； 两侧有围挡时 $V = (W+B)Hv_x$ 三侧有围挡时 $V = WHv_x$ 或 $V = BHv_x$	P——槽口围长，m； $v_x = 0.25 \sim 2.5\text{m/s}$； $\zeta = 0.25$

【**例 4.2**】 有边侧吸罩罩口高 0.35m，罩口宽 0.4m，要求控制距离为 0.7m，控制风速为 0.35m/s，计算排气量。

解 根据罩型查表 4.12，按表中第三项计算式计算排气量

$$V=0.75(10x^2+F)v_x=0.75\times(10\times0.7^2+0.35\times0.4)\times0.35=1.32(\text{m}^3/\text{s})$$

④ 吹吸罩气流量计算。吹吸罩是依靠吹吸两股气流共同作用控制污染物，吹吸罩的计算主要根据射流和汇流的运动规律。计算吹吸罩的主要方法有射流力法、流量比法和临界断面法三种，这里仅介绍临界断面法。

吹气射流速度随吹气口距离的增大而减小，相应对污染气流的控制能力也逐渐减弱；吸气汇流速度随离吸气口距离的增加急剧降低，对污染气流的控制能力也迅速减弱。所以，在吹吸气口之间存在一个对污染气流控制能力最弱的断面，即临界断面（图 4.24）。为了保证有效控制污染气流，必须保持足够的临界断面的气流速度（临界流速 v_V）。

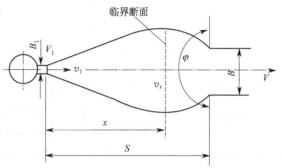

图 4.24 临界断面法示意

基于以上原理建立的计算方法为临界断面法，其计算式如下。

临界断面位置：

$$x=kS \tag{4.49}$$

吹气量：

$$V_1=k_1SL_1v_V^2/v_1 \tag{4.50}$$

式中 V_1——吹气量，m^3/s；

k,k_1——系数，见表 4.15；

S——吹起口与吸气口之间的距离，m；

L_1——吹气口长度，m；

v_V——临界气速，一般取 $1\sim2\text{m/s}$；

v_1——吹气口平均气速，一般取 $8\sim10\text{m/s}$。

吹气口宽度：

$$B_1=k_1S(v_V/v_1)^2 \tag{4.51}$$

式中 B_1——吹气口宽度，一般不小于 0.005m。

吸气量：

$$V_3=k_2SL_3v_V \tag{4.52}$$

式中 V_3——吸气量，m^3/s；

k_2——系数，见表 4.15；

L_3——吸气口长度，m。

吸气口宽度：

$$B=k_3S \tag{4.53}$$

式中　B——吸气口宽度，一般不小于 0.005m；

　　　k_3——系数，见表 4.15。

表 4.15　吹吸罩系数（吹气射流紊流系数 $\alpha=0.2$）

扁平射流	φ	k	k_1	k_2	k_3
两面扩展	$\dfrac{3}{2}\pi$	0.803	1.162	0.736	0.304
	π	0.760	1.073	0.686	0.283
	$\dfrac{5}{6}\pi$	0.735	1.022	0.657	0.272
	$\dfrac{2}{3}\pi$	0.706	0.955	0.626	0.258
	$\dfrac{1}{2}\pi$	0.672	0.878	0.260	0.107
一面扩展	$\dfrac{1}{2}\pi$	0.760	0.537	0.345	0.142
	$\dfrac{3}{2}\pi$	0.870	0.660	0.400	0.166
	π	0.832	0.614	0.386	0.158

【例 4.3】　吹吸气罩罩口长度 $L_1=L_3=3\text{m}$，罩口间距 $S=2.5\text{m}$，吸气口收缩角 $\varphi=5\pi/6$，吹气射流紊流系数 $\alpha=0.2$。计算吹气射流流量和罩口宽度。

解　用式(4.50)计算吹气量，取临界断面气速 $v_V=1.5\text{m/s}$，吹气口速度 $v_1=9\text{m/s}$，有关系数按 $\varphi=5\pi/6$ 查表 4.15 求得。

$$V_1=k_1 SL_1 v_V^2/v_1=1.022\times2.5\times3\times1.5^2/9=1.92(\text{m}^3/\text{s})$$

用式(4.51)计算吹气口宽度：

$$B_1=k_1 S(v_V/v_1)^2=1.022\times2.5\times(1.5/9)^2=0.071(\text{m})$$

用式(4.52)计算吸气量：

$$V_3=k_2 SL_3 v_V=0.657\times2.5\times3\times1.5=7.39(\text{m}^3/\text{s})$$

用式(4.53)计算吸气口宽度：

$$B=k_3 S=0.272\times2.5=0.68(\text{m})$$

4.3.3　全面换气

全面换气是不断从室内排出污染空气，并不断补充清洁空气，将室内空气污染物浓度稀释到允许程度。这种换气方式适用于室内污染源数目多、分布广，又不可能封闭的情况。因为全面换气是允许污染物散发到室内空气中，再用稀释的办法来降低污染物浓度，所以换气量大。由于排出的废气量大、浓度低，给净化处理带来较大的困难和耗费。

（1）换气量　稳定状态下全面换气量可按下式计算：

$$V=\frac{m_s}{c_p-c_0} \tag{4.54}$$

式中　V——全面换气量，m^3/s；

　　　m_s——室内污染物发生量，mg/s；

　　　c_0——清洁空气的污染物浓度，mg/m^3；

　　　c_p——室内污染物允许浓度，mg/m^3。

当室内同时有多种污染物散发，而各种污染物的危害性各不相同，可按各污染物分别计算换气量，取其中最大的换气量作为设计计算值；如果几种污染物的危害作用相同，则需以几种污染物计算的换气量之和作为设计计算值。

(2) 空气平衡　在室内无论采用何种换气方式（局部的或全面的、机械的或自然的），单位时间总进气量与总排气量保持平衡，即：

$$m_{ns}+m_{ms}=m_{ne}+m_{me} \tag{4.55}$$

式中　m_{ns}——自然进气（靠室内外压差）量；

　　　m_{ms}——机械进气（靠风机输送）量；

　　　m_{ne}——自然排气（靠室内外压差）量；

　　　m_{me}——机械排气（靠风机输送）量。

如果机械进气量大于机械排气量（$m_{ms}>m_{me}$），室内空气压强升高，因而室内空气通过门窗、孔口或孔隙向室外渗透，直至总进气量与总排气量平衡；反之，如果机械进气量小于机械排气量，室内形成负压，室外空气向室内渗透。在前一种情况下，如果室内有污染物产生，污染物就会随渗漏空气排至室外，形成无组织排放。所以，对于有污染物产生的房间，要求机械进气量小于机械排气量，以维持室内的负压状态，防止无组织排放。

(3) 气流组织　全面换气是控制室内空气污染的重要手段，换气效果与室内气流组织密切相关。室内气流组织有三种基本方式：上进下排、下进上排、侧进侧排。

上进下排是最常用的一种气流组织方式。当污染源散发口低于人的呼吸带时，气流上进下排，可保证工作人员能吸入较清洁的空气，并能减少室内地面扬尘的影响。下进上排的气流组织方式适合于室内有热污染源，或污染源散发口超过人的呼吸带等情况。侧进侧排多用于室内有大面积污染源（如大型液槽）的情况下。

气流组织方式的原则是：尽量缩小污染物的扩散范围，让清洁空气首先与人接触，减少二次扬尘的可能性，适当考虑污染气流本身的运动趋势。

习　题

4.1　某锅炉燃用煤气的成分的体积分数如下：H_2S 0.2%，CO_2 5%，O_2 0.2%，CO 28.5%，H_2 13.0%，CH_4 0.7%，N_2 52.4%。空气含湿量为 12g/m³，$\alpha=1.2$。试求实际需要空气量和燃烧时产生的实际烟气量（标准状态）。

4.2　已知重油元素分析质量分数结果如下：C 85.5%，H 11.3%，O 2.0%，N 0.2%，S 1.0%，试计算：

(1) 燃油 1kg 所需的理论干空气量和产生的理论干烟气量；

(2) 干烟气中 SO_2 的浓度和 CO_2 的最大浓度；

(3) 当空气的过剩系数为 10% 时，所需的空气量及产生的烟气量。

4.3　普通煤的元素分析如下：C 65.7%，H 3.2%，灰分 18.1%，水分 9.0%，S 1.7%，O 2.3%（含氮量不计）。

(1) 计算燃煤 1kg 所需的理论空气量和 SO_2 在烟气中的浓度（以 10^{-6} 计）；

(2) 假定烟尘的排放因子为 80%，计算烟气中灰分的浓度（以 mg/m³ 计）；

(3) 假定用流化床燃烧技术价石灰石脱硫，石灰石中含 Ca 35%，当 Ca/S 为 1.7（摩尔比）时，计算燃煤 1t 需加石灰石的量。

4.4　煤的元素分析结果如下：S 0.6%，H 3.7%，C 79.5%，N 0.9%，O 4.7%，灰

分 10.6%；在空气过剩 20%情况下完全燃烧，假如燃料中氮①50%、②20%被转化为 NO，在忽略大气中 N_2 生成 NO 情况下，计算烟气中 NO 的浓度（标准状态，以 10^{-6} 计）。

4.5　某车间内同时有 SO_2 和 CO 散发。SO_2 散发量为 500mg/s，CO 散发量为 140mg/s。车间内 SO_2 容许浓度为 15mg/m^3，CO 容许浓度为 30mg/m^3。试计算该车间所需的全面换气量。

4.6　车间内设有控制污染物散发的局部排气系统。废气经净化后排放。已测得排气系统的排气量为 1.5m^3/s，净化设备入口污染物浓度为 1.8g/m^3，排气罩控制比为 0.85，净化设备的净化效率为 92%。试计算该车间污染物的有组织和无组织排放量。

4.7　工作台上的有边排气罩，罩口尺寸为 0.4m×0.20m。要求在距罩口 0.30m 处造成 0.25m/s 的控制风速。试计算排气罩。

第 5 章 大气质量管理

本章提要

　　了解环境空气质量的影响因素及控制路线，了解空气质量管理控制系统的构成，理解大气污染管理控制政策制定的原则和方法，了解我国的大气质量控制法规体系和现行的环境空气质量标准和大气污染排放标准。了解大气质量规划的内容、制定原则和方法，掌握大气污染物总量控制的概念。了解大气质量模型的功能和建立步骤。能根据得到的空气污染物监测数据计算空气质量指数。

5.1 空气环境质量的影响因素及控制路线

　　随着城市化进程的快速发展，目前一些地区已形成城市群或产业聚集带，空气污染呈现出传统煤烟型污染、汽车尾气污染与二次污染物相互叠加的复合型污染特征，并表现出区域性和均匀分布的特点。

　　从本质上来说，一个城市或地区的环境空气质量状况取决于其天气、地理地貌条件及区域规划的功能定位和实际的社会经济发展形态。前两点决定了该区域的环境空气容量和自净能力，后一点则决定了该区域的污染物排放总量和种类及演变趋势。一旦污染物排放量超过了环境空气的容量，该区域就会呈现出空气污染的态势。三种因素中，地理地貌及区域污染物排放量是渐变的，而天气气象条件则是变化相对剧烈的。因此，在一个相对较短的时间段内，一个区域的环境空气质量主要取决于区域的天气气象条件。空气质量的管理，实际上就是区域社会经济发展形态与地理位置、天气条件相匹配的过程。

　　大气污染的最大来源是能源的生产和交通。通过对区域功能的规划可调整产业结构，从而对能源消耗量和能源消耗密度分布产生影响，使其控制在合理的水平范围内。再者，可从提高能源利用效率的角度，在满足经济发展和生活需求等的前提下控制单位活动的能耗。这些政策可从控制能量生产的角度控制污染物的排放。而绿化和建筑空间结构的安排可在一定程度上影响城市区域的空气流动方式，在一定程度上通过扩散稀释和增加植被等对污染物的干湿沉降影响来增大空气的环境承载容量。进一步，将来可以通过较大地区范围的植被和水体等地貌规划，利用太阳辐射和水分蒸腾的影响，在一定程度上营造小气候，减少区域不利污染扩散的天气条件的出现。

　　而对于城市交通污染，制定政策的出发点是：减少运输要求、在多种运输方式中选用污染较小的方式及通过交通管理来控制交通污染。

　　减少运输要求意味着城市总的运输里程数的下降，从而减少机动车污染的排放量。但减少运输要求涉及的方面很多，包括城市结构中功能区的布置和城市居民的收入和消费习惯等。对于生产服务领域的交通可从现代物流管理的角度提高运输效率，减少空载行驶的里程数。对于居民的消费习惯则可从宣传教育和完善小区服务和电子购物等方面着手。

　　对于一定的运输量可以通过多种途径完成，且各个途径的污染产生量是各不相同的。丹麦的哥本哈根曾进行过交通方式改变对空气污染影响的研究，使用的交通工具为汽油小客车和柴油公共汽车。各种情景的模拟情况如表 5.1 所示。基准情况是指实际发生的情况，在高峰期交通相当拥堵。在其他的极端情景下，全部采用公共汽车，不会出现拥堵现象，行驶状况平稳；全部为小客车时，一天中的大部分时间拥堵，行驶状况主要为"走走停停"；稳定流动情况是指控制小客车的数量使得交通能以稳定行驶的方式进行，其他的乘客采用公共交通的方式。

表 5.1　各交通方案情景污染物排放情况

项　　目	CO	HC	NO$_x$	PM	项　　目	CO	HC	NO$_x$	PM
公共汽车	1	3	64	156	稳定流动情况	66	58	90	110
小客车	177	176	116	56	基准情况	100	100	100	100

从表 5.1 中可以看出，即使在可以不受限制地改变城市交通方案的前提下，要确定出最优的交通污染控制策略也不是一件容易的事。在国外，推荐采用的有效措施包括对人流量大的商业、娱乐和工作单位比较密集的区域提供良好的公共交通，并禁止小客车的停放或提高停车费。另外，轨道交通是改善城市交通和空气污染控制的最好方式之一。

在交通流量和交通方式均已确定的情况下，还可以通过道路调整和交通管理来控制污染物排放量。措施包括合理安排交通道口、速度控制和建立一个流畅的交通体系。对城市公路交通体系而言，平均车速越低，意味着加速、减速和停车的概率越大，排放的污染物也越多。国外研究表明，小客车的平均车速从 20km/h 增加到 40km/h 时可降低 HC 和 CO 排放量 40%～50%，NO$_x$ 30%。所以可通过交通信号的调整，使得城市主干道的主体车流处于稳定行驶的绿灯状态。公共交通专用通道的设置在提高输送能力的基础上有时也能减少污染物排放。在道路设计中爬升的位置和坡度的选择对污染物排放也有着相当的影响。

5.2　空气质量管理系统

空气质量的控制取决于区域规划、管理措施的到位和社会经济及控制技术的支撑两个方面。空气质量控制已从最初的污染源排放控制发展成为一项系统工程，内容涉及到区域规划与生态系统、大气污染源和空气质量监测、区域能源结构调整、交通流量规划与公共交通选择、清洁生产、大气污染源控制、公众环保意识的提高等。

空气质量管理系统是有关管理部门从保护区域中的敏感成员或大部分居民健康的角度出发而设立的一套管理控制体系。建立空气质量管理系统可使有关管理部门和公众知晓空气质量的短期和长期变化情况，评价污染减排措施的效果，并为调整政策措施提供基础数据。其最终目标是改善和提高区域的空气质量，并最终达到和保持国家或地方所规定的空气质量标准或指标。空气质量管理系统的主要职能是监督和管理，它并不能执行空气污染治理的基本任务，但是可以从监督管理方面积极参与空气污染治理工作。

空气质量管理系统的组成部分应包括空气质量监测网、污染源排放清单调查、数值预报模型、空气质量标准和公共信息发布和一系列有效的污染控制政策、措施以及实施这些政策、措施所需的资源和法律行政保障，同时还必须包括对污染控制政策、措施的费用效能评价体系。对于一个完整有效的空气质量管理系统而言，以上各部分构成了一个缺一不可的有机整体，如图 5.1 所示。

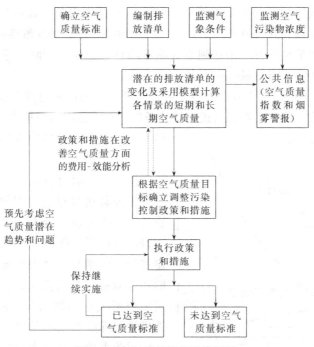

图 5.1 空气质量管理系统图示

建立一个空气质量管理系统的最重要的步骤如表 5.2 所示。

表 5.2 建立一个空气质量管理系统的步骤

步骤 1:方案的评价和分析	
A. 评价	识别污染源
	对污染源进行定量
	空气污染监测
	评估污染空气暴露条件
B. 方案分析	确定污染源与暴露浓度的关系
	估算污染源的相对贡献,并评估环境损害
	调研短期和长期控制方案
	进行费用-效益/费用-效能分析
	建立控制策略和投资计划
步骤 2:空气污染控制	建立规章制度和实施条例
	教育提高公众的环境意识
	实施环境投资计划
步骤 3:建立起空气质量信息系统	

国外的不少城市已建立了不同类型的空气质量管理系统,总体思路是以图 5.1 所示的结构为体系基础的。但目前还只有少数城市的空气质量管理系统完善到可采取优化措施控制空气质量的程度。一些发展中国家的城市或城市群区域可能还需要数十年的时间才能建立完整的空气质量管理系统。

5.3 空气质量管理的法规标准体系

5.3.1 制定空气污染管理控制政策、法规的原则方法

为有效地消除空气污染、保护公众健康和福利,需选择合适的管理原则和实施措施。目

前已提出了多种空气质量管理的原则策略，包括费用-效益分析、排放标准、空气质量标准和经济策略等。在美国和其他发达国家，空气质量标准和排放标准策略是污染控制工作的基础。同时，各种经济策略也被用来达到空气质量的目标和要求。而在理论上，基于费用-效益分析来制定污染控制策略是最佳的方式。

（1）费用-效益分析 费用-效益分析要求将空气污染物造成的所有损失费用和控制空气污染物所需的费用进行量化，然后通过比较选择出一项或多项污染损失和控制费用之和最小的污染控制方案为实施方案，从而达到最优的费用效益比。

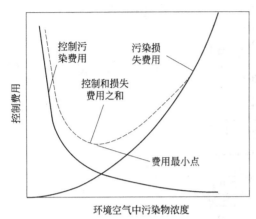

图 5.2 某一局地空气污染的控制和损失费用示意

图 5.2 所示为污染造成公众健康和财产的理论损失费用与控制费用的比较。从图中可以看出，随损失费用下降，控制费用逐渐增加。值得注意的是，随损失费用下降趋近于零，控制费用急剧增加。这表明该情况下相对于取得的环境效益（损失费用的降低）而言，控制费用出现不成比例的增长。从经济学角度出发，选择控制程度的依据是使投入的每单位污染控制费用最大化地减少污染损失（或得到最大收益）。在图 5.2 上，损失费用和控制费用之和的最低点也就是最优化点。

费用-效益分析存在着各式各样的实际和理论上的问题。首先，它设想损失和控制费用很容易定量化。一般情况下控制费用很容易被量化，但空气污染造成损失费用的性质和大小则受到许多不确定因素的影响。对于那些有形的损失，比如卫生保健和死亡率、作物减产、财产价值降低、物资材料的损失等影响，其费用是可以计量的，而朋友的失去、生态体系的变化、美学感官质量降低等无形的价值则很难用量化的损失费用来计量。其次，它假设在最佳点前的公众健康和财产损失费用在社会和政治上是可以接受的。但对那些制定的规章制度的管理人员来说，要做出保护谁或保护什么这样的决定是非常棘手的。

（2）排放标准策略 在排放标准策略中，控制过程是通过限定某种或某类污染源所能排放的一种或多种污染物的最大量来实现的（通常采用单位时间或单位热输入量的污染物排放质量来表示）。排放标准对于所有的污染源都是相同的。也就是说，某类污染源的所有个体都必须符合统一的排放限值而不考虑现有周围环境的空气质量。"清洁"或"污染"地区都套用相同的排放标准。

在美国，除有害或有毒污染物的控制外，在采用排放标准策略时，会在很大程度上受到可行性观念的影响，即制定的排放标准应当是在考虑控制费用的前提下所可能达到的污染削减的最高程度。

在美国和其他发达国家，最佳可行措施或实用方法被广泛应用于排放物标准制定。在欧洲，基于最佳可行性基础上的排放物标准政策已成为传统的空气污染控制方式。"可行"这个词意味着经济、技术和政治上的可行性。最佳可行方法可能是最好的工业企业对某一类污染源所能达到的控制程度，或是从其他行业借鉴来的可合理应用的技术。这种方式意味着随着控制技术的改进和经济承受能力的增强，污染排放标准会逐渐加严（至少对新污染源如此）。如美国为了实现国家环境空气质量标准（NAAQS），对达标地区的新源采用最佳可得的控制技术（best available control technology，BACT），未达标地区的新源采用最低可得排放率（lowest achievable emission rate，LAER），后者由于本身的空气质量尚未达标，须首先考虑公众健康的需要，而较少考虑成本问题。而对现有排放源，考虑到技术更新的成本问题，则统一采用合理可得的控制技术（reasonable available control technology，RACT）。

污染源标准策略也可要求更严格地控制污染物的排放。美国1990年的《空气洁净法》（CAA）修正案要求对有害或有毒空气污染物建立所谓的排放物的最大减量化（maximum achievable control technology，MACT）标准，即有害空气污染物国家排放标准（NESHP）。所谓有害空气污染物是指那些无环境空气质量标准可适用，根据美国EPA的判断会引起或预计引起死亡率增长，或严重的不可逆转疾病增长，或使可逆疾病变为不可逆转疾病情况增长的污染物。这种概念提出了比BACT更高的排放物控制程度。事实上，这只有通过采用各种控制措施而非单纯依靠排放控制措施才能实现。

排放物标准最大的优点就是简单。排放物标准中通常只包括允许的排放限值和相应的用来确定是否超标的测试方法，而不需要庞大昂贵的空气质量监测网络、判定是否达到标准的数学模型及复杂的技术，也无需进行公共政策的决策。某一种类污染源中的所有个体必须满足相同要求而无需考虑现有的空气质量。从管理的立场出发，它是一项很吸引人的控制策略。在美国应用的情况表明，在应用于如新污染源和被认为有特别危险性的污染物时，这些排放物标准具有优势。

美国的排放标准比较复杂、详尽，不仅有技术数据，而且还规定如何执行这些技术条款的其他内容，如为达到这些排放限值的配套控制技术、污染源自我监测与报告要求，还规定了污染源需制定达标计划与措施。美国的标准不是一般意义上的标准而是法规，同时强调标准执行的可行性。

当然，用排放标准作为控制策略也存在很明显的缺点或问题。虽然在制定排放极限时也考虑到费用的问题，但实施时则不管现有的空气质量如何，所有的污染源排放必须达标。在空气质量相对好的地区，就造成污染排放控制要求超过了保护公众健康和可能福利安全的需要。而在空气质量较差的地区，那些主要是依据费用考虑而制定出的排放标准对于保护公众健康和环境而言可能就不够严厉了。

（3）空气质量标准策略　空气质量标准策略的出发点是以下广为接受的毒物学原则为基础的：在污染物阈值浓度（能观察到产生毒害作用的最小剂量）以下的暴露是较为安全的，因此一定程度的空气污染是可以接受的，而且在法律上也是允许的。那些被确认为具有潜在的显著公共健康危害和财物影响的空气污染物是通过颁布环境空气质量标准来控制的。

空气质量标准是对空气中存在的需控制污染物的浓度值的法律限制。空气污染物的环境空气质量标准的颁布过程往往包括如下的程序：对科学证据的充分调研综述、可接受污染程度的建议以及管理当局的最后决定。

制定环境空气质量标准是一个困难又费力的过程。大多数情况下，污染的程度及其影响和必须采取的保护程度等方面还存在相当大的科学上的不确定性。在美国，要求环保局颁布空气质量标准时要特别考虑那些比较敏感的人群（哮喘病患者、心血管病患者、儿童、老人、体弱者等）并留有足够的安全余地。结果环境空气质量标准要比为保护健康的成年工作者的职业卫生标准严格得多。

由于空气质量标准策略是基于存在一个暴露安全水平这样一种设定（即存在一个阈值），因此不适用于那些没有危害阈值的污染物。而对于像苯这类致癌物质是不存在一个暴露安全阈值的，这已被科学界和管理机构所广泛接受。

一旦针对某一个或某类污染物的空气质量标准颁布后，各级行政当局（国家级、省级、市级）将负责计划和实施控制或管理方案，确保所辖区域符合空气质量标准，如有超标的则需采取措施以达到标准。

通常认为空气质量标准策略是通过费用-效益的方法来达到空气质量目标的，但实际上空气质量标准策略的实施是一项相当复杂的工作。它的复杂性涉及技术和政治两方面。管理机构必须选择和实施一些根据其自身的判断能达到每一项空气质量标准的措施。但在实践中要做出正确而又有效的决策已被证明是非常困难的事，尤其对于臭氧之类的二次污染物而言更是如此。因为人为和生物排放的碳氢化合物对在对流层中臭氧生成作用的贡献是很难确定的。另外，在许多情况下，管理机构为达到颗粒物质量标准而选择的技术和经济可行的控制措施有时却得不到人们的支持。国外在秋天禁止焚烧落叶的禁令就是这种情况。虽然这样的禁令相当经济有效，但有时却难以让民众广泛接受。但禁止焚烧落叶的禁令也有副效应的一面，最为显著的一点是占用了非常珍贵的垃圾填埋空间。而在我国，秸秆焚烧也有同样的问题。在理论上，空气质量管理是一项非常实用和经济有效的控制策略。然而，像生活中许多事情一样，具体的细节问题往往棘手而令人烦恼。

（4）经济策略　大部分发达地区的空气污染控制采用的是空气质量标准和排放标准策略，但也有许多基于经济策略的方法被用作以上两种策略的补充。

在排放税或收费策略中，会根据污染源排放速率的大小征收一定尺度的费用或征税。对于污染源而言，有交税和将污染排放减少到无需交税程度这两种选择。某一种污染源要减小其费用或税金支出的愿望，在理论上就形成了通过减少污染排放而减轻纳税义务的经济动机。但需足够高的收费或税金才能鼓励减少污染源的排放而不是付费购买污染权。该策略认为对同一类型污染源控制而言，由于时间和空间上的差异原因，达到相同的减排量所付出的费用可能存在很大的不同，某些场合的污染物排放控制可以比其他的场合更经济；如果某些工厂排放物减排的程度比其他工厂大的话，那么从总体上说将是对社会环境空气容量的储蓄。再进一步发展就形成了市场经济模式的控制政策，如后面的排污交易。

排污费或排污税只得到了比较有限的应用。在日本，在高污染地区对大污染源排放的SO_2征收排放费。法国据说也曾对发电容量为 750MW 的燃烧污染源收费。在 20 世纪 70 年代，挪威对汽油含硫量按 0.5％的级差进行征税。在美国，通过对氯氟烃征税来鼓励生产者和使用者尽快地将其淘汰。

因为空气污染控制涉及的费用很大，各种以市场经济为基础的备选方法在美国得到发展和利用。这些方法中最先出现的是所谓的泡泡政策，允许企业通过工厂的点源和散发性源的控制来在总体上减少排放。即对每个工厂在划定的范围内给出一个最大排放限制值。在这个划定的范围内，在排放总量不增加的前提下，只要能削减内部某地的排污量，就允许其他某点排放源的排放量增加。

该政策和其他一些政策演变发展成所谓的排放交易。在这种政策下，企业可通过较先进的控制措施获得一定的排放减少额度，可把它积累起来用于将来扩大生产或公开与别的公司做交易。但在使用这种额度时，有关管理当局必须采取限制措施以确保局地的环境空气质量不超标。

以市场为中心的经济策略也被引入了美国的 1990 年 CAA 修正案，其目标之一是在 2000 年实现发电厂每年减排 SO_2 1000×10⁴ t。它规定允许将排放许可量和未使用的剩余排放许可量用于补偿别的运行设备的排放量或与其他污染源进行交易。以市场为中心的经济策略是美国在空气质量控制努力方面的一项重大改革。他们允许增加技术和经济共同的灵活性而同时满足控制要求并实现所有的空气质量目标。

(5) 措施 一旦控制策略选定，管理机构就必须制定如何实现这些策略的一项或多项计划。对于空气质量管理而言，情况也是如此。实施控制策略采用的特定行为被称为措施。

管理机构为减少固定源排放而采用的措施包括：对控制区内的特定污染排放源建立排放标准；燃料使用限制（例如，禁止使用含硫量大于1%的煤炭或油）；使用高烟囱；禁止露天燃烧或使用某种类型燃烧器（如公寓内的焚烧炉）。

管理机构为控制机动车辆排放物或减少与机动车辆有关的空气质量问题而采用的策略包括：泄漏气体、蒸发损失、加油和冷启动的控制要求，废气排放标准，检测和维修，燃料添加剂标准，特殊燃料使用，替代动力系统使用，运输计划。

可以看出，排放标准既可作为全面控制策略，又可作为达到空气质量标准的措施。经济策略的各种要素也能用作执行的措施。

国外的许可证制度是所有空气污染控制计划的一个重要部分。许可证给与污染源排放污染物到空气的合法权利。通过污染源排放许可的申请，管理机构能将排放限制条件强加于许可证拥有者，或要求其采取污染物减排的措施。许可证也是获得污染源排放信息和要求其排放达标的重要工具。从广义的角度出发，排污许可也可以看作成是一个主要的空气污染控制措施。

5.3.2 我国的空气质量控制法规标准体系

(1) 我国的空气质量控制法规体系 通过20多年的发展，我国也已基本形成了完整的环境保护法规体系。空气污染防治法规体系属于其中的一个部分。

《中华人民共和国宪法》是我国的基本大法，它为制定环境保护基本法和专项法奠定了基础；《中华人民共和国刑法》也有"破坏环境资源罪"的条款，使得违反国家环境保护规定的个人或集体不仅负有行政责任，而且还要负刑事责任。环境保护基本法指《中华人民共和国环境保护法》，它是环境保护领域的基本法律，是环境保护专项法的基本依据，是由全国人大常务委员会批准颁布的。环境保护专项法为防治大气、水体、海洋、固体废物及噪声污染提供了法律依据。

2000年，全国人大常委会对1995年颁布的《大气污染防治法》做了修改，2014年再次进行了修订。

《大气污染防治法》中要求：国务院和地方各级人民政府，必须将大气环境保护工作纳入国民经济和社会发展计划，合理规划工业布局，加强防治大气污染的科学研究，采取防治大气污染的措施，保护和改善大气环境。国家采取措施，有计划地控制或者逐步削减各地方主要大气污染物的排放总量。地方各级人民政府对本辖区的大气环境质量负责，制订规划，采取措施，使本辖区的大气环境质量达到规定的标准。县级以上人民政府环境保护行政主管部门对大气污染防治实施统一监督管理。各级公安、交通、铁道、渔业管理部门根据各自的职责，对机动车、船污染大气实施监督管理。县级以上人民政府其他有关主管部门在各自职责范围内对大气污染防治实施监督管理。

《大气污染防治法》中规定：国务院环境保护行政主管部门制定国家大气环境质量标准。省、自治区、直辖市人民政府对国家大气环境质量标准中未做规定的项目，可以制定地方标准，并报国务院环境保护行政主管部门备案。国务院环境保护行政主管部门根据国家大气环境质量标准和国家经济、技术条件制定国家大气污染物排放标准。省、自治区、直辖市人民政府对国家大气污染物排放标准中未作规定的项目，可以制定地方排放标准；对国家大气污染物排放标准中已作规定的项目，可以制定严于国家排放标准的地方排放标准。地方排放标准须报国务院环境保护行政主管部门备案。省、自治区、直辖市人民政府制定机动车、船大气污染物地方排放标准严于国家排放标准的，须报经国务院批准。凡是向已有地方排放标准的区域排放大气污染物的，应当执行地方排放标准。国家采取有利于大气污染防治以及相关的综合利用活动的经济、技术政策和措施。

与其他介质的污染控制一样，空气污染控制采取的管理制度措施主要有 8 项，即：①环境影响评价制度；②"三同时"制度；③排污收费制度；④环境保护目标责任制；⑤城市环境综合整治定量考核制度；⑥排污许可证制度；⑦污染集中控制制度；⑧污染源限期治理制度。

从某种意义上说，我国目前对空气质量控制采用的是排放标准为主和考虑空气质量标准并辅以一定的行政和经济政策手段。

（2）环境空气质量控制标准　环境空气质量控制标准是执行环境保护法和大气污染防治法、实施环境空气质量管理及防止大气污染的重要依据和手段。环境空气质量控制标准按其用途可分为环境空气质量标准、大气污染物排放标准、基础标准、方法标准等，其中环境空气质量标准和大气污染物排放标准为强制性标准。按标准的使用范围又可分为国家标准、地方标准和行业标准。

① 环境空气质量标准。制定环境空气质量标准，首先要考虑保障人体健康和保护生态环境这一空气质量目标。为此，需要综合研究这一目标与空气中污染物浓度之间关系的资料，并进行定量的相关分析，以确定符合这一目标的污染物的允许浓度。

其次，要合理地协调与平衡实现标准所需的代价与社会经济效益之间的关系。这就需要进行损益分析，以求得实施环境空气质量标准的投入费用最少而收益最大。此外，还应遵循区域差异性的原则。特别是像我国这样地域广阔的大国，要充分注意各地区的人群构成、生态系统的结构功能、技术经济发展水平等的差异性。

我国的《环境空气质量标准》（GB 3095）首次发布于 1982 年，1996 年第一次修订，2000 年第二次修订，2012 年第三次修订版发布。标准规定了环境空气功能区分类、标准分级、污染物项目、平均时间及浓度限值、监测方法、数据统计的有效性规定及实施与监督等内容，适用于环境空气质量评价与管理。

环境空气功能区分为两类：一类区为自然保护区、风景名胜区和其他需要特殊保护的区域；二类区为居住区、商业交通居民混合区、文化区、工业区和农村地区。控制的污染物因子为一些量大面广环境影响较普遍的大气常规污染物，包括二氧化硫、二氧化氮、一氧化碳、臭氧、PM_{10}、$PM_{2.5}$ 及 TSP、氮氧化物、铅、苯并[a]芘。

我国的《工业企业设计卫生标准》中规定了"居住区大气中有害物质的最高允许浓度"。一些污染物在国家没有制定它们的大气环境质量标准时，可以使用该标准。

《工作场所有害因素职业接触限值　化学有害因素》（GBZ 2.1—2007）中还规定了工作场所化学有害因素的职业接触限值。本标准适用于工业企业卫生设计及存在或产生化学有害因素的各类工作场所，适用于工作场所卫生状况、劳动条件、劳动者接触化学因素的程度、生产装置泄漏、防护措施效果的监测、评价、管理及职业卫生监督检查等。

② 大气污染物排放标准。大气污染物排放标准是控制污染物的排放量和进行净化装置

设计的依据，是控制大气污染的关键，同时也是环境管理部门的执法依据。

制定大气污染排放标准应遵循的原则是，以大气环境质量标准为依据，必须综合考虑经济上的合理性、技术上的可行性和地区差异性，按最佳适用技术确定的方法和按污染物在大气中的扩散规律推算的方法制定排放标准。

最佳适用技术是指现阶段实际应用效果最好，且经济合理的污染物控制技术。按该技术确定污染物排放标准，就是根据污染现状、最佳控制技术的效果和对现有控制得好的污染源进行损益分析来确定排放标准。这种方法的优点是便于实施，便于监督，缺点就是有时不一定能满足大气环境质量标准，有时又可能显得过严。

按污染物在大气中扩散规律推算排放标准的方法，是以大气环境质量标准为依据，应用大气污染扩散模式推算出不同烟囱高度时污染物容许排放量或排放浓度，或根据污染物排放量推算出最低烟囱高度。

目前我国大气污染物排放标准包括固定源标准和移动源标准两大类，固定源大气污染物排放标准体系由行业型、通用型和综合型排放标准构成。移动源大气污染物排放标准体系由道路、非道路的新车和在用车（发动机）排放标准构成。环保部网站列有现行的大气污染排放标准（http://kjs.mep.gov.cn/hjbhbz/）。

5.4　大气环境规划

大气环境规划是环境规划的一个重要组成部分。它旨在为控制和改善城市大气环境质量提供保障，通过研究城市这个特定区域内气候特征、工业布置、能源消耗、城镇建设、人口密度、交通运输、经济文化等，采取调整产业结构、合理用地、改造交通线路、改变能源结构和供能方式、规范大气污染物排放行为标准、优化绿地系统等方式，实现空气质量的提高。

大气环境规划的要求随大气环境问题的变化而变化。在当前的经济与环境形势下，大气环境规划的要求是：把污染源与治理措施统一考虑，把环境目标与基本建设统一考虑，把近期环境状况与长远规划统一考虑，以便在经济日益发展的情况下，能保持良好的环境质量，不能因生活、生产活动而影响环境质量。在规划中，要协调经济发展和环境质量的关系，保持良好的大气质量；不再发展能耗多、运输量大、污染扰民的工业，与此同时，积极开展植树造林，绿化城市，减少污染，营造适宜人类健康生活和生存的大气环境。

大气环境污染问题涉及许多领域，大气环境规划只是众多规划中的一个组成部分，为此它必须与其他规划相融或相关，同时又与这些规划有着明显的差异性，主要体现在：它具有明确的大气环境目标，防止大气环境污染与破坏，解决大气环境问题的具体措施。与区域总体规划相比，大气环境规划的发展历程比较短，但发展速度是非常快的。

5.4.1　大气环境规划的内容

大气环境规划是在预测城市经济、人口、社会发展对大气环境产生的影响，以及环境空气质量变化趋势的基础上，为达到人类健康生存所需的大气环境质量目标，进行综合分析，做出的带有指令性的、比较合理的控制污染和区域建设布局方案。城市大气环境规划的主要内容如下：

① 大气环境现状评价与环境问题分析。
② 大气环境功能区划与环境目标确定。

③ 污染物削减计划、污染控制措施及管理方案的筛选与优化。

④ 大气环境保护战略与污染综合防治措施。

其中，环境目标是环境规划的核心，环境质量现状和主要环境问题是环境规划的出发点，是确定环境保护目标和优化控制方案的基础，管理方案是确保规划目标得以实现的手段与途径。

在某一规划单元内，如果某一空气质量要素已经达到国家环境空气质量标准，则在制订规划时，只需对该规划单元内的该要素污染源提出达标排放和目标总量控制的要求。即制订规划确保该要素的污染源达到有关排放标准和总量分配指标，重点应放在现有污染源的达标排放，结合产业结构和技术更新的总量削减以及新增排放源以新代旧的总量控制。不再进行与环境质量挂钩的规划，即可不进行包括浓度预测和项目筛选优化等工作。

在某一规划单元内，如果某一环境要素存在浓度值超过国家环境空气质量标准的情况，则进行基于实现环境质量目标的污染防治规划。规划应落实到排放源控制项目及资金，具有可操作性，确保实现城市环境保护目标，即改善环境质量并最终达到国家空气质量标准。

大气环境规划是环境规划的一个分支。环境规划与经济发展规划、城市总体规划是三个相互独立、相互协调、相互制约的规划。编制完成的规划经当地人民政府批准后方可实施，因此具有严肃性和规范性。这就要求在编制规划时必须依据国家法律法规、上级和同级政府批准并实施的有关规划。

5.4.2　大气环境规划的方法

（1）环境系统分析方法　在研究人与环境这个矛盾统一体时，把由两个或两个以上的与环境污染及控制有关的要素组成的有机整体称为环境系统。环境系统是一个复杂、庞大的整体，它不仅包含对环境要素的认识和理解，也包含对资源和社会经济活动的管理，以及为保护环境而制定的方针和政策。

环境系统分析法是环境规划中较常用的方法。即为了给决策者提供决策的信息和资料，规划人员使用现代的科学方法、手段和工具对环境目标、环境功能、费用和效益等进行调研、分析、处理有关数据资料，据此建立系统模型或若干个替代方案，并进行优化、模拟、分析、评价，从中选出一个或几个最佳方案，供决策者选择，从而对环境系统进行合理控制。采用系统分析方法的目的在于通过比较各种替代方案的费用、效益、功能和可靠性等各项经济和环境指标分析，得出达到系统最佳方案的科学决策。环境系统分析方法的环境要素包括如下几点。

① 环境系统目标。环境系统目标是进行环境规划的目的，也是系统分析、模型化和环境规划的出发点。环境规划目标是一个多目标的集合，所以环境系统目标往往不止一个。

② 费用和效益。建成一个系统，需要大量的投资费用，系统运行后，又要一定的运行费用，同时可以获得一定的效益。我们可以把费用和效益都折合成人民币的形式，以此作为对替代方案进行评价的标准之一。

③ 模型。模型是描述实体系统的映像。根据需要建立的模型可以用来预测各种替代方案的性能、费用和效益，对各种替代方案进行分析、比较，最后有效地求得系统设计的最佳参数。建立模型是系统分析方法重要一环。

④ 替代方案。对于具有连续性控制变量的系统，意味着替代方案无穷多，建立的数学模型中就包含无穷多个替代方案。求解过程即是方案的分析和比较过程。

⑤ 最佳方案。通过对系统的分析给出若干个替代方案，然后对这些方案进行分析、比较，找出最佳方案。可见，最佳方案是通过替代方案的分析、比较得出满足环境目标的方案，最佳方案是整个系统设计的输出。

(2) 大气环境质量-经济-能源系统分析　大气污染的主要原因是能源的燃烧，而能源的消耗又是一定社会经济发展的前提，因此在能源消耗、经济发展和大气环境质量三者之间存在着相互依存又相互制约的关系。把大气环境质量、经济和能源作为一个系统分析时，系统的目标包括 3 个方面：①大气环境质量目标，大气环境质量目标用具有代表性的空间点处的污染物浓度表示；在大气环境规划中以居住区、政治文化中心区、商业区、工业区、主要交通干线等作为浓度控制点；根据城市的能源结构，选择二氧化硫、氮氧化物、总悬浮颗粒物、可吸入颗粒物等作为主要的大气环境质量目标；②为满足一定环境质量目标对废气进行治理的费用；③地区的总能耗水平。

系统的约束条件有 3 个：①能源需求的约束；②资源条件的约束；③环境质量的约束。在大气污染控制中，集中处理的可能性很小，或通过就地处理排放，或通过布局调整，或通过能源结构调整。在废气污染控制和治理中，可供选择的技术措施有若干种。不同的技术，经济特性不同，合理地组织这些技术就可以用较少的费用满足预定的环境质量目标。大气污染控制系统规划包括对大气环境功能的区划，对各种污染源治理方法的选择，污染物的迁移和分布分析，其目标是区域污染控制总费用最低，而约束条件则是对污染物排放量的限制或污染物的大气环境质量目标。

(3) 规划方法与技术　环境规划是环境决策在时间和空间上的具体安排，规划过程也是决策过程。常用的环境规划方法与技术包括线性规划法、整数规划法、动态规划法和离散规划法等，具体可参见有关专门的书籍。总之，规划的方法有很多种，随着科学技术手段的不断发展，规划手段和技术也正在蓬勃发展。

(4) 大气污染物总量控制　近年来由于污染源的增多，单凭浓度控制方法已不能有效地保护大气环境质量，所以应进行总量控制，并以总量控制规划为依据，制定地方大气污染物排放标准，从总体上控制城市大气污染。

污染物总量控制是指对规定的环境单元之内的排污组织和个人排放某一种或多种污染物的数量实行控制的制度。被控制的污染和指标值可以根据不同时期、不同环境单元的环境质量要求确定。目前，我国实行的总量控制是目标总量控制与容量总量控制相结合的方法，即可以根据环境单元的具体情况采用容量总量控制与目标总量控制。如我国正在执行酸雨和二氧化硫两控区的控制政策，为实施这项政策，国家要求各地进行大气污染总量控制。首先进行管理目标总量控制，然后进行容量目标总量控制。管理目标总量控制主要是针对已经存在的大气污染问题，按照两控区的要求，制订实施污染源排放削减计划。容量目标总量控制则要求进一步控制污染源排放，以达到所及区域的大气环境质量目标。

污染源与环境目标是总量控制规划的两个对象，控制的主要任务有两个，一是确定污染源废气排放量与环境保护目标之间的输入与响应关系；二是为实现某一环境目标，在限定的时间、投资和技术条件下，制定控制与治理费用最小的优化决策方案。前一个主要是以认识环境自净规律、环境容量、污染物迁移转化规律等为基础，属于认识和理解自然规律阶段；后一个主要研究技术经济约束、管理措施与工程效益等问题，属于改造世界阶段，也是规划目的的体现。在这一全过程中，考察污染源的指标是污染物排放总量，衡量环境目标的指标是浓度；前半部分的定量化工具是各类数学模型，后半部分的定量化工具是技术、经济优化模型。总量控制模型大体分两类：一是只对环境质量超标区域产生的影响源分配削减量，亦称最大复合浓度法；二是计算每一个污染源对受点浓度的实际贡献，然后统筹分配允许排放量，亦称线性规划法。前者使用简单，但连续性和稳定性差；后者工作量大，连续性和稳定性好，而且具备定量统筹社会效益、经济效益的好处，为常用规划方法。在此过程中，选择适合当地气象和地理条件的扩散模型、确定环境质量保证率，都是所应注意的技术关键。

大气污染总量控制规划的技术路线是从功能区划分及功能区环境质量目标出发，考察排污源与受点（功能区）大气质量间的关系，分析达到功能区环境质量要求的途径与措施，编制达标方案，进行费用效益分析，再进行协调与综合，分析目标可达性或进行目标调整，形成一个系统分析闭合过程。

5.5　空气质量模型概述

空气质量模型是基于人类对大气物理和化学过程科学认识的基础上，运用气象学原理及数学方法，从水平和垂直方向在大尺度范围内对空气质量进行仿真模拟，再现污染物在大气中输送、反应、清除等过程的数学工具，是分析大气污染时空演变规律、内在机理、成因来源，建立"污染减排"与"质量改善"间定量关系及推进环境规划和管理向定量化和精细化过渡的重要技术方法。应用空气质量模式可解决以下问题：

① 进行标志性空气污染物浓度分布的模拟计算，包括日平均、季平均和年平均浓度分布计算。

② 选择有代表性的气象条件，针对城市规划、交通、能源和工业结构变化，或污染源削减计划的实际情况或不同方案，模拟计算标志性空气污染物浓度分布的变化。

③ 对于选定的污染物进行模拟计算，求得不同气象条件下的浓度分布时空变化，极高浓度出现的时间地域，并求得各污染源（不同地域、行业、类型，或重大工业企业）的贡献率。

④ 在每日气象预报的基础上，进行标志性空气污染物的模拟计算，进行空气污染指数预报。

⑤ 某个企业，某个功能区污染源结构发生变化时，模拟空气污染物浓度的相应变化，进行大气环境影响评价。

⑥ 同时，还需要应用空气质量模式，针对可能的突发性污染事件进行模拟计算。

自 1970 年到现在，国际上以美国 EPA 或其他机构为主共资助开发了三代空气质量模型：20 世纪的 70～80 年代，EPA 推出了第一代空气质量模型，这些模型又分为箱式模型、高斯扩散模型和拉格朗日轨迹模型，其中高斯扩散模型主要有 ISC、AERMOD、ADMS 等，拉格朗日轨迹模型有 CALPUFF 等；80～90 年代的第二代空气质量模型主要包括 UAM、ROM、RADM 在内的欧拉网格模型；90 年代以后出现的第三代空气质量模型是以 CMAQ、CAMx、WRF-CHEM、NAQPMS 为代表的综合空气质量模型，即"一个大气"的模拟系统。CMAQ 是一个多模块集成、多尺度网格嵌套的三维欧拉模型，突破了传统模式针对单一物质或单相物质的模拟，考虑了实际大气中不同物质之间的相互转换和互相影响，开创了模式发展的新理念。美国大气研究中心 NCAR 开发的模式考虑了气象和大气污染的双向反馈过程，在一定程度上代表了区域大气模式未来发展的主流方向。

空气质量模式的基本结构可以用图 5.3 表示。

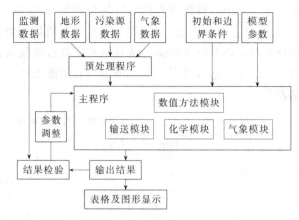

图 5.3 空气质量模式的基本结构

研究建立和应用一个空气质量模式，一般要经过以下步骤。

① 确定模式类型。根据工作目的、对象、时空范围、污染源、地形地理条件及计算机能力等。

② 选定模式包含的主要大气过程，设计和调试有关程序。根据工作目的、时空范围、污染物特性、污染气象特性和可能利用的数据等。

③ 选用主要大气过程所需要的参数。根据尽可能收集到的国内外资料，进行必要的野外实验或室内模拟实验。

④ 汇集地形、气象、污染源及环境监测资料；选择数值计算方法，设计和调试有关部门的预处理程序。

⑤ 如果是新建模式，需对各大气过程的代表性参数进行灵敏度检验，比较各个参数的相对重要性。

⑥ 实际计算。需根据工作目的、输入数据、计算机能力等选定时间和空间步长，进行适当的误差分析，避免可能因计算中的截断误差引起的虚假扩散问题。

⑦ 应用环境检测数据进行可靠性检验。

5.6 区域及城市空气质量报告及预报

5.6.1 空气质量报告

空气质量的公共信息发布有助于公众知道他们所接触的空气质量的状况，增强其环保意识。同时当空气质量被描述为差或有危险时，就希望他们能采取一些行动来避免受到更大程度的伤害。行动内容包括尽量减少室外活动，停用私人汽车而改用公共交通工具或与他人合用汽车等。

对于空气质量，通常采用各种指数的形式来表达。如果空气质量达到了某种污染物的健康空气质量标准，就将此时的空气质量指数定义为 100。如果空气质量较健康标准差，指数就大于 100，如果空气质量较健康标准好，指数就小于 100。在确定空气质量指数时，首先计算出监测或预测出的所有污染物的分指数，然后取其中最大的值为空气质量指数。在发布空气质量指数的同时，往往还同时告之哪种污染物为关键污染物。

我国早期采用空气污染指数（air pollution index，API）来反映和评价空气质量，2012年开始规定用空气质量指数（AQI）替代原有的空气污染指数（API）。《环境空气质量指数（AQI）技术规定（试行）》（HJ 633—2012）规定了环境空气质量指数的分级方案、计算方法和环境空气质量级别与类别，以及空气质量指数日报和实时报的发布内容、发布格式和其他相关要求。表 5.3 为空气质量分指数及对应的污染物项目浓度限值。相应的空气质量级别及对人体健康的影响见表 5.4。

表 5.3　空气质量分指数及对应的污染物项目浓度限值

空气质量分指数（IAQI）	污染物项目浓度限值									
	二氧化硫（SO_2）24h 平均/($\mu g/m^3$)	二氧化硫（SO_2）1h 平均[①]/($\mu g/m^3$)	二氧化氮（NO_2）24h 平均/($\mu g/m^3$)	二氧化氮（NO_2）1h 平均[①]/($\mu g/m^3$)	颗粒物（粒径小于等于10μm）24h 平均/($\mu g/m^3$)	一氧化碳（CO）24h 平均/(mg/m^3)	一氧化碳（CO）1h 平均[①]/(mg/m^3)	臭氧（O_3）1h 平均/($\mu g/m^3$)	臭氧（O_3）8h 滑动平均/($\mu g/m^3$)	颗粒物（粒径小于等于2.5μm）24h 平均/($\mu g/m^3$)
0	0	0	0	0	0	0	0	0	0	0
50	50	150	40	100	50	2	5	160	100	35
100	150	500	80	200	150	4	10	200	160	75
150	475	650	180	700	250	14	35	300	215	115
200	800	800	280	1200	350	24	60	400	265	150
300	1600	②	565	2340	420	36	90	800	800	250
400	2100	②	750	3090	500	48	120	1000	③	350
500	2620	②	940	3840	600	60	150	1200	③	500

①　二氧化硫（SO_2）、二氧化氮（NO_2）和一氧化碳（CO）的 1h 平均浓度限值仅用于实时报，在日报中需使用相应污染物的 24h 平均浓度限值。

②　二氧化硫（SO_2）1h 平均浓度值高于 800$\mu g/m^3$ 的，不再进行其空气质量分指数计算，二氧化硫（SO_2）空气质量分指数按 24h 平均浓度计算的分指数报告。

③　臭氧（O_3）8h 平均浓度值高于 800$\mu g/m^3$ 的，不再进行其空气质量分指数计算，臭氧（O_3）空气质量分指数按 1h 平均浓度计算的分指数报告。

表 5.4　空气质量指数及相关信息

空气质量指数	空气质量指数级别	空气质量指数类别及表示颜色		对健康影响情况	建议采取的措施
0～50	一级	优	绿色	空气质量令人满意，基本无空气污染	各类人群可正常活动
51～100	二级	良	黄色	空气质量可接受，但某些污染物可能对极少数异常敏感人群健康有较弱影响	极少数异常敏感人群应减少户外活动
101～150	三级	轻度污染	橙色	易感人群症状有轻度加剧，健康人群出现刺激症状	儿童、老年人及心脏病、呼吸系统疾病患者应减少长时间、高强度的户外锻炼
151～200	四级	中度污染	红色	进一步加剧易感人群症状，可能对健康人群心脏、呼吸系统有影响	儿童、老年人及心脏病、呼吸系统疾病患者避免长时间、高强度的户外锻炼，一般人群适量减少户外运动
201～300	五级	重度污染	紫色	心脏病和肺病患者症状显著加剧，运动耐受力降低，健康人群普遍出现症状	儿童、老年人和心脏病、肺病患者应停留在室内，停止户外运动，一般人群减少户外运动
>300	六级	严重污染	褐红色	健康人群运动耐受力降低，有明显强烈症状，提前出现某些疾病	儿童、老年人和病人应当留在室内，避免体力消耗，一般人群应避免户外活动

污染物的分指数 I_i 可由其实测浓度值 c_i 按照分段线性方程计算。当某种污染物浓度 $c_{i,j} \leqslant c_i \leqslant c_{i,j+1}$ 时，其污染分指数采用内插的方式计算，即：

$$I_i = \frac{c_i - c_{i,j}}{c_{i,j+1} - c_{i,j}} \times (I_{i,j+1} - I_{i,j}) + I_{i,j} \tag{5.1}$$

式中 I_i ——第 i 种污染物的污染分指数；

  c_i ——第 i 种污染物的浓度值；

  $I_{i,j}$ ——第 i 种污染物第 j 转折点的污染分项指数值；

  $I_{i,j+1}$ ——第 i 种污染物第 $j+1$ 转折点污染分项指数值；

  $c_{i,j}$ ——第 j 转折点上 i 种污染物的（对应于 $I_{i,j}$）浓度值；

  $c_{i,j+1}$ ——第 $j+1$ 转折点上 i 种污染物（对应于 $I_{i,j+1}$）浓度值。

在各种污染参数的污染分指数都计算出以后，取其中最大者为该区域或城市的空气污染指数 AQI：

$$AQI = \max(I_1, I_2, \cdots, I_i, \cdots, I_n) \tag{5.2}$$

AQI>50 时，该种污染物即为该区域或城市空气中的首要污染物。AQI<50 时，则不报告首要污染物。

5.6.2 区域和城市空气质量预报和预警

在大气污染物排放量较大且不利于污染物有效稀释和扩散的气象条件下，大气污染物的浓度可能大大超过空气质量标准，达到威胁健康或危险的水平，从而出现持续几小时或几天的短期烟雾事件。由于烟雾往往造成很不利的健康影响，导致许多国家针对烟雾的出现采用了警报和预报系统。这样当局就可以把不良空气质量对健康的潜在威胁通知给公众，并建议公众采取行动尽可能减少接触高污染的环境。当局还可鼓励采取自愿行动或强制性的短期措施以便在烟雾期间减少污染物排放。

防止空气质量恶化的措施包括限制进入有问题地区的机动车数量和种类，减少住宅和公共建筑的能源消耗（例如冬季烟雾期间减少采暖，夏季烟雾期间少用空调）以及要求工厂削减排放。减排措施未必能够防止烟雾的出现，但能够减轻烟雾的严重程度、持续时间甚至空间范围。烟雾警报发布得越早，其作用就越大，因为这样能使公众有更多的时间制定减排计划（例如推迟外出购物、合用汽车和选择公交工具），并确保敏感人群不至于无必要地接触不良的空气环境。

国外的烟雾警报通常包括三个阶段。第一阶段开始发布健康建议警报，同时要求采取自愿行动来减少排放（例如要求公众不作无关紧要的汽车旅行）。第二阶段采取强制性的污染控制措施（例如要求某些工厂把排放量减少 30%）。第三阶段要求采取更严格的措施（例如禁止交通、迫令工厂停工）。

第6章 颗粒污染物的净化

本章提要

掌握颗粒物的主要物理性质、颗粒个体和群体的粒径及粒径分布的表达方式。理解颗粒物分离的条件，掌握处理气体流量、压力损失和效率等净化装置性能参数的物理意义，学会分级除尘效率和总效率的互算。

机械式除尘：重力沉降室，惯性除尘，旋风除尘器的捕集原理、压力损失及除尘效率。旋风除尘器的分类及典型结构，选型设计。

电除尘：电除尘工作原理，电晕放电，荷电，驱进速度与捕集效率，影响电除尘效率的因素，电除尘器基本结构型式及选用。

过滤式除尘：袋式除尘器的基本原理，滤料，结构型式和性能，影响除尘效率的因素，压力损失，选型设计。

湿式除尘：净化机理，各类湿式除尘器简介，文丘里洗涤器原理特点。

总体要求了解各类除尘器的工作原理、结构及性能；掌握各类除尘器的应用范围、操作条件变化对除尘器的影响，能够进行除尘器性能的比较，为选择、设计和有效运行各类除尘器打下基础。

6.1 颗粒物的性质

含尘气体是以气体为连续相，固体颗粒或液体颗粒为分散相的气溶胶。含尘气体的净化，是将颗粒物与运载气体分离，并加以捕集。所以，净化过程受颗粒物和运载气体性质的影响。

6.1.1 颗粒物的主要性质

（1）颗粒物的大小和形状 颗粒物在大气中的停留时间、对环境的影响及分离的难易程度，都与颗粒物的大小密切相关。一般情况下，$10\mu m$ 大小的颗粒在大气中可滞留 $4\sim9h$，$1\mu m$ 的颗粒可滞留 $19\sim98d$，而 $0.1\mu m$ 的颗粒物的滞留时间可达 $5\sim10$ 年。大的颗粒可被阻留在上呼吸道，而小于 $5\mu m$ 的颗粒能进入呼吸道深部。不同类型的除尘器适合不同粒径的颗粒物的去除，如旋风除尘器对 $5\mu m$ 以上的颗粒有很高的捕集效率，而对 $1\mu m$ 以下的颗粒捕集效率则很低。

颗粒物的形状多种多样，大部分很不规则。颗粒物在空气中运动时所受到的阻力与形状有关，所以颗粒物形状对其沉降运动有一定的影响。颗粒形状对静电沉积过程也有影响，表面光滑的球形颗粒物不容易释放电荷。质地坚硬而带棱角的颗粒会加快管道和设备的磨损。

（2）颗粒物的密度 密实状态下或单颗颗粒单位体积所具有的质量称为真密度。它对机械分离（如重力沉降、惯性或离心分离）过程有影响。真密度大，颗粒物容易分离。

在自然静置情况下，颗粒物并不是密实的，颗粒之间存在着空隙，其总体密度比真密度小。静置情况下颗粒物的总体密度称为堆积密度。堆积密度用于计算灰斗或贮仓容积。堆积密度与设计粉尘贮存设备和粉尘的二次飞扬过程有关。当粉尘的密度与堆积密度之比为 10 以上时，需要特别注意粉尘的二次扬尘问题。

颗粒物的堆积密度与真密度之间的关系为：

$$\rho_b = (1-\varepsilon)\rho_p \tag{6.1}$$

式中　ρ_b——颗粒物的堆积密度，kg/m^3；

　　　ρ_p——颗粒物的真密度，kg/m^3；

　　　ε——颗粒物的空隙率。

（3）颗粒物的比表面积　比表面积是指单位质量（或体积）颗粒物所具有的外表面积。粒径越小，则比表面积越大，因此比表面积也可以作为衡量颗粒大小的标志。

颗粒越小，比表面积越大，其表面就会附着更多的有害物质（如有机物、重金属）和微生物。颗粒比表面积增大，可使其反应活性提高。所以，可燃颗粒物与空气混合就存在燃烧爆炸的危险。在除尘技术中，对于同一粉尘来说，比表面积大的粉尘较比表面积小的粉尘更难捕集。

（4）颗粒物的荷电性和导电性　颗粒物由于相互碰撞或与离子碰撞、接触带电体等原因荷电。荷电后的颗粒，其凝并性、附着性和在气体中悬浮的稳定性都会改变。颗粒物荷电量的大小和极性，除了与颗粒物的化学组成和结构相关外，还取决于粉尘外部所施加的荷电条件。颗粒物的饱和荷电量随温度增高、表面积增大和含水量减少而增大。颗粒物的荷电性对静电沉积过程有影响。

颗粒物的导电性是影响静电沉积过程的重要因素。颗粒物导电性可用电阻率（比电阻）表示。电阻率是单位截面积（$1cm^2$）、单位厚度（$1cm$）的颗粒物层的电阻值，即：

$$R_s = \frac{Uf}{I\delta} \tag{6.2}$$

式中　R_s——颗粒物的电阻率，$\Omega \cdot cm$；

　　　U——通过颗粒物层的电压降，V；

　　　I——通过颗粒物层的电流强度，A；

　　　f——颗粒物层截面积，cm^2；

　　　δ——颗粒物层厚度，cm。

颗粒物的电阻率不但与构成颗粒物的材料的导电性有关，而且与颗粒物的密实程度、含水量和温度等因素有关。粉尘电阻率对电除尘器工作有着很大的影响，最适宜电除尘器捕集的电阻率是 $10^4 \sim 10^{10}\,\Omega \cdot cm$。如果颗粒物处于气体介质中，其还与气体介质中导电性气体的存在有关。

（5）颗粒物的可润湿性　颗粒物可分为亲水性和疏水性两类。当尘粒和液体接触时，如果接触面能扩大而使其相互附着，则该粉尘为亲水性，反之，接触面趋于缩小而不能附着，则为疏水性粉尘。金属氧化物颗粒（如石灰）是亲水性的；炭、硫黄、硫化锌、硫化铁、硫化铅等的颗粒是疏水性的。亲水性颗粒与水接触，容易进入水中；而疏水性颗粒与水接触后则停留在水面，形成颗粒物层，妨碍后来的颗粒与水接触。

颗粒的可润湿性与其构成物的性质、颗粒的大小和表面状况等因素有关。大颗粒和球形颗粒容易润湿。小于 $5\mu m$，特别是小于 $1\mu m$ 的颗粒，表面吸附了一层气膜，很难被水润湿。颗粒的可湿润性还随压强升高而增大，随温度升高而减小，随液体表面张力减小而增大。

（6）颗粒物的黏结性　颗粒物附着在固体表面上，或者彼此相互附着的现象称为黏结。

颗粒物的黏结性与其颗粒大小、规则程度、表面粗糙程度、润湿性优劣、带电荷大小以及气体中有无蒸气冷凝物有关。颗粒越细，其比表面积越大，接触点也多。因此，黏结物的坚实程度常随粒径的减小而增加。随气流带走的粗颗粒，不仅不易黏结在设备上，反而有破坏黏结物层的作用。就除尘而言，一些除尘器的捕集机理是依靠施加捕集力以后尘粒在捕集表面的黏结。但在含尘气体管道和净化设备中，颗粒物的黏着，可能会引起管道和设备堵塞，妨碍净化系统的正常运转。

（7）颗粒物的堆积角　颗粒物通过小孔连续下落到水平面上，堆积成圆锥体，其母线与水平面的夹角即为堆积角，又称静止角或安息角，一般为 $35°\sim55°$。堆积角与物料的种类、大小、形状和含水量有关，颗粒大、接近球形、表面光滑、含水量低，则堆积角小。堆积角是设计灰斗、贮仓的锥角和含尘气体管道倾角的主要依据。堆积角的测定方法如图 6.1 所示。

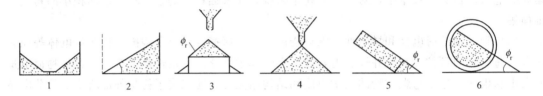

图 6.1　堆积角的测定方法

1,2—排出法；3,4—注入法；5,6—倾斜法

（8）颗粒物的化学活性　颗粒物比表面积很大，与空气接触面积大，所以可燃物的颗粒在空气中达到一定浓度就会具有易燃易爆性（见附录 7）。

6.1.2　颗粒物的粒度

6.1.2.1　单颗颗粒大小的表达

颗粒物的大小不同，其物理、化学特性也不同，对人和环境的危害亦不同，而且对除尘装置的选取和运行性能影响很大，所以颗粒物的粒径是它的基本特性之一。绝大多数颗粒物的形状很不规则，所以需要用不同的方法确定一个表示颗粒的几何尺寸作为颗粒直径，且不同的表达方式适用于不同场合。

（1）用特征值和平均值表达

① 定向径 d_d。按某一特定方向测量的颗粒尺寸，它可以是长轴径 [图 6.2(a)]、短轴径 [图 6.2(b)]，或按运动方向测量的尺寸。

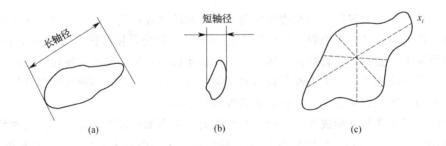

图 6.2　颗粒的定向径及多轴算术平均径

② 多轴算术平均径 d_a。通过中心的多根轴长度 x_i [图 6.2(c)] 的算术平均值。

$$d_a = \frac{1}{n}\sum_{i=1}^{n} x_i \tag{6.3}$$

多轴平均径与定向径相比，更能全面地反映各向尺寸悬殊的颗粒的大小。常用的多轴平均径为二轴或三轴平均径。

（2）用当量值表达　常用球状体的直径来表达不规则形状颗粒的大小，等代的条件是某种几何参数或运动参数相同。

① 球等面积径 d_f。表面积与颗粒表面积 f_b 相等的球体的直径。

$$d_f = \left(\frac{f_b}{4\pi}\right)^{\frac{1}{2}} \tag{6.4}$$

② 球等体积径 d_V。体积与颗粒体积 V_p 相等的球体的直径。

$$d_V = \left(\frac{6V_p}{\pi}\right)^{\frac{1}{3}} \tag{6.5}$$

③ 斯托克斯径 d_{st}。与被研究的颗粒密度相同，且沉降速度相等的球体直径。

$$d_{st} = \left[\frac{18\mu v_s}{(\rho_p - \rho_g)g}\right]^{\frac{1}{2}} \tag{6.6}$$

如果忽略空气密度值，则：

$$d_{st} = \left[\frac{18\mu v_s}{\rho_p g}\right]^{\frac{1}{2}} \tag{6.7}$$

式中　v_s——颗粒沉降速度，m/s；

ρ_g——气体密度，kg/m^3；

ρ_p——颗粒密度，kg/m^3；

μ——气体动力黏度，Pa·s；

g——重力加速度，m^2/s。

④ 空气动力学当量直径 d_D。与被研究的颗粒沉降速度相同，且密度为单位密度 ρ_u（1000kg/m^3）的球体的直径。通常不能测得实际颗粒的粒径和密度，而空气动力学直径则可直接由动力学的方法测量求得，这样可使具有不同形状、密度、光学与电学性质的颗粒粒径有统一的量度。

$$d_D = \left[\frac{18\mu v_s}{\rho_u g}\right]^{\frac{1}{2}} \tag{6.8}$$

由式（6.7）和式（6.8）可得：

$$d_{st} = \frac{d_D}{\sqrt{\frac{\rho_p}{\rho_u}}} \tag{6.9}$$

6.1.2.2　颗粒群粒度的表达

实际的颗粒污染物是由不同大小的颗粒组成的颗粒群，在分析不同的物理化学过程时，需要用不同的表达方式来描述。

（1）用平均值和特征值来表达

① 算术平均径：

$$\bar{d}_a = \frac{\sum \phi_i d_{pi}}{\sum \phi_i} \tag{6.10}$$

式中　d_{pi}——单颗颗粒粒径；

ϕ_i——粒径为 d_{pi} 的微粒在颗粒群中所占比例。

② 几何平均径：

$$\overline{d}_g = \exp\left(\frac{\sum \phi_i \ln d_{pi}}{\sum \phi_i}\right) \tag{6.11}$$

③ 中位径 d_m。大于或小于某一粒径的颗粒各占 50%，该粒径称为中位径。

④ 众径 d_1。颗粒群中占比例最大的颗粒直径。

（2）用质量百分数表达　上面列出的各种特征粒径值，只能概略描述颗粒物粒径大小的总体情况，没有反映各种大小颗粒所占比例，即粒径分布情况。颗粒物粒径分布可以以其质量为标准，也可以以其数目来计，除尘方面多数用质量标准，空气超净净化则多用数目标准。

① 粒径分组质量百分数（粒径频率）：将颗粒污染物整个粒径范围分成若干组，分别测定各组颗粒质量占总质量的百分数，这样就能较方便地描述颗粒物的粒径分布。

$$\Delta\phi = \frac{\Delta m}{m_T} \tag{6.12}$$

式中　$\Delta\phi$——粒径分组百分数（粒径频率），%；

Δm——在粒径范围内颗粒物的质量，g；

m_T——颗粒物的总质量，g。

以粒径分组百分数表示的颗粒物粒径分布，可列成表格（表 6.1）或绘成直方图 [图 6.3（a）]。如果粒径区间取无限小，则直方图变成曲线图，且：

$$\mathrm{d}\phi = \frac{\mathrm{d}m}{m_T} \tag{6.13}$$

表 6.1　粒径分布测定和计算结果实例（样品质量 $m_0 = 4.28$g）

分　组　号	1	2	3	4	5	6	7	8	9
粒径范围 $d_p/\mu m$	6～10	10～14	14～18	18～22	22～26	26～30	30～34	34～38	38～42
粒径组距 $\Delta d_p/\mu m$	4	4	4	4	4	4	4	4	4
粉尘质量 $\Delta m/g$	0.012	0.098	0.36	0.64	0.86	0.89	0.8	0.46	0.16
频率分布 $\Delta\phi/\%$	0.3	2.3	8.4	15.0	20.1	20.8	18.7	10.7	3.8
频度分布 $f/(\%/\mu m)$	0.07	0.57	2.10	3.75	5.03	5.20	4.68	2.67	0.95
筛上累积频率 $R/\%$	100	99.8	97.5	89.1	74.1	54.0	33.2	14.5	3.8
筛下累积频率 $D/\%$	0	0.2	2.5	10.9	25.9	46.0	66.8	85.5	96.2

前述以粒径分组质量百分数表示的粒径分布称为粒径频率分布；以单位粒径间隔质量百分数表示的粒径分布称为粒径频度分布。根据定义：

$$f = \frac{\dfrac{\mathrm{d}m}{\mathrm{d}(d_p)}}{m_T} = \frac{\mathrm{d}f}{\mathrm{d}(d_p)} \tag{6.14}$$

式中　f——粒径频度，%/μm。

颗粒物的频度分布也可用直方图或曲线图表示 [图 6.3（b）]。

② 粒径分组累计质量百分数 [图 6.3（c）]。由最小粒径 $d_{p(\min)}$ 向某一粒径 d_p 累计，其百分数成为筛下累计百分数：

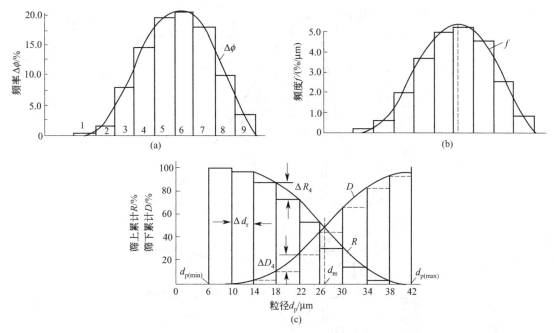

图 6.3 粒径、频率、频度和累计频率分布

$$D = \int_{d_{p(min)}}^{d_p} \mathrm{d}\phi = \int_{d_{p(min)}}^{d_p} f \mathrm{d}(d_p) \tag{6.15}$$

式中 D——筛下累计百分数。

由最大粒径 $d_{p(max)}$ 向某一粒径 d_p 累计，其百分数成为筛上累计百分数：

$$R = \int_{d_p}^{d_{p(max)}} \mathrm{d}\phi = \int_{d_p}^{d_{p(max)}} f \mathrm{d}(d_p) \tag{6.16}$$

式中 R——筛上累计百分数。

筛上百分数与筛下百分数之间的关系为：

$$D + R = 100\% \tag{6.17}$$

由频率分布、频度分布和累计频率分布可以求得各特征粒径值：频率分布曲线顶点 $[\mathrm{d}f/\mathrm{d}(d_p) = 0]$ 对应的粒径值即为众径；筛上、筛下累计频率曲线的交点对应的粒径即为中位径 [图 6.3(c)]；而算术平均径：

$$\overline{d}_a = \int_{d_{p(min)}}^{d_{p(max)}} f d_p \mathrm{d}(d_p) \tag{6.18}$$

颗粒物的粒径频度分布、累计频率分布和各种特征粒度之间的关系集中标于图 6.4 中。

（3）用分布函数表达 用函数式表达颗粒粒径分布最为准确。

① 正态分布。正态分布的分布函数为：

$$\frac{\mathrm{d}\phi}{\mathrm{d}(d_p)} = \frac{1}{\sigma\sqrt{2\pi}} \exp\left[-\frac{(d_p - \overline{d}_a)^2}{2\sigma^2}\right] \tag{6.19}$$

式中 σ——粒度分布的标准差。

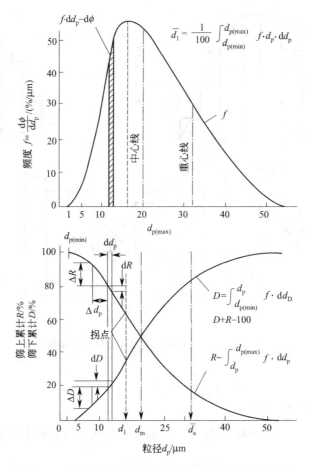

图 6.4　频度与累计频率分布之间的关系和主要特征

$$\sigma = \left[\frac{\sum \mathrm{d}\phi_i (d_p - \overline{d}_a)^2}{\sum \mathrm{d}\phi_i}\right]^{\frac{1}{2}} = \frac{1}{2}\left[d_{p(15.87)} - d_{p(84.13)}\right]$$

式中　$d_{p(15.87)}$，$d_{p(84.13)}$——相应于 $R=15.87\%$ 和 $R=84.13\%$ 的粒径。

正态分布曲线为对称曲线（图 6.5），标准差小，曲线高耸；标准差大，曲线平坦。符合正态分布规律的颗粒物不多，植物花粉可近似看成符合正态分布。

② 对数正态分布。实际遇到的颗粒物，大多数的粒径是偏态的。但对有些颗粒物，若用粒径的对数值取代粒径值，并用粒径分布的对数增量值取代算术增量，则分布曲线变成正态分布曲线（图 6.6）。这样的分布规律称为对数正态分布，其分布函数为：

$$\frac{\mathrm{d}\phi}{\mathrm{d}(\ln d_p)} = \frac{1}{\ln\sigma_g \sqrt{2\pi}} \exp\left[-\frac{1}{2}\left(\frac{\ln d_p - \ln \overline{d}_g}{\ln\sigma_g}\right)^2\right] \tag{6.20}$$

式中　$\overline{d}_g$——几何平均粒径；

σ_g——粒径分布的几何标准差。

符合对数正态分布规律的颗粒物，将其累计频率标注在对数坐标纸上，呈一条直线。

③ 罗辛-拉姆勒（Rosin-Rambler）分布（R-R 分布）。机械磨碎的细粒和悬浮液滴分布规律可用罗辛和拉姆勒提出的函数式表示：

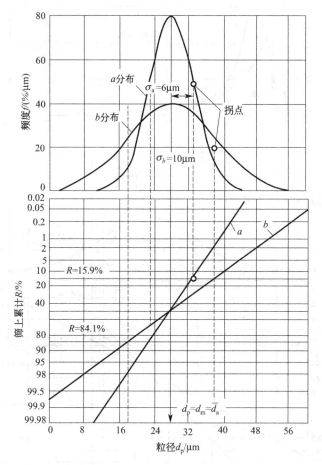

图 6.5 正态分布曲线和特征值

$$R = 100\exp(-\alpha d_{\mathrm{p}}^{\beta}) \qquad (6.21)$$

式中 α，β——常数。

将上式的倒数取两次对数得：

$$\ln\left(\ln\frac{1}{R}\right) = \ln\alpha + \beta\ln d_{\mathrm{p}} \qquad (6.22)$$

在以 $[\ln(\ln 1/R)]$ 为纵坐标，$\ln d_{\mathrm{p}}$ 为横坐标的图上，式（6.22）为一条直线。所以，粒径分布规律符合 R-R 分布的颗粒物，其粒径组成数据标注于 R-R 坐标图上呈一直线，并可从图中求得 α 和 β 值（图 6.7）。

将中位径 d_{m}（$R = 50\%$）代入式（6.22）可得：

$$\alpha = \frac{\ln 2}{d_{\mathrm{m}}^{\beta}} = \frac{0.693}{d_{\mathrm{m}}^{\beta}} \qquad (6.23)$$

将式（6.23）代入式（6.21）可得：

$$R = 100\exp\left[-0.693(d_{\mathrm{p}}/d_{\mathrm{m}})^{\beta}\right] \qquad (6.24)$$

【例 6.1】 颗粒物粒径分析结果如下表，试求其分布函数及粒径分别为 $1\mu m$、$5\mu m$、$10\mu m$、$20\mu m$、$40\mu m$ 的筛余率。

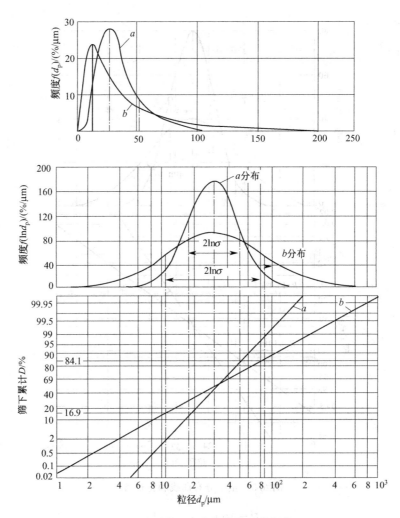

图 6.6　对数正态分布曲线和特征值

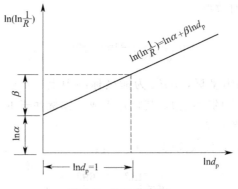

图 6.7　R-R 分布图

$d_p/\mu m$	2.1	3.7	5.8	9.6	16.2	28	34.6
筛上累计百分数	97.7	92.4	83.0	57.2	22.8	4.7	1.8

　　解　将表中数据标注于 R-R 坐标图上，各点呈直线 AB（见图 6.8），说明该颗粒物粒径分布符合 R-R 分布规律。

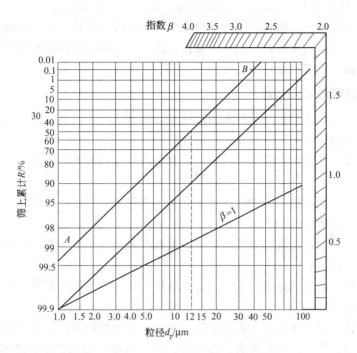

图 6.8 颗粒物 R-R 分布图

坐标点原点画直线 AB 的平行线交于边缘指数 β 的标尺，得 $\beta = 1.86$。再由图查得 $d_m = 12\mu m$。将 β 和 d_m 的数值代入式(6.24) 得分布函数：

$$R = 100\exp\left[-0.693\left(\frac{d_p}{d_m}\right)^{\beta}\right] = 100\exp\left[-0.693\left(\frac{d_p}{12}\right)^{1.86}\right] = 100\exp(-0.0068 d_p^{1.86})$$

由上式可算出，或按图查出：$R_1 = 99.3\%$，$R_5 = 87.3\%$，$R_{10} = 61.1\%$，$R_{20} = 16.7\%$，$R_{40} = 0.15\%$。

6.2 颗粒物净化条件及装置类型

颗粒污染物是由固体或液体小颗粒分散于气体（称为载气）中形成的。颗粒物与载气分子二者质量悬殊，因此可利用作用在颗粒物和气体分子上的外力差异来进行分离。分离方法一般是机械或物理方法。

6.2.1 颗粒物与载气分离的条件

颗粒物去除过程的机理是将含尘气流引入具有一种或几种力作用的除尘器，使颗粒相对运载气流产生一定的位移，并从气流中分离出来，最后沉降到捕集表面上。要使颗粒污染物与载气分离，必须有两个基本条件，其一是分离作用力，其二是沉积面。已沉积的颗粒物要不断清除，清除时还要防止颗粒物再飞扬。

（1）分离作用力 颗粒物由于粒径大小和种类不同，所受作用力也不同。分离作用力主要有以下几种：

① 与颗粒物质量有关的力，如重力、惯性力和离心力等；

② 分子作用力，如扩散力、湍流力等；

③ 势差力，如电场力、磁场力，以及热泳、光泳、扩散泳等过程中的作用力。

对于尺寸较大的颗粒，惯性作用起主导，对于尺寸较小颗粒，扩散作用起主导。

（2）沉积面　只有当颗粒物能在某一表面沉积时，才能实现颗粒物与载气的分离。沉积面可以是固体表面，也可以是液体表面。

6.2.2　颗粒物分离方法和装置

按照习惯，把从气体中去除或捕集固态或液态微粒的过程称为除尘。现有的除尘方法，可按作用力和沉积面的不同分为六种基本类型。

（1）重力沉降　在重力作用下，较大的尘粒能产生明显的沉降运动，最后在沉积面上沉积下来。

（2）惯性分离　使含尘气体的运动速度大小或方向突然变化，其中的颗粒物在惯性作用下产生分离运动并沉积。

（3）离心分离　使含尘气体做圆周运动，尘粒在离心作用下产生分离运动，并以分离设备内壁面为沉积面被分离。

（4）静电沉积　含尘气体通过电晕放电的电场，其中的颗粒物荷电，并在电场力作用下向集尘极表面沉积。

（5）过滤　让含尘气体通过多孔性滤层，使其中的颗粒物阻留在滤层中。过滤的机理比较复杂，分离作用力较多，如惯性力、湍流力、扩散力等。如果需要，还可以利用电场力、磁场力等。

（6）洗涤　将液体在含尘气体中分散成液滴、液膜，或使气体在液体中分散成气泡，通过气液充分接触，使气相中的颗粒物转入液相。洗涤过程的机理和作用力与过滤基本相似，其沉积面为液滴、液膜或气泡的液面。

常用的颗粒物分离装置分为沉降室、惯性分离器（惯性除尘器）、离心分离器（旋风除尘器）、静电沉积器（电除尘器）、过滤器（袋式除尘器、颗粒层除尘器等）和洗涤器（湿式除尘器）等。

习惯上将沉降室、惯性除尘器和旋风除尘器合称为机械类除尘器，前两种为低效、低阻除尘设备，后一种为中效除尘设备。过滤式除尘器、电除尘器和湿式除尘器为高效除尘设备。

6.3　颗粒物捕集设备的性能

颗粒物捕集设备的性能指标包括技术性指标和经济性指标两个方面。颗粒物捕集设备的主要技术性指标有效率、阻力和处理气量，经济性指标主要有造价、除尘器的占地面积和占用空间体积、运转费用和寿命等。这些性能都是相互关联、互相制约的。本书主要介绍除尘器的效率和阻力等技术指标。除尘过程见图 6.9。

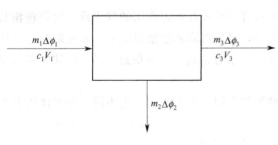

图 6.9　除尘过程示意图

6.3.1　效率

颗粒物捕集设备的除尘效果是用除尘效率来表示的。除尘效率包括全效率（总效率）和分效率（分级效率）。

（1）全效率　颗粒物捕集设备的全效

率为被捕集的颗粒物质量占进入捕集设备的颗粒物总质量的分数，即：

$$\eta = \frac{m_2}{m_1} = \frac{m_1 - m_3}{m_1} = \frac{c_1 V_1 - c_3 V_3}{c_1 V_1} \tag{6.25}$$

式中　η——颗粒物捕集设备的全效率；

m_1——进入捕集设备的颗粒物总质量，g 或 kg；

m_2——被捕集的颗粒物质量，g 或 kg；

m_3——离开捕集设备的颗粒物质量，g 或 kg；

c_1——进口浓度，mg/m³；

c_3——出口浓度，mg/m³；

V_1——设备入口气体流量，m³/s；

V_3——设备出口气体流量，m³/s。

颗粒物捕集设备的捕集效率和透过率通常用百分数表示。本书在文字叙述和计算结果表达中，均用百分数表示；但在数学表达式中，为使形式更简洁，用小数表示。

对运转中的设备，测定 m_1 和 m_2 很不方便，若净化设备不漏气，通常是测定进、出口气体的颗粒物浓度，简化计算捕集效率。

$$\eta = \frac{c_1 - c_3}{c_1} \tag{6.26}$$

如果设备漏气，出口浓度需按下式修正：

$$c_3 = c_3' \frac{V_3}{V_1} \tag{6.27}$$

式中　c_3'——实测出口浓度，mg/m³。

捕集效率除与设备性能、被处理气溶胶特性有关外，还随设备运转工况改变而改变。

（2）透过率　颗粒物捕集设备的透过率是指排出的污染物质量占总质量的分数。对于高效捕集设备，用效率来描述捕集效果不够明显。例如某净化系统效率由 99% 提高到 99.5%，从数值上看效率似乎提高不多，但该系统的污染物排放量减少了一半，也就是环境效益提高一倍。如果改用透过率来表示，透过率由 1% 降低到 0.5%，即透过率降低了一半，就比较直接地反映了环境效益提高的程度。

透过率与效率之间的关系为：

$$p = 1 - \eta \tag{6.28}$$

式中　p——透过率，%；

η——捕集效率，%。

（3）分级效率　捕集效率与被处理颗粒物的粒度有很大关系。例如，用旋风除尘器捕集 40μm 以上的尘粒，其效率接近 100%；而捕集 5μm 以下的尘粒，效率会降低到 40% 或更低。因此，要正确评价颗粒物捕集设备的效果，必须确定其对不同粒径颗粒物的捕集效率，即分级效率。

分级效率是对某一粒径或粒径范围的颗粒物的捕集效率，即：

$$\eta_i = \frac{m_2 \Delta\phi_{2i}}{m_1 \Delta\phi_{1i}} = \eta \frac{\Delta\phi_{2i}}{\Delta\phi_{1i}} \tag{6.29}$$

式中　η_i——分级效率；

$\Delta\phi_{1i}$——进入捕集设备的颗粒物中在粒径范围 Δd_1 内的颗粒物所占的质量百分数；

$\Delta\phi_{2i}$——被捕集的颗粒物中在粒径范围 Δd_1 内的颗粒物所占的质量百分数。

由上式可得：

$$\eta_i\Delta\phi_{1i}=\eta\Delta\phi_{2i} \tag{6.30}$$

对整个粒径范围求和：

$$\sum_{i=1}^{n}\eta_i\Delta\phi_{1i}=\sum_{i=1}^{n}\eta\Delta\phi_{2i}=\eta\sum_{i=1}^{n}\Delta\phi_{2i} \tag{6.31}$$

因为 $\sum\limits_{i=1}^{n}\Delta\phi_{2i}=100\%$，所以颗粒污染物的分离全效率为：

$$\eta=\sum_{i=1}^{n}\eta_i\Delta\phi_{1i} \tag{6.32}$$

全效率描述了捕集设备对颗粒物的捕集效果，而分级效率反映了捕集设备所能去除的颗粒物的粒径大小状况，揭示了捕集设备本质的东西。

【**例 6.2**】　进行除尘器试验时，测出除尘器的全效率为 90%，实验颗粒物与除尘器的粒径分布如下表所示。试计算该除尘器的分级效率。

粒径 $d/\mu m$	0~5	5~10	10~20	20~40	>40
实验颗粒物 $\Delta\phi_{1i}/\%$	10	25	32	24	9
灰斗中颗粒物 $\Delta\phi_{2i}/\%$	7.1	24	33	26	9.9

解　根据式(6.29)：

$$\eta_i=\frac{m_2\Delta\phi_{2i}}{m_1\Delta\phi_{1i}}=\eta\frac{\Delta\phi_{2i}}{\Delta\phi_{1i}}$$

可得：

$$d_p=0\sim5\mu m \qquad \eta_{0\sim5}=0.9\times\frac{7.1}{10}=64\%$$

$$d_p=5\sim10\mu m \qquad \eta_{5\sim10}=0.9\times\frac{24}{25}=86.4\%$$

$$d_p=10\sim20\mu m \qquad \eta_{10\sim20}=0.9\times\frac{33}{32}=92.8\%$$

$$d_p=20\sim40\mu m \qquad \eta_{20\sim40}=0.9\times\frac{26}{24}=97.4\%$$

$$d_p>40\mu m \qquad \eta_{>40}=0.9\times\frac{9.9}{9}=99\%$$

(4) 组合装置的效率　颗粒物捕集设备的组合方式有串联、并联。

① 串联。两个颗粒物捕集设备串联（如图 6.10 所示），如果第一级的捕集效率为 η_1，进入的颗粒物量为 m_1，则被捕集的颗粒物量为 $m_1\eta_1$；第二级的捕集效率为 η_2，进入的颗粒物量为 m_1-m_2，则被捕集的量为 $(m_1-m_2)\eta_2$。所以，总捕集效率为：

$$\eta_{1\text{-}2} = \frac{m_1\eta_1 + (m_1 - m_2)\eta_2}{m_1} = \eta_1 + \frac{(m_1 - m_1\eta_1)\eta_2}{m_1}$$
$$= \eta_1 + (1 - \eta_1)\eta_2 = 1 - (1 - \eta_1)(1 - \eta_2) \tag{6.33}$$

如果有 n 级捕集设备串联，则其总效率为：

$$\eta_{1\text{-}n} = 1 - (1 - \eta_1)(1 - \eta_2)\cdots(1 - \eta_n) \tag{6.34}$$

这里特别需要指出，颗粒物经过第一级分离后，粒度分布有很大变化。所以，第二级分离效率 η_2 应该是对第一级设备排出的颗粒物（即粒度分布发生变化后）的捕集效率。对于颗粒物粒径比较敏感的捕集设备（如离心分离器），即使前后二级设备型号和规格相同，后一级的全效率也会明显低于前一级的全效率。

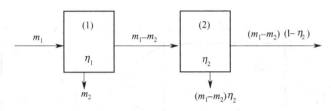

图 6.10 除尘器设备串联示意

② 并联。从理论上说，型号规格相同的捕集装置并联，其效率不变。但在实际应用中，如果各并联分路的阻力不等，气量分配不均，则会导致整个系统效率降低。

6.3.2 阻力

气体通过颗粒捕集设备时，由于与壁面摩擦及因折流、扩张、收缩、合流、分流等作用，引起气流流动能量的损耗，具体表现为气流的全压下降。这种设备对气流流动的作用，通常称为设备的阻力。阻力大，运转过程的能量消耗多。除尘器压力损失的大小不仅取决于设备的结构，还与流体的性质和速度有关。烟气流速越大，其压力损失也越大。

气体通过颗粒物捕集设备发生的压降，可用以下通式表示：

$$\Delta P = \xi \frac{v_g^2 \rho_g}{2} \tag{6.35}$$

式中 ΔP——压降，Pa；

v_g——气体流速，m/s；

ρ_g——气体密度，kg/m³；

ξ——阻力系数。

由式(6.35)可知，计算压降时阻力系数值与某一动压值对应（通常是设备入口气体动压），查阅资料选用阻力系数时应注意。

颗粒物捕集设备串联，其总阻力等于各级阻力之和。单个阻力相同的设备并联，其总阻力保持不变。颗粒物捕集设备串联，可以提高捕集效率。但由式(6.34)可见，串联级数越多，效率提高值越小；而由式(6.35)可见，串联后总阻力逐级累加。所以串联级数不宜过多，一般不超过 3 级。

颗粒物捕集设备并联，可提高处理气量。但额定功率下阻力不等的设备不宜并联，因为阻力不等的设备并联后，通过各设备的气流量分配将不能使各设备处于最佳工况。

6.4 颗粒物的机械分离

习惯上将重力沉降、惯性分离和离心分离统称为机械分离。

6.4.1 重力沉降室

（1）沉降室的作用原理 重力沉降室是利用重力使颗粒物与载气分离的设备。在沉降室内，由于扩大了流动截面积而使得气流速度降低，其中的尘粒有可能在出口前沉降到底面。

① 沉降过程。为了使问题简化，假定长 l、宽 w、高 h 的沉降室内气流分布均匀，并处于层流状态，其中的颗粒一方面以气流速度 v_g 向前运动，同时以沉降速度 v_s 下降（图 6.11）。

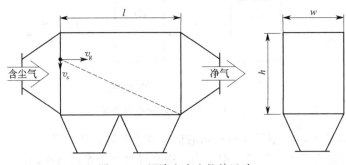

图 6.11 沉降室中尘粒的运动

尘粒从沉降室顶部落到底部所需时间：

$$t_1 = \frac{h}{v_s} \tag{6.36}$$

式中 h——沉降室高度，m；

v_s——尘粒的降落速度，m/s。

气流在沉降室内停留时间：

$$t_2 = \frac{l}{v_g} \tag{6.37}$$

式中 l——沉降室长度，m；

v_g——沉降室内气流速度，m/s。

要使颗粒不被气流带走，必须满足下列条件：

$$t_2 \geqslant t_1$$

即

$$\frac{l}{v_g} \geqslant \frac{h}{v_s} \tag{6.38}$$

② 有效分离粒径。尘粒在重力作用下沉降，当尘粒周围的气体为层流状态，沉降速度按斯托克斯沉降公式(3.28)计算。如果忽略气体浮力的影响，则沉降速度：

$$v_s = \frac{\rho_p g d_p^2}{18\mu} \tag{6.39}$$

将上式代入式(6.38)即可得沉降室有效分离的最小粒径，即重力沉降室能够 100% 捕集的最小颗粒物的直径：

$$d_{p(min)} = \left(\frac{18\mu h v_g}{\rho_p g l}\right)^{\frac{1}{2}} \tag{6.40}$$

式中 $d_{p(min)}$——有效分离粒径，m。

上式表明，沉降室的长度越大，或高度越小，越能够分离小颗粒。为了降低沉降速度，可将沉降室分成多层。考虑到多层沉降室清灰的困难，实际上一般限制隔板层数 n 在 3 以下。

（2）沉降室的分离效率 一般沉降室中气流呈紊流状态，但贴近底面存在层流边界层（图 6.12）。由于边界层很薄，气流扰动少，所以可假定尘粒沉降到边界层内就能够被分离。

在长为 l、高为 h、宽为 w 的沉降室中，尘粒随气流在水平方向运动 dx 距离所需时间：

$$dt = \frac{dx}{v_g} \tag{6.41}$$

在同一时间，尘粒沉降高度为 dy，则：

$$dt = \frac{dy}{v_s} \tag{6.42}$$

将上两式合并可得：

$$dy = \frac{v_s}{v_g}dx \tag{6.43}$$

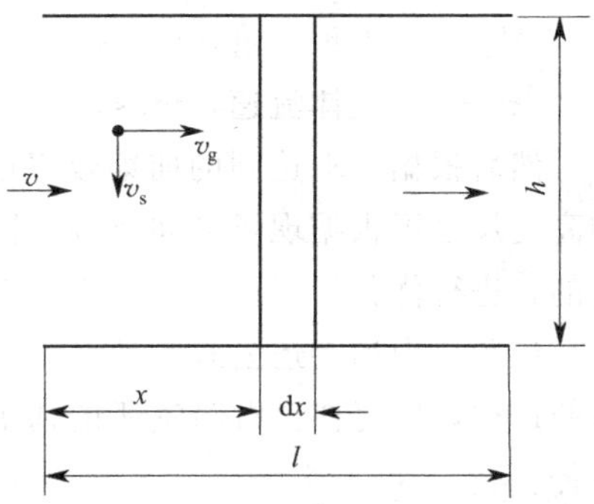

图 6.12 沉降室分离过程示意

假定沉降室内尘粒均匀分布，则沉降室内 dx 微元段内沉降分离的尘量与全部尘量之比：

$$\frac{-dm}{m} = \frac{cw\,dx\,dy}{cwh\,dx} = \frac{dy}{h} \tag{6.44}$$

式中 dm——dt 时段内沉降分离的尘粒量，即边界层内的尘粒量；

m——微元段内的尘粒总量；

c——微元段内气体的含尘浓度；

dx——微元段长度；

dy——边界层厚度；

w——沉降室宽度；

h——沉降室高度。

将式（6.43）代入式（6.44）并就沉降室全长积分：

$$\int_{m_1}^{m_2}\frac{-dm}{m} = \int_0^l \frac{v_s}{v_g h}dx$$

$$\frac{m_2}{m_1} = \exp\left(-\frac{v_s l}{v_g h}\right)$$

则分离效率：

$$\eta = 1 - \frac{m_2}{m_1} = 1 - \exp\left(-\frac{v_s l}{v_g h}\right) \tag{6.45}$$

（3）沉降室的构造和计算

① 沉降室构造。沉降室是一种简易的除尘设备，效率低，一般只能去除粒径大于 $50\mu m$ 的颗粒，其阻力也低（气压降在 $50\sim100Pa$），一般可用于高浓度含尘气体的预处理。沉降室构造简单，但体积很大。

沉降室主要由含尘气体进出口、沉降空间、灰斗和出灰口、检查（清扫）口等部分组成。多层沉降室可提高分离效果，但其清洁比较困难。

② 沉降室设计计算。沉降室设计计算主要是根据要求处理的气量和净化效率确定沉降室的尺寸。选择适当的气体流速是关键，气速低，分离效果好，但横截面积大。沉降室中的气体流速应低于物料的飞扬气速，以防止已沉积物料的再飞扬。一般的沉降室中的气体流速在 0.4～1.0m/s，据此可计算沉降室横截面积：

$$f=\frac{V_g}{v_g} \tag{6.46}$$

式中　f——沉积室横截面积，m^2；

　　　V_g——处理气量，m^3/s；

　　　v_g——气体流速，m/s。

然后根据要求达到的捕集效率用式（6.45）计算沉降室的长度与高度之比。具体的长度和高度尺寸可根据现场空间条件，同时考虑运转的方便来确定。必要时可以消耗材料最少为目的，进行优化计算。

最后，根据上述公式和计算方法确定了沉降室的尺寸并进行取整后，应该还包含一个校核的过程，即复核该沉降室所能捕集的最小粉尘的粒径小于等于需要 100％去除的最小粉尘粒径。

【例 6.3】　沉降室长 3m、宽 2m、高 1m，横断面气速为 0.6m/s。计算在 293K 和 101.325kPa（$\mu=1.79\times10^{-5}$ Pa·s，$\rho_g=1.2kg/m^3$）情况下，对密度为 1250kg/m³、粒径为 50μm 的尘粒的捕集效率。

解　由式（3.29）可求得尘粒沉降过程处于层流状态的最大粒径：

$$d_{p(max)}=\left(\frac{18\mu^2}{\rho_g\rho_p g}\right)^{\frac{1}{3}}=\left[\frac{18\times(1.79\times10^{-5})^2}{1.2\times1250\times9.8}\right]^{\frac{1}{3}}=0.732\times10^{-4}(m)=73.2(\mu m)$$

由此可知，本题中尘粒沉降处于层流条件下，故可用式（6.39）计算沉降速度：

$$v_s=\frac{\rho_p g d_p^2}{18\mu}=\frac{1250\times9.8\times(50\times10^{-6})^2}{18\times1.79\times10^{-5}}=9.5\times10^{-2}(m/s)$$

再用式（6.45）计算捕集效率：

$$\eta=1-\frac{m_2}{m_1}=1-\exp\left(-\frac{v_s l}{v_g h}\right)=1-\exp\left(\frac{-0.95\times10^{-2}\times3}{0.6\times1}\right)=0.378=37.8\%$$

6.4.2　惯性除尘器

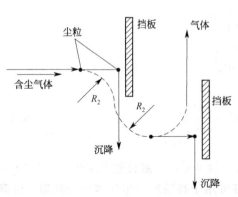

图 6.13　惯性除尘器分离机理示意图

（1）惯性分离的原理　惯性除尘器是利用惯性作用使尘粒从气流中分离的设备。含尘气体突然改变流向，或与障碍物（如挡板、格栅）碰撞，其中的尘粒即可能与载气分离（图 6.13）。

对冲击分离器的研究表明，碰撞效率是无量纲数 ψ 和惯性分离数 N_1 的函数。圆棒和平板条的实验结果分别如图 6.14 和图 6.15 所示。

$$\psi=\frac{18\rho_g^2 b v_g}{\mu\rho_p} \tag{6.47}$$

式中 v_g—— 稳定流动的气体流速，m/s；

b—— 障碍物宽度，m。

$$N_I = \frac{\rho_p d_p^2 v_g}{18\mu b} \tag{6.48}$$

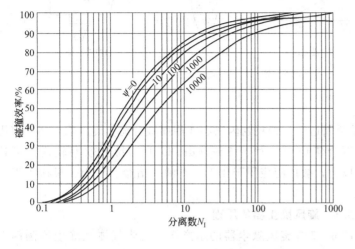

图 6.14 圆棒碰撞效率

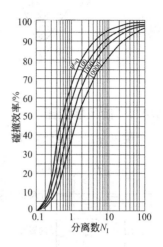

图 6.15 平板条碰撞效率

上述结果表明，提高气流速度和减小障碍物宽度可以提高碰撞分离效率。为了提高气流速度，可在碰撞障碍物前加一层孔板或格栅，使气体形成射流，向障碍物冲击。

【例 6.4】 由两组宽度为 5cm 的平板条构成的惯性除尘器，用以处理例 6.1 所给的含尘气体，气体流速为 4m/s，求除尘效率。

解 分别由式(6.47) 和式(6.48) 计算惯性碰撞数和分离数：

$$\phi = \frac{18\rho_g^2 b v_g}{\mu\rho_p} = \frac{18 \times 1.2^2 \times 0.05 \times 4}{1.79 \times 10^{-5} \times 1250} = 232$$

$$N_I = \frac{\rho_p d_p^2 v_g}{18\mu b} = \frac{1250 \times (50 \times 10^{-6})^2 \times 4}{18 \times 1.79 \times 10^{-5} \times 0.05} = 0.776$$

由图 6.14 查得捕集效率 $\eta = 51\%$。

(2) 惯性除尘器的种类和构造 惯性除尘器有多种型式，可归纳为碰撞式和弯转式两类。

碰撞式又称冲击式，是在含尘气流前方加挡板或其他形状的障碍物。碰撞式惯性除尘器可以是单级的 [图 6.16(a)]，也可以是多级的 [图 6.16(b)]，但碰撞级数不宜太多 （一般不超过 3~4 级），否则阻力增加太多，而效率提高不显著。

弯转式惯性除尘器设弯曲的入口或导流片，使含尘气流弯曲或转折 [图 6.16(c)、(d)]。惯性除尘器的挡板、弯曲通道的外侧等处是容易磨损的地方。它适合于安装在烟道上使用。

惯性除尘器的捕集效率比沉降室高，但仍为低效除尘设备。惯性除尘器一般用作颗粒物密度大、粒径大的金属或者矿物性粉尘的处理，对密度小、颗粒细或者呈纤维状的粉尘不宜采用。它常用于除尘系统的预处理，用以捕集 10~20μm 以上的尘粒。其除尘效率一般可达 80%~90%，阻力一般为 750~1500Pa。

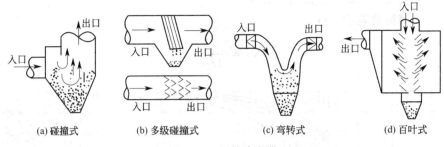

(a) 碰撞式　　　　(b) 多级碰撞式　　　　(c) 弯转式　　　　(d) 百叶式

图 6.16　惯性除尘器

6.4.3　旋风除尘器

旋风除尘器是让含尘气体做圆周运动，颗粒物因离心作用而被分离。旋风除尘器的应用已有百余年历史，对于 $5 \sim 10 \mu m$ 以上的粉尘效率较高，可达 90% 以上，被广泛应用于化工、石油、冶金、矿山、机械等工业部门。

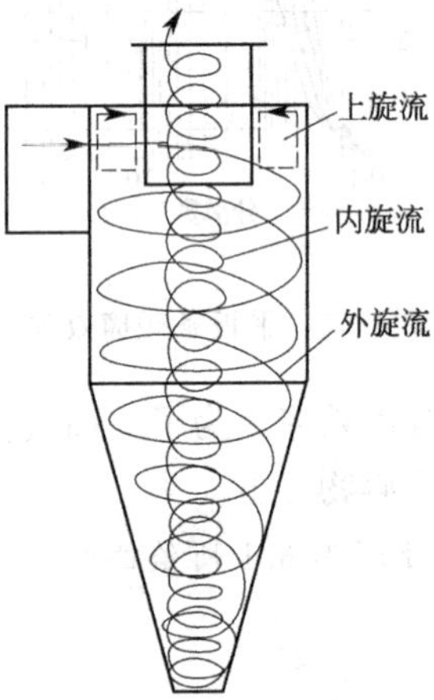

6.4.3.1　旋风除尘器的原理

图 6.17 是旋风除尘器的示意图。含尘气体从除尘器圆筒上部切向进入，由上向下做螺旋状运动，逐渐到达锥体底部；气流中的颗粒在离心作用下被甩向外筒壁，由于重力的作用和气流的带动落入底部灰斗；向下的气流到达锥底后，再沿轴线旋转上升，形成内旋流，最后由上部芯管（内筒）排出。

（1）旋风除尘器内的气流　旋风除尘器构造简单，但内部气体流动十分复杂。实验结果表明，旋风除尘器内部气流分为外旋流和内旋流两个主要部分。

外旋流是指旋转向下的外圈气流，它仅受壁面影响，属于准自由涡旋，其切向速度分布可用下式表示：

$$v_t r^n = K \tag{6.49}$$

式中　v_t——旋转气流的切向速度；

　　　r——气流旋转半径；

　　　K——常数；

　　　n——涡流指数，$n \leqslant 1$。

$$n = 1 - (1 - 0.67 d_c^{0.14}) \left(\frac{T}{283} \right)^{0.3} \tag{6.50}$$

式中　d_c——筒体直径，m；

　　　T——气体温度，K。

内旋流是指旋转向上的中心气流，它受外旋流强烈影响，气体分子不但围绕纵轴线做旋转运动，还因受外旋流的搓动而做自转运动，属强制涡旋，其切向速度分布可用下式表示：

$$v_t = Kr \tag{6.51}$$

内外旋流之间有一柱状分界。在直筒部分分界面直径为芯管直径的 0.6～0.65 倍。

由于气流旋转运动的离心力的作用，越靠近除尘器壁面，气体压强越高，轴心部位压强最低。整个压强分布规律也可以强制涡旋与准自由涡旋的交界面作为分界。强制涡旋区的压

图 6.17　旋风除尘器
气流示意

强，均低于出口处的断面平均压强；准自由涡旋区的压强，均高于出口断面的平均压强。

图 6.18 给出了旋风除尘器内的压力分布，全压和静压的径向变化十分显著，由外壁向轴心逐渐降低，轴心处静压为负压，直至锥体底部，均为负压状态。

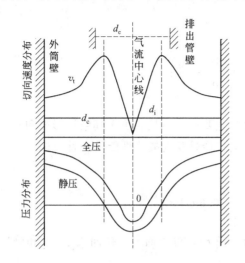

图 6.18 旋风除尘器内气流的切向速度和压力分布   图 6.19 气流转圈示意
d_c—筒体直径；d_e—排气管直径；d_i—内涡旋外径；v_t—气流切向速度

(2) 微粒的运动与分离　旋风除尘器内微粒的运动情况也很复杂，对分离过程的理论分析主要有：转圈理论、筛分理论和边界层分离理论 3 种。这些理论分别对尘粒的运动做简化假定，进而推导出相应的计算公式。下面仅介绍一种较为简单的推导，借以说明旋风除尘器的原理。

筛分理论认为，尘粒处于外旋流中就有可能被捕集，如果进入内旋流，就可能被旋转上升的气流带出。因此，内外旋流的交界面就好像一层筛网（图 6.19）。

尘粒做旋转运动时受到的离心作用力：

$$F_c = m_p \frac{v_t^2}{r} = \frac{\pi d_p^3 \rho_p}{6} \times \frac{v_t^2}{r} \tag{6.52}$$

式中　m_p—— 尘粒质量；

　　　r—— 旋转半径。

尘粒受向心气流的推力（层流状态）：

$$F_f = 3\pi \mu v_r d_p \tag{6.53}$$

式中　v_r—— 气流与尘粒径向相对运动速度。

由上两式可知，离心力和气体向内的推力二者都与尘粒大小和所在位置有关。一定大小的尘粒在一定位置，其所受离心力和向心力相平衡。如果某一粒径的尘粒，其平衡位置正好处在内外旋流交界面上，这样大小的尘粒就在分界面上做旋转运动，它进入内旋流和外旋流的概率相等。根据筛分理论的假定，此时除尘器对该粒径尘粒的捕集效率为 50%。通常将上述尘粒的粒径称为离心除尘器的分割粒径（d_{pc}）。

由前面的分析可得：

$$\frac{\pi}{6} \times \frac{d_{pc}^2 \rho_p v_{0t}^2}{r_0} = 3\pi \mu v_{r0} d_{pc} \tag{6.54}$$

127

式中　v_{0t}——分界面上尘粒的切向速度，m/s；

r_0——分界面半径，m；

v_{r0}——分界面上的径向气速，m/s；

d_{pc}——分割粒径，m。

由此可得：

$$d_{pc}=\left(\frac{18\mu v_{r0}r_0}{\rho_p v_{0t}^2}\right)^{\frac{1}{2}} \tag{6.55}$$

6.4.3.2　旋风除尘器的性能

旋风除尘器的处理气量、效率和阻力等主要性能参数取决于其结构形式和几何尺寸。

（1）分级效率　由筛分理论得出的分割粒径是反映捕集性能的一种指标，它与分级效率之间关系的经验表达式为：

$$\eta_i=1-\exp\left[-0.6931\times\left(\frac{d_{pi}}{d_{pc}}\right)\right] \tag{6.56}$$

为了计算分割粒径，必须求出分界面半径 r_0、分界面上的径向气速 v_{r0} 和分界面上的切向气速 v_{0t}。

实验结果表明：

$$r_0=(0.6\sim0.65)r_b \tag{6.57}$$

假定所有气体均通过分界面，则：

$$v_{r0}=\frac{abv_1}{2\pi r_0 h_0} \tag{6.58}$$

式中　v_1——入口气速，m/s；

a——入口高度，m；

b——入口宽度，m；

h_0——分界面高度，m。

根据外旋流的速度分布规律［式(6.49)］，可得出分界面上切向速度与近筒壁处切向速度之间的关系：

$$v_{0t}=v_{ct}\left(\frac{r_c}{r_0}\right)^n \tag{6.59}$$

式中　v_{ct}——近筒壁处切向速度，m/s；

n——指数，按式(6.50) 计算。

试验表明，当 $0.17<\frac{\sqrt{ab}}{d_c}<0.41$ 时：

$$v_{ct}=3.47\frac{\sqrt{ab}}{d_c}v_1 \tag{6.60}$$

将式(6.60) 代入式(6.59) 即得：

$$v_{0t}=3.47\frac{\sqrt{ab}}{d_c}\left(\frac{r_c}{r_0}\right)^n v_1 \tag{6.61}$$

（2）阻力　旋风除尘器总的阻力（气流压降）也可用通式(6.35) 表示。

在评价旋风除尘器设计和性能时的一个主要指标是气流通过旋风器时的压力损失，亦称压力降。旋风除尘器的压力损失与其结构和运行条件等有关，理论计算较难实现，主要靠实验确定。

旋风除尘器的阻力系数通常由实验求得，在没有实测数据的情况下，可用下列经验式估算：

$$\zeta = \frac{Kf_1 d_c^{\frac{1}{2}}}{d_b^2 (h_c + h_e)^{\frac{1}{2}}} \tag{6.62}$$

式中　K——常数，数值为 $30 \sim 40$；

　　　f_1——入口面积，m^2；

　　　d_c——筒体直径，m；

　　　d_b——出口管直径，m；

　　　h_c——筒体高度，m；

　　　h_e——锥体高度，m。

【例 6.5】　旋风除尘器几何尺寸如下表所示（表中数值单位为 mm），用于锅炉烟气除尘，烟气温度为 423K，相应的烟气密度为 $0.83kg/m^3$、动力黏度为 $2.4 \times 10^{-5} Pa \cdot s$，烟尘的真密度为 $2100kg/m^3$，除尘器入口气速为 18m/s。计算对 $10\mu m$ 微粒的捕集效率和烟气通过的压降。

a	240	h_c	1400
b	240	h_e	2500
d_b	500	l	1100
d_c	1000	h_0	2800

注：a，b 为气流入口的高度与宽度，d_b 排气口直径，d_c 筒体直径，h_e 锥体高度，h_c 筒体高度，l 为排气口插入深度；h_0 为有效分离长度，为筒体总长度减去排气口插入深度。

解　用式(6.50)计算外旋流速度分布式中的指数：

$$n = 1 - (1 - 0.67 d_c^{0.14}) \left(\frac{T}{283} \right)^{0.3} = 1 - (1 - 0.67 \times 1^{0.14}) \left(\frac{423}{283} \right)^{0.3} = 0.627$$

用式(6.57)计算内旋流半径：

$$r_0 = 0.6 r_b = 0.65 \times (0.5 \times 0.5) = 0.1625 (m)$$

用式(6.58)计算内外旋流分界面上的径向速度：

$$v_{r0} = \frac{ab v_1}{2\pi r_0 h_0} = \frac{0.24 \times 0.24 \times 18}{2\pi \times 0.1625 \times 2.8} = 0.233 (m/s)$$

用式(6.61)计算内外旋流分界面上的切向速度：

$$v_{0t} = 3.47 \frac{\sqrt{ab}}{d_c} \left(\frac{r_c}{r_0} \right)^n v_1$$

$$= 3.47 \times \frac{\sqrt{0.24 \times 0.24}}{1} \left(\frac{0.5}{0.1625} \right)^{0.627} \times 18$$

$$= 30.33 (m/s)$$

用式(6.55)计算分割粒径：

$$d_{pc} = \left(\frac{18\mu v_{r0} r_0}{\rho_p v_{0t}^2} \right)^{1/2}$$

$$= \left(\frac{18 \times 2.49 \times 10^{-5} \times 0.233 \times 0.1625}{2100 \times 30.33^2} \right)^{1/2} = 3.63 \times 10^{-6} (m) = 3.63 (\mu m)$$

用式(6.56)计算捕集效率：

$$\eta_i = 1 - \exp\left[-0.6931 \times \left(\frac{d_{pi}}{d_{pc}}\right)\right] = 1 - \exp\left[-0.6931 \times \left(\frac{10}{3.63}\right)\right] = 85.2\%$$

用式(6.62)估算阻力系数：

$$\zeta = \frac{Kf_1 d_c^{\frac{1}{2}}}{d_b^2 (h_c + h_e)^{\frac{1}{2}}} = \frac{40 \times 0.24 \times 0.24 \times 1^{0.5}}{0.5^2 (1.4 + 2.5)^{\frac{1}{2}}} = 4.67$$

则气体通过除尘器的压降：

$$\Delta P = \zeta \frac{v_1^2 \rho_g}{2} = 4.67 \times \frac{18^2 \times 0.83}{2} = 627.5 \text{(Pa)}$$

（3）主要影响因素　影响旋风除尘器性能的主要因素有三个方面：除尘器的构造和尺寸；安装和运转条件；含尘气体的性质。对于运转中的除尘器，其实际性能主要取决于以下条件。

① 负荷量。负荷量是指实际通过旋风除尘器的含尘气体流量。负荷量大，则加快了气流的旋转运动，使颗粒物所受的离心力增大，从而提高分离效率，同时也增大了处理气量。但是，当入口气速增大一定数值后，分离效率增加得很少，甚至下降。这主要是由于器壁对尘粒的回弹、尘粒之间的碰撞及二次飞扬等原因所引起的。同时，入口风速的增大，压力损失也随之增大。最适宜的入口气速，一般在 12～20m/s 范围内，最大不应超过 25m/s。但是这个范围也不是绝对的，它与除尘器的构造和几何尺寸等因素有关。

② 气密性。在旋风除尘器中，由于旋转上升的气流的作用，锥底压强最低，即使除尘器处于正压状态下工作，下部中心处仍可能出现负压。因此要求除尘器排灰口保持气密，否则下降的尘粒将重新被漏入的气流带走。实验证明，当下部漏气量达 10%～15% 时，效率即接近于零。

③ 含尘气体的性质。一般情况下，被处理气体含尘浓度高，分离效率也稍高。尘粒粒径和密度越大，离心力也越大；尘粒越接近于球形，所受空气阻力越小，这些都有利于分离。

载气温度高、压强低，其动力黏度就大，对分离效率起负面影响。

④ 除尘器内壁的粗糙度。旋风除尘器器内壁愈粗糙，愈容易引起局部涡流的产生，也增加壁面和气流的摩擦，降低气流强度，除尘效率低。因此，对内壁面的粗糙度的大小要有一定限制。

6.4.3.3　旋风除尘器的构造与应用

（1）旋风除尘器的类型　旋风除尘器按气流流动方式可分为回流式、平流式和直流式三种类型。

① 回流式(图 6.17)。含尘气流进入除尘器后螺旋下降，到达底部后再螺旋上升，经芯管排出。这种除尘分离路径长，除尘效率高，但阻力也大。回流式是旋风除尘器的基本形式，使用最广。

② 平流式。图 6.20 是平流式旋风除尘器的一种，其特点是气流仅做平面旋转运动。含尘气体高速进入，平旋约一周后由芯管竖向开口进入芯管并排出。由于旋流路径短，效率和阻力均较低。

③ 直流式(图 6.21)。含尘气体由一端进入，经旋转分离后由另一端排出。与回流式相比，由于没有内旋流，所以没有返混和二次飞扬现象；但由于分离运动的路径较短，分离效率较低。

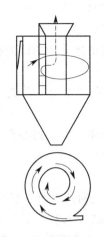

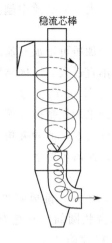

稳流芯棒

图 6.20　平流式旋风除尘器　　　　　　图 6.21　直流式旋风除尘器

工业锅炉运用较多的是回流式和直流式两种，全国除尘器评价优选的旋风除尘器也大都属于这两种类型。

(2) 旋风除尘器的构造和尺寸　旋风除尘器主要由入口管、筒体、锥体和出口管（芯管）等部分组成，其性能主要取决于结构形式和各部分的几何尺寸。

① 入口管。旋风除尘器的入口形式有三种：蜗壳式［图 6.22(a)］、切入式［图 6.22 (b)］和轴向式［图 6.22(c)］。其中蜗壳式入口效果最好，有利于粒子的分离。切入式进口管设计制造方便，且性能稳定。轴向式入口阻力最低，相同的压力损失下，能够处理的空气量大，气流分布均匀。

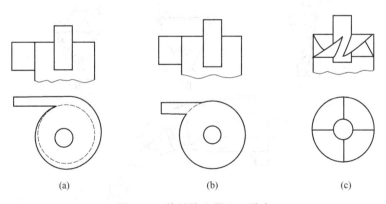

(a)　　　　　　　　　　(b)　　　　　　　　　　(c)

图 6.22　旋风除尘器入口形式

通常以入口面积和筒体直径的平方之比（f/d_c^2）作为描述进口面积的指标。实验结果表明，该比值较小时，效率较高，阻力较低。一般而言，该比值的范围在 $0.075 \sim 0.26$ 之间。

入口断面宽度越小，旋转气流的径向厚度越小，尘粒分离过程的运动距离就越短，有利于提高分离效率。但是宽度减小，高度要加大，旋转气流的螺距也就增大，气流在除尘器内的旋转圈数减少。入口管的高宽比一般取 $1 \sim 2$。

切向入口的前方筒壁是磨损严重的部位之一，应采取适当的防磨措施。

② 筒体。由离心力的计算式(6.52)可知，在相同的切向速度下，筒体直径越小，尘粒

所受的离心力越大，分离效率越高，但筒体直径过小，颗粒容易逃逸，使效率反而下降，处理气量也越小。

筒体高度增加虽可增加气流旋转圈数，但也使尘粒由外旋流进入内旋流的机会增加。因而筒体高度也不宜过大，筒体高度与直径之比一般在 0.6～2.0。

③ 锥体。锥体部分直径渐小，气流切向速度不断增大，有利于尘粒分离。所以，很多高效旋风除尘器采用长锥体（例如 XZT 型除尘器）。

锥角（锥壁与水平面的夹角）对分离有较明显的影响。锥角过大，离心作用力沿锥壁向上的分力较大，妨碍尘粒下降，容易形成下灰环。下灰环的尘粒易被上升旋流带出，造成返混（图 6.23）。

根据锥角的不同，旋风除尘器可分为收缩式、扩张式和直筒式 3 种。扩张式除尘器的下部为渐扩的台状圆筒，灰尘从筒底所设圆锥状的环形缝隙落入灰斗，气体旋转向上。这样的构造可有效防止下灰环和已分离尘粒的再飞扬。收缩式锥体的一种变形为弯锥 [图 6.23(d)]。

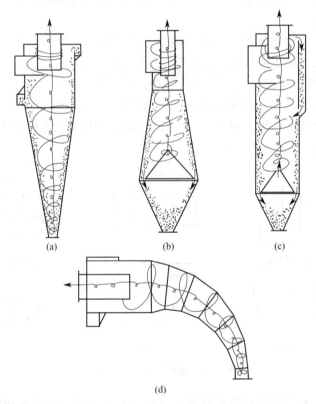

图 6.23　旋风除尘器的锥体和旁室

锥体高度与筒体直径之比：收缩式为 1～3；扩张式为 3。锥体底部为出灰口，下接灰斗或排灰装置，其气密性很重要。出灰口直径与筒体直径之比在 0.3～0.33。

收缩式锥体的下端是最容易磨损的地方，而此处被磨穿而造成漏气对除尘器的工作状态影响很大，运转中要特别注意。

④ 出口管。出口管直径小一点，有利于防止尘粒逸出，但阻力增加。一般出口直径为筒体直径的 0.5～0.6 倍。出口管插入深度过浅，上部灰环的粉尘容易逸出；过深，将阻碍

上升的内涡旋对含尘气体的继续分离。出口管插入深度（图 6.24）：$l = 0.5 \sim 0.8 d_c$。

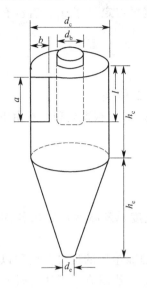

图 6.24 旋风除尘器几何尺寸

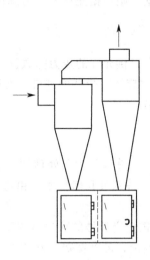

图 6.25 旋风除尘器串联

旋风除尘器是一种中效除尘器，构造比较简单，制造、使用和维修都比较方便，体积也不大，操作弹性大，性能稳定，不受入流气体含尘浓度、温度的限制，对粉尘的物理性质也无特殊要求，所以目前在中小型锅炉烟气除尘和部分生产过程排气除尘中使用较多。旋风除尘器对细小颗粒的捕集能力较差，可作为其他高效设备的预处理设备。

（3）旋风除尘器的组合

① 串联（图 6.25）。除尘器串联，系统总效率提高。旋风除尘器串联使用，级数不宜过多，一般两级。将效率较低的除尘器作为前级，捕集较大的尘粒，效率较高的作为后级，捕集较细的尘粒，这样才能较好发挥各级的作用。

② 并联和多管旋风除尘器。旋风除尘器的效率与其筒体直径有很大关系。当处理气量很大时，若采用大直径除尘器，则效率较低。在这种情况下，可以采用若干个直径较小的除尘器并联，如图 6.26 所示。并联运行时气量分配必须均匀。另外，如果采用同一灰箱，灰箱内应该用隔板分隔开，以防灰箱内发生串流，导致效率降低。

（4）旋风除尘器的设计选型 进行旋风除尘器的选型时，首先要收集设计资料，之后按照工艺提供或收集到的资料选择合适的除尘器，一般有计算法和经验法。现在多用经验法来选择除尘器的型号规格，其基本步骤如下。

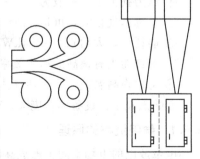

图 6.26 旋风除尘器并联

① 根据含尘浓度、粒度分布、密度等烟气特征及除尘要求、允许的阻力和制造条件等因素全面分析，合理地选择旋风除尘器的型式。特别应当指出，锅炉排烟的特点是烟气流量大，而且烟气流量变化也很大。在选用旋风除尘器时，应使烟气流量的变化与旋风除尘器的烟气流速相适应，以期在锅炉工况变动时均能取得良好的除尘效果。

② 根据使用时允许的压力降确定进口气速 v_1，如果制造厂已提供有各种操作温度下进口气速与压力降的关系，则根据工艺条件允许的压力降就可选定气速 v_1；若没有气速与压力降的数据，则根据允许的压力降计算进口气速：

$$v_1 = \sqrt{\frac{2\Delta P}{\zeta\rho}} \tag{6.63}$$

若没有提供允许的压力降数据，一般进口气速取 $12\sim25\mathrm{m/s}$。

③ 确定旋风除尘器的进口截面积 A、入口宽度 b 和高度 h。根据处理气量由下式决定进口截面积 A：

$$A = bh = \frac{Q}{v_1} \tag{6.64}$$

式中　Q—— 旋风除尘器处理烟气量，$\mathrm{m^3/s}$。

④ 确定各部分几何尺寸。由进口截面积 A 和入口宽度 b 及高度 h 定出各部分的几何尺寸。

⑤ 校核选定型号的除尘器的压力降。根据选定型号的除尘器的进口截面积以及待处理含尘气体流量，可以算知实际工况下的进口气速和压力降。若该值小于使用时允许的压力降，则说明选定的除尘器型号合适，否则需要重复③、④，进行二次计算，直至符合要求。

选择旋风除尘器时应遵循以下原则：

a. 为防止颗粒短路漏到出口管，$a \leqslant l$，其中 l 为排气管插入深度；

b. 为避免过高的压力损失，$b \leqslant (d_c - d_b)/2$；

c. 为保护涡流的终端在锥体内部，$(h_e + h_c) \geqslant 3d_c$；

d. 为利于粉尘易于滑动，锥角 $=7°\sim8°$；

e. 为获得最大的除尘效率，$d_b/d_c \approx 0.4\sim0.5$，$l/d_b \approx 1$。

6.5　静 电 沉 积

静电沉积是让气溶胶通过电晕放电电场，使其中的颗粒荷电，荷电颗粒在电场力的作用下从气相中分离。通常把静电沉积设备称为电除尘器。

电除尘器是一种高效、低阻、适用范围较广的颗粒物捕集设备，其优点在于：

① 压力损失小，一般为 $200\sim500\mathrm{Pa}$；

② 处理烟气量大，可达 $10^5\sim10^6\,\mathrm{m^3/h}$；

③ 能耗低，大约 $0.2\sim0.4\mathrm{kW\cdot h/(1000m^3)}$；

④ 对细粉尘有很高的捕集效率，可高于 99%；

⑤ 可以在高温或强腐蚀性气体下操作。

其缺点在于：设备体积庞大，建造费用较高，对颗粒物的导电性有一定要求。

6.5.1　静电沉积的原理

电晕放电的电场空间里形成高浓度的气体离子，微粒进入就会带上电荷。荷电微粒在电场力的作用下向极性与之相反的电极运动，并沉降到该电极上。产生电晕的电极称为放电极或电晕极，供尘粒沉积的电极称为集尘极。

（1）电晕放电

① 气体的导电。通常，空气中总存在着少量的自由电子和离子。但由于数量少，在低

电压电场作用下产生的电流极其微弱，此时可认为空气是不导电的。

随着电压的升高，电极间的离子和电子运动速度增大，电流随之增大（图 6.27 中 *ab*
段）；当电压加大到一定的数值，离子和电子全部参加
极间运动，电流不再随电压升高而加大（图 6.27 中
bc 段）；电压继续升高，自由电子获得足够能量后撞
击气体分子，使其电离，产生正离子和电子，正离子
和电子在电场力的作用下，向极性相反的电极运动，
促进电流随电压升高而急剧增大，发生电晕放电（图
6.27 中 *cd* 段）；电压再升高，极间气体全部电离，电
场击穿，出现火花放电（或称闪络）。

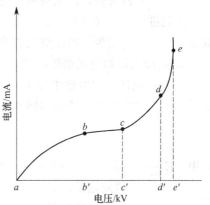

图 6.27　放电过程示意

② 电晕的形成

a. 负电晕。在图 6.28 所示的非均匀电场中，放
电极附近电场强度大，自由电子获得的能量较多。具
有一定能量（超过电离能）的电子撞击气体分子，产
生新的阳离子和自由电子。新产生的电子又被电场加速并撞击更多的分子，使气体进一步电
离。气体电离产生的正离子被负极吸引，加速飞向负极，撞击负极表面，释放二次电子，使
电离过程能继续维持。负极周围气体分子受激，产生紫外辐射，并出现蓝光，即电晕。离负
极稍远处，电场强度低，离子运动速度降低，以致不能使气体分子电离，所以电晕区范围是
很小的。电子向电晕区外运动，因碰撞而附着在气体分子上，形成负离子，并继续向正极运
动。这种以负极为放电极形成的电晕称为负电晕。

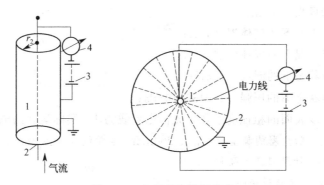

图 6.28　电晕放电装置示意

1—导线；2—金属圆管；3—电源；4—电流计

负电晕运转时，自由电子在气体中不断与中性的气体原子、分子碰撞。对于负电性气体
（如 SO_2、O_2、水蒸气和 CO_2），经多次碰撞后，就会结合形成负离子。这种现象就称作电
子吸附。负电性气体对自由电子的吸附性与气体的结构有关。SO_2、O_2 等气体对自由电子
有很大的亲和力，易于形成负离子。水蒸气和 CO_2 等对电子没有亲和力，吸附电子分两步
进行：首先是高能量电子撞击分子，使其离解；然后电子吸附于碎块上。例如，CO_2 分子
被能量大于 5.5eV 的自由电子撞击后，离解成 CO 和 O 原子。电子吸附于氧原子上形成负
离子。非负电性气体（如惰性气体、N_2）不能吸附电子，因而不能形成负离子。

b. 正电晕。以阳极作为放电极也能形成电晕，称为正电晕。与负电晕相反，由于电离
产生的自由电子向放电极运动，所以空间电流是由正离子向电晕区外运动而形成的。由于离

子质量较大，运动速度较低，不能使气体分子碰撞电离。所以，正极放电主要靠电晕辐射出的光子使放电极附近气体电离，维持电晕放电。

由以上分析可知，产生负电晕的电压较低，电晕电流较大，闪络电压高，净化效果好，所以净化排气的电除尘器一般均采用负极放电。但正极放电电晕区内发生的碰撞较少，产生臭氧和氮氧化物较少，所以空气调节中的颗粒物污染物净化装置采用正极放电。

③ 起晕电压和电压电流特性

a. 起晕电压。在电除尘器中，许多因素影响电晕的发生和施加电压与电晕电流之间的关系。管式电除尘器（断面如图 6.28 所示）内电强场度与电压之间的关系为：

$$E_r = \frac{U}{r \ln(r_2/r_1)} \tag{6.65}$$

式中　E_r——圆管内任一半径 r 处的电场强度，V/m；

$\quad\quad U$——极间电压，V；

$\quad\quad r_1$——电晕圆线半径，m；

$\quad\quad r_2$——集尘圆管半径，m。

开始产生电晕的电压称为起晕电压，相应的电场强度称起晕场强。施加的电压增加，电晕线附近的场强亦增大，直至电晕发生，起晕电压和场强与气体性质、电晕极尺寸和表面粗糙度有关，电晕线越细，起晕电压越小。对圆管圆线负电晕系统，皮克（Peek）提出的经验式为：

$$E_c = 3 \times 10^6 m \left[\frac{T_0 P}{T P_0} + 0.03 \left(\frac{T_0 P}{T P_0 r_1} \right)^{\frac{1}{2}} \right] \tag{6.66}$$

式中　E_c——起晕场强，V/m；

$\quad\quad T$——运转工况下的气体温度，K；

$\quad\quad P$——运转工况下的气体压强，Pa；

$\quad\quad T_0$——基准状态下的温度，293K；

$\quad\quad P_0$——基准状态下的压强，1.013×10^5 Pa；

$\quad\quad m$——电晕线表面的粗糙度系数，光洁电晕线为 1，实际运转的电晕线取 $0.6 \sim 0.7$。

【例 6.6】　管式电除尘器的集尘管内径为 250mm，电晕线直径为 2mm。气体温度为 573K，压强为 1.013×10^5 Pa。计算起晕场强和起晕电压。

解　用式（6.66）计算起晕场强，取 $m = 0.7$。

$$E_c = 3 \times 10^6 m \left[\frac{T_0 P}{T P_0} + 0.03 \left(\frac{T_0 P}{T P_0 r_1} \right)^{\frac{1}{2}} \right]$$

$$= 3 \times 10^6 \times 0.7 \left[\frac{293 \times 1.013 \times 10^5}{573 \times 1.013 \times 10^5} + 0.03 \left(\frac{293 \times 1.013 \times 10^5}{573 \times 1.013 \times 10^5 \times 0.001} \right)^{\frac{1}{2}} \right]$$

$$= 2.50 \times 10^6 (\text{V/m})$$

将 E_c 代入式（6.65）计算起晕电压：

$$E_r = \frac{U}{r \ln(r_2/r_1)} = 2.5 \times 10^6 \times 0.001 \times \ln(0.25/0.001) = 13.80 (\text{kV})$$

b. 电压电流特性。电晕放电电场的电压与电流之间的关系，通常称为电压电流特性或简称为伏安特性。伏安特性决定了电除尘器操作过程的电学条件。

在负电晕电场中，几乎全部自由电子都很快附着于负电性气体分子上形成负离子，离子迁移形成极间电流。所以空间电流密度可表示为：

$$j = \rho_i K_i E_r \tag{6.67}$$

式中 j—— 空间电流密度，A/m^2；

ρ_i—— 空间电荷密度，C/m^3；

K_i—— 离子迁移率，$m^2/(V \cdot s)$。

由于管式电极除尘器中电场分布的对称性，通过各同心圆柱面的电流密度为：

$$j = \frac{i}{2\pi r} \tag{6.68}$$

式中 i—— 放电极线电流密度，即单位长度极线的电流强度，A/m。

离子迁移率与气体密度成反比，所以：

$$K_i = K_{i0} \frac{TP_N}{T_N P} \tag{6.69}$$

式中 K_{i0}—— 标准状态（$T_N = 273K$，$P_N = 1.013 \times 10^5 Pa$）下的离子迁移率（见表6.2），

$m^2/(V \cdot s)$。

表 6.2 标准状态下气体离子迁移率

气体	迁移率/$[10^4 m^2/(V \cdot s)]$		气体	迁移率/$[10^4 m^2/(V \cdot s)]$	
	负电晕 K_{i0}^-	正电晕 K_{i0}^+		负电晕 K_{i0}^-	正电晕 K_{i0}^+
He	—	10.4	C_2H_2	0.83	0.78
Ne	—	4.2	C_2H_5Cl	0.38	0.36
Ar	—	1.6	C_2H_5OH	0.37	0.36
Kr	—	0.9	CO	1.14	1.10
Xe	—	0.6	CO_2	0.98	0.84
干空气	2.1	1.36	HCl	0.62	0.53
湿空气	2.5	1.8	$H_2O(372K)$	0.95	1.1
N_2	—	1.8	H_2S	0.56	0.62
O_2	2.6	2.2	NH_3	0.66	0.56
H_2	—	12.3	N_2O	0.90	0.82
Cl_2	0.74	0.74	SO_2	0.41	0.4
CCl_4	0.31	0.30	SF_6	0.57	

圆管内的电场分布规律可用泊松（Poisson）方程表示：

$$\frac{dE}{dr} + \frac{E}{r} - \frac{\rho_i}{\varepsilon_0} = 0 \tag{6.70}$$

式中 ε_0—— 自由空间介电常数，$8.85 \times 10^{-12} F/m$。

板式电除尘器电场分布情况比管式电除尘器电场复杂得多，因而其电场伏安特性表达式也很复杂。但在低电流的情况下，可得到比较简单的电晕电流密度与供电电压之间的关系：

$$i = 2aj_s = \frac{4\pi\varepsilon_0 K_i}{\left(\frac{\Delta b}{2}\right)^2 \ln\left(\frac{a}{r_1}\right)} U(U - U_c) \tag{6.71}$$

式中 a—— 极线中心距离，m；

j_s—— 极板平均电流密度，A/m^2；

Δb—— 极板间距，m；

α—— 与电极距离有关的参数，m。

α 的取值：$\dfrac{\Delta b}{2a}\leqslant 0.6$，$\alpha=\dfrac{2\Delta b}{\pi}$；$\dfrac{\Delta b}{2a}\geqslant 2.0$，$\alpha=\dfrac{a}{2\pi}\exp\left(\dfrac{\pi\Delta b}{2a}\right)$；$0.6<\dfrac{\Delta b}{2a}<2.0$，$\alpha$ 值按图 6.29 确定。

影响电晕放电电场伏安特性的因素很多，主要有电极极性、形状和间距，气体成分、温度和压强，粉尘浓度、粒度和电阻率，还有电极积尘情况等。

负电晕和正电晕的伏安特性曲线如图 6.30 所示。由图可见，同样电压时，负电晕电流高于正电晕电流，负电晕电场击穿电压也比正电晕电场的高，所以用负电晕放电的集尘效果较好。

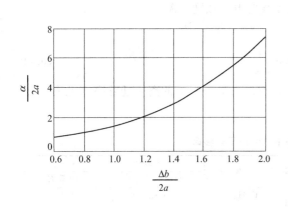

图 6.29　α 值

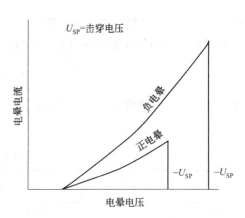

图 6.30　电晕电压电流特性

气体成分对伏安特性的影响，主要是因为不同的气体分子对电子的亲和力不同，以及不同气体负离子的迁移率不同。如氢、氮和氩等气体对电子没有亲和力，不能使电子附着而形成负离子；但氧、二氧化硫等气体却能轻易俘获电子形成负离子，另外，不同气体形成的负离子在电场中的迁移率也不同。所以气体组成对电晕特性有较大影响，此外气体温度和压强的变化会引起密度变化，因而影响电子运动的自由程，改变电子加速和碰撞电离所需电压。气体温度和压强变化还会影响离子迁移率。

施加电压的波形，对伏安特性的影响也很大，不同电压波形条件下的伏安特性曲线见图 6.31。在工业上广泛采用全波和半波电压，直流只应用于特殊情况和实验研究。

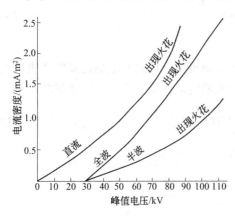

图 6.31　电压波形对伏安特性的影响

（2）颗粒荷电　气溶胶通过电晕放电电场，其中的颗粒与离子碰撞，离子附着于颗粒上，使其带电。颗粒荷电的机制主要有两种：电场荷电和扩散荷电。

① 电场荷电。离子在电场作用下，沿电力线做有规则运动而与颗粒发生碰撞，并附着于颗粒表面，使颗粒荷电，称为电场荷电。由于气体碰撞导致粒子荷电，随着粒子表面累积电荷的增多，这些电荷产生的电场也越来越强，最后导致再也没有气体离子能够到达粒子表面，此时粒子上的电荷达到饱和。

根据理论推导，电场荷电的饱和荷电量：

$$q_s = 3\pi\varepsilon_0 E_0 d_p^2 \left(\frac{\varepsilon}{\varepsilon+2}\right) \qquad (6.72)$$

式中　q_s——微粒的饱和荷电量，C；

　　　ε——微粒的相对介电常数（与真空条件下的介电常数之比）；

　　　ε_0——自由空间的介电常数；

　　　E_0——未变形的电场强度，V/m。

微粒荷电量与时间的关系：

$$q = q_s \frac{t}{t+t_h} \qquad (6.73)$$

式中　t——时间，s；

　　　t_h——微粒荷电的时间常数，s。

$$t_h = \frac{4\varepsilon_0}{N_e K_i e} \qquad (6.74)$$

式中　N_e——离子密度，在实际运转条件（420～670K）下为 $10^{14}\sim10^{15}/m^3$；

　　　e——电子电量，$1.6\times10^{-19}C$；

　　　K_i——离子的迁移率，$m^2/(V\cdot s)$。

一般电场荷电的时间小于 0.1s，这个时间相当于气流在除尘器内流动 10～20cm 所需要的时间，所以对于一般除尘器，可以认为粒子进入除尘器后立刻达到了电荷饱和。电场荷电主要对大颗粒（大于 $1\mu m$）起作用。

② 扩散荷电。离子由于无规则热运动而与颗粒碰撞，并附着于颗粒表面，使颗粒荷电，称为扩散荷电。外加电场促进颗粒荷电，但并非扩散荷电的必要条件，与电场荷电相反，并不存在扩散荷电的最大极限值，因为根据分子运动理论，并不存在离子动能的上限。扩散荷电与离子的热能、颗粒的大小和有效作用时间等因素有关。

考虑外加电场的作用，颗粒扩散荷电量：

$$q_d = \frac{2\pi\varepsilon_0 d_p kT}{e} \ln\left[\frac{(8\pi)^{\frac{1}{2}}}{3} \times \frac{d_p N_e e^2 u_I}{8\varepsilon_0 kT} \times \frac{\text{sh}\left(\frac{E_0 e d_p}{2kT}\right)}{\frac{E_0 e d_p}{2kT}} t + 1\right] \qquad (6.75)$$

式中　k——玻耳兹曼常数，$1.38\times10^{-23}J/K$；

　　　T——温度，K；

　　　u_I——离子平均速度，m/s。

对于小颗粒（小于 $0.1\mu m$），扩散荷电起主要作用。对于 $0.1\sim1.0\mu m$ 的微粒，电场荷电与扩散荷电都起作用。

（3）颗粒沉积与重返气流

① 颗粒沉积。产生电晕的电极被称为电晕极或放电极，吸引尘粒使其沉积的电极被称为集尘极。荷电颗粒在电场中受库仑力作用，向与其电性相反的集尘极运动，最后沉积在集尘极上（图 6.32）。这一运动通常被称为驱进运动。

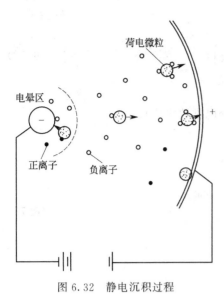

图 6.32　静电沉积过程

带电微粒在电场中所受的作用力：

$$F_e = qE_0 \qquad (6.76)$$

式中　F_e——电场作用力，N；

　　　q——微粒荷电量，C；

　　　E_0——集尘极附近的电场强度，V/m。

层流状态下，微粒在气体中运动所受的阻力：

$$F_r = \frac{3\pi\mu d_p v_d}{C} \qquad (6.77)$$

式中　μ——流体黏度，Pa·s；

　　　d_p——颗粒粒径，m；

　　　v_d——颗粒与流体之间的相对运动速度，m/s；

　　　C——坎宁汉修正系数。

当微粒所受的电场力和阻力相等时，便以速度 v_d 做匀速运动，因此：

$$qE_0 = \frac{3\pi\mu d_p v_d}{C} \qquad (6.78)$$

则

$$v_d = \frac{CqE_0}{3\pi\mu d_p} \qquad (6.79)$$

由此而得到的驱进速度是球形颗粒在层流情况下仅受电场力和气体阻力作用的运动速度，称为理论驱进速度。实际电除尘器中颗粒的运动情况要复杂得多。

由于驱进运动，颗粒沉积到与其电性相反的电极上。接触电极后，如果颗粒的导电性好，所带电荷迅速释放，并可能再带上另一种电性的电荷；如果颗粒导电性不好，电荷不能及时释放，积尘层就会存在与集尘极电性相反的电荷。

② 颗粒重返气流。前面分析颗粒沉积和推导集尘效率计算式时，假定颗粒沉积到集尘极表面后不会重新被气流带走。实际上，干颗粒物沉积在干集尘极表面后，会有一部分重新返回到气流当中，导致捕集效率下降。促使颗粒物重返气流的主要原因有：

a. 颗粒接触电极后带上与电极电性相同的电荷，在斥力作用下重返气流。颗粒小，分子引力起主要作用，沉积后能保持稳定；颗粒大，静电斥力起主要作用，颗粒不易稳定沉积。当粒子的电阻率高于 $2 \times 10^{10}\,\Omega\cdot cm$ 时，也容易发生火花放电或反电晕，也会引起颗粒重返气流，其对效率的影响更大。

b. 颗粒撞击集尘面产生回弹，并撞下一块已沉积的细小颗粒。颗粒越大，这一作用越明显。

c. 集尘极表面存在边界层，边界层内有速度梯度，在静压差的作用下，颗粒脱离集尘极表面向气流主体运动。

d. 气流（射流、涡流）的冲刷使积尘层脱离集尘面，这一作用引起效率下降的程度与积尘层的牢固性和沉积物整体密度有关。

e. 振打电极，积尘层崩解，散落的颗粒也可能被气流带走。振打强度越大，振动频率越高，重返气流的颗粒越多。

（4）集尘效率和影响因素

① 集尘效率。图 6.33 所示为一任意断面的管状电沉积单元，流量为 V_g 的含尘气体通过。气体中的颗粒一方面以速度 v 随气流做轴向运动，另一方面以 v_d 做驱进运动。假定在集尘极表面存在厚度为 δ 的边界层，当颗粒到达边界层内就被捕集。

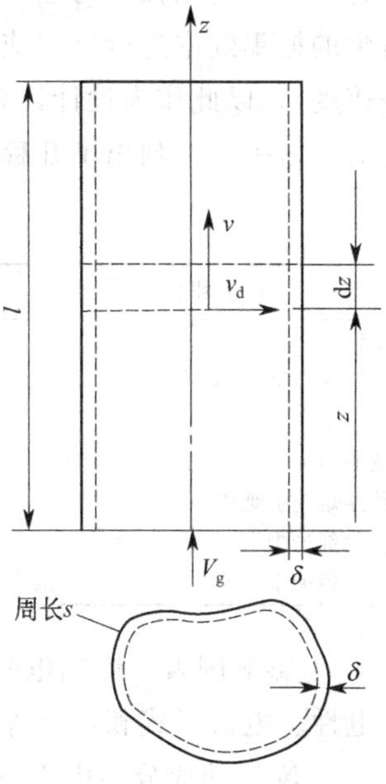

颗粒通过边界层的时间：

$$dt = \frac{\delta}{v_d} \qquad (6.80)$$

同时，颗粒沿轴向运动的距离为 dz，而：

$$dt = \frac{dz}{v} \qquad (6.81)$$

由此

$$\frac{\delta}{v_d} = \frac{dz}{v} \qquad (6.82)$$

则

$$\delta = \frac{v_d dz}{v} \qquad (6.83)$$

在 dz 段空间内存在的颗粒物质量：

$$m = f_d dz c \qquad (6.84)$$

式中　f_d —— 集尘单元的横截面积；

　　　c —— 气体含颗粒物浓度。

经过时间 dt，边界层内颗粒物质量的变化：

$$dm = s\delta dz c \qquad (6.85)$$

式中　s —— 集尘单元的横截面周长。

图 6.33 集尘过程分析

$$\frac{dm}{m} = -\frac{s\delta dz c}{f_d dz c} = -\frac{s\delta}{f_d} = -\frac{s}{f_d}\frac{v_d}{v}dz = -\frac{sv_d}{V_g}dz \qquad (6.86)$$

$$\int_{m_0}^{m}\frac{dm}{m} = -\frac{sv_d}{V_g}\int_0^l dz$$

$$\ln m - \ln m_0 = -\frac{sv_d}{V_g}l = -\frac{f}{V_g}v_d$$

$$m = m_0 \exp\left(-\frac{f}{V_g}v_d\right) \qquad (6.87)$$

式中　m_0 —— dz 段集尘单元空间内的起始颗粒质量；

　　　l —— 集尘单元的长度；

　　　f —— 集尘单元的集尘面积。

集尘效率：

$$\eta = \frac{m_0 - m}{m_0} = 1 - \frac{m}{m_0} \qquad (6.88)$$

将式(6.87)代入式(6.88)可得：

$$\eta = 1 - \exp\left(-\frac{f}{V_g}v_d\right) \qquad (6.89)$$

上式就是著名的多依奇（Deutsch）方程。该公式在推导时做了如下假定：除尘器中气流为紊流状态；在垂直于集尘面的任意截面上粒子浓度和气流分布是均匀的；粒子进入除尘器即完成荷电过程；忽略电风、气流分布不均匀、被捕集粒子重新进入气流的影响等。由该式可以看出几种主要因素对电沉积效率的影响。但由于该式是在忽略了许多影响因素的基础上建立的，所以往往与事实不符。为了使该式具有实用价值，可就各种典型电除尘器对不同粉尘的捕集效率进行试验或实测，并将结果代入多依奇公式计算出相应的驱进速度（有效驱进速度），以此作为设计计算参考值。这样就将未考虑的各种因素的影响综合于有效驱进速度值中。表 6.3 列出了几种颗粒物的有效驱进速度。

表 6.3　各种颗粒物的有效驱进速度

粉尘种类	驱进速度/(m/s)	粉尘种类	驱进速度/(m/s)
煤粉炉飞灰	0.10～0.14	水泥尘(干法)	0.06～0.07
纸浆及造纸尘	0.08	水泥尘(湿法)	0.10～0.11
平炉烟尘	0.06	多层床焙烧炉烟尘	0.08
硫酸雾	0.06～0.08	红磷尘	0.03
悬浮焙烧炉烟尘	0.08	石膏尘	0.16～0.20
催化剂粉尘	0.08	二级高炉烟尘	0.125
冲天炉烟尘	0.03～0.04	氧化锌尘	0.04

② 影响因素。影响电除尘器集尘效率的因素很多，主要有气体的成分和性质、颗粒物导电性、电极形式和尺寸等。

a. 废气的成分。由于不同气体分子与电子的亲和能力不同，不同离子在电场中的迁移率不同，所以废气成分对电晕电场的伏安特性和闪络电压有影响。负电性气体和离子迁移率低的气体存在可提高工作电压，对改善除尘器工作性能有利。

b. 气体的温度和压强。电离过程中，电子必须加速到一定的速度才能碰撞气体分子供其电离。如果气体密度增大，平均自由程缩短，可供电子加速的时间减少，只有提高电场强度，才能在较短的时间内加速到能使气体电离的速度。所以，气体温度降低和压强升高会使起晕电压升高。气体温度和压强的变化也会影响离子迁移率，从而改变伏安特性。

c. 颗粒物的导电性。带电颗粒由于电场力的作用在集尘极表面沉积，沉积的稳定程度与颗粒物的导电性有很大关系。粉尘电阻率过高或者过低，都不利于除尘过程。导电性好（电阻率小）的颗粒与集尘极表面一接触，立即释放电荷，并重新带上与集尘极电性相同的电荷。重新荷电的颗粒在斥力的作用下重返气流。导电性不好（电阻率大）的颗粒物沉积到集尘极表面，由于不能完全释放电荷，就会在集尘极表面形成一层与集尘极电性相反的带电积尘层。该层排斥后到的带电颗粒，阻止其向集尘极沉积。另外，带电积尘层如果出现裂缝，裂缝处会形成不均匀电场，产生局部电晕放电。这一电晕放电过程的离子运动与整个集尘装置的离子运动方向相反，所以被称为反电晕。反电晕产生的离子与空间颗粒所带电荷的电性相反，因此碰撞后中和。中和尘粒不会向集尘极做驱进运动，所以反电晕出现会使电除尘器效率显著下降。

对于常规干式电除尘器，比较合适的颗粒物电阻率是 $10^4 \sim 10^{11} \Omega \cdot cm$。为了克服电除尘器这一使用的局限性，可以从含尘气体和电除尘器两方面采取措施。

含尘气体的温度和湿度是影响颗粒物电阻率的两个重要因素。图 6.34 是不同温度和含湿量下水泥尘和锅炉飞灰的电阻率变化曲线。由图可以看出，温度较低时，电阻率随温度升高而增加，达到某一最大值后，又随温度的增加而下降。这是因为在低温条件下，尘粒的导电是在表面进行的，电子沿颗粒表面的吸附层（如水蒸气或其他吸附层）传递。温度低，尘粒表面吸附的水蒸气多，表面导电性好，电阻率低。随温度升高，颗粒表面吸附的水蒸气受热蒸发，电阻率逐渐增加。温度较高时，颗粒的导电主要是在内部进行的，随温度升高，颗粒内部会发生电子的热激发作用，使电阻率下降。从图 6.34 可以看出，在低温时，颗粒的电阻率是随烟气含水量的增加而下降的；温度较高时，烟气的含水量对电阻率基本上没有影响。

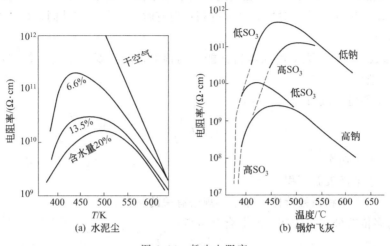

图 6.34　粉尘电阻率

低温时如果在烟气中加入 SO_3、NH_3 等气体，它们会被吸附在颗粒物表面，使电阻率下降。这种作用被称为烟气调质，加入的物质被称为是电阻率调节剂。另外，由烟道旁路抽出部分烟气，将其所含 SO_2 催化氧化为 SO_3 后，再通入主烟气流，可降低烟尘电阻率。

从以上分析可以看出，对于电阻率较高的粉尘，往往可以通过选择适当的操作温度，增加烟气的含水量，向气体中加调节剂降低电阻率，以使其达到电除尘器的捕集范围。另外还可以在烟气中混入适量（一般为 $20\sim30mg/m^3$）的 SO_3、NH_3 等化学试剂，以增加粉尘颗粒表面的导电能力。

加强振打，减少集尘极上集尘层的厚度，对减少颗粒物高电阻率的不利影响也有好处。

湿式电除尘器不存在积尘层，又无二次飞扬，既适用于高电阻率尘，又适用于低电阻率尘。

d. 颗粒物浓度。进口气体颗粒物浓度不高的情况下，浓度提高，电除尘器效率会有所提高。但如果进口浓度过高，状况反而恶化。这是因为荷电颗粒的运动速度远比气体离子的运动速度小。进口含尘浓度高，电晕区产生的气体离子大量沉积到颗粒上，使电流减弱。当进口浓度提高到一定程度，由于电晕产生的气体离子都沉积到颗粒上，电流几乎减弱到零，电除尘器失效，这种现象被称为电晕阻塞。另一方面，由于荷电粉尘形成的空间电场畸变可能造成集尘极附近电场强度瞬时增加，从而引起频繁火花放电，导致捕集效率降低。为了防止电晕阻塞，对高浓度含尘气体应先进行预处理，使浓度降到适当程度，再进电除尘器。

e. 电极的形状和尺寸。电极的形状和尺寸对电晕放电影响很大，放电极极细或带有尖刺，起晕电压低。

管式集尘极的直径和板式极的间距、集尘极是否有尖锐部分（如锐边或毛刺），都会影响闪络电压。集尘极形状还会对二次扬尘产生影响。

f. 气流情况。气流情况对电除尘器的性能有重要影响。气流分布不均，电除尘器各通道中的气体流速相差较大，使某些通道工况恶化，也会使电晕极产生晃动，引起供电电压的波动，导致总效率降低，严重时可能造成电除尘器不能正常操作。引起气流分布不均匀的原因大致有：进出口及通道形状不利，管道或通道不均匀积灰，各部分温度不均匀。气流紊乱（射流、涡流或脉动等）引起颗粒重返气流，使效率下降。电晕放电产生的电风可增大颗粒的驱进速度，增加碰撞凝并，对捕集过程有利；但有时电风与气流共同作用，会引起某些部分颗粒重返气流。

g. 供电参数。供电参数对电除尘器性能影响很大，起主要作用的参数有功率、火花率（闪频）和电压波形等。

颗粒的有效驱进速度可近似表达为：

$$v'_d = k \frac{P_c}{f} \tag{6.90}$$

式中　P_c—— 电晕功率；

　　　f—— 集尘极表面面积；

　　　k—— 与气体和颗粒特性、除尘器规格有关的常数。

将上式与多依奇公式［式(6.89)］合并可得：

$$\eta = 1 - \exp\left(-k \frac{P_c}{V_g}\right) \tag{6.91}$$

由上式可知，集尘效率随电晕功率提高而提高。电除尘器在通常运转条件下，电晕电流和功率随电压升高而急剧增加。所以当电晕电压接近峰值时，即使是数值不大的变化，也会对效率产生明显影响。

火花率是单位时间电场出现火花放电的次数。随着电场电压升高，火花率增加。电压高对除尘有利，所以要保持较高的除尘效率，就要有一定的火花率，大约在每分钟几百次；处理中电阻率尘，最佳火花率在每分钟 10～100 次。

实验表明，脉冲供电比平稳直流供电更有利。因为峰值电压有利于提高除尘效率，谷值电压可减少火花放电和连续电弧的发生。

6.5.2　电除尘器的类型和构造

（1）电除尘器的类型　根据荷电和集尘区域的布置情况不同，电除尘器可分为单区和双区两种。荷电和集尘在一个连续布置的电场内进行的电除尘器为单区电除尘器［图 6.35(a)］，荷电和集尘先后在两个电场内进行的电除尘器为双区电除尘器［图 6.35(b)］。双区电除尘器主要是用在通风空气的净化和某些轻工业部门。为控制各种工艺尾气和燃烧烟气污染则主要应用单区电除尘器。

根据电除尘器主要工作空间内是否存在水或其他液体介质，可分为湿式和干式两类。湿式电除尘器采用淋水清灰，清灰效果好，无二次扬尘，无集尘极和放电极积尘，所以集尘效率高，对粉尘电阻率的适用范围广，并具有与一般湿式除尘器相同的优缺点。处理含可燃物气体，用湿式电除尘器比较安全。干式电除尘器由于使用和管理更方便，所以其应用比湿式除尘器广泛。

根据集尘极形状的不同，电除尘器可分为板式和管式(图 6.36)两类。板式集尘清灰比较容易，所以捕集固体微粒物一般都用板式电除尘器，主要应用于工业上，气体处理量一般

为 $25\sim50m^3$。气体流量小、需要捕集雾滴多用管式电除尘器，液滴在集尘极表面积聚后，能靠自重向下流动。

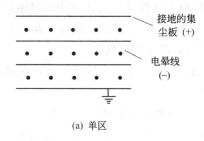

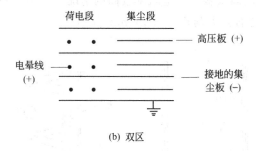

(a) 单区

(b) 双区

图 6.35　单区和双区电除尘器示意

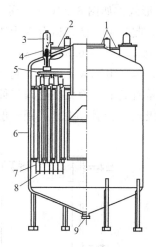

图 6.36　管式电除尘器

1—污染气体入口；2—清洁气体入口；3—支承绝缘子；
4—蒸汽盘管；5—电极吊架；6—外壳；
7—放电极；8—重锤；9—排污口

（2）板式电除尘器的构造　板式电除尘器主要由放电极、集尘极、气流分布装置、清灰装置等部分组成，电除尘器的上部有绝缘子室，下部有灰斗和出灰装置（图6.37）。

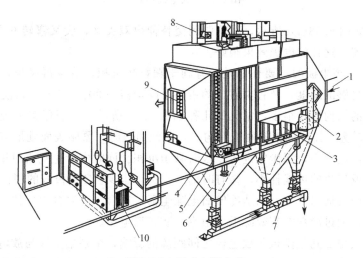

图 6.37　板式电除尘器

1—含尘气体入口；2—气流分布板；3—集尘极；4—放电极；5—振打机械；
6—灰斗；7—出灰装置；8—绝缘子室；9—清洁气体出口；10—高压电源

① 放电极。放电极应有良好的放电性能（起晕电压低，电晕电流大）、足够的机械强度，能维持准确的极间距离，易清灰和耐腐蚀性。

145

电极形状对起晕电压、放电强度有很大影响。常见的放电极（图 6.38）有以下几种。

a. 圆线。其放电强度与线径成反比，即直径越小，起晕电压越低，放电强度越高。但实际应用时，直径不能太小，不然会因强度过低而易断。从保证机械强度和耐腐蚀的角度出发，在机械振打的工业电除尘器中，一般采用直径为 2mm 的镍铬丝。也可将圆线做成螺旋形，安装时将其拉伸（保留一定的弹性），绷紧到用圆管做成的框架上。

b. 星形线。如图 6.38(e) 所示，沿极线全长上有四条棱角。与圆线相比，星形线的放电强度高，起晕电压低，适合含尘浓度低的烟气除尘。

c. 芒刺线。如图 6.38(a) 和（b）所示。它用多点放电代替沿极线全长的放电，所以放电强度高，电晕电流大。而且，刺尖会产生强烈的离子流，增大电除尘器内的电风，对减少电晕阻塞是有利的。因此在进口气体含尘浓度比较高或颗粒物电阻率较高的情况下，采用芒刺形放电极比较合适。尖刺间距一般取 100mm 左右，尖刺长度取 100mm 左右。

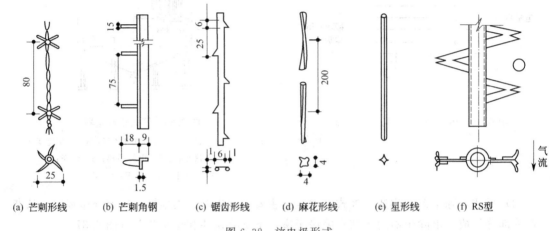

图 6.38　放电极形式

d. RS 型。如图 6.38(f) 所示，圆管两侧交替伸出双尖叉，尖叉弯转 90°，一个朝向气流，一个背向气流。这种放电极效果很好。

② 集尘极。对集尘极的主要要求是：有利于颗粒物沉积，减少再飞扬，便于清灰，对气流的阻力小，足够的刚度，节省材料（约占整个除尘器的 30%～50%），便于制造。

板式集尘极的结构形式很多，常见的几种如图 6.39 所示。平板形集尘极不能有效防止二次飞扬，刚度较差。Z 形极板的两侧有沟槽，气流通过时，紧贴表面处形成涡流区，其中气流速度较主气流速度小，当尘粒进入该区时易于沉积。同时由于主气流对集尘面的冲刷作用减弱，尘粒重返气流的可能性小，振打时的二次扬尘也少。Z 形极板的刚性较好。

箱式集尘极内可通水冷却，构造冷壁面电除尘器，适合于高温含尘气体。处于电阻率峰值温度的积尘层，通过冷却能有效降低电阻率，防止反电晕。

电除尘器的效率受到集尘极与放电极之间距离的影响，个别集尘极与放电极之间的距离偏小，电场容易击穿，会影响整个设备供电电压的升高。因此，要求在制作和安装时严格保证集尘极的间距，并要求放电极准确定位在集尘极间的中心线上，偏差不得大于 5mm。电除尘器内部不应有尖锐的角等。所有带电部件的距离应该大于放电极和集尘极之间的距离，以防止局部击穿，影响电除尘器的正常工作。目前工业电除尘器的间距为 200～450mm，其中间距大于 400mm 的电除尘器称为宽间距电除尘器。宽间距电除尘器可使制作、安装、维

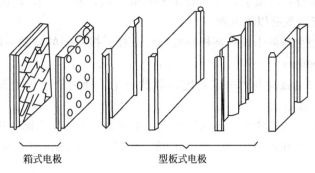

箱式电极　型板式电极

图 6.39　集尘极形式

修等变得方便，而且设备小、能耗也低。

③ 气流进出口管道及气流分布装置。电除尘器中气流分布的均匀性对除尘效率有很大影响，因为当气流分布不均时，在低速区所增加的除尘效率远不足以弥补高速区效率的降低，因而总效率降低，甚至降低 20% 以上。

气流分布的均匀程度，与除尘器进出口管道形状及气流分布装置有关。卧式电除尘器在安装位置不受限制的情况下，气流宜由水平方向通过扩散管进入，经过 1～2 块平行的气流分布板再进入电场。如果条件不允许，应在转弯和断面突变处加装导流片（图 6.40）。

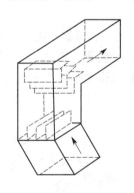

图 6.40　导流片

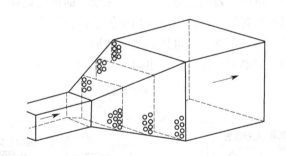

图 6.41　气流分布板

最常见的气流分布板有百叶窗式、多孔板、槽形钢式和栏杆型分布板等，而其中以多孔板的使用最为广泛（图 6.41）。多孔板一般采用等直径圆孔，但是为了使中心部位气流减弱，也有做成不等直径圆孔的，四周孔径大，中部孔径小。除多孔板外，还可以采用格栅式分布板，其主要优点是可以在安装后根据气流分布情况进行调节。当设置两块分布板时，其间距为板高的 0.15～0.2 倍。电除尘器正式投入运行前，必须进行测试、调整和检查气流分布是否均匀。对气流分布的具体要求是：任何一点的流速不超过该断面平均流速的 40%；任何一个测试面上，85% 以上测点的流速和平均流速不得相差 ±25%。

④ 清灰振打装置。在连续运转的电除尘器中，对电晕极和集尘极都必须清灰。集尘极清灰方法在湿式和干式电除尘器是不同的，在湿式电除尘器中，一般是用水冲洗集尘极板，使极板表面经常保持着一层水膜，粉尘降落在水膜上时，随水膜流下。湿式清灰的主要问题是极板腐蚀和污泥处理。在干式电除尘器中沉积的粉尘，由机械碰撞或电极振动产生的振动力来清除。振打电极是使用最多的清灰方法。

振打方式有间歇式和连续式两种。间歇式振打，通常是每隔 2～4h 振打一次，每次振打

5～10min。连续式振打，对集尘极是每隔 3～4min 一次，对电晕极是每隔 2～3min 振打一次。常用的机械清灰装置有以下几种。

a. 锤击振打。用重锤敲击极板连杆和放电极吊杆。振打锤的质量一般为 5～8kg，锤的升起高度为 100～200mm。

b. 跌落振打。将电极提升到一定高度后骤然放下，使之产生剧烈振动而将积尘振落。这种振打方式多用于放电极。

c. 电振动。用电振动器使放电极或集尘极产生较高频率的振动而使积尘落下。

d. 扫刷。在电极上部设清扫刷，定时下移，清扫电极表面，再上移复位。这种清灰方式还比较少见。

⑤ 贮灰出灰装置。从电极上振落的粉尘，贮存在除尘器底部的灰斗内，并由排灰装置排出。在负压状态下工作，排灰口必须保持气密，以防止外部空气漏入，使粉尘重新飞扬，并使电场的风速提高，影响除尘效率。灰斗内装挡板，防止含尘气体不经过电场，而由灰斗短路流出。

⑥ 壳体。壳体应尽量避免漏气。漏气不但影响运转状态，降低效率，而且在处理高温烟气时，冷空气的渗入还可能造成局部冷却结露，引起腐蚀。防止泄漏的主要部位有门、孔口及各种构件（特别是运动构件）穿过外壳的部位。

电除尘器内烟气温度应较其露点高 20K 以上，以防结露。因此，有些情况下要求外壳保温。

（3）电除尘器的供电设备 电除尘器的供电设备包括升压变压器、整流器和电压控制系统和保护装置等。目前广泛应用可控硅控制和火花跟踪的高压硅整流装置。图 6.42 为全波和半波硅整流电路及其电压、电流波形。为了保证电除尘器的正常工作和操作人员的安全，除尘器外壳必须接地，接地电阻大于 40Ω。

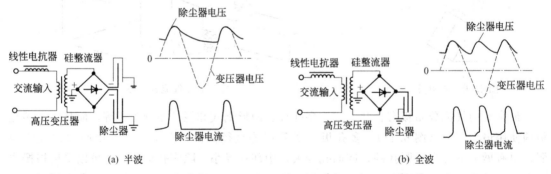

图 6.42 整流电路及供电波形

典型电源及控制系统框图如图 6.43 所示。

6.5.3 电除尘器的设计计算和应用

（1）电除尘器的数学模型 近年来对电除尘器数学模型的研究取得了很大进展，为电除尘器的设计选型建立了重要的技术基础。下面介绍几种有代表性的数学模型。

① 多依奇（Deutsch）方程。Deutsch 方程概略表达了电除尘器的主要影响因素与捕集效率之间的关系，在电除尘器理论分析和设计计算中得到了广泛应用。所以，最早应用的数学模型即以 Deutsch 方程为基础。

由 Deutsch 方程可得电除尘器比集尘面积表达式：

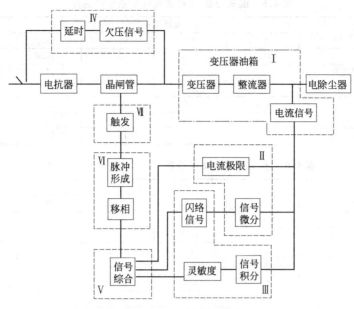

图 6.43 电源及控制系统框图

$$S_{CA} = \frac{f}{V_g} = -\frac{\ln(1-\eta)}{v_d} \tag{6.92}$$

式中　S_{CA}—— 比集尘面积，$m^2/(m^3 \cdot s)$。

　　由上式可以看出，有效驱进速度是计算比集尘面积的关键参数，它概括了除集尘极投影面积和处理气量以外各种因素的影响。多年来各国的研究者从不同角度得出了多种确定驱进速度的方法和数据（见表 6.4～表 6.6）。

表 6.4　圆线-平板式电除尘器驱进速度　　　　　　　　　　　单位：cm/s

粉尘种类		设计效率/%				附注
		95	99	99.5	99.9	
烟煤飞灰	无反电晕	12.6	10.1	9.3	8.2	均假设温度为422K。由于炉内条件、飞灰成分和自然产生的调质剂（如水分）的影响不同，数值有较大出入
	有反电晕	3.1	2.5	2.4	2.1	
切向燃烧锅炉次烟煤飞灰	无反电晕	17.0	11.8	10.3	8.8	
	有反电晕	4.9	3.1	2.6	2.2	
其他煤飞灰	无反电晕	9.7	7.9	7.9	7.2	
	有反电晕	2.9	3.2	2.1	1.9	
有机械预收尘的钢铁厂烧结尘	无反电晕	6.8	6.2	6.6	6.3	
	有反电晕	2.2	1.8	1.8	1.7	
玻璃厂尘	无反电晕	1.6	1.6	1.5	1.5	533K
	有反电晕	0.5	0.5	0.5	0.5	
水泥窑尘	无反电晕	3.5	1.5	1.8	1.8	589K
	有反电晕	0.6	0.6	0.5	0.5	
焚烧炉飞灰	无反电晕	15.3	11.4	10.6	9.4	394K
铜转炉尘	无反电晕	5.5	4.4	4.1	3.6	533～644K
铜反射炉尘	无反电晕	6.2	4.2	3.7	2.9	505～572K
铜焙烧炉尘	无反电晕	6.2	5.5	5.3	4.8	589～622K

表 6.5　湿式圆线-平板式电除尘器驱进速度　　　　　　　　　　　单位：cm/s

粉尘种类	设计效率/%				附注
	95	99	99.5	99.9	
烟煤飞灰	31.4	33.0	33.3	16.0	均假设温度为366K,无反电晕
切向燃烧锅炉次烟煤飞灰	40.0	42.7	44.1	31.4	
其他煤飞灰	21.1	21.4	21.5	17.0	
水泥窑尘	6.4	5.6	5.0	5.7	
玻璃厂尘	4.6	4.5	4.3	3.8	
有机械预收尘的钢铁厂烧结尘	14.0	13.7	13.3	11.6	

表 6.6　平板-平板式电除尘器（无反电晕）驱进速度　　　　　　　单位：cm/s

粉尘种类	设计效率/%				附注
	95	99	99.5	99.9	
烟煤飞灰	13.8	15.1	18.6	16.0	422K
切向燃烧锅炉次烟煤飞灰	28.6	18.2	21.2	17.7	422K
其他煤飞灰	15.5	11.2	15.1	13.6	422K
水泥窑尘	2.4	2.3	3.2	3.1	589K
玻璃厂尘	1.8	1.9	2.6	2.6	533K
有机械预收尘的钢铁厂烧结尘	13.4	12.1	13.1	12.4	422K
焚烧炉飞灰	25.2	16.9	21.1	18.3	394K

② Matts 方程。1963 年 Matts 根据实验和经验总结，提出了 Deutsch 方程的修正式，作为一种经验型的数学模型，它比 Deutsch 方程有更广泛的应用范围。Matts 方程为：

$$\eta = 1 - \exp\left(-\frac{f}{V_g}v_k\right)^k \tag{6.93}$$

式中　v_k——驱进速度，经验值；

　　　k——取决于粉尘特性的常数，由实验确定，通常为 0.4～0.6，对燃煤飞灰可取 0.5。

③ RTI 模型。RTI 模型是美国 EPA 三角公园研究所开发的电除尘器数学模型，主要特点是充分考虑了窜气和振打扬尘引起的除尘效率损失。用该模型进行设计选型的方法称为损失因子法。该方法将电除尘器沿长度分为 n 段，则总透过率为：

$$P = \sum_{x=1}^{n} P_x \tag{6.94}$$

假定各段间混合情况良好，则在仅有窜气而无振打的情况时的透过率为：

$$P'_x = S_N + (1 - S_N) P_c(V'_g) \tag{6.95}$$

式中　S_N——各段间的窜气率；

　　$P_c(V'_g)$——通过集尘区的透过率（气体流量的函数）。

$$\eta = \frac{m}{m_0} = 1 - P'_x = 1 - S_N - (1 - S_N) P_c(V'_g) \tag{6.96}$$

式中　m_0——粉尘总质量；

　　　m——被捕集的粉尘质量。

同时考虑窜气和振打扬尘，则各段的平均透过率为：

$$P_x = S_N + (1 - S_N) P_c(V'_g) + R_R(1 - S_N)[1 - P_c(V'_g)] \tag{6.97}$$

式中　R_R——振打引起的效率损失量。

令　　　　　　　　　　　　$L_F = S_N + R_R - S_N R_R \tag{6.98}$

并称其为损失因子，则：

$$P_x = L_F + (1 - L_F)P_c(V_g') \tag{6.99}$$

RTI 模型利用某段的颗粒物质量中位径计算该段颗粒的驱进速度。段内颗粒物包括三部分：通过前段而未被捕集的颗粒；前段窜气带入的颗粒物；前段振打扬尘。所以，第 n 段内颗粒物中位径为：

$$d_{mn} = \frac{m_f d_{mf} + m_s d_{ms} + m_r d_{mr}}{m_f + m_s + m_r} \tag{6.100}$$

式中　d_{mf}, d_{ms}, d_{mr}——前段未被捕集的、因窜气而带入的和前段振打引起的颗粒物质量中位径；

m_f, m_s, m_r——前段未被捕集的、因窜气而带入的和前段振打引起的颗粒物质量。

上式中 d_{mr} 由实验和经验确定，d_{ms} 与前段值相同 $[d_{ms} = d_{m(n-1)}]$，d_{mf} 可由下式求得：

$$d_{mf} = P_c d_{m(n-1)} + (1 - P_c)d_{m\bar{p}} \tag{6.101}$$

式中　$d_{m\bar{p}}$——由实验和经验确定的特征值。

利用 RTI 模型进行电除尘器设计选型的主要步骤如下。

a. 确定设计除尘效率 η 和操作温度 T_k；判断是否会存在严重的反电晕。一般粉尘电阻率高于 $(2\sim3)\times10^{11}\Omega\cdot cm$，就会出现严重的反电晕，需要大大增加除尘器尺寸，以保证预定的除尘效率。

b. 确定入口粉尘的质量中位径 d_m。如果缺少粒径分布数据，可参照表 6.7 选取。

表 6.7　各种颗粒物的质量中位径

颗　粒　物	质量中位径/μm	颗　粒　物	质量中位径/μm
烟煤飞灰	16	燃木柴锅炉飞灰	5
切向燃烧锅炉次烟煤飞灰	21	焚烧炉飞灰	15~30
其他锅炉次烟煤飞灰	10~15	铜转炉尘	1
水泥窑尘	2~5	焦化厂燃烧烟尘	1
玻璃厂尘	1	未知尘	1
烧结厂尘			
无预收尘	50		
由机械预收尘	6		

c. 参照表 6.8 选定 S_N 和 R_R 值；确定 $d_{m\bar{p}}$ 和 d_{mr} 值，一般取：

$$d_{m\bar{p}} = 2\mu m$$

$$d_{mr} = 5\mu m (当 d_{m0} > 5\mu m 时)$$

$$d_{mr} = 3\mu m (当 d_{m0} < 5\mu m 时)$$

表 6.8　窜气率和损失因子

电除尘器类型	S_N	R_R	附　　注
圆线-平板式	0.07	0.124	对燃煤飞灰或未知尘
湿式圆线-平板式	0.05	0.0	
平板-平板式	0.10	0.15	$v_g > 1.5m/s$(玻璃厂和水泥厂除外)
		0.10	玻璃厂和水泥厂

d. 选取或计算清洁空气等的有关参数：

真空介电常数 $\varepsilon_0 = 8.845\times10^{-2}F/m$；动力黏度 $\mu_g = 1.72\times10^{-5}(T_k/273)^{0.71}Pa\cdot s$；火花放电时的场强 $E_{bd} = 6.3\times10^5(T_k/273)^{0.8}V/m$。

圆线-平板式电除尘器板间平均场强：$E_{av} = 0.571E_{bd}V/m$（无反电晕）；$E_{av} = 0.4E_{bd}V/m$

（有严重反电晕）。

平板-平板式电除尘器正电晕极间平均场强：$E_{av}=0.794E_{bd}\,V/m$（无反电晕）；$E_{av}=0.0556E_{bd}\,V/m$（有严重反电晕）。

e. 计算损失因子 L_F；确定满足 $L_F^n<P$ 的最小分段数 n；计算各段平均透过率 P_s 和通过各段收尘区的透过率 P_c。

$$P_s=P^{\frac{1}{n}}$$

$$P_c=(P_s-L_F)/(1-L_F)$$

若 $P_c<0$，则增加 n 值。

f. 计算颗粒物粒径变化因子，用以确定逐段粒径变化。

$$D=P_s=S_N+P_c(1-S_N)+R_R(1-S_N)(1-P_c)$$

$$d_{mr\bar{p}}=R_R(1-S_N)(1-P_c)d_{mr}/D$$

g. 计算各段颗粒物质量中位径：

第 1 段 $d_{m1}=d_{m0}$

第 2 段 $d_{m2}=\{d_{m1}S_N+[(1-P_c)d_{m\bar{p}}+P_cd_{m1}]P_c(1-S_N)\}/D+d_{mr\bar{p}}$

第 3 段 $d_{m3}=\{d_{m2}S_N+[(1-P_c)d_{m\bar{p}}+P_cd_{m2}]P_c(1-S_N)\}/D+d_{mr\bar{p}}$

　　⋮

第 n 段 $d_{mn}=\{d_{m(n-1)}S_N+[(1-P_c)d_{m\bar{p}}+P_cd_{m(n-1)}]P_c(1-S_N)\}/D+d_{mr\bar{p}}$

h. 计算各段比集尘面积：

第 1 段 $S_{CA_1}=-(\mu/\varepsilon)(1-S_N)\ln(P_c)/(E_{av}^2d_{m1}\times10^{-6})$

　　⋮

第 n 段 $S_{CA_n}=-(\mu/\varepsilon)(1-S_N)\ln(P_c)/(E_{av}^2d_{mn}\times10^{-6})$

由于计算中只有 d_{mx} 为变量，故有：

$$S_{CA_{(n+1)}}=S_{CA_n}d_{mn}/d_{m(n+1)}$$

i. 计算总比集尘面积：

$$S_{CA_{(n+1)}}=\sum_{x=1}^{n}S_{CA_x}$$

当满足 $P_c<L_F$ 时，用损失因子法选型精度较高。电除尘器的各种数学模型对粉尘和电场强度都很敏感，RTI 模型也不例外。

④ SRI 模型。由美国南方研究所（Southern Research Institute）开发的 SRI 模型，是利用数值分析方法完成电场分布和粉尘荷电等复杂计算，并将结果用于分级效率和总效率计算。该模型的建立和应用均依靠计算机技术。

SRI 模型将除尘器按长度分为 m 段，将颗粒物粒径分为 n 个区间。整个除尘器的理想透过率（无反电晕）可根据 Deutsch 方程求出：

$$P_I=\sum_{j=1}^{n}X_j\prod_{i=1}^{m}\exp(-v_{dij}S_{CA_i}) \tag{6.102}$$

式中　X_j——入口第 j 种粒径颗粒所占比例；

　　　v_{dij}——第 i 区段中第 j 种粒径颗粒的理论驱进速度。

考虑到非理想条件的影响，需对透过率做修正：

$$P_c=\sum_{j=1}^{n}X_j\prod_{i=1}^{m}\exp(-Fv_{dij}S_{CA_i}) \tag{6.103}$$

式中　F——考虑窜气和气流分布不均匀的校正因子。

再考虑振打扬尘的影响，则透过率为：

$$P_R = P_c + G(P_c)\sum_{j=1}^{n}\left(\frac{m_r}{m_0}\right)_j \tag{6.104}$$

式中　G——振打扬尘率。

SRI 模型要求输入的数据：粉尘真密度、入口粉尘浓度和粒径分布等粉尘数据；各电场集尘面积，板距，线距，极线数，气体流量、温度、湿度、压强、电场气速，及二次电压、电流等结构参数和操作条件数据；气流分布标准差、挡板数、窜气率等非理想条件数据。为了保证模型计算的准确性，有关气体和粉尘特性数据必须由现场测定或在接近实际情况的条件下由实验测定。

由于电场分布计算理论的限制，SRI 模型只能适用于圆线-平板式电除尘器。

本节介绍的四种电除尘器选型的数学模型，Deutsch 方程和 Matts 方程比较简单，但必须依赖于类比设备或由设计者根据经验选择合适的驱进速度参数；RTI 模型形式稍复杂，能反映窜气和振打扬尘的影响；SRI 模型形式复杂，要求输入数据多，但能为设计者提供全面分析比较多种因素的影响，从而进行合理选型的有利条件。

目前电除尘器数学模型的研究和应用发展很快，许多电除尘器制造公司都有自己特定的选型模型。国内的研究也很活跃，并已有多种数学模型建立和应用。

(2) 电除尘器的设计计算　电除尘器的设计计算主要是根据需要处理的含尘气体流量和净化要求，确定集尘面积、电场断面积、电场长度、集尘极和电晕极的数量和尺寸。目前，电除尘器的选择和设计仍然主要采用经验公式类比法。

① 集尘极面积。将式(6.89) 稍加变换即可得：

$$f = \frac{V_g}{v_d}\ln\left(\frac{1}{1-\eta}\right) \tag{6.105}$$

式中　f——集尘极面积，m^2；

　　　η——集尘效率；

　　　v_d——颗粒物有效驱进速度（参考表 6.3），m/s。

② 电场截面面积。电场截面面积按下式计算：

$$f_c = \frac{V_g}{v_g} \tag{6.106}$$

式中　f_c——电场截面面积，m^2；

　　　v_g——气流平均流速，m/s。

虽然除尘器内部气流速度变化较大，但除尘器内平均气流速度是设计和运行的重要参数。对于一定结构形式的电除尘器，当气体流速增加时，作用在粒子上的空气动力学阻力会迅速增加，进而使粉尘的重新进入量亦迅速增加，造成除尘效率降低。因此气体流速不宜过大，但流速过小，除尘器体积增大，造价增加。目前一般采用 $v_g = 1.0 m/s$ 左右。

电场截面形状与现场条件有关。通常希望截面形状接近正方形，这样可使气体在电场内的分布比较均匀。

③ 集尘极与放电极的间距和排数。集尘极与放电极的间距对电除尘器的电气性能与除尘效率均有很大影响。间距太小，由于振打引起的位移、加工安装的误差等对工作电压影响大。间距太大，要求工作电压高，往往受到变压器、整流设备、绝缘材料的允许电压的限

制。目前一般集尘极的间距采用 $200\sim300$mm，即放电极与集尘极之间的距离为 $100\sim150$mm。

放电极与放电极之间的距离对放电强度也有很大影响。间距太大，会减弱放电强度；但电晕线太密，也会因屏蔽作用而使其放电强度降低。考虑到与集尘极的间距相对应，放电极间距一般采用 $200\sim300$mm。

集尘极和放电极的排数可以根据电场断面宽度和集尘极的间距确定：

$$n=\frac{b}{\Delta b}+1 \tag{6.107}$$

式中　n—— 集尘极排数；

　　b—— 电场宽度，m；

　　Δb—— 极板间距，m。

④ 电场长度。根据净化要求、有效驱进速度和气体流量，可以算出集尘极的总面积，再根据集尘极排数和电场高度算出必要的电场长度。在计算集尘极板面积时，靠除尘器壳体壁面的集尘极，其集尘面积只能按单面计算，其余集尘极按双面计算，故电场长度的计算公式为：

$$l=\frac{f}{2(n-1)h} \tag{6.108}$$

式中　l—— 电场长度，m；

　　h—— 电场高度，m。

当确定有效驱进速度值有困难时，也可按照含尘气体在电场内的停留时间用下式估算电场长度：

$$l=v_g t \tag{6.109}$$

式中　t—— 气体在电场内的停留时间，可取 $3\sim10$s。

目前常用的单一电场长度是 $2\sim4$m，过长会使构造复杂。如果要求的电场长度超过 4m，可设计成若干串联电场。

⑤ 工作电压。根据实践经验，一般可按下式计算工作电压：

$$U=250\Delta b \tag{6.110}$$

式中　U—— 工作电压，kV。

⑥ 工作电流。工作电流可按下式计算：

$$I=fi \tag{6.111}$$

式中　I—— 工作电流，A；

　　i—— 集尘极电流密度，可取 0.0005A/m^2。

【例 6.7】 冲天炉气量 $V_g=2.7$m³/s，要求除尘效率 $\eta=90\%$。试进行电除尘器主要结构尺寸和供电参数计算。

解　① 由表 6.3 查到的冲天炉烟尘的有效驱进速度 $v_d'=4$cm/s，代入式(6.105) 计算集尘面积：

$$f=\frac{V_g}{v_d}\ln\left(\frac{1}{1-\eta}\right)=\frac{2.7}{0.04}\ln\left(\frac{1}{1-0.9}\right)=160(m^2)$$

② 电场中气体平均流速取 $v_g=1.2$m/s，并按式(6.106) 计算电场截面积：

$$f_c=\frac{V_g}{v_g}=\frac{2.7}{1.2}=2.31(m^2)$$

考虑到集尘极板加工方便和极板整数间距，采用电场宽度 $b=1.5m$，电场高度 $h=1.5m$。

③ 采用卧式除尘器，取集尘极间距 $\Delta b=250mm$。集尘极排数按式(6.107)计算：

$$n=\frac{b}{\Delta b}+1=1+\frac{1.5}{0.25}=7$$

④ 电场长度按式(6.108)计算：

$$l=\frac{f}{2(n-1)h}=\frac{160}{2(7-1)\times 1.5}=7.62(m)$$

采用 Z 形极板，每块高 1.8m，宽 0.385m（产品规格），每排需用 7.62/0.385＝19.8 块，取 20 块。由于所需电场长度超过 4m，所以分设两个电场，每电场每排装 10 块 Z 形板。各块极板之间留 0.005m 间隙，故实际电场总长度为：

$$l=2\times(10\times 0.385+9\times 0.005)=2\times 3.895=7.79(m)$$

⑤ 工作电压按式(6.110)计算：

$$U=250\Delta b=250\times 0.26=65(kV)$$

⑥ 工作电流按式(6.111)计算：

$$I=fi=165\times 0.0005=0.08(A)$$

⑦ 电场平面布置见图 6.44（图中尺寸为 mm）。电场两端和中部各留 1～2m 空间，一部分用来安装框架和其他部件，另一部分作为施工和检修通道。

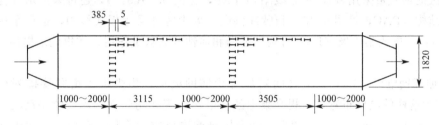

图 6.44 电场平面布置示意图

（3）电除尘器可能出现的问题 电除尘器具有高效、低阻、适用范围广等优点，但投资高、技术要求高。经验表明，大多数电除尘器在运转过程中都会出现一些问题。这些问题的来源可归纳为三方面：设计或选型问题；制造和安装问题；运转问题。其中，制造和安装问题的来源于操作的失误或者误差，设计和运转涉及的问题有以下几项。

① 设计问题

a. 颗粒物性质。电阻率超过电除尘的有效适用范围，引起反电晕或再飞扬；颗粒物有黏性，积尘难以清除。

b. 气流。气流速度过高或分布不均匀。

c. 电极。集尘极面积不够，长高比过小；放电极数量不够。

d. 振打机构。振打加速度和频率过低或过高，振打不协调。

e. 电源。整流设备容量不够，或性能不稳定。

② 运转问题

a. 绝缘不好或短路。进线绝缘子积灰、受潮；脱落的零件或异物存在，引起极间短路。

b. 电极损坏。集尘极腐蚀；电晕线断裂；有效电晕减少；电极移位或变形。

c. 积尘。放电极积尘过多（称电晕肥大）；入口、出口管或气流分布板积尘；灰斗积灰过满。

d. 过载。含尘气体流量过大，使电场气速过高；含尘浓度过高，造成电晕阻塞。

e. 电源未达到预定工作状态。

f. 污染源变化引起工况改变：烟气成分和湿度、颗粒物电阻率和粒度发生变化。

（4）电除尘器的改进　电除尘器改进的主要目的是提高性能（尤其是对高电阻率尘的适应性）、减小尺寸和成本、扩大功能，主要措施是改进结构和材质、改变供电参数。

① 改进结构和供电参数

a. 宽间距（超高压）电除尘器。近年来发展的宽间距电除尘器极板间距扩大到 600～1200mm，工作电压为 120～200kV。由于极板间距加宽，安装误差的影响减小，并便于安装和检修。建立电除尘器内的电场，需要高压供电设备；而随着电压的增加，驱进速度也会增加。因为板间距加宽，所需板面积减小，因此可减少投资。在正常条件下，它可在与普通电除尘器相同的电流密度下操作，火花趋势较小。宽间距电除尘器现象与公认的电除尘器理论是相矛盾的，现有若干理论予以解释，但尚未得到公认。

b. 双区电除尘器。将荷电和集尘分别在两个区域内进行，结合电极改进，可提高除尘效果，缩短除尘器长度。双区电除尘器的特点：首先因为是双区，荷电区不积尘，避免高电阻率烟尘的反电晕现象；它是高效除少设备，适用于净化分散度高，密度小的粉尘气溶胶、油雾、炭黑和细菌等，可以除掉 $0.01～100\mu m$ 的微粒。

荷电区的形式可采用普通的板-线结构［EP，见图 6.35(b)］，还可采用增加控制电极的荷电区结构（PAC，见图 6.45）和脉冲供电。集尘区可采用板式结构，也可采用屏式结构（图 6.44）。屏式集尘极（ES）可利用电场和惯性分离双重作用，捕集效果提高，长度大为减小。

c. 增加辅助电极。在电晕极之间增加管状辅助电极，集尘极也由圆管排列构成［图 6.46(a)］。这样的电极布置，可提高集尘区的电场强度和均匀性，因而能提高集尘效果和高电阻率适应性。电场中负离子随烟尘趋向阳极起主要收尘作用，正离子烟尘趋向辅助电极，也起到辅助收尘作用；在辅助电极和阳极之间是均匀电场，正负离子都能发挥其烟尘荷电后的收尘作用，同时也相应增加了收尘面积 10%～20%。在相同的断面和烟气流速下，电除尘器的电场长度也可缩小 1/3。列管式电除尘器捕集颗粒物过程如图 6.46(b) 所示。

d. 采用大直径放电极。传统的电除尘器采用细线或芒刺放电极。这种放电极产生的电晕电流大，但空间电场强度不高。试验表明，采用 10mm 直径的光圆棒作放电极，可提高电场强度，使尘粒驱进速度增大、电流密度和功耗降低，使中高电阻率尘的捕集效果明显提高。

e. 增加冷管或冷壁面。将冷管与粗放电极间隔布置（图 6.47），效果很好，冷管可降低高温积尘层的温度，从而降低电阻率，还可减少振打扬尘。

集尘极采用薄箱形结构，中间通冷却水，可降低高温积尘层的电阻率，还可利用热泳作用，增加集尘效果。

f. 移动电极。在工程实际应用范围内，逃逸出电除尘器的粉尘主要由两部分组成：一是难以收集的特殊粉尘，这些粉尘通过电场时可能由于荷电量不足或者在荷电过程中又被异性电荷中和，粉尘在未荷电充足之前就已经逃逸出电除尘器；二是虽然已经被收集到集尘极板上，因烟气流动的冲刷而再次进入烟气中，或因粉尘剥离集尘极板后在下落过程中产生的再飞扬，或反电晕等其他原因引起的二次扬尘。为解决上述问题，人们发展出了移动电极板的技术（图 6.48）。

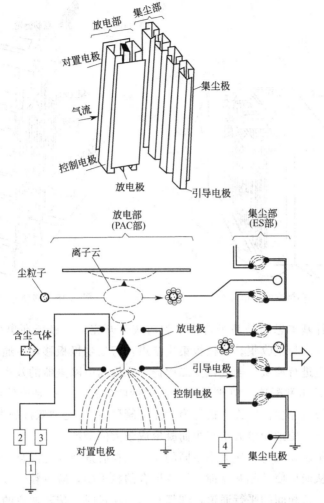

图 6.45 PAC-ES 脉冲电除尘器示意

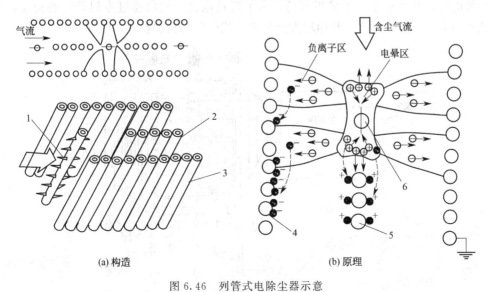

图 6.46 列管式电除尘器示意

1—放电极 (一)；2—辅助极 (一)；3—集尘极 (＋)；4—集尘极；5—辅助极；6—放电极

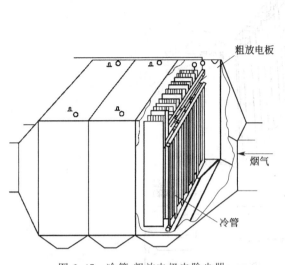

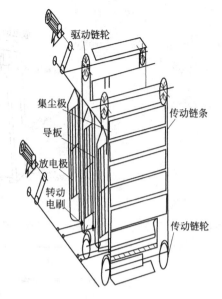

图 6.47　冷管-粗放电极电除尘器　　　　图 6.48　移动电极板结构示意图

移动电极的设计基本思路是基于将集尘和清灰分开完成。极板在集尘时处于含尘气流中，利用极板间电场将粉尘收集。当极板集尘结束，将集尘极板移动，通过驱动装置将集尘极板送到下部清灰室进行清灰，通过减少二次扬尘来提高电除尘器的效率。

　　g. 静电絮凝。静电絮凝器（图 6.49）主要包括两项技术：一是能使细粉尘颗粒附着到粗颗粒粉尘上而易被电除尘器收集，被称为"流动凝聚"；二是"双极静电絮凝器"，它需要供给电力使粉尘荷电，使细粉尘大量减少而凝聚成较大的颗粒。

　　流动絮凝是基于流动强化，使大小不同的粉尘颗粒有选择性地混合，强化粗细颗粒粉尘之间的物理作用，从而促使其相互碰撞，形成聚合的粒子团，减少粒子数目。而双极静电絮凝过程提供一组正、负相间的平行通道，烟气和粉尘通过时，按其通道的正或负分别获得正电荷或负电荷，这样粉尘一半带正电荷，一半带负电荷。然后通过专门设计的粉尘混合系统，使不同电荷的粉尘结合，从而增大待处理气流中颗粒物的粒径。

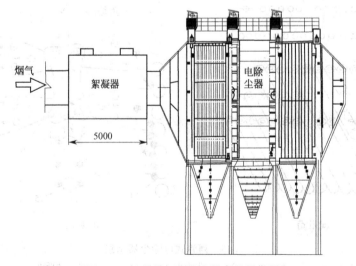

图 6.49　絮凝器与电除尘器布置示意图

h. 斜气流。一般来说，电场内的粉尘由于受到重力作用，会呈现出下部粉尘浓度大于上部。从粒径分布看，呈现出下部粉尘粒径大于上部，前部粉尘粒径大于后部的分布规律。在振打清灰过程中，上部细粉尘脱离集尘极板后下落到灰斗的距离长，产生二次扬尘。为此，人们发展出了斜气流技术。所谓斜气流就是按需要在沿电场长度方向不再追求气流均匀分布，而是按各电场的实际情况和需要调整气流分布规律。图 6.50 所示的是较典型的四电场分布形式斜气流技术速度分布。将电场的气流沿高度方向调整成上小下大，只要在近期烟箱中采取导流、整流和设置不同开孔率等措施，就能实现这种斜气流的分布效果。

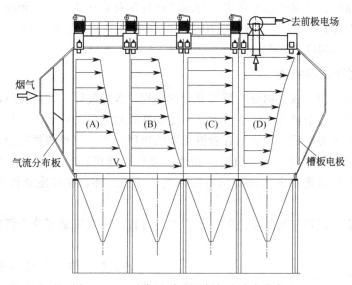

图 6.50　四电场电除尘器斜气流速度分布

② 改进电晕和提高控制水平

a. 正电晕。一般净化排气的电除尘器采用负电晕。由于电场的作用，钠离子趋向放电极，使集尘极上沉积的颗粒物钠离子含量减少，因而电阻率升高。为了弥补钠离子的损失，可向燃料中添加钠盐，但这样做耗费颇大。采用正电晕，使钠离子向集尘极沉积，可避免钠离子损失，但是功率损耗大些。

b. 脉冲增能。脉冲供电是在过去半波整流间歇供电电源基础上发展起来的，这种供电的特点是：将电除尘器的捕尘过程的两个机制——尘粒荷电和尘粒的静电沉积，在供电方式中区别对待，在直流高压上叠加窄高压脉冲，使电子在短时间内获得更高的能量，有利于颗粒荷电，提高除尘效率，对高电阻率颗粒物效果更明显，还能够避免反电晕现象。

c. 间歇供电。将连续供电改为间歇供电，对于捕集高电阻率颗粒物的过程效果尤为显著。当电除尘器的工作电流下降，甚至断电，依靠自身的电容，极间电流逐渐降低，因而能在一定时间内保持可接受的除尘效率。通过控制供电的间歇时间可以抑制出现的反电晕现象，或者调节供电时间与间歇时间（即占空比）达到提高收尘效率又降低电耗的双重目的。

供电方式取决于电除尘器性能、含尘气体性质和排放要求等因素，通常取 2 个半周通电，2～8 个半周断电。节能效果与断电周期长度成正比。间歇供电与温控预荷电（提高对高电阻率颗粒物的捕集效果）相结合，可使电耗降低 30％～40％。

d. 自动数字电压控制。对除尘器的工作电压实施数字控制，能快速应变。当负荷或含尘气体性质发生变化时，能迅速调整电压，熄灭火花，保持良好的工作电压；对特殊的烟气和颗粒物，能及时改变供电条件。自动电压数字控制在电除尘器效果明显下降前，就能测出反电晕，并及时进行调节。自动数字控制还能实现机电一体化协同运作，例如能在最有利的时机进行振打清灰。

6.6　过　滤

过滤，是让气溶胶通过滤层，使颗粒污染物与载气分离，是一种高效颗粒污染物分离技术，并具有适用面广、可靠性高等优点。过滤净化装置有多种结构形式和滤层（可由纤维材料、颗粒材料或多孔材料构成），分别适用于不同性质（温度、压强、颗粒物大小等）和成分的气溶胶，满足不同净化要求。

6.6.1　过滤机理和滤层特性

在过滤器中颗粒物与载气的分离是很复杂的过程。含尘气体通过滤料时，气体中的尘粒就被滤料分离出来。这个过程有两个步骤：一是纤维层对尘粒的捕集；二是粉尘层对尘粒的捕集。在某种意义上讲，后一种机制有着更重要的作用。不同粒径的颗粒物，其分离的机理也不同。首先是很大的颗粒因重力沉降、筛滤（颗粒比滤层通道尺寸大，不能通过）而分离。小一些的颗粒与捕集物发生动力学作用而被捕集。此外，在特定条件下还可能出现凝聚、静电沉积等。

（1）动力捕集　颗粒与捕集物之间的动力作用过程的主要机制可分为惯性碰撞、截留和扩散（图 6.51）。

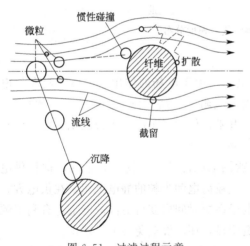

图 6.51　过滤过程示意

① 惯性碰撞。气溶胶流动中如果遇到捕集物，气体就会绕开捕集物流动；但质量较大的颗粒因惯性作用，运动方向变化不大，因而可能与捕集物碰撞。颗粒质量大，运动速度快，碰撞作用强。粒径大于 $0.5\mu m$ 的颗粒，主要做惯性运动，颗粒越大，效率越高。

② 截留。质量较小的颗粒跟随气流绕流，如果颗粒中心离捕集物表面的距离不超过颗粒的半径，颗粒也能与捕集物接触。

③ 扩散。更小的颗粒在气流中做布朗运动，因而也有机会与捕集物接触。在捕集物附近逗留的时间越长，接触机会越多。所以降低气流速度，对扩散沉积有利。粒子越小，扩散沉积作用越显著。粒子直径小于 $0.1\mu m$ 时，扩散沉积效率的理论值可超过 50%，其他机理的收集效率趋于 0。

（2）纤维滤层特性

① 过滤体的捕集效率。根据综合实验得到的 3 种机制联合作用下 $Re_p = 0.2$ 时捕集物单体对颗粒的捕集效率表达式为：

$$\eta_s = 0.16[N_R + (0.5 + 0.8N_R)(N_I + N_p^{-1}) - 0.105N_R(N_I + N_p^{-1})^2] \quad (6.112)$$

上式中 N_I、N_R、N_p 均为无量纲量，分别反映惯性碰撞、截留和扩散 3 种机制的作用。

$$N_I = \frac{v d_p^2 \rho_p C_u}{18 \mu d_h} \tag{6.113}$$

式中 v—— 颗粒与捕集物之间的相对运动速度；

d_h—— 捕集物单体直径。

$$N_R = \frac{d_p}{d_h} \tag{6.114}$$

$$N_p = \frac{v d_h}{D_B} \tag{6.115}$$

多重捕集物对颗粒的总捕集效率与单体捕集效率之间的关系为：

$$\eta_{ns} = 1 - \exp(-n\eta_s) \tag{6.116}$$

式中 n—— 捕集物单体数。

【例 6.8】 比较靠惯性碰撞、直接拦截和布朗扩散捕集粒径为 $0.001 \sim 20 \mu m$ 的单位密度球形颗粒的相对重要性。捕集体是粒径 $100 \mu m$ 的圆柱形纤维，在 293K 和 101325Pa 下的气流速度为 $0.1 m/s$。

解 在给定条件下：

$$Re_p = 100 \times 10^{-6} \times 1.205 \times 0.1/(1.81 \times 10^{-5}) = 0.67$$

所以应采用黏性流条件下的颗粒沉降效率公式，计算结果列入下表中，其中惯性碰撞分级效率由公式(6.112)～式(6.114)估算。

$d_p/\mu m$	N_I	$\eta_I/\%$	N_R	$\eta_R/\%$	N_p	$\eta_p/\%$
0.001	—	—	—	—	1.28	108
0.01	—	—	—	—	1.9×10^2	3.86
0.2	—	—	—	—	4.5×10^4	0.10
1	3.57×10^{-3}	0	0.01	0.004	3.6×10^5	0.025
10	0.308	10	0.1	0.4	—	—
20	1.23	50	0.2	1.7	—	—

由本例题可见，对于大颗粒的捕集，布朗扩散的作用很小，主要靠惯性碰撞作用；反之，对于很小的颗粒，惯性碰撞的作用微乎其微，主要是靠扩散沉积。

② 纤维滤层的过滤效率。纤维滤层由纤维无规则叠加而成（图 6.52），为了分析的方便，将其简化为纤维整齐排列，互相平行，纤维与气流垂直。在这种理想化的滤层中，纤维体积与滤层体积之比称为填充度或容密度：

$$\beta = \frac{\pi}{4} d_h^2 l_h \tag{6.117}$$

式中 l_h—— 单位体积滤层中纤维的总长度，m/m^3；

d_h—— 纤维的直径，m。

在厚度为 b 的滤层中取单位长度和高度的单元分析（图 6.53）。气体通过微元厚度 dx 滤层的颗粒物变化量为：

$$V_g dc = -\eta_s d_h v_e c l_h dx = -\eta_s d_h v_e c \left(\frac{4\beta}{\pi d_h^2}\right) dx \tag{6.118}$$

式中 v_e—— 有效气速，m/s；

c—— 气体含颗粒物的浓度，mg/m^3 或 m^{-3}。

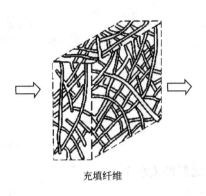

充填纤维

图 6.52　纤维滤层

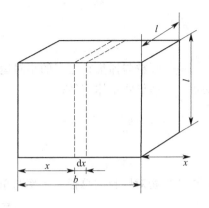

图 6.53　滤层分析

$$v_e = \frac{V_g}{1-\beta} \tag{6.119}$$

整理后对滤层全厚度积分可得：

$$\ln \frac{c_2}{c_1} = -\frac{4h_s \beta b}{\pi(1-\beta)d_h}$$

$$\frac{c_2}{c_1} = \exp\left[-\frac{4\eta_s \beta b}{\pi(1-\beta)d_h}\right]$$

则滤层过滤效率：

$$\eta = 1 - \frac{c_2}{c_1} = 1 - \exp\left[-\frac{4\eta_s \beta b}{\pi(1-\beta)d_h}\right] \tag{6.120}$$

式中　c_1——进滤层颗粒物浓度；

　　　c_2——出滤层颗粒物浓度。

　　由上式可知，滤层过滤效率与滤层厚度、滤层填充度和纤维直径有关。滤层厚、填充度大、纤维细、过滤效率高。以上分析基于单一直径纤维整齐排列的滤层的过滤过程，目的在于找到影响过滤效率的因素。实际情况要复杂得多，通常通过实验求得滤层过滤效率。纤维滤料的压力损失和效率同等重要，滤层厚、填充度大、纤维细，但是它的压力损失大，容易堵塞。

　　根据桑原（Kuwabara）理论，气体通过清洁滤层的压降：

$$\Delta P = \frac{16\mu\beta b v_g}{K_u d_h^2} \tag{6.121}$$

式中　ΔP——气体压降，Pa；

　　　μ——被过滤气体的动力黏度，Pa·s；

　　　v_g——滤层断面气速，m/s；

　　　K_u——桑原流体动力系数。

$$K_u = -\frac{1}{2}\ln\beta - \frac{3}{4} + \beta - \frac{\beta^2}{4} \tag{6.122}$$

　　【例6.9】　由直径为$100\mu m$的纤维填充成厚度为0.05m、填充度为0.4的滤层，用以过滤温度为293K、压力为101.325kPa的气溶胶。颗粒直径为$1\mu m$（滑动修正系数为1.17，布朗扩散系数为$2.7\times10^{-11} m^2/s$）、密度为$2100kg/m^3$，过滤气速为0.03m/s。计算过滤效率和气体通过滤层的压降。

解 由于 $Re=\dfrac{\rho_{\mathrm{g}}v_{\mathrm{g}}d_{\mathrm{h}}}{\mu}=\dfrac{1.2\times0.03\times100\times10^{-6}}{1.79\times10^{-5}}=0.2$

符合式(6.112)的条件，所以可用其计算过滤效率。

首先分别用式(6.113)～式(6.115)计算碰撞、截留和扩散无量纲量，其中颗粒与纤维的相对运动速度：

$$v=\frac{V_{\mathrm{g}}}{1-\beta}=\frac{0.03}{1-0.4}=0.05(\mathrm{m/s})$$

$$N_{\mathrm{I}}=\frac{vd_{\mathrm{p}}^2\rho_{\mathrm{p}}C_{\mathrm{u}}}{18\mu d_{\mathrm{h}}}=\frac{0.05(1\times10^{-6})^2\times2100\times1.17}{18\times1.79\times10^{-5}\times100\times10^{-6}}=0.0382$$

$$N_{\mathrm{R}}=\frac{d_{\mathrm{p}}}{d_{\mathrm{h}}}=\frac{1\times10^{-6}}{100\times10^{-6}}=0.01$$

$$N_{\mathrm{p}}=\frac{vd_{\mathrm{h}}}{D_{\mathrm{B}}}=\frac{0.05\times100\times10^{-6}}{2.7\times10^{-11}}=1.85\times10^5$$

用式(6.112)计算纤维单体捕集效率：

$\eta_{\mathrm{s}}=0.16[N_{\mathrm{R}}+(0.5+0.8N_{\mathrm{R}})(N_{\mathrm{I}}+N_{\mathrm{p}}^{-1})-0.105N_{\mathrm{R}}(N_{\mathrm{I}}+N_{\mathrm{p}}^{-1})^2]$

$=0.16\left[0.01+(0.5+0.8\times0.01)\left(0.0382+\dfrac{1}{1.85\times10^5}\right)-0.105\times0.01\left(0.0382+\dfrac{1}{1.85\times10^5}\right)^2\right]$

$=0.0047$

用式(6.122)计算桑原流体动力系数：

$$K_{\mathrm{u}}=-\frac{1}{2}\ln\beta-\frac{3}{4}+\beta-\frac{\beta^2}{4}$$

$$=-\frac{1}{2}\ln0.4-\frac{3}{4}+0.4-\frac{0.4^2}{4}$$

$$=0.0681$$

用式(6.121)计算气体通过滤层的压降：

$$\Delta P=\frac{16\mu\beta bv_{\mathrm{g}}}{K_{\mathrm{u}}d_{\mathrm{h}}^2}=\frac{16\times1.79\times10^{-5}\times0.4\times0.05\times0.03}{0.0681\times(100\times10^{-6})}=252(\mathrm{Pa})$$

(3) 颗粒滤层的过滤效率和阻力　由直径为 d_{s} 的球形颗粒材料组成的滤层，其过滤效率：

$$\eta=1-\exp\left[-\frac{1.5\eta_{\mathrm{s}}\beta b}{(1-\beta)d_{\mathrm{s}}}\right] \tag{6.123}$$

气体通过颗粒材料滤层出现的压降与滤层厚度、材料粒径、过滤气速和气体性质等因素有关。Chilton等提出，在 $\beta=0.5\sim0.65$ 条件下：

当 $Re_{\mathrm{s}}<40$，$\Delta P=172.720\mu bv_{\mathrm{g}}/d_{\mathrm{s}}^2$； \hfill (6.124)

当 $Re_{\mathrm{s}}>40$，$\Delta P=643.5\mu^{0.15}\rho_{\mathrm{g}}^{0.35}bv_{\mathrm{g}}^{1.35}/d_{\mathrm{s}}^{1.18}$。 \hfill (6.125)

6.6.2 过滤设备的种类

过滤装置的种类很多，根据滤层和过滤材料的不同可分为织物过滤器、纸过滤器、纤维填充过滤器、多孔材料过滤器和颗粒材料过滤器等。

(1) 织物过滤器　以纤维织物作为滤料，为增大设备单位体积内的过滤面积，通常将滤层做成袋状，所以织物过滤装置常见的形式是袋滤器（袋式除尘器）。这种过滤器过滤效率高，性能稳定，是一种常用的高效、可靠的排气除尘设备。

（2）纸过滤器　以纤维制成的纸作为滤料，是一种高效过滤器，空气过滤纸主要是指应用于空气过滤器、油雾效率在 $96\%\sim99.999\%$ 的过滤纸。其中油雾效率为 $96\%\sim99.9\%$ 者为亚高效过滤纸，油雾效率为 $99.97\%\sim99.995\%$ 者为高效过滤纸，以及油雾效率大于 99.9995% 的称为超高效过滤纸。它主要用于过滤悬浮在空气中的小于或等于 $1\mu m$ 的粒子。纸过滤器主要用于空调中的超净净化，一些要求特别高的气溶胶净化过程，也采用纸质高效过滤器，如放射性气溶胶、微生物气溶胶、铅烟及其他剧毒烟雾的净化。

目前常用的滤纸是超细玻璃纤维滤纸，厚度在 $0.3\sim2mm$。过滤气速在 $0.020\sim0.025m/s$，气体通过滤纸产生的压降 $70\sim100Pa$。陶瓷纤维也能制成性能很好的滤纸。另外，微孔材料用于空气高效过滤的开发正在进行。

纸过滤器基本构造如图 6.54 所示。将滤纸连续折叠成多层，层间衬以波纹隔片（纸、塑料或金属），装入外框内，并将与外框接触部分用胶仔细封固，做成过滤单元。使用时根据需要组装成过滤装置。

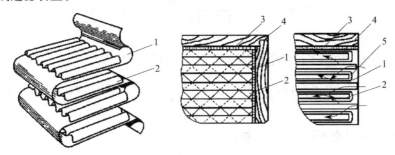

图 6.54　纸过滤器
1—滤纸；2—隔片；3—密封板；4—木外框；5—滤纸护条

纸过滤器作为控制空气污染的设备，仅用于净化要求特别高的场合。由于纸过滤器只能一次使用，其容尘量也有限，所以实际使用时要按被处理气体的含尘浓度不同，加装低效、中效过滤器，以保护高效过滤器，延长其使用期限。

（3）纤维填充过滤器　以松散的纤维状材料做成的过滤床层，具有阻力较小，容尘量较大的特点，常用于高效过滤器前，作为预处理过滤器。纤维填充过滤器通常由两片金属网、四周金属边框构成单元体，中间填充纤维材料。使用时按需要组装（图 6.55）。

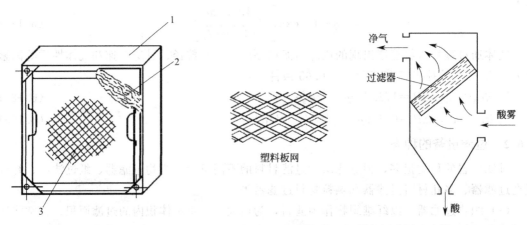

图 6.55　纤维填充过滤器　　　　　　图 6.56　塑料板网滤层过滤器
1—边框；2—纤维滤料；3—金属网

另一类用丝网或板网材料制成过滤床层的过滤器，气体通过床层中众多狭小曲折的通道，颗粒由于惯性碰撞而被捕集。这一类过滤器常用于净化含细小液滴的废气，如过滤式酸雾净化器（图6.56）。

（4）多孔材料过滤器　用多孔材料作为滤料，由于材料的不同，过滤器的性能和用途各异。用聚氨酯泡沫塑料制成的过滤器（图6.57）已广泛应用于超净净化的前级过滤。多孔陶瓷、多孔绕结金属过滤器，是正在开发的高温含尘气体净化装置。

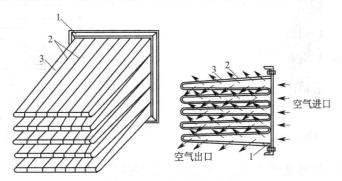

图 6.57　泡沫塑料过滤器

1—边框；2—铁丝支撑；3—泡沫塑料过滤层

（5）颗粒层过滤器　以颗粒状材料为滤料，构成过滤床层。这种过滤器的过滤效率高，且具有耐高温、耐腐蚀、耐磨损的优点，能在较恶劣的条件下工作，维修费用也较低。

6.6.3　袋式除尘器

6.6.3.1　原理

（1）滤尘过程　袋式除尘器是以纤维织物为滤料的过滤器。含尘气流从孔板进入圆筒形滤袋内，在通过滤料的空隙时，颗粒物被捕集于滤料或者沉积的粉尘上，通过滤料的清洁空气由排出口排出。沉积在滤料上的粉尘可在机械振动的作用下从滤料表面脱落，落入灰斗。

滤料本身的网孔较大，一般的滤料网孔在 $20\sim50\mu m$。所以，清洁的织物滤料其过滤效率并不高。过滤开始后，首先是一些微粒由于碰撞、滞留、扩散等作用被捕集，并形成颗粒物集合体，使网孔变小，以后的颗粒通过滤层的可能性减小。颗粒物在滤料表面沉积，形成沉积层（又称初层），并不断加厚（图6.58）。由于初层的形成和加厚，过滤效率提高，同时气流通过滤层的压降增大。但当滤层两侧压差大到一定程度，已在滤层中沉积的尘粒就有可能被挤压透过滤层。另外，由于滤层阻力加大，会使系统总气量下降。所以，为了保证净化系统正常运转，滤袋积尘到一定程度，就应及时清除。清灰也要适度，以保持必要的过滤效率。

（2）效率　织物过滤的分离效率与粒径之间的关系如图6.59所示。对不同大小的尘粒，捕集机理不同：大颗粒的沉积，惯性碰撞起主要作用；小颗粒的沉积，扩散起主要作用。粒径 $0.3\mu m$ 以上的尘粒，由于是碰撞起主要作用，所以分离效率随粒径的增大而提高；$0.3\mu m$ 以下的尘粒，由于是扩散起主要作用，所以分离效率随粒径减小而提高。过滤大颗粒，宜适当提高气速，以增加碰撞效果；过滤小颗粒，宜用低气速，让含尘气体在滤料中停留时间增加，使小尘粒因布朗扩散运动与纤维的接触机会增加。同时，过滤速度是个十分重要的经济指标，从经济上考虑，选择较高过滤速度可以提高单位时间处理的烟气体积，但是过高的过滤风速会导致过滤效率的下降。所以选择一个合适的过滤速度十分重要。

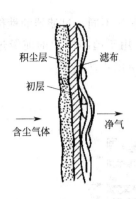

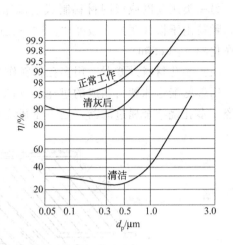

图 6.58 纤维滤料除尘   图 6.59 滤层过滤效率

（3）阻力 使气流通过滤料是需要能量的，这种损失的能量通常用气流通过滤袋的压力损失表示，它是一个十分重要的经济技术性指标，不仅决定着能耗，而且决定除尘效率和清灰间隔时间等。

气体通过滤层的压降可用下式表示：

$$\Delta P = \Delta P_f + \Delta P_d \tag{6.126}$$

式中 ΔP_f—— 气体通过清洁滤层的压降，Pa；

       ΔP_d—— 气体通过积尘层的压降，Pa。

气体通过清洁滤料的压降与滤料结构、过滤气速和气体性质等因素有关，并可用下式表示：

$$\Delta P_f = \xi_f \mu v_g \tag{6.127}$$

式中 ξ_f—— 织物滤料的阻力系数，m^{-1}；

       μ—— 气体的动力黏度，Pa·s；

       v_g—— 过滤气速，m/s。

气体通过积尘层的压降与积尘层的特性和厚度、过滤气速及气体性质有关，并可用下式表示：

$$\Delta P_d = k \mu v_g S_p^2 \delta \frac{(1-\varepsilon)^2}{\varepsilon^3} \tag{6.128}$$

式中 k—— 系数，高莱泽计算出 $k=2$，卡门根据实验结果认为 $k=5$；

       S_p—— 颗粒的表面积，m^2；

       δ—— 积尘层厚度，m；

       ε—— 积尘层孔隙率。

$$\delta = \frac{m}{\rho_d(1-\varepsilon)} \tag{6.129}$$

式中 m—— 积尘负荷，即单位面积织物上沉积的颗粒物质量，kg/m^2；

       ρ_d—— 积尘层密度，kg/m^3。

$$m = c v_g t \bar{\eta} \tag{6.130}$$

式中　c——气体中颗粒物浓度，kg/m³；

　　　t——过滤时间，s；

　　　$\bar{\eta}$——平均过滤效率。

由上述分析［式(6.127)、式(6.128)］可知，气体通过积尘层的压降主要取决于过滤气速、气体含尘浓度和连续运转时间。处理含尘浓度低的气体，清灰时间可以适当加长；处理含尘浓度高的气体，清灰时间应适当缩短；进口含尘浓度低、清灰时间间隔短、清灰效果好，可以选用较高的过滤气速；相反，应选用较低的过滤气速。

6.6.3.2　滤料

袋滤器的关键是滤料，常用的滤料是纤维织物。滤料的特性与纤维的材质和织物结构有关。

(1) 材料　过滤材料有天然纤维（如棉、毛）、合成纤维、无机非金属纤维（如玻璃纤维、陶瓷纤维和碳纤维等）和金属纤维等。天然纤维由于性能上的耐酸、耐碱以及耐高温性的限制，现已很少采用。无机纤维耐热性能优越，但除玻璃纤维外，大部分处于开发阶段，价格较贵，实际应用较少。目前应用最广泛的是各种合成纤维，并随着化学工业的发展，合成纤维的品种不断增加。以下介绍目前常用的几种过滤材料的特性。

① 涤纶。聚酯纤维，强度较高，仅次于锦纶；耐热性较好，经受 423K 温度 1000h，强度下降不超过 50%，在 413K 温度下可正常使用；耐酸和弱碱。涤纶是目前应用较多的材料。

② 锦纶（尼龙）。聚酰胺纤维，强度高，弹性好，抗弯性好，表面光滑；锦纶 66 的安全使用温度为 363～368K；耐碱，不耐浓酸。

③ 芳砜纶。聚苯砜对苯二甲酰胺纤维，耐热性更好，在干热情况下（含尘气体温度在酸露点以上）正常使用可达 503K；常温下耐酸碱性强；高温下被碱分解；耐酸性比锦纶好，但不及涤纶；能耐氟化物。

④ 腈纶。聚丙烯腈纤维，强度和耐磨性不及锦纶、涤纶、丙纶；耐热性不及涤纶，使用温度 398K；耐酸性好，耐碱性较差。

⑤ 丙纶。聚丙烯纤维，强度较高，相当于锦纶和涤纶；耐热性不如上述几种纤维；耐酸碱性好；成本较低。

⑥ 玻璃纤维。原料配方不同，纤维的形态和性质不同。优点是耐高温、绝缘性好、抗腐蚀性好、机械强度高，但缺点是性脆，耐磨性较差。它是以玻璃球或废旧玻璃为原料经高温熔制、拉丝、络纱、织布等工艺制造成的，其单丝的直径为几微米到二十几微米，相当于一根头发丝的 1/20～1/5。目前我国生产的无碱玻璃纤维，在常温下对水和弱碱溶液有很高的稳定性，但在高温下对酸碱的侵蚀完全不能抵抗；中碱 5 号纤维的耐水性不及无碱纤维，耐酸性则比无碱纤维好。抗弯性差是玻璃纤维的主要缺点。可通过表面处理，提高玻璃纤维的性能。用有机硅材料处理，可提高抗弯性。用石墨处理，可提高耐热性和消除静电作用。用聚四氟乙烯处理，可提高化学稳定性。

(2) 织物结构　织物滤料的性质除与材料性能有关外，还与纤维直径和长度、纱线支数和捻度、织物组织及整理等因素有关。长纱线织物强度高，表面光滑，透气性好，清灰比较容易，但清洁滤料的过滤效率较低。短纤维织物有许多纤维端头伸到纱线间的缝隙之中，对过滤有利，积尘后阻力增加比长丝纱线织物少。

织物组织有平纹、斜纹和缎纹三种（图 6.60）。平纹织物单位面积内纱线交织点最多，最简单，成本最低，但透气性差。斜纹织物的交织点较少，空隙率较大，所以过滤风速可以比平纹高些。缎纹织物与斜纹织物相近，但交织点更少，空隙率更大，表面光滑；由于纱线交织点少，浮在表面的纱线长度大，被损伤的可能性大，因而织物易破损。

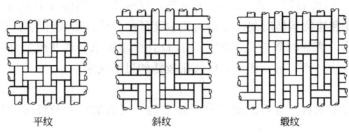

图 6.60　织物组织

起绒织物，表面纤维（长约 3mm）伸入气流，更有利于对微粒的捕集；初阻力中等，容尘量较大，阻力随积尘量增长不快。

毡料是纤维无规则交错叠置形成的，其过滤效果好，容尘量大，但清灰较困难。

滤料品种不断增加，无纺布、纸（多用于折叠式滤筒）、塑料烧结波纹板和薄膜滤料等都已有应用。

覆膜滤料是指在滤料表面复贴一层微孔膜以提高某些性能指标的过滤材料。通常使用的覆膜是由聚四氟乙烯（PTFE）等膨化成一种具有多微孔性的薄膜，薄膜表面光滑且耐化学物质，将其覆到普通过滤材料的表层，可起到普通滤料一次性粉尘层的作用，将粉尘全部截留在膜的表面，实现表层过滤。该滤料可提高过滤效率，改善传统过滤方法中经常出现的过滤压力递增、细粉尘净化效率低等问题。在使用环境的适应性方面，聚四氟乙烯（PTFE）覆膜滤料的耐高低温、抗结露与化学稳定性好、不老化等性能决定了它对温度、湿度与腐蚀性气体有着极强的适应能力。覆膜滤料阻力稳定、容易清灰，可用于处理湿度大的含尘气体。

6.6.3.3　袋式除尘器的组成和构造

袋式除尘器的主要构成部分由滤袋、壳体、灰斗和清灰机构等。

（1）滤袋　滤袋是过滤的主要作用部件，用纤维织物制成。滤袋多为柱状，横断面有圆形（直径 125～500mm）、多边形、梯形和扁矩形等；滤袋有时也做成匣状。通常滤袋垂直地悬挂在除尘器中。滤袋的面料和设计应尽量追求高效过滤、易于粉尘剥离及经久耐用效果。

按气体通过方向不同，滤袋可分为正压袋和负压袋两种。气体由内向外流动的为正压袋，粉尘附着在滤袋内表面。工作过程中能自己保持稳定的形状，常用于机械清灰和逆流清灰袋式除尘器。接在风机出口端的正压袋式过滤器，有时可不用壳体。气体由外向内流动的为负压袋，负压袋必须用构架支撑。构架常用金属线材制成，其形状多为笼状或螺旋状。负压袋适用于脉冲式袋式除尘器、高压气流反吹袋式除尘器、扁袋式除尘器等。

（2）清灰方式和清灰机构　清灰是过滤装置运转过程中的重要环节。目前常用的清灰方法有机械振动、电磁振动和气流反吹等几种，对于难以清除的颗粒，也有时并用两种清灰方法，如将振动和气流反吹联合使用。

① 机械振动。机械振动可分为摇动、抖动和频率较高、振幅较小的振动（图 6.61）等几种形式，摇动和抖动可结合使用。第三种方式多用于匣式滤袋，可用机械振动，也可用电磁振动。或靠机械定期将滤袋扭转到一定的角度，使沉积于滤袋的颗粒物破碎而落入灰斗中。该类型袋式除尘器的优点是工作性能稳定，清灰效果好。但是滤袋经常受机械力作用，损坏较快，滤袋检修与更换的工作量大。

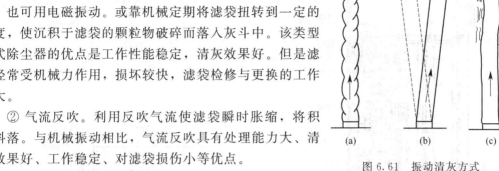

② 气流反吹。利用反吹气流使滤袋瞬时胀缩，将积尘抖落。与机械振动相比，气流反吹具有处理能力大、清灰效果好、工作稳定、对滤袋损伤小等优点。

图 6.61 振动清灰方式

a. 逆气流清灰。利用启闭阀门，改变气流方向，造成与正常过滤方向相反的气流冲击［图 6.62(a)］，达到清灰目的。逆气流清灰可分为反吹和反吸两种。

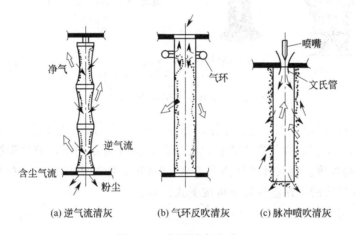

图 6.62 气流清灰方式

在清灰时，要关闭含尘气流，开启逆气流进行反吹，此时滤袋变形，沉积在滤袋表面的灰层破坏、脱落，进入灰斗。大型袋式除尘器滤袋分组分室设置，依次清灰，保持连续工作。可以利用除尘器本身的负压，吸入外部空气清灰，但多数专设清灰风机。逆气流清灰气压通常约几百帕。

b. 气环反吹清灰。在滤袋外设可上下移动的反吹气环，用环状喷吹气流压迫滤袋，使袋内积尘脱落［图 6.62(b)］。

c. 脉冲喷吹清灰。根据喷吹气源的压损不同可分为高压脉冲喷吹［图 6.62(c)］和低压脉冲喷吹两类。

高压脉冲喷吹是目前应用最广的一种清灰方式。喷吹气源为压缩空气，喷吹机构如图 6.63 所示。每排滤袋上方设一根喷吹管，喷吹管上方设有与每个滤袋口正对的喷嘴，喷吹管前端装脉冲阀。

脉冲喷吹清灰有可能使滤袋清灰过度，导致粉尘通过率上升，因此应选择适当压力的压缩空气和适当的脉冲持续时间。每一次清灰称为一个脉冲，全部滤袋完成清灰循环的时间称

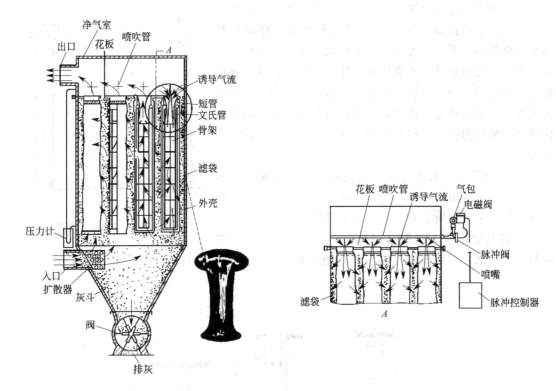

图 6.63　高压脉冲清灰袋式除尘器

为脉冲周期。由脉冲控制仪按一定程序控制脉冲阀的启闭。脉冲阀开启时，压缩空气从喷嘴高速喷出，诱导 $5 \sim 7$ 倍的空气进入滤袋。滤袋在冲击气流作用下，突然膨胀后再收缩，使附在袋外的颗粒物脱落。喷吹气源压力为 $588 \sim 686 Pa$，脉冲周期为 $60s$ 左右，脉冲宽度为 $0.1 \sim 0.2s$。脉冲喷吹的压缩空气耗量可按下式计算：

$$V_a = anV_0/t \tag{6.131}$$

式中　V_a——压缩空气用量，m^3/min；

　　　n——滤袋总数；

　　　t——脉冲周期，min；

　　　V_0——每条滤袋每次喷吹的压缩空气消耗量，m^3；

　　　a——安全系数，一般取 1.5。

每条滤袋每次喷吹耗用空气量 $0.002 \sim 0.0025 m^3$。

高压脉冲喷吹的另一种形式是环隙喷吹（图 6.64），压缩空气由文氏管上端的环状缝隙喷出，引射部分过滤后的空气进入滤袋。

回转式反吹是低压喷吹的一种，如图 6.65 所示。反吹空气由风机供给，经中心管送到设在滤袋上部的旋臂内。电动机带动旋臂旋转，使所有滤袋都依次得到反吹。每只滤袋的反吹时间约 15min（或按滤袋前后气压差控制清灰），反吹风机的风压约为 5kPa。其一般用于扁袋过滤中，结构紧凑，但是机构复杂，容易出现故障，需用专门反吹风机。

气流反吹袋式除尘器正常工作过程中的气体压强变化如图 6.66 所示。工作过程中如果压强变化异常，说明设备发生故障，如清灰无效、滤袋破损。

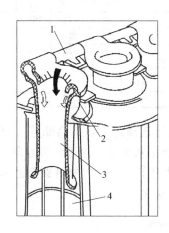

图 6.64 环隙喷吹清灰

1—喷吹管；2—环形喷射嘴；3—文氏管；4—滤袋

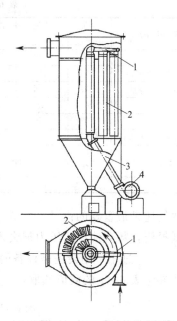

图 6.65 回转式反吹袋式除尘器

1—旋臂；2—滤袋；3—灰斗；4—反吹风机

6.6.3.4 袋式除尘器的选型和计算

设计或选用袋式除尘器时，首先应根据含尘气体的物理和化学性质、技术经济指标等选择适当的滤料和清灰方式(参考表 6.9 和表 6.10)，然后根据滤料和清灰方式确定过滤气速，并计算过滤面积，最后确定滤袋的尺寸和数目。过滤面积可按下式计算：

$$f = \frac{V_g}{v_g} \qquad (6.132)$$

式中 f —— 过滤面积，m^2；

V_g —— 处理气量，m^3/s。

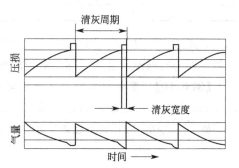

图 6.66 脉冲喷吹过程除尘器工况

表 6.9 滤料的性能

材料	长期使用温度/℃	最高承受温度/℃	吸湿率/%	耐酸性	耐碱性	强度[1]
棉	75~85	95	8	不行	稍好	1
尼龙	75~85	95	4.0~4.5	稍好	好	2.5
奥纶	125~135	150	6	好	不好	1.6
涤纶	140	160	6.5	好	不好	1.6
玻璃纤维 (用硅酮树脂处理)	250	—	0	好	不好	1
芳砜纶	220	260	4.5~5.0	不好	好	2.5
聚四氟乙烯	220~250	—	0	很好	很好	2.5

[1] 以棉纤维的强度为1。

表 6.10　清灰方式的比较

清灰方法	清灰均匀性	滤袋损耗	设备耐用性	典型滤料	过滤气速	设备费用	动力费用	粉尘负荷	允许温度	消除细颗粒效果
机械振动	一般	一般	一般	织物	一般	一般	低	一般	中	较好
反向气流喷吹(不缩袋)	好	低	好	织物	一般	一般	中～低	一般	高	较好
反向气流喷吹(缩袋)	一般	一般	好	织物	一般	一般	中～低	一般	高	较好
分室脉冲喷吹	好	低	好	毡、织物	高	高	中	高	中	好
脉冲喷吹	一般	一般	高	毡、织物	高	高	高	很高	中	好
反向射流喷吹(气环)	很好	一般～高	低	毡、织物	很高	高	高	高	中	很好
高频振动	好	一般	低	织物	一般	一般	中～低	一般	中	好
声波振动	一般	低	低	织物	一般	一般	中	—	高	好
手工振动	好	高	—	毡、织物	一般	低		低	中	好

过滤气速是最重要的设计和操作指标之一。过滤气速选择过大,虽然能减小总过滤面积,降低投资,却会使过滤压力损失迅速提高而需要增加清灰次数,缩短滤袋寿命,增加运行费用。若 V_g 过小,则会提高设备的投资费用,一般情况下,过滤气速可根据滤料种类和清灰方式参考表 6.11 的数值选取,气体压降值也可参考该表。

表 6.11　袋式除尘器的计算参数

清灰方式和滤料		过滤气速/($\times 10^{-2}$ m/s)	气体压降/Pa
手工振打		0.58～0.83	600
机械与逆气流联合	一般滤料玻	1.66～3.33	800～1000
	璃纤维	0.83～1.66	
脉冲喷吹		4.98～6.64	1000～1200

袋式除尘器是一种过滤效率高、性能可靠、适用范围较广的除尘设备;但存在体积大、滤料耐受力有限制、滤袋检漏和更换较困难等问题。

【例 6.10】　用脉冲喷吹袋式除尘器过滤含尘气体,气体流量为 $1.35 \mathrm{m^3/s}$,滤袋直径为 120mm,滤袋长度为 2000mm。计算所需滤袋数量和喷吹压缩空气用量。

解　用式(6.132)计算过滤面积,并按表 6.11 选定过滤气速:

$$f = \frac{V_g}{v_g} = \frac{1.35}{0.05} = 27 (\mathrm{m^2})$$

则滤袋数:

$$n = \frac{f}{\pi d_b l} = \frac{27}{\pi \times 0.12 \times 2} = 36$$

按式(6.131)计算压缩空气量:

$$V_a = a n V_0 / t = 1.5 \times 36 \times 0.0025 / 1 = 0.135 (\mathrm{m^3/min})$$

6.6.4　电袋除尘器

电袋除尘器是一种新型的复合型除尘器,通过前级电场的预收尘、荷电作用和后级滤袋区过滤除尘实现高效除尘。它充分发挥电除尘器和袋式除尘器各自的除尘优势,具有效率高、稳定、滤袋寿命长、占地面积小等优点。

在电袋复合式除尘器中,烟气先通过电除尘区后再缓慢进入后级布袋除尘区,布袋除尘区粉尘负荷量仅为入口的 25% 左右,清灰周期得以大幅度延长;粉尘经过电除尘区荷电后可提高粉尘在滤袋上的过滤特性,一定程度上改善滤袋的透气性能和清灰性能。

电袋复合式除尘器的除尘效率不受煤种、烟气特性、飞灰电阻率影响,可以长期高效、稳定、可靠地运行，保证排放浓度低于 $30\mathrm{mg/m^3}$。与常规布袋除尘器相比较，其运行阻力较低，清灰周期时间是常规布袋除尘器的 4～10 倍，具有一定的节能功效。在部分应用条件下，需考虑电除尘放电臭氧对布袋寿命的影响。

6.7 湿式除尘器

洗涤是让气溶胶与液滴、液膜或液层接触（图 6.67），使其中的颗粒物由气相转入液相。洗涤法净化颗粒污染物的设备通常称为湿式除尘器。湿式除尘器可以有效地将 $0.1～20\mu\mathrm{m}$ 的液态和固态粒子从气流中除去，同时也能脱除气态污染物。湿式除尘器的特点是构造简单、净化效率高、本身无运动部件、故障少、适合高温高湿气体除尘，但除尘后有水的处理问题和设备腐蚀问题。

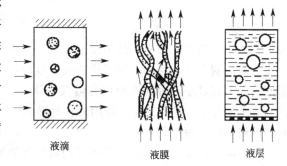

液滴　　　　液膜　　　　液层

图 6.67　洗涤过程气液分散形式

6.7.1　湿式除尘的原理和特点

6.7.1.1　洗涤过程

（1）洗涤的机理　湿式洗涤与过滤的工作介质截然不同，然而二者的主要作用机制基本相同。洗涤过程中直接捕集或促进捕集的作用主要有：

① 通过惯性碰撞、截留，尘粒与液滴或液膜发生接触；

② 微小尘粒通过扩散与液滴接触；

③ 加湿的尘粒相互凝并；

④ 饱和态高温烟气降温时，以尘粒为凝结核凝结。

惯性碰撞主要取决于尘粒质量，拦截作用主要取决于粒径大小。其他作用在一般情况下是次要的，只有在捕集很小的尘粒时，才受到布朗运动引起的扩散作用的影响。对于粒径为 $1～5\mu\mathrm{m}$ 的尘粒，第一种机理起主要作用；粒径在 $1\mu\mathrm{m}$ 以下的尘粒，后三种机理起主要作用。

（2）惯性碰撞数　湿式除尘器在通常工作条件下，碰撞和截留起主要作用，因此与尘粒的惯性运动密切相关。含尘气体与液滴的相对运动如图 6.68 所示，气体在液滴前方 x_d 处发生绕流，但由于惯性，继续向前运动。尘粒前进过程中受气体阻力作用，速度逐渐降低（相当于抛射运动），所以有一个最大运动距离 x_s。当 $x_\mathrm{s}\geqslant x_\mathrm{d}$ 才会发生碰撞，$x_\mathrm{s}/x_\mathrm{d}$ 越大，碰撞越强烈，所以可以用 $x_\mathrm{s}/x_\mathrm{d}$ 来反映碰撞效应。

尘粒做减速运动的最大运动距离可参照式(3.19)计算。若考虑滑动修正，则：

$$x_\mathrm{s}=\frac{r_\mathrm{p}v_0 d_\mathrm{p}^2 C_\mathrm{u}}{18\mu} \tag{6.133}$$

式中　v_0—— 尘粒与液滴相对运动的初速度，m/s。

因为 x_s 与液滴直径 d_h 成正比，所以可用 $x_\mathrm{s}/d_\mathrm{h}$ 组成的无量纲量 N_I（称为惯性碰撞数）来表征碰撞效应。

$$N_\mathrm{I}=\frac{x_\mathrm{s}}{d_\mathrm{h}}=\frac{r_\mathrm{p}v_0 d_\mathrm{p}^2 C_\mathrm{u}}{18\mu d_\mathrm{h}} \tag{6.134}$$

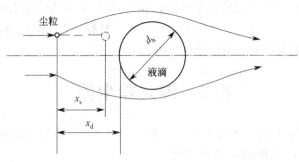

图 6.68　液滴前的尘粒运动

由上式可知，当颗粒物的直径和密度确定后，碰撞效应和尘粒与液滴之间的相对运动速度成正比，与液滴直径成反比。为了增加碰撞效应，要增大气液相对运动速度和减小液滴直径。但液滴也不宜过小，否则液滴容易随气体飘流，相对运动速度反而减小。实验表明，$d_h = 150 d_p$ 比较合适。目前工程上常用的各种湿式除尘器基本是围绕尘粒与液滴相对运动的初速度和液滴直径这两个要素发展起来的。

（3）捕集效率　预测湿式除尘器的除尘性能的一种常见的方法是分割粒径法。它是基于分割粒径能全面表示从气流中分离粒子的难易程度和洗涤器性能。惯性碰撞起主要作用的过程，分级透过率可用下式表示：

$$p_i = \exp(-A d_p^B) \tag{6.135}$$

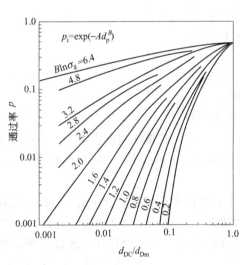

图 6.69　洗涤透过率

式中　A, B——常数，填充塔和泡沫塔除尘器 $B = 2$；离心洗涤器 $B = 0.67$；文丘里洗涤器（当惯性碰撞数为 $1 \sim 10$）$B \approx 2$。

对多分散的气溶胶体系，控制装置的总除尘效率将取决于粒径分布和对这种粉尘的分级效率，任何湿式除尘器对给定粉尘的全透过率可以表示为：

$$p = \int_0^{d_{p(\max)}} p_i \phi_i \mathrm{d}(d_p) \tag{6.136}$$

式中　ϕ_i——颗粒物的初始粒径频率分布。

对粒径分布符合对数正态分布规律的颗粒物，式（6.136）的求解结果可绘成图 6.69。图中 d_{DC} 为空气动力分割粒径，d_{Dm} 为颗粒物的空气动力中位径，σ_g 为颗粒物粒径分布的几何标准差。

【例 6.11】　已知泡沫除尘器的空气动力分割粒径为 $1.0 \mu m (g/m^3)^{0.5}$，粉尘粒径呈对数正态分布，中位径为 $6.9 \mu m$，几何标准差为 2.72，尘粒密度为 $2100 g/m^3$，求透过率。

　　解　如果不考虑滑动修正，则空气动力中位径：

$$d_{Dm} = d_m \sqrt{\rho_p} = 6.9 \times \sqrt{2.1} = 10.0 \mu m (g/cm^3)^{0.5}$$

则

$$(d_{DC}/d_{Dm})^B = (1.0/10.0)^2 = 0.01$$

$$B \ln \sigma_g = 2 \times \ln 2.72 = 2$$

据此查图 6.69 得透过率：

$$p = 0.016$$

6.7.1.2 湿式除尘的特点

湿式除尘使用的工作介质为液体（绝大多数用水），与干式除尘相比，有许多特定的优点和缺点。

（1）主要优点

① 除尘效果好。由于洗涤过程有多种机理起作用，除与过滤的主要机理相同外，还有蒸汽凝结促进细微颗粒凝并，且被捕集的尘粒不会二次飞扬，因此效率高。洗涤和过滤、静电沉积同属于当前能有效捕集细小颗粒的微粒控制技术，但湿式除尘设备的构造比上述两种形式除尘设备的构造简单，运转要求也较低。高能湿式除尘器（文丘里除尘器）对小至 $0.1\mu m$ 的粉尘仍有很高的过滤效率。

② 能同时清除废气中的可溶性气态污染物。如果工作液体采用能与气态污染物起化学反应的吸收剂，更能提高吸收效果。

③ 可直接处理高温、高湿和含黏性粉尘的废气。

④ 操作灵活性较大。可按需调节液气比或气速，以适应气流量、含尘浓度等工况的变化。

⑤ 安全性好。可有效防止设备内可燃粉尘的燃烧、爆炸。但对特殊粉尘要注意工作液体的成分，如氧化镁不能与酸性水接触，以免产生氢气。

⑥ 湿式除尘器结构简单，一次投资低，占地面积小。

（2）主要缺点

① 产生泥浆或废液，处理比较麻烦，容易造成二次污染。

② 可能存在严重的腐蚀，对有些设备容易发生堵塞。

③ 排气温度低，不利于排气的抬升、扩散，还可能出现白烟。如果进行尾气再热，则需消耗能量。

④ 寒冷和缺水地区不宜采用。

⑤ 不适用于憎水性和水硬性的粉尘。

其中前两点是影响湿式除尘器应用的主要因素。

6.7.2 湿式除尘器的类型和性能

6.7.2.1 湿式除尘器的类型

根据气液分散情况的不同，湿式除尘器可分为以下三种类型。

（1）液滴洗涤类　主要有重力喷雾塔、离心喷洒洗涤器、自激喷雾洗涤器、文丘里洗涤器和机械诱导喷雾洗涤器等。这类洗涤器主要以液滴为捕集体。

（2）液膜洗涤类　如旋风水膜除尘器、填料层洗涤器等，尘粒主要靠惯性、离心等作用撞击到水膜上而被捕集。

（3）液层洗涤器　如泡沫除尘器，含尘气体分散成气泡与水接触，主要作用因素有惯性、重力和扩散等。

6.7.2.2 自激水浴除尘器

自激水浴除尘器的结构形式如图 6.70 所示。含尘气体以 $18\sim30m/s$ 的高速，经由 S 形通道进入净化室。由于气体流速高，静压低，能将水滴引入净化室，并与之充分接触，净化后气体经挡水板分离液滴后排出。

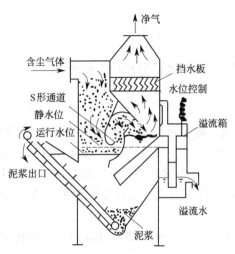

图 6.70　自激水浴除尘器

S 板是自激水浴除尘器的核心部件，由上叶片和下叶片组成，多由不锈钢制作，S 板安装时必须水平，间距准确，连接密封。自激水浴除尘器的效率在很大程度上取决于水位的高低，也就是取决于气体流经缝隙喷嘴的速度。水位高、缝隙小，流速大；水气接触好，除尘效率高，但压降也高。水位过高，不仅使压降过大，而且排气带水量过大。

这种除尘器的特点是：效率高而稳定，处理气量在较大的范围（60%～110%）内变动时，效率变化不大；初始含尘浓度和粉尘性质变化，对效率的影响也较小；结构紧凑，体积较小。

6.7.2.3　旋风水膜除尘器

（1）立式旋风水膜除尘器　立式旋风水膜除尘器如图 6.71 所示。其特点为立式结构，气液逆向流动。含尘气体由下部切向进入并螺旋上升。圆筒上部设喷嘴，向筒壁喷水，形成水膜。尘粒因离心作用甩向筒壁，并被下降的水膜带走。筒体高度不小于直径的 5 倍，喷嘴 3～6 个，喷水压强 30～50kPa。耗水量 0.1～0.3L/m³。入口气速一般在 15～22m/s，效率大于90%，气体压降 0.5～0.75kPa。

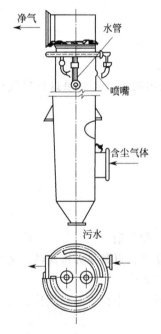

图 6.71　立式旋风水膜除尘器

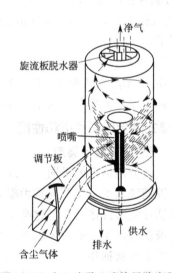

图 6.72　中心喷雾立式旋风除尘器

中心径向喷雾的立式旋风除尘器如图 6.72 所示。该除尘器兼有液滴和液膜两种洗涤作用，其效率的经验计算式为：

$$\eta = 1 - \exp\left[-\frac{3V_1(r_c - r_s)}{2V_g d_1}\eta_I - 2(c\psi)^{\frac{1}{2n+2}} \right] \tag{6.137}$$

式中　V_1——液体体积流量，m^3/s；

　　　V_g——气体体积流量，m^3/s；

　　　r_c——筒体半径，m；

　　　r_s——喷嘴与筒体轴线间距，m；

　　　d_1——液滴直径，m；

　　　η_1——单个液滴惯性碰撞效率；

　　　n——涡流指数［式(6.50)］；

　　　ψ——修正的惯性系数；

　　　c——洗涤器形状系数。

$$\psi=\frac{\rho_p d_p^2 v_1}{18\mu d_1}(n+1) \tag{6.138}$$

式中　v_1——入口气速，m/s。

圆筒洗涤器的形状系数：

$$c=\frac{4d_c^2}{ab}\left[\frac{\pi(d_c^2-d_b^2)}{4}\left(h-\frac{a}{2}\right)\right] \tag{6.139}$$

式中　a——入口高度，m；

　　　b——入口宽度，m；

　　　d_c——筒体直径，m；

　　　d_b——出口管直径，m；

　　　h——筒体高度，m。

(2) 卧式旋风水膜除尘器（旋筒水膜除尘器）　卧式旋风水膜除尘器又称旋筒水膜除尘器，其构造如图 6.73 所示。其特点是卧式结构，气液同向流动接触。卧式旋风水膜除尘器是平置式除尘设备。它的特点是除尘效率较高、阻力损失较小、耗水量少和运行、维护方便等，但也存在除尘效率不稳定、难以控制适当水位等问题。

内筒、外筒和内外筒之间的螺旋形导流片构成气流通道。含尘气体由一端切向进入，在内外筒之间沿螺旋形导流片做旋转运动。气体中的尘粒在离心力的作用下，被甩至外筒的内壁。气体流过除尘器的下部水面时，由于气流的冲击和旋转运动，在外筒内壁上形成一层不断流动的水膜（厚 3～5mm）。被甩到外筒内壁上的尘粒，被不断流动的水膜冲洗而进入泥浆槽。在形成水膜的同时，还会产生水雾，它能将离心分离不了的较细颗粒捕集下来。净化后的气体，流过

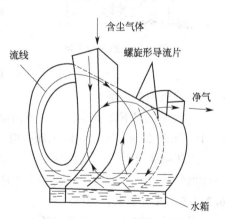

图 6.73　旋筒水膜除尘器

挡水板后排出。供水量较稳定时，水位能随气量的变化自动调节。为保证高的处理效率，各螺旋通道应该具有可形成完整且强度均匀的水膜的合适水位，所以在运行过程中，保持除尘器各螺旋通道具有合适的工作通道风速是关键的问题。处理气体流量在 80%～120% 的范围内变化时，效率几乎不变。但流量过小，流速过低时，会影响离心分离作用；流量过大，流速过高时，气体带水严重。

这种除尘器的效率超过 90%，气体压降在 0.8～1.2kPa。为了保证良好的工作状态，螺

旋通道高度宜保持在 100～150mm，通道内气体流速宜控制在 11～17m/s，气流波动不宜超过 20％。连续供水量为 0.06～1.5L/m³。

水膜除尘器是应用最多的湿式除尘设备，水膜除尘器利用除尘器内水膜与含尘气体的接触，完成含尘气体的净化过程。水膜除尘器与其他湿式除尘器相比结构简单，运行稳定，阻力较低，效率较高。

6.7.2.4　泡沫除尘器

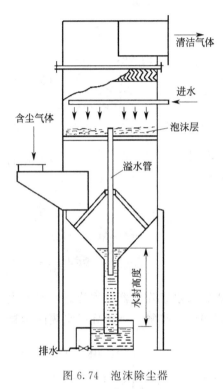

图 6.74　泡沫除尘器

泡沫除尘器的结构如图 6.74 所示。含尘气体由下部进入，穿过筛板，使筛板上的液层强烈搅动，形成泡沫，气液充分接触，尘粒进入水中。净化后的气体通过上部挡水板后排出。污水从底部经水封排至沉淀池。

筛孔板上小孔直径 5～7mm，孔中心间距 11～13mm，菱形排列。泡沫除尘器的效率主要取决于泡沫层的高度和发泡程度。泡沫层高度增加，除尘效率提高，气体压降也增大。当层高超过 100mm 时，效率增加不明显，因此泡沫层高度一般取 80～100mm。筛板上泡沫层的高度由溢流管高度控制。泡沫层的发泡程度主要与筒体断面的气流速度有关。当筒体断面气速在 0.5～1.0m/s 时，筛板上的液层开始发生泡沫，但泡沫很少。当气速达到 1.7m/s 时，整个液体都会变成强烈运动的泡沫。当气流速度达到 4m/s 或更高时，就会产生剧烈的泡沫飞溅现象，对除尘不利。因此，在泡沫除尘器中的气流速度一般取 1.7～3.5m/s。增加筛板的个数也可以提高除尘效率，但是由于气体中所含粉尘的分散度愈来愈高，若筛板数目超过三块以上，再增加筛板个数已经无意义，同时会使得通过

除尘器的压力损失增大。

泡沫除尘器下部泄水管的水封高度应大于除尘器内外静压差。泡沫除尘器的耗水量约为 2×10^{-4} m³ 水/m³ 气；气体压降一般为 700～1000Pa。

泡沫除尘器的优点是结构简单，投资少，除尘效率高。缺点是耗水量大，在气体流量大时断面气速不易保持均匀。初始含尘浓度过高或供水量不足，容易引起筛板堵塞。

6.7.2.5　文丘里洗涤器

湿式除尘器要得到较高的除尘效率，必须造成较高的气液相对运动速度和非常细小的液滴，文丘里洗涤器就是为了适应这个要求而发展起来的。文丘里洗涤器是一种高能耗高效率的湿式除尘器。这种除尘器结构简单，对 0.5～5μm 的尘粒除尘效率可达 99％以上，但其费用较高。该除尘器常用于高温烟气降温和除尘，也可用于吸收气体污染物。

文丘里洗涤器的构造如图 6.75 所示。含尘气体以高速（60～120m/s）通过喉部，并与喷入的水接触。在水滴与含尘气体的相对运动过程中，尘粒表面气膜被水冲破。被湿润的尘粒在相互碰撞中加速凝并。气液固混合流进入旋流器，尘粒和液滴因离心作用而分离，气体排出。

文丘里洗涤器净化效率较高，设备体积不大，但是阻力较大，气体通过文丘里洗涤器产生的压降为 3000~7000Pa，甚至更高。

文丘里管的结构形式是雾化和除尘效果的关键。它的基本构造如图 6.76 所示，喉部越长，效率越高，但阻力也越大。一般喉部长度等于其内径，或为内径的 2 倍。为了使气体和液体充分混合，要求液体均匀分布于喉部断面。因此，液体喷口的位置和方向及气液两者的流速必须相当。液流速度过大，液体不能很好雾化，大部分落在管壁上；而液流速度过小，液滴容易被气流带走，不能均匀分布在喉部断面上。液流速度大小取决于液体的压强和喷嘴的构造。

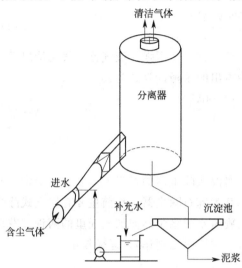

图 6.75 文丘里洗涤器

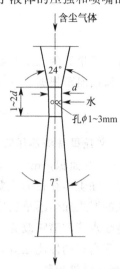

图 6.76 文丘里管构造示意

气体流速是文丘里管设计的重要参数，各段直径按相应的气速计算。入口和出口气速可取 16~22m/s。喉管气速一般除尘取 60~90m/s，捕集亚微末微粒需在 90~150m/s；捕集大颗粒，为节省能量，气速可降到 35~60m/s。收缩管收缩角一般在 23°~25°，扩张管扩散角为 6°~8°。扩张管后面设 1~2m 直管段，有利于微粒凝并和压强恢复。

文丘里管捕集微粒的过程包括碰撞、截留和凝并等多种作用，其效率可用卡尔弗特 (Calvert) 等人提出的公式计算：

$$\eta = 1 - \exp\left[\frac{2V_1 v_T \rho_1 d_1}{55 V_g \mu} F(N_I, \varphi)\right] \tag{6.140}$$

式中　v_T——喉管气速，m/s；

　　　d_1——液滴平均直径，m。

$$F(N_I, \varphi) = \left[-0.7 - 2N_I\varphi + 1.4\ln\left(\frac{2N_I\varphi + 0.7}{0.7}\right) + \frac{0.49}{0.7 + 2N_I\varphi}\right]\frac{1}{2N_I} \tag{6.141}$$

式中　φ——综合各种影响的参数。对疏水性颗粒物，$\varphi = 0.1~0.3$，可取 0.25；对亲水性颗粒物，$\varphi = 0.4~0.5$；大型洗涤器可取 0.5。

按喉管气速确定的惯性碰撞数：

$$N_I = \frac{d_p^2 r_1 v_T C_u}{18\mu d_1} \tag{6.142}$$

在文丘里管喉部，液体被高速气流雾化，液滴直径一般用表面积平均径表示，并可用山-彭泽式计算：

$$d_1 = \frac{586 \times 10^3}{v_c} \left(\frac{\sigma_1}{\rho_1} \right)^{0.5} + 1682 \left(\frac{\mu_1}{\sqrt{\sigma_1 \rho_1}} \right)^{0.45} \left(\frac{1000 V_1}{V_g} \right)^{1.5} \tag{6.143}$$

式中　d_1——液滴表面积平均径，μm；

　　　v_c——气体与液滴的相对运动速度，可近似认为等于喉管气速，m/s；

　　　μ_1——液体动力黏滞系数，$Pa \cdot s$；

　　　σ_1——液体表面张力，N/m。

对 293K 和常压下的空气-水系统：

$$d_1 = \frac{5000}{v_c} + 29 \left(\frac{1000 V_1}{V_g} \right)^{1.5} \tag{6.144}$$

气体通过文丘里管的压降与喉管结构和尺寸、喷雾方式和压强、液气比、气流情况等多种因素有关。海斯凯茨根据多种文丘里洗涤器实验得出的压降计算式为：

$$\Delta P = 0.863 \rho_g f_T^{0.133} v_T^2 \left(\frac{1000 V_1}{V_g} \right)^{0.78} \tag{6.145}$$

式中　ΔP——文丘里洗涤器压降，Pa；

　　　f_T——喉管面积，m^2。

腐蚀是湿式除尘器存在的主要问题，因此人们对湿式除尘器的材料做过多方面探索。利用花岗岩制成的湿式除尘器早已实际应用，通常称其为麻石除尘器。目前主要有以立式除尘器为基础（将喷水管和喷嘴改为溢水槽的），和在旋风水膜除尘器前加文丘里的两种。花岗岩的耐腐蚀、耐高温的性能很好，但加工不便（目前主要手工制作），运输较难。

6.7.2.6　斜栅水膜除尘器

斜栅水膜除尘器由设有雾化喷嘴和多道倾斜栅棒的入口短管及旋风水膜分离器两部分组成（图 6.77）。斜栅与水平面的夹角一般取 45°，斜栅上端设稳压水箱。水沿斜栅表面流下，形成连续流动的水膜。含尘气体首先与水雾接触，再曲折通过斜栅。已捕集尘粒的雾滴和未被捕集的尘粒，与栅棒发生碰撞，并被流动的水膜带走。

斜栅水膜除尘器除尘效率高，阻力较低，构造简单，尤其适用于除尘效果不好的湿式除尘器的改建。

6.7.2.7　湿式除尘器的排灰装置

（1）满流排浆管　在湿式除尘器的排浆口下接锥形短管，如果出口直径与流量配合得当，可使泥浆满流排出，并在短管内保持一段液柱，起水封作用。这种排浆装置构造简单，效果较好，但只能用于连续、稳定排放泥浆的除尘器（图 6.78）。

满流排浆管出口直径可按下式计算：

$$d = 60 W^{0.5} h_0^{-0.25} \tag{6.146}$$

式中　d——排浆管出口直径，mm；

　　　W——除尘器排浆量，m^3/h；

　　　h_0——水封高度，mm。

水封高度要能够在除尘器负压下使水封保持稳定，其计算值为：

$$h_0 = \frac{\Delta P}{g} + 100 \tag{6.147}$$

式中　h_0——水封高度，mm；

　　　ΔP——除尘器排浆口处的负压值，Pa；

g——重力加速度，m/s^2。

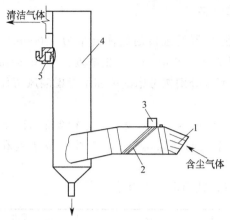

图 6.77 斜栅水膜除尘器

1—导流板；2—栅棒；3—稳压水箱；

4—旋风水膜分离器；5—溢流槽

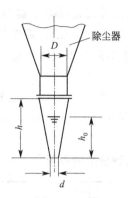

图 6.78 满流排浆管

（2）圆锥形排浆阀 其能自动排浆，并保持一定高度的水封，可用于间歇排放，但保养不好容易失灵或漏液（图 6.79）。

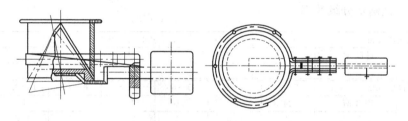

图 6.79 圆锥形排浆阀

（3）水封排浆阀 水封排浆阀（图 6.80）构造简单，是湿式除尘器常用的配套部件，不宜用于强疏水性和黏性物料。其水封高度可以调节，一般控制在 230mm。

（4）水封排污箱 这种装置构造较简单，不易堵塞，适用于泥浆排放量大的场合（图 6.81）。

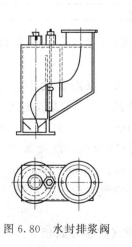

图 6.80 水封排浆阀

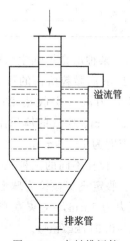

图 6.81 水封排污箱

习　　题

6.1　根据对某旋风除尘器的现场测试得到：除尘器的进口的气体流量为 $10000m^3/h$，含尘气体浓度为 $4.2g/m^3$。除尘器出口的气体流量为 $12000m^3/h$，含尘浓度为 $340mg/m^3$。试计算该除尘器的处理气体流量、漏风率和除尘效率（分别按考虑漏风和不考虑漏风两种情况计算）。

6.2　有一两级除尘系统，已知系统的流量为 $2.22m^3/s$，工艺设备产生粉尘量 $22.2g/s$，各级除尘效率分别为 80% 和 95%。试计算该除尘系统的总除尘效率、粉尘排放浓度和排放量。

6.3　某种粉尘的粒径分布和分级效率数据如下，试确定总除尘效率。

平均粒径/μm	0.25	1.0	2.0	3.0	4.0	5.0	6.0
质量分数/%	0.1	0.4	9.5	20.0	20.0	15.0	11.0
分级效率/%	8	30	47.5	60	68.5	75	81
平均粒径/μm	7.0	8.0	10.0	14.0	20.0	>23.5	
质量分数/%	8.5	5.5	5.0	4.0	0.8	0.2	
分级效率/%	86	89.5	95	98	99	100	

6.4　某燃煤电厂电除尘器的进口和出口的烟尘粒径分布数据如下。若电除尘器总除尘效率为 98%，试确定分级效率。

粒径间隔/μm		<0.6	0.6～0.7	0.7～0.8	0.8～1	1～2	2～3
质量分数/%	进口 M_1	2.0	0.4	0.4	0.7	3.5	6.0
	出口 M_3	7.0	1.0	2.0	3.0	14	16
粒径间隔/μm		3～4	4～5	5～6	6～8	8～10	10～20	20～30
质量分数/%	进口 M_1	24	13	2.0	2.0	3.0	11	8.0
	出口 M_3	29	6.0	2.0	2.0	2.5	8.5	7.0

6.5　某微粒净化系统由两级串联的捕集装置组成，各设备的分级数率和进口微粒物的粒径分布如下。试计算该系统的全效率和排放微粒物的粒径分布。

粒径/μm	0～5	5～10	10～20	20～40	>40
进口微粒质量分数/%	10	25	32	24	9
前级装置的分级效率/%	32.2	50.0	74.0	90.0	98.0
后级装置的分级效率/%	61.0	84.0	90.4	95.0	99.0

6.6　已知某种冶金炉烟尘微粒粒度呈 R-R 分布，中位径 $0.1\mu m$，分布指数为 0.94，试求粒径小于 $1\mu m$ 的微粒所占的百分数。

6.7　用重力沉降室收集 293K 空气中的 NaOH 飞沫。沉降室大小为宽 914cm，高 457cm，长 1219cm。空气的体积流速为 $1.2m^3/s$。计算能被 100% 捕集的最小雾滴的直径。假设雾滴的密度为 $1210kg/m^3$（293K 时空气 $\rho_g=1.2kg/m^3$，$\mu=1.81\times10^{-5}Pa\cdot s$）。

6.8　计算粒径不同的三种飞灰颗粒在空气中的重力沉降速度，以及每种颗粒在 30s 内的沉降高度。假定飞灰颗粒为球形，颗粒直径分别为 $0.4\mu m$、$40\mu m$、$4000\mu m$，空气温度为 387.5K，压力为 1atm，飞灰真密度为 $2310kg/m^3$（已知空气黏度 $\mu=2.25\times10^{-5}Pa\cdot s$，空气密度 $\rho_g=0.911kg/m^3$）。

6.9　一气溶胶含有粒径为 $0.63\mu m$ 和 $0.83\mu m$ 的粒子（质量分数相等），以 3.61L/min

的流量通过多层沉降室。根据下列数据，运用湍流效率计算公式和坎宁汉校正系数计算沉降效率。$\lambda = 0.0667\mu m$，$L = 50cm$，$\rho_p = 1.05g/cm^3$，$W = 20cm$，$H = 0.129m$，$\mu = 1.82 \times 10^{-5}Pa \cdot s$，$N = 19$层。

6.10 长 3m，宽 1.5m，高 0.9m 的沉降室，通过气量为 $1.1m^3/s$，进口气体含尘浓度为 $3.0g/m^3$，尘粒的粒径分布如下表。试计算沉降室出口尘粒的粒径分布和排尘量，$\rho_p = 2200kg/m^3$（计算时粒径区段取中间值）。

粒径/μm	0~5	5~10	10~20	20~40	>40
进口微粒质量百分数/%	8	22	32	28	10

6.11 某旋风除尘器的阻力系数 $\zeta = 9.8$，进口速度 15m/s，试计算标准状态下的压力损失。

6.12 有一旋风除尘器，原处理气量为 $1m^3/s$，分割粒径为 $10\mu m$，压损为 750Pa；现将处理气量提高到 $1.18m^3/s$。试计算气量提高后的分割粒径和压损。

6.13 已知电除尘器集尘极面积为 $14m^2$，并测得入口气体流量为 $0.38m^3/s$，入口气体含尘浓度为 $2g/m^3$，电场前检查门处向内漏风率为 5%，气体出口含尘浓度为 $0.12g/m^3$，试求粉尘有效驱进速度。

6.14 极间距为 25cm 的板式电除尘器的分割直径为 $0.7\mu m$，使用者希望总效率不小于 99%，有关法律规定排气中含尘量不得超过 $200mg/m^3$。假定电除尘器入口处粉尘浓度为 $26g/m^3$，且粒径分布如下。

质量分数/%	20	20	20	20	20
平均粒径/μm	3.5	8.0	13.0	19.0	45.0

并假定多依奇方程的形式为 $\eta = 1 - e^{-kd_p}$，其中 η 为捕集效率；k 为经验常数；d_p 为颗粒直径，μm。试确定：

(1) 该除尘器效率是否等于或大于 98%；

(2) 出口处烟气中含尘浓度是否满足环保规定。

6.15 已知电除尘器集尘面积为 $40m^2$，并已测得处理气量为 $0.56m^3/s$。入口气体含尘浓度为 $2050mg/m^3$，气体温度为 395K，出口气体含尘浓度为 $89.8mg/m^3$，气体温度为 353K，计算被处理气体所含粉尘的有效驱进速度。

6.16 单通道板式电除尘器的通道高 5m，长 6m，集尘板间距 300mm，实测气量为 $6000m^3/h$，入口含尘浓度为 $9.3g/m^3$，出口含尘浓度为 $0.5208g/m^3$。试计算气量增加到 $9000m^3/h$ 时的效率。

6.17 用板式电除尘器处理含尘气体，集尘极板的间距为 300mm。若处理气量为 $6000m^3/h$ 时的除尘效率为 95.4%，入口含尘浓度为 $9.0g/m^3$，试计算：(1) 出口含尘气体浓度；(2) 有效驱进速度；(3) 若处理的气体量增加到 $8600m^3/h$ 时的除尘效率。

6.18 某锅炉安装两台电除尘器，每台处理量为 $150000m^3/h$，集尘极面积为 $1300m^2$，除尘效率为 98%。(1) 计算有效驱进速度；(2) 若关闭一台，只用一台处理全部烟气，该除尘器的除尘效率为多少？

6.19 单压电除尘器捕集烟气中粉尘。已知该电除尘器由四块集尘板并联组成，板高 366cm，板长 366cm，板间距 24.4cm，烟气体积流量 $2m^3/s$，设粉尘粒子的驱进速度为 12.2cm/s。试计算：

（1）当烟气的流速均匀分布时的效率；

（2）当某一烟道的烟气量为总烟气量的 70%，另两通道各为 25% 时的除尘效率。

6.20　气体的流量为 8.33m³/s，要求用脉冲袋试除尘器净化，试计算所需过滤面积。

6.21　拟用袋式除尘器净化含尘气体，若气量为 6.0m³/s，袋长为 5m，直径为 200mm，分两个室，每室 3 排，每排 12 只滤袋。试计算该除尘器的过滤速度和过滤负荷。

6.22　尘颗粒在液滴上的捕集，一个近似的表达式为：

$$\eta = \exp\left[-\left(\frac{0.018M^{0.5+R}}{R} - 0.6R^2\right)\right]$$

其中 M 是惯性碰撞数 N_I 的平方根，$R = d_p/d_h$，对于密度为 2000kg/m³ 的粉尘，相对液滴运动的初速度为 30m/s，液体温度为 297K，试计算粒径为 ①10μm、②50μm 的粉尘在直径为 50μm、100μm、500μm 的液滴上的捕集效率。

6.23　尘器净化含尘气体，若尘粒的粒径分布如下表所示，试计算全透过率（取 $A = 0.134$）。

粒径范围/μm	1.4~2.0	2.0~2.8	2.8~4.0	4.0~5.6	5.6~8.0	8.0~11.2
质量分数/%	0.1	0.4	2.2	6.9	13.4	24.9
粒径范围/μm	11.2~16.0	16.0~22.4	22.4~32.0	32.0~44.8	44.8~64.0	64.0~90.0
质量分数/%	25.9	16.0	7.3	2.1	0.6	0.2

第7章 气态污染物控制技术

本章提要

本章介绍讨论了气体污染物控制工艺中所采用的传统技术和一些新技术的工作原理、工艺和相关设备的基本情况。对于传统常用的技术要求掌握冷凝、燃烧、吸收、吸附和催化转化的作用原理，选择吸收剂、吸附剂和催化剂的一般原则，熟悉影响其工艺净化效率的主要因素、基本的工艺设计计算方法及工艺设备的基本类型。掌握化学吸收传质计算及吸附、催化转化的经验计算方法。对于新技术，要求掌握生物法的原理、三类生物气体净化装置的特点，了解生物法的应用情况，熟悉等离子体、光催化转化等的技术原理，了解其发展趋势和特点。

本章的难点在于化学吸收传质过程和吸附传质过程的分析和计算。

7.1 气态污染物净化的特点

前述的颗粒污染物净化方法，主要针对颗粒污染物与载气的非均相体系特点，采用机械的或简单的物理作用方法，依靠作用在颗粒上的各种外力（如重力、离心力、电场力等），使其与载气分离。而气态污染物与载气形成的是均相体系，因此主要是利用污染物与载气二者在物理、化学性质上的差异，经过物理、化学变化，使污染物的物相或物质结构改变，从而实现分离或转化。在此过程中，需要各种吸收剂、吸附剂、催化剂和能量，因此，气态污染物的净化相对颗粒物净化而言，技术较复杂，所需代价通常亦较高。

气态污染物种类繁多，物理、化学性质各不相同，因此其净化方法也多种多样。按照净化原理可分为物理净化法和化学转化法，习惯上又将传统常用的净化方法分为五类：冷凝、燃烧、吸收、吸附和催化转化。

(1) 冷凝　冷凝是利用污染物与载气二者沸点不同进行分离的方法。该方法主要用于高浓度有机蒸气和高沸点无机气体的净化回收或预处理。

(2) 燃烧　燃烧是利用污染物的可燃性，通过强氧化反应将污染物转化为非污染物，燃烧法比较简便、有效，可利用燃烧热。

(3) 吸收　液体吸收是利用气体间溶解度的不同，通过废气与液体接触，使气态污染物转入液相。吸收又可分为物理吸收和化学吸收两类。物理吸收是让气态污染物由气相溶入液相；化学吸收是让污染物转入液相后再发生化学转化。

(4) 吸附　吸附是让废气与多孔固体接触，其中的气态污染物分子被微孔表面捕集。吸附也有物理吸附和化学吸附两类。物理吸附，污染物仅由气相转到固相；化学吸附，污染物在固体表面发生化学反应。

(5) 催化转化　催化转化是在催化剂的作用下，将废气中的污染物通过化学反应转化为非污染物或容易分离的物质。催化转化可分为催化氧化（催化燃烧就是一种催化氧化）和催化还原两类。

7.2　冷　　凝

将废气冷却，使其温度降低到污染物的露点以下，气相污染物就会凝结析出，这就是废气净化中的冷凝分离方法。冷凝过程中，被冷凝物质仅发生物理变化，其化学性质不变，所以可回收利用。

7.2.1　冷凝分离的原理

冷凝法是利用气态污染物在不同温度具有不同的饱和蒸气压，在降低温度或加大压力的条件下，使某些污染物凝结出来，以达到净化或回收的目的，甚至可以借助于控制不同的冷凝温度，对污染物进行分离。

（1）多组分气体冷凝　由于废气中的污染物含量往往很低，大量的是空气和其他不凝性气体，故可认为当气体混合物中污染物的蒸气分压大到大于其在该温度下的饱和蒸气压时，废气中的污染物就开始凝结出来。此时，该污染物在气相达到了饱和，该温度下的饱和蒸气压代表了气相中未冷凝下来、仍残留在气相中的污染物水平。

各种物质在不同温度下的饱和蒸气压 P_0 可以按安托因（Antoine）方程计算，部分物质的系数如表 7.1 所示，也可通过一些化学化工手册（如 Lange's Handbook of Chemistry）查找。

$$\lg P_0 = A - \frac{B}{(T+C)} \tag{7.1}$$

式中　　T——液体物质的温度；

　A,B 和 C——经验常数，由实验确定，可在有关的手册中查到；

　　P_0——物质在 $T(℃)$ 时的饱和蒸气压，mmHg。

表 7.1　常见有机溶剂安托因方程系数

名称	分子式	温度范围/℃	A	B	C
苯	C_6H_6	$-12\sim3$	9.1064	1885.90	244.20
		$8\sim103$	6.90565	1211.03	220.79
甲苯	$C_6H_5CH_3$	$6\sim137$	6.95464	1344.80	219.48
乙苯	$C_6H_5C_2H_5$	$26\sim164$	6.95719	1424.26	213.21
环己烷	C_6H_{12}	$20\sim81$	6.84130	1201.53	222.65
正己烷	C_6H_{14}	$-25\sim92$	6.87601	1171.17	224.41
苯乙烯	C_8H_8	$32\sim82$	7.14016	1574.51	224.09
甲醇	CH_3OH	$-14\sim65$	7.89750	1474.08	229.13
		$64\sim110$	7.97328	1515.14	232.85
乙醇	C_2H_5OH	$-2\sim100$	8.32109	1718.10	237.52
丙酮	CH_3COCH_3	liq	7.11714	1210.60	229.66
丁酮	CH_3COC_2H	$43\sim88$	7.06356	1261.34	221.97
乙醛	CH_3CHO	liq	8.00552	1600.02	291.81
乙醚	$C_2H_5OC_2H_5$	$5\sim7.7$	5.518	434.5	158
乙酸甲酯	CH_3COOCH_3	$1\sim56$	7.0652	1157.63	219.73
乙酸乙酯	$CH_3COOC_2H_5$	$15\sim76$	7.10179	1244.95	217.88
乙酸	CH_3COOH	liq	7.38782	1533.313	222.31
二硫化碳	CS_2	$6\sim80$	6.94279	1169.11	241.59
二氯甲烷	CH_2Cl_2	$-40\sim40$	7.4092	1325.9	252.6
三氯甲烷	$CHCl_3$	$-35\sim61$	6.4934	929.44	196.03
四氯化碳	CCl_4		6.87926	1212.02	226.41
氯苯	C_6H_5Cl	$62\sim131.7$	6.97808	1431.05	217.55

注：liq 表示只要是液态均可采用该系数计算。

（2）分离效率 冷凝所能达到的分离效率与废气总压强、污染物初浓度和冷却后污染物的饱和蒸气压有关。

$$\eta = 1 - \frac{P_{VS}}{Pc_{VL}} \tag{7.2}$$

式中 P——废气总压强，Pa；

P_{VS}——废气中被冷凝组分冷却后的饱和蒸气压，Pa；

c_{VL}——废气中被冷凝组分的初浓度（体积分数）。

由以上公式可知，废气中污染物浓度高，对冷凝回收有利。为了提高回收率，可选择较低的冷却温度，以降低污染物的饱和蒸气压，或者提高废气总压强。但冷却温度过低，会很不经济；提高废气的总压强，需要增加设备和能耗，通常也不采用。为回收利用考虑，用于冷凝的气体不能含有较多的颗粒物或容易冷凝但流动性不好的组分。

冷凝法由于受到冷凝温度的限制，净化效率往往不高，为 30%～50%，冷凝后的尾气往往达不到排放要求，需要进一步处理。所以冷凝法一般用来进行高浓度废气的回收，很少单独用来进行废气净化。

（3）热平衡 冷凝过程中，被冷却物质放热，冷却介质吸热。多种组分废气冷凝过程的热平衡关系如下：

$$Q = m_g \left[C_g(t_{g1} - t_{g2}) + \sum_{i=1}^{n} \gamma_i (y_{i1} - y_{i2}) \right] = m_1 [C_1(t_{l2} - t_{l1}) + \varepsilon\gamma_1] \tag{7.3}$$

式中 Q——热交换量，kJ/s；

m_g——废气的质量流量，kg/s；

t_{g1}，t_{g2}——废气冷却前、后的温度，K；

C_g，C_1——废气和冷却介质的比热容；

y_{i1}，y_{i2}——废气中被冷凝各组分冷凝前后的浓度；

t_{l1}，t_{l2}——冷却介质进出口温度；

γ_i，γ_1——气体各组分和冷却介质的汽化热；

ε——冷却介质蒸发比例数。

7.2.2 冷却方式和冷凝设备

（1）直接冷却 直接冷却是冷却介质与废气直接接触进行热交换，冷却效果好，设备简单；但要求废气中的组分不与冷却介质发生化学反应，也不互溶，否则难以回收利用。

直接接触冷却常用的热交换设备是喷淋塔（图 7.1）。最简单的喷淋塔为空塔，冷却介质自上而下喷淋，被冷却气体自下而上流动。为了防止雾滴带出，塔顶加除雾器。空塔的热交换效果较差，为了增加气液接触面积，均匀气体在塔内的停留时间，可加装挡板或填料。喷淋塔一般可按空塔气速 2m/s 和塔内有效停留时间 1s 设计。通过喷淋塔的气流压降为 250～500Pa。

（2）间接冷却 间接冷却时废气与冷却介质不直接接触，因此不会相互影响，但热交换设备稍复杂，冷却介质用量较大。为了避免由于固态物质在热交换表面沉积而妨碍热交换，要求废气不含微粒物或黏性物质。

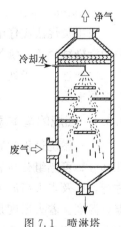

图 7.1 喷淋塔

间接冷却常用的冷却介质有空气、冷却水、冷冻盐水、乙二醇溶液或氟利昂等。间接冷却采用各种表面冷却器作冷凝器。冷却介质为水或氟利昂时，用管壳式冷凝器。风冷时采用管式或翅片式冷凝器。

管壳式冷凝器是广泛使用的冷凝设备，在外壳内有多根管道，被冷却气体在壳内（管外）流动，冷却介质在管内流动。为了增加冷却介质在冷凝器内的停留时间，增加热交换量，壳内一般加挡板。

（3）冷凝工艺的类型　根据最终冷凝温度的不同，冷凝工艺可分为常规冷却（至 4℃）、冷冻（至零下 101℃）和深度冷冻（至零下 195℃）。大气污染控制过程中，以常规冷却居多。

7.2.3　冷凝系统设计

冷凝系统的设计主要依循以下步骤，首先确定系统需达到的脱除效率或出口浓度，在此基础上通过饱和蒸气压关联数据确定出需达到的冷凝温度，并在此基础上确定制冷剂和换热设备的类型。根据待处理的气流流量和物料成分计算冷凝器的热负荷，最后在确定出热传递系数的基础上计算确定出冷凝器的换热面积并确定型号规格。间壁式设备的计算公式如下。

$$Q = KF\Delta T \tag{7.4}$$

式中　Q——热交换量，kJ/s；

$\quad\;\; K$——热交换系数，kW/(m^2·K)；

$\quad\;\; F$——热交换面积，m^2；

$\quad\;\; \Delta T$—— 两种流体间的温差，K。

具体的换热计算可参照有关的书籍和手册进行。

7.3　燃　　烧

气态污染物中，少数无机物（如 CO）和大部分有机物是可燃的。焚烧净化法就是利用热氧化作用将废气中的可燃有害成分转化为无害物或易于进一步处理的物质的方法。焚烧法的优点是：净化效率高，设备不复杂，如果污染物浓度高还可以回收余热。难以回收或回收价值不大的污染物，用焚烧法净化较为适宜。但在污染物浓度低的情况下，采用焚烧法要添加辅助燃料，因此为了提高经济性，必须注意焚烧后的热能回收问题。目前蓄热燃烧器（regenerative thermal oxidizer，RTO）以其高效热回收性能而得到越来越广泛的应用。

采用焚烧法应仔细分析废气成分，确定焚烧反应的中间和最终产物不是污染物，若废气中的污染物含硫、氯等元素，焚烧后往往含有二氧化硫、氮氧化物、氯化氢等污染物，还需要二次处理。对于处于爆炸范围内的废气的焚烧净化处理要特别注意安全，防止发生回火、爆炸等事故。

7.3.1　燃烧的基本原理

（1）燃烧过程和着火温度　燃烧过程包括组分与氧化剂的混合、着火、燃烧及焰后反应几部分。可燃组分与氧化剂接触后开始缓慢的氧化反应，此时放出的热量不多，随着反应的进行，以及点火高温火焰的热传递，温度不断升高，到某一温度后开始燃烧，这个温度称为着火温度。着火温度是在某一条件下开始正常燃烧的最低温度，也有人定义着火温度为在化学反应中产生的发热速率开始超过系统热损失速率时的最低温度。到达着火温度后，燃烧反应急剧加快，温度猛增，反应物浓度不断下降，这就是燃烧阶段。但此时温度高，放热反应平衡向左移动，燃烧反应可能不完全，反应后期系统温度降低，平衡右移，剩余可燃物同自由基和氧气结合而使反应趋于完全。

(2) 爆炸浓度极限 在一定范围内的氧和可燃组分混合物被点着后，在有控制的条件下就形成火焰，维持燃烧，而在一个有限的空间内无控制的迅速发展则会形成爆炸。

爆炸浓度极限一般指空气中可燃组分的相对浓度的上限燃烧（或爆炸）浓度范围及下限燃烧（或爆炸）浓度范围。当空气中可燃组分的含量低于爆炸下限时，由于发热量不足，达不到着火温度，不能维持燃烧，更不会爆炸。当空气中可燃组分的浓度高于爆炸上限时，由于氧气不足，也不能引起燃烧和爆炸。爆炸浓度极限范围与空气或其他含氧气体可燃组分有关，还与试验的混合气体温度、压力、流速、流向及设备形状尺寸等有关。例如，小直径管道内的燃烧会因管壁的熄火效应而迅速冷却，不易发生。

一种以上可燃混合物在空气中的爆炸浓度极限值可按下式估算：

$$A = \frac{\sum a_i}{\sum\limits_{i=1}^{n} \dfrac{a_i}{A_i}} \tag{7.5}$$

式中 A——混合气体的爆炸浓度极限；

A_i——各组分的爆炸浓度极限；

a_i——混合气体中各可燃组分占可燃气体总量的体积（摩尔）分数，%。

为安全起见，通常将可燃物浓度冲淡，在爆炸浓度下限以下（爆炸浓度下限的 25%）燃烧，以防止由于混合物比例及爆炸范围的偶然变化引起爆炸或回火。

7.3.2 燃烧装置

7.3.2.1 燃烧过程的分类

按燃烧过程是否使用催化剂，可分为催化燃烧和非催化燃烧两类。

催化燃烧是一种催化氧化反应，其反应温度较低，产生的氮氧化物少，但要求废气中不可燃的固体颗粒含量少，并不含硫、砷等有害元素。

非催化燃烧设备简单，反应温度高，但可能产生氮氧化物等二次污染。

非催化燃烧又可分为直接燃烧和热力燃烧两种。

(1) 直接燃烧 直接燃烧又称为直接火焰燃烧，当废气中可燃物浓度较高，无需补充辅助燃料，燃烧产生的热量足以维持燃烧过程连续进行，可采用直接燃烧。

(2) 热力燃烧 如果废气中可燃物含量较少，燃烧产生的热量不足以维持燃烧过程继续进行，就必须添加附加燃料，这种燃烧方式称为热力燃烧。

热力燃烧中，辅助燃料首先与部分废气混合并燃烧，产生高温气体，然后大部分废气与高温气体混合，可燃污染物在高温下与氧反应，转化成非污染物后排放。为使废气中污染物充分氧化转化，达到理想的净化效果，除过量的氧以外，还需要足够的反应温度（temperature）、停留时间（time）以及废气与氧的湍流（turbulence），这后三个条件也称为"三 T"条件。"三 T"条件是相互关联的，改善其中一个条件可以使其他两个条件的要求降低。通常最经济的做法是改善湍流条件、减小燃烧器尺寸和降低燃烧温度，以降低成本。

无论何种燃烧方式，都要特别注意安全，输气管要防止回火和爆炸。

7.3.2.2 燃烧设备

一般来说，少量可燃废气可通入锅炉或窑炉燃烧；对于大流量或高浓度可燃废气，才专设气体焚化设备，进行燃烧处理。

（1）直接燃烧设备　火炬是常用的直接燃烧设备。它是一种敞开式直接燃烧器，适用于只需补充空气、无需补充燃料的工业废气。火炬往往会因废气中碳含量过高或混合不良而产生黑烟，为减少黑烟常常需向火炬中喷水。

火炬的优点是安全，结构简单，成本低，但它的缺点是不能回收能量，并且会由于燃烧不完全而排放大量大气污染物。

（2）热力燃烧设备　该类燃烧装置主要包括燃烧器和燃烧室两部分。

① 燃烧室。燃烧室是可燃物与空气混合和进行燃烧反应的空间。为了保证燃烧反应能充分进行，燃烧室必须有足够的容积。在燃烧室内设挡环、挡墙，可起蓄热、增加湍流混合程度和延长停留时间的作用。燃烧气体的进入方式有切向式和轴向式两种。为了减少热量损失，燃烧室的外壁应有良好的保温性能。

② 燃烧器。根据燃烧器形式的不同，可将燃烧器分成配焰燃烧器和离焰燃烧器两类。

a. 配焰燃烧器。配焰燃烧器（图7.2）根据"火焰接触"理论将燃烧分配成许多小火焰，使冷废气分别围绕许多小火焰流过去，以达到迅速完全的湍流混合。该系统混合时间短，可以留出较多的时间用于燃烧反应，燃烧反应完全，净化效率高。为保证燃烧完全，燃烧室的尺寸要保证气体有足够的停留时间、适当的湍流度。

配焰燃烧器不适于含氧低于16%需补充空气助燃的缺氧废气；不适用于含有焦油、颗粒物等易于沉积物的废气治理。

b. 离焰燃烧器。在离焰燃烧器中，燃料与助燃空气（或废气）先通过燃烧器燃烧，产生高温燃气，然后与冷废气在燃烧室内混合，完成氧化过程。由于没有像配焰那样将火焰与废气一起分成许多小股，高温燃气与冷废气的混合不如配焰炉好，横向混合往往很差，因此需一定长度燃烧室以保证有足够的停留时间，且可采用轴向火焰喷射混合、切向或径向进废气（或燃料气），以及燃烧室内设置挡板等改善燃烧效果。

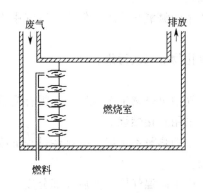

图 7.2　配焰燃烧器

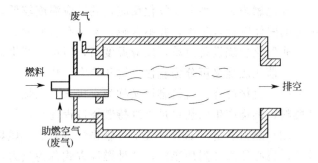

图 7.3　离焰燃烧器

离焰燃烧器（图7.3）可以烧气，也可烧油，可用废气助燃，也可用空气助燃。火焰可大可小，容易调节，制作也较简单。

7.3.3　热回收装置

热力燃烧需要消耗燃料，而燃烧过程又产生大量热量，如何利用这部分热量，尽量减少辅助燃料消耗、降低处理成本是燃烧净化可燃污染物技术的关键。

（1）热回收方式　热力燃烧产生的热量一般可以通过以下方式加以利用。

① 用于燃烧系统本身，如预热待处理废气和燃烧所用的空气，从而减少辅助燃料的消耗。

② 用于其他需要加热的系统中，如加热新鲜空气，作为干燥或烘烤装置的工作气体；或加热水、油等，产生需要的蒸汽或热油。

（2）热量回收装置

① 间壁式换热回收装置。这类装置与通常的换热器一样，热流体在壁面的一侧流动，另一侧为冷流体，通过管（板）壁换热，这里不再赘述。值得一提的是热管（图7.4），它是一种较新的换热装置，热管为密封的空心管，管内充以制冷剂。热管置于被隔开的冷热流体中。制冷剂在热流体侧管中受热蒸发，在冷流体侧管中冷却凝结，凝结的制冷剂由于毛细作用，从冷端传递到热端，从而完成循环吸热放热的过程，达到热传递的目的。热管的热回收效率在 $40\%\sim60\%$ 之间。

② 蓄热式换热回收装置。蓄热式换热是用蓄热材料（如陶瓷、耐火砖等）吸收燃烧后烟气的热量，再用蓄热材料来预热待处理废气或补充空气的换热方法。通常蓄热式换热需要有几个蓄热单体进行间歇操作，也有制成轮状连续运行的。这种换热方式流体和蓄热体直接换热，热回收效率可达 95% 以上，近年来应用较广（图7.5）。

作为热介质的蓄热材料，应满足比表面积大，阻力损失小，热胀冷缩小，抗裂性能好等要求。

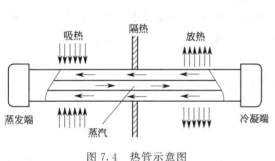

图 7.4 热管示意图

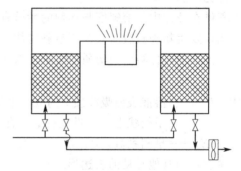

图 7.5 蓄热式燃烧器

7.3.4 燃烧法净化大气污染物技术发展趋势

正常情况下，燃烧法是净化可燃性污染气体成分最有效的方式，净化效率最高，设备占地最小，限制其应用的主要因素是设备投资及运行过程中所需的添加燃料的成本。早期的燃烧工艺及设备主要以增加燃烧过程均匀性、提高燃烧效率主要目标，随着20世纪70年代能源危机的出现，燃烧法技术进步的主要目标转为如何提高待处理气体与燃烧后烟气的换热效率，从而提高过程经济性。蓄热燃烧技术以其高效热回收利用能力，在近十多年来得到广泛的应用。

7.4 吸收法净化气态污染物

利用气体混合物中各组分在一定液体中溶解度的不同而分离气体混合物的操作称为吸收。在空气污染控制工程中，这种方法已广泛应用于含 SO_2、NO_x、HF、H_2S 及其他气态污染物的废气净化上，成为控制气态污染物排放的重要技术之一。

吸收过程通常分为物理吸收和化学吸收两大类。

物理吸收主要是溶解，吸收过程中没有或仅有弱化学反应，吸收质在溶液中呈游离或弱结合状态，过程可逆，热效应不明显。

化学吸收过程存在化学反应，一般有较强的热效应。如果发生的化学反应是不可逆的，则不能解吸。化学吸收过程的吸收容量和吸收速率都明显高于物理吸收，所以净化气态污染物多采用化学吸收。

吸收的逆过程为解吸，物理吸收过程中总有解吸存在。

7.4.1　吸收过程的基本原理

（1）气液相平衡与亨利定律　当混合气体与吸收剂接触时，气体中可吸收组分（吸收质）向液相吸收剂进行质量传递（吸收过程），同时也发生液相中的吸收质组分向气相逸出的质量传递（解吸过程），当吸收过程和解吸过程的传质速率相等时，气液两相就达到了动态平衡。平衡时气相中的组分分压称为平衡分压，液相吸收剂（溶剂）所溶解组分的浓度称为平衡溶解度，简称溶解度。

组分摩尔（或质量）分数是指相中某组分物质的量（或质量）与该相中物质总物质的量（或质量）之比。

摩尔比（质量比）是指用组分的物质的量（或质量）与该相中载体的物质的量（或质量）之比。

气体在液体中的溶解度与溶剂的性质有关，并受温度和压力的影响。

当仅发生物理吸收时，常用亨利定律来描述气液相间的相平衡关系。当总压不高时，在一定的温度下，稀溶液中溶质的溶解度与气相中溶质的平衡分压成正比，即：

$$P_i^* = E_i x_i \tag{7.6}$$

式中　P_i^*——溶液表面吸收质 i 的气相平衡分压，Pa；

x_i——平衡状态下，吸收质 i 的液相摩尔分数；

E_i——亨利系数，Pa。

亨利定律其他常见的表达形式有：

$$c_i = H_i^* P_i^* , \quad P_i^* = H_i c_i \tag{7.7}$$

式中　c_i——液相吸收质的浓度，$kmol/m^3$；

H_i^*，H_i——吸收质 i 的其他形式的亨利系数，$kmol/(m^3 \cdot Pa)$，$m^3 \cdot Pa/kmol$。

$$E_i = \frac{\rho}{M_0 H_i^*} \tag{7.8}$$

式中　M_0——吸收剂的摩尔质量，kg/kmol；

ρ——吸收剂密度，kg/m^3。

此外，亨利定律还有其他多种表达方式，在使用资料时一定要注意亨利系数的量纲和等式前后浓度单位的一致。

（2）化学平衡　吸收过程中，如果吸收质与吸收剂发生反应，则两者之间必然同时满足相平衡和化学平衡关系：

气相　　　　$a A_{(g)}$

相平衡　　　$\Updownarrow$

液相　　　　$a A_{(l)} + b B_{(l)} \xrightleftharpoons[]{\text{化学平衡}} m M + n N$

根据化学平衡关系可得：

$$K = \frac{[M]^m[N]^n}{[A]^a[B]^b} \times \frac{[\gamma_M]^m[\gamma_N]^n}{[\gamma_A]^a[\gamma_B]^b} \qquad (7.9)$$

式中　[A]，[B]，[M]，[N]——各组分的浓度；

　　　a，b，m，n——各组分的化学计量数；

　　　γ_A，γ_B，γ_M，γ_N——各组分的活度系数。

令

$$\frac{[\gamma_M]^m[\gamma_N]^n}{[\gamma_A]^a[\gamma_B]^b} = K_\gamma$$

$$K' = \frac{K}{K_\gamma} \qquad (7.10)$$

代入亨利定律表达式得：

$$P_A^* = \frac{1}{H_A}\left\{\frac{[M]^m[N]^n}{K'[B]^b}\right\}^{\frac{1}{a}} \qquad (7.11)$$

由于存在化学反应，使液相中的一部分 A 组分转变为产物，导致 A 组分在液相的浓度较物理吸收低，从而降低了其气相分压，也就是说提高了吸收净化效率，同时化学吸收还能提高对污染物的吸收容量。

7.4.2　吸收速率

7.4.2.1　物理吸收速率

（1）吸收速率方程　上述的气液平衡主要讨论了可能达到的吸收过程极限状态的热力学过程。下面讨论传质吸收速率的动力学过程。

近几十年来，有关气液两相的物质传递理论虽然在不断发展，并已提出了双膜理论、溶质渗透理论、表面更新理论等，但各种理论均有一定的局限性，目前应用最广且较成熟的还是双膜理论。

气体吸收质在单位时间内通过单位面积相界面而被吸收剂吸收的量称为吸收速率。

W. K. Lewis 和 W. G. Whiteman 提出的双膜理论的模型（图 7.6），其基本思想如下：

① 两相之间有一界面，界面两侧分别有一层层流气液膜，两层膜将气液流主体与界面分开。

② 膜内分子扩散，主流湍流。

③ 吸收的同时也存在着解吸，直到最终平衡。达到稳态平衡时，吸收质通过气膜的吸收速率等于通过液膜的吸收速率。

④ 阻力只存在于膜内，相界面上气液两相总是处于平衡状态。

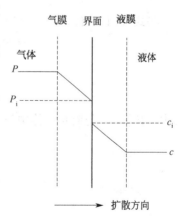

图 7.6　双膜理论示意图

⑤ 一般来说膜极薄，膜内无吸收组分积累，吸收过程是一个稳定扩散过程。

通过以上假定，整个吸收过程的传质阻力就简化为仅由两层薄膜组成的扩散阻力。因此，气液两相间的传质速率取决于通过气膜和液膜的分子扩散速率。

气膜传质速率为：

$$N_A = \frac{D_G}{Z_G RT}\left(\frac{P}{P_{BM}}\right)(P_A - P_{Ai}) = k_G(P_{Ai} - P_A) \tag{7.12}$$

式中　Z_G——膜厚，m；

　　D_G——气体扩散系数，m^2/s；

　　P——气相总压力，kPa；

　　P_A——组分 A 在气膜中的分压，kPa；

　　P_{Ai}——组分 A 在相界面的分压，kPa；

　　P_{BM}——惰性组分 B 的气膜的对数平均分压，kPa；

　　k_G——系数，$kmol/(m^2 \cdot s \cdot kPa)$。

$$P_{BM} = \frac{P_{Bi} - P_B}{\ln\left(\dfrac{P_{Bi}}{P_B}\right)} \tag{7.13}$$

式中　P_B——惰性组分 B 在气膜中的分压，kPa；

　　P_{Bi}——惰性组分 B 在相界面的分压，kPa。

液膜传质速率为：

$$N_A = \frac{D_l}{Z_L}(c_{Ai} - c_A) = k_L(c_{Ai} - c_A) \tag{7.14}$$

稳定时气膜和液膜中的传质速率相等，即：

$$N_A = k_G(P_A - P_{Ai}) = k_L(c_{Ai} - c_A) \tag{7.15}$$

而界面上相平衡可用亨利定律表示：

$$c_{Ai} = HP_{Ai} \tag{7.16}$$

式中　H——系数，$kmol/(m^3 \cdot kPa)$。

　　由式(7.15) 和式(7.16) 可得：

$$P_{Ai} = \frac{k_G P_A + k_L c_A}{k_G + k_L H} \tag{7.17}$$

　　将式(7.17) 代入式(7.15) 后可得：

$$N_A = K_G(P_{AG} - P_A^*) \tag{7.18}$$

$$K_G = \frac{1}{\dfrac{1}{k_G} + \dfrac{1}{Hk_{AL}}} \tag{7.19}$$

式中　P_A^*——与液相主体中被吸收组分浓度 c_A 相平衡的分压，kPa。

$$c_A = HP_A^* \tag{7.20}$$

$$N_A = K_L(c_A^* - c_A) \tag{7.21}$$

$$K_L = \frac{1}{\dfrac{H}{k_G} + \dfrac{1}{k_L}} \tag{7.22}$$

$$K_L = K_G/H \tag{7.23}$$

式中　c_A^*——与气相主体中被吸收组分分压 P_A 相平衡的浓度，$kmol/m^3$。

$$c_A^* = HP_A \tag{7.24}$$

　　亦可用摩尔分数做推动力来表示：

$$N_A = K_{GY}(Y_A - Y_A^*) = K_{LX}(X_A^* - X_A) \tag{7.25}$$

其中
$$Y_A^* = mX_A \tag{7.26}$$
$$Y_A = mX_A^* \tag{7.27}$$
$$K_{GY} = K_G P \tag{7.28}$$
$$K_{LX} = \frac{k_{LC}\rho_{惰}}{M_{0惰}} \tag{7.29}$$

式中　K_{GY}——与摩尔分数对应的气相传质系数，kmol/（m²·s）；
　　　K_{LX}——与摩尔分数对应的液相传质系数，kmol/（m²·s）。

$$K_{GY} = \frac{1}{\dfrac{1}{k_{GY}} + \dfrac{m}{k_{LX}}} \tag{7.30}$$

$$K_{LX} = mK_{GY} = \frac{1}{\dfrac{1}{mk_{GY}} + \dfrac{1}{k_{LX}}} \tag{7.31}$$

对于易溶气体，H 很大，m 很小，$\dfrac{1}{K_G} \approx \dfrac{1}{k_G}$，总阻力近似等于气膜阻力，该过程称为气膜控制。

对于难溶气体，H 很小，$\dfrac{1}{K_L} \approx \dfrac{1}{k_L}$，总阻力近似等于液膜阻力，这种情况称为液膜控制。

对于中等溶解度，气膜阻力与液膜阻力处于同一数量级的，两者皆不能忽略。

吸收传质系数是吸收设备设计计算的重要参数，根据双膜理论主要取决于分子扩散，实际情况更为复杂。

存在化学吸收时，吸收速率不仅取决于传质速率，还与化学反应速率有关，此外，吸收速率还与吸收设备的特性和操作条件有关。

实际工作中常常采用试验测定结果或经验数据。

（2）提高吸收效果的措施（即提高吸收设备在单位时间内的吸收量的措施）

① 提高气液相相对运动速度，减少膜厚，减少 $1/k_G$、$1/k_L$；

② 选用对吸收质溶解度大的吸收剂，降低 P_{Ai} 或提高 c_{Ai}，增大 H；

③ 增大供液量，降低液相吸收质浓度，增大推动力，降低 c_A；

④ 增加气液接触面积。

7.4.2.2　化学吸收速率

参照双膜理论，化学吸收过程（见图 7.7）可表达为：

① 反应物 A 由气相主体通过气膜向相界面扩散。

② 相界面溶入液相并向液体内部扩散。

③ A 在液膜与反应物 B 反应，形成反应区。

④ 反应产物 R 向液相主体扩散，若产生气体则向气相界面扩散。

⑤ 气体产物通过气膜向气相主体扩散。

化学吸收过程由传质和反应两过程组成，传质

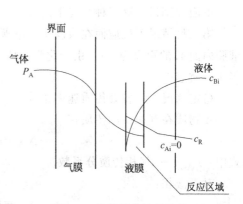

图 7.7　化学吸收过程示意

和反应速率的大小决定了控制步骤，也决定了吸收过程的速率。气态污染物控制过程中为提高净化效率往往选用的是极快速不可逆的化学吸收过程，下面着重讨论该过程的情况。

极快速不可逆反应的吸收速率：该情况下，传质阻力比化学反应阻力大得多，吸收过程受传质阻力控制，由于反应速率大，反应瞬时即可完成，因而反应区厚度极小，成为反应面。

吸收过程中吸收质 A 与溶液中活性组分 B 发生极快速反应。由于 A 和 B 在液相的扩散速率不同，因而液相浓度分布情况也不同，见图 7.8。

假定吸收过程中的化学反应为 $A + n_B B \longrightarrow n_R R$ 处于稳定状态。

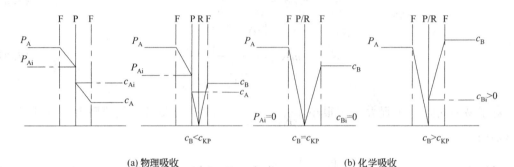

(a) 物理吸收　　　　　　　　　　　(b) 化学吸收

图 7.8　极快速不可逆反应气液两相浓度分布

F—气膜、液膜界面；P—相界面；R—反应面

① 若 A 向相界面的扩散通量恰好与 B 向相界面的扩散通量符合化学当量关系（即 $N_B = n_B N_A$），则 A、B 正好在界面上反应完毕，相界面与反应面重叠，且相界面上 $c_{Ai} = c_{Bi} = 0$。

② 如果由液相扩散至相界面的 B 物质的量，超过与由气相扩散来的 A 物质反应所需要的量，则相界面上 A 物质被耗尽，B 物质过剩。此时反应面 R 与相界面 P 重合，但相界面上：

$$c_{Ai} = 0, \quad c_{Bi} > 0$$

③ 反之，如果由气相扩散至界面的 A 物质的量超过与由液相扩散至界面的 B 物质反应所需要的量，则相界面上 B 物质被耗尽，A 物质过剩，即相界面上 $c_{Ai} > 0$，$c_{Bi} = 0$。过剩的 A 物质向液膜扩散并继续与 B 物质反应，所以反应面 R 向液相推移，当反应面移动至一定位置，达到 $N_B = n_B N_A$ 时，其位置不再移动，过程保持稳定，在此反应面上 $c_{AR} = c_{BR} = 0$。

下面分别讨论这三种情况下的传质速率。

第三种情况下反应面在液膜中，液膜厚度为 Z_L 的反应面距相界面 P 的距离为 Z_1，距液膜内面 L 的距离为 Z_2。由于化学反应为极快速反应，吸收过程受传质控制，吸收速率就等于传质速率。

稳定状况下，各处传质速率相等。

A 物质在气相中的传质速率为：

$$N_A = k_{AG}(P_{AG} - P_{Ai}) \tag{7.32}$$

式中　k_{AG}——气相传质分系数。

对于液相：

$$N_A = D_{Al}(c_{Ai} - 0)/Z_1 \tag{7.33}$$

式中 D_{Al}——A 物质在液相中的扩散系数。

$$c_{Ai} = H_A P_{Ai} \tag{7.34}$$

对于液相中的 B 物质而言：

$$N_B = D_{Bl}(c_{Bl}-0)/Z_2 \tag{7.35}$$

式中 D_{Bl}——B 物质在液相中的扩散系数。

过程稳定时，传递到反应界面的 A、B 两种物质应符合：

$$N_B = n_B N_A \tag{7.36}$$

$$Z_L = Z_1 + Z_2 = Z_1(1+Z_2/Z_1) \tag{7.37}$$

由式（7.33）～式（7.36）可得：

$$\frac{Z_2}{Z_1} = \frac{D_{Bl}c_{Bl}}{n_B D_{Al}c_{Ai}} \tag{7.38}$$

将式（7.38）代入式（7.37）可得：

$$Z_L = Z_1\left(1+\frac{D_{Bl}c_{Bl}}{n_B D_{Al}c_{Ai}}\right) \tag{7.39}$$

将式（7.39）代入式（7.33）可得：

$$N_A = \frac{D_{Al}}{Z_L}\left(c_{Ai}+\frac{D_{Bl}c_{Bl}}{n_B D_{Al}}\right)$$
$$= k_{AL}\left(c_{Ai}+\frac{D_{Bl}c_{Bl}}{n_B D_{Al}}\right) \tag{7.40}$$

由 $c_{Ai}=H_A P_{Ai}$ 和式（7.40）可得：

$$c_{Ai} = \frac{N_A}{k_{AL}} - \frac{D_{Bl}c_{Bl}}{n_B D_{Al}} \tag{7.41}$$

$$P_{Ai} = \frac{N_A}{H_A k_{AL}} - \frac{D_{Bl}}{H_A n_B D_{Al}}c_{Bl} \tag{7.42}$$

而由式（7.32）并通过式（7.42）可得：

$$\frac{N_A}{k_{AG}} = P_{AG} - P_{Ai}$$
$$= P_{AG} - \frac{N_A}{H_A k_{AL}} + \frac{D_{Bl}}{H_A n_B D_{Al}}c_{Bl} \tag{7.43}$$

$$N_A = K_G\left(P_{AG}+\frac{D_{Bl}}{H_A n_B D_{Al}}c_{Bl}\right) \tag{7.44}$$

$$K_G = \frac{1}{\frac{1}{k_{AG}}+\frac{1}{H_A k_{AL}}} \tag{7.45}$$

必须注意的是，以上第三种情况的必要条件是相界面上 A 物质浓度大于零。

$$N_A = k_{AG}(P_{AG}-P_{Ai}) \tag{7.46}$$

$$P_{Ai} = P_{AG} - \frac{N_A}{k_{AG}} = \frac{k_{AG}P_{AG}-\frac{1}{n_B}\frac{D_{Bl}}{D_{Al}}k_{AL}c_{Bl}}{H_A k_{AL}+k_{AG}} \tag{7.47}$$

由 $P_{Ai}>0$ 可得：

$$c_{Bl} < \frac{k_{AG}D_{Al}}{k_{AL}D_{Bl}}h_B P_{AG} = c_{KP} \tag{7.48}$$

即液相中活性物质 B 必须小于某临界值 c_{KP} 才会出现刚刚讨论的情况。

对于 $P_{Ai}=0$，即 $c_{Bl} \geqslant c_{KP}$，则 $N_A = k_{AG} P_{AG}$，即①、②种情况下的传质速率：

$$N_A = k_{AG} P_{AG} \tag{7.49}$$

极快速反应的化学吸收与物理吸收进行比较：若假定气膜阻力为零，即 $k_{AG}=\infty$，$P_{Ai}=P_{AG}$，则 $c_{Bl}<c_{KP}$ 时：

$$
\begin{aligned}
N_A &= \frac{P_{Ai} + \dfrac{1}{n_B H_A} \dfrac{D_{Bl}}{D_{Al}} c_{Bl}}{\dfrac{1}{H_A k_{AL}}} \\
&= \left(1 + \frac{1}{n_B} \frac{D_{Bl}}{D_{Al}} \frac{c_{Bl}}{c_{Ai}}\right) k_{AL} c_{Ai}
\end{aligned}
$$

令 $\beta = 1 + \dfrac{1}{n_B} \dfrac{D_{Bl}}{D_{Al}} \dfrac{c_{Bl}}{c_{Ai}}$，则 $N_A = \beta k_{AL} c_{Ai}$，其中 $k_{AL} c_{Ai}$ 为物理吸收的最大吸收速率，β 为存在极快速化学反应的化学吸收速率与最大物理吸收速率的比值，称为化学反应吸收增强系数。

注意：化学吸收作用改变的只是液相传质阻力。

7.4.3　吸收传质计算

7.4.3.1　物理吸收传质计算

为计算填料高度，必须把传质速率方程和物料平衡方程联立求解。对于图 7.9 所示的单组分逆流吸收操作过程，传质计算过程如下。

（1）首先确定物料衡算式及吸收操作线方程　通过塔顶塔底物料衡算可得塔顶或塔底未知物料参数：

$$G(Y_{A_2} - Y_{A_1}) = L(X_{A_2} - X_{A_1}) \tag{7.50}$$

而通过塔底与任一塔截面的物料衡算可得操作线方程：

$$G(Y_{A_2} - Y_A) = L(X_{A_2} - X_A)$$

$$Y_A = Y_{A_2} - \frac{L}{G}(X_{A_2} - X_A) \tag{7.51}$$

其中，L/G 为液气比。

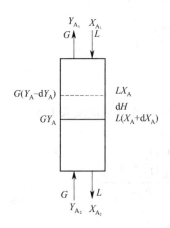

图 7.9　气体物理吸收传质过程示意图

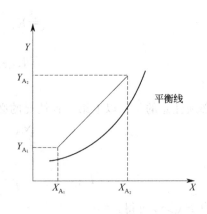

图 7.10　气体吸收过程平衡线与操作线

（2）传质面积及填料层高度计算　对填料层内任一微元段，可写出吸收量方程：

$$dm_A = K_G(Y_A - Y_A^*)df \tag{7.52}$$

$$dm_A = -G dY_A \tag{7.53}$$

由上两式可得：

$$df = -\frac{G}{K_G}\frac{dY_A}{Y_A - Y_A^*} \tag{7.54}$$

在连续稳定情况下，假如 K_G 为定值，低浓度吸收，G 变化很小，则积分后可得：

$$f = \frac{G}{K_G}\int_{Y_{A2}}^{Y_{A1}}\frac{dY_A}{Y_A - Y_A^*} \tag{7.55}$$

若填料空塔截面积为 f_c，填料层高度为 H，填料有效比表面积为 a，则传质面积：

$$f = H f_c a \tag{7.56}$$

则

$$H = \frac{G}{K_G a f_c}\int_{Y_{A2}}^{Y_{A1}}\frac{dY_A}{Y_A - Y_A^*} = h_{OG} n_{OG} \tag{7.57}$$

式中　h_{OG}——传质单元高度；

n_{OG}——传质单元数。

同理对液相浓度而言，可得：

$$H = \frac{L}{K_L a f_c}\int_{X_{A2}}^{X_{A1}}\frac{dX_A}{X_A^* - X_A} = h_{OL} n_{OL} \tag{7.58}$$

（3）传质单元数的求取

① 在相平衡线近似为直线的情况下（图 7.10），全塔进行物料衡算，可得：

$$n_{OG} = \frac{Y_{A2} - Y_{A1}}{\Delta Y_m} \tag{7.59}$$

$$n_{OL} = \frac{X_{A2} - X_{A1}}{\Delta X_m} \tag{7.60}$$

式中　ΔY_m，ΔX_m——气相、液相相平衡推动力。

$$\Delta Y_m = \frac{(Y_{A2} - Y_{A2}^*) - (Y_{A1} - Y_{A1}^*)}{\ln\dfrac{Y_{A2} - Y_{A2}^*}{Y_{A1} - Y_{A1}^*}} \tag{7.61}$$

$$\Delta X_m = \frac{(X_{A2} - X_{A2}^*) - (X_{A1} - X_{A1}^*)}{\ln\dfrac{X_{A2} - X_{A2}^*}{X_{A1} - X_{A1}^*}} \tag{7.62}$$

② 通过操作线方程和相平衡方程，找出 Y_A^* 与 Y_A 的关系式，即吸收因子，代入积分式求积分。通过气液平衡方程 ［符合亨利定律时用 $Y_A^* = mX_A$，如不符合则用 $Y_A^* = f(X_A)$］ 和操作线方程 $X_A = X_{A2} - \dfrac{G}{L}(Y_{A2} - Y_A)$ 可将积分式 $\int_{Y_{A1}}^{Y_{A2}}\dfrac{dY}{Y_A - Y_A^*}$ 中的 Y_A^* 转化为 Y_A 的函数，然后通过数值积分计算得到 n_{OG}，如辛普森积分。

③ 图解积分。

图解积分的步骤如下：

a. 根据操作条件在 Y-X 图上作出平衡线及操作线，如图 7.11(a) 所示。

b. 在 Y_1 和 Y_2 范围内做适度的分段，并对每一段的 Y 算出相应的 $f(Y) = \dfrac{1}{Y - Y^*}$。$Y - Y^*$ 即操作线与平衡线的垂直距离，如图 7.11(a) 中 MN 所示。

c. 做出 Y 与 $f(Y) = \dfrac{1}{Y - Y^*}$ 的关系曲线，如图 7.11(b) 所示。

d. 计算出图 7.11(b) 中的阴影面积值，即是所求的 $\displaystyle\int_{Y_{A_1}}^{Y_{A_2}} \dfrac{\mathrm{d}Y}{Y_A - Y_A^*}$。

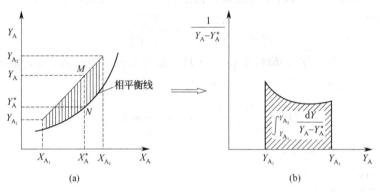

图 7.11　图解积分的示意图

（4）传质单元高度的求取　计算 h_{OG}、h_{OL} 的关键是 k_G、k_L。一般通过针对不同的体系及气液接触方式，通过实验的方法获得准数关联式或经验公式。

与气相传质分系数有关的准数有以下几个。

舍伍德数：

$$Sh = k_G \frac{d_e}{D_g} \frac{RTP_I}{P} \tag{7.63}$$

雷诺数：

$$Re = \frac{d_e v_{tr} \rho_g}{\mu_g} \tag{7.64}$$

施密特数：

$$Sc = \frac{\mu_g}{\rho_g D_g} \tag{7.65}$$

式中　k_G——气相传质分系数，$\mathrm{kmol/(m^2 \cdot s \cdot Pa)}$；

D_g——吸收质在气相的扩散系数，$\mathrm{m^2/s}$；

d_e——填料单体的当量直径，m；

P_I——气相中惰性气体对数平均分压，Pa；

P——气相总压，Pa；

v_{tr}——填料层中气体流速，m/s。

$$d_e = \frac{4\varepsilon}{a} \tag{7.66}$$

式中　ε——填料层空隙率；

a——有效比表面积，$\mathrm{m^2/m^3}$。

$$v_{tr} = \frac{v}{\varepsilon} \tag{7.67}$$

式中 v——空塔气速，m/s。

对常用的环形填料（瓷环、钢环）和易溶气体，气相传质分系数的关联式如下。

当 $Re < 300$：

$$k_G = 0.035 \frac{D_g P}{RT d_e P_I} Re^{0.75} Sc^{0.5} \tag{7.68}$$

当 $Re > 300$：

$$k_G = 0.015 \frac{D_g P}{RT d_e P_I} Re^{0.9} Sc^{0.5} \tag{7.69}$$

液相传质分系数的关联式：

$$k_L = 0.00595 \frac{c_M}{c + c_S} \frac{D_L}{d_e} Re^{0.67} Sc^{0.33} Ga^{0.33} \tag{7.70}$$

式中 D_L——吸收质在液相的扩散系数，m^2/s；

c_M——界面液相吸收剂浓度，$kmol/m^3$；

$c + c_S$——液相总浓度，c 为吸收质浓度，c_S 为吸收剂浓度，$kmol/m^3$；

Re——液相雷诺数；

Sc——液相施密特数；

Ga——伽利略数。

$$Ga = \frac{g d^3 \rho_L^2}{\mu_L^2} \tag{7.71}$$

式中 d——填料直径，m。

【例7.1】 在填料塔中用水吸收氨-空气混合气体中的氨，温度为303K，压强为101.3kPa。混合气体含氨6%（体积分数），平均黏度为 1.75×10^{-5} Pa·s，密度为 $1.14 kg/m^3$，氨在空气中的扩散系数为 $1.75 \times 10^{-5} m^2/s$。空塔气速0.48m/s，填料采用25mm×25mm×2.5mm瓷环。试求气相传质分系数。

解 由资料查得：$a = 190 m^2/m^3$（假定充分湿润）；$\varepsilon = 0.78 m^2/m^3$。

$$d_e = \frac{4\varepsilon}{a} = \frac{4 \times 0.78}{190} = 0.0164 (m)$$

$$Re = \frac{d_e v \rho_g}{\mu_g \varepsilon} = \frac{0.0164 \times 0.48 \times 1.14}{1.75 \times 10^{-5} \times 0.78} = 657.4$$

$$Sc = \frac{\mu_g}{\rho_g D_g} = \frac{1.75 \times 10^{-5}}{1.75 \times 10^{-5} \times 1.14} = 0.877$$

混合气体中氨占6%（体积分数），所以氨在气相中的分压：

$$P_{NH_3} = 0.06P = 0.06 \times 101.3 = 6.08 (kPa)$$

因为氨易溶于水，相界面上氨的分压为0，所以气膜相界面侧的惰性气体分压为 $(101.3-0)$ kPa。气膜气相主体侧的惰气分压为 $(101.3-6.08)$ kPa。气膜内惰性气体对数平均分压：

$$P_I = \frac{(101.3-0)-(101.3-6.08)}{\ln \frac{101.3-0}{101.3-6.08}} = 98.3 (kPa)$$

因为 $Re > 300$，所以按式(7.69)计算：

$$k_G = 0.015 \frac{D_g P}{RT d_e P_I} Re^{0.9} Sc^{0.5}$$

$$=0.015 \times \frac{1.75 \times 10^{-5} \times 101.3}{8.314 \times 303 \times 0.0164 \times 98.3} \times (657.4)^{0.9} \times (0.877)^{0.5}$$

$$=2.11 \times 10^{-6} [\text{mol}/(\text{m}^2 \cdot \text{s} \cdot \text{Pa})]$$

7.4.3.2 化学吸收传质计算过程

如图 7.12 所示，在填料吸收塔中用 B 物质溶液对含 A 物质的气流进行逆流吸收操作，反应 $\text{A} + n_\text{B}\text{B} \longrightarrow n_\text{R}\text{R}$ 为极快速不可逆反应，反应局限于液膜内。

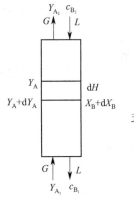

图 7.12 逆流化学吸收
过程示意图

塔顶、底的物料衡算式可写为：

气相中失去组分 A 的分子数 $= \dfrac{1}{n_\text{B}}$ (液相中失去组分 B 的分子数)

$=$ 液相中反应掉组分 A 的分子数

$$G_0(Y_{\text{A}_1} - Y_{\text{A}_2}) = -\frac{L_0}{n_\text{B}}\left(\frac{c_{\text{B}_1}}{c_\text{I}} - \frac{c_{\text{B}_2}}{c_\text{I}}\right) \tag{7.72}$$

式中 G_0，L_0——气、液相中的惰性载体摩尔流量，kmol/s；

　　Y_{A_1}，Y_{A_2}——塔顶、塔底气相中 A 的摩尔比；

　　c_{B_1}，c_{B_2}——塔顶、塔底液相中 B 的摩尔浓度，kmol/m³；

　　c_I——液相中惰性载体的分子浓度，kmol/m³。

对于稀溶液，液相中 B 的摩尔比与其摩尔分数近似相等，即：

$$X_\text{B} = c_\text{B}/c_\text{I} \approx c_\text{B}/c_\text{T} \tag{7.73}$$

式中 c_T——液相中总分子浓度，kmol/m³。

对塔顶与任一截面进行物料衡算可得化学吸收的操作线方程：

$$G_0(Y_\text{A} - Y_{\text{A}_2}) = -\frac{L_0}{n_\text{B}}\left(\frac{c_\text{B}}{c_\text{I}} - \frac{c_{\text{B}_2}}{c_\text{I}}\right) \tag{7.74}$$

对任一微元段做物料衡算：

$$N_\text{A}\mathrm{d}f = -\mathrm{d}(G_0 Y_\text{A}) = \frac{1}{n_\text{B}}\mathrm{d}(L_0 X_\text{B}) \tag{7.75}$$

$$G_0 \mathrm{d}Y_\text{A} = -\frac{L_0}{n_\text{B}}\mathrm{d}X_\text{B} \tag{7.76}$$

$$X_\text{B} = \frac{c_\text{B}}{c_\text{I}} = \frac{c_\text{B}}{c_\text{T} - c_\text{B}} \tag{7.77}$$

$$Y_\text{A} = \frac{P_\text{A}}{P_\text{I}} = \frac{P_\text{A}}{P - P_\text{A}} \tag{7.78}$$

$$f = f_\text{c} Ha \tag{7.79}$$

气相：

$$\mathrm{d}H = -\frac{G_0 \mathrm{d}Y_\text{A}}{f_\text{c} a N_\text{A}} \tag{7.80}$$

$$H = \int_0^H \mathrm{d}H = -\frac{G_0}{f_\text{c}}\int_{Y_{\text{A}_1}}^{Y_{\text{A}_2}} \frac{\mathrm{d}Y_\text{A}}{a N_\text{A}} = \frac{G_0 P}{f_\text{c}}\int_{P_{\text{A}_2}}^{P_{\text{A}_1}} \frac{\mathrm{d}P_\text{A}}{(P - P_{\text{A}_2})^2 a N_\text{A}} \tag{7.81}$$

液相：

$$\mathrm{d}H = \frac{L_0 \mathrm{d}X_\text{B}}{n_\text{B} a N_\text{A} f_\text{c}} \tag{7.82}$$

$$H = \int_0^H \mathrm{d}H = \int_{X_{\text{B}_1}}^{X_{\text{B}_2}} \frac{L_0 \mathrm{d}X_\text{B}}{n_\text{B} a N_\text{A} f_\text{c}} = \frac{L_0}{n_\text{B} f_\text{c}}\int_{X_{\text{B}_1}}^{X_{\text{B}_2}} \frac{\mathrm{d}X_\text{B}}{a N_\text{A}}$$

$$=\frac{L_0 c_T}{f_c n_B}\int_{c_{B_1}}^{c_{B_2}}\frac{dc_B}{(c_T-c_B)^2 a N_A} \tag{7.83}$$

对于低浓度气体，$P\approx P_1$，$c_T\approx c_1$，$G\approx G_0$，$L\approx L_0$，则物料衡算：

$$G_0\left(\frac{P_{A_1}}{P_0}-\frac{P_{A_2}}{P}\right)=-\frac{L}{n_B}\left(\frac{c_{B_1}}{c_T}-\frac{c_{B_2}}{c_T}\right) \tag{7.84}$$

$$H=\int_0^H dH=\frac{G}{f_c P}\int_{P_{A_2}}^{P_{A_1}}\frac{dP_A}{aN_A}=\frac{L}{f_c n_B c_T}\int_{c_{B_1}}^{c_{B_2}}\frac{dc_B}{aN_A} \tag{7.85}$$

计算的关键是确定传质速率 N_A 的表达式。

【例 7.2】 拟采用填料吸收塔逆流吸收净化废气，使尾气中有害组分从 0.1% 降低到 0.02%（体积分数）。

① 用纯水吸收（图 7.13）。假设为物理吸收，且 $k_G a=32 \text{kmol}/(\text{m}^3\cdot\text{atm}\cdot\text{h})$，$k_L a=0.1\text{h}^{-1}$，$H_A=0.125\text{atm}\cdot\text{m}^3/\text{kmol}$，气液流量分别为 $L=700\text{kmol}/(\text{m}^2\cdot\text{h})$，$G=100\text{kmol}/(\text{m}^2\cdot\text{h})$，总压 $P=1\text{atm}$，液体的总摩尔浓度为 $c_T=56\text{kmol}/\text{m}^3$，且假设不变。

② 水中加入活性组分 B（图 7.14），进行极快的化学吸收，化学反应式为 $A+bB\longrightarrow C$，设 $k_{LA}=k_{LB}=k_L\Rightarrow D_A=D_B$，取 $b=1.0$，采用 $c_B=0.8\text{kmol}/\text{m}^3$。

③ 采用低浓度溶液 $c_B=0.10\text{kmol}/\text{m}^3$ 吸收。试比较以上三种情况下填料层高度。

解 ① 对于纯水的物理吸收，首先通过物料衡算建立操作线方程：

$$G(Y_A-Y_{A_2})=L\left(\frac{c_A}{c_T}-0\right)$$

$$c_A=\frac{G}{L}c_T(Y_A-Y_{A_2})$$

$$P_A^*=H_A'c_A=H_A'\frac{G}{L}c_T(Y_A-Y_{A_2})$$

$$=0.125\times\frac{100}{700}\times56(Y_A-Y_{A_2})$$

$$=Y_A-Y_{A_2}\text{(atm)}$$

$$N_A a=K_G a(P_A-P_A^*)=K_G a\times2\times10^{-4}$$

$$K_G a=\frac{1}{\dfrac{1}{k_G a}+\dfrac{H_A'}{k_L a}}=\frac{1}{\dfrac{1}{32}+\dfrac{0.125}{0.1}}=0.78[\text{kmol}/(\text{m}^3\cdot\text{atm})]$$

$$H=\frac{G}{P_{\text{总}}}\int_{P_2}^{P_1}\frac{dP}{N_A\cdot a}=\frac{100}{K_G a\times1}\int_{0.0002}^{0.001}\frac{dP_A}{2\times10^{-4}}=513\text{(m)}$$

通过计算可知，用水吸收需 513m 的填料高度才能达到工艺要求，实际情况下是不可行的。

从传质阻力的角度看：

$$\frac{1}{K_G a}=\frac{1}{k_G a}+\frac{H_A'}{k_L a}=0.03+1.25=1.28$$

表明 97% 以上的阻力来自液膜，A 为难溶气体。

② 高浓度活性组分 B 吸收。同样，通过物料衡算得到操作线方程：

$$\frac{G}{P}(P_A-P_{A_2})=-\frac{L}{bc_T}(c_B-c_{B_2})$$

$$\frac{100}{1}(P_A-0.0002)=\frac{700}{56}(0.8-c_B)$$

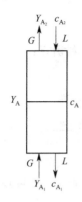

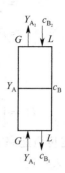

图 7.13　物理吸收示意图　　　　图 7.14　高浓度活性组分 B 吸收示意图

$$c_B = 0.802 - 8P_A$$

塔底处，液相中：

$$c_{B1} = 0.802 - 8 \times 0.001 = 0.794 (\text{kmol/m}^3)$$

吸收剂的临界浓度如下。

塔顶：

$$c_{KP2} = b\frac{D_A}{D_B}\frac{k_G}{k_L}P_A$$

$$= 1 \times \frac{32}{0.1} \times 0.0002 = 0.064 (\text{kmol/m}^3)$$

塔底：

$$c_{KP2} = 1 \times \frac{32}{0.1} \times 0.001 = 0.32 (\text{kmol/m}^3)$$

全塔内，活性物质 B 的浓度均大于临界浓度，即全塔吸收过程由气相传质控制。

此情况下吸收传质速率方程式为：

$$N_A a = k_G a P_A$$

$$h = \frac{G}{P}\int_{P_{A2}}^{P_{A1}} \frac{\mathrm{d}P}{k_G a P_A} = 100\int_{0.0002}^{0.001} \frac{\mathrm{d}P}{32 \times P_A} = 5.03 (\text{m})$$

由计算可知，通过在吸收液中加入大量的 B 组分后发生的极快速化学反应，液相阻力下降为零，宏观吸收速率仅由气相传质速率决定，填料层高度也由 513m 下降到 5m。

③ 对于 $c_B = 0.1\text{kmol/m}^3$ 时，同样通过物料衡算建立起操作线方程：

$$\frac{G}{P}(P_A - P_{A2}) = \frac{1}{n_B c_T}(c_{B2} - c_B)$$

$$\frac{100}{1}(P_A - 0.0002) = \frac{700}{1 \times 56}(0.1 - c_B)$$

$$c_B = 0.0984 - 8P_A$$

塔底浓度：

$$c_{B1} = 0.0984 - 8 \times 0.001 = 0.0904 (\text{kmol/m}^3)$$

塔内临界浓度的计算式为：

$$c_{KP} = \frac{D_{Al}}{D_{Bl}} \times \frac{k_{AG}}{k_{AL}}bP_A = \frac{32}{0.1} \times P_A$$

塔顶临界浓度：

$$c_{KP_1} = 0.064 \text{kmol/m}^3 < c_{B_2}$$

塔底临界浓度

$$c_{KP_2} = 0.32 \text{kmol/m}^3 < c_{B_1}$$

此情况下，全塔需分为两段计算（图 7.15）：

在某一断面 V 上，$c_{BV} = c_{KPV}$。该断面以上，$c_B > c_{KP}$。吸收过程，气膜传质控制，$P_{Ai} = 0$，$N_A a = k_G a P_A$。

而该断面以下，$c_B < c_{KP}$，则：

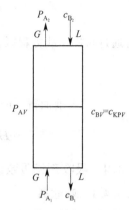

图 7.15 吸收示意图

$$N_A a = K_G a \left(P_A + \frac{1}{n_B H_A} \frac{D_{Bl}}{D_{Al}} c_{Bl} \right)$$
$$= K_G a \left(P_A + \frac{H'_A}{n_B} \frac{D_{Bl}}{D_{Al}} c_{Bl} \right)$$

可通过下列两式联立求解确定断面 V 的位置：

$$\begin{cases} c_{KPV} = 320 P_{AV} \\ \dfrac{G}{P}(P_{AV} - P_{A_2}) = \dfrac{L}{n_B c_T}(c_{B_2} - c_{BV}) \end{cases}$$

$$\begin{cases} P_{AV} = 0.00031 \text{atm} \\ c_{KPV} = 0.0099 \text{kmol/m}^3 \end{cases}$$

对于上段气相控制：

$$h_1 = \frac{G}{P} \int_{P_{A_2}}^{P_{AV}} \frac{dP_A}{k_G a P_A} = 100 \int_{0.0002}^{0.00031} \frac{dP_A}{32 \times P_A} = 1.373(\text{m})$$

对于下段：

$$N_A a = K_G a \left(P_A + \frac{H'_A}{n_B} \frac{D_{Bl}}{D_{Al}} c_{Bl} \right)$$
$$= 0.78[P_A + 0.125(0.0984 - 8P_A)]$$
$$= 0.78 \times 0.125 \times 0.0984$$

$$h_2 = \frac{G}{P} \int_{P_{A_1}}^{P_{AV}} \frac{dP_A}{0.78 \times 0.125 \times 0.0984} = 7.19(\text{m})$$

所需总填料高度：

$$H = h_1 + h_2 = 8.56(\text{m})$$

由此可总结出以下一般的解题思路。

① 先建立操作线方程。

② 确定吸收速率。对于物理吸收：

$$N_A = K_G(P_A - P_A^*)$$

对于化学吸收，计算塔顶、塔底 c_B、c_{KP}，判断属于哪种过程，从而确定 N_A 的表达式。

对于极快速不可逆反应 $A + n_B B \longrightarrow C$，其临界浓度：

$$c_{KP} = \frac{k_{AG}}{k_{AL}} \frac{D_{Al}}{D_{Bl}} n_B P_A$$

a. 如果全塔 $c_B \geqslant c_{KP}$，则相界面及溶液中的 $P_{Ai} = 0$，过程为气膜传质控制，此时吸收速率：

$$N_A = k_{AG} P_A$$

b. 如果全塔 $c_B < c_{KP}$，则：

$$N_A = K_G \left(P_A + \frac{1}{n_B H_A} \frac{D_{Bl}}{D_{Al}} c_B \right)$$

c. 对于逆流吸收过程，如果塔顶处的 $c_B > c_{KP}$，而塔底处的 $c_B < c_{KP}$，则在塔中必存在一个 $c_B = c_{KP}$ 的界面，在该界面以上塔段为气膜传质控制，吸收速率 $N_A = k_{AG} P_A$，而该界面以下塔段为混合控制：

$$N_A = K_G \left(P_A + \frac{1}{n_B H_A} \frac{D_{Bl}}{D_{Al}} c_B \right)$$

可通过与操作线方程联合求出该断面上的 P_A。

$$c_B = c_{KP} = \frac{k_{AG}}{k_{AL}} \frac{D_{Al}}{D_{Bl}} n_B P_A$$

③ 根据前面得到的 N_A 表达式，通过以下的公式计算所需的传质面积或传质层高度。

$$H = \int_0^H dH = \frac{G}{f_c P} \int_{P_{A2}}^{P_{A1}} \frac{dP_A}{a N_A} = \frac{L}{f_c n_B c_T} \int_{c_{B1}}^{c_{B2}} \frac{dc_B}{a N_A}$$

7.4.4　吸收剂和吸收设备

7.4.4.1　吸收剂

（1）对吸收剂的要求　吸收剂是吸收操作的关键之一。对吸收剂的主要要求是：对吸收质的溶解度大，并有良好的选择性，以提高吸收效果，减少吸收剂用量；蒸气压低，以减少吸收剂的损失，避免造成新的污染；沸点高，熔点低；无毒性，无腐蚀性，难燃烧，化学性质稳定；易于解吸再生或综合利用；价格低廉，容易取得。

（2）吸收剂的选择　对于物理吸收，要求吸收剂对吸收质的溶解度大，可以按照相似相溶规律去选择吸收剂。

化学吸收过程的推动力大，净化效果好。所以，要选择能与污染物起化学反应，特别是快速反应的物质作吸收剂。中和反应是最常利用的化学反应，因为许多重要的大气污染物是酸性气体（如 SO_2、NO_x、HF 等），可以用碱或碱性盐溶液吸收。选择化学吸收剂，应注意反应产物的性质，要使产物无害，或者易于回收利用。

水是一种良好的工作介质，符合前面提到的大部分要求，是许多吸收过程（特别是物理吸收）的首选对象。水既可直接作吸收剂，也可用水溶液作吸收剂。

（3）吸收剂的再生　吸收剂使用到一定程度，需要更换。少数情况下，使用后的吸收剂可直接回收利用，或处理后排放，多数情况下，需要解吸再生。

对于物理吸收，可用降压解吸、贫气解吸、水蒸气解吸和加热解吸等办法再生吸收剂。化学吸收的解吸再生比较复杂，对于可逆反应，可采用物理吸收的解吸方法再生；对不可逆反应，可针对生成物的特点，采取化学反应吸附、离子交换、沉淀、电解等方法再生。

7.4.4.2　吸收设备

（1）对吸收设备的要求　为了强化吸收过程，降低设备的投资和运转费用，吸收设备必须满足以下基本要求：气液之间有较大的接触面积和足够的接触时间；气液之间扰动强烈，使吸收阻力低；操作稳定，有较好的操作弹性；气体通过的压降小；耐磨、耐腐蚀、运转安全可靠；构造简单，便于制作、安装和检修。

（2）吸收设备的形式

① 气液分散形式。吸收设备的主要功能就在于建立最大的能迅速更新的相接触表面。为增加气液接触面积，要求气体和液体分散。分散形式有三种：气相分散，液相连续（如板

式塔）；液相分散，气相连续（如喷淋塔、填料塔）；气液同时分散（如文丘里吸收器）。

②气液接触方式

吸收设备的气液接触方式有两种：连续接触（如喷淋塔、填料塔、湍球塔、文丘里吸收器）和阶段接触（如板式塔、多层机械喷洒洗涤器）。

（3）几种吸收设备的构造

①喷淋塔。喷淋塔又称空塔，塔内一般仅装有喷头，气体从下部进入，吸收剂自上而下喷淋，塔的上部设有气液分离器。喷淋的液滴应大小适中，液滴过大，气液接触的面积小，接触时间短，影响吸收；液滴过小，容易被气流带走，吸收剂损失大，并可能影响后续工艺或设备。

喷淋塔的优点是阻力小，结构简单，操作简单。但传统的喷淋塔因不能使用较高的空塔气速（一般小于1.5m/s），所以处理能力小，另外它的液滴内部没有液体循环，液膜阻力往往很高，因此一般只适用于气膜控制的吸收过程。

近年来，喷淋塔的结构不断改进，并成功应用于火电厂烟气湿式脱硫装置中。其改进的重点是喷嘴，改进的方向主要有：增大喷淋密度、减小喷淋液滴的直径以提高气液接触面积，合理布置喷嘴的位置和喷射方向，提高塔内湍流强度，提高喷嘴喷射的速度等。现在的喷淋塔的空塔气速一般在4m/s以上，有的高达6m/s。

②填料塔。在喷淋塔的内部填充适当的填料就成了填料塔，放置填料后，可以增大气液接触面积。填料塔的性能优劣，关键取决于填料。好的填料要有较大的比表面积，较高的空隙率，单位体积的质量轻、造价低、坚固耐用、不易堵塞、对于气液两相介质都具有良好的化学稳定性。常用的填料有拉西环、鲍尔环、阶梯环、鞍形和波纹填料等。

根据气液两相流体的流动方向，其可分为并流式、逆流式和错流式。从传质的角度说，逆流式操作的传质条件最好，出口浓度最低，并流式的最差，错流式的介于两者之间。通常国内使用的填料塔多数是逆流式的。而在国外，错流式的填料塔也有较广泛的应用。与逆流塔相比，错流式具有空塔气速大、无液泛的特点，适合风量大、净化效率要求不太高的场合。其构造如图7.16所示。

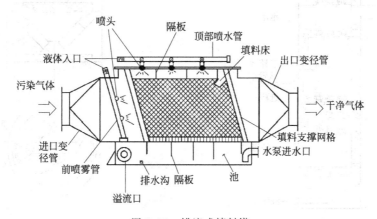

图7.16 错流式填料塔

液体流过填料层时，有向塔壁流动的倾向，因此填料层高度较大时，通常将其分成若干层，填料塔的空塔气速一般为0.5～1.5m/s，气体通过填料层产生的压降为400～600Pa/m。

填料塔的结构简单，阻力小，是目前大气污染控制应用较多的一种吸收设备。

③ 湍球塔。湍球塔是填料塔的特殊情况，其塔内的填料处于悬浮状态，以强化吸收过程。湍球塔内设有开孔率较大的筛板，筛板上放置一定数量的轻质小球。气流以较高的速度通过，使小球在塔内湍动并相互碰撞，吸收剂自上而下喷淋加湿小球表面。由于小球表面的液膜能不断更新，增大了吸收推动力，提高了吸收效率，并由于小球不断相互碰撞，所以不容易发生结垢、堵塞。

湍球塔的空塔气速一般为 $2\sim6m/s$，气体通过每段湍流塔的压降为 $400\sim1200Pa$。同样空塔气速下，湍球塔内的气体压降比填料塔小。湍球塔的优点是：气速高，处理能力大，体积小，吸收效率高。缺点是：有一定程度的返混，小球磨损大，需经常更换。

④ 板式塔。板式塔是化工工业中常用的吸收设备，它的构造形式很多，如筛板塔、泡罩塔（图7.17）、浮阀塔、旋流板塔等，最简单的是筛板塔。筛板塔内设几层筛板，气体自上而下经过筛板上的液层。气液在筛板上错流流动，为了在筛板上有一定的液层厚度，筛板上有溢流堰，液体由溢流堰经降液管流至下层筛板。

塔内气体必须保持适当的流速。气体速度低，液体将从筛孔泄漏，使吸收效率急剧下降，气体速度过高，气流带液现象严重。筛板塔的空塔气速一般取 $1.0\sim3.5m/s$，随气流速度不同，筛板上液层呈现不同的气液混合状态。筛孔直径一般为 $3\sim8mm$，开孔率一般为 $10\%\sim18\%$，对于含悬浮物的液体，可采用 $13\sim15mm$ 的大孔，筛孔直径过小容易堵塞。

筛板塔的优点是构造简单，吸收效率高。缺点是筛孔容易堵塞，操作不稳定，只适用于气液负荷波动不大的情况。处理气量较大时，采用筛板塔较为经济。

旋流板塔是一种较新的吸收装置，如图7.18所示，其关键设备就是内部的旋流叶片。在旋流叶片的作用下，气体旋转向上，与叶片上流下的液相充分接触，因此它具有传质强度高、通气量大等优点。旋流板塔还可以作除雾装置。

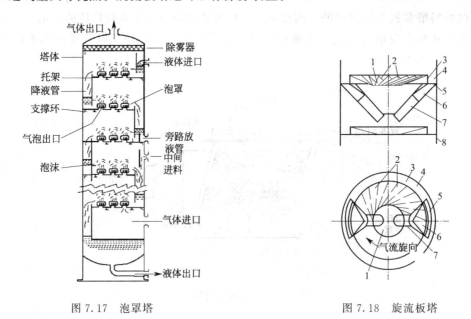

图 7.17　泡罩塔

图 7.18　旋流板塔

1—盲板；2—旋流叶片；3—罩筒；4—集液槽；
5—溢流口；6—异形接管；7—圆形溢流管；8—塔壁

⑤ 文丘里吸收器。文丘里吸收器与湿式除尘中的文丘里洗涤器的原理和构造基本相同。

请参看相关章节，这里不再赘述。

⑥ 喷射鼓泡塔。喷射鼓泡塔（图 7.19）是把气体用带细缝或小孔的管道吹入吸收液中产生大量的细小气泡，在气泡上升的过程中完成气液传质。喷射鼓泡塔与板式塔类似，气相是分散的，所不同的是气泡产生了涡流运动，并有内循环的液体喷流作用，而且其表观气速比普通鼓泡塔高得多。

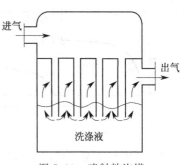

图 7.19　喷射鼓泡塔

在有害气体治理中，处理的是一些气量大、污染物浓度低的废气，一般都是选择极快速反应或快速反应，过程主要受扩散过程控制，因而选用气相为连续相、液相为分散的形式较多，如喷淋塔、填料塔、湍球塔、文丘里吸收器等，这些形式相界面大，气相湍动程度高，有利于吸收。因此喷淋塔、填料塔等应用较广，在有些场合也应用板式塔及其他塔型。

7.5　吸　　附

吸附是一种常见的气态污染物净化方法，是用多孔固体吸附剂将气体或液体混合物中的一种或数种组分积聚或凝缩在其表面上而达到分离目的的过程。被吸附到固体表面的物质称为吸附质，吸附质附着于其上的物质称为吸附剂。根据吸附剂和吸附质之间发生吸附作用的力的性质，通常将吸附分为物理吸附和化学吸附。

物理吸附主要是分子之间引力起作用，一般在较低温度下进行，其过程与蒸气凝结相似，热效应不强（吸附热约 42kJ/mol 或更少），吸附质与吸附剂的结合较弱，过程可逆。通常只要提高温度、降低气相吸附质的分压，吸附质便会析出，析出的吸附质性质没有改变。因此采用物理吸附时，吸附剂的再生、吸附质的回收比较容易。由于分子间的吸引力普遍存在，所以一种吸附剂可以同时吸附多种气体。物理吸附量随气体温度下降而增加。同一种吸附剂对不同气体的吸附能力正比于吸附质的分子量，并反比于吸附质的蒸气压。

被吸附的分子获得一定的能量后即可脱离固体表面，这一过程称为脱附，脱附是吸附的逆过程，在一定条件下，经过足够长的时间，吸附与脱附达到动态平衡，吸附剂饱和。吸附剂饱和后可通过脱附重新具有吸附能力。脱附过程产生的浓度升高后的脱附物可冷凝回收或燃烧。

化学吸附过程中，吸附剂和吸附质之间发生化学反应。它是一种选择性吸附，即一种吸附剂只对特定的几种物质有吸附作用。化学吸附过程的热效应较强（吸附热为 84～420kJ/mol），吸附质与吸附剂结合比较牢固，必须在高温下才会脱附。化学吸附比物理吸附推动力更大，结合更牢固。所以，对毒性较强的污染物，化学吸附更可靠。

用吸附法净化废气要求少含微粒物质，特别不能有胶黏性物质。通常废气含水蒸气时对吸附不利。物理吸附净化时，废气温度不能太高。

7.5.1　吸附原理

7.5.1.1　吸附平衡

（1）单组分吸附　气固两相长时间接触，吸附与脱附达到动态平衡。在一定的温度下，吸附量与吸附质平衡分压之间的关系曲线被称为吸附等温线。吸附等温线有 5 种基本类型，如图 7.20 所示。物理吸附 5 种类型均有，化学吸附仅有（1）型。相应的吸附等温方程式如下。

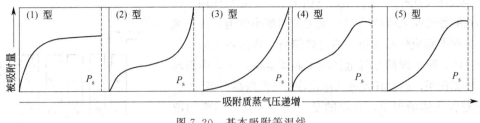

图 7.20　基本吸附等温线

① 弗里德里希（Freundlich）方程式。根据大量实验，弗里德里希对（1）型吸附等温线提出如下指数方程式：

$$X_T = kP^{\frac{1}{n}} \tag{7.86}$$

式中　X_T——被吸附组分的质量与吸附剂质量之比；

　　　P——平衡时被吸附组分在气相的分压，Pa；

　　　k, n——经验常数，与吸附剂和吸附质的性质和温度有关，通常 $n > 1$，其值由实验确定。

弗里德里希吸附方程只适用于吸附等温线的中压部分，在使用中常采取它的对数形式。

$$\lg X_T = \lg k + \frac{1}{n} \lg P \tag{7.87}$$

以 $\lg X_T$ 对 $\lg P$ 作图，可得到一直线，斜率 $1/n$，截距 $\lg k$。

弗里德里希吸附方程是最早被提出的经验式，工业上颇具有实用价值，液体吸附更为有用。

② 朗格缪尔（Langmuir）方程式。朗格缪尔导出了能较好适用于（1）型吸附等温线的理论公式。其假定条件是：单分子层吸附；吸附过程由吸附质在吸附剂表面凝结和吸附剂表面的吸附质分子蒸发返回气相两种作用构成。吸附刚开始，吸附质表面均为自由表面，每一个与吸附剂碰撞的分子都能在表面凝结，吸附速率高；随吸附时间增加，自由表面减少，吸附速率降低。与此同时，随吸附剂表面吸附质分子增多，返回气相的分子增多，脱附速率提高。最后，吸附与脱附达到平衡，吸附剂饱和。

设吸附质对吸附剂表面的覆盖率为 θ，则未覆盖率为（$1 - \theta$）。若气相分压为 P，则吸附速率为 $k_1 P (1 - \theta)$，脱附速率为 $k_2 \theta$。当吸附达平衡时：

$$k_1 P (1 - \theta) = k_2 \theta \tag{7.88}$$

$$\theta = \frac{k_1 P}{k_2 + k_1 P} \tag{7.89}$$

式中　k_1, k_2——分别为吸附、脱附常数。

令 $B = k_1 / k_2$，则上式写成：

$$\theta = \frac{BP}{1 + BP} \tag{7.90}$$

若以 A 代表饱和吸附量，则单位吸附剂所吸附的吸附质的量 X_T 为：

$$X_T = A\theta = \frac{ABP}{1 + BP} \tag{7.91}$$

上式称为朗格缪尔方程，式中 A、B 为常数。如果将覆盖率 θ 表示成 V/V_m，其中 V 是

气体分压为 P 时被吸附气体在标准状态下的体积，V_m 是吸附剂被覆盖满一层时被吸附气体在标准状态下的体积，则式（7.91）为：

$$\frac{V}{V_m} = \frac{BP}{1+BP} \text{或} \frac{P}{V} = \frac{1}{BV_m} + \frac{P}{V_m} \tag{7.92}$$

以 P/V 对 P 作图，得一直线。由直线的斜率 $1/V_m$ 和截距 $1/(BV_m)$ 便可计算 B 与 V_m 的值。

由朗格缪尔等温式得到的结果与许多实验现象相符合，能够解释许多实验结果，因此朗格缪尔方程目前仍是常用的基本等温吸附方程。

③ BET 方程式。对（2）、（3）型吸附过程，Brunauer、Emmett 等人假定其为多分子层吸附，并导出相应的方程式：

$$\frac{P}{V(P_s - P)} = \frac{1}{V_m C} + \left(\frac{C-1}{V_m C}\right)\frac{P}{P_s} \tag{7.93}$$

式中　P_s——吸附质饱和蒸气压，Pa；

　　　V——被吸附的吸附质的体积，m^3；

　　V_m——单分子层饱和吸附时，被吸附的吸附质的体积，m^3；

　　　C——常数。

$$C = \exp\left(\frac{E_i - E_1}{RT}\right) \tag{7.94}$$

式中　E_i——单分子层吸附的吸附热；

　　　E_1——吸附质凝结热。

如果 $E_i > E_1$，吸附等温线为（2）型；如果 $E_i < E_1$，吸附等温线为（3）型。

在给定温度下，测得不同分压 P 下某种气体的吸附体积，以 $\dfrac{P}{V(P_s - P)}$ 对 P/P_s 作图，得到一条直线，截距为 $\dfrac{1}{V_m C}$，斜率为 $\dfrac{C-1}{V_m C}$，便可求得 C、V_m 的值。

若每个气体分子在吸附剂表面所占的面积已知，就可求出所用吸附剂的表面积，即为测定吸附剂、催化剂表面积的 BEF 法。

Brunauer、Deming 等人认为，（4）型和（5）型吸附不仅是多分子层吸附，而且吸附质在吸附剂微孔和毛细管中凝结，至今没有一个普遍适用的公式。

脱附是吸附的逆过程，从理论上说，脱附等温线应该与吸附等温线重合。但实际上，由于吸附质中的微孔和毛细管形状或吸附质被润湿等复杂因素的影响，二者不能完全重合。任何情况下，脱附时的平衡分压总低于吸附时的平衡分压。

（2）多组分吸附　如果气相中存在组分 A 和 B，二者都能被吸附。吸附过程中 A 和 B 所造成的吸附表面覆盖率分别为 θ_A 和 θ_B，则自由表面率为 $1 - \theta_A - \theta_B$，与前面单组分吸附相比照，朗格缪尔定律可推广为：

$$\theta_A = \frac{a_A P_A^*}{1 + a_A P_A^* + a_B P_B^*} \tag{7.95}$$

$$\theta_B = \frac{a_B P_B^*}{1 + a_A P_A^* + a_B P_B^*} \tag{7.96}$$

式中　a_A, a_B——A 和 B 的吸附平衡常数。

吸附剂既能吸附 A，又能吸附 B，但吸附表面已经吸附 A 的部位就不能再吸附 B，即两种分子间存在竞争吸附。由上列两式可以看出，当 P_A（或 P_B）增大，θ_B（或 θ_A）减小，而在表面覆盖率很低（$1+a_A P_A^* + a_B P_B^* \approx 1$）时，每种物质对吸附表面的覆盖率只与气相分压成正比。

（3）吸附势　吸附剂不像吸收剂那样对于特定的溶质有着确定的溶解度（吸附平衡值），而是不同的吸附剂有着不同的吸附平衡数据。即使都是活性炭，由于生产厂家的不同，其对同一吸附质的吸附平衡值也不同。有时甚至同一生产厂家的产品，因为生产日期不同，都有可能产生差距。因此，我们无法从一些已经测定得到的吸附平衡数据推广到其他任意的活性炭吸附平衡中去。为此许多学者从吸附势的概念进行了吸附平衡容量的估算研究。

Goldman 和 Polanyi（1923 年）使用吸附势的概念导出了温度对吸附剂容量影响的单一曲线。吸附势的定义为：1mol 的（有机物）蒸气在吸附温度 T 下从平衡分压 P 压缩到饱和蒸气压 P_0 时的自由能变化值。

$$\Delta G_{ads} = RT \ln\left(\frac{P_0}{P}\right) \tag{7.97}$$

式中　ΔG_{ads}——吸附自由能变化值，kcal/kmol；

$\quad\quad T$——吸附温度，K；

$\quad\quad P_0$——温度 T 下吸附质的饱和蒸气压，kPa。

杜比宁（Dubinin，1947 年）发现相同的吸附剂在吸附性质相似的物质时，当吸附剂吸附量相同时，吸附势除以不同物质的摩尔体积近似为常数，即：

$$\left[\frac{RT}{V'}\ln\left(\frac{P_0}{P}\right)\right]_i = \left[\frac{RT}{V'}\ln\left(\frac{P_0}{P}\right)\right]_j \tag{7.98}$$

式中　V'——1mol 吸附质的液态体积，cm^3/mol；

$\quad\quad i,j$——表示不同物质的下标符号。

从而提供了由已知的某一物质吸附平衡容量推算出该吸附剂对其他物质吸附平衡容量的途径。

在吸附领域得到较多应用的 D-R（Dubinin-Radushkevich）方程：

$$V = V_0 \exp\left[-\left(C\ln\frac{P_0}{P}\right)^2\right] \tag{7.99}$$

$$C = \frac{RT}{\beta E_0}$$

式中　V——吸附质在吸附剂上的液态体积，cm^3/g；

$\quad\quad V_0$——吸附质在吸附剂上所能占的吸附体积（吸附孔容），cm^3/g；

$\quad\quad E_0$——标准气体（通常是苯）的特征吸附能，kJ/kmol；

$\quad\quad \beta$——体现吸附质极性的亲和力系数（以苯为基准 1）。

7.5.1.2　吸附速率

吸附平衡仅表明吸附过程的限度，未涉及吸附时间。吸附过程常需要较长时间才达到两相平衡，而在实际生产过程中，接触时间是有限的，因此，吸附量取决于吸附速率。

（1）吸附过程　吸附过程的物质传递可分为以下四个阶段（图 7.21）：

① 吸附质分子通过气膜扩散到吸附剂外表面；

② 吸附质分子在微孔中扩散到达内表面；

③ 吸附质分子被吸附于内表面活性点上；

④ 吸附质分子由吸附剂内表面向晶格内扩散。

上述①和②阶段分别称为外扩散和内扩散，③和④阶段统称为动力学过程。不同吸附过程各阶段阻力的相对大小不同，阻力最大的阶段对过程起控制作用。通常气相吸附质浓度高，过程受内扩散控制；气相吸附质浓度低，过程受气膜控制。

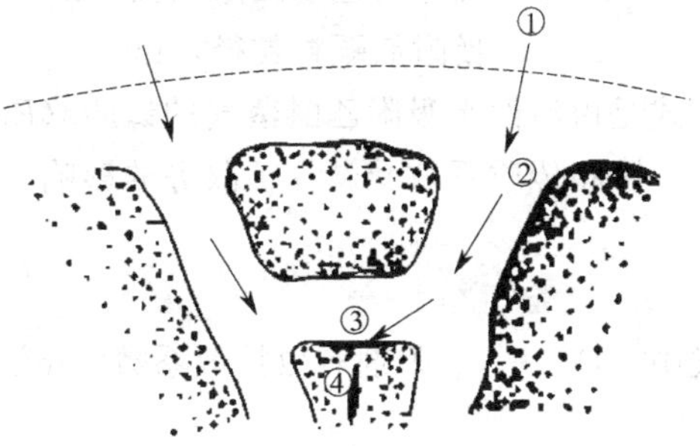

图 7.21 吸附过程

(2) 吸附速率方程

① 拟稳态吸附。吸附过程的传质速率与气固两相的物质性质和气相吸附质浓度有关。要测定气固两相的瞬时浓度是困难的，因此只能以拟稳态方式来处理吸附速率方程。

物理吸附中，动力学过程的影响可以忽略，其过程与物理吸收相似，速率方程可写成：

$$\frac{\mathrm{d}q_A}{\mathrm{d}t} = k_G a_S (Y_A - Y_{AS}) = k_S a_S (X_{AS} - X_A) \tag{7.100}$$

式中　$\dfrac{\mathrm{d}q_A}{\mathrm{d}t}$——吸附传质速率，$kg/(m^3 \cdot s)$；

　　k_G, k_S——气相和固相传质分系数，$kg/(m^2 \cdot s)$；

　　　a_S——吸附剂比表面积，m^2/m^3；

　　　Y_A——气相主体吸附质浓度，kg 吸附质/kg 惰气；

　　　Y_{AS}——吸附剂外表面气相吸附质浓度，kg 吸附质/kg 惰气；

　　　X_A——固相主体吸附质浓度，kg 吸附质/kg 净吸附剂；

　　　X_{AS}——吸附剂外表面固相吸附质浓度，kg 吸附质/kg 净吸附剂。

吸附速率方程也可以用传质总系数表示：

$$\frac{\mathrm{d}q_A}{\mathrm{d}t} = K_G a_S (Y_A - Y_A^*) = K_S a_S (X_A^* - X_A) \tag{7.101}$$

对于低浓度体系，可假定平衡关系为 $Y_A^* = m X_A^*$，则可得：

$$\frac{1}{K_G a_S} = \frac{1}{k_G a_S} + \frac{m}{k_S a_S} \tag{7.102}$$

$$\frac{1}{K_S a_S} = \frac{1}{k_S a_S} + \frac{1}{m k_G a_S} \tag{7.103}$$

由式(7.102)可知，当 $k_G \gg \dfrac{k_S}{m}$ 时，则 $K_G \approx \dfrac{k_S}{m}$，即外扩散阻力可忽略，过程受内扩散控制；当 $k_G \ll \dfrac{k_S}{m}$ 时，$K_G \approx k_G$，即内扩散阻力可忽略，过程受外扩散控制。

气相传质系数与吸附质分子扩散系数、流体特性（密度、黏度等）和流动状态、吸附剂粒径及床层空隙率等因素有关，通常由实验得到经验公式或具体数值，例如：

$$K_G a_S = 1.6 \frac{D}{d_S^{1.46}} \left(\frac{v_g}{\nu} \right)^{0.54} \tag{7.104}$$

式中　D——扩散系数，m^2/s；

　　　v_g——气体流速，m/s；

ν——气体的运动黏滞系数，m^2/s；

d_s——吸附剂颗粒粒径，m。

上式是由活性炭吸附乙醚蒸气的试验（$Re<40$）结果得到的。

固相传质系数受微孔扩散等的影响。球状颗粒吸附剂在拟稳态下：

$$K_S a_S = \frac{60 D_e}{d_s^2} \qquad (7.105)$$

式中　D_e——吸附剂有效扩散系数，m^2/s。

$$D_e = \frac{\varepsilon D_0}{h'}$$

式中　ε——吸附床层空隙率；

D_0——包括了吸附剂外扩散和微孔扩散的表观扩散系数；

h'——吸附剂曲折因子，对 5Å 分子筛可取 3～5。

$$\frac{1}{D_0} = \frac{1}{D_{AB}} + \frac{1}{D_{KA}}$$

式中　D_{AB}——吸附质气相扩散系数，m^2/s；

D_{KA}——吸附质微孔扩散系数，m^2/s。

② 动力学吸附。动力学过程控制时，吸附速率方程为：

$$\frac{dq_A}{dt} = K\left[Y_A(q_{AS}-q_A) - \frac{q_A}{m}\right] \qquad (7.106)$$

式中　K——平衡常数；

q_{AS}——最终吸附容量，kg/m^3。

一般来说，吸附过程开始时速率较快，随即变慢，由于吸附的复杂性，工业上吸附器设计所需的吸附速率数据多凭经验获得或在模拟情况下由实验测定。

7.5.2　吸附传质计算

（1）固定床的传质区高度和饱和度　如图 7.22 所示，让初始浓度为 c_0 的气体从固定床吸附床下方流入，此时床内的吸附剂开始吸附气体中的吸附质。在不同时刻，吸附床不同截面处气流中吸附质的浓度分布是变化的。吸附床内，在吸附剂中所吸附的吸附质量沿吸附层不同高度变化的曲线称为负荷曲线，有时也可采用气相中吸附质浓度沿吸附层不同高度的变化曲线表示负荷曲线。

当气流从开始通入到 τ_1 时，塔内气相中吸附质浓度负荷曲线如图 7.22 中 τ_1 所示，此时进口端面仍具有吸附能力，床层中无一处吸附剂饱和，吸附过程是在 τ_1 负荷曲线所对应的吸附床高度区域内进行，即气流中吸附质在通过该部分床层时被全部吸附，该部分床层的上方虽有气流通过，但其中已不含吸附质。

随着通入气量的累积，到达累积时间为 τ_F 时刻时，负荷曲线逐渐上移到 τ_F，此时进气端断面处的吸附剂刚好饱和，在吸附床内形成了一个气相浓度从最高的入口浓度值到零的吸附传质区（MTZ），即形成了吸附波，所以 τ_F 亦被称为传质区形成的时间。吸附波的长度即为吸附传质区长度 Z_A。

在时间 τ_F 时刻后，吸附波沿着床层平行地向前移动，即成为所谓的"恒定模式"。"恒定模式"时，吸附传质区高度 Z_A 为一定值。当通气至 τ_2，此时整个床层可分成 3 部分，吸附饱和区、吸附传质区和空白区。吸附过程仅在吸附传质区中进行。

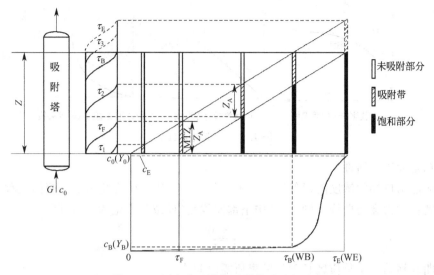

图 7.22 固定床吸附塔吸附传质过程示意

继续让恒定浓度的气体通入吸附床，到达时间 τ_B 时刻时，吸附传质区（S形吸附波）的前端刚好移到吸附柱末端，此时出口气体中开始有吸附质漏出。水平虚线 c_B 是根据排放标准确定的污染物在净化后气流中的最大允许浓度，此浓度对应的时间 τ_B 称穿透时间，此点称穿透点。随着吸附传质区逐渐移出吸附柱末端，出口气体中的吸附质的浓度逐步增大，当吸附传质区完全离开床层时，气体中吸附质浓度升高至与初始浓度 c_0 相同，此时刻 τ_E 称饱和时间，此点称为饱和点。此时床层中全部吸附剂已饱和，完全失去了吸附能力。实际使用固定床吸附器净化气体时，达到穿透点时往往就停止了吸附操作，切换到另一吸附柱进行吸附。

注：吸附等温线对吸附波和传质区的影响

当气体通过固定床层时，在床内形成传质前沿亦即吸附波，吸附波的宽度即为传质区的大小，传质区愈短表示床层操作状况愈佳，吸附剂的性能愈好。吸附区的大小，吸附波的形状是固定床操作好坏的主要标志。在此仅就在理想操作条件下吸附剂本身进行考察，从吸附剂的吸附等温线来观察其对吸附波和传质区的影响。把吸附等温线分成一段一段来看，可以简化为三种形式，即图 7.23(a) 优惠的吸附等温线，（b）线性吸附等温线，（c）不优惠的吸附等温线。在此三种吸附等温线中：

① $\partial^2 f(c)/\partial c^2 < 0$ 为优惠的吸附等温线，即等温线的斜率随气体的浓度 c 的增加而减少；换言之，吸附质的分子和固体吸附剂的分子之间的亲和力随气体浓度的增加而降低；

② $\partial^2 f(c)/\partial c^2 = 0$ 为线性吸附等温线，指吸附质和固体吸附剂之间的亲和力保持恒定，和气体中吸附质的浓度无关，吸附等温线的斜率不因气体浓度变化而改变；

③ $\partial^2 f(c)/\partial c^2 > 0$ 为不优惠的吸附等温线，吸附等温线的斜率随气体浓度 c 的增加而加大，即吸附质分子之间的亲和力随气体浓度的增加而加大。

从开始吸附到即将穿透时，全床层中单位质量吸附剂所吸附的吸附质的质量称为动活性。而全床层饱和时，单位质量吸附剂所吸附的吸附质的质量称为静活性，因此：

饱和度＝动活性/静活性

由于吸附床到达穿透点时床层中仍有一段吸附剂层（即吸附传质区）未能吸附饱和，所

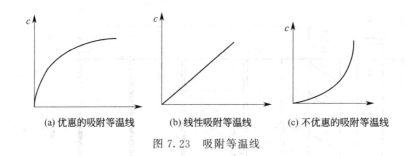

(a) 优惠的吸附等温线　　(b) 线性吸附等温线　　(c) 不优惠的吸附等温线

图 7.23　吸附等温线

以静活性总是大于动活性。

若用床层出口端的浓度随通气时间 τ（或累计气量 W）的变化来表示吸附过程的话，所得的曲线就被称为穿透曲线（图 7.22 中下部曲线）。设载气流量为 G_s，则：

$$\tau = \frac{W}{G_s} \tag{7.107}$$

吸附曲线移动一个传质区长度的距离所需时间为：

$$\tau_A = \frac{W_E - W_B}{G} = \frac{W_A}{G} \tag{7.108}$$

式中　W_B——达到穿透点时的累计流出气量，kg 惰气/m^2；

　　　W_E——达到饱和点时的累计流出气量，kg 惰气/m^2；

　　　W_A——传质区移动一个传质区高度期间的累计流出气量，kg 惰气/m^2；

　　　G——惰气质量流量，kg/($m^2 \cdot s$)。

从开始通气直至传质区刚好完全移出床层（床层刚好完全饱和）所需时间：

$$\tau_E = \frac{W_E}{G} \tag{7.109}$$

传质区高度 Z_A 与全床层的吸附长度之比等于 MTZ 移动传质区长度 Z_A 所需时间 τ_A 与移动全床层长度 Z 所用时间 τ 之比：

$$\frac{Z_A}{Z} = \frac{\tau_A}{\tau} = \frac{\tau_A}{\tau_E - \tau_F} \tag{7.110}$$

式中　τ_E——达到饱和点所经过的时间，s；

　　　τ_F——传质区形成时间，s。

在吸附床从穿透点开始至饱和点（完全失去吸附能力）期间内，传质区内吸附剂所吸附的吸附质量（kg 吸附质/m^2 床层截面积）为：

$$U = \int_{W_B}^{W_E} (Y_0 - Y) dW \tag{7.111}$$

U 是到达穿透点时吸附床仍具有的吸附能力。由于传质区吸附剂的饱和吸附量应为 $Y_0 W_A$，因此对传质区而言，其正常运行情况下无法被利用的吸附能力（残留吸附量占饱和吸附量的分数）为：

$$E = \frac{U}{Y_0 W_A} = \frac{\int_{W_B}^{W_E} (Y_0 - Y) dW}{Y_0 W_A} \tag{7.112}$$

当 $E=0$ 时（吸附波形成后，传质区完全饱和），床层顶部传质区形成时间与移动传质区长度所需时间基本一致，即 $\tau_A = \tau_F$；当 $E=1$ 时（传质区吸附剂不含吸附质），传质区形成时间很短，即 $\tau_F \approx 0$。据此可得：

$$\tau_F = (1-E)\tau_A \tag{7.113}$$

由式（7.110）和式（7.113）可得：

$$Z_A = \frac{Z\tau_A}{\tau_E - (1-E)\tau_A} \tag{7.114}$$

将式（7.108）和式（7.109）代入式（7.114）则得：

$$Z_A = \frac{ZW_A}{W_E - (1-E)W_A} \tag{7.115}$$

对一个高度 Z、堆积密度为 ρ_s 的床层，其单位截面积吸附剂质量为 $Z\rho_s$。如果吸附剂饱和浓度为 X_T，则床层全部饱和时的吸附总量为 $Z\rho_s X_T$。

出口断面达到穿透点时，床层中 $Z-Z_A$ 段已饱和，而 Z_A 段内只吸附了 $(1-E)Z_A\rho_s X_T$，所以整个床层的饱和度为：

$$\alpha = \frac{(Z-Z_A)\rho_s X_T + Z_A\rho_s(1-E)X_T}{Z\rho_s X_T} = \frac{Z-EZ_A}{Z} \tag{7.116}$$

知道了平衡关系和床层饱和度后，亦知道了动活性，就可以进行固定床的设计操作计算。

影响穿透曲线的因素有：气流速度、吸附平衡性质、污染物入口浓度、吸附的性质、床层的装填等。

（2）传质区内传质单元高度和传质单元数（理论上传质区长度和不饱和度的求法）　吸附操作过程中，床层内的传质区沿气流方向移动。为了分析问题的方便，假想固相物质以传质区移动速度与气流做逆向运动，则传质区可看成固定于某一高度，如图 7.24 所示。假设床层无限大，则床层顶面气固两相达到平衡状态，则整个床层的物料衡算式为：

$$G_s(Y_0 - 0) = S(X_T - 0) \tag{7.117}$$

式中　S——假想的吸附剂流量。

即

$$Y_0 = \frac{S}{G_s}X_T \tag{7.118}$$

上式即为操作线方程，$\dfrac{S}{G_s}$ 为操作线斜率（图 7.24）。对于床层任意截面，则有如下关系：

$$G_s Y = SX \tag{7.119}$$

在单位面积断面的床层中取微元段 $\mathrm{d}Z$，可写出如下物料衡算式：

$$G_s \mathrm{d}Y = K_G a_S(Y - Y^*)\mathrm{d}Z \tag{7.120}$$

式中　G_s——单位截面积内流量。

将上式整理后在传质区积分得：

$$Z_A = \frac{G_s}{K_G a_S}\int_{Y_B}^{Y_E} \frac{\mathrm{d}Y}{Y - Y^*} = h_{OG}n_{OG} \tag{7.121}$$

式中　h_{OG}——吸附传质单元高；

n_{OG}——吸附传质单元数。

传质单元数可用图解积分法求取。当平衡线接近直线时，可用下式做近似计算：

$$n_{OG} = \frac{Y_1 - Y_2}{\Delta Y_m} \tag{7.122}$$

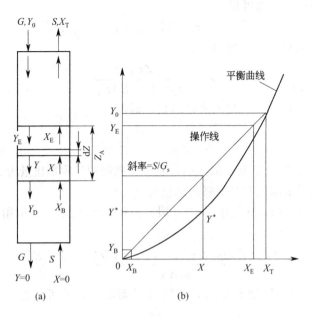

图 7.24 吸附操作过程分析

式中 ΔY_m——对数平均推动力。

$$E = \frac{\int_{W_B}^{W_E}(Y_0 - Y)\mathrm{d}W}{Y_0 W_A} = \int_{W_B}^{W_E}\left(1 - \frac{Y}{Y_0}\right)\frac{\mathrm{d}W}{W_A} \tag{7.123}$$

$$E = \int_0^1\left(1 - \frac{Y}{Y_0}\right)\mathrm{d}\left(\frac{W - W_B}{W_A}\right) \tag{7.124}$$

通过 $\dfrac{W - W_B}{W_A}$ 对 $\dfrac{Y}{Y_0}$ 作图，可算出 E。

$$\frac{W - W_B}{W_A} = \frac{Z}{Z_A} = \frac{\int_{Y_B}^{Y}\dfrac{\mathrm{d}y}{y - y^*}}{\int_{Y_B}^{Y_E}\dfrac{\mathrm{d}y}{y - y^*}} = \frac{\int_{Y_B}^{Y}\dfrac{\mathrm{d}y}{y - y^*}}{n_{OG}} \tag{7.125}$$

式中 Z——传质区内任何小于 Z_A 的 Z。

【例 7.3】 用硅胶固定床吸附器净化含苯废气。废气浓度 $y_G = 0.025\,\mathrm{kg}$ 苯/kg 空气，温度 $T = 298\mathrm{K}$，压强 $P = 202.7\mathrm{kPa}$ [密度 $\rho_g = 2.38\,\mathrm{kg/m^3}$，动力黏度 $\mu = 1.8\times10^{-5}\,\mathrm{Pa\cdot s}$]。气体流速为 $1\mathrm{m/s}$，吸附周期 90min，穿透点浓度 $Y_B = 0.0025\,\mathrm{kg}$ 苯/kg 空气，排放浓度为 $Y_E = 0.0020\mathrm{kg}$ 苯/kg 空气。硅胶堆积密度 $\rho_s = 650\mathrm{kg/m^3}$，平均粒径 $d_s = 6\mathrm{mm}$，比表面积 $a_s = 600\mathrm{m^2/m^3}$。在给定条件下平衡关系为 $Y^* = 0.167X^{1.5}$，传质单元高：

$$h_{OG} = \frac{1.42}{a_s}\left(\frac{d_s G}{\mu}\right)^{0.51}$$

试计算床层高度。

解 以 $1\mathrm{m^2}$ 截面为基准进行计算：

废气流量 $\qquad\qquad G = v_g f_c \rho_g = 1\times1\times2.38 = 2.38\,(\mathrm{kg/s})$

传质单元高 $\qquad\qquad h_{OG} = \dfrac{1.42}{600}\left(\dfrac{0.006\times2.38}{1.8\times10^{-5}}\right)^{0.51} = 0.071\,(\mathrm{m})$

根据平衡关系 $Y^* = 0.167X^{1.5}$ 绘出等温吸附线（图 7.25）。

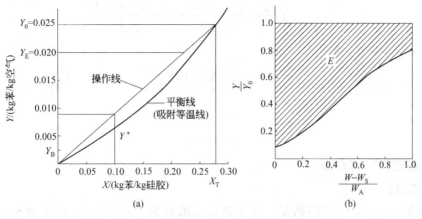

图 7.25　例 7.3 图

由平衡关系可知，当 $Y_0 = 0.025\mathrm{kg}$ 苯/kg 空气时，$X_T = 0.282\mathrm{kg}$ 苯/kg 硅胶。过平衡线上该点作操作线。

按下表所列栏目逐项计算，并将计算结果列于下表中。第 1 栏为 Y_B 和 Y_E 之间选取的 Y 值；第 2 栏是自操作线上对应于各 Y 值的点引竖直线交平衡线所得的 Y^* 值；第 3、4 栏是根据第 1、2 栏数值计算的结果；用第 1 栏作纵坐标、第 4 栏作横坐标，绘出曲线，并在各 Y 与 Y_B 之间进行图解积分，所得结果即为第 5 栏中的 n_{OG}。如此可得对应于 Y_E 的 $n_{OG} = 5.9250$，则：

$$Z_A = h_{OG} n_{OG} = 0.071 \times 5.9250 = 0.42 (\mathrm{m})$$

Y	Y^*	$Y - Y^*$	$\dfrac{1}{Y-Y^*}$	$\displaystyle\int_{Y_B}^{Y} \dfrac{\mathrm{d}Y}{Y-Y^*}$	$\dfrac{W-W_B}{W_A}$	$\dfrac{Y}{Y_0}$
1	2	3	4	5	6	7
$Y_B = 0.0025$	0.0009	0.0016	625	0	0	0.1
0.0050	0.0022	0.0028	358	1.1375	0.192	0.2
0.0075	0.0042	0.0033	304	1.9000	0.321	0.3
0.0100	0.0063	0.0037	270	2.6125	0.441	0.4
0.0125	0.0089	0.0036	278	3.3000	0.556	0.5
0.0150	0.0116	0.0034	294	4.0125	0.676	0.6
0.0175	0.0148	0.0027	370	4.4838	0.815	0.7
$Y_E = 0.0200$	0.0180	0.0020	500	5.9250	1.000	0.8

将式（7.124）变换可得

$$E = \frac{\displaystyle\int_{W_B}^{W_E} (Y_0 - Y)\mathrm{d}W}{Y_0 W_A} = \int_0^1 \left(1 - \frac{Y}{Y_0}\right) \mathrm{d}\left(\frac{W-W_B}{W_A}\right)$$

由上式可知，若以 $\dfrac{Y}{Y_0}$ 为纵坐标、$\dfrac{W-W_B}{W_A}$ 为横坐标绘出曲线，曲线与 $\dfrac{Y}{Y_0} = 1$ 水平线之间的面积（右图中阴影部分）即为 E。图解积分可得：

$$E = 0.55$$

饱和度：

$$\alpha = \frac{Z-EZ_A}{Z} = \frac{Z-0.55\times0.42}{Z} = \frac{Z-0.231}{Z}$$

以 $1m^2$ 床层截面积按物料衡算关系可得：

$$1\times Z\rho_s\alpha X_T = GtY_0$$

$$Z\times650\times\frac{Z-0.231}{Z}\times0.282 = 2.38\times90\times60\times0.025$$

$$Z = 1.98m$$

7.5.3　吸附剂和吸附设备

7.5.3.1　吸附剂

（1）吸附剂的特性　吸附剂是具有丰富微孔的物质（图 7.26），内表面积很大。例如 1kg 活性炭的总表面积可达 $10^6 m^2$ 以上。内表面积和微孔的大小直接影响吸附性能。吸附剂的主要特性参数都与多孔结构有关。

图 7.26　颗粒活性炭微孔结构

① 比表面积。单位质量吸附剂所具的总表面积，即：

$$a_S = \frac{a_t}{m} \tag{7.126}$$

式中　a_S——吸附剂比表面积，m^2/g 或 m^2/kg；

a_t——吸附剂的总表面积，m^2；

m——吸附剂的质量，g 或 kg。

② 孔半径。通常用孔半径来表示微孔大小。根据孔半径大小，IUPAC（国际纯粹与应用化学联合会）将微孔分为大孔（$r=0.05\sim1.0\mu m$）、中孔（$r=0.002\sim0.05\mu m$）和小孔（$r<0.002\mu m$）。大孔吸附液体分子较有效，中孔吸附蒸气分子较有效，小孔吸附气体分子较有效。

③ 孔隙率。吸附剂内部微孔的容积与吸附剂个体体积之比，即：

$$\varepsilon_h = \frac{V_h}{V_s} \tag{7.127}$$

式中　V_h——吸附剂内部微孔的总容积，m^3；

V_s——吸附剂个体的体积，m^3。

另外孔隙率与空隙率的意义有所不同，空隙率是表明吸附剂个体之间的容积所占的比率。

④ 饱和吸附量。饱和状态下，单位质量吸附剂所吸附的吸附质的质量，又称静活性。不同吸附剂在不同条件下，对不同吸附质的饱和吸附量不同。

（2）对吸附剂的要求　吸附剂是吸附净化设备的关键，对吸附剂的基本要求为：

① 吸附性能好，饱和吸附量大，吸附快，选择性强；

② 脱附性能好，脱附快，残留量低，并且耐水、耐温度急剧变化；

③ 化学性能稳定（对物理吸附而言）；

④ 有足够的机械强度；

⑤ 对气体流动的阻力小。

（3）吸附剂种类　常用吸附剂有多种，如活性炭、活性氧化铝、硅胶、人工沸石（分子筛）和硅藻土等，吸附剂的一些基本特性如表7.2和图7.27所示。

表7.2　常用吸附剂的特性

特性参数	活性炭（颗粒）	活性氧化铝	硅胶	分子筛		
				4Å	5Å	13x
堆积密度/(kg/m³)	300～600	750～1000	800	800	800	800
热容量/[kJ/(kg·K)]	0.836～1.254	0.836～1.045	0.92	0.794	0.794	0.794
操作温度上限/K	423	773	673	873	873	873
平均孔径/nm	1.2～4	4～15	2～12	0.4	0.5	1.3
脱附温度/K	373～413	253～473	393～423	423～573	423～573	423～573

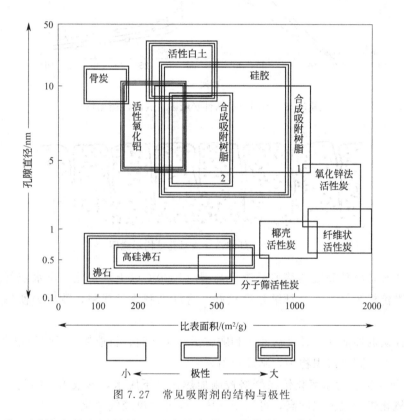

图7.27　常见吸附剂的结构与极性

① 活性炭。活性炭是应用最早、用途最广的一种优良吸附剂。活性炭由含碳原料（如果壳、动物骨骼、煤和石油焦）在不高于773K的温度下炭化，通水蒸气活化制成，形状有颗粒状（球状、柱状和不规则形状）、纤维状和粉末状。活性炭主要用于吸附有机蒸气，也可用于吸附氮氧化物和二氧化硫。

纤维活性炭是近年来发展出的新型吸附材料。纤维活性炭比表面积大，微孔多而均匀，因而吸附性能好，且有密度小，可进一步加工成型等优点。纤维活性炭与颗粒活性炭及粉末活性炭的吸附、脱附性能比较见图7.28。由图中曲线可见，在三种活性炭中纤维活性炭吸附量、吸附速率、脱附速率最大，脱附残留量最小。

纤维活性炭优良的吸附、脱附性能是由其微孔结构决定的。普通的颗粒活性炭孔径不均一，除小孔外，还有0.002～0.05μm的中孔和0.05～1μm的大孔。而纤维活性炭不但孔隙率较大，而且孔径比较均一，绝大多数为 $0.0015 \sim 0.003 \mu m$ 的小孔和中孔，对气体分子吸附比较有效。同时，由于微孔直接通向外表面（图 7.29），吸附分子内扩散距离较短，所以吸附和脱附速率高，残留量少。

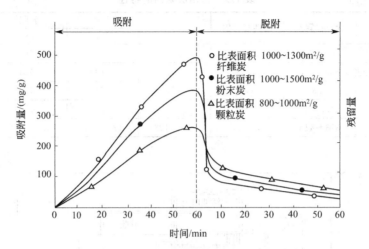

图 7.28　不同类型活性炭吸附、脱附性能比较

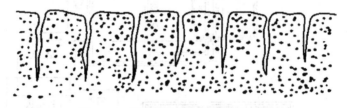

图 7.29　纤维活性炭微孔结构示意图

纤维活性炭是由黏胶或酚醛原纤维经高温（1200K 以上）炭化、通水蒸气活化后制成的。黏胶纤维价格较低，酚醛纤维强度较好。将纤维制成纸或毡，就成为使用方便的吸附材料。

粉末活性炭的性能介于纤维活性炭和颗粒活性炭之间。目前粉末活性炭很少直接用于气体净化，而是加入到纸或织物中，制成吸附材料。

② 活性氧化铝。含水氧化铝在严格控制加热速度下脱水，形成多孔结构，即得活性氧化铝。活性氧化铝的机械强度高，可用于气体干燥和含氟废气净化。

根据晶格构造不同，氧化铝可分为 α 型和 γ 型，能起吸附作用的主要是 γ 型。我国生产的氧化铝，γ 型占总成分的 $45\% \sim 55\%$。晶格类型的形成，主要取决于焙烧温度。三水铝石在 $773 \sim 1073K$ 温度下焙烧，形成的基本上是 γ 型氧化铝；温度上升到 1173K，开始转化为 α 型。

氧化铝的结晶水含量对其吸附能力有影响，三水铝石在 $773 \sim 873K$ 温度下焙烧，所得氧化铝含有一定的结晶水，活性很强；但当焙烧温度高到 1473K，便失去全部结晶水，并转化为 α 型氧化铝，吸附性几乎完全消失。

③ 硅胶。用酸处理硅酸钠溶液得硅酸凝胶，经水洗后在 $398 \sim 403K$ 温度下脱水至含湿量在 $5\% \sim 7\%$ 即可。

硅胶有很强的亲水性，难以吸附非极性分子。硅胶吸水后，吸附其他气体的能力会大大下降，这一特性限制了它的应用范围。硅胶吸湿后可加热至 573K 脱水再生。

④ 分子筛。分子筛是一种人工合成的泡沸石，是具有微孔的立方晶体硅酸盐，通式为 $Me_{x/n}[(Al_2O_3)_x(SiO_2)_y] \cdot mH_2O$（Me 为金属阳离子，$x/n$ 为 n 价金属阳离子数，m 为结晶水的分子数）。分子筛的微孔丰富，孔径均一，又是离子型吸附剂，有较强的吸附选择性，对一些极性分子在较高温度和较低分压下也有很强的吸附能力。目前，从吸附安全的角度出发，已开发出憎水性的沸石吸附剂，并制成转轮形式用于低浓度气体的吸附浓缩。

（4）吸附剂的浸渍　通过浸渍，将某些活性物质附载于吸附剂表面，以提高吸附效果，增加吸附容量。浸渍物是反应物或催化剂，常用的浸渍物质有铜、锌、银、铬、钴、锰、钒、钼等的化合物（一种或几种），以及卤素、酸、碱等（表7.3）。浸渍物在过程中起催化作用时，一般无需经常补充浸渍物；如果浸渍物与废气中的污染物发生化学反应而被消耗，则每次再生后，需重新浸渍。

表 7.3　吸附剂浸渍实例

吸附剂	浸渍物	污染物	化学反应或生成物
活性炭	溴	乙烯及其他烯烃	双溴化物
	氯、碘、硫	汞	卤化物、硫化物
	醋酸铅、碘	H_2S	硫化铅、硫
	硅酸钠	氟化氢	氟硅酸钠
	磷酸	氨、胺类、碱雾	相应的磷酸盐
	碳酸钠、碳酸氢钠、氢氧化钠	酸雾、酸性气体	相应的盐
	氢氧化钠	氯	次氯酸钠
	氢氧化钠	二氧化硫	亚硫酸钠
	亚硫酸钠	甲醛	甲醛氧化
	硫酸铜	硫化氢、氨	
	硝酸银	汞	银汞齐
	铜、锌、铁、铬、钒等的氧化物	H_2S、COS 及硫醇等含硫有机物	相应的盐、CO、CO_2、H_2O 等
活性氧化铝	高锰酸钾	甲醛	甲醛氧化
	碳酸钠、碳酸氢钠、氢氧化钠	酸雾、酸性气体	相应的盐
泥煤、褐煤	氨	二氧化氮	硝基腐殖酸铵

（5）吸附剂的再生　吸附剂吸附一定量的污染物后，净化效果下降，甚至失效，需要进行脱附再生。由于吸附剂的吸附容量有限（一般仅约 20%，对某些有机物甚至在 1% 以下），吸附净化与脱附再生频繁交替，所以再生是净化系统的重要操作环节。脱附后的污染物质回收利用或进行无害化处理。脱附方法有加热、减压、置换和化学或生化反应等多种。

① 加热脱附。恒压条件下，吸附剂的吸附容量随温度降低而增大，随温度升高而减小。所以，在较低的温度下吸附，再用高温气体吹扫脱附。这种高低温交替进行的操作过程称为变温吸附。

吸附质和吸附剂不同，脱附温度也不同。摩尔体积在 80～190mL/mol 的有机物，一般用水蒸气、惰性气体或烟道气吹脱，脱附温度在 373～423K；摩尔体积大于 190mL/mol 的吸附质，需要在 973～1273K 温度下脱附，称高温焙烧，脱附介质用水蒸气或二氧化碳。用热气体吹脱，一般采用逆流操作。

加热脱附给热量大，脱附较完全；但一般吸附剂导热性较差，冷却缓慢，因而再生时间较长。

② 减压脱附。恒温条件下，吸附剂的吸附容量随系统压强降低而减小，所以可在高压下吸附，低压下脱附。这种操作过程称变压吸附。变压吸附循环包括吸附、均压、降压、冲

洗、充压、再吸附等阶段。

减压脱附不必加热，再生时间短，但由于设备存在死空间，因而使脱附回收率降低。

③ 置换脱附。用与吸附剂亲和能力比与原吸附质（污染物）亲和能力更强的物质（脱附剂），将已被吸附的物质置换出来。

实际应用中，往往是几种脱附方法的综合，例如用水蒸气脱附，就同时具有加热、置换和吹扫作用。

脱附不可能完全，脱附结束后吸附剂内总会有一定量的吸附质。脱附后吸附剂内残留的吸附质量称为脱附残留量，一般为吸附剂质量的 $2\%\sim5\%$。脱附残留量与吸附剂和脱附剂性质、脱附操作条件（温度、压降、时间）有关。

（6）吸附剂的劣化　吸附剂经反复吸附和再生后，会发生劣化现象，吸附容量下降。吸附剂劣化的主要原因有：吸附剂表面有物质沉淀；反复的加热冷却，使吸附剂的微孔结构破坏；由于化学反应，破坏了晶体结构。因为吸附剂有劣化现象存在，所以设计时留有 $10\%\sim30\%$ 的余量是很必要的。

（7）吸附剂和脱附介质的选择　应根据吸附质（污染物）的性质和分子大小、废气中污染物浓度、净化和回收要求、吸附剂的来源和价格等主要因素选择适当的吸附剂。

对分子量较大的有机物或非极性分子的物质，应选用主要起物理吸附作用的活性炭。对极性分子，可优先选用分子筛、硅胶和活性氧化铝。对较大的分子，应选用孔径较大的吸附剂，如活性炭、硅胶；对很小的分子，可采用孔径小而单一的分子筛。当废气的污染物浓度较大，而净化要求不高时，可采用吸附能力不太高而价格便宜的吸附剂；当废气的污染物浓度低而净化要求很高时，应选用吸附能力很强的吸附剂，如具有化学吸附作用的吸附剂。当废气的污染物浓度很高，而且净化要求也很高时，可考虑采用不同类型的吸附剂进行两级吸附净化。

常用的脱附介质有水蒸气、空气、惰性气体等。水蒸气载热量大（显热和潜热）、脱附能力强（水分子能取代吸附质分子，占据吸附剂活性表面），是较好的脱附介质。用水蒸气作脱附介质，在不太高的温度和较低的水蒸气流量条件下即可有效脱附，因而能得到高浓度吸附质蒸气，便于冷凝回收。水蒸气用于有机溶剂脱附比较合适，因为大多数有机溶剂不易溶解于水，冷凝后能自行分离。如果吸附质易溶于水（如丙酮），就不宜用水蒸气作脱附介质。因为，冷凝后吸附质溶解于水，既不便于回收利用，又存在废液后处理问题。在这种情况下，可用不凝结气体（如空气）作脱附介质。但在以不凝结气体作脱附介质的脱附过程中，常规开流式脱附工艺会产生出大量的低浓度气体，用冷凝法收集很不经济，此时可将脱附出的气体进行再吸附或燃烧净化。目前已有循环加热脱附工艺出现。

7.5.3.2　吸附器

（1）对吸附器的要求

① 有足够的过气断面和停留时间；

② 有良好的气流分布，以便所有的过气断面得到充分的利用；

③ 预先除去入口气体中能污染吸附剂的杂质；

④ 采用更经济的方法预处理，减轻负荷；

⑤ 能有效地控制和调节吸附操作温度；

⑥ 易于更换吸附剂。

（2）吸附器的类型和构造　吸附器有固定床吸附器、回转床吸附器和流化床吸附器等多种。

① 固定床吸附器。固定床吸附器由固定的吸附剂床层、气体进出管道和脱附介质分布管等部分组成,分卧式 [图 7.30(a)] 和立式 [图 7.30(b)] 两种。卧式固定床吸附器适合于废气流量大、浓度低的情况下使用。立式固定床主要适合于小气量、高浓度情况下使用。这两种吸附器装在净化系统中可进行吸附—脱附—干燥—冷却全过程,但只能间歇运转。如果需要连续工作,则至少要设两个吸附器,交替吸附和再生(图 7.31)。

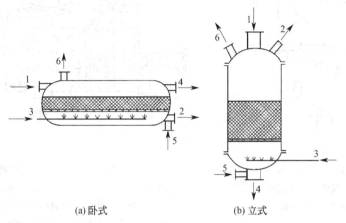

(a)卧式　　　　　　　　(b)立式

图 7.30　固定床吸附器示意
1—污染气体入口;2—净化气体出口;3—水蒸气入口;
4—脱附蒸气出口;5—热空气入口;6—热湿空气出口

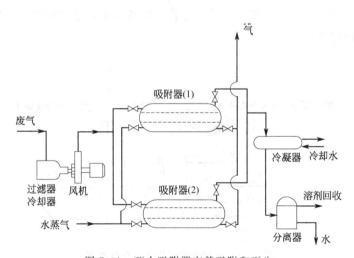

图 7.31　两个吸附器交替吸附和再生

如图 7.32 所示的格屉式吸附器常用于通风工程中,适于处理流量很大、浓度很低的废气。这种吸附器中的吸附剂失效后,不能在其中再生,需要更换吸附剂。

② 回转床吸附器。吸附床层做成环状,通过回转连续进行吸附和脱附再生(图 7.33)。回转床吸附器结构紧凑,使用方便,但各工作区之间的串气较难避免。

早期人们利用纤维活性炭吸附、脱附速度快的特点,开发出了蜂窝转轮连续吸附装置。但由于加热再生过程的安全隐患,目前更多采用的是憎水性沸石分子筛转轮气体浓缩器。转轮以 0.05～0.1r/min 的速度缓缓转动,废气沿轴向通过。转轮的大部分断面供吸附用,一小部分断面供脱附再生用。吸附区内废气以 1～2m/s 的速度通过蜂窝通道;再生区内反向

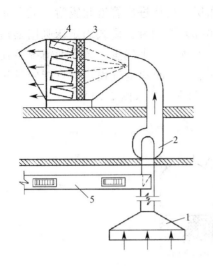

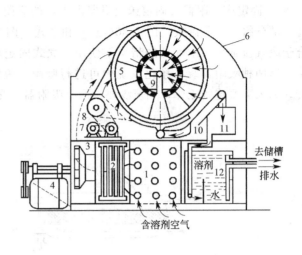

图 7.32　格屉式吸附器

1—集气罩；2—风机；3—过滤器；
4—吸附器；5—排气管道

图 7.33　回转床吸附器

1—过滤器；2—冷却器；3—风机；4—电机；5—吸附转筒；
6—外壳；7—转筒电机；8—减速传动装置；9—水蒸气入口管；
10—脱附气出口管；11—冷凝冷却器；12—分离器

通入热空气脱附，脱附出的是较高浓度的气体。通过这样的装置使废气大大浓缩，浓缩后的废气再进行燃烧或催化燃烧（图 7.34）。燃烧产生的热空气又去进行脱附。吸附区与脱附区截面积之比就等于浓缩比。这种装置能连续运转，设备紧凑，节省能量，但使用时一定要注意控制进口颗粒物的含量。

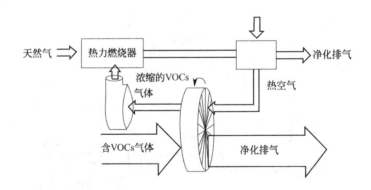

图 7.34　转轮浓缩燃烧净化系统示意

　　吸附浓缩装置很适合于广泛存在的大气量、低浓度有机溶剂废气（涂料、印刷、橡胶或塑料制品、电子等工艺过程均有此类废气）。

　　③ 流动床吸附器。废气以较高的速度通过，使吸附剂呈悬浮状态。流动床吸附器如图 7.35 所示，上部为吸附工作段，下部为再生工作段。废气由吸附段下端进入，依次通过各吸附层，净化后由上端排出；吸附剂由上端进入，逐层下降，然后进入再生工作段；再生热气体由下端进入，逐层与上端下降的吸附剂接触，再由再生段上端流出。再生后的吸附剂用气力输送装置提升到顶部，重复使用。这种吸附装置能连续工作，处理能力大，设备紧凑，但构造复杂，能耗高，吸附剂磨损很大。

7.5.4 吸附器设计计算

由于固定床吸附器构造简单、性能稳定，是目前气态污染物净化中最常采用的吸附器，所以这里仅介绍固定床吸附器的操作过程和设计计算。

7.5.4.1 固定床吸附器的操作过程

（1）吸附 吸附器内气体流速的大小以及吸附器断面上速度分布的均匀程度对负荷曲线有很大影响。气体流速低，吸附质在吸附器内停留时间长，负荷曲线比较陡直。气体流速高，吸附质在吸附器内停留的时间短，吸附剂没有充分发挥作用，负荷曲线比较平缓。负荷曲线平缓，吸附器穿透时还有较多的吸附剂没有被充分利用。吸附器断面上的流速分布不均匀，流速高的局部可能很快穿透，影响整个吸附器的正常使用。正常设计和使用的吸附器，其中吸附剂的动活性一般不低于静活性的75%～80%。

吸附净化器穿透后，出口污染物浓度会迅速增加，但是只要不超过排放标准的允许值，吸附剂仍可继续使用。

（2）再生 在吸附净化器出口浓度达到允许排放浓度后，就应停止吸附，更换吸附剂或在净化器内进行脱附再生。通过脱附，使吸附剂恢复吸附能力，并将脱附出的吸附质回收利用或进行无害化处理。

脱附是吸附的逆过程，逆向热气体吹扫脱附过程的负荷曲线如图7.36所示。

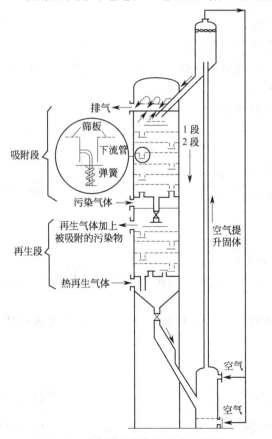

图7.35 多段逆流操作流动床吸附器

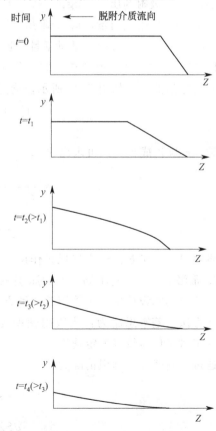

图7.36 逆流吹脱负荷曲线

吸附剂用水蒸气脱附后，再经过干燥和冷却，重新恢复吸附能力，这样就完成了整个再生过程。

7.5.4.2　固定床吸附器的计算

（1）横截面积计算　与前面介绍的吸收塔一样，按被处理气体的流量和适当的空塔气速计算横截面积。一般的固定床吸附器空塔气速取 $0.1\sim0.5\text{m/s}$。

（2）吸附剂用量计算

① 传质计算（基本方程物料衡算）。由经验、实验数据或公式，通过传质高度和传质单元数确定传质区长度，并求出相应的传质区不饱和度 E，由此算出全床层的饱和度 α，进而通过物料衡算求出床层高度或吸附剂用量。

② 经验估算

a. 物料衡算。实际工作中常用整个吸附期内的床层物料衡算进行近似计算。物料衡算式可写成：

$$V_g t(c_1-c_2)=m_c(A_2-A_1) \tag{7.128}$$

式中　V_g——废气流量，m^3/s；

$\quad t$——有效吸附时间，s；

$\quad c_1$——进入吸附器废气的污染物浓度，kg/m^3；

$\quad c_2$——吸附器出口废气的污染物浓度，kg/m^3；

$\quad m_c$——吸附剂质量，kg；

$\quad A_1$——脱附残留量，kg 吸附质/kg 吸附剂；

$\quad A_2$——床层内吸附剂的动活性，kg 吸附质/kg 吸附剂。

b. 在设计的空塔气速及选定的操作条件下，测出某一长度下 Z（该长度要大于传质区长度）的穿透曲线，如图 7.37 所示，通过面积积分求出 U，可得：

$$E=U/S=U/Y_0\tau_A \tag{7.129}$$

$$\tau_A=\tau_E-\tau_B \tag{7.130}$$

近似地，τ 与 Z 成正比，可求出 Z_A。

$$\frac{\tau_A}{\tau_E-(1-E)\tau_A}=\frac{Z_A}{Z} \tag{7.131}$$

$$\frac{\tau_A}{\tau_B+E\tau_A}=\frac{Z_A}{Z} \tag{7.132}$$

再通过 Z_A 和 E、τ_A 求出保护作用时间下的长度 L。

c. 希洛夫方程。对不同长度的床层测出保护作用时间，得出床层长度与保护时间 τ 的关系。这是实际设计中较多采用的一种方法。

此方法的基本思路为：当吸附速率无限大时，$E=0$，传质区是一条线，当气体流量、浓度一定时，传质线以恒定速度推进。

通过物料衡算，理想情况为：

$$\tau'=\frac{a\rho_b}{vc_0}Z \tag{7.133}$$

$$aSZ\rho_b=vSc_0\tau' \tag{7.134}$$

推进速度为：

$$\frac{Z}{\tau'}=\frac{vc_0}{a\rho_b} \tag{7.135}$$

由 Z 和 τ' 作图，得图 7.38 中直线 1。

实际情况下，传质区是一个区，并且未能完全吸附饱和，因此，同样长度的床层 L，其保护作用时间要比 τ' 小：

$$\tau' = \tau + \tau_0 \tag{7.136}$$

由式(7.135) 和式(7.136) 可得：

$$\tau = \frac{a\rho_b}{vc_0}Z - \tau_0 \tag{7.137}$$

$$\tau = KZ - \tau_0 \tag{7.138}$$

式(7.138) 即为希洛夫方程。式中 K 为吸附层保护作用系数，其物理意义是浓度分布曲线进入平移阶段后，在吸附层中移动单位长度所需时间。则 $1/K$ 为曲线移动的线速度。

图 7.38 中，h 为吸附层中未被利用的长度，也称为死层；L_0 为吸附传质区长度，对不同长度测出不同 τ，拟合出直线便得 K 和 τ_0。

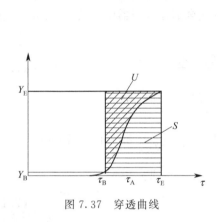

图 7.37　穿透曲线

图 7.38　τ-Z 实际曲线与理想曲线的比较

1—理想线；2—实际曲线

【例 7.4】 由试验测得含 CCl_4 蒸气 $15g/m^3$ 的空气混合物以 $5m/min$ 的速度通过粒径为 $3mm$ 的活性炭层，得数据如下。

吸附层长度/m	0.1	0.2	0.35
保护作用时间/min	220	494	924

活性炭的堆积密度为 $500kg/m^3$。

试求：① 希洛夫公式中的 K 和 τ_0 值；

② 设床层高度 1m，则保护作用时间为多少？

解 ① 根据 $\tau = KZ - \tau_0$，以 τ 对 Z 作图（图 7.39），得 $K = 2820min/m$；$\tau_0 = 65min$。

② $\tau = 2820 - 65 = 2755$（min）$= 45.9h$

（3）气体压降计算　吸附层运行压降应实测或查找相应的实测数据，在缺乏相应的实测数据情况下，可通过经验式计算，常用的有 Leva 方程：

$$\Delta P = \frac{2\phi\rho_g v_g^2 2\beta^{3-h}}{f_c^2 d_{sv}\varphi^{3-h}(1-\beta)^3} \tag{7.139}$$

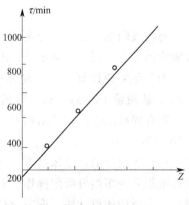

图 7.39　例 7.4 曲线

上式为计算气体通过颗粒状吸附剂床层压降的通用经验式。

常用的还有 Ergun 方程：

$$\left(\frac{\Delta P}{L}\right)\left(\frac{\varepsilon d_p}{\rho_g v_g^2}\right)\left(\frac{\varepsilon^2}{1-\varepsilon}\right)=\frac{150(1-\varepsilon)}{N_{Re}}+1.75 \tag{7.140}$$

由经验式可看出，通过固床层的压力损失取决于吸附剂的形状、大小、床层厚度以及气体流速等。

（4）脱附水蒸气耗量计算　用水蒸气脱附，水蒸气的总消耗量可分为三部分：加热蒸汽耗量、动力蒸汽耗量和补偿负润湿热蒸汽耗量，即：

$$m_t=m_h+m_d+m_m \tag{7.141}$$

式中　m_t——水蒸气总耗量，kg/s；

$\quad\quad m_h$——加热蒸汽耗量，kg/s；

$\quad\quad m_d$——动力蒸汽耗量，kg/s；

$\quad\quad m_m$——补偿负润湿热蒸汽耗量，kg/s。

加热蒸汽提供的热量主要用于将吸附剂、吸附装置（包括保温层）、吸附质等加热到脱附温度，以及补偿向外界散失的热量。这一部分水蒸气全部在吸附器中凝结。加热蒸汽耗量可用下式计算：

$$m_h=\frac{q_1+q_2+q_3+q_4+q_5}{I_s-I_w} \tag{7.142}$$

式中　q_1,q_2,q_3——加热吸附剂、吸附质和吸附器所需热量，kJ/s；

$\quad\quad q_4$——使吸附质脱附所需热量，kJ/s；

$\quad\quad q_5$——向周围环境散失的热量，一般可取 $q_1\sim q_4$ 之和的 4%，kJ/s；

$\quad\quad I_s$——进口水蒸气的热焓，kJ/kg；

$\quad\quad I_w$——凝结后的热焓，kJ/kg。

$$q_4=m_a q_a \tag{7.143}$$

式中　m_a——被脱附的吸附质的质量，kg/s；

$\quad\quad q_a$——吸附质的吸附热，kJ/kg。

动力蒸汽提供能量，将脱附出的物质带出吸附器，这一部分水蒸气不应在吸附器内凝结。动力蒸汽耗量需通过试验求得，如果缺少实测数据，可按 2.5kg 水蒸气/kg 脱附吸附质计算。

补偿吸附剂（这一部分在吸附器中冷凝）被水湿润的负润湿热所需的水蒸气量，一般可按吸附器工作压强下饱和水蒸气的凝结热与相同条件下水的吸附热之差来计算。

为避免复杂计算，对于脱附蒸汽的耗量有时可采用经验数据。如根据某吸附器直径 2.3m，装炭量 1800kg，解吸时蒸汽用量为 800kg/h 等资料推出。

若有同样的吸附质且结构相同，已知直径为 3m，装炭量为 3060kg，则蒸汽用量约为 1360kg/h。

（5）多组分的固定床吸附　在实际固定床吸附处理操作中，多数情况是同时吸附两种以上的吸附质的多组分吸附操作。多组分吸附操作的设计理论非常复杂，因此迄今为止还未能提出一个通用的设计法。库尼（Cooney）等人找到了近似解法，他们采用朗格缪尔展开式来表示两组分的吸附平衡。吸附两组分的固定床内的吸附质浓度分布形状如图 7.40 所示，共分为五个区域。假定组分 2 的吸附力比组分 1 大，在区域 I 中，组分 1 和组分 2 都将呈现饱和状态，其浓度分别等于各入口的浓度。由于在区域Ⅱ中吸附力大的组分2首先被吸附，所以其浓度将会减小。此时，组分1的浓度c_1比入口浓度c_1^0还要高，并在c_2成为零的位置达到c_1^∞的最高值。在区域Ⅲ中，各组分的浓度都将保持一定的值（$c_1 = c_1^\infty$，$c_2 = 0$）。在区域Ⅳ中，由于组分1被吸附，从而使c_1的浓度下降。在区域Ⅳ中$c_2 = 0$，因此可以认为是单组分的吸附，但因为最高浓度不是入口浓度c_1^0，而是比c_1^0浓度还要高的c_1^∞。因此在区域Ⅴ中，组分1和组分2的浓度都为零。

以上所叙述的都是吸附床层内浓度分布的形态，而吸附床层出口的穿透曲线见图7.41。

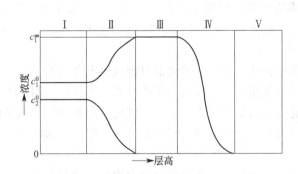

图 7.40 两组分吸附层内浓度分布

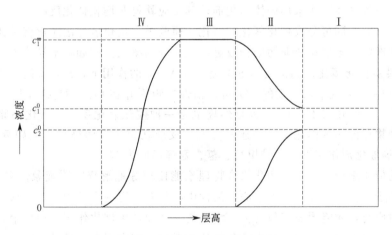

图 7.41 两组分吸附的穿透曲线

首先分析区域Ⅱ内的浓度分布。对于一定组分的总容量系数大致近似相等时，可以发现c_1和c_2之间近似的线性关系。根据这一关系，则c_2可用c_1来表示，从而与第一组分相对应的朗格缪尔平衡式，就可只用c_1来表达。所以区域Ⅱ中的浓度分布可按单一组分的条件和类似的方法进行计算。

7.6　催　化　转　化

催化转化法是利用催化剂在化学反应中的催化作用，使废气中的污染物转化成非污染物或比较容易与载气分离的物质。催化转化法对不同浓度的污染物都有比较高的转化率，其化学反应发生在气流与催化剂接触过程中，反应物和产物无需与主气流分离，因而避免了其他方法可能产生的二次污染，使操作过程简化。因此，该法在大气污染控制中得到较多的应用，已成功应用于脱硫、脱硝、汽车尾气净化和有机废气净化等方面。

用催化转化法净化，废气中不能有过多不参加反应的微粒物质，且不应含有使催化剂性能降低、寿命缩短的物质。

7.6.1　催化反应原理

7.6.1.1　催化作用与过程

（1）催化作用　在化学反应中加入某种物质（催化剂），使反应速率发生明显变化，而该物质的量和化学性质均不变，这种作用称为催化作用。催化作用可增加反应速率（正催化）、降低反应速率（负催化），或使反应按特定途径进行。一般所说的催化作用多指正催化。

催化作用有两个重要特征。第一，催化剂只能改变化学反应速率，对于可逆反应而言，其对正逆反应速率的影响是相同的，因而只能改变到达平衡的时间，既不能使平衡移动，也不能使热力学上不可能发生的反应发生。第二，催化作用有特殊的选择性，一种催化剂在不同的化学反应中表现出明显不同的活性，而对相同的反应物，选择不用的催化剂就可得到不同的产物。

根据催化剂和反应物的物相，催化过程可分为均相催化和非均相催化两类。催化剂和反应物的物相相同，其反应过程称为均相催化；催化剂和反应物的物相不同，其反应过程称为非均相催化。一般气体净化采用固体催化剂，其反应就是非均相催化反应。

根据化学反应不同可分成催化氧化和催化还原两类。催化氧化法净化就是让废气中的污染物在催化剂作用下被氧化成非污染物或更易于处理的物质。例如将不易溶于水的 NO 氧化成 NO_2 的活性炭催化氧化。高浓度的 SO_2 尾气在 V_2O_5 的作用下，SO_2 氧化成 SO_3，然后用水吸收成 H_2SO_4。废气中低浓度的 SO_2 可用活性炭吸附并在 O_3 和 H_2O 作用下的炭表面发生催化氧化反应，转化成 H_2SO_4。催化燃烧也是一种催化氧化反应。催化还原法净化是让废气中的污染物在催化剂作用下，与还原性气体反应转化为非污染物。例如废气中的 NO_2 在 Pt 或稀土等催化剂作用下，可被甲烷、氢、氨等还原为 N_2。

在众多的催化理论中，多位活化络合物理论能比较好地解释吸附现象。多位理论认为：催化作用来源于催化剂表面的活性中心，活性中心具有一定的几何规整性。只有当活性中心的结构几何对应时，才能形成多位的活化络合物，从而产生催化作用。活性中心不仅能使反应分子的某些键变得松弛，而且还由于几何位置对应，有利于形成新键。活性中心对反应分子的吸附能力要适中。吸附过弱，分子得不到活化；吸附过强，不利于进一步转化。

在多相反应中，气体在催化剂表面上吸附与否、吸附强弱都与催化反应密切相关。对反应物系没有吸附能力的元素或化合物不能做催化剂的活性组分。催化剂对气体的催化作用是通过降低反应活化能来实现的。活化能的大小直接影响到反应速率的快慢，它们之间的关系可用阿累尼乌斯方程表示：

$$k = A\exp(-E/RT) \tag{7.144}$$

式中　k——反应速率常数，单位与反应级数有关；

　　　A——频率因子，单位与 k 相同；

　　　E——活化能，kJ/mol；

　　　R——气体常数，kJ/(K·mol)；

　　　T——绝对温度，K。

（2）催化过程（着重介绍非均相催化过程）　在实际的废气净化工程中，均相催化过程应用极少，因此这里只介绍非均相催化。在非均相催化过程中，首先是反应物被催化剂吸附，使得催化剂表面反应物浓度提高，这一点对于非均相催化极为重要。

非均相催化过程包括以下几个阶段（图 7.42）：

① 反应物由气相主体通过气膜向催化剂外表面扩散（外扩散过程）；

② 反应物通过催化剂微孔向内表面扩散（内扩散过程）；

③ 反应物被催化剂内表面吸附（吸附过程）；

④ 反应物在催化剂内表面发生化学反应（表面反应过程）；

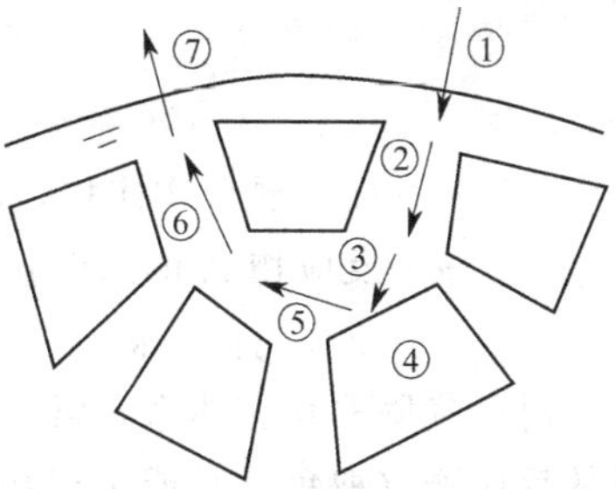

图 7.42　非均相催化过程示意图

⑤ 生成物从内表面脱附（脱附过程）；

⑥ 生成物通过微孔向外表面扩散（内扩散过程）；

⑦ 生成物由催化剂外表面向气相主体扩散（外扩散过程）。

在上述过程中，①和⑦为外扩散过程，主要受气体流动状况的影响；②和⑥为内扩散过程，主要受微孔结构的影响；③、④和⑤统称为表面动力学过程，受化学反应和催化剂性质、温度、气体压强等因素的影响。

不同的催化反应过程，可能由不同的阶段起控制作用。各个阶段起控制作用下，反应物 A 的浓度分布如图 7.43 所示。

图 7.43 表示不同控制条件时气固两相浓度分布，图中 c_{AG} 为反应物在气相主体中的浓度；c_{AS} 为反应物在催化剂表面的浓度；c_{AC} 为反应物在催化剂中的浓度；c_A^* 为颗粒温度下，反应组分 A 的平衡浓度。

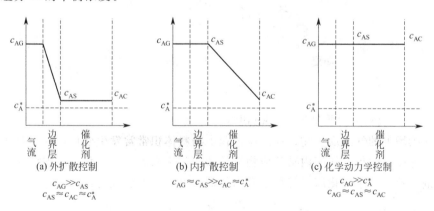

图 7.43　不同控制过程反应物 A 的浓度分布

三个过程传质速率的影响因素是不一样的。外扩散的阻力主要是来自于气膜，内扩散的阻力主要来自于吸附剂内孔道的长短和孔径的大小，而化学反应过程的阻力与气体浓度、化学反应速率有关。因此可通过改变催化反应过程的条件来改变控制过程。对于外扩散控制，可加大气速；对于内扩散控制，可以减小催化剂颗粒；对于化学动力学控制，可增大催化剂活性，但改变过程的条件往往是有限度的。一般在气-固相催化反应中，表面化学反应往往起决定作用，整个过程受化学动力学控制。

由于气、固相之间可能有温差及化学反应热的存在，所以气体和固相催化剂之间还存在热量传递。

7.6.1.2　表面化学反应速率

对于均相体系，化学反应速率可用单位时间内单位体积混合物中反应物 A 的减少量表示：

$$r_A = -\frac{1}{V}\frac{dn_A}{dt} \qquad (7.145)$$

式中　V——反应混合物体积，m^3；

　　　n_A——反应物 A 的瞬时量，kmol；

　　　t——反应时间，s。

对于气固非均相体系，常用单位固相物（催化剂）体积、质量或表面积在单位时间内造成的反应物（取负号）或生成物（取正号）的变化量来表示：

$$r_i' = \pm\frac{1}{V_R}\frac{dn_i}{dt} \qquad (7.146)$$

$$r_i'' = \pm\frac{1}{m_R}\frac{dn_i}{dt} \qquad (7.147)$$

$$r_i''' = \pm\frac{1}{S_R}\frac{dn_i}{dt} \qquad (7.148)$$

式中　n_i——固相物 i 的瞬时量，kmol；

　　　V_R——固相物体积，m^3；

　　　m_R——固相物质量，kg；

　　　S_R——固相物表面积，m^2。

对于连续稳定体系，可用某反应物或生成物的质量流量变化来表示：

$$r_i' = \pm\frac{dN_i}{dV_R} \qquad (7.149)$$

$$r_i'' = \pm\frac{dN_i}{dm_R} \qquad (7.150)$$

$$r_i''' = \pm\frac{dN_i}{dS_R} \qquad (7.151)$$

式中　N_i——反应物 i 的质量流量，kmol/s。

对于连续增加的气态反应物，在反应过程中物料体积常常发生变化，反应时间也不易确定，故反应速度改用单位体积内某反应物流量的变化率来表示，催化反应则把反应空间体积改为催化剂参数。对于催化床，工程上常用的催化反应速度公式为：

$$r_A = N_{A0}\frac{dx}{dV_R} = \frac{N_{A0}}{A}\frac{dx}{dL} = \frac{N_{A0}}{Q}\frac{dx}{dt} = c_{A0}\frac{dx}{dt} \qquad (7.152)$$

式中　N_{A0}——反应物初始流量，kmol/h；

　　　x——转化率，%；

　　　L——反应床长度，m；

　　　A——反应床截面积，m^2；

　　　Q——反应气体流量，m^3/h；

　　　t——反应气体与催化剂表面接触时间，h；

　　　c_{A0}——反应物的初始浓度，kmol/h。

对可逆反应，其反应速率常用正、逆反应速率之差来表示。对于均相可逆反应 $a\text{A}+b\text{B} \rightleftharpoons dD+eE$，其动力学方程为：

$$r_A = k_C c_A^{n_A} c_B^{n_B} c_D^{n_D} c_E^{n_E} - k_C' c_A^{n_A'} c_B^{n_B'} c_D^{n_D'} c_E^{n_E'} \tag{7.153}$$

式中　k_C, k_C'——正、逆反应的速率常数；

$\quad\quad c_A, c_B$——反应物浓度；

$\quad\quad c_D, c_E$——生成物浓度；

n_A, n_B, n_D, n_E——组分 A、B、D、E 的正反应级数；

n_A', n_B', n_D', n_E'——组分 A、B、D、E 的逆反应级数。

对于基元反应，化学平衡常数为：

$$K_C = \frac{k_C}{k_C'} = \frac{(c_D^*)^d (c_E^*)^e}{(c_A^*)^a (c_B^*)^b} \tag{7.154}$$

对于非基元反应，化学平衡常数为：

$$K_C^v = \frac{k_C}{k_C'} = \frac{(c_D^*)^{n_D - n_D'} (c_E^*)^{n_E - n_E'}}{(c_A^*)^{n_A - n_A'} (c_B^*)^{n_B - n_B'}} \tag{7.155}$$

式中　v——无量纲参数，取决于动力学方程的形式和平衡常数的表示方式。

上述为均相反应的动力学方程，也可适用于非均相反应，但幂指数需通过实验确定。

7.6.1.3　气固催化反应宏观动力学

气固反应过程中，两相之间的质量传递和热量传递与气体流动状况密切相关，并与反应过程同时进行，互相影响。气固两相催化反应过程的总速率，既取决于催化剂表面的化学反应，又与气体流动、传质、传热等物理过程有关。研究包括物理过程在内的化学反应动力学，称为宏观动力学。

（1）催化剂有效系数　从前面对催化过程的讨论可知：一般来说，催化剂表面反应物的浓度总是要大于催化剂颗粒中心的浓度。催化剂外表面的反应物浓度最大，越向催化剂的内部，反应程度越深，反应物的浓度越低。

以球形催化剂为例，在催化反应过程中，催化剂内反应物浓度分布如图 7.44 所示。由于外扩散阻力存在，反应物 A 的浓度由气相主体的 c_{AG} 降低到催化剂表面的 c_{AS}。反应物由颗粒外表面向内表面扩散时，边扩散边反应，反应物浓度逐渐降低，直到颗粒中心处，浓度降到最低值 c_{AC}。催化剂的活性越大，单位时间内表面上反应的组分量越多，反应物浓度降低得越快，曲线越陡。

生成物由催化剂颗粒中心向外表面扩散时，浓度分布趋势与反应物相反。

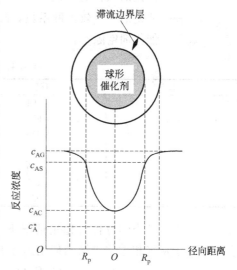

图 7.44　催化剂内的浓度分布

由催化剂颗粒内部反应物浓度分布可知，外表面反应物浓度最高，因而反应速率最大；由于多孔体扩散阻力存在，由催化剂外表面至中心反应物浓度逐渐降低，因而反应速率也随之降低。但催化剂的多孔内表面积远大于其外表面积，因此催化剂的最大反应速率在粒内温度相同时，应为按颗粒物外表面上反应物浓度 c_{AS} 及颗粒内表面积作为反应面所计算出的速率，即：

$$V_{max} = k_s f(c_{AS}) S_i \tag{7.156}$$

实际的反应速率则是颗粒内部实际反应物浓度 c_A 的函数，二者的比值称为催化剂有效系数或内表面利用率。

$$E_c = \frac{\int_0^{S_i} k_s f(c_A) dS}{k_s f(c_{AS}) S_i} \tag{7.157}$$

式中　E_c——催化剂有效系数；

k_s——表面反应速率常数（按单位体积催化剂内表面计）；

S_i——催化剂内表面积（按单位体积催化剂计）。

E_c 的物理含义是：存在内扩散影响时的反应速率与不存在内扩散影响时的反应速率之比。E_c 的大小反映了内扩散对总反应速率的控制。E_c 接近于 1 时，内扩散影响小，过程为化学动力学控制；E_c 远小于 1 时，内扩散影响显著，颗粒中心处浓度与外表面处浓度相差甚大。

E_c 可通过实验测定。实验测定首先要测得颗粒的实际反应速率 R_p，然后将颗粒物逐级碾碎，使其内表面转变为外表面，在相同的条件下分别测定反应速率，直至反应速率不再变化，最终恒定于某一值，该值即可认为是消除了内扩散影响的反应速率 R_s，则 $E_c = R_p/R_s$。

图 7.43 中，c_A^* 是在颗粒温度下的平衡浓度，它是颗粒物中反应物可能的最小浓度。颗粒中浓度接近 c_A^* 的区域反应速率几乎为零，称之为死区。

工业颗粒催化剂的有效系数一般在 $0.2 \sim 0.8$ 之间。表 7.4 给出了发生一级不可逆反应时的某些规格催化剂的 E_c，表中 ϕ_s 为齐勒模数。

$$\phi_s = \frac{r_s}{3} \sqrt{\frac{k_s S_i}{(1 - \varepsilon_s) D_e}} \tag{7.158}$$

式中　r_s——催化剂颗粒的半径，m；

D_e——催化剂内有效扩散系数，m^2/s；

ε_s——催化剂空隙率。

表 7.4　催化剂颗粒有效系数

ϕ_s	球粒	薄片	无限长圆柱体
0.1	0.994	0.997	0.995
0.2	0.977	0.987	0.981
0.5	0.876	0.924	0.892
1	0.672	0.762	0.698
2	0.416	0.482	0.432
5	0.187	0.200	0.197
10	0.097	0.100	0.100

（2）宏观动力学方程　稳定情况下，单位时间内催化剂颗粒中实际反应消耗的反应物量，应等于从气相主体扩散到催化剂外表面上的反应物量，即：

$$r_A = k_s S_i f(c_{AS}) E_c = k_g S_e (c_{AG} - c_{AS}) \omega \tag{7.159}$$

式中　k_s——表面反应速率常数（按单位表面积），单位根据反应级数而定；

S_i——单位体积催化剂的内表面积；

c_{AS}——颗粒外表面上浓度；

k_g——外扩散传质系数；

S_e——单位体积催化剂的外表面积；

ω——催化剂的形状系数（主要用于修正 S_e），球状 $\omega=1$，圆柱状及不规则 $\omega=0.9$，片状 $\omega=0.8$。

若反应为一级可逆反应，则：

$$f(c_{AS})=c_{AS}-c_A^*\tag{7.160}$$

把 c_{AS} 用 c_{AG}、c_A^* 的函数表达，得一级可逆反应的气固相宏观动力学方程：

$$r_A=\frac{c_{AG}-c_A^*}{\dfrac{1}{k_gS_e\omega}+\dfrac{1}{k_sS_iE_c}}\tag{7.161}$$

上式为考虑了内、外扩散影响的一级可逆反应的气固相宏观动力学方程，也是总速率方程。总速率的大小取决于传质与本征动力学（不考虑物理过程影响的化学动力学）过程相对影响的大小。

① 当 $\dfrac{1}{k_gS_e\omega}\ll\dfrac{1}{k_sS_iE_c}$ 时且 $E_c\approx1$ 时，即内、外扩散影响较小，均可忽略时，则总速率方程式为：

$$r_A=k_sS_i(c_{AG}-c_A^*)\approx k_sS_i(c_{AS}-c_A^*)\tag{7.162}$$

此时为动力学过程控制，这种情况多发生于本征动力学速率较小，而催化剂颗粒又较小的情况下。

② 当 $\dfrac{1}{k_gS_e\omega}\ll\dfrac{1}{k_sS_iE_c}$ 且 $E_c\ll1$ 时，即外扩散影响小，内扩散影响不可忽略时，则总速率方程式为：

$$r_A=k_sS_i(c_{AG}-c_A^*)E_c\tag{7.163}$$

此时为内扩散控制，多发生在颗粒较大，而反应速率与外扩散系数均较大的情况下。

③ 当 $\dfrac{1}{k_gS_e\omega}\gg\dfrac{1}{k_sS_iE_c}$，这时外扩散阻力很大，总速率为外扩散控制，则总速率方程式为：

$$r_A=k_gS_e\omega(c_{AG}-c_{AS})\approx k_gS_e\omega(c_{AG}-c_A^*)\tag{7.164}$$

一般来说①、②情况出现较多，③较少见。只有当反应速率快，而活性物质又多分布于外表面时才会出现③的情况。

在催化剂颗粒中，除了质量传递过程外，还有热量传递。稳定情况下，单位时间内催化剂内产生的热量应等于颗粒外表面与气相主体的传热量，即：

$$r_A(-\Delta H_R)=a_sS_e(T_s-T_g)=k_sS_if(c_{AS})E_c(-\Delta H_R)\tag{7.165}$$

式中 T_s，T_g——颗粒外表面与气相主体的温度；

a_s——气流主体与颗粒外表面的传热系数。

吸热反应的反应热 ΔH_R 为正值，催化剂颗粒外表面温度低于气流主体温度；放热反应 ΔH_R 为负值，催化剂颗粒外表面温度高于气流主体温度。一般而言，催化剂温度大于气体温度，因此系统是向外传热的。

7.6.2 催化剂和反应器

7.6.2.1 催化剂

（1）催化剂的构成与成分 凡能加速化学反应速率，而本身的化学性质和数量在反应前后没有改变的物质称为催化剂。催化剂是催化转化反应的关键。

实际应用的催化剂是将具有催化活性的物质附载于适当的结构材料（载体）上。催化剂通常由主活性物质、助催化剂和载体组成。有的还加入成型剂和造孔物质等，以制成所需要的形状和孔结构。

① 主活性物质。能单独对化学反应起催化作用，因而可作为催化剂单独使用，用于气体净化的主要是金属和金属盐。

② 助催化剂。本身没有什么催化作用，但它的少量加入能明显提高主活性物质的催化性能。除此之外，助催化剂的加入也可以提高主活性物质对反应的催化选择和提高主活性物质的稳定性。

③ 载体。用以承载主活性物质和助催化剂，它的基本作用在于：第一，可以提供大的比表面积，提高活性物质和助催化剂的分散度，以节约活性物质；第二，可以改善催化剂的传热、抗热冲击和机械冲击等性能。因此要求选用有一定机械强度、磨损强度及热稳定性与导热性好的多孔惰性材料作载体。

常用的载体材料有氧化铝、铁矾土、石棉、陶土、活性炭、金属等。载体的形状可以是网状、球状、柱状、蜂窝状（阻力小，比表面积大，填放方便）等。催化剂和助催化剂可采用喷涂和浸渍等方法附于载体表面。几种常用的净化气态污染物的催化剂的组成如表 7.5 所示。

表 7.5　净化气态污染物常用的催化剂的组成

用途	主活性物质	载体
有色冶炼厂烟气制酸 硫酸厂尾气回收制酸 $SO_2 \longrightarrow SO_3$	V_2O_5 含量 6%～12%	SiO_2 (助催化剂 K_2O 或 Na_2O)
硝酸生产及化工工艺尾气 $NO_x \longrightarrow N_2$	Pt、Pd,含量 0.5% Cu、CrO_2	Al_2O_3、SiO_2 Al_2O_3、MgO
碳氢化合物的净化	Pt、Pd CuO、Cr_2O_3、Mn_2O_3、稀土金属氧化物	Ni、NiO_2、Al_2O_3 Al_2O_3
汽车尾气净化	Pt(0.1%)、Pd、Rh 碱土、稀土和过渡金属氧化物	蜂窝陶瓷 α-Al_2O_3、γ-Al_2O_3

（2）催化剂的性能　催化剂的性能主要有三项：活性、选择性和稳定性。

活性和选择性是催化剂在动力学范围内变化最灵敏的指标，是选择和控制反应参数的基本依据。

① 活性。催化剂的活性是衡量催化剂催化效能大小的标准。它取决于比表面积和活性中心密度，与化学成分、制造有关。活性是衡量催化剂加速化学反应速度之效能大小的尺度。

催化剂的活性通常用特定反应条件下，单位质量（或体积）的催化剂在单位时间内所产生的反应产物量来表示：

$$A = \frac{m_R}{t m_S} \tag{7.166}$$

式中　A——催化剂活性，g/(s·g 催化剂)；

m_R——反应产物生成量，g；

m_S——催化剂质量，g；

t——反应时间，s。

在催化反应器设计中经常使用空间反应速度（空速）来衡量活性。催化剂只有在一定的温度（活性温度）范围内具有活性，温度太低，活性不明显，温度太高，催化剂会受到损坏。

② 选择性。催化剂的选择性是指只对特定的反应起催化作用的特性。从热力学角度看，如果反应可能同时向几个平行方向发生时，通常在一定条件下催化剂只对一个反应方向起加速作用。选择性强，副反应少，可减少无谓的原料消耗。催化剂选择性的大小常用反应所得的目的产物的物质的量与某反应物消耗的物质的量之比来表示。

③ 稳定性。催化剂的稳定性是指操作过程中保持活力的能力。它包括热稳定性、机械稳定性、抗毒性。催化剂的寿命是反映稳定性的重要指标。正常情况下，催化剂的寿命一般在 20000～30000h。

从理论上说，催化剂性质不因反应而变，但实际上催化剂会逐渐失活。造成失活的原因有机械的原因、物理的原因和化学的原因三类。机械的原因主要是含尘气体冲刷，引起催化剂磨损，和不能参加反应的颗粒物在催化剂表面的沉积，将其覆盖。物理的原因主要是温度过高使催化剂熔化，破坏了多孔物质（即烧结），甚至引起烧蚀。化学的原因主要是某些物质（如硫、砷、重金属）与活性中心牢固结合，或者某些重化合物（气体中含有或副反应产生）在催化剂表面积累，而使活性下降，直至失活。前两种原因引起的失活过程称为催化剂衰老，后一种称为催化剂中毒。

由可逆过程引起的失活的催化剂，可经过再生恢复部分或大部分活性。

7.6.2.2 催化反应器

（1）反应器类型　在气态污染物治理工程中应用的催化反应器主要有固定床和流化床两类。流化床反应器是近年来发展起来的一种新设备，它具有传热效率高、温度分布均匀、气固接触面积大和传质速率高等优点，但它的动力消耗也大，催化剂容易磨损流失，因此在污染治理中的实际应用并不多，目前应用最广的仍是固定床反应器。

固定床反应器的优点是轴向返混少，反应速度较快，因而反应器体积小，催化剂用量少；气体在反应器内停留时间可严格控制，温度分布可适当调节，因而有利于提高转化率和选择性；催化剂磨损小；可在高温高压下操作。固定床反应器的主要缺点是传热条件差，不能用细粒催化剂，催化剂更换、再生不方便，床层温度分布不均。

固定床反应器又可分为绝热式和换热式两大类。其中，绝热式反应器分为单段式和多段式；换热式反应器主要是管式反应器，管式反应器又以催化剂的装填部位不同分为多管式和列管式两种。

单段绝热反应器结构简单，造价低，气流阻力小，反应器体积小、利用率高，因此适用于反应热效应较小，反应温度允许波动范围较宽的反应过程。为了保持绝热反应器结构简单的特点，又能在一定程度上调节反应温度，发展出了多段绝热、在段内绝热和在段间加换热器。

管式反应器属换热式反应器，与外界有热量交换。管式反应器传热效果好，适用于床温分布严格，反应热特别大的情况，但管式反应器的缺点是催化剂的装填困难。在管内装填催化剂，管间通入热载体或冷却剂的为多管式；管内通入热载体或冷却剂，而管间装填催化剂的称为列管式。管式反应器的轴向温度可以通过调节热载体的流量来控制，径向温度差通过选择管径来控制，管径越小，径向温度分布越均匀，但设备费用和阻力也越大。

新发展出的径向反应器（薄层反应器）可采用细粒催化剂提高催化剂的有效系数，并具有废气通气面积大、压降小的特点，适用于处理大流量废气，是绝热反应器的一种特殊形式。

根据物料进入后的混合情况，反应器分为理想置换型、理想混合型和中间型三类。

理想置换型反应器，物料在其中完全无返混，即任意位置的质点均依次流动，所有质点在反应器中停留时间相等。

理想混合型反应器，新物料进入后立即发生瞬时完全混合，物料在反应器内均匀分布，任意位置各种参数（温度、浓度等）均相同。

中间型反应器，介于上述两种理想反应器之间，反应器内有部分物料返混。

严格地说，工业上应用的反应器均属于中间型反应器，但固定床反应器接近于理想置换反应器，流化床反应器接近于理想混合型反应器。

通常污染物净化需要有一定的的催化反应温度，所以在系统起动催化反应器时首先需要用预热器加热废气和（或）催化剂，以保证催化反应能顺利进行下去。催化预热方式有电加热，气体、液体燃料燃烧加热等方式。待反应器正常运转，反应热能维护反应进行时，可停止加热，完全依靠反应热来维持反应温度，这种催化反应器称自热式反应器。

由于预热能耗高，近年来人们不断研究节能的预热方式，其中已经应用的有：远红外辐射加热（外热）和利用金属载体的导电性通电加热（内热）等节能的预热方式。

（2）主要参数

① 空间速度和接触时间。空间速度为单位体积催化剂在单位时间内所能处理的气体体积。由于气体体积随温度、压强的变化而变化，所以气体体积要变换成标准状态[273.15K，1atm（101.325kPa）]下的气体体积，并以反应前标准状态气体体积流量（初始流量）为基准来计算空间速度。

根据前述定义，空间速度为：

$$W_{SP} = \frac{V_{g0}}{V_C} \tag{7.167}$$

式中　V_{g0}——初始体积流量，m^3/s；

　　　V_C——催化剂床层体积，m^3；

　　　W_{SP}——空间速度，$1/s^{-1}$。

空间速度的倒数为接触时间，即：

$$t_N = \frac{1}{W_{SP}} \tag{7.168}$$

式中　t_N——接触时间，s。

需要注意的是，接触时间和停留时间不一样。反应物通过催化床的时间称为停留时间，停留时间决定了物料在催化剂表面化学反应的转化率。固定床的停留时间可按下式来计算：

$$t = \varepsilon V_C / V_g \tag{7.169}$$

式中　t——停留时间，s；

　　　ε——催化床空隙率，%；

　　　V_C——催化剂床层体积，m^3；

　　　V_g——反应气体实际体积流量，m^3/h。

② 转化率与反应速率。计算反应速率时，需要各组分瞬时流量。但实测各组分的瞬时流量有困难，因此常用转化率来计算反应速率。

对于活塞流流动系统，将组分 A 的转化率定义为：

$$\alpha_A = \frac{N_{A0} - N_A}{N_{A0}} \tag{7.170}$$

式中　N_{A0}——组分 A 初始流量，kmol/s；

　　　N_A——组分 A 某一瞬时流量，kmol/s。

则
$$N_A = N_{A0}(1-\alpha_A) \tag{7.171}$$

将上式微分：
$$dN_A = -N_{A0}d\alpha_A \tag{7.172}$$

在流动系统中，组分 A 的反应速率可用单位体积中该组分流量的减少表示，则：
$$r_A = -\frac{dN_A}{dV_C} \tag{7.173}$$

将式(7.172)代入式(7.173)中得：
$$r_A = N_{A0}\frac{d\alpha_A}{dV_C} \tag{7.174}$$

由式(7.167)和式(7.168)可知：
$$V_C = V_{g0}t_N \tag{7.175}$$

将式(7.175)代入式(7.174)得：
$$r_A = \frac{N_{A0}}{V_{g0}} \times \frac{d\alpha_A}{dt_N} = c_{A0}\frac{d\alpha_A}{dt_N} \tag{7.176}$$

式中　c_{A0}——相当于标准状况下的初始浓度，kmol/m³。

③ 催化反应器的选型原则。在工程上，必须要结合实际情况，如工艺要求、物质条件等来设计反应器或选择合适类型的反应器，不一定局限于所介绍的结构形式。下面介绍在固定床反应器的设计和选型时应当遵循的一些基本原则。

a. 根据催化反应热效应的大小、反应对温度的敏感程度以及催化剂的活性温度范围，选择反应器的结构类型，保证床层具有适宜的温度分布。

b. 在满足上述温度条件的前提下，应尽量使催化剂的装填系数大，以提高设备的利用率。

c. 床层阻力应尽量小，这对气态污染物的净化尤为重要。

d. 在满足工艺要求的基础上，力求反应器的结构简单，便于操作，造价低廉，安全可靠。

由于催化法净化气态污染物所处理的废气风量大，污染物的浓度低，反应热效应小，要想使污染物达到排放标准，就必须有比较高的催化反应转化率。通常选用单段绝热反应器，包括径向反应器，即能满足要求。目前在 NO_x 的催化转化、有机废气的催化燃烧和汽车尾气的净化中，大多采用了单层绝热床反应技术。

7.6.3　气固催化反应器设计计算

7.6.3.1　固定催化床层体积的计算

(1) 简介　气固相催化反应器的设计有两种计算方法，一种是经验计算法，另一种是数学模型法。

数学模型法是借助于反应的动力学方程、物料流动方程、物料衡算和热量衡算方程，通过对它们的联立求解，求出在指定反应条件下达到规定转化率所需要的催化剂体积。而这些基础方程的建立一般要通过对反应的物理和化学过程做必要的简化，最后通过实验测定来完成。实际上数学模型法是建立在对化学反应做深入的实验研究的基础上的。

尽管固定床催化反应器很接近理想活塞流反应器，它的数学模型计算得到相对简化，但要建立可靠的动力学方程，获得准确的化学反应基本数据（如反应热）和传递过程数据，一般仍离不开实验测定研究工作。因此数学模型的实际应用受到限制。

而以实验模拟作基础的经验计算法反而显得简便与可靠，因而得到普遍的应用。

经验计算把整个催化床作为一个整体，利用生产上的经验参数设计新的反应器，或通过中间试验测得最佳工艺条件参数（如反应温度、空间速度等）和最佳操作参数（如空床气速和许可压降等），在此基础上求出相应条件下的催化剂体积和反应床截面积及高度。

经验计算法要求设计条件符合所借鉴的原生产工艺条件或中间试验条件，在反应物温度、浓度、空间速度和催化床的温度分布和气流分布等方面尽量保持一致。因此，不宜高倍放大。中间试验的规模要足够大，否则误差大。

（2）理论算法　用催化法净化气态污染物，由于废气中污染物浓度低，放热量较小，反应速率也不太高，可近似为绝热过程。同时为简化计算，将固定床反应器看成理想置换反应器。理想置换反应器可采用拟均相一维理想流动基础模型进行理论计算。

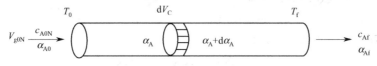

图 7.45　理想置换反应器模型

理想置换反应器的初始流量为 V_{g0N}，组分 A 的入口浓度为 c_{A0N}，入口转化率为 α_{A0}，出口浓度为 c_{Af}，出口转化率为 α_{Af}。在反应器内取微元体 dV_C，其两端面的转化率分别为 α_A 和 $\alpha_A + d\alpha_A$（图 7.45）。

组分 A 进入和移出微元积体流量分别为：$V_{g0N} c_{A0N} (1-\alpha_A)$ 和 $V_{g0N} c_{A0N} (1-\alpha_A - d\alpha_A)$，微元体内 A 组分反应量为 $r_A dV_C$。

平衡状态下微元内的物料平衡关系为：

$$V_{g0N} c_{A0N} (1-\alpha_A) - V_{g0N} c_{A0N} (1-\alpha_A - d\alpha_A) = r_A dV_C \tag{7.177}$$

化简得：

$$dV_C = c_{A0N} V_{g0N} \frac{d\alpha_A}{r_A} \tag{7.178}$$

全床层积分得：

$$V_C = \int_{\alpha_{A0}}^{\alpha_{Af}} c_{A0N} V_{g0N} \frac{d\alpha_A}{r_A} \tag{7.179}$$

式中　V_C——为了达到一定催化程度所需的反应床层体积。

由上式可知，只有已知总反应速率 r_A 与反应转化率 α_A 之间的关系时，才能计算催化床层的体积。

反应速率 r_A 中的反应速率常数 k 与温度有关。若为等温反应，k 为常数，只要积分即可。若为变温反应，k 与温度 T 有关，还要联立热量衡算式，建立 k 与 r_A 的关系。

催化反应过程不同阶段起控制作用时，总反应速率不同。下面分别讨论之。

① 化学动力学控制。过程受化学动力学控制时，总反应速率与化学反应速率相等，即化学反应速率为：

$$r_A = c_{A0N} \frac{d\alpha_A}{dt_N} \tag{7.180}$$

总反应速率为：

$$V_C = \int_{\alpha_{A0}}^{\alpha_{Af}} c_{A0N} V_{g0N} \cdot \frac{d\alpha_A}{c_{A0N}\dfrac{d\alpha_A}{dt_N}} = V_{g0N} \int_{\alpha_{A0}}^{\alpha_{Af}} \frac{d\alpha_A}{\left(\dfrac{d\alpha_A}{dt_N}\right)}$$

$$(7.181)$$

而 $\qquad\qquad V_C = V_{g0N} t_N$

所以 $\qquad\qquad t_N = \int_{\alpha_{A0}}^{\alpha_{Af}} \frac{d\alpha_A}{\left(\dfrac{d\alpha_A}{dt_N}\right)}$ $\qquad(7.182)$

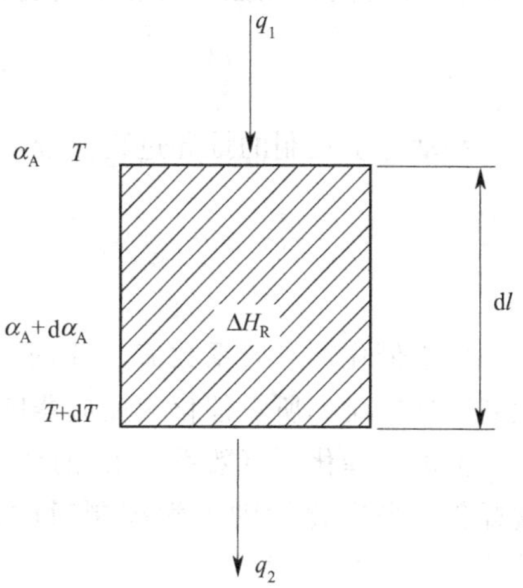

上式中 α_A 与温度有关，$\left(\dfrac{d\alpha_A}{dt_N}\right)$ 也与温度有关。α_A 与温度互为函数关系，其关系由热量衡算式确定。

如图 7.46 所示，在催化床层中取高度为 dl 的微元段做热量衡算，则：

图 7.46 催化床层热量平衡

气体带入热量＋反应放出热量＝气体带出热量＋向外界传出的热量

即 $\qquad N_T C_{pm} T + N_{T0} Y_{A0} d\alpha_A (-\Delta H_R) = N_T C_{pm} (T + dT) + dq_B$ $\qquad(7.183)$

式中　N_T——进入微元段的气体混合物流量，kmol/s；

$\qquad N_{T0}$——初始状态下气体混合物流量，kmol/s；

$\qquad Y_{A0}$——初始状态下气体混合物中反应组分 A 的摩尔分数；

$\qquad -\Delta H_R$——反应热，kJ/kmol；

$\qquad C_{pm}$——气体的平均定压比热容，kJ/(kmol·K)；

$\qquad dq_B$——传给外界的热量，kJ/s。

绝热情况下，$dq_B = 0$，则上式简化为：

$$N_T C_{pm} dT = N_{T0} Y_{A0} d\alpha_A (-\Delta H_R)$$ $\qquad(7.184)$

则

$$dT = \frac{N_{T0} Y_{A0} d\alpha_A (-\Delta H_R)}{N_T C_{pm}}$$ $\qquad(7.185)$

若 C_{pm} 不随温度及反应率 α_A 变化，积分上式得：

$$T_f - T_0 = \frac{N_{T0} Y_{A0} (-\Delta H_R)}{N_T C_{pm}} (\alpha_{Af} - \alpha_{A0})$$ $\qquad(7.186)$

式中　T_0，T_f——反应器入口和出口温度。

令 $\lambda = \dfrac{N_{T0} Y_{A0} (-\Delta H_R)}{N_T C_{pm}}$，则：

$$T_f - T_0 = \lambda (\alpha_{Af} - \alpha_{A0})$$ $\qquad(7.187)$

式中　λ——绝热温升，相当于反应组分全部转化后，混合气体的温度升高值，K。

由上式可知，绝热过程中转化率与温度之间为线性关系。实际计算时以 T 为中介，通过动力学方程和温升方程求出不同温度 T 下的 $(d\alpha_A/dt_N)$ 及 α_A，再经图解积分可求出停留时间 t_N，进而求出催化床层体积 V_C。

② 内扩散控制。内扩散控制情况下的计算过程与动力学控制基本相同，只是总反应速率不同。由前面的催化过程分析可知，在动力学控制的总反应速率方程中增加催化剂有效系

数 E_c，即为内扩散控制的总反应速率方程。所以，内扩散控制时的反应速率为：

$$r_A = E_c c_{A0N} \frac{d\alpha_A}{dt_N} \tag{7.188}$$

和动力学控制的推导过程比较，即可得到内扩散时：

$$t_N = \int_{\alpha_{A0}}^{\alpha_{Af}} \frac{d\alpha_A}{E_c \left(\dfrac{d\alpha_A}{dt_N} \right)} \tag{7.189}$$

由于催化剂有效系数 $E_c < 1$ 时，内扩散所需的接触时间比按动力学控制时要长，所以达到同样转化率所需催化剂反应器床层体积也较大。

但由于催化剂有效系数 E_c 的计算较为复杂，因此有人将内扩散影响考虑在校正系数中，这样仍可采用化学动力学控制时的方法计算催化剂体积，再乘上校正系数，从而简化了计算。

③ 外扩散控制。外扩散控制时，总反应速率与外扩散速率相等，即：

$$r_A = \frac{-dN_A}{dV_C} = k_G S_e \omega (c_{AG} - c_{AS}) \tag{7.190}$$

上式整理积分后，可用来计算催化床层体积。但积分时需知道 N_A、c_{AG}、c_{AS} 与 α_A 的函数关系。

现以如下化学反应来讨论：

$$aA + bB \Longrightarrow dD + eE$$

外扩散控制时，反应速率很快，仅发生在催化表面极薄的一层内，所以催化床可作为等温处理，则：

$$N_A = N_{A0}(1 - \alpha_A) \tag{7.191}$$

所以

$$dN_A = -N_{A0} d\alpha_A \tag{7.192}$$

对于可逆反应 $c_{AS} \approx c_A^*$，对不可逆反应 $c_{AS} = 0$。

气体流量由于化学反应发生变化：

$$V_g = V_{g0} + \frac{V_{g0} c_{A0} \cdot \alpha_A \sigma_A}{\sum c_{i0}} \tag{7.193}$$

式中　σ_A——组分 A 反应消耗 1mol 时，反应混合物物质的量变化；

c_{i0}——各组分（包括惰性组分）的初始浓度，$kmol/m^3$。

$$\sigma_A = \frac{(d+e)-(a+b)}{a} \tag{7.194}$$

令 $\varepsilon_A = \dfrac{c_{A0}\sigma_A}{\sum c_{i0}}$，则：

$$V_g = V_{g0}(1 + \varepsilon_A \alpha_A) \tag{7.195}$$

由式(7.191) 和式(7.195) 可得：

$$c_{AG} = \frac{N_A}{V_g} = \frac{N_{A0}(1 - \alpha_A)}{V_{g0}(1 + \varepsilon_A \alpha_A)} \tag{7.196}$$

$$c_{AS} = c_A^* = \frac{N_{A0}(1 - \alpha_A^*)}{V_{g0}(1 + \varepsilon_A \alpha_A^*)} \tag{7.197}$$

式中　c_A^*——平衡转化浓度，$kmol/m^3$；

α_A^*——组分 A 的平衡转化率。

将式(7.196)和式(7.197)代入式(7.190)得：

$$dV_C = \frac{N_{A0}\,d\alpha_A}{k_G S_e \omega (c_{AG} - c_{AS})} = \frac{V_{g0}\,d\alpha_A}{k_G S_e \omega \left(\dfrac{1-\alpha_A}{1+\varepsilon_A \alpha_A} - \dfrac{1-\alpha_A^*}{1+\varepsilon_A \alpha_A^*}\right)} \tag{7.198}$$

整理并积分得：

$$V_C = \frac{V_{g0}}{k_G S_e \omega (1+\varepsilon_A)} \int_{\alpha_{A0}}^{\alpha_{Af}} \frac{(1+\varepsilon_A \alpha_A)(1+\varepsilon_A \alpha_A^*)}{(\alpha_A^* - \alpha_A)} d\alpha_A \tag{7.199}$$

若为不可逆反应，则 $c_A^* = 0$，$\alpha_A^* = 1$，则：

$$V_C = \frac{V_{g0}}{k_G S_e \omega} \left[(1+\varepsilon_A)\ln\frac{1-\alpha_{A0}}{1-\alpha_{Af}} - \varepsilon_A (\alpha_{Af} - \alpha_{A0})\right] \tag{7.200}$$

若为可逆反应，且体积变化可以忽略（即 $\varepsilon_A = 0$），则：

$$V_C = \frac{V_{g0}}{k_G S_e \omega} \ln\frac{\alpha_A^* - \alpha_{A0}}{\alpha_A^* - \alpha_{Af}} \tag{7.201}$$

有机废气的催化燃烧进行得非常迅速，可近似看成外扩散控制的反应过程。根据有机物废气催化燃烧的特点，废气中有机物的浓度很低，可认为反应前后气体的体积不变，即 $\varepsilon_A = 0$，反应为不可逆反应，进入催化燃烧器的气体中有机物的反应率 $\alpha_{A0} = 0$。则可将式(7.200)简化为：

$$V_C = \frac{V_{g0}}{k_G S_e \omega} \ln\frac{1}{1-\alpha_{Af}} \tag{7.202}$$

外扩散控制催化反应放出的热量为：

$$Q = r_A(-\Delta H_R) = a_s S_e (T_s - T_g) \tag{7.203}$$

k_G、a_s 可以由传质式传热因子求取，或由准数方程式来求取。

(3) 经验算法　经验算法的计算过程很简单，它是采用实验室、中间试验装置及其工厂现有装置中测得的一些最佳条件（如空间速度 W_{SP} 和接触时间 t_N 等）作为设计依据来进行气固相催化反应器计算的一种方法。

催化剂装置的设计流量 $V_{g0N}(\text{m}^3/\text{h})$ 方程为：

$$V_R = \frac{V_{g0N}}{W_{SP}} \tag{7.204}$$

式中，V_{g0N} 的单位为 m^3/s，W_{SP} 的单位为 s^{-1}。

当然，设计的反应条件的参数必须与该空间速度所对应的全套反应条件参数一致，如催化剂性质、粒度、废气组成、气速、温度、压力等。不同的催化剂允许的空间速度范围不同，一般在 $5.6 \sim 22.2\text{s}^{-1}$。需要指出的是，不同的催化反应有不同的空间速度，同一催化反应由于各厂的管理水平不同，空间速度也不会相等。例如就催化燃烧而言，国内资料 t_N 为 $0.13 \sim 0.5\text{s}$，国外资料 t_N 为 $0.03 \sim 0.12\text{s}$。选用时要注意先进性与可靠性。

床层截面积按废气流量和适当的空塔气速计算，空塔气速可取 $1 \sim 2\text{m/s}$。如果气流量大，还可以取得更高。

7.6.3.2　催化床层的压降计算

各种颗粒固定床，如粒层过滤器、吸附器和催化反应器中的固定床都有着相同的阻力计算公式。但由于催化床内的流动参数沿床层是变化的，故需根据实际变化的程度，采用不同的计算方法来修正。

气体通过颗粒催化剂床层的压降可按下式计算：

$$\Delta P = 51.68 \frac{\rho_0^{0.65} S^{1.55} V_g^{1.65} V_C \mu^{0.35}}{P \varepsilon_C^3 f_C^{2.65}} \times \frac{T}{T_0} \tag{7.205}$$

式中　ΔP——气体通过床层的压降，Pa；

$\qquad P$——被处理气体进入反应器的压强，Pa；

$\qquad \rho_0$——被处理的气体在标准状态下的密度，kg/m^3；

$\qquad \varepsilon_C$——床层空隙率；

$\qquad V_g$——被处理气体的流量，m^3/s；

$\qquad T$——气体在床层中的平均温度，K；

$\qquad T_0$——273K；

$\qquad \mu$——气体的动力黏度，$Pa \cdot s$；

$\qquad f_C$——床层横截面积，m^2；

$\qquad S$——床层比表面积，m^2/m^3。

$$S = \frac{(1-\varepsilon_C) S_A}{V_A} \tag{7.206}$$

式中　S_A——单粒催化剂的外表面积，m^2；

$\qquad V_A$——单粒催化剂的体积，m^3。

气体通过蜂窝体催化剂床层的压降可用下式计算：

$$\Delta P = \zeta \frac{l}{d} \times \frac{v_g^2 \rho_g}{2} \tag{7.207}$$

式中　l——蜂窝孔道长度（多层排列时，l 为各层孔道长度之和），m；

$\qquad d$——蜂窝孔道直径，m；

$\qquad \rho_g$——气体密度，kg/m^3；

$\qquad v_g$——气体在床层有效流通断面内的速度，m/s；

$\qquad \zeta$——阻力系数。

阻力系数根据床层通道内气体流动的 Re 数不同，分别按下列各经验公式计算。

当 $100 < Re < 500$ 时：

$$\zeta = \frac{74.2}{Re^{0.973}} \tag{7.208}$$

当 $500 < Re < 1500$ 时：

$$\zeta = \frac{3.95}{Re^{0.5}} \tag{7.209}$$

当 $1500 < Re < 3500$ 时：

$$\zeta = \frac{0.65}{Re^{0.25}} \tag{7.210}$$

7.6.3.3　床层温升计算

催化床层温升可按下式进行计算：

$$T_2 - T_1 = \theta(c_{A1} - c_{A2}) \tag{7.211}$$

式中　T_1——入口温度，K；

T_2——出口温度，K；

θ——温升系数，需由实验求得；

c_{A1}——组分 A 反应前的体积浓度，%；

c_{A2}——组分 A 反应后的体积浓度，%。

计算催化床层温升的目的在于：第一，看看温度是否突破催化剂的使用范围；第二，这是对反应器换热的要求；第三，估计温度对反应速度的影响。

7.6.3.4 固定床催化反应器设计的注意事项

固定床催化反应器的设计应考虑并解决下列一些技术问题：

① 催化剂装填时自由落下的高度应小于 0.6m，强度高的催化剂也不应超过 1m。床层装填一定要均匀，床层厚度一定不能超出其抗压强度所能承受的范围。对于下流式操作，要注意底层颗粒所受的总压力；对于上流式操作，应注意避免启动或非正常操作对床层的冲起和掉落。

② 物料在进入催化床之前要混合均匀，如对 NO_x 催化还原时，要设置混合器，使 NO_x 与还原剂 NH_3 混合均匀，否则降低反应速度和物料的利用率。

③ 反应床内气流分布要均匀，采用较长的直管段；采用惰性填料层、组合丝网、导流叶片等气流分布装置；出口位置离床层不能太近，以免气流通过床层时留下死角。

④ 反应器的材料选择与设计要按有关规范进行。对腐蚀气体，在采用涂层或内衬结构时，要解决好防腐、涂层、内衬及涂层式内衬的修补、更换问题。

⑤ 提供可靠的催化剂活化条件和再生条件。有些催化剂在装填后需通入氢气或水蒸气，在特定的温度下进行活化。设计时需预留管道，再生也需水蒸气或氢气。

⑥ 设计时适当放大，以补偿正常条件下催化剂的逐渐失活，但又要避免过量的催化剂催化的副反应而降低了选择性。对于污染气体的催化净化还要根据其具体组分，考虑是否采用预净化手段，以避免催化剂表面被黏结。

因此，实现一个催化过程，一般包括催化剂的选择、催化操作条件的选择和催化反应器类型的选择及设计。

7.7 气体生物净化

生物法作为一种新型的气态污染物的净化工艺在国外已得到越来越广泛的研究与应用，在德国、荷兰、美国及日本等国的脱臭及近几年的有机废气的净化实践中已有许多成功采用生物法的实例。近年来国内也开展了一些这方面的实验研究，并且已有生物脱臭装置投入应用。与传统的物理化学净化方法相比，生物法具有投资运行费用低、较少二次污染等优点。根据已有的文献报道，生物法在处理低浓度 [数百 10^{-6}（体积分数）以下]、生物可降解性好的气态污染物时更显其经济性。

7.7.1 气体生物净化原理

与废水生物处理工艺相似，生物净化气态污染物过程也同样是利用微生物的生命活动将废气中的污染物转化为二氧化碳、水和细胞物质等，但其与废水生物处理的重大区别在于：气态污染物首先要经历由气相转移到液相或固相表面液膜中的传质过程，然后才能在液相或固相表面被微生物吸收降解。与废水的生物处理一样，气态污染物的生物净化过程（图 7.47）也是人类对自然过程的强化与工程控制，其过程的速度取决于：①气相向液固相的传质速率（这与污染物的理化性质和反应器的结构等因素有关）；②能起降解作用的活性生物质的量；③生物降解速率（与污染物的种类、生物生长的环境条件、抑制作用等有关）。

下面介绍主要的气体净化生物反应器类型。

气体生物净化反应器可以按照它们的液相是否流动，以及微生物群落是否固定，分为三种类型：生物过滤器（biofilter）、生物洗涤器（bioscrubber）和生物滴滤器（biotrickling filter），它们之间的区别和联系如表 7.6 所示。

表 7.6　生物净化反应器类型及特点

类型	微生物群落	液相状态
生物过滤器	固着	静止
生物洗涤器	分散	流动
生物滴滤器	固着	流动

生物过滤器的液相和微生物群落都固定于填料中；生物洗涤器的液相连续流动，其微生物群落也自由分散在液相中；生物滴滤器的液相是流动或间歇流动的，而微生物群落则固定在过滤床层上。这三种装置的典型流程示意如图 7.48 所示。

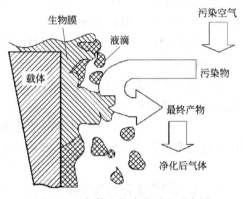

图 7.47　气体生物净化过程示意图

生物过滤器是人们最早开始研究和应用的一类生物气体净化设备，通常由开口或密闭的过滤床构成。过滤材料一般是泥炭、堆肥、土壤、树皮、枝权等天然材料，近来还开始在滤料中添加塑料介质、颗粒活性炭、陶瓷介质、火山岩等以提高处理效果。生物过滤床内的水分通常是通过润湿进气来保持的，而生物生长所需的营养物质一般由过滤介质本身提供。通常由于滤料所含营养物质的减少和某些酸性反应产物积累导致滤料酸化，过滤器的净化效果会逐渐变差，一般需要每隔一定时间更换新的滤料。

生物滴滤器是在生物过滤器基础上发展起来的一种净化设备，近年来有关生物滴滤器的研究非常活跃。它的结构与生物过滤器相似，不同之处在于其顶部设有喷淋装置，而且生物滴滤器所用的滤料通常由不含生物质的惰性材料构成，一般也不需要更换。生物滴滤器使用的填料主要作为生物挂膜的载体，要求具有较好的布水布气的作用，有比较高的空隙率，并且能在高负荷情况下不容易发生堵塞现象，有关滴滤器填料的研究和开发也是研究的热点之一。滴滤器内的喷淋装置能够比较容易地控制滤料层内的湿度，而且喷淋液中往往还添加微生物生长所需的营养物质（如 N、P 和 S、K、Ca、Fe 等微量元素）和 pH 值缓冲剂。

生物滴滤器为微生物的生长和繁殖创造了比较好的环境，它具有净化效率高、操作弹性较强等优点，适合处理污染负荷相对较高的非亲水性 VOCs 污染物，也适合处理卤代烃类降解过程产酸（及其他对微生物有毒害物质）的污染物，是一种具有良好发展前途的生物净化设备。

生物洗涤器可分为鼓泡式和喷淋式两种。喷淋式洗涤器与生物滴滤器的结构相仿，其区别在于洗涤器中的微生物主要存在于液相中，而滴滤器中的微生物主要存在于滤料介质表面的生物膜中。鼓泡式的生物洗涤器则是一个三相流化床，与上述两类设备有很大的差别，最典型的形式如图 7.48(c) 所示。它由两个互连的反应器构成，第一个反应器是吸收单元，

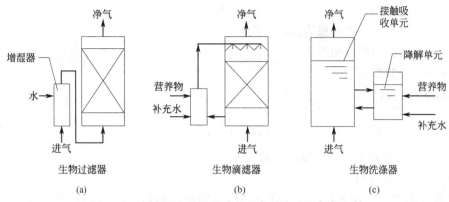

图 7.48　气态污染物生物净化设备的典型流程示意图

通过将气体鼓泡的方式与水、填料和生物质的混合液接触,从而将污染物由气相转移到液相,第二个反应器是生物降解单元,污染物在此进行生物降解,有时这两个反应器被合并成一个设备。在这类装置中,吸收液系统中加入活性炭能有效地提高污染物的去除速率。

三类典型生物净化装置优缺点比较见表 7.7。

表 7.7　三类典型的气态污染物生物净化装置优缺点比较

项目	生物过滤器	生物滴滤器	生物洗涤器
优点	操作简便; 投资少; 运行费用低; 对水溶性差的污染物有一定去除效果; 适合于去除恶臭类污染物	操作简便; 投资少; 运行费用低; 适合于中等浓度污染气体的净化; 可控制 pH 值; 能投加营养物质	操作控制弹性强; 传质好; 适合于高浓度污染气体的净化; 操作稳定性好; 便于进行过程模拟; 便于投加营养物质
缺点	污染气体的体积负荷低; 只适合于低浓度气体的处理; 工艺过程无法控制; 滤料中易形成气流短流; 滤床有一定的寿命期限; 过剩生物质无法去除	有限的工艺控制手段; 可能会形成气流短流; 滤床会由于过剩生物质较难去除而堵塞失效	投资费用高; 运行费用高; 过剩生物质量可能较大; 需处置废水; 吸附设备可能会堵塞; 只适合处理可溶性气体

7.7.2　气体生物净化理论基础

气体生物净化的理论基础包括污染物从气相向液相的传质、液相向生物相的传质及生物相的降解等过程。

图 7.49 为气体生物净化过程污染物浓度变化示意。总体来说污染物从气相向液相传质的平衡过程可用亨利定律来表示:

$$c_{iG} = H_{iD} c_{iL} \tag{7.212}$$

式中　c_{iG}——污染物气相浓度,g/m^3;

　　　H_{iD}——亨利系数,无量纲;

　　　c_{iL}——污染物液相平衡浓度,g/m^3。

在污染物被液膜吸收后,其在生物膜表面的吸附作用可以用弗罗德里希(Frenndlich)或朗格缪尔方程来表示。

Frenndlich 方程:

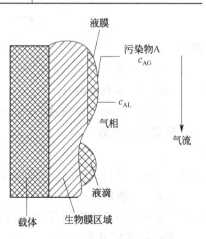

图 7.49　气体生物净化过程
污染物浓度变化示意

$$c_{ads} = k c_L^{1/n} \qquad (7.213)$$

式中　c_{ads}——污染物在生物膜表面的浓度；

　　　c_L——污染物在液相浓度；

　　　k，n——经验常数。

Langmuir 方程：

$$c_{ads} = \frac{c_{max} c_L}{K_L + c_L} \qquad (7.214)$$

式中　c_{max}——生物膜表面所能吸附的最大浓度；

　　　K_L——经验常数。

一旦被吸附到生物表面后，污染物会被微生物吸收而代谢，而 CO_2 等产物则会从细胞中被释放最终回到大气。生物代谢反应可以用莫诺德（Monod）方程描述如下：

$$r_i = \frac{k_i c_{iL}}{c_{iL} + K_i} \qquad (7.215)$$

式中　r_i——生物降解速率，$g/(min \cdot m^3)$；

　　　k_i——污染物的最大降解速率，$g/(min \cdot m^3)$；

　　　K_i——对于污染物而言的 Monod 常数。

如假设气体传递速度很快，而生物的降解速度要小于吸附速度，则在稳态情况下可列出如下方程：

$$D_i \frac{d^2 c_{iL}}{dx^2} - r_i = 0 \qquad (7.216)$$

式中　D_i——污染物在液相中的扩散系数。

为了解以上方程，可以采用以下的边界条件，即气液相界面符合亨利定律，同时液体中的浓度梯度在液固表面接近为零。

采用以上边界条件并假设生化反应速度为一级反应，则可得：

$$c_e = c_i \exp\left(-\frac{ZK}{H_i V_G}\right) \qquad (7.217)$$

$$\eta = (c_i - c_e)/c_i = 1 - \exp\left(-\frac{ZK}{H_i V_G}\right) \qquad (7.218)$$

式中　Z——生物反应器高度，m；

　　　K——反应单元常数，min^{-1}；

　　　H_i——亨利常数；

　　　V_G——表观气体流速，m/min。

反应单元常数为：

$$K = (a/\delta) D_i \phi \tanh\phi \qquad (7.219)$$

式中　a——填料载体的比表面积，m^2/m^3；

　　　δ——液膜厚度，m；

　　　ϕ——一级反应的 Thiele 数。

Thiele 数定义为：

$$\phi = \delta(k_1/D_i)^{0.5} \qquad (7.220)$$

式中　k_1——拟一级反应速率常数，min^{-1}。

由于式(7.218)、式(7.219)中的一些常数的直接测定比较困难，需要通过假设来确定，所以目前还无法直接通过以上理论计算的方法来设计气体生物过滤器。但是在实际设计中可设定过程的 H_i 和 K 不变（如 $K/H_i=K_0$），则效率计算公式化为：

$$\eta=1-\exp(-K_0Z/V_G) \tag{7.221}$$

此时通过现场中试测定出不同通风量情况下在不同高度上的 η 便可回归出 K_0，用于实际工程的设计计算。

【例 7.5】 净化苯乙烯的生物过滤器现场小试结果如下：当空塔气速为 0.5m/min、1.0m/min 和 1.5m/min 时，净化效率为 63%、39%、28%。床层厚度为 0.5m。试绘出实际工程中 0.5m、0.75m 和 1.0m 高度的生物过滤器在不同空塔气速条件下的净化性能曲线。

解 将式 $\eta=1-\exp(-K_0Z/V_G)$ 化为：

$$K_0=\frac{\ln(1-\eta)}{-Z/V_G}$$

通过现场实验数据得到平均的 K_0 值为 0.99min^{-1}。

将 K_0 代入到 $\eta=1-\exp(-K_0Z/V_G)$。取不同的 Z 作出不同 V_G 下的净化效率曲线，最终得图 7.50。

另外，生物过滤器工艺中的一些常见术语情况如下。

空塔停留时间：

$$EBRT=\frac{V_f}{Q} \tag{7.222}$$

式中 V_f——塔填料层空塔体积，m^3；
Q——气体流量，m^3/min。

$$\tau=EBRT\times\theta \tag{7.223}$$

式中 τ——真实停留时间；
θ——填料层空隙率。

$$SL=\frac{Q}{A} \tag{7.224}$$

式中 SL——表面负荷，m/min（与 V_G 相等）；
A——床层截面积，m^2。

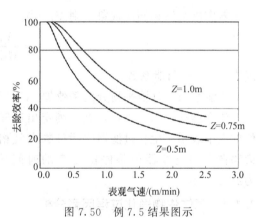

图 7.50 例 7.5 结果图示

$$VL=\frac{Q}{V_f} \tag{7.225}$$

式中 VL——容积负荷，min^{-1}。

注：$VL=1/EBRT$。

此外，还有质量表面负荷和质量体积负荷等。

消除能力（elimination capacity，EC）定义为：

$$EC=\frac{Q(c_i-c_e)}{V_f} \tag{7.226}$$

对于生物过滤器而言，由于均化了床层体积和流速，所以消除能力较净化效率能更好地反映设备的性能情况。通常情况下的消除能力如图 7.51 所示。

从图中可见，在低污染物负荷区域，净化效率基本保持常数，当负荷升高到一定数值后，净化效率开始降低。通常将净化效率开始下降处的负荷值称为临界负荷。

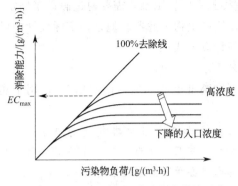

图 7.51　通常情况下的消除能力曲线示意

通常需要 2～3 个月的时间通过实验室和现场试验来得到一套污染物净化情况的数据。

另外，由于固液的吸附和液相的吸收作用，污染物组分在生物过滤器内的迁移速度要小于载气的移动速度，如果忽略生物作用造成的污染物降解，对于生物过滤器可列出如下的拟稳定物料衡算式：

$$V_{avg}AM_{tot}=V_GAM_G+V_LAM_L \quad (7.227)$$

式中　V_{avg}——污染物的表观通量，包括通过气相和液相输送的总和；

　　　A——生物过滤器截面积；

　　　M_{tot}——污染物总质量/生物过滤器总体积；

　M_G，M_L——污染物在气相和液相中的各自浓度。

由式(7.227)可得：

$$V_{avg}=(V_GAM_G+V_LAM_L)/AM_{tot} \quad (7.228)$$

若床层无液相滴滤现象，则 $V_L=0$。

$$V_{avg}=\frac{V_GM_G}{M_G+M_L}=V_G/R \quad (7.229)$$

式中　R——阻泄系数。

阻泄系数为气液平衡分配系数加 1，且很容易在生物过滤器中测定。其测定方法是在入口气流中脉冲加入污染物，然后测定出口气流中污染物的出峰时间（类似于气相色谱）。R 值的大小表示了生物过滤器中污染物在气相与液固相间的分配情况，较大的 R 值意味着污染物在生物过滤器内将停留更多的时间从而得到更好的净化。不同情况下，R 值可以为 2～10000。

7.7.3　气体生物净化过程因素分析

本小节拟从工艺过程控制的角度出发，着重从待处理对象、传质与生物转化的控制条件等方面讨论该工艺的研究与发展状况。

(1) 待处理对象　待处理对象本身的性质对工艺过程中的传质与生物转化影响很大。如待处理污染物水溶性的差异影响其从气相向液相的传质过程，而降解活动又主要发生在生物膜或液相中，因此待处理污染物的水溶性对其去除效果的影响很大。待处理污染物的可生物降解性则直接影响到生物转化过程，此外水溶性差但易降解的物质在净化过程中也可因生物降解对气体吸收的增强作用而取得较好的净化效果。在某些场合，待处理物质在床层材料或生物膜上的吸附能力对净化效果的好坏也起着关键的作用。

从文献调研的情况看，大多数的研究者进行的是非卤代挥发性有机物的研究，如甲醇、乙醇、甲苯、BETX（苯、甲苯、乙苯、二甲苯混合气）、苯乙烯、甲基乙基酮、甲基硫、二甲基硫、己烷、乙烯、苯酚、丙酮、丁醛及汽油蒸气和甲烷、甲胺、丁烯、二甲基甲酰胺等。另外，还有一些研究者进行了无机恶臭物质的净化研究，如硫化氢、氨等。近几年来，也有一些研究者开展了含氯有机物气体及二硫化碳的生物降解研究。对卤代烃降解机理的研究使人们认识到对卤代烃的好氧降解需要生物的协同代谢作用才能完全，也可通过厌氧脱卤后再进行好氧降解。近几年来，还有学者开始研究生物过滤器中的脱氮和氮氧化物的还原现象,以期进行生物脱硝。

总体来说,能采用生物法净化的挥发性有机化合物的类型很多,国外的研究表明美国环保局限制排放的189种气态挥发性有机物中至少有60种以上是可以通过生物的方法进行净化的。一些气态污染物的生物净化效果如表7.8所示。

表7.8 部分气态污染物的生物净化效果

好	较好	差	无作用	不确定
甲苯,二甲苯,乙醇,甲醇,丁醇,甲醛,乙醛,丁酸,三甲胺	苯,苯乙烯,丙酮,乙酸乙酯,酚,二甲基硫,硫氰酸盐,噻吩,甲硫醇,二硫化碳,酰胺,吡啶,乙腈,异腈,氯酚	甲烷,戊烷,环己烷,二乙醚,二氯甲烷	1,1,1-三氯乙烷	乙炔,甲基丙烯酸甲酯,异氰酸酯,三氯乙烯,全氯乙烯

对污染物的净化效果可从消除能力和净化效率两方面来衡量。所谓消除能力(elimination capacity)是指单位体积反应空间在单位时间内的对污染物的最大降解去除量,其单位为 $g/(m^3 \cdot h)$。研究和应用结果表明,由于生物净化器中的介质和控制条件等因素的影响,污染物消除能力的变化较大,已有的文献报道值基本在 $8\sim200g/(m^3 \cdot h)$ 的范围,对大多数的污染物的净化效率在50%~99%的范围。

(2)起降解作用的微生物 生物气体净化器主要是利用异养生物对污染物质的代谢过程来去除污染物的。目前生物过滤器中通常利用的是土壤、堆肥或泥炭中的自然菌落,也有投加活性污泥驯化后的菌种的,而生物滴滤器的生物相则是通过活性污泥循环挂膜或投加驯化后的专性菌而建立起来的。在运转的生物滤器中的微生物种类很多,主要为细菌、放线菌和真菌。对生物滤器内的生物群落的调查表明,在生物器中污染物去除量大的地方生物的密度也大,如进气口处。对于难降解物质的净化通常需要接种经驯化后的菌种。Kirchner采用 *P. fluorescens*、*Rhodococcus* 的单一菌种进行了丙酮、丙醛、环己烷和甲苯等气体的净化研究。而 Raj Mirpuri、Anne R. Pedersen 等采用恶臭假单胞54G(*Pseudomonas Putida* 54G)菌种来处理甲苯气体。对专性菌种的研究认为:虽然存在竞争和异化现象,但专性菌对设备启动和高效运行作用明显。Van Groenestijn 等对专性菌对难降解物质的净化研究进行了综述。近年来,A. R. Pedersen、R. M. M. Diks、H. H. J. Cox 等认为生物净化器内存在的是微生物的生态系统,由降解污染物的微生物和大量的其他非直接降解污染物的微生物种群构成,并提出构筑食物链来维持净化器内生物的生态平衡。

由于许多产生挥发性有机物的装置并非是连续运行的,Ottengraff、Martin 对设备停运和闲置后微生物的活性进行了研究,发现停运两周对生物的活性影响也不大,再次运行后很短的时间内便可恢复。Kirchner 研究后认为滴滤器可以采用白天运行、夜间关机的间歇运行方式运行,其净化性能与连续运行方式没有区别。

(3)填充支撑材料介质 对于所有类型的生物净化器而言,理想的填充支撑材料应是良好的传质和发生反应转化的场所,即应具有以下功能:①为微生物提供生长表面以提高反应器内单位体积的微生物浓度;②对待处理对象具有吸附功能,从而增大向微生物群落的传质量从而相应提高去除速率;③提供良好的流体流动和传质性能,长期运行无淤塞结块现象,不会造成气体或水分的短流;④能提供微生物生长所需的营养物质和微量元素并具有一定的缓冲能力。对于生物滴滤器而言,以上第4点则不是选择时需考虑的因素。

生物净化器的填充介质主要分两种。一种为天然的有机质介质如泥炭、堆肥、树皮、树枝、木片及土壤等。第二种为惰性的人工或天然材料。有时采用以上两种材料的组合。此外还可采用活性炭填料来提供生物膜的生长场所和提供缓冲处理能力。

生物净化气体的介质最初采用的是土壤，目前各类堆肥、泥炭、树皮枝杈介质的生物过滤器在国外已得到广泛的商业应用，研究人员还正在开发应用一些工程材料和研究新型的介质（包埋固定、膜生物反应器）。

① 土壤。土壤法是利用土壤中胶状颗粒物的吸附作用将废气中的气态污染物浓缩到土壤中，再利用土壤中的微生物将污染物转化成无害的形式。其优点在于设备简单、成本低，适用于脱臭及低浓度有机废气的净化场合。缺点为：占地面积大，易于形成短流和气流分布不均匀，缓冲能力有限，介质内微生物量不是很高，因而降解能力有限，体积负荷很低。该方法自 20 世纪 60 年代以来在日本被广泛地用于污水处理设施的脱臭，在北美的一些污水处理厂也有应用。

② 堆肥及泥炭类介质。好氧发酵的熟化堆肥及泥炭中生存着许多的微生物，其数量要远大于土壤中的微生物的量，且其中含有丰富的营养成分，能为微生物提供适宜的生长环境，因而净化效果要较土壤法好，有机负荷为土壤法的 2～6 倍，因而占地面积也较土壤法小，成本也较低。堆肥的种类有污泥堆肥、农林堆肥和城市固体废物堆肥等，从研究的情况来看，以城市固体废弃物的堆肥净化效果最好。但其与土壤法一样，也易于产生短流和气流分布不均匀，随着生物质的累积，有效表面积不断减少。由于堆肥是由可生物降解的有机质所构成，因而其寿命有限，为 1～3 年。堆肥及泥炭类介质填料的生物过滤器在国外已得到大量的商业应用。但由于堆肥质量的不统一会造成生物过滤器性能的不一致，因此，对于每一种应用场合往往需通过现场试验才能确定实际设备的设计参数。

③ 生物陶粒或火山岩。在表面多孔粗糙的陶粒或火山岩的表面进行微生物的生长和污染物的转化。微生物的浓度较高，降解能力较强，启动较快，易于清除过剩生物质，费用较活性炭低，但还是大大高于土壤法或堆肥法的费用。

正在研究的还有包埋固定化生物颗粒滴滤器和纤维床反应器、膜生物反应器等。包埋固定化生物可以大大提高单位体积内的微生物数量，尤其是提高世代时间长的微生物的密度，而膜生物反应器则具有比表面积大、生物密度高、能通过膜选择性地去除污染物和在必要的场合产生出好氧/缺氧的环境等优点。纤维床反应器则因其较好的空间结构而有利于均匀分布气流和微生物，同时能提高塔内的生物量，日本已推出了这类结构的生物脱臭装置。

对新型填料的开发利用的着眼点在于：提高设备的体积负荷以减少设备的占地面积；便于进行过程控制，不产生堵塞、短流等问题；延长填料的使用寿命。对于已得到广泛应用的堆肥类填料和土壤也采用了一些改良方法，如筛除堆肥中 1.2mm 以下的细小颗粒，保持 60% 以上的颗粒直径大于 4mm；在堆肥中添加惰性材料（如 3～5mm 的聚苯乙烯小球、石膏和珍珠岩）以增大填料的空隙率和防止长时间使用后的堆积压实和结块；堆肥中投加石灰等 pH 调节剂以增大填充介质的缓冲能力，添加活性炭以增加介质的吸附能力等。

（4）工艺过程控制因素　影响微生物气态污染物净化的工艺过程控制的因素有湿度、温度、pH 值、营养物质及进口气体的状况、空塔气速等。这些因素或是影响生物生长的环境，对生物代谢过程产生影响，或是影响传质过程。

① 湿度。对于气态污染物的微生物净化而言，除生物洗涤法外，其他两类设备内的湿度条件至关重要。湿度主要影响微生物的活性和传质过程。设备内湿度对不同水溶性污染物的影响也是不尽相同的。生物过滤器设备内的含湿量低于 30% 时就基本失去了 VOCs 的去除能力，含湿量太低会影响气相向生物膜的传质过程及介质的缓冲能力，并抑制微生物的增

长与代谢作用。生物滴滤器内水分分布的不均匀可能会导致床层内有效生物作用面积的减少，造成净化性能的下降。含湿量非常高时又会导致堵塞及某些类型介质的压缩和厌氧区的形成，还可能形成气流短路通道，对于憎水型的污染气体还会增加传质阻力。净化器持水量过大还会影响生物过滤器内气体的实际停留时间。

② 温度。温度对生物净化器内的传质和生物降解过程都有着重要的作用。微生物净化有机废气过程取决于一些嗜中温性菌及部分嗜高温性菌的生命活动，温度升高有利于生物的降解代谢过程，但会影响到污染物的气液分配系数和生物膜的扩散系数，是否有利于传质过程要看实际情况而定。温度升高还会加速生物床内水分的蒸发。微生物净化器床层的温度由床内发生的放热生物代谢活动和进口气体温度而定。对于生物净化器，推荐的温度范围为 $25\sim35℃$，即中温范围。实际运行时，滤床内的温度不应太高，以防止设备停运时使已有的起主要净化作用的嗜高温生物群落消失，从而造成设备再启动的困难。在冬季应保证设备内的温度不低于 $10℃$，以确保设备能达到设计负荷。

③ pH 值。由于微生物的活动都有其最佳的 pH 值范围，生物床内 pH 值的变化会影响微生物的活动。生物床的 pH 值通常为 $7\sim8$，即细菌和放线菌的最适范围。但在进行含硫、氮及氯成分化合物的代谢时往往会产生酸性中间产物而降低床层的 pH，进而影响到对 VOCs 的去除效率。在此情况下对于生物过滤器通常在滤料中预先加入石灰、泥灰石及贝壳等缓冲剂，而对于生物滴滤器和生物洗涤器则可较容易地通过液相的 pH 调节来控制 pH。

④ 营养物质和氧气。在生物净化器中，微生物所利用的大部分营养物质在细胞死亡和消解后会被循环利用，但总有一部分通过各种途径流失。如氮，会因为 NO_3^- 与 NO_2^- 的反硝化作用变成 N_2 而损失。所以与其他的微生物代谢作用一样，生物降解气态有机物时也需要补充氮、磷及微量元素（如 S、K、Na、Ca、Mn、Cl 及 Fe）等营养物质。一般认为 BOD：N：P 的比例为 $100：5：1$ 即可。通常，天然的过滤材料中已含有足够的无机营养物，但有时由于待处理气体成分、滤料介质来源等因素，能否获得一些特殊的营养物质就会成为净化过程的控制步骤。如向填料介质中添加营养物质后能显著提高甲苯等化合物的降解能力。

由于处理气体中的含氧量较高，因此一般认为供氧不会成为限制因素。但 Kirchner 等的研究表明，在高污染负荷的情况下，提高气体中的氧浓度有利于有机物降解速率的增加。

⑤ 原始进气状况。由于生物净化器可能会被一些有毒的废气成分如 SO_2 及高浓度的进气所毒害，因此需注意待处理原始进气的状况，有时需采取一些措施来去除或分流这些有毒有害气体的成分。进气中颗粒物浓度太高会对生物净化器造成以下的一些不利影响：可能会堵塞空气分布系统和滤床系统；在加湿器中产生污泥进而破坏加湿器的性能。对含尘浓度高的废气需进行预除尘。

⑥ 表观气速（空塔气速）。表观气速影响到传质过程、污染的负荷量、设备的阻力及设备内部的气体流动情况等。一般而言，表观气速大有利于减少气膜阻力而加快传质过程。但对于污染物浓度恒定的入口气流而言，表观气速大会增加设备的污染物负荷，减少单位床层高度的停留时间而不利于净化效率。为达到一定的净化效果，不同的表观气速对应着各自的最佳床层高度。表观气速从单位床层阻力和所需的床层高度两方面影响设备的阻力。另外，表观气速较大时往往会在设备内部的角落和器壁处造成局地的高气速而导致局部滤料生物膜的干化和破裂，影响设备的整体效果。对生物过滤床来说，该现象尤其严重。因此表观气速应根据生物填充介质对污染物的消除能力，污染物的入口浓度及设备的允许阻力、占地要求等因素综合考虑来确定。通常以堆肥和泥炭为介质的生物过滤床在脱臭时的表观气速控制在

300m³/(m²·h) 左右。而净化较高浓度的有机气体时，为保证一定的净化效果，表观气速往往控制在 150m³/(m²·h) 以下。对于一些较难降解或水溶性较差的处理对象，其表观气速往往只能控制在 100m³/(m²·h) 甚至 50m³/(m²·h) 以下。

⑦ 生物滴滤器堵塞及生物质控制。生物滴滤器在净化气体时的一个经常出现的问题就是由于生物质的积累而导致的装置性能的变化，表现在压降的增加和净化效率的下降。Cox 认为生物滴滤器内起降解作用的微生物只需保持合理的量（按载体介质比表面积上覆盖 80μm 厚生物膜计）便可保持最大消除能力。

为此，国外的研究者们从营养物控制、增加循环液中 NaCl 浓度限制细菌增长、间歇运行、用 NaOH 等进行化学清洗、反冲洗及流化搅动滤池等角度开展了防堵清淤的研究工作，但都存在影响净化效率、需增加复杂器械和操作不便的局限。

7.7.4　生物净化应用

目前气体生物净化工艺中以生物过滤法应用最多，有关其设计方面的综述也相对较生物滴滤器和生物洗涤器多。但以上这些文献讨论的主要是一些设计概念、导则和装置发展趋势，给出应用范例，很少涉及具体的设计规范。自 20 世纪 80 年代以来，德国工程师协会（VDI）就气体生物净化工艺出版了一系列的技术报告和导则（如 VDI Berichte 735、561，VDI Richtlinie 3477），以期推动该工艺的开发和应用。如前所述，生物净化工艺的数学模型已有不少，但由于涉及到很多很难测定的过程参数，目前还远达不到直接用于生产设计的水平。因此，气体生物净化设施的设计更多的是依靠已有成功运行装置及现场实验的有关参数结合一些经验数据来进行的。

对于生物过滤器，Van Lith 强调了控制滤床水分含量的重要性，并指出水分含量的失控是导致一些生物过滤器性能不佳的主要原因，对于一些高负荷的场合 [VOCs 浓度大于 0.5g/m³ 或污染物负荷大于 50g/(m³·h) 时]，反应热会造成更大的水分蒸发，此时要注意水分的控制。

一些气体生物净化的实际应用和运行效果情况如表 7.9 所示。

表 7.9　气体生物净化的实际应用和运行效果

污染物	来源	方法	处理气量 /(m³/h)	负荷 /[g/(m³·h)]	去除率 /%
臭气	动物脂肪加工	生物过滤	214000	3.96	94~99
臭气	植物油加工	生物过滤	39000	7.2	97
臭气	凝胶生产	生物过滤	35000	8.76	49~93
臭气	污水处理	生物过滤	5000	0.42	80~90
臭气	鱼食加工	生物滴滤	25000	34.9	95
VOCs	储油罐	生物过滤	2000	0.48	90
VOCs	工业废水处理	生物过滤	65000	1.86	70~90
VOCs	鱼加工	生物滴滤	6000	6.3	95
VOCs	鱼加工	生物滴滤	10300	11	85
VOCs	表面喷漆	生物滴滤	26000	3.48	>99
H₂S	垃圾填埋场	生物滴滤	300	1.02	>99
乙醇	铸造	生物滴滤	30000	9	>99
芳香族	铸造	生物滴滤	40000	7.2	80
芳香族	表面喷漆	生物滴滤	1500	4.74	85~90
苯酚	苯酚树脂	生物滴滤	现场中试	120	97
苯酚	铸造	生物滴滤	36000		>94
氨	铸造	生物滴滤	36000		>50
甲醇		生物滴滤		85.7	>96
苯乙烯	树脂生产	生物过滤		6	65
甲醛	胶合板生产	生物过滤		25.6	80

在气量较大的情况下,其投资费用通常要低于现有的其他类型的处理设施,而运行费用低是该类设备最突出的优点之一。目前已大量得到应用的是生物过滤器,生物滴滤器则是目前研究的热点之一。日前生物法的应用主要还是在脱臭领域。

敞口式生物过滤器的构造示意如图7.52(地下式)和图7.53(地面式)所示。气流通过布气管进入滤池的底部,

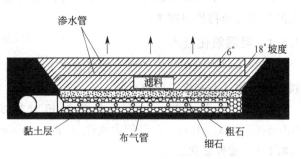

图7.52 敞口式生物过滤器(地下式)

通过一定级配的石子配气层均匀向上通过生物过滤层,净化后由生物过滤器表面直接排放。敞口式生物过滤器在欧、美、日等地区得到较多的应用,采用的生物载体过滤材料多为堆肥、泥炭和树皮、碎木等天然材料。滤料层高度一般为 1~1.5m,过滤气速 45~200m/h。在湿度控制方面,早期主要依靠增湿和表面喷灌,现采用在滤料内部布置滴灌的方式。

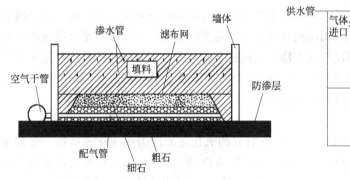

图7.53 敞口式生物过滤器(地面式)

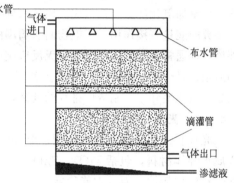

图7.54 多层封闭式生物过滤器

考虑到敞口式生物过滤器占地较大,且在多雨季节性能可能波动的情况,出现了封闭式的生物过滤器,以便更好地控制起降解作用的微生物的生长条件。有些场合还采用了多层布置的方式(如图7.54所示)。

目前应用的生物过滤法的缺点主要是所能承载的污染物负荷不能太高,因而一般占地较大,同时在存在酸性代谢产物时会造成滤料酸化及在使用一段时间后需更换滤料等。国内外正在开发可承载较高有机负荷,且操作控制手段较强的生物滴滤和生物洗涤工艺。已有一些采用新型载体材料的生物滴滤器也开始投入实际应用,较多的仍为脱臭装置。

7.8 气态污染物控制新技术

除前面介绍的常规气态污染物控制技术外,随着控制要求的不断提高和对空气污染控制系统高效率低费用的追求,近年来出现了一批新的气态污染物控制技术。已经具有一定商业应用的发展中技术包括生物净化法(已投入实际应用的主要为生物过滤器)、膜分离法和常温氧化工艺(包括紫外氧化法、光催化氧化法),还有一种正在开发但未得到商业推广应用的方法是等离子体法。这些方法中除膜分离方法为分离过程外,其他的均为利用生物代谢酶系统、高能粒子和电磁波使污染物分子转化。与常规技术中的燃烧、催化转化等高温过程相

比，这些新技术的转化过程通常发生在常温的情况下。本节主要介绍除生物法外的其他新出现的气态污染物控制技术。

7.8.1　常温氧化技术

与前述的燃烧和催化燃烧在较高温度下发生的氧化不同，常温氧化是利用光能或与催化联合作用使气态有机污染物在常温下发生氧化的过程。常温氧化技术无须对污染气流进行较大幅度的加热和冷却，因而能量消耗相对较少。目前常温氧化技术包括紫外氧化（ultraviolet oxidation）和光催化氧化（photocatalytic oxidation，PCO）两类。

7.8.1.1　紫外氧化工艺

紫外氧化系利用大气中所发生的光化学反应机理来促使有机污染物氧化成水和二氧化碳。在紫外线的作用下，臭氧、过氧自由基、羟基自由基和氧自由基类氧化剂被用来氧化破坏有机物。紫外线的波长范围在 $120 \sim 280nm$。为达到最好的效果，实际应用时需根据待处理物质的类型选择合适的波长，并保证气体在紫外氧化区停留足够的时间。一些化合物能很容易地被一定波长的紫外线销毁，另一些化合物只能在有氧化剂和强紫外线的情况下才会被销毁。通常，大多数的 VOCs 只会被紫外线激活，销毁则主要是由氧化剂来完成的。因此该工艺通常由光催化氧化室加氧化洗涤装置组成。该技术的一个主要优点是过程的能量利用效率很高，这是因为大多数的能量直接作用于污染物而非周围的载气。所需的能源主要用于风机和紫外线电源。此外该过程通常在常温下进行，也无反应副产物。但该技术能处理的 VOCs 的类型范围还未完全搞清楚，且会产生废水。该工艺在美国已实际应用于处理规模为 $34000 \ m^3/h$ 和 $150000m^3/h$ 风量的喷漆室和家具制造厂排气的处理，目前还在进一步的开发之中。

7.8.1.2　光催化氧化工艺

光催化净化是基于光催化剂在紫外线照射下具有的氧化还原能力而净化污染物。光催化剂属半导体材料，包括 TiO_2、ZnO、Fe_2O_3、CdS 和 WO_3 等。其中 TiO_2 具有良好的抗光腐蚀性和催化活性，而且性能稳定，价廉易得，无毒无害，是目前公认的最佳光催化剂。"光催化"这一术语本身就意味着光化学与催化剂二者的结合，因此光和催化剂是引发和促进光催化氧化反应的必要条件。

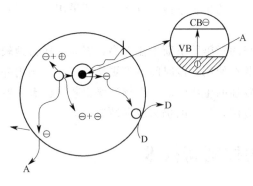

图 7.55　光照时半导体内载流子的变化情况
A—氧化剂（O_2 等）；D—还原
剂（VOCs 等）；CB—导带；VB—价带

（1）光催化氧化的基本原理　根据定义，超细半导体粒子含有能带结构且能带是不连续的，其能级可用"带隙理论"描述，即物质价电子轨道通过交叠形成不同的带隙，由低到高依次是充满电子的价带、禁带和空的导带。TiO_2 禁带宽度为 $3.2eV$，对应的光吸收波长阈值为 $387.5nm$。当受到波长小于或等于 $387.5nm$ 光照射时，价带上的电子会被激发，越过禁带进入导带，同时在价带上产生相应的空穴。与金属导体不同，半导体的能带间缺少连续区域，受光激发产生的导带电子和价带空穴（也称光致电子和光致空穴）在复合之前有足够的寿命。

光致空穴的标准氢电极电位为 $1.0 \sim 3.5eV$，具有很强的得电子能力，可夺取粒子表面的有机物或体系中的电子，使原本不吸收光的物质被活化而氧化；而光致电子的标准氢电极电位为$-1.5 \sim +0.5\text{eV}$，具有强还原性，可使半导体表面的电子受体被还原。如此可见，光致电子和空穴一旦分离，并迁移到粒子表面的不同位置，就有可能参与氧化还原反应，氧化或还原吸附在粒子表面的物质，而光致电子与空穴的复合则会降低光催化反应的效率。

实际光催化反应过程中，反应能力取决于半导体的能带状况，以及被吸附物质的氧化还原电位。不过迁移到表面上的光致电子和空穴如果没有与适当的电子和空穴俘获剂作用，则储备的能量在几个毫微秒之内就会通过复合而消耗掉。因此电子结构、吸光特性、电荷迁移、载流子寿命及载流子复合速率的最佳组合对于提高光催化活性至关重要。由于光致空穴和电子的复合在很短的时间内就可以发生，从动力学观点看，只有当电子受体和电子供体预先吸附在催化剂表面时，界面电荷的传递和被俘获过程才能有效进行。尽管水蒸气存在时，TiO_2表面有OH基团，并且它们对于光催化氧化的贡献不可忽视，但是当有机物与水蒸气共存于气相时，有机物本身更易作为光致空穴的俘获剂，因而有机物的预先吸附是气相高效光催化氧化的必要条件。图7.55表示光照时半导体内载流子的变化情况。

OH是光催化氧化的主要氧化剂。对于发生在TiO_2表面的气、固相光催化氧化分解过程，表面羟基化可能是反应的关键步骤。光致电子俘获剂主要是吸附于表面的氧，它能够抑制电子与空穴的复合。同时，俘获电子形成的O_2^-也是氧化剂，经过质子化作用后成为表面羟基的另一个来源。也有研究者提出双空穴自由基机制，即当TiO_2表面主要吸附物为氢氧根或水分子时，它们俘获空穴产生羟基自由基，该自由基氧化分解有机物，这是间接氧化途径。当催化剂表面主要吸附物为有机物时，空穴与有机物的直接氧化反应为主要途径。总的来说，气-固多相光催化反应过程可表示为：①光致电子和空穴的产生；②O_2、H_2O和有机物在催化剂表面的吸附；③氧化剂的生成；④有机物的催化分解等步骤。

(2) 影响光催化净化的主要因素 影响光催化净化的主要因素包括反应条件和催化剂两方面。

① 反应条件。反应条件中，气体流量对光催化反应速率和催化转化率的影响表现为在一定的流量范围内，污染物的反应速率随着流量增大而增大，此时传质过程是整个反应的控制步骤，当流量达到一定值后，反应速率随流量增大而降低，此时表面反应过程成为控制步骤；与反应速率不同，催化转化率随气体流量的增大单调降低，这是因为随着气体流量增大，气体与催化剂接触时间缩短。正因为如此，光催化技术的实际应用必须解决的一个关键问题是大气体流量下如何保持高转化率。

在光催化反应中，O_2是氧化剂，同时也是电子的俘获体，抑制光催化剂上光致电子和空穴的复合。因此O_2对于光催化氧化的进行起着至关重要的作用。对TiO_2催化剂光催化氧化三氯乙烯的研究表明，随着O_2浓度增大，反应速率从与O_2浓度的平方成正比转变为与O_2浓度无关，这表明对光催化反应构成影响的是吸附于光催化剂表面的O_2。研究还发现在紫外线作用下，O_2吸附速率满足抛物线形式，即吸附速率与O_2浓度的0.5次方呈线性关系，传质是整个光催化反应的控制步骤。

H_2O在光催化反应中起着重要的作用。但是随着H_2O含量的增加，TiO_2的催化活性不确定。H_2O对于光催化活性兼有的阻碍和促进作用依赖于污染物的类型及H_2O的含量。例如H_2O会抑制丙酮的光催化氧化；对1-丁醇的转化率无影响；微量H_2O促进二甲苯的转化，但过高H_2O含量会抑制反应。H_2O的抑制或促进效应可归因于水蒸气与反应物之间在光催化剂表面的竞争吸附。TiO_2对丙酮的吸附能力小于H_2O，由于H_2O竞争吸附在光催化剂表面，所以丙酮吸附量降低，从而降低了光催化反应速率。H_2O的存在对1-丁醇在

TiO$_2$表面的吸附影响不大，所以反应速率不因 H$_2$O 的存在而改变。

从理论上讲，光强越大，提供的光子越多，光催化氧化分解有机物的能力越强。但是当光强增大到一定程度后，光催化氧化分解效率反而会下降。这可能是因为尽管随着光强的增大有更多的光致电子和光致空穴对产生，但是催化剂内部的电场因此会变弱，这不利于光致空穴和电子的迁移，从而使复合的可能性增大。

② TiO$_2$结构与性质的影响。高活性和稳定性的光催化剂是光催化技术的关键。由于 TiO$_2$ 的性质稳定，在已有的报道中，大多用超细微粒 TiO$_2$ 作为光催化剂。超细微粒 TiO$_2$ 催化剂只有经过负载、成型后才能在实际场合使用。常用的惰性载体包括：SiO$_2$、Al$_2$O$_3$、玻璃、玻璃纤维、光导纤维、丝光沸石、活性炭等。制备负载化 TiO$_2$ 催化剂主要有两种途径：一是将 TiO$_2$ 超细粉末通过各种方法直接负载于载体上；二是先将 TiO$_2$ 的前驱体（如有机钛化合物、TiCl$_4$ 等）载于载体后经热处理将前驱体转变为 TiO$_2$。TiO$_2$ 的负载化面临两个技术难点：一是 TiO$_2$ 与载体间要黏结牢固，保证 TiO$_2$ 在使用中不易从载体上脱落下来；二是获得高的光催化活性。很多情况下这两个目标是一对矛盾体。光催化剂的催化性能是半导体超细微粒表面光学特性与表面化学状态耦合的结果。研究表明，超细微粒 TiO$_2$ 的晶型、粒径、表面积、焙烧条件等都对光催化活性产生影响。

为提高催化效果，有研究者采用金属离子掺杂、贵金属表面淀积、半导体的光敏化等方式对光催化剂进行改性。

（3）几种典型挥发性有机物的气相光催化氧化情况 现有研究表明，光催化氧化可以使大多数烷烃、芳香烃、卤代烃、醇、醛和酮等有机物降解，还可以使有机酸发生脱碳反应。Alberici 等人在相同实验条件下，研究了 17 种挥发性有机物的光催化降解规律，结果如表 7.10 所示。可见只有甲苯、异丙基苯、四氯化碳、甲基氯仿和吡啶等化合物的降解活性较差。另一些研究还表明，含氮化合物较含磷、硫或氯化合物的降解速度慢。

表 7.10 17 种挥发性有机物的光催化降解效率[①]

化合物	初始浓度/(mL/m^3)	转化率[②]/%	化合物	初始浓度/(mL/m^3)	转化率[②]/%
三氯乙烯	480	100.0	甲苯	506	87.2[③]
异辛烷	400	98.9	异丙醇	560	79.7
丙酮	467	98.5	三氯甲烷	572	69.5
甲醇	572	97.9	四氯乙烯	607	66.6
甲基乙基酮	497	97.1	异丙苯	613	30.3
叔丁基甲基醚	587	96.1	甲基氯仿	423	20.5
二甲氧基甲烷	595	93.9	吡啶	620	15.8
二氯甲烷	574	90.4	四氯化碳	600	0
甲基异丙基酮	410	89.5			

① 实验条件：黑灯 30W，气体流量 200mL/min，相对湿度 23%，氧浓度 21%，温度（50±2）℃。

② 转化率是指稳定后达到的值。

③ 该值为经过 60min 照射后的转化率。

目前，对挥发性有机物的气相光催化降解产物一直存在争议，一般认为挥发性有机化合物的光催化降解比较完全，主要生成 CO$_2$ 和 H$_2$O，但目前越来越多的研究发现，光催化降解有大量的副产物生成，反应的最终产物形式取决于反应时间、反应条件等因素。

（4）光催化降解的优缺点和应用 光催化降解 VOCs 大致优缺点情况如表 7.11 所示，目前主要适合低浓度（小于 100×10^{-6}）和流量不大的有机气体气流的处理（30000m^3/h）。当污染物浓度高时，需要很大的催化面积而使得其与其它方法相比变得不经济。必须强调的一点是，发生光催化反应的前提条件是催化剂的表面具有一定波长的光照存在。当采用 TiO₂ 为催化剂时，可采用普通的荧光灯为光源来消除恶臭和非常低浓度的污染物。但目前受催化剂降解效率的影响，其在工业上的应用还很少，其潜在的应用领域包括半导体元器件生产、文字印刷设备的释放气体、溶剂清洗过程排气、喷漆室排气、室内 VOCs 的控制及土壤修复中排气净化等。

表 7.11　光催化降解的优缺点

优点	缺点
对于间歇式排气可通过开关控制运行时间从而节约能源； 结构上可以设计得紧凑，从而控制设备体积； 通过合理的设计可达到很高的净化效率； 可适用于小型且有短时间浓度波动的场合	如果工艺设备设计不当,可能产生中间产物而形成二次污染； 无法回收溶剂

7.8.2　膜分离技术

7.8.2.1　气体膜分离的机理概要

膜法气体分离的基本原理是根据混合气体中各组分在压力的推动下透过膜的传递速率不同，从而达到分离目的。对不同结构的膜，气体通过膜的传递扩散方式不同，因而分离机理也各异。目前常见的气体通过膜分离的机理有两种：①气体通过多孔膜的微孔扩散机理；②气体通过非多孔膜的溶解-扩散机理。

（1）微孔扩散机理　多孔介质中气体传递机理包括分子扩散、黏性流动、努森扩散及表面扩散等。由于多孔介质孔径及内孔表面性质的差异使得气体分子与多孔介质之间的相互作用程度有所不同，从而表现出不同的传递特征。

① 努森扩散。在微孔的直径（d_p）比气体分子的平均自由程（λ）小很多的情况下，气体分子与孔壁之间的碰撞概率远大于分子之间的碰撞概率，此时气体通过微孔传递过程属努森（Knudsen）扩散，又称自由分子流（free molecule flow）；在 d_p 远大于 λ 的情况下，气体分子与孔壁之间的碰撞概率远小于分子之间的碰撞概率，此时气体通过微孔的传递过程属黏性流机制（viscous flow）；当 d_p 与 λ 相当时，气体通过微孔的传递过程是努森扩散和黏性流并存，属平滑流（slip flow）机制。

② 面扩散。气体分子可与介质表面发生相互作用，即吸附质可沿内孔表面运动。当存在压力梯度时，分子在表面的占据率是不同的，从而产生沿表面的浓度梯度和向表面浓度递减方向的扩散。表面扩散通量与膜孔径有较大的关系，通常孔径越大，表面扩散通量越小。

混合气体通过多孔膜的分离过程主要以分子流为主。基于此，分离过程应尽可能地满足下列条件：①多孔膜的微孔孔径必须小于混合气体中各组分的平均自由程，一般要求多孔膜的孔径在 $(50\sim300)\times10^{-10}$ m；②混合气体的温度应足够高，压力应尽可能低。高温、低压都可提高气体分子的平均自由程，同时还可避免表面流动和吸附现象发生。表 7.12 说明了在不同的操作条件下气体透过多孔膜的情况。

表 7.12　不同的操作条件下气体透过多孔膜的情况

操作条件	气体透过膜的流动情况
低压、高温(200～500℃)	气体的流动服从分子扩散,不产生吸附现象
低压、中温(30～100℃)	吸附起作用,分子扩散加上吸附流动
常压、中温(30～100℃)	增大了吸附作用,而分子扩散仍存在
常压、低温(0～20℃)	吸附效应为主,可能有滑动流动
高压(4MPa 以上)、低温(−30～0℃)	吸附效应控制,可产生层流

（2）溶解-扩散机理　气体通过非多孔膜的传递过程一般用溶解-扩散机理来描述，此机理设气体透过膜的过程由下列三步组成：

① 气体在膜的上游侧表面吸附溶解，是吸着过程；

② 吸附溶解在膜上、下游侧表面的气体在浓度差的推动下扩散透过膜，是扩散的过程；

③ 膜下游侧表面的气体解吸，是解吸过程。

一般来说，气体在膜表面的吸着和解吸过程都能较快地达到平衡，而气体在膜内的扩散过程可用费克定律来描述。稳态时，气体透过膜的渗透流率为：

$$渗透流率＝渗透数×膜两侧的压力梯度$$

通常渗透数（即扩散系数×溶解度系数）与膜材料性质、气体性质以及气体的温度和压力（浓度）有关。

7.8.2.2　气体分离膜

膜分离技术的核心是膜，膜的性能主要取决于膜材料及成膜工艺，就目前气体膜分离技术的发展而言，膜组件及装置的研究已日趋完善，而膜的发展仍有相当大的潜力。若在膜上有所突破，气体膜分离技术必将得到更大的发展。

（1）膜材料　膜材料是发展膜分离技术的关键问题之一。按材料的性质区分，气体分离膜材料主要有高分子材料、无机材料和金属材料三大类。

① 高分子材料。理想的气体分离膜材料应该同时具有高的透气性和良好的透气选择性、高的机械强度、优良的热和化学稳定性以及良好的成膜加工性能。在目前的商业高分子材料中，一般难以找到透气性和选择性都比较好的气体分离膜材料。表7.13列出了一些有代表性的高分子材料的透气性。透气性即在 1.3332kPa 的标准压差下，1s 内能透过 1cm 膜厚的气体体积（cm^3）。

表 7.13　一些高分子材料的透气性

单位：$7.52×10^{-18} m^3 · m/(m^2 · s · Pa)$

聚合物	$T/℃$	$Q(He)$	$Q(H_2)$	$Q(CO_2)$	$Q(O_2)$	$Q(N_2)$
聚二甲基硅氧烷	25	230		3240	605	300
聚4-甲基-1-戊烯	25	100		93	32	
天然橡胶	25	23.7	90.8	99.6	17.7	6.12
乙基纤维素	25	53.4		113	15	4.43
聚2,6-二甲基-1,4-苯醚	25			75	15	3.0
聚四氟乙烯	25			12.7	4.9	
聚乙烯（相对密度0.922）	25	4.93		12.6	2.89	0.97
聚苯乙烯	20	16.7		10.0	2.01	0.32
聚碳酸酯	25	19		8.0	1.4	0.30
丁基橡胶	25	8.24		5.2	1.3	0.33
醋酸纤维素	22	13.6		0.43	0.14	
聚丙烯	27			1.8	0.77	0.18
聚乙烯（相对密度0.964）	25	1.14		3.62	0.41	0.143
聚氯乙烯（30%DOP）	25	14	13	3.7	0.60	0.20
尼龙-6	30	0.53		0.16	0.38	
聚对苯二甲酸乙二醇酯	25	1.1	0.6	0.15	0.03	0.006
聚偏二氯乙烯	25		0.08	0.029	0.005	0.001
聚丙烯腈	25	0.55		0.0018	0.0003	
聚乙烯醇	20	0.0033		0.0005	0.00052	0.00045

早期工业用的气体分离膜器中使用的膜材料有聚烯烃、纤维素类聚合物、聚砜等。上述材料的最大缺点是透气性较差，如透氢系数均在 $10^{-13}～10^{-11} cm^3 · cm/(cm^2 · s · Pa)$ 之间，

使得以这些材料开发的气体分离膜器的应用受到了一定的限制，特别是在制备高纯气体方面，受到变压吸附和深冷技术的有力挑战。为了克服其缺点，拓宽气体膜分离技术的应用范围，发挥其节能优势，研究人员一直在积极开发具有高透气性和透气选择性、耐高温、耐化学介质的气体分离膜材料，其中有代表性的是聚酰亚胺。大量研究表明，很多含氮芳香杂环聚合物兼具有高的透气性和透气选择性，其中尤以聚酰亚胺的综合性能最佳，这类材料具有透气选择性好，机械强度高，耐化学介质和可制成高通量的自支撑型不对称中空纤维膜等特点。聚酰亚胺单体化学结构对所制成膜的透气性影响很大，这也是气体分离膜研究领域中的热门话题。另外在气体分离方面，也开发出了许多实用化或优秀的有机硅材料分离膜，且目前的注意力集中在硅改性其他聚合物和改性有机硅膜材料方面。

② 无机及金属材料。目前工业化的气体分离膜主要是采用高分子膜，高分子膜具有很多优点，但也存在不耐高温、抗腐蚀性差等缺点。无机膜由于其独特的物理和化学性能，在涉及高温和有腐蚀性的分离过程中的应用方面有着其他膜材料无可比拟的优势，具有良好的发展前景。因此，无机膜的研究与开发已成为当代膜科学技术领域中的热点课题之一，无机膜用于气体分离也日益受到重视。

无机膜常由 Al_2O_3、TiO_2、SiO_2、C、SiC 等材料组成。总体来看，无机膜用于气体分离过程目前尚处于实验室水平，大多研究仍局限在膜的制备、分离性能表征及传质机理方面，有关膜器设计、优化等实用性问题的研究报道还比较少。

金属膜材料主要是稀有金属，以钯及其合金为代表，主要用于膜反应器。

按膜材料的形态分，可分为玻璃态聚合物膜和橡胶态聚合物膜。玻璃态聚合物膜对空气的透过性要好于有机化合物。而橡胶态聚合物膜则更易于让有机物透过。总体来说，玻璃态聚合物对气体的透过性要较橡胶态聚合物膜低很多。

(2) 膜组件的形式及其在空气污染控制中的应用　与水处理的膜分离工艺相同，气体分离膜在具体应用时也必须装配成各种膜组件。气体分离膜组件常见的有平板式、卷式和中空纤维式三种。平板膜组件的优点是制造方便，且平板膜的渗透选择层可以得到比非对称中空纤维膜薄 2～3 倍，但它的主要缺点是膜的装填密度太低。中空纤维膜组件的主要优点是膜的装填密度很高，如图 7.56 所示的 Monsanto 公司的 Prism 膜组件，膜的装填密度可为平板式的 10 倍以上，但其缺点是气体通过中空纤维的压力损失很大。卷式组件的膜装填密度介于平板和中孔纤维组件之间。相对于膜材料的研究而言，膜组件的研究开发已比较成熟。目前气体膜分离中使用的大多数是中空纤维式或卷式膜组件。

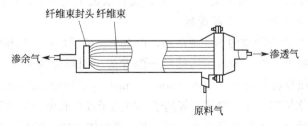

图 7.56　Monsanto 公司的 Prism 膜组件示意

目前已有采用膜分离工艺来净化有机气体的应用，工艺流程如图 7.57 所示。经过除尘、除油等预处理后的有机气体经空压机加压到表压 0.31～1.38MPa 后进入冷凝器冷凝分离，然后通过膜分离器进行气相分离。稀相为净化后的气体，可进一步处理或直接排放。浓相则回到加压设备的进气口与入口气流一起进一步处理或热力焚烧或催化燃烧。也有的膜分离设备在其浓相侧配备洗涤液或生物活性污泥来中和或降解透过膜的污染物。

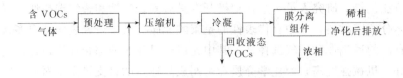

图 7.57　膜分离工艺净化有机气体工艺流程示图

据报道，膜分离法的净化效果可达 90％～99.9％以上，但必须注意的是高的分离效率是以降低浓相中污染物浓度为代价的。膜分离法能回收有用物质，无二次污染，膜分离过程是一个连续的过程，使用比较方便，可应用于浓度波动较大的场合。采用的模件化结构易于安装和扩充处理能力。当气流中有机物浓度达到 10000×10^{-6} 时，其经济性可与活性炭吸附相当。膜分离法还可以应用于一些不适合活性炭吸附处理的场合，如一些低分子量的化合物和易于在活性炭表面聚合的化合物。

与其他控制技术一样，采用膜技术时也必须了解待处理气流的性质以选择与其化学性质相匹配的过滤膜材料。由于膜较容易被污染，所以应防止进入膜组件的气体中含油和含尘。膜分离法通常需较高的操作压力，能耗较高，所以目前主要用于一些小气量、高浓度气流的处理场合。表 7.14 为 VOCs 控制中膜分离设备可应用的一些场合。

表 7.14　VOCs 控制中膜分离设备可应用的场合

汽油装卸过程的蒸汽回收	工业冷却剂纯化蒸气
医院采用的杀菌剂排气	胶片干燥
药厂排气	储槽的呼吸气
聚合物生产	天然气中较长链烃的去除

7.8.3　等离子净化技术

等离子净化技术是利用高能电子射线激活、电离、裂解工业废气中各组分，从而发生氧化等一系列复杂化学反应，将有害物转化为无害物或有用的副产物加以回收的方法。

随着冷战的结束，等离子技术已被用来销毁化学武器和一些有毒有害化学品。而利用等离子体净化气态污染物始于 20 世纪 70 年代，有的已进入应用阶段，但大多数尚处于研究开发阶段。该法属干法净化过程，不产生废水，同时由于电子射线同时作用于废气中各组分，能获得同时净化一种以上的气态污染物的效果，具有系统工艺简单、操作方便、过程容易控制等优点，总体上显示出良好的发展前景。

原理　等离子体被称为物质的第 4 种形态，由电子、离子、自由基和中性粒子组成，是导电性流体，总体上保持电中性。等离子体按粒子温度的不同可分为热平衡等离子体（thermal equilibrium plasma）和非热平衡等离子体（non-thermal equilibrium plasma）。热平衡等离子体中离子温度和电子温度相等；而非热平衡等离子体中离子温度和电子温度不相等，电子的温度高达数万摄氏度，中性分子的温度只有 300～500K，整个体系的温度仍不高，所以又称为低温等离子体（non-thermal or cold plasma）。等离子体中存在很多电子、离子、活性基和激发态分子等有极高化学活性的粒子，使得很多需要更高活化能的化学反应能够发生。

等离子体中的大量活性粒子能使难降解的污染物转化，所以等离子体技术成为近年来污染控制技术的热点。从节省能量出发，气体净化过程应采用低温等离子体。获得等离子体的方法很多，目前应用的主要有电子束（辐照）和放电两类。

① 电子束等离子体净化原理。物质分子 A 在高能电子束辐照下，生成离子和激发态分子，离子中和也产生激发态分子；激发态分子发生化学反应性离解，生成活性种。这些反应可概括为：

$$A \xrightarrow{\text{射线}} A^+ + e$$

$$A \xrightarrow{\text{射线}} A^*$$

$$A^+ + e \longrightarrow A^*$$

$$A \longrightarrow B \cdot + C \cdot$$

$$A^* \longrightarrow B^+ + C \cdot$$

上列反应中 A 为中性分子，A^+ 和 B^+ 均为正离子，e 为电子，A^* 为激发态分子，$B \cdot$ 和 $C \cdot$ 均为活性种。

对于烟气脱硫脱硝而言，大致可归纳为 3 个阶段：

a. 烟气中氮、氧和水分子被辐照反应生成 $O \cdot$、$OH \cdot$、$HO_2 \cdot$ 等具有强烈氧化性的自由基：

$$N_2, O_2, H_2 \xrightarrow{\text{射线}} OH \cdot, O \cdot, HO_2 \cdot$$

b. 自由基在水的参与下使烟气中的二氧化硫和氮氧化物生成硫酸和硝酸：

$$SO_2 \xrightarrow{OH \cdot, O \cdot, HO_2 \cdot} HSO_3, SO_3$$

$$HSO_3 \xrightarrow{OH \cdot, H_2O} H_2SO_4$$

$$NO \xrightarrow{OH \cdot, O \cdot, HO_2 \cdot} HNO_2$$

$$NO_2 \xrightarrow{OH \cdot, O \cdot, H_2O} HNO_3$$

c. 再与氨反应生成硫酸铵和硝酸铵（接近化学当量的条件下）：

$$H_2SO_4 + 2NH_3 \longrightarrow (NH_4)_2SO_4$$

$$HNO_3 + NH_3 \longrightarrow NH_4NO_3$$

电子束照射下还有 NH_2 生成，因此有以下副反应存在：

$$NO + NH_2 \longrightarrow N_2 + H_2O$$

$$NO_2 + NH_2 \longrightarrow N_2O + H_2O$$

电子束辐照通氨进行烟气脱硫、脱氮工艺流程见图 7.58。经除尘、冷却后的烟气进入辐照反应器，再经电除尘器或袋式除尘器做气、固分离，此后净化后的烟气由烟囱排放，产物回收。温度对反应有显著影响，一般在 80℃ 运行效果好，所以高温烟气要进行冷却。进入反应器前对烟气的除尘，是为了提高副产物的品质。从安全出发，辐照室需设在混凝土结构的地下建筑物中。

② 放电法等离子体净化原理和装置。放电造成电子雪崩，也能形成等离子体。通过放电形成低温等离子体的方式主要有辉光放电（glow discharge）、电晕放电（corona discharge）、介质屏蔽放电（dielectric barrier discharge）、射频放电（radio frequency discharge）和微波放电（microwave discharge）。放电形成等离子体，其能量传递过程如图 7.59 所示。

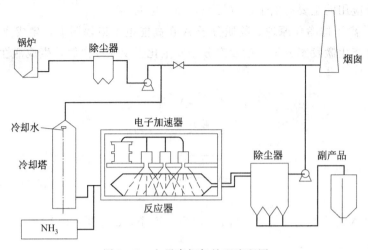

图 7.58 电子束烟气处理流程图

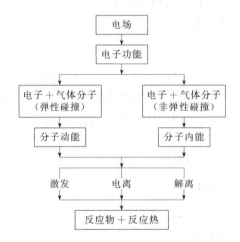

图 7.59 放电等离子体能量传递示意

目前对放电等离子体法研究开发的较多的是脉冲电晕等离子法和介质屏蔽放电。其基本原理简要如下。

a. 脉冲电晕放电等离子体净化。脉冲电晕法是在直流高电压（例如 20～80kV）上叠加一脉冲电压（例如辐值为 200～250kV，周期为 20ms，脉冲宽度为 1μs 左右，脉冲前后沿约 200ns），形成超高压脉冲放电。由于这种脉冲前后沿陡峭、峰值高，使电晕极附近发生激烈、高频率的脉冲电晕放电，从而使基态气体分子 LM 获得足够大能量，发生强烈的辉光放电，空间气体迅速成为高浓度等离子体。

$$LM \longrightarrow e, e^*, (LM)^+, L^+, (LM)^*, L^*, L\cdot, M\cdot, h\nu$$

大量激发态、亚稳态游离粒子和各种离子、电子、光子等，都是促进化学反应的高活性粒子，见表 7.15。

表 7.15 等离子体中粒子的能量

活性粒子	电子	离子	亚稳态粒子	光子
能量/eV	0～20	0～2	0～20	3～40

在定向突变电场作用下，激发态的分子如果受电子等碰撞所获得的能量高于化学键结合

能（见表 7.16），分子就会分解，并伴随有电离：

$$LM + e^* \longrightarrow L\cdot + M\cdot + e$$
$$LM + e \longrightarrow L + M\cdot + 2e$$

表 7.16　烟气主要成分分子结合能

分子式	CO	CO_2	NO	NO_2	H_2S	SO_2
键结合能/eV	11.2	8.34	6.56	6.17	3.80	5.43

当有第三体存在，在定向突变脉冲电场作用下，离子与电子碰撞并发生复合：

$$e + L^+ + M \longrightarrow L + M$$
$$e + L \longrightarrow L + h\nu$$

实验说明，烟气中的 SO_2、NO_x、CO_2 经高压脉冲放电处理后，分解率为 80%～90%，分解后产物为 O_2、N_2 气体和 C、S 固体微粒。

为了减少能量消耗，可以选择使用催化剂，使烟气中分子化学键松动或削弱，降低气体分子活化能，加速裂解过程进行。

高压脉冲电晕放电等离子体废气净化设备的结构与电除尘设备相近，但高压脉冲电源技术要求高。

脉冲电晕法与电子束辐照法都是利用高能电子使烟气中 H_2O、O_2 等气体分子激活、电离，形成强氧化物质，它们迅速与气相中有害气体 SO_2、NO_x 等发生一系列复杂氧化反应，达到净化气态污染物的目的。但是这两种方法的高能电子来源不同，电子辐照法是通过阴极发射和电场加速产生高能电子束，需要大功率、连续稳定工作的电子枪，且需辐射屏蔽，维护技术要求高；脉冲电晕法则是通过烟气中脉冲流电晕放电形成常温下非平衡等离子体来产生高能电子，能量为 5～20eV，较电子辐照法（500～800eV）小得多，但它足以打断 O—O 键（5.1eV）及 H—O—H 键（5.2eV），并形成活性粒子或自由基，因而脉冲法耗能相对较少。据文献介绍，由于脉冲感应等离子体化学过程（PPCP）的非平衡等离子体在常温下只提高电子温度而不提高离子温度，因此其能量效率比至少比电子束法高两倍。但实际上脉冲电晕法的能耗也还较高。到目前为止，电子辐照法已有多起工业应用的例子，而脉冲电晕法还未见有关工业应用的报道。但脉冲电晕法净化气体已成为国内外研究者竞相研究的热点。

b. 介质屏蔽等离子体净化。介质屏蔽等离子体净化是在同轴设置内外管状电极，在外电极外侧和内电极内侧各加绝缘介质屏蔽层（或仅在其中 1 个电极表面加屏蔽层），就形成了介质屏蔽放电管。在两极间加高频交变电压，当电压大到一定值时，极间气体就会因放电而形成等离子体。介质屏蔽的主要作用是放电均匀、稳定，防止火花放电。

介质屏蔽放电等离子体反应器与脉冲电晕放电等离子体反应器的不同之处在于，电极之间增加了绝缘介质屏蔽层。两者的供电电源也不同，后者用峰值高、宽度小的高压脉冲电源，前者用高频（MHz 级）交变电源。

习　题

7.1　试计算乙酸乙酯在 20℃和 60℃时的饱和蒸气压（Pa）及饱和浓度（mg/m³）。

7.2　试查资料计算空气中 0.1mg/m³ 甲醛所对应的清水吸收液的平衡浓度。

7.3　某净化系统用水吸收废气中的 SO_2，废气流量为 2.8m³/s，SO_2 浓度为 10000×

10^{-6}（体积分数），进塔的水中不含 SO_2，出塔的水中 SO_2 的浓度为 370×10^{-6}，液气比为 86kmol 水/kmol 惰气。试求系统的 SO_2 排放量。

7.4　某气流中含有具有回收价值的碳氢化合物（相对分子质量为 44），拟采用一填充有 25mm 拉西环的填料塔，用一种非挥发性溶剂（相对分子质量 300，相对密度为 0.90）吸收净化。经分析得知，该气流中碳氢化合物占 20%（摩尔比），其余为惰性气体（相对分子质量为 29），气体质量流量 25000kg/($m^2 \cdot h$)，溶剂流量 5000kg/($m^2 \cdot h$)。塔径为 1.2m。如欲去除 95% 的碳氢化合物，试用以下给出的平衡关系式及 K_Ga、K_La 方程估计所要填充的高度。

$$K_G a = 0.05 G_x^{0.75}, \quad K_L a = 0.025 G_y^{0.6} G_x^{0.2}$$

x_e	0.1	0.2	0.25	0.3	0.4	0.45	0.5
y_e	0.01	0.027	0.041	0.06	0.122	0.163	0.2

7.5　试计算用 H_2SO_4 溶液从气相混合物中回收氨的逆流吸收塔的填料传质面积。已知气体混合物中 NH_3 的分压进口处为 0.05atm，出口处为 0.01atm。吸收剂中 H_2SO_4 的浓度，加入时为 0.6kmol/m^3，排出时为 0.5kmol/m^3，$k_G = 0.35$kmol/($m^2 \cdot h \cdot atm$)，$k_L = 0.05$m/h，$H = 75$kmol/($m^3 \cdot atm$)，气体流量 $G \approx G_S = 45$kmol/h，总压为 1atm，设 $D_A = D_B$。

7.6　用 B 物质的水溶液吸收废气中的污染物 A（极快速度反应 A+B ⟶ C）。要求将废气浓度由体积比 1000×10^{-6} 降到 100×10^{-6}。吸收液浓度 $c = 0.5$kmol/m^3，气流量 $G = 0.028$kmol/($m^2 \cdot s$)，液流量 $L = 0.19$kmol/($m^2 \cdot s$)，$k_{AG}a = 8.9 \times 10^{-3}$kmol/($m^3 \cdot atm \cdot s$)，$k_{AL}a = 2.7 \times 10^{-3} s^{-1}$，气相总压强 $P = 1$atm，液相总浓度 $c = 56$kmol/m^3。假定扩散系数 $D_{Al} = D_{Bl}$，试计算填料层高度。

7.7　采用填料吸收塔净化废气，使尾气中某有害气体组分从 0.2% 降低到 0.02%（体积分数）。用纯水吸收时，$k_G a = 32$kmol/($m^3 \cdot atm \cdot h$)，$k_L a = 0.1 h^{-1}$，$m = 0.125$atm·m^3/kmol，液气流量分别为 $L = 700$kmol/($m^2 \cdot h$)，$G = 100$kmol/($m^2 \cdot h$)，总压 $P = 1$atm，液体的总分子浓度为 $c_T = 56$kmol/m^3，且假设不变。今水中加入活性组分 B，进行极快化学吸收，化学反应式为：

$$A + B \longrightarrow C$$

当 $c_B = 0.128$kmol/m^3 时，比较此时填料塔高度与用水吸收时的变化。设 $D_A = D_B$。

7.8　用 HNO_3 吸收净化含 NH_3 5%（体积分数）的尾气，为了使吸收过程以较快的速度进行，必须使吸收过程不受 HNO_3 在液相扩散速度所限制，试计算吸收时 HNO_3 浓度最低不得低于多少。

7.9　在直径为 1m 的立式吸附器中，装有 1m 高的某种活性炭，填充密度为 230kg/m^3。在吸附 $CHCl_3$ 与空气的混合气过程中，通过气速为 20m/min，$CHCl_3$ 的初始浓度为 30g/m^3。设 $CHCl_3$ 蒸气完全被吸附，已知活性炭对 $CHCl_3$ 的静活性为 26.29%，动活性为 85%。解吸后，碳层对 $CHCl_3$ 的残留活性为 1.29%，求吸附操作时间及每一周期对混合气的处理能力（累计处理气量）。

7.10　利用活性炭吸附处理脱脂生产中排放的废气，排气条件为 294K，1.38×10^5 Pa，废气量为 25400m^3/h。废气中含有 20000μL/L 三氯乙烯，要求回收率 99.5%。已知采用的活性炭吸附容量为 28kg 三氯乙烯/100kg 活性炭，活性炭的密度为 577kg/m^3，其操作周期为 4h，加热和解吸 2h，冷却 1h。试确定活性炭的用量和吸附塔尺寸。

7.11　现有设计一个固定床活性炭吸附系统流程的任务。给出以下数据：入口处气流流量 8500m³/h（在 35℃和 1atm 下），此气流包括 0.2%（体积分数）*n*-戊烷；吸附 3.5kg *n*-戊烷耗用 100kg 活性炭为最合适的活性炭量。那么，如果使系统在两次吸附床再生期间运行 1h，每个吸附床所需的最少活性炭量（用 kg 表示）为多少？

7.12　某化工厂硝酸车间，尾气量为 12400m³/h，尾气中含 NO_x 0.26%，N_2 92.4%，H_2O 1.554%。选用的氨催化还原法催化剂为 8209 型 ϕ5mm 的球粒，反应器入口温度为 493K，空间速度为 18000h⁻¹，反应温度为 533K，空塔气速为 1.52m/s。求：

(1) 催化固定床中气固接触时间；

(2) 催化剂床层体积；

(3) 催化剂床层高度。

7.13　净化含甲苯废气的活性炭吸附器，进口管直径为 250mm，管内气速为 8m/s，床层直径为 1300mm，床层高度为 1500mm，测得进气口气体中甲苯浓度为 6g/m³，要求出气口平均浓度为 150mg/m³。活性炭对甲苯的动活性为 0.2kg 甲苯/kg 炭，活性炭的堆积密度为 520kg/m³。按运转条件脱附率为 95% 计，计算该吸附器的吸附周期。

7.14　有一含甲苯废气的净化系统，前级用回转轮吸附器吸附浓缩，后级用固定床吸附回收。已知初始废气流量为 1500m³/h，甲苯浓度为 1g/m³，浓缩比为 1:10，要求排放浓度不大于 150mg/m³，吸附床层对甲苯的活性为 0.2kg 甲苯/kg 活性炭，脱附率为 90%，吸附周期取 8h。试计算固定床吸附器的装炭量。

7.15　用催化还原法净化含氮氧化物的废气，废气流量为 1.4m³/s，温度为 333K，压强接近大气压。催化剂反应空速可取 4.7s⁻¹，试计算反应器体积。

7.16　有机溶剂废气净化系统用蜂窝轮吸附器浓缩后，再进行催化燃烧。废气量为 2880m³/h，浓缩比为 1:12，采用 50mm×50mm×50mm 陶瓷载体催化剂，空间速度取 11000h⁻¹，空塔气速取 0.9m/s，如催化燃烧温度为 270℃，试设计催化床层（计算催化剂层数及每层单体数）。

第8章　主要大气污染物净化工艺

本章提要

本章主要介绍烟气脱硫、脱硝，垃圾焚烧尾气净化、有机气体污染控制和汽车尾气控制等大气污染控制工程中应用较多的工艺措施。本章的净化工艺在很多情况下为第7章中技术的组合和应用，学习的注意点应放在理解各处理工艺是如何针对处理对象的特点来选择、组合净化技术，也可以从技术沿革加深对污染物控制技术发展的认识。对工艺技术的分析可从处理对象的特点、采用的工艺设备序列和工艺操作参数等方面着手。

了解二氧化硫控制过程的变化历程，掌握主要的脱硫工艺及其特点、影响脱硫工艺性能的主要操作因素、吸收剂和吸收设备的选用原则；了解各类控制技术的经济性、可靠性，能进行控制工艺的比较，初步具备选择二氧化硫控制工艺的能力。掌握各类氮氧化物控制工艺的基本原理、适用范围；初步具备选择控制工艺与设备的能力。学习各类垃圾焚烧尾气控制工艺技术的基本原理、主要工艺设备，分析焚烧烟气与燃煤烟气净化的异同点；了解挥发性有机污染物的主要来源，熟悉挥发性有机物控制技术路线，具备净化工艺、设备的比较、选择能力。

了解城市交通发展的趋势、机动车问题的由来；了解机动车污染物的来源；区分柴油与汽油发动机工作方式和污染物特性；理解降低污染物排放的发动机技术、尾气处理技术；了解新型机动车的思路、优势和面临的问题；理解解决城市机动车污染需从交通规划、城市管理、机动车技术进步和减排控制技术等多角度综合采取措施。

8.1　烟气脱硫脱硝技术

8.1.1　烟气脱硫

自 20 世纪 70 年代初日本和美国率先实施控制 SO_2 排放战略来，许多国家相继制定了严格的 SO_2 排放标准和中长期控制战略，促进了相关 SO_2 控制技术的发展。

中国是世界上最大的煤炭生产和消费国，也是世界上少数几个以煤为主要能源的国家之一。自 2003 年来我国已积极制定和采取了一系列的政策、措施来控制 SO_2 的污染，2010 年已基本完成大中型火力发电机组的 FGD 装置建设工作。

控制 SO_2 污染的方式有燃料脱硫、燃烧过程脱硫和燃烧后的烟气脱硫（FGD）。目前烟气脱硫仍被认为是控制 SO_2 污染最行之有效的途径。

对煤而言的燃料脱硫的方式包括煤炭洗选，煤的气化、液化，水煤浆等技术，而对含硫量较高的重油或渣油一般采用加氢脱硫的方式。

燃烧过程脱硫系在燃烧过程中加入石灰石等碳酸盐类的脱硫剂，利用炉膛温度使碳酸盐受热分解成金属氧化物，然后再与烟气中的 SO_2 反应结合成硫酸盐随灰分排出。燃烧过程的脱硫主要有型煤固硫和流化燃烧脱硫。

烟气脱硫是利用各种技术手段将烟气中的二氧化硫从气相中分离转化的净化技术措施。

其基本核心是利用酸碱中和反应将气相中的 SO_2 转化成固态或液态的硫酸盐、亚硫酸盐或其他的硫资源形式。由于与通常的化工过程相比，烟气中 SO_2 的浓度相对很低而需处理的风量往往又很大（每小时数十万到上百万立方米），因此烟气脱硫在工程和技术上相对比较复杂和困难。

按实施的规模分，烟气脱硫技术可分为大型电厂锅炉脱硫技术和中小锅炉脱硫技术两部分；按处理工艺产物的形态又可分为湿法、干法；按产物是否回收利用又可分为抛弃法和回收法。抛弃法的优点是设备简单、操作比较容易、投资及运行费用较低，缺点是废渣需占用场地堆放且容易造成二次污染。回收法的优点是将烟气中 SO_2 当作一种硫资源回收利用，部分脱硫剂可再生利用，多数流程为闭路循环，因此避免了二次污染，但缺点是流程复杂，运行操作难度大，投资及运行费用较高。

目前国外的脱硫技术主要应用于大型的电厂锅炉等场合，其技术发展和应用已较为成熟，而量大面广的燃煤中小锅炉是我国特有的能源生产方式，其脱硫技术也呈现出与常规大型脱硫装置不同的一些特点，受制于技术经济性的限制，目前其脱硫技术装备的可靠程度还有待进一步提高。本节主要介绍大型锅炉的脱硫技术发展情况和一些典型的工艺。

8.1.1.1 烟气脱硫技术发展历程

美国、德国、日本等发达国家从 20 世纪 70 年代起就对各种烟气脱硫工艺和装置进行了试验研究。虽然商用的 FGD 系统在 20 世纪七八十年代遇到了一系列问题（如结垢、腐蚀、机械故障等），而且能耗及占地面积大、投资和运行费用高，但 20 世纪八九十年代期间，FGD 工艺在脱硫率、运行可靠性和成本方面有了很大的改进，如运行可靠性可达 99%，现有 FGD 技术已经成熟。FGD 的发展大致可分为 3 个阶段：①20 世纪 70 年代的第 1 代 FGD；②20 世纪 80 年代的第 2 代 FGD；③20 世纪 90 年代后的第 3 代 FGD。

（1）第 1 代 FGD　1970 年美国颁布了《清洁空气法》，要求新建燃煤电厂控制 SO_2 排放。为此，以石灰石湿法为代表的第 1 代 FGD 技术开始在电厂应用，主要包括：石灰石湿法、石灰湿法、MgO 湿法、双碱法、钠基洗涤、碱性飞灰洗涤、柠檬酸盐清液洗涤、Wellman-Lord 工艺等。第 1 代 FGD 装置多安装在美国和日本，主要特点是：

① 吸收剂和吸收装置形式种类众多，在吸收塔内通常加入填料以提高传质效果。

② 基建投资和运行成本很高。

③ 设备可靠性和系统可用率较低，结垢和结构材料的腐蚀是最主要的问题。

④ 脱硫率不高，通常在 70%～85%。

⑤ 大多数 FGD 工艺的脱硫副产物均被抛弃。

但也有少数 FGD 工艺，如双碱法和 Wellman-Lord 法可产生副产品硫酸或硫黄，但若达到商业用途标准还需投入较大加工费用。

（2）第 2 代 FGD　第 2 代烟气脱硫技术始发于 20 世纪 80 年代初。这是由于北欧和西欧国家制定了非常严格的 SO_2 排放标准，在联合国、欧洲经委会空气污染控制协议的约束下，欧洲的大部分国家都先后加入了"30%削减俱乐部"，批准执行了 SO_2 削减计划。如德国 1983 年颁布了分步实施的 SO_2 排放标准。这就促使 FGD 技术发展出现第 2 代高峰，FGD 技术得到迅速推广。1979 年美国国会通过《清洁空气法》修正案（CAAA1979），确立了以最小脱硫率和最大 SO_2 排放量为评价指标的新的标准，由此，第 2 代 FGD 系统进入商业应用。第 2 代 FGD 以干法、半干法为代表，主要有喷雾干燥、炉内喷钙增湿活化法

（LIFAC）、烟气循环流化床脱硫（CFB）、管道喷射等。在这个阶段，石灰石/石灰湿法得到了显著的改进完善。第 2 代 FGD 技术的主要特点有：

① 湿式石灰石洗涤法得到了进一步发展，在第 1 代 FGD 基础上，不断积累经验改善设计和运行。特别在使用单塔、塔型设计和总体布置上有较大进步。脱硫副产品根据国情不同分别生产石膏或亚硫酸钙混合物。德国、日本的 FGD 装置大多利用强制氧化使脱硫副产品转化为 $CaSO_4 \cdot 2H_2O$，并在农业和工业领域中得到应用，而美国 FGD 副产品大多做堆放处理。

② 在发展湿式石灰石工艺的同时，为降低投资、减少占地，开发了喷雾干燥法和烟道或炉内喷射法。

③ 基本上都采用钙基吸收剂，如石灰石/石灰和消石灰等。

④ 湿式石灰石洗涤法脱硫率提高到 90％以上。

⑤ 随着对工艺理解的深入，设备可靠性提高，系统可用率达到 97％。

⑥ 脱硫副产品根据需要可开发利用，而且投入的开发费用不高。

⑦ 喷雾干燥法在发展初期，脱硫率 79％～80％，经过不断完善，到后期通常能达到 90％，系统可用性较好，但副产品商业用途少。

⑧ 烟道或炉内喷射法的脱硫率只有 30％～50％，系统简单，负荷跟踪能力强，但脱硫吸收剂消耗量较高。

干法、半干法 FGD 与湿法相比，结构简单、占地面积小、初投资费用较低、能耗低，但吸收剂耗量相对较高。脱硫率一般为 70％～95％，适合于燃用中、低硫煤的中小型锅炉，以及现有电厂和调峰电厂的改造。由于脱硫副产品是含有 $CaSO_3$、$CaSO_4$、飞灰和未反应吸收剂的混合物，故脱硫副产品的处置和利用成为 80 年代中期发展干法、半干法 FGD 的重要课题。

（3）第 3 代 FGD　1990 年美国国会再次修订了《清净空气法》（CAAA1990）。新的修正案允许美国的电力公司以更灵活的方式来达到 SO_2 排放的控制目标；同时，在 CAAA 1990 中还要求减少现有电厂发电机组的 SO_2 排放量，至 2000 年 1 月 1 日时，SO_2 排放总量在 1990 年的排放基础上减少了 $900 \times 10^4 t$。每个电厂根据具体情况，灵活地达到了 SO_2 的排放要求，如改用低硫煤，建设或改造 FGD 系统，购买 SO_2 排放许可证。

1990 年以来，美国燃煤电厂使用的第 3 代 FGD 均为脱硫率 95％的石灰石/石灰湿法工艺，脱硫副产品作为商业石膏得到应用。

进入 20 世纪 90 年代后，许多发展中国家（主要是亚洲国家）为控制酸雨都积极制定了严格的排放标准。FGD 技术经过两代的发展进入了一个新时期——第 3 代 FGD。第 3 代 FGD 技术的主要特点有：

① 性能价格比高，投资和运行费用都有较大幅度的下降。

② 湿法工艺更趋成熟，大容量机组的大量投运使湿法工艺的经济性更具优势。

③ 喷雾干燥装置的需求大幅度地减少。

④ 各种有发展前景的新工艺不断出现，如炉内喷钙炉后增湿活化（LIFAC）工艺、烟气循环流化床（CFB）工艺、电子束辐照工艺、NID 工艺以及一些结构简化、性能较好的 FGD 工艺等。这些工艺的各种性能均比第 2 代 FGD 有较大的进步，且商业化、大容量化的发展进程十分迅速。

⑤ 湿法、半干法和干法脱硫工艺同步发展。

第 3 代湿法 FGD 通过工艺设备的简化，采用就地氧化、单一吸收塔技术等，不仅提高了系统的可靠性和脱硫率，而且初投资费降低了 30%～50%。在这个阶段，第 2 代 FGD 中 LIFAC、CFB、喷雾干燥等干法、半干法工艺，通过工程实践得到了飞速的发展。工艺和系统多余部分的简化，大大提高了运行的可靠性（>95%），脱硫副产品回收利用的研究开发也拓宽了其商业应用的途径。

烟气脱硫技术经过数十年的发展和大量使用，一些工艺由于技术和经济上的原因被淘汰，而主流工艺，如石灰石/石灰湿法、烟气循环流化床（CFB）、炉内喷钙炉后增湿活化（LIFAC）、喷雾干燥法及其改进后的增湿灰循环脱硫技术 NID 工艺等得到了进一步的发展，并趋于成熟。主要表现在：

① 高脱硫率。目前设计优化的湿法工艺的脱硫率可达 95% 以上，喷雾干燥和 NID 工艺可达 85%～90%，改进的 LIFAC 工艺可达 85%，CFB 工艺可在与湿法工艺相同的吸收剂利用率条件下达到 90%～95% 的脱硫率。

② 高可利用率。由于人们对脱硫过程化学反应机理的深入理解，对反应过程有更合理的控制和对结构材料的正确选择，以及脱硫装置制造厂严格的质量保证，脱硫系统的可利用率可达到很高的水平，以保证与锅炉同步运行。

③ 工艺流程简化。

④ 系统电耗降低。

⑤ 投资和运行费用低。近几年，由于 FGD 工艺流程简化和设计参数的优化，系统投资和运行费用降低了 1/3～1/2。

8.1.1.2 烟气脱硫系统的分类

自 20 世纪 70 年代开始进行烟气脱硫以来，世界各国研究开发的烟气脱硫工艺不下 100 种，但实现商业应用的不到 20 种。表 8.1 所列为按干湿法分类的一些主要的脱硫方法。

表 8.1 主要烟气脱硫方法

湿法 FGD	干法 FGD
石灰石(石灰)-石膏法	喷雾干燥法
石灰石(石灰)抛弃法	炉内喷钙炉后增湿活化(LIFAC)
双碱法	烟气循环流化床(CFB)
海水法	增湿灰循环脱硫技术(NID)
湿式氨法	荷电干式吸收剂喷射脱硫技术(CDSI)
镁法	
磷铵肥法	
韦尔曼-洛德(wellman-lord)法	
有机酸钠-石膏工艺	
碱式硫酸铝法	

湿法烟气脱硫技术的特点是整个脱硫系统位于烟道的末端、除尘系统之后，脱硫过程在溶液中进行，脱硫剂和脱硫生成物均为湿态，其脱硫过程的反应温度低于露点，所以脱硫以后的烟气需要经过再加热才能排空。湿法烟气脱硫过程是气液反应，其脱硫反应速度快，脱硫效率高，钙利用率高，在钙硫比等于 1 时，可达到 90% 以上的脱硫率，适合于大型燃煤电站锅炉和烟气脱硫。

干式烟气脱硫，是指无论加入的脱硫剂是干态的还是湿态的，脱硫的最终反应产物都是干态的。干式烟气脱硫工艺用于电厂脱硫始于 20 世纪 80 年代初，这一工艺与常规湿式工艺相比有以下优点：投资费用较低；脱硫产物呈干态，并与飞灰相混；无需装设除雾器及烟气再热器；设备不易腐蚀，不易发生结垢及堵塞。该工艺的缺点是：吸收剂的利用率低于湿式烟气脱硫工艺，用于高硫煤时经济性差；飞灰与脱硫产物相混可能影响综合利用；对干燥过程控制要求很高。

8.1.1.3　主流烟气脱硫工艺

（1）石灰石（石灰）湿法脱硫技术　该法通过石灰石或石灰石浆液与烟气中的 SO_2 反应进行脱硫。在现有的烟气脱硫工艺中，湿法石灰石/石灰洗涤工艺技术最为成熟，运行最为可靠，应用也最为广泛。湿法石灰石/石灰洗涤工艺分为抛弃法和回收法两种，其主要的区别是回收法中强制使 $CaSO_3$ 氧化成 $CaSO_4$（石膏）后回收石膏产品。

① 石灰石-石膏法烟气脱硫系统

a. 化学原理。在吸收液中，气相 SO_2 被吸收并经历下列反应。

$$SO_2(气) + H_2O \longrightarrow SO_2(液) + H_2O$$

$$SO_2(液) + H_2O \longrightarrow H^+ + HSO_3^- \longrightarrow 2H^+ + SO_3^{2-}$$

由于 H^+ 被 OH^- 中和生成 H_2O，使得这一平衡向右进行。OH^- 离子是由水中溶解的石灰石产生的，且鼓入的空气可将生成的 CO_2 带走。

$$CaCO_3 \longrightarrow Ca^{2+} + CO_3^{2-}$$

$$CO_3^{2-} + H_2O \longrightarrow OH^- + HCO_3^- \longrightarrow 2OH^- + CO_2$$

鼓入的空气也可以用来氧化 HSO_3^- 和 SO_3^{2-} 离子，最后生成石膏沉淀物。

$$HSO_3^- + \frac{1}{2}O_2 \longrightarrow SO_4^{2-} + H^+$$

$$SO_3^{2-} + \frac{1}{2}O_2 \longrightarrow SO_4^{2-}$$

$$Ca^{2+} + SO_4^{2-} \longrightarrow CaSO_4$$

b. 典型工艺流程。典型的石灰石-石膏法烟气脱硫工艺流程如图 8.1 所示。

② 石灰石（石灰）抛弃法烟气脱硫系统

a. 化学原理。石灰石（石灰）抛弃法的一个重要特点是，其副反应产品是未氧化的亚硫酸钙（$CaSO_3 \cdot \frac{1}{2}H_2O$）与自然氧化产物石膏（$CaSO_4 \cdot 2H_2O$）的混合物。这种固体形式的废物无法利用，只能抛弃，故称为抛弃法。表 8.2 为该工艺的反应机理。

表 8.2　石灰石（石灰）抛弃法烟气脱硫反应机理

脱硫剂	石灰石	石灰
反应机理	$SO_2(气) + H_2O \longrightarrow H_2SO_3$ $H_2SO_3 \longrightarrow H^+ + HSO_3^-$ $H^+ + CaCO_3 \longrightarrow Ca^{2+} + HCO_3^-$ $Ca^{2+} + HSO_3^- + \frac{1}{2}H_2O \longrightarrow CaSO_3 \cdot \frac{1}{2}H_2O + H^+$ $H^+ + HCO_3^- \longrightarrow H_2CO_3$ $H_2CO_3 \longrightarrow CO_2 + H_2O$	$SO_2(气) + H_2O \longrightarrow H_2SO_3$ $H_2SO_3 \longrightarrow H^+ + HSO_3^-$ $CaO + H_2O \longrightarrow Ca(OH)_2$ $Ca(OH)_2 \longrightarrow Ca^{2+} + 2OH^-$ $Ca^{2+} + HSO_3^- + \frac{1}{2}H_2O \longrightarrow CaSO_3 \cdot \frac{1}{2}H_2O + H^+$ $2H^+ + 2OH^- \longrightarrow 2H_2O$
总反应	$CaCO_3 + SO_2 + \frac{1}{2}H_2O \longrightarrow CaSO_3 \cdot \frac{1}{2}H_2O + CO_2$	$CaO + SO_2 + H_2O \longrightarrow CaSO_3 \cdot \frac{1}{2}H_2O + \frac{1}{2}H_2O$

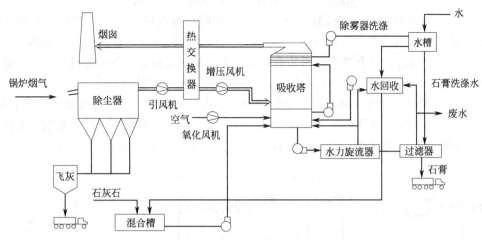

图 8.1 湿式石灰石-石膏法烟气脱硫工艺流程示意图

由于烟气中还存在部分氧气，因此部分已生成的 $CaSO_3 \cdot \frac{1}{2}H_2O$ 还会进一步氧化而生成石膏：

$$2CaSO_3 \cdot \frac{1}{2}H_2O + O_2 + 3H_2O \longrightarrow CaSO_4 \cdot 2H_2O$$

表 8.2 中两种脱硫剂的反应机理说明了其脱硫反应所必须经历的化学反应过程。其中最关键的反应是钙离子的形成。这一关键步骤也突出了石灰石系统和石灰系统的一个重要区别：石灰石系统中，钙离子的产生与氢离子的浓度和碳酸钙的存在有关；而在石灰系统中，钙离子的产生仅与氧化钙的存在有关。因此，石灰石系统在运行时其 pH 值比石灰系统低。美国国家环保局的实验表明，石灰石系统的最佳操作 pH 值为 5.8~6.2，而石灰系统为 8。

b. 石灰石（石灰）抛弃法工艺流程。石灰石（石灰）抛弃法脱硫的主要流程与石灰石（石灰）-石膏法在气相部分基本相同，也是以石灰石或石灰的水浆液为脱硫剂，在吸收塔内对含有二氧化硫的烟气进行喷淋洗涤，使二氧化硫与料浆中碱性物质发生反应，生成亚硫酸钙和硫酸钙而将二氧化硫去除。但在抛弃法的液相系统中，浆液中的固体物质连续从浆液中分离出来并排到沉淀池，同时不断地向清液加入新鲜料浆循环至吸收塔，而不像回收法中那样，对浆液强制氧化然后通过两级固液分离得到石膏。

石灰石（石灰）法的固体废物虽也经脱水，但含水率一般在 60% 左右。表 8.3 给出了典型的抛弃法脱硫系统干基固体废物组成。处理这些废物的途径有两种：一种是回填法，另一种为防渗透池存储法。防渗透池存储法的占地面积比回填法大。对于一座 500MW 的电站，若燃煤含硫量为 2%，石灰抛弃法的固体废物约 48t/h，石灰石抛弃法的废物则达到 59t/h。如果回填坑深 12m，电厂运行 30 年，则回填脱硫废料所需面积为 $87 \times 10^4 m^2$。

表 8.3 典型石灰石（石灰）抛弃法干基固体组成

成 分	质量分数/%	成 分	质量分数/%
石灰石：		石灰：	
$CaCO_3$	33	$CaCO_3$	5
$CaSO_3 \cdot \frac{1}{2}H_2O$	58	$CaSO_3 \cdot \frac{1}{2}H_2O$	73
$CaSO_4 \cdot H_2O$	9	$CaSO_4 \cdot 2H_2O$	11
		$Ca(OH)_2$	11

③ 湿法石灰石（石灰）法烟气脱硫装置的原则结构单元组成

a. 由石灰石粉料仓、石灰石磨机及测量站构成的石灰石制备系统。对石灰石粉细度的一般要求是：90% 通过 325 目筛（$44\mu m$）或 250 目筛（$63\mu m$）。石灰石纯度须大于 90%。工艺对其活性、可磨性也有要求。石灰石粉由罐车运到料仓储存，然后通过给料机、输粉机将石灰石粉输入浆池，加水制备成固体质量分数为 10%～15% 的浆液。

b. 由洗涤循环、除雾器和氧化工序组成的吸收塔。吸收塔是烟气脱硫系统的核心装置，要求气液接触面积大，气体的吸收反应良好，压力损失小，并且适用于大容量烟气处理。吸收塔主要有喷淋塔、填料塔、双回路塔和喷射鼓泡塔四种类型，如图 8.2 所示。

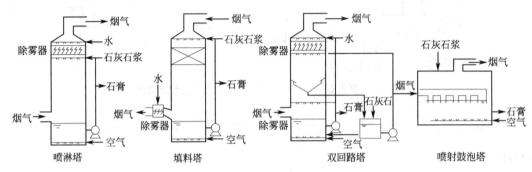

图 8.2　湿式石灰石/石灰脱硫用吸收塔类型

喷淋塔是湿法工艺的主流塔型，多采用逆流方式布置，烟气从喷淋塔区下部进入吸收塔，与均匀喷出的吸收浆液逆流接触。烟气流速为 3m/s 左右，液气比与煤含硫量和脱硫关系较大，一般在 8～25L/m³ 之间。喷淋塔的优点是塔内部件少，结垢可能性小，压力损失也小。逆流运行有利于烟气与吸收液充分接触，但阻力损失比顺流要大。吸收区高度为 5～15m，如按塔内流速 3m/s 计算，接触反应时间为 3～5s。区内设置 3～6 个喷淋层，每个喷淋层都装有多个雾化喷嘴，交叉布置，覆盖率能达到 200%～300%。喷嘴入口压力不能太高，在 $(0.5～2)\times10^5$ Pa 之间。喷嘴出口流速约 10m/s。雾滴直径 1320～2950μm，大水滴在塔内停留时间 1～10s，小水滴一定条件下呈悬浮状态。喷嘴用碳化硅制造，耐磨性能好，使用寿命在 10 年以上。

填料塔由日本三菱重工开发，采用塑料格栅作为填料，相对延长了气液接触时间从而保证了较高的脱硫率。格栅填料塔为逆流或顺流，顺流时空塔气速 4～5m/s，与逆流相比结构比较紧凑。压降因格栅填料高度而异。

双回路塔最早由美国 Research-Conttrell 公司开发，又称为 Noell-KRC 工艺，在美国、德国有应用业绩。这类吸收塔被一个集液斗分成两个回路：下段作为预冷却区，并进行一级脱硫，控制较低的 pH 值（4.0～5.0），有利于氧化和石灰石的溶解，防止结垢并且提高吸收剂的利用率；上段为吸收区，其排水经过集液斗引入塔外另设的加料槽，在此加入新鲜的石灰石浆液，维持较高的 pH 值（6.0 左右），以获得较高的脱硫率。

喷射鼓泡塔由千代田公司开发研制，又称为千代田工艺（CT-121）。工艺采用喷射鼓泡反应器，烟气通过喷射分配器以一定的压力进入吸收液中，形成一定高度的喷射气泡层，可以省去再循环泵和喷淋装置。净化后的烟气经过上升管道进入混合室，除雾后排放。此塔型的特点是系统可以在低 pH 值下运行，一般为 3.5～4.5；生成石膏的晶体颗粒大，容易脱水；脱硫率的高低与系统的压降有关，可以通过增大喷射管的浸没深度来提高压降，提高脱硫率。脱硫率为 95% 时，系统的压降在 3000Pa 左右。

在洗涤器出口必须设置除雾器，通常为二级除雾器，装在塔的圆筒顶部（垂直布置）或塔出口弯道后的平直烟道上（水平布置）。后者允许烟气流速高于前者，并设置冲洗水嘴来间歇冲洗除雾器。冷却气中残余水分一般不能超过 $100mg/m^3$，更不允许超过 $200mg/m^3$，否则会沾染热交换器、烟道和风机等。

氧化槽的功能是接受和储存脱硫剂，溶解石灰石，鼓风氧化 $CaSO_3$，结晶生成石膏。目前可将氧化系统组合在塔底的浆液池内，利用大容积浆液池完成石膏结晶过程，即就地强制氧化。循环的吸收剂在氧化槽内设计停留时间为 4～8min，与石灰石反应性能有关。石灰石反应性越差，为使之完全溶解，则要求它在池内滞留时间越长。

c. 烟气再热系统。经过洗涤的烟气温度已经低于露点，是否需要进行再热，取决于各国的环保要求。德国有关大型燃煤装置的法规中，要求对洗涤后的烟气进行再热。美国一般不采用烟气再热系统，而对烟囱采取防腐措施。德国现在把净化烟气引入自然通风冷却塔排放，借烟气动量和携带热量的提高，使烟气扩散得更好。

烟气再加热器通常有蓄热式和非蓄热式两种形式。蓄热式利用未脱硫的烟气加热冷烟气，统称 GGH。非蓄热式通过蒸汽、天然气等将冷烟气重新加热，又分为直接加热和间接加热。直接加热是燃烧加热部分冷烟气，然后冷烟气混合达到所需温度。间接加热是用低压蒸汽通过热交换器混合达到所需温度。这种加热方式投资省，但能耗大，适用于脱硫装置年利用时间小于 4000h 的情况。

d. 脱硫风机。装设烟气脱硫装置后，整个脱硫系统的烟气阻力约为 3000Pa，单靠原有锅炉引风机（IDF）不足以克服这些阻力，需要设置助推风机，或称为脱硫风机（BUF）。

e. 由水力旋流分离器和真空皮带过滤器组成的石膏脱水装置及储存装置（抛弃法仅采用沉淀槽进行固液分离）。来自吸收塔低槽的石膏浆液先在一台水力旋流分离器中浓缩到其固体含量 40%～60%，同时按照其粒度分级。然后将浓缩后的石膏用真空带式过滤器脱水到含水量 10%。用离心机脱水可以使石膏含水量降到 5%，但运行费用高。为了使氯含量减少到不影响石膏使用的程度，同时必须在过滤带上对其进行洗涤。

f. 废水处理系统。为了防止烟气中可溶部分即氯化氢浓度超过规定值和保证石膏的质量，必须从系统中排放一定量的废水。排放的废水或者是水力旋流分离器的溢流水，或者是带式过滤机第一段的过滤水。废水排放量与氯离子含量有关，一般应控制氯离子质量浓度小于 20000mg/L。这部分水需通过废水处理装置。通常先在废水中加入石灰浆液将 pH 值调整到 6～7，去除氟化物（产生 CaF_2 沉淀）和部分重金属，然后继续加入石灰浆液、有机硫和絮凝剂，将 pH 值升高到 8～9，使重金属以氢氧化物和硫化物的形式沉淀分离。

④ 湿法脱硫技术的研究进展。尽管各国对湿法石灰石脱硫工艺已进行了改进和提高，投资和运行费用已有较大幅度的下降，但脱硫的费用仍很昂贵，因此诸多脱硫设备供货商如巴威、日立、ABB 等公司，一直致力于降低湿法脱硫装置和运行费用的研究。开发新一代的湿法脱硫工艺路线综合起来有两种：一是保持传统湿法的高脱硫效率，通过提高空塔气速、提高喷雾效果等改进措施，进一步降低设备投资和运行费用，称为先进、低价、高效湿式脱硫系统；二是适当降低湿法的脱硫效率，通过提高流速、简化工艺、缩小吸收塔容积等技术措施，降低一次投资和运行费用，称为简易型或紧凑型脱硫装置。

a. ABB 公司的 LS-2 工艺。ABB 公司在传统的空塔技术基础上开发了新一代湿法脱硫系统，命名为 LS-2，现已建成了工业示范装置。

LS-2 基于传统的空塔技术，但采用了高烟气流速及全新的集箱设计，将烟气流速从 3m/s 提高到 $5.54 \sim 6.1$m/s。ABB 工业化的高流速实验和 EPRI 高硫煤研究中心实验均证实，提高吸收塔流速可以大大增加脱硫的传质速率，在脱硫率不变的条件下，烟速从 2.3m/s 提高到 4.3m/s，液气比减少 32%，相应的传质速率增加 50%。中试结果表明，从节能观点出发，空塔流速最好大于 4.57m/s，当空塔流速从 2.3m/s 提高到 4.3m/s 时，总能耗可下降 25%。为适应空塔高烟气流速，采用了新型的 ABB 专利喷淋系统，专为烟速大于 4.57m/s 设计，最高可达 5.49m/s，具有较高的喷淋密度，可减少喷雾层，缩短吸收塔高度。LS-2 浆液停留时间按 3min 设计，为常规反应罐设计停留时间的一半。为保证石灰石溶解，其粒度要求 95% 通过 325 目筛。

LS-2 系统设二级除雾器，在水平烟道与吸收塔的转弯处装设一级水平倾角为 30° 的容积式除雾器，在水平烟道内装一级四通道常规卧式人字形除雾器，后者的设计烟速为 6.10m/s，运行流速可达 6.71m/s。

采用 ABB 辊式中速磨的干式石灰石制粉系统也使成本下降了。而且对一次脱水也进行了优化并与吸收系统结合起来。设计的简化使得工程设计及建设周期大大缩短。

b. 简易石灰石（石灰）-石膏法。针对传统工艺投资大、运行费用高的问题，人们开发了简易石灰石（石灰）-石膏工艺。该工艺原理与传统工艺相同，但通过将预洗、吸收和氧化设备合一，省去烟气热交换系统以及部分烟气旁路等的改进，以中等脱硫效率（70% ~ 80%）为目标，大大降低了设备投资和运行费用。

我国太原热电厂引进的日立公司的简易湿法脱硫装置，处理 300MW 机组的 2/3 烟气量，以石灰石为吸收剂，脱硫率达 80% ~ 90%。此外，山东潍坊化工厂、重庆长寿化工厂和南宁化工集团都引进了 35t/h 锅炉的简易石灰石（石灰）-石膏法工艺及设备。

（2）双碱法　双碱法烟气脱硫工艺是为了克服石灰石/石灰法容易结垢的缺点而发展起来的。它先用 $NaOH$、Na_2CO_3、$NaHCO_3$、Na_2SO_3 等的水溶液吸收 SO_2，然后在另一石灰反应器中用石灰或石灰石将吸收 SO_2 后的溶液再生，再生后的溶液循环使用，而 SO_2 则以石膏的形式析出，生成亚硫酸钙和石膏。

在吸收塔内吸收 SO_2：

$$2NaOH + SO_2 \longrightarrow Na_2SO_3 + H_2O$$

$$Na_2SO_3 + H_2O + SO_2 \longrightarrow 2NaHSO_3$$

$$Na_2CO_3 + SO_2 \longrightarrow Na_2SO_3 + CO_2$$

将吸收了 SO_2 的吸收液送至石灰反应器，进行吸收液的再生和固体副产物的析出。如以钠盐作为脱硫剂，用石灰（CaO）对吸收剂进行再生，则在石灰反应器中会进行下面的反应：

$$Ca(OH)_2 + Na_2SO_3 \longrightarrow 2NaOH + CaSO_3$$

$$Ca(OH)_2 + 2NaHSO_3 \longrightarrow Na_2SO_3 + CaSO_3 \cdot \frac{1}{2}H_2O + \frac{3}{2}H_2O$$

如用石灰石再生：

$$CaCO_3 + 2NaHSO_3 \longrightarrow Na_2SO_3 + CaSO_3 \cdot \frac{1}{2}H_2O + \frac{1}{2}H_2O + CO_2$$

再生的 $NaOH$ 和 Na_2SO_3 等脱硫剂可以循环使用。由于存在着一定的氧气，因此同时会发生下面副反应：

$$Na_2SO_3 + \frac{1}{2}O_2 \longrightarrow Na_2SO_4$$

脱除硫酸盐：

$$Ca(OH)_2 + Na_2SO_4 + 2H_2O \longrightarrow 2NaOH + CaSO_4 \cdot 2H_2O$$

$$Na_2SO_4 + 2CaSO_3 \cdot \frac{1}{2}H_2O + 3H_2O + H_2SO_4 \longrightarrow 2NaHSO_3 + 2CaSO_4 \cdot 2H_2O$$

双碱法的工艺流程是气体与含有亚硫酸钠、硫酸钠、亚硫酸氢钠的溶液接触，在某些情况下，溶液中还含有 NaOH 或 Na_2CO_3。Na_2SO_3 被吸收的 SO_2 转换成亚硫酸氢盐。抽出一部分再循环液与石灰反应，会形成不溶性的 $CaSO_3$ 和可溶性的 Na_2SO_3 及 NaOH。最初的双碱法一般只有一个循环水池，NaOH、石灰和脱硫过程中捕集的烟灰同在一个循环池内混合。在清除循环池的灰渣时，烟灰、反应生成物亚硫酸钙、硫酸钙及石灰渣和未完全反应的石灰同时被清除，清出的混合物不易利用而成为废渣。为克服传统双碱法的缺点，研究人员对之进行了改进。主要工艺过程是，清水池一次性加入氢氧化钠溶剂制成脱硫液，用泵打入脱硫除尘器进行脱硫。三种生成物均溶于水，在脱硫过程中，烟气夹杂的烟道灰同时被循环水湿润而捕集，从脱硫除尘器排出的循环水变为灰水，一起流入沉淀池。烟灰经沉淀定期清除，可回收利用。上清液溢流进入反应池与投加的石灰进行反应，置换出的氢氧化钠溶解在循环水中，同时生成难溶解的亚硫酸钙、硫酸钙和碳酸钙等，可通过沉淀清除。

（3）喷雾干燥烟气脱硫技术　旋转喷雾干燥法脱硫技术是 20 世纪 80 年代迅速发展起来的一种脱硫工艺。在美国，它已有十几套设备投入运行，这些装置主要用于燃用中低硫煤的电厂烟气脱硫。

① 工艺流程及工作原理。旋转喷雾干法脱硫是利用喷雾干燥原理。在吸收剂喷入吸收塔以后，一方面吸收剂与烟气中的 SO_2 发生化学反应，生成固体灰渣；另一方面烟气将热量传递给吸收剂，使之不断干燥，在塔内脱硫反应后形成的废渣为固体粉尘状态，一部分在塔内分离，由锥体出口排出，另一部分随脱硫后烟气进入电除尘器，其工艺流程如图 8.3 所示。

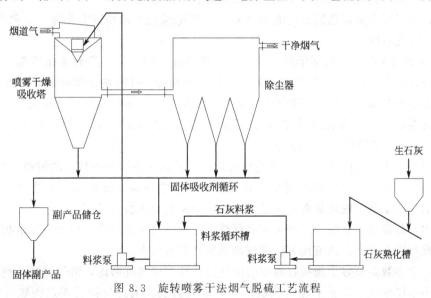

图 8.3　旋转喷雾干法烟气脱硫工艺流程

旋转喷雾干法烟气脱硫工艺流程包括：a. 吸收剂制备；b. 吸收剂浆液雾化；c. 雾粒与烟气的接触混合；d. 液滴蒸发与 SO_2 吸收；e. 废渣排出。其中 b～d 在喷雾干燥吸收塔内进行。

安装于吸收塔顶部的离心喷雾机具有很高的转速，吸收剂浆液在离心力作用下喷射成均匀的雾粒，雾粒直径可小于 $100\mu m$。这些具有很大表面积的分散微粒，一经同烟气接触，就发生强烈的热交换和化学反应，迅速将大部分水分蒸发掉，形成含水量很少的固体灰渣。由于吸收剂微粒没有完全干燥，在吸收塔之后的烟道和除尘器中仍可继续发生一定程度的吸收 SO_2 的化学反应。

② 主要设备与分析。喷雾干燥法 FGD 系统主要由以下 4 部分组成。

a. 吸收塔系统。石灰浆液在其中雾化，并同烟气中的 SO_2 反应脱硫，同时液滴干燥生成能自由流动的粉末（亚硫酸钙、硫酸钙及飞灰）。

吸收塔的结构尺寸由许多因素来决定，如雾化器类型、雾化器出口液滴速度、烟气量、SO_2 浓度、趋近绝热饱和温度值、烟气滞留时间、吸收剂特性等；设计和安装时，要求有较好的密封保温性能，防止局部漏风散热引起腐蚀。吸收塔容器必须满足在颗粒达到塔壁前已足够干燥，以避免在壁上发生沉积。

b. 除尘设备。喷雾干燥系统的除尘设备可采用袋式除尘器或电除尘器。袋式除尘器与 ESP 相比有以下优点：沉积在袋上的未反应的石灰可与烟气中残余 SO_2 反应，脱硫率可达到系统总脱硫率的 $15\%\sim30\%$。由于烟气都必须穿过滤袋上的尘层，因此滤袋可以看成一个固定床反应器。

袋式除尘器用于喷雾干燥 FGD 系统中有良好的效果。作为喷雾干燥脱硫系统尾部设备的袋式除尘器，其压降与单纯除尘时基本相同，尽管粉尘负荷增加了 5 倍或更多，但滤袋压降并没有出现较大变化。其原因是，喷雾干燥的固态生成物的粒径大于燃煤飞灰，这些粗颗粒形成了具有良好阻力特性的过滤层。喷雾干燥 FGD 系统袋式除尘器的入口温度在 $60\sim110℃$ 的范围，在该温度及化学防腐条件下，常使用一种具有保护涂层的玻璃纤维袋，该滤袋适于 $260℃$ 以下的温度工作。

c. 雾化器及料浆制备系统。包括吸收剂的处理、制浆，在大多数制浆系统中还包括灰渣再循环，再循环又包括灰渣的处理、再制浆与新石灰的混合。

当前，采用较多的雾化器有喷嘴型（又称"空气-浆液"两相液雾化器，或称二流喷嘴）和旋转离心雾化器两种。

d. 干燥处理及输送。喷雾干燥装置由吸收塔筒体、烟气分配器和雾化器组成。吸收塔筒体上部柱体一般设计成 $60°$ 锥体容器以便为烟气提供 $10\sim12s$ 的滞留时间，以保证液滴在进入除尘器前有足够的反应时间和干燥时间。烟气分配器使烟气沿圆周分布均匀并降低压力损失。雾化器将吸收剂雾化成非常细小的液滴（$25\sim200\mu m$），以提供足够大的表面积与 SO_2 接触，加快脱硫反应和干燥过程。

③ 系统的运行控制。喷雾干燥法脱硫对烟气量及烟气中的 SO_2 浓度的波动适应性较大。为了保证高的脱硫率及脱硫剂利用率，必须根据烟气中和烟囱排放的 SO_2 浓度、干燥吸收器进出口的烟温来调节脱硫浆液的用量，因此整个系统要求自动控制。

运行中，脱硫效率和脱硫剂利用率必须综合考虑。对于低硫煤，由于不要求很高的脱硫效率，因此可以在较低的钙硫比下得到较高的脱硫剂利用率。

另外一个参数是喷雾干燥吸收器中的液气比。从脱硫角度考虑，液气比越高越好，但液气比的大小限度取决于喷雾干燥吸收器出口的烟气温度。温度越接近露点脱硫反应速率越高，但对设备的腐蚀会加重。

吸收塔烟气出口温度是脱硫系统的主要运行参数之一，一般用吸收塔出口温度与相同状态下的绝热饱和温度之差 ΔT 来表示。在美国 ΔT 一般在 $10\sim18℃$ 之间，最高不超过 $30℃$。仅在含硫量低且脱硫要求不高的装置上才采用较高的，而对含硫量高且脱硫要求也高的装置，ΔT 一般为 $10\sim15℃$。

（4）LIFAC 脱硫技术

① 工艺流程及原理。芬兰 IVO 公司开发的炉内喷钙炉后增湿活化（limestone injection into the furnace and activation of calcium oxide，LIFAC）工艺流程如图 8.4 所示。

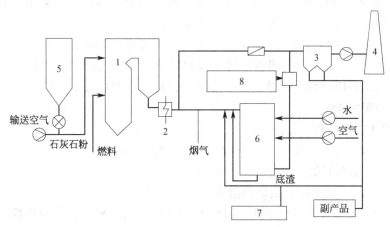

图 8.4　LIFAC 工艺流程示意图

1—锅炉；2—空气预热器；3—静电除尘器；4—烟囱；
5—石灰石粉计量仓；6—活化器；7—再循环灰；8—空气加热器

喷钙脱硫技术由两步固硫反应组成，首先作为固硫剂的石灰石粉料喷入炉膛尾部热烟气中，$CaCO_3$ 热解后生成的 CaO 随烟气流动，与其中 SO_2 反应脱除一部分 SO_2；然后，烟气进入锅炉后部的活化反应器（或烟道），通过有组织的喷水增湿，一部分尚未反应的 CaO 转变成具有较高反应活性的 $Ca(OH)_2$，继续与烟气中的 SO_2 反应，从而完成脱硫的全过程。

整个工艺流程的化学过程如下。

在第一阶段，将石灰石粉用气力喷射到炉膛的上方、温度 $900\sim1250℃$ 的区域。$CaCO_3$ 受热分解成 CaO 和 CO_2：

$$CaCO_3 \longrightarrow CaO + CO_2 \uparrow$$

锅炉烟气中部分 SO_2 和全部 SO_3 与 CaO 反应生成硫酸钙：

$$CaO + SO_2 + O_2 \longrightarrow CaSO_4$$
$$CaO + SO_3 \longrightarrow CaSO_4$$

新生成的 $CaSO_4$ 和未反应的 CaO 与飞灰随烟气（包括未被吸收的 SO_2）一起流到锅炉的下游。经验表明，只要保证锅炉正常的飞灰运行方式，锅炉的受热面不会产生积灰和结焦问题。

在第二阶段，烟气在一个专门设计的活化器中，喷入雾化水进行增湿。烟气中未反应的 CaO 与水反应生成在低温下有很高活性的 $Ca(OH)_2$，$Ca(OH)_2$ 与烟气中剩余的 SO_2 反应，首先生成 $CaSO_3$，接着氧化成 $CaSO_4$。

$$CaO + H_2O \longrightarrow Ca(OH)_2$$
$$Ca(OH)_2 + SO_2 + H_2O + O_2 \longrightarrow CaSO_4 + H_2O$$

在活化器中，对喷水量及水滴直径需严格控制，控制增湿后烟气温度与水露点温度之差，既要使此差尽可能小，又不要造成活化器湿壁和脱硫产物变湿。同时，还要保证烟气与固体颗粒的均匀混合及一定的停留时间，以使化学反应完全及液滴干燥。

由于脱硫渣和灰含有一部分未反应的 CaO 和 Ca(OH)$_2$，为提高吸收剂的利用率，使其再循环到活化器。从活化器出来的增湿后的烟气温度在 55～60℃，为防止烟气在ESP 和烟囱中进一步降到低于露点而引起腐蚀，在活化器出口与 ESP 之间增加了烟气再热装置。

LIFAC 工艺可以分步实施，以满足用户在不同阶段对脱硫效率的要求。分步实施的三步为：石灰石炉内喷射→烟气增湿及再循环→加湿灰浆再循环。第一步通过石灰石粉喷入炉膛可得到 25%～35% 的脱硫率，投资需要量很小，一般为整个脱硫系统费用的 10%。在第二步中，烟气要通过活化塔进行增湿和脱硫及再循环，使脱硫效率可达到 75%。第二步的投资大约是总系统费用的 85%。增加第三步灰浆再循环后脱硫效率可增至 85%，而投资费用仅为总系统费用的 5%。

② LIFAC 工艺的特点和适用范围

a. 适用于燃煤含硫量 0.6%～2.5% 之间的锅炉脱硫。Ca/S＝1.5～2 时，采用干灰再循环或灰浆再循环，总脱硫效率可达 75%～85%。

b. 采用 LIFAC 工艺的最佳锅炉容量为 50～300MW。

c. 工艺简单，投资及运行费用低。LIFAC 系统的设备投资费仅为湿法脱硫系统投资的32%，运行费为湿法脱硫的 78%。

d. 占地面积少，适用于现有电厂的改造。

e. 无污泥或污水排放，最终固态废物可作为建筑和筑路材料。

(5) 烟气循环流化床（CFB）　烟气循环流化床脱硫技术是 20 世纪 80 年代后期由德国 Lurgi 公司研究开发的。该公司是世界上第一台循环流化床锅炉的开发者，现又把循环流化床技术引入烟气脱硫领域，取得了良好的效果。目前该技术的 200MW 烟气循环流化床干法净化系统已投入使用。德国的 Wulff 公司在该技术基础上开发了回流式循环流化床干法烟气脱硫技术。此外，丹麦 FLS. Miljo 公司开发的气体悬浮吸收技术也得到了应用。

① 脱硫化学原理。循环流化床是一种使高速气流与所携带的稠密悬浮颗粒充分接触的技术。烟气循环流化床脱硫技术主要是根据化工和水泥生产过程中的流化床技术进一步开发而来的。

烟气循环流化床脱硫技术的主要化学反应如下：
$$CaO+SO_2+2H_2O \longrightarrow CaSO_3 \cdot 2H_2O-780.2kJ/mol$$
部分 CaSO$_3$·2H$_2$O 被氧化，反应为：
$$CaSO_3 \cdot 2H_2O+\frac{1}{2}O_2 \longrightarrow CaSO_4 \cdot 2H_2O(石膏)$$
同时也可脱除烟气中的 HCl 和 HF 等酸性气体，基本反应如下：
$$CaO+2HCl+H_2O \longrightarrow CaCl_2+2H_2O$$
$$CaO+2HF+H_2O \longrightarrow CaF_2+2H_2O$$

② 工艺流程。整个烟气循环流化床脱硫系统由石灰浆制备系统、脱硫反应系统和收尘引风系统三个系统组成，包括石灰贮仓、灰槽、灰浆泵、水泵、反应器、旋风分离器、除尘器和引风机等设备。

烟气循环流化床脱硫技术的主要控制参数有床料循环倍率；流化床床料浓度；烟气在反

应器及旋风分离器中驻留时间；脱硫效率；钙硫比；反应器内操作温度。在其发展过程中，存在着各种设计方案，其中鲁奇循环流化床脱硫工艺流程如图 8.5 所示。其主要设备为流化床反应器、带有特殊预除尘装置的电除尘器、水及蒸汽喷入装置。

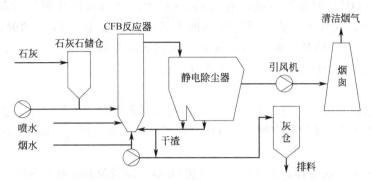

图 8.5 鲁奇循环流化床烟气脱硫工艺流程

其主要工艺特点是：

a. 没有喷浆系统及浆液喷嘴，只喷入水和蒸汽；

b. 新鲜石灰与循环床料混合进入反应器，依靠烟气悬浮，喷水降温反应；

c. 床料有 98% 参与循环，新鲜石灰在反应器内停留时间累计可达到 30min 以上，使石灰利用率可达 99%；

d. 反应器内烟气流速为 1.83~6.1m/s，烟气在反应器内驻留时间约 3s，可以满足锅炉负荷从 30%~100% 范围内的变化；

e. 对含硫 6% 的煤，脱硫率可达 92%；

f. 基建投资相对较低，不需专职人员进行操作和维护；

g. 存在的问题是生成的亚硫酸钙比硫酸钙多，亚硫酸钙需经处理才可以成为硫酸钙。

CFB-FGD 系统工艺流程简单，因此整个控制系统可安装于锅炉控制室内的 DCS 系统内，也可单独使用 PLC 系统，整个工艺流程设三个控制回路：

a. 通过调整高压喷嘴的回水流量调节 CFB 反应器内的气流温度；

b. 通过调整进入系统的新鲜石灰量来控制烟囱出口的 SO_2 浓度，石灰输送系统与循环流化床脱硫系统紧密耦连，使系统对烟囱出口烟气 SO_2 浓度变化能迅速做出反应；

c. 通过调节循环灰的排出量来保证反应器进出口的压力损失满足预置压差的要求，维持反应器内物料流的稳定。

（6）增湿灰循环脱硫技术（NID） NID（new integrated desulfurisation system）技术是 ABB 公司开发的新技术。

① 工艺原理。NID 技术常用的脱硫剂为 CaO，要求平均粒径不大于 1mm。如图 8.6 所示，CaO 在一个消化器中被加水消化成 $Ca(OH)_2$，然后与布袋或电除尘器除下的大量循环灰进入混合增湿器，在此加水增湿使混合灰的水分含量从 2% 增加到 5%，然后含钙循环灰被导入烟道反应器。含 5% 水分的循环灰由于有极好的流动性，省去喷雾干燥法复杂的制浆系统，克服了普通半干法活化反应器或喷雾干燥室中可能出现的粘壁问题。大量脱硫循环灰进入反应器后，由于有极大的蒸发表面，水分很快蒸发，在极短的时间内使烟气温度从 140℃ 左右降至 70℃ 左右，烟气相对湿度则很快增加到

$40\%\sim50\%$。这种较好的工况，一方面有利于 SO_2 分子溶解并离子化，另一方面使脱硫剂表面的液膜变薄，减少了 SO_2 分子在液膜中扩散的传质阻力，加速了 SO_2 的传质扩散速度。同时，由于有大量的灰循环，未反应的 $Ca(OH)_2$ 进一步参与循环脱硫，所以反应器中 $Ca(OH)_2$ 的浓度很高，有效 Ca/S 很大，且加水消化制得的新鲜 $Ca(OH)_2$ 具有很高的活性，这样可以弥补反应时间的不足，能保证在 1s 左右的时间内确保脱硫效率大于 80%。由于脱硫剂是不断循环的，脱硫剂的有效利用率达 95% 以上。最终产物则部分溢流入终产物仓，由气力输送装置外送。

　　② 技术的特点

　　a. 取消了制浆和喷浆系统，实行 CaO 的消化及循环增湿一体化设计，这不仅克服了单独消化时出现的漏风、堵管等问题，而且能利用消化时产生的蒸汽增加烟气的相对湿度，对脱硫有利。

　　b. 实行脱硫灰多次循环，循环倍比可高达 50 倍，使脱硫剂的利用率提高到 95%，克服了其他干法、半干法工艺脱硫剂利用率不高的问题。

　　c. 脱硫率高。用纯度 90% 的 CaO 作脱硫剂，当 $Ca/S=1.1$ 时，确保脱硫率大于 80%；当 $Ca/S=1.2\sim1.3$ 时，效率可达 90% 以上。

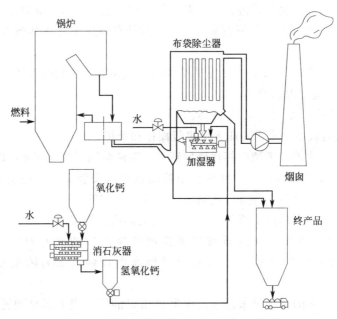

图 8.6　增湿灰循环脱硫工艺（NID）流程

8.1.2　烟气脱硝

　　氮氧化物（NO_x）中最主要的是一氧化氮（NO）和二氧化氮（NO_2），在绝大多数燃烧方式中，主要成分为 NO，约占 NO_x 总量的 90% 以上。如第 4 章所述，NO_x 的生成在理论上有三种不同的机理，其生成量与燃烧条件密切相关。因此，在控制 NO_x 排放上有两种途径：一种是在锅炉燃烧中控制燃料的燃烧，来降低 NO_x 的生成；另一种是对烟气进行处理，消除烟气中的 NO_x。

8.1.2.1　从燃烧的角度控制 NO_x 的排放

　　低 NO_x 燃烧措施又称一次措施，按其发展可以分为三代。

第一代措施不要求燃烧系统做大的改动。它们的方法简单,是适用于老厂改造的经济措施。主要的措施有:低过剩空气系数(LEA)、降低空气预热温度(RAP)、部分燃烧器退出运行(BOOS)、浓淡燃烧器燃烧(BBF)和炉膛内烟气再循环(FGR)等。

第二代措施的目的在于降低所谓的燃烧器一次区域内的氧浓度,从而也相应地降低峰值温度。低NO_x燃烧器是采用空气分级、燃料分级或空气和燃料分级的燃烧器的统称。通过相应的结构改造,低NO_x燃烧器的方案也可用于现有的燃烧器。第二代的措施有:采用空气分级的低NO_x燃烧器(LNB)、燃烧器处烟气再循环(FGR)和上部燃烬风(OFA)等。

第三代措施目的在于还原已经在燃烧器区域或炉膛内生成的NO_x。

8.1.2.2 烟气脱氮净化

在无法通过燃烧控制满足NO_x排放要求时,必须采用脱氮净化技术,最常用的是选择性催化还原工艺(SCR)。该工艺已经在工业上普遍应用。此外,在工业上应用的还有选择性非催化还原工艺(SNCR)。

(1)选择性催化还原工艺(SCR)

① 原理:选择性催化还原工艺主要是加入NH_3并在催化剂的作用下,将NO_x还原成为N_2和H_2O。主要反应式如下。

主反应:

$$4NO+4NH_3+O_2 \xrightarrow{催化剂\ 300\sim400℃} 4N_2+6H_2O$$

$$2NO_2+4NH_3+O_2 \xrightarrow{催化剂\ 300\sim400℃} 3N_2+6H_2O$$

副反应:

$$2SO_2+O_2 \longrightarrow 2SO_3$$

$$SO_3+NH_3+H_2O \xrightarrow{约200℃} NH_4HSO_4$$

$$SO_3+2NH_3+H_2O \longrightarrow (NH_4)_2SO_4$$

② SCR艺流程:在选择催化还原的工艺中,催化剂放在一个反应器里,烟气穿过反应器平行地流经催化剂的表面。同时,在反应器的上游喷入气态的NH_3作为还原剂和烟气中的NO_x在催化剂的作用下进行还原反应,NO_x被还原成为N_2和H_2O。催化剂的最佳工作温度在$300\sim400℃$的范围内,NO_x脱除率可达$80\%\sim90\%$。

③ SCR催化剂:目前工程中应用最多的SCR催化剂是氧化钛基催化剂。采用TiO_2作为载体,以V_2O_5为主催化剂,采用WO_3作为助催化剂。V_2O_5具有较高的脱硝效率,但同时也促进SO_2向SO_3的转化,而WO_3的添加有助于抑制SO_2的转化。WO_3同时还起到提高硬度,固定烟气中的砷,减少其对催化剂的毒化作用。

在电站中,SCR系统的布置通常有三种方式。

a. 催化剂位于空气预热器前、省煤器的出口处,即高粉尘布置,见图8.7。这种布置中,烟气从省煤器出来,在进入催化反应器之前不需要加热,因此这是一种最有利的方案。但是,这段烟气中含有燃烧过程中产生的所有的飞灰和氧化硫,将使催化剂活性降低从而降低NO_x的脱除效率。而且,这种布置所需要的催化剂的体积比其他布置的大。在现有机组上加装SCR,由于受到场地的限制,用这种布置方式会有一定的困难。

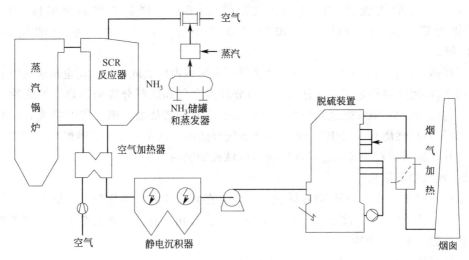

图 8.7　典型的烟气脱硫脱硝工艺流程示意

b. 催化剂位于静电除尘器之后、烟气脱硫装置之前，即低粉尘布置。这种布置中，粉尘含量非常少，但是催化剂的积尘实际很高。这时因为没有高粉尘的自清洁作用，因此这种布置方式在实际中的应用数量不多。

c. 催化剂位于烟气脱硫装置之后，即尾气烟气段布置。这种布置中烟气由于经过了脱硫装置，SO_2 和粉尘的含量很小，催化剂上不会产生烟尘的沉积。但是，此时的烟气温度很低，湿式脱硫时烟气温度为 50～60℃，而半干式脱硫为 75℃ 左右，为了使脱氮反应能正常进行，需要将烟气加热至 300～400℃，要消耗很大的能量。

(2) 选择性非催化还原工艺（SNCR）

① 基本原理：选择性非催化还原工艺（SNCR）是一种不使用催化剂，在 850～1100℃温度范围内还原 NO_x 的工艺，采用的还原剂为氨和尿素。基本化学反应式如下。

以氨为还原剂时：

$$4NO + 4NH_3 + O_2 \longrightarrow 4N_2 + 6H_2O$$
$$2NO_2 + 4NH_3 + O_2 \longrightarrow 3N_2 + 6H_2O$$

以尿素为还原剂时：

$$4NO + 2CO(NH_2)_2 + O_2 \longrightarrow 4N_2 + 2CO_2 + 4H_2O$$

② 工艺流程：在 SNCR 工艺中，在锅炉炉膛的不同高度喷入还原剂。喷药点位于燃烧室和省煤器间的过热器区域。这时温度在 850～1100℃ 的范围内。

烟气中的 NO_x 和还原剂必须有很好的混合，这时在最佳的反应温度下可以得到较高的 NO_x 还原转化率。同时，可以降低 NH_3 的逃逸。由于烟气的温度高，还原剂喷火点不会影响 NO_x 与还原剂的混合。但是，由于负荷变化会引起温度波动，有必要在不同的高度上选择喷入点。

加药系统由安装在炉膛壁上的喷嘴或喷枪组成。喷枪上有一根内管用以输送稀释的药品，还有一根外管通有冷却介质（由于炉膛温度高必须进行冷却）。冷却介质通常为低压蒸汽或压缩空气。它们同时作为喷嘴的雾化介质。要获得最佳效果，必须对炉膛断面上还原剂的分布加以优化。

③ 还原剂：SNCR 工艺中所使用的还原剂主要有氨、氨水和尿素。氨和氨水的最佳反

应温度在 850~1100℃，而尿素的最佳反应温度在 950~1100℃。其他的还原剂可以作为增强剂与尿素一起使用，使温度的范围扩大到 500~1200℃。氨的运输和储存比较复杂，而且费用较高，因此目前尿素和氨水是受欢迎的还原剂。

8.1.3 烟气污染物协同脱除技术概要

目前，对烟气中各种污染物的控制，国内外多采用单独脱除技术。随着污染物控制种类的不断增加，污染物净化设备不断发展，发展高效、低能耗的多种污染物协同脱除技术已成为当前国内外的研究热点。目前，国内外对多种污染物的协同控制研究主要集中在同时脱硫脱硝，包括以下几种方式：①利用外加电场（高能电子束和高压脉冲等离子技术等）将烟气中难脱除的污染物转化成容易脱除的物质，实现多种污染物的同时脱除；②活性焦干法，活性焦干法烟气脱硫技术是一种资源化的污染物治理技术，近年来逐渐受到重视；普通的活性焦本身能够吸附大量的 SO_2，但是对 NO_x 并没有显著的吸附效果，以 V_2O_5 为催化剂的活性焦能够在高效脱硫的基础上实现 NO_x 的有效还原，改善 SCR 反应活性，在 150℃ 和 NO_2/NO_x 等于 1 的情况下，脱硝率可达 90%；③采用多级增湿半干法技术可提高脱硫剂颗粒在吸收塔内反应全过程的含湿均匀性，有效防止结垢，并利用复合性添加剂改善吸收剂比表面积和孔隙率等微观特性，提高了反应速率，强化了烟气中 SO_2、NO_x 等污染物同时脱除，此方法工程实际应用的脱硫率和脱硝率分别在 90% 和 40% 以上；④在常规的湿法烟气脱硫技术中，向吸收浆液中加入 MnO_4 和 $NaClO_2$ 等强氧化剂或者采用等离子体前置氧化，能够有效地将难吸收的 NO 氧化成易吸收物质，最后实现高效的同时脱硫脱硝。

8.2 城市垃圾焚烧烟气净化

城市垃圾（包括生活垃圾和部分非有害类工商业废弃物）已成为当今世界的公害之一。垃圾焚烧处理由于其减容和无害化的特点已在国际上得到较为广泛的应用，我国也有许多大型的垃圾焚烧厂投入运行。但垃圾焚烧过程中会产生或排放各类大气污染物，包括引人注目的二噁英类物质，因此烟气净化是垃圾焚烧处理过程中的一个至关重要的因素。

8.2.1 城市垃圾焚烧尾气特性

资料表明，未经处理的城市垃圾焚烧烟气中含有各类污染物。污染物的种类和浓度取决于燃烧装置的设计、运行条件、不可燃物的量及污染物母体的量。常见的污染物包括颗粒物、二氧化硫、氮氧化物、氯化氢、氟化氢、一氧化碳、金属及有机氯化合物（如二噁英与氯化呋喃）等。

（1）污染物的生成机理

① 颗粒物。颗粒物由燃烧过程中的完全和不完全燃烧产物构成。燃烧设备中的气流湍动使轻组分的飞灰进入尾气，无机物的高温挥发物冷凝为颗粒物或附着在飞灰上。排放尘的粒径分布也与燃烧器的种类、操作条件及垃圾成分有关。国外资料表明，垃圾焚烧炉烟气中的颗粒物粒径较细，大部份小于 $4\mu m$。

② SO_2。垃圾焚烧尾气中的 SO_2 主要来自于橡胶、塑料、纸张及废油中的硫。尾气中的 SO_2 浓度主要取决于垃圾中硫的含量，同时也受到垃圾中其他组分及燃烧器类型和操作条件的影响。国外城市垃圾中硫的含量平均为 0.12%，大致范围在 0.1%~0.35%，能转化为 SO_2 的为 10%~90%。垃圾中金属氧化物的存在会减少 SO_2 的生成量。

③ NO_x。对于空气污染而言，NO_x 中重要的是 NO 和 NO_2。对于大多数的燃烧过程而言，都会产生主要以 NO 形式出现的 NO_x。燃烧产生的 NO_x 有燃料 NO_x 和热力 NO_x 两种。通常城市生活垃圾的焚烧温度不高于 1400℃，此时热力氮氧化物的生成量小于 $134mg/m^3$，故燃料氮氧化物在垃圾烟气中占相当的比例。国外城市生活垃圾中 N 的含量为 0.34%～0.83%，主要来自庭院垃圾和织物。

④ HCl 和 HF。HCl 与 HF 是由于垃圾中所含的 Cl、F 在燃烧过程中与碳氢化合物中的氢反应而成。垃圾中的 Cl 含量为 0.3%～0.7%，主要存在于塑料和一些厨余物中。国外根据对排放烟气成分的测定估算出垃圾中氯的含量为 0.5%～2.0%。燃烧过程中氯的转化率为 46%～80%。

⑤ CO。CO 是由于不完全燃烧而产生的，往往发生在投料速率过快、垃圾含湿量太高、混合条件差、空气量不足的条件下。CO 含量高通常意味着不完全燃烧程度大，烟气中有机氯化合物的先驱物质含量高。

⑥ 有机氯化合物。城市垃圾焚烧炉所排放的有机氯化合物的生成机理远较其他污染物复杂。有机氯化合物中最引人注目的是二噁英类物质。二噁英类是毒性很强的三环芳香族有机化合物。由 2 个氧原子联结 2 个被氯取代的苯环称为多氯代二苯并二噁英（PCDDs）；由 1 个氧原子联结 2 个被氯取代的苯环称为多氯代二苯并呋喃（PCDFs），结构式如图 8.8 所示。每个苯环上可取代 1～4 个氯原子，所以 PCDDs 有 75 种异构体，PCDFs 有 135 种异构体。毒性最强的是 2,3,7,8-四氯代二苯并二噁英。一般用毒性当量（toxic equivalent，TEQ）的多少表示不同异构体的毒性，称为毒性当量因子（toxicity equivalent factor，TEF）。表 8.4 列出了部分异构物的 TEF。从表中可知，毒性强弱差别可达 1000 倍。

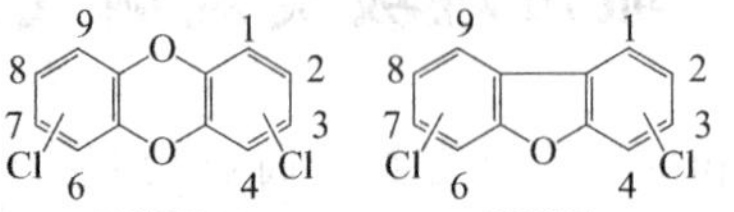

图 8.8　多氯代二苯并二噁英和多氯代二苯并呋喃的结构

表 8.4　部分二噁英类异构物的 TEF

名称	缩写	TEF
2,3,7,8-四氯代二苯并二噁英	2,3,7,8-T_4CDD	1
1,2,3,7,8-五氯代二苯并二噁英	1,2,3,7,8-P_5CDD	0.5
1,2,3,4,7,8-六氯代二苯并二噁英	1,2,3,4,7,8-H_6CDD	0.1
1,2,3,7,8,9-六氯代二苯并二噁英	1,2,3,7,8,9-H_6CDD	0.1
八氯代二苯并二噁英	O_8CDD	0.001
2,3,7,8-四氯代二苯并呋喃	2,3,7,8-T_4CDF	0.1
1,2,3,7,8-五氯代二苯并呋喃	1,2,3,7,8-P_5CDF	0.05
2,3,4,7,8-五氯代二苯并呋喃	2,3,4,7,8-P_5CDF	0.5
1,2,3,7,8,9-六氯代二苯并呋喃	1,2,3,7,8,9-H_6CDF	0.1
1,2,3,4,6,7,8-七氯代二苯并呋喃	1,2,3,4,6,7,8-H_7CDF	0.01
八氯代二苯呋喃	O_8CDF	0.001

二噁英类物质在常温下很稳定，难溶于水而易溶于各类溶剂，这意味着易溶于脂肪，易在生物体内积累。

由于已知 PCDDs/PCDFs 的排放量通常高于焚烧炉进料的量，因此可以肯定垃圾燃烧过程中会产生 PCDDs/PCDFs，其机理推断如下：①与其分子结构相似的化合物母体如氯苯及多氯联苯在燃烧过程中在缺氧氛围中通过热还原转化而成；②塑料、木材等燃烧的热降解产物氯化而成；③在飞灰颗粒表面先驱物质被 Cu、Ni、Fe 等催化氯化而成。340℃ 左右的温度有利于有机氯化合物的形成。由焚烧垃圾生成的二噁英类物质在炉底灰、飞灰、烟道气中均有分布。二噁英类在焚烧过程中以气体形态存在时，部分吸附在亚微米级固体颗粒物或小液滴表面然后进入烟气净化系统。

⑦ 金属。城市固体废弃物中的可燃和不可燃部分都含有金属和金属化合物。在燃烧过程中，废弃物中的部分不可燃组分与其所含的物质一起被助燃空气裹携出燃烧炉。此类物质的大小在 $1 \sim 20 \mu m$ 的范围，其中含有铁、铝、铜、锌、钙等。此外，在高温燃烧区，金属可能会直接气化或生成氧化物或氯化物的蒸气。这些金属及金属化合物的挥发物会均相冷凝成很细的金属烟雾或非均相地冷凝在飞扬物的表面。由于比表面积的缘故，发生的大多数冷凝是非均相冷凝。金属中危害最大的汞在温度稍高时就很容易气化。

(2) 污染物排放因子　表 8.5 所示为国外垃圾焚烧中无烟气控制措施时的排放因子。从表中可以看出小型的分级燃烧、移动炉排或旋转窑混烧及加工后的垃圾燃料（refuse derived fuel，RDF）的燃烧过程中颗粒物和 PM_{10} 的未控制排放量差异较大，其原因在于燃烧区域的紊动程度、燃烧室内的炉膛温度和燃烧物的性质等的区别。其他污染物排放量则与燃烧装置的形式关系不是很大，主要取决于燃烧物的组分和燃烧装置的操作条件。

表 8.5　国外城市垃圾焚烧过程的排放因子　　　　　　　　单位：kg/t

项目	焚烧装置的类型		
	小型分级燃烧	混烧	加工后的垃圾燃料
总颗粒物	0.7	7	22
PM_{10}	0.06	0.09	0.065
铅	0.02	0.09	0.065
SO_2	0.85	0.85	0.85
NO_x	2.2	1.8	2.5
CO	1.7	1.1	1.8

垃圾焚烧烟气中污染物典型浓度情况如表 8.6 所示。表中还给出了国外的典型烟气净化系统的净化效果情况。

表 8.6　垃圾焚烧烟气中污染物典型浓度（干烟气 CO_2 含量 12%）

污染物	未控制原始浓度	净化后排放浓度	效率/%
颗粒物/（mg/m³）	1000~5000	10~25	99.5 以上
酸性气体/$\times 10^{-6}$			
HCl	400~1000	10~50	90~99 以上
SO_2	150~600	5~50	65~90
HF	10~20	1~2	90~95 以上
NO_x	150~300	60~180	30~65[①]
重金属/（mg/m³）			
砷	<0.1~1	0.01~0.1	90~99 以上
镉	1~5	<0.01~0.5	90~99 以上
铅	20~100	<0.1~1	90~99 以上
汞	<0.1~1	0.1~0.7	10~90 以上
总 PCDDs/PCDFs/(ng/m)³	20~500	<1~10	80~99

① 为采用非选择性催化还原的效率。

值得注意的是，有一些焚烧炉在设计和运行时采取了一定的强化燃烧措施来降低有机氯化合物发生量，因此其烟气中 NO_x 的含量要显著高于普通的焚烧炉，CO 的含量则较低。而

一些低 NO_x 燃烧炉情况可能相反。在估算新设计焚烧炉的排放量时应考虑这些因素。

另外，由于各国对垃圾焚烧尾气危害的重视，排放标准变得越来越严格，促使新建的垃圾焚烧装置采用更加先进的控制系统和设施，垃圾焚烧尾气的排放浓度呈下降趋势。

8.2.2　生活垃圾焚烧烟气的控制技术

8.2.2.1　各类污染物的净化单元

生活垃圾焚烧烟气中污染物的净化方法如表 8.7 所示。表中可见，垃圾焚烧烟气中常用的颗粒物的净化方法为电除尘器和布袋除尘器；净化气态污染物的方法有干喷射吸收法与喷雾干燥法。此外，湿式洗涤法主要用于高效去除 HCl、SO_2、NO_2 等酸性气体，同时还具有一定的去除颗粒污染物的作用。干法/半干法中去除酸性气体常用的吸收剂为氢氧化钙，湿式洗涤的吸收剂则以石灰石或氢氧化钠为常见。烟气的快速冷却有利于防止二噁英类有机氯化合物在烟道及净化系统中的形成，且有助于汞这类低沸点金属冷凝成颗粒物，从而有利于后续的净化。现有的城市垃圾焚烧尾气的净化工艺基本上是采用以上的方法或方法的组合。

表 8.7　垃圾焚烧烟气污染物的主要控制方法

CO	控制良好的燃烧工况
NO_x	分段燃烧,SCR,SNCR
颗粒物	电除尘器,布袋除尘器,湿式洗涤
酸性气体 (HCl,SO_2,SO_3,HF)	干喷射吸收,喷雾干燥吸收,湿式洗涤
重金属	电除尘器,布袋除尘器,喷雾干燥吸收,湿式洗涤
PCDDs/PCDFs	控制良好的燃烧工况,烟气冷却控制,布袋除尘器,催化转化,活性炭吸附

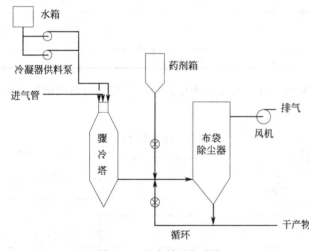

图 8.9　干喷射吸收系统

常规的除尘和气体净化过程我们在以前的章节中已有介绍，下面简单介绍一下控制良好的燃烧工况。

控制良好的燃烧工况主要通过对焚烧装置的改进设计和操作的控制确保烟气中有足够的过量空气并分布均匀，从而确保燃烧室内各点发生的是完全燃烧。通常现代焚烧装置设计时已考虑了充分的紊动以确保良好的混合，并设计了足够高的炉膛温度（＞1000℃）和停留时间（1～2s）以实现充分燃烧。操作时需注意的是加料的均匀性。控制良好的燃烧工况一方面可以减少 CO 的排放，另一方面也可以销毁进料中的 PCDDs/PCDFs 及其先驱母体物质。

8.2.2.2　常见生活垃圾焚烧尾气控制系统

（1）干喷射吸收系统　图 8.9 是早期的干喷射吸收系统的工艺流程示意图。从焚烧炉出来的烟气首先进入一停留时间为 3～5s 的调节塔。在此通过雾化喷头喷水使烟气迅速降温，从而有利于气态的金属物质（主要是汞）和二噁英等有机物转化成颗粒物，骤冷还可以防止二噁英在 300～500℃ 区间的生成。此外温度的降低和湿度的增加有利于后续酸性气体的去除,从而减少吸收剂的用量。温度降低后还导致烟气体积的减小,可减少净化设备的投资费用。通常控制调节塔出口温度在 $150\sim170℃$ 以确保水分处于气体状态。调节塔出来的气体在管道中或一个干式吸收反应器中与粉末状的氢氧化钙接触反应。氢氧化钙以气动喷射的形式进入管道或反应器。然后混合气体进入布袋除尘器。氢氧化钙粉末在布袋除尘器内的空间或布袋表面与 HCl、HF 及 SO_2 继续反应生成固态生成物。最后通过布袋去除了颗粒物后的净化气体通过风机加压后排放。

与其他方法相比,该方法设备较少,系统的运行可靠性较好,无废液产生,且对设备的防腐要求不如其他工艺那样高,但吸收剂的利用率不高,对酸性气体的净化效率有限。

(2) 喷雾干燥吸收系统 图 8.10 是喷雾干燥吸收净化系统的工艺流程图。进入喷雾干燥吸收室内的热烟与吸收室浆液的雾滴气相接触,在这其中雾化的细颗粒同时经历着以下三种传质传热反应过程:①酸性气体从气相向雾滴表面的传质;②酸与液滴上的 $Ca(OH)_2$ 反应;③雾滴上水的蒸发。在该过程中,雾滴表面气液界面的化学反应速度极快,因此 HCl、HF 及 SO_2 的净化效率主要取决于:①HCl、HF 及 SO_2 的气膜传质速率;②酸性气体通过不断增加的反应生成物层的扩散速率。

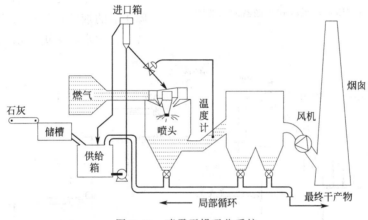

图 8.10 喷雾干燥吸收系统

在喷雾干燥吸收室进行了反应的混合气体通过除尘器除尘后排放。反应的生成物和除尘器除下的飞灰则分别从反应器的落灰口和除尘器的落灰口排出。该方法综合了干、湿法的优势,可以达到接近湿法的净化效率,但系统所需设备较多,对运行的控制要求较高,总费用要稍高于干法。该法的关键设备是雾化吸收装置和控制系统。

已有多种形式的雾化装置和吸收设备被应用于垃圾焚烧尾气的净化。石灰浆液可以通过高速转盘雾化器或空气、浆液两相流雾化喷嘴雾化。吸收装置可以是逆流、并流或类似于旋风除尘器的上流系统,气体也可以一点或多点进入。通常烟气的停留时间在 $10\sim18s$,控制喷雾吸收器的出口处烟气温度在 $110\sim150℃$。

(3) 湿式洗涤系统 为了满足日益提高的垃圾焚烧烟气排放的要求,德国等国的一些城市垃圾焚烧处理厂采用了湿式洗涤净化装置。这类系统通常采用两级洗涤系统,吸收剂为石灰石浆液,每一级在不同的 pH 值下运行。第一级系统中 pH 值较低,在此 HF、HCl 被迅速吸收,且石灰石被充分溶解利用,同时腐蚀性极大的氯离子被控制在该级的设备内,有效地控制全系统的腐蚀情况。在第二级系统中,pH 值较高,可确保酸性气体的吸收净化效率。该系统对于烟气中的 HCl、HF 及 SO_2 和重金属的净化极其有效。通常湿式吸收系统对

HCl 的净化效率大于 99%，对 HF 及 SO₂的净化效率也在 97% 以上。该系统能有效地缓冲垃圾焚烧烟气中 SO₂负荷的波动，最充分地利用吸收剂，过程的控制和调节也较方便，但由于会产生废液，因此往往只应用于一些对排放要求很高的场合。图 8.11 为一类双级湿式洗涤器的示意图。

（4）湿法/半干法组合工艺　为了达到垃圾焚烧烟气的高度净化的目的，同时又避免需进一步处理吸收废液的麻烦，国外开发出了湿法/半干法的组合工艺，见图 8.12。

该工艺结合了喷雾吸收与湿式洗涤两者的优点。此类系统的一种形式如下：除尘后的烟气首先进入喷雾干燥吸收系统，在此步骤中进行烟气的调节及预洗

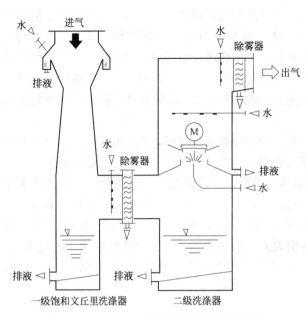

图 8.11　LURGI 双级湿式洗涤器的示意图

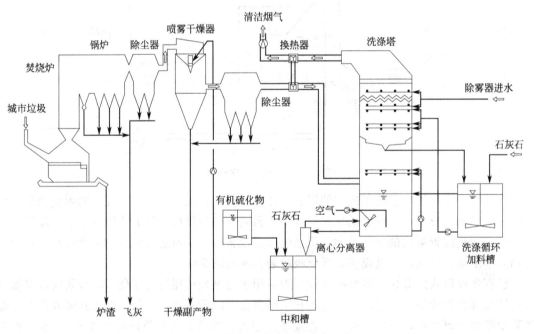

图 8.12　诺尔组合式烟气净化工艺

涤，并通过迅速的冷却而尽量避免二噁英和呋喃的形成。该喷雾干燥系统所采用的浆液为后续的湿式洗涤系统所产生的废液。在废液回用前加入化学药剂使废液中的重金属生成螯合物，防止其在干燥过程中挥发。细颗粒在干燥过程中凝并或黏附到湿颗粒的表面而有利于后续的除尘（通常采用布袋除尘器）。烟气从喷雾干燥吸收系统的除尘器中出来后再通过湿式洗涤系统进一步深度净化处理，产生的废液回用到前面的流程中去。组合工艺能满足如下严格的排放标准：

尘，$10mg/m^3$；CO，$50mg/m^3$；有机物（以总碳计），$10mg/m^3$；SO_2，$50mg/m^3$；NO_x，$200mg/m^3$；HCl，$10mg/m^3$；HF，$1mg/m^3$；二噁英类，$0.1ng/m^3$。

8.2.2.3　现有技术的控制效果

表 8.8 所示为现有垃圾焚烧烟气控制系统净化效果的大致情况。其是从国外的有关资料报道中汇集而来的，实际每个净化装置的运行情况受很多因素的影响。燃烧设备的类型、同一燃烧设备的不同操作工况、烟气的温度和吸收剂的类型和质量都会造成净化装置性能的变化。

表 8.8　现有垃圾焚烧烟气控制系统的净化效果

控制系统	净化效率/%					
	颗粒物	SO_2	HCl	Hg	其他金属	PCDDs/PCDFs
电除尘	98.5～99.9	0	0	20～30	95～98	25～50
喷雾干燥＋电除尘	98.5～99.9	60～75	95～98	50～80 以上	95～98	70～80
喷雾干燥＋布袋除尘	99.0～99.9	65～80	95～98	80 以上	99 以上	90～99 以上
干喷射＋电除尘	98.5～99.9	60～70	70～80	—	95～98	60～70
干喷射＋布袋除尘	99.0～99.9	70～80	80～90	—	99 以上	90～99 以上
喷雾干燥＋干喷射＋布袋除尘	99.0～99.9	80～90	95～98	80 以上	99 以上	90～99 以上
电除尘＋一级洗涤	98.5～99.9	50～60	95 以上	85 以上	95～98	80～90
电除尘＋两级洗涤	98.5～99.9	90～95	95 以上	85 以上	95～98	90～99 以上

总体来说，生活垃圾焚烧处理尾气净化系统的处理效率受多重因素的影响。焚烧炉的运作条件、气体的湿度、吸收剂的类型和计量比等对净化效率均有很大的影响。此外，在净化污染物时的一项极其重要的因素就是气体的温度。较低的烟气温度有利于污染物的去除。这可能是因为对于 SO_2 和 HCl 而言，降低温度其蒸气压减小而有利于吸附；对于金属，低温促进其冷凝；对于有机氯化物则是以上两种效应的综合。国外的研究还表明，二噁英类物质在较高温度时（300℃）易产生，因而国外的垃圾焚烧尾气处理装置中的气体温度都控制得较低，一般为 140～150℃，大部分新建的焚烧炉都采用了袋式除尘器。

8.3　气态挥发性有机物控制

8.3.1　气态挥发性有机化合物（VOCs）污染概述

不同国家和组织基于其限定的对象给出的 VOCs 的定义如下：

（1）联合国欧洲经济委员会（United Nations Economic Commission for Europe，UN-ECE）　在太阳光紫外线存在下，能与氮氧化物反应产生光化学氧化剂的所有有机化合物（除甲烷外），包括人为源和自然源。

（2）世界卫生组织（World Health Organization，WHO）　WHO 的 VOCs 定义是基于其沸点，沸点在 50℃ 及以下的有机物质称为 VVOC（极易挥发有机化合物），50～260℃ 的有机物称为 VOCs。

（3）国际标准组织（ISO 16000—6）　任何在室内空气、办公场所、公共建筑存在，或建筑材料挥发或实验室测试得到的有机化合物。

（4）欧盟（European Union，EU）　Directive 1999/13/EC：293.15K 下，蒸气压大于等于 0.01kPa 的有机化合物。

Directive 2001/81/EC：在太阳光紫外线存在下，可与氮氧化物发生反应产生光化学氧化剂的所有人为产生的有机化合物（除甲烷外）。

Directive 2004/42/EC：在标准压力（101.3kPa）下，沸点小于等于 250℃ 的有机化合物。

（5）美国　美国环境保护局（EPA）：除 CO、CO_2、H_2CO_3、金属碳化物、金属碳酸盐和碳酸铵外，任何参加大气光化学反应的碳化合物。

美国材料试验学会（American Society for Testing Materials，ASTM）D3960—98：为任何能参加大气光化学反应的有机化合物。

美国早期的定义：20℃ 时蒸气压大于等于 0.1mmHg（1mmHg = 133.322Pa）的化合物。

继 SO_2、NO_x 及 ODS 之后，挥发性有机化合物（VOCs），特别是有毒、有害的有机废气的污染问题受到了世界各国的普遍重视。

VOCs 物质被广泛地用作液体燃料、溶剂或化学反应的中介或原料。工业生产中主要的 VOCs 排放源为下列工艺过程或设备：特殊化学品生产，聚合物和树脂生产，工业溶剂生产，农药和除莠剂生产，油漆和涂料生产，橡胶和轮胎生产，石油炼制，石油化工氧化工艺，石油化工储罐，泡沫塑料生产，酚醛树脂浸渍工艺，塑料橡胶层压工艺，玻璃钢生产，磁带涂层，电视机壳，仪表，汽车壳和部件，飞机喷漆，金属漆包线生产，金属部件清洗，半导体生产，纸和纤维喷涂，纸和塑料印刷等。工业生产中排放的 VOCs 中芳烃类、醇类、酯类、醛类等作为工业溶剂被广泛使用，因而排放量很大。除工业源外，汽车尾气、有关的废水污水处理设施等也会排放一定数量的 VOCs。

8.3.2　气态 VOCs 的净化方法概要

8.3.2.1　气态 VOCs 的净化技术路线

VOCs 的控制可以从多种途径实现。最合理的方法是通过清洁生产的途径减少 VOCs 的使用和散发。但对于一些生产工艺过程而言，清洁生产的路还很长，还会有大量 VOCs 被排放，末端治理技术仍然是必不可少的一种手段。当然，在污染治理技术中也存在清洁工艺和污染工艺之分。

目前 VOCs 的控制方法可分为两大类：第一类，清洁生产，主要包括改进工艺、更换设备和防止泄漏为主的预防性措施；第二类，以末端治理为主的控制措施，目前常用或已有实际应用的方法包括热力氧化法、催化氧化法、工业锅炉或加热器燃烧法、生物法、吸附法、吸收法、冷凝法、膜分离法等，其他正在开发的方法有光催化氧化法、等离子法等，如图 8.13 所示。

8.3.2.2　VOCs 的清洁生产控制技术

VOCs 的清洁生产控制技术主要包括以下几项。

（1）工艺改革及替换原材料　如在喷涂作业中，早期采用压缩空气两相流喷涂的方式，涂料的固体附着率仅为 30%～40%，通过采用机械加压的单相涂装工艺后，涂料的固体附着率可提高到 60%～70%，而采用电泳涂装可将固体附着率提高到 70%～80%，从而大大减少完成单位面积的涂装工作的涂料消耗量，因而减少了 VOCs 的排放量。溶剂替代也是减少 VOCs 排放的有效方法。如采用水溶性涂料替代溶剂性涂料，采用低毒的原材料代替或部分代替有机溶剂。

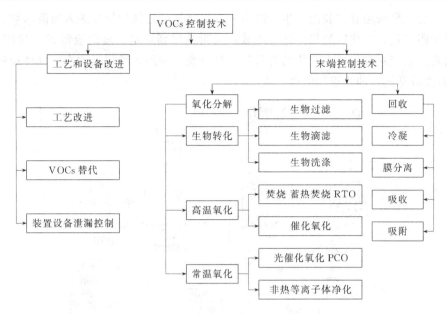

图 8.13　VOCs 控制方法概要

（2）储运损耗的控制　挥发性有机物作为原料或产品，如不采取有效控制措施，在储运过程中因大小呼吸作用等，而导致的无组织逸散损耗率可达 0.1% 以上。所谓大呼吸是指当 VOCs 溶液充入容器或从容器中导出时，容器顶空的 VOCs 蒸气因置换作用而散逸损耗。而由于温度变化，导致容器体积变化而产生的"吸进和呼出"作用损耗称为小呼吸损耗。充入和排空损耗可通过装卸料作业平衡管及在容器出口附加的真空压力阀来控制。通过作业容器间的顶空气体平衡管可大大减少顶空气体的外泄。而当储罐内外压力差异较小时，保护阀门是关闭的，当充入、倒空或温度与压力有较大变化时引起的明显储罐内外的压差超过一定限值时，保护阀门会自动打开。此外通过采用浮顶罐、蒸气回收装置等也可有效控制储罐的运营损失。

（3）装置的泄漏检测与维护（leak detection and repair，LDAR）　是对工业生产活动中工艺装置泄漏现象进行检测和维修的一种技术。发达国家对石油化工装置危险化学物质泄漏评估和控制非常重视，企业泄漏检测、评估、管理与控制已经进入法制化、标准化和专业化轨道，形成较为完整的泄漏检测管理和维修体系。大型石化企业设备因泄漏无组织散逸的 VOCs 占这类企业 VOCs 排放的很大一部分。目前我国各地正积极开展 LDAR 制度的建设。泄漏检测与维护计划的运行流程包括：①需要对检测的设备组件进行标识，建立台账，定义可接受的泄漏浓度；②开展装置设备密封点泄漏检测工作，发现 VOCs 泄漏点，记录泄漏的浓度值；③组织人员对泄漏点进行维修，通过各种维修措施，确保维修效果；④检测人员再次对维修的泄漏点进行复测，以评估维修效果。泄漏检测对象应包括作业流体为 VOCs 占比不低于 10%（质量分数）的设备，包括：泵、压缩机、安全阀、采样系统、阀门、法兰及其他连接件、气体回收装置和密闭、排放装置等。

8.3.2.3　挥发性有机物控制工艺应用案例

（1）油库及加油站炭吸附油气回收（变压吸附回收）　油库或加油站排放的油气吸附回收工艺如图 8.14 所示。系统通过两台以上的并联吸附罐通过阀门切换实现连续吸附。现有吸附回收系统主要采用真空脱附再生。高浓度有机气体通过阀门切换进入吸附床后，所含油气成分被吸附富集，净化后的气体达标排放；吸附油气到一定程度的吸附罐通过阀门切换；利用吸附真空系统对吸附塔内富集的有机组分进行变压脱附，脱附出的有机气体通过吸收剂（通常为温度较低的汽油）进行吸收回收。

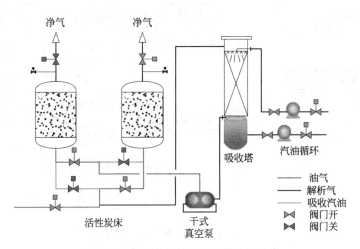

图 8.14　炭吸附油气回收工艺流程示意

（2）活性吸附蒸汽解吸回收工艺及改进　活性炭吸附蒸汽解析回收工艺流程如图 8.15 所示，含有机污染物气体通过两台以上并联的活性炭罐，通过阀门切换实现连续吸附净化。当某吸附罐吸附到达穿透点时，通过阀门切换从吸附操作序列中退出，并进入蒸汽脱附阶段。水蒸气通入待解吸再生的活性炭罐后，通过加热、置换和吹扫等作用将有机污染物从吸附剂中脱附出来。蒸汽和再生出的高浓度有机气体的混合气体通过冷凝器冷凝液化。对于溶解度不高的有机物通过油水分离装置分离后可得液态产物。脱附完成后的床层通常需冷却干燥后才能投入下一轮吸附。由于水蒸气只有冷凝后才能释放出其汽化潜热，而床层中吸附剂含湿量高时对吸附过程不利，通常吸附床中水蒸气的冷凝量一般不大，即加热吸附床未充分利用水蒸气的潜热，很多蒸汽直接排放到后续冷凝器冷凝成水而未被充分利用，同时加大了冷凝器所需的冷凝负荷量。图 8.15 所示工艺与普通蒸汽脱附工艺相比，其改进之处体现在

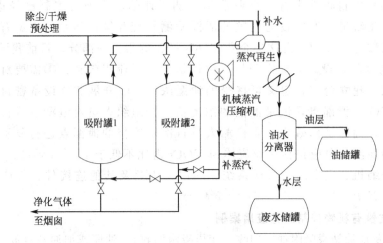

图 8.15　改进的蒸汽再生活性炭吸附回收工艺

通过一个再沸器回收脱附过程排气中的部分蒸汽的热量，产生一定量的低压蒸汽，然后通过机械蒸汽加压装置加压后与新鲜压力较高的蒸汽一起进入床层进行再生，从而可大大减少脱附单位质量有机物所需的蒸汽耗量。

（3）RTO 蓄热热力氧化　图 8.16 所示为三室蓄热式燃烧器的流程示意图。

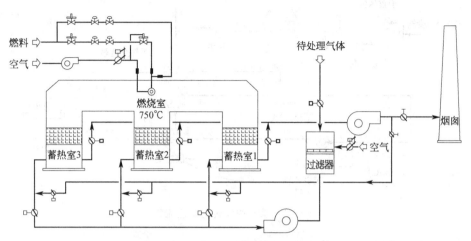

图 8.16　三室蓄热式燃烧装置工艺流程示意图

待处理的有机废气经过滤去除颗粒物后在入口风机作用下进入蓄热室 1 的陶瓷介质层（该陶瓷介质已经把上一循环的热量"储存"起来），陶瓷释放热量后温度降低，而有机废气升至较高的温度之后进入燃烧室。在燃烧室中，燃烧器燃烧燃料放热，使废气升至设定的氧化温度 760～820℃，废气中的有机物被分解成 CO_2 和 H_2O。由于废气经过蓄热室预热，废气氧化也释放一定的热量，所以燃烧器所需燃料用量较少。燃烧室有两个作用：一是保证废气能达到设定的氧化温度，二是保证有足够的停留时间使废气充分氧化。

废气成为被净化的高温气体后离开燃烧室，进入蓄热室 2（上两个循环陶瓷介质已被冷却吹扫），释放热量，温度降低后排放，而蓄热室 2 的陶瓷吸热，"储存"大量的热量（用于下个循环加热使用）。蓄热室 3（上一周期为进气阶段，其入口端蓄热材料不可避免地吸附一定量的有机物）在该循环中执行吹扫功能，即通过洁净空气将底部蓄热材料吸附的污染物吹扫入燃烧室燃烧，为下一阶段作为排气通道排气蓄热做准备。

该周期完成后，蓄热室的进气与出气阀门进行一次切换，蓄热室 2 进气，蓄热室 3 出气，蓄热室 1 吹扫；再下个循环则是蓄热室 3 进气，蓄热室 1 出气，蓄热室 2 吹扫，如此不断地交替进行。

通常蓄热燃烧装置的切换周期时间在 120～180s，切换阀门是其核心部件。

对 RTO 而言，其优化设计目标是提高 VOCs 去除率和热利用效率。影响 VOCs 去除率的主要因素是"三 T"，即氧化温度（temperature）、停留时间（time）及混合程度（turbulence）。影响热效率的因素是：气流速度、蓄热介质材料、蓄热介质体积和几何结构等。

RTO 还发展出了配置底部旋转气体分布阀的多瓣结构圆形 RTO，其特点是用一个旋转配气阀代替了多个切换阀，同时可实现多床运行模型。其核心部件旋转气体分布阀决定了其净化性能和可靠性。

（4）沸石转轮浓缩燃烧　许多工业场合排放的有机气体呈现低浓度、大风量的特点。为经济有效地进行处理，往往会对排气进行浓缩。图 8.17 所示为沸石浓缩转轮工艺流程示意。

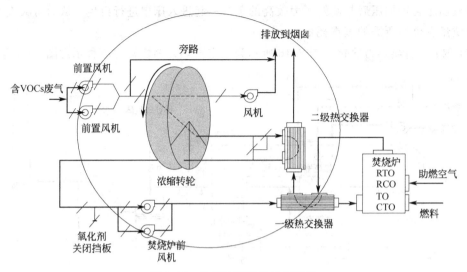

图 8.17　沸石浓缩转轮工艺流程

沸石转轮分为吸附区、加热再生区和冷却区三个部分。

废气在进入浓缩转轮前会抽出一定比例的废气（通常 1/10 的风量）通入转轮冷却区作冷却之用，其余的废气进入吸附处理区经吸附处理达标后可直接经烟囱排至大气。

冷却转轮并使转轮恢复吸附功能的那股废气将进入换热器，通过与热氧化炉膛内抽出来的一定流量烟气换热升温至 180℃后，返回进入转轮的脱附区将吸附浓缩在转轮上的 VOCs 脱附出来，形成高倍浓缩的废气气流。浓缩后的废气再通过换热器加热后进入后续的各类热氧化器，其有机成分被高温热裂解为二氧化碳与水，得到净化的气体可与前述经吸附处理区的达标废气合并后，共同经由一只烟囱排放至大气。

该系统是处理高风量、低浓度有机废气最节省运转成本的技术之一，工艺废气通过前置过滤网将粉尘及粒状污染物滤出去，如果废气 VOCs 浓度极其不稳定，可用活性炭床予以稳定后，再通过含疏水性沸石的浓缩转轮吸附 VOCs，干净空气再排放到大气中。转轮的转速及三个分区的面积比例将决定吸附净化效率和脱附效率。

通常该类吸附浓缩系统适用于处理大风量、低浓度（800×10^{-6} 以下）和 40℃温度以下的 VOCs 气体，蜂巢结构的立式转轮（CTR）可提供大量的气体与沸石接触表面积，转轮持续以 1～6r/h 的速度旋转，VOCs 去除率在 95% 以上。

8.4　机动车污染控制

随着社会经济的发展，机动车的保有量不断增加，机动车排放的污染物对环境大气质量的影响也越来越受到关注。同时，由于交通道路系统规划设计不尽合理，车辆拥堵频繁，使汽车处于频繁的加、减、怠速状态，运行工况恶劣，这种条件也导致汽车尾气排放的大幅度增加。控制机动车污染是一项综合性的工作，涉及城市交通系统规划建设，控制标准、法规，车辆的检查维护制度以及改进燃料和污染控制技术等诸多因素，需要各方配合，才能有效地控制机动车污染，见图 8.18。

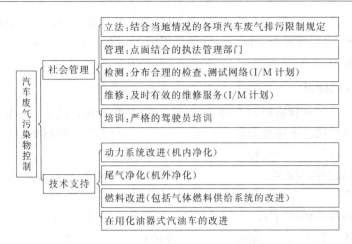

图 8.18 机动车排放污染控制系统

8.4.1 机动车污染的来源

（1）汽油机的污染来源 汽油机排气中的有害物质是燃烧过程中产生的，主要有 CO、NO_x 和 HC（包括酚、醛、酸、过氧化物等），以及少量的铅、硫、磷的污染。其中，硫氧化物和含铅化合物可以通过降低燃料中的含硫量以及采用无铅汽油来有效控制。目前排放法规限制的是 CO、HC、NO_x 和柴油车颗粒物 4 种污染物。

汽油车的曲轴箱通风系统会泄漏排放一定量的污染物，此外，汽油箱通风、化油器泄漏和其他蒸发过程也排放一定量的 HC 化合物。对于一辆没有采用排放控制措施的汽油车，其污染物来源和相对排放比例见表 8.9。

表 8.9 汽油车污染物来源及其相对排放比例

排放源	相对排放比例（占该污染物总排放量的比例）/%		
	CO	NO_x	HC
尾气管	98～99	98～99	55～65
曲轴箱	1～2	1～2	25
蒸发排放	0	0	10～20

（2）柴油机排放污染物的来源 与汽油发动机相比，柴油发动机通常在较高的空燃比下运行，HC 和 CO 可以得到比较完全的燃烧。直接将液体柴油喷入汽缸中，避免了器壁淬熄和间隙淬熄现象，所以 HC 的排出量通常很低。柴油发动机排放的 HC、CO 一般只有汽油发动机的几十分之一，其 NO_x 排放量在中小负荷时远低于汽油机，大负荷时与汽油机大致处于同一数量级甚至更高。柴油机的颗粒物排放相当高，为汽油机的 30～80 倍。表 8.10 为汽油机与柴油机排放量的对比。

表 8.10 汽油机与柴油机排放量的对比

排放成分	汽油机	柴油机
φ_{CO}/%	0.5～2.5	0.05～0.35
φ_{HC}/%	2000～5000	200～1000
φ_{NO_x}/%	2500～4000	700～2000
φ_{SO_2}/%	0.008	<0.02
碳烟浓度/(g/m³)	0.005～0.05	0.10～0.30

因此，有别于汽油车以降低 CO、HC 和 NO_x 为主要排放控制目标，柴油机主要是以控制微粒（黑烟）和 NO_x 排放为目标。与汽油车不同的还有，柴油车基本不存在曲轴箱泄漏排放和燃油蒸发排放。

8.4.2　机动车排放标准

世界各国的汽车排放标准早在 20 世纪 60 年代就初步形成，按地区可分为美国、日本和欧洲三大区域。各国的汽车排放限制标准按车型可分为两大类：轻型车和重型车。按排放法规的进展时间大致可分为三个阶段。

第一阶段（1966～1974 年），为法规形成阶段。前期从 1966～1971 年，主要对 CO 及 HC 排放进行限制。1972 年后，增加了对 NO_x 的限制。

第二阶段（1975～1992 年），法规加强与完善阶段。提出了与法规配套的工况法测量规程以及提出对柴油车的微粒排放限制标准，同时对 CO、HC、NO_x 严格限制。

第三阶段（1992 年后），进一步对有害排放物加以限制，进入机动车低污染时期。以美国为例，1990 年大幅度提高排放要求，要求到 2003 年后，对 CO、HC、NO_x、PM 的排放量降低到 1993 年水平基准的 50%、25%、20%、25%。另外，美国的加州因其地理位置和天气等因素，空气环境容量相对较小，从 20 世纪 40 年代开始，洛杉矶等地频频出现光化学烟雾，因此制定了世界上最严格的机动车排放标准。表 8.11 为美国对机动车排放控制要求的概要历史变迁情况。

表 8.11　美国机动车排放标准概要情况

年份	范围	HC /(g/km)	CO /(g/km)	NO_x /(g/km)	挥发量 (g/次)	PM /(g/km)	HCHO /(g/km)
未控		6.63	52.5				
1966	加州	3.94	31.9				
1968	美国	3.94	31.9				
1970	加州	2.56	21.3				
	美国	2.56	21.3		6		
1972	加州	1.81	21.3	1.88	2		
	美国	1.88	17.5				
1975	加州	0.56	5.6	1.25	2		
	美国	0.94	9.4	1.94	2		
1977	加州	0.26	5.6	0.94	2		
	美国	0.94	9.4	1.25	2		
1978	加州	0.26	5.6	0.63	6[①]		
	美国	0.94	9.4	1.25	6[①]		
1981	加州	0.24	4.4	0.44	2		
	美国	0.26	2.1	0.63	2		
1984	加州	0.24	4.4	0.25	2	0.375	
1986	加州	0.24	4.4	0.25	2	0.125	
1989	加州	0.24	4.4	0.25	2	0.05	
1993	加州	0.16	2.1	0.25	2	0.05	
		(0.19)[②]	(2.6)[②]	(0.38)[②]			
1994	加州	0.078	2.1	0.25	2	0.05	0.0094
		(0.097)[③]	(2.6)[③]	(0.38)[③]			(0.011)[③]
	美国	0.16	2.1	0.25	2		
		(0.19)[②]	(2.6)[②]	(0.38)[②]			

续表

年份	范围	HC /(g/km)	CO /(g/km)	NO$_x$ /(g/km)	挥发量 (g/次)	PM /(g/km)	HCHO /(g/km)
1997	加州	0.047	2.4	0.13	2	0.05	0.0094
		(0.056)[④]	(2.6)[④]	(0.19)[④]			(0.011)[④]
		0.025	1.06	0.13	2	0.05	0.005
		(0.034)[⑤]	(1.3)[⑤]	(0.19)[⑤]			(0.0069)[⑤]
2003	美国	0.078[⑥]	1.06	0.13			

① 测试程序改变。

② 分别针对车龄 5 年/8 万千米和 10 年/16 万千米。

③ 过渡期的低排放车。

④ 低排放车。

⑤ 超低低排放车。

⑥ 针对车龄 10 年/16 万千米机动车的标准。

目前我国的机动车污染控制等效采用欧洲标准。对于乘用车，2000 年全面执行国 I 排放标准，2004 年执行国 II 标准，2008 年和 2011 年分别执行国 III 和国 IV 标准，国 V 已于 2013 年颁布，将于 2018 年全面实施。表 8.12 与表 8.13 为不同阶段欧洲标准的情况。

表 8.12 欧洲轻型车排放限值[①]   单位：g/km

标准	生效日期	汽油车			柴油车			
		CO	HC	NO$_x$	CO	HC	NO$_x$	PM
欧洲 I	1992 年 7 月	2.72	0.97		2.72	0.97		0.14
欧洲 II	1996 年 1 月	2.2	0.50		2.2[②], 1.0[③]	0.5[②],0.90[③]		0.8[②], 0.10[③]
欧洲 III	2000 年 1 月	2.3	0.2	0.15	0.64	0.56	0.50	0.05
欧洲 IV	2005 年 1 月	1.0	0.1	0.08	0.50	0.30	0.25	0.025
欧洲 V	2009 年 9 月	1.000	0.100	0.060	0.5	0.23	0.18	0.005
欧洲 VI	2014 年 9 月	1.000	0.100	0.060	0.5	0.17	0.08	0.005

① 表列值为新车车型型式认证限值，对新产品一致性质量检验限值为表列值的 1.2 倍。

② 非直喷式柴油机。

③ 直喷式柴油机。

表 8.13 欧洲重型车用柴油机排放限值   单位：g/(kW·h)

排放标准	欧洲 I	欧洲 II	欧洲 III	欧洲 IV	欧洲 V	欧洲 VI
测试循环	ECER49	ECER49	ESC	ETC	ESC	WHSC
生效日期	1992 年	1996 年	2000 年	2005 年	2009 年	2014 年
CO	4.5	4.0	2.1	1.5	1.5	1.5
HC	1.1	1.1	0.66	0.46	0.46	0.13
NO$_x$	8.0	7.0	5.0	3.5	2.0	0.4
PM	0.36/0.61[①]	0.15/0.25[②]	0.02/0.1[②]	0.02[①]	0.02	0.01

① 适用于额定功率不大于 85kW 的柴油机。

② 适用于单缸工作容积小于 0.7L、额定转速大于 3000r/min 的柴油机。

8.4.3 机动车排气污染控制

控制机动车排气污染是一项很复杂的工作。从清洁生产的角度讲，首先应重视污染物的减排措施，包括交通管理、燃料改进、发动机改进等，当这些办法在短时间内不能达到污染物削减的目的时，就需要采取污染物的净化措施，削减污染物的排放量。

目前，国内外的机动车排放控制技术主要有以下几方面。

8.4.3.1　加强城市规划和交通管理

加强城市规划和交通管理往往能在改善重点地区的环境空气质量方面更快取得效益。其方法有：改进公共交通系统，尤其是建设运输效率高的地铁系统和地面轨道交通系统；通过征收燃油税等措施，减少机动车的空载率；强化交通管理和停车管理，减少人为交通拥堵，减少城区交通流量，提高交通运输能力和平均车速，在城市中心区域限制污染物排放较高的摩托车和助动车的使用等。

8.4.3.2　燃料的改进和替代

汽车所用的燃料对车辆的排放有很大影响，改进燃料不仅是控制尾气排放的要求，同时也是满足先进发动机的需要。燃料替代尤其是燃料电池等新能源则是解决汽车对石油燃料的依赖和汽车尾气污染问题的根本措施，是今后汽车的发展方向。

（1）汽油的改进　在 20 世纪 70～90 年代，为了从污染源上抑制污染的产生，车用汽油经历了 5 次重大改进（无铅、少苯、减压、加氧、重组合）。

① 无铅化。四乙基铅是作为抗爆剂在汽油生产过程中加入的，可以减轻汽车发动机汽缸的爆震。然而，这使汽车尾气中铅含量增高，对人体健康带来了危害，尤其对儿童智力的发展有着不利的影响，并且含铅尾气也对催化剂有毒化作用。20 世纪 70 年代初，美国、日本等国先后开始了车用汽油的低铅化和无铅化进程。1987 年，日本停止了含铅汽油的生产。1993 年，美国无铅汽油产量占车用汽油总产量的 99%。我国在 1998 年也开始使用无铅汽油，2000 年实现了汽油无铅化（含铅量为 13mg/L 的是无铅汽油，＜5mg/L 的是优质无铅汽油）。

② 苯含量控制。淘汰含铅汽油标志着车用汽油从污染型燃料向清洁型燃料转变，但汽油无铅化后辛烷值（辛烷值是衡量汽油抗爆性能的主要指标）会降低。由于芳香烃辛烷值最高，抗爆能力最强，因此在无铅汽油的炼油过程中增加苯和芳香烃的含量是最经济的方法。但汽油中苯和芳香烃的含量增加后，在保持汽油抗爆性能的同时，又会使汽车增加某些污染物的排放。

首先是增加 NO_x 的排放，实验证明由于芳香烃燃料温度较高，增加了 NO_x 的生成和排放。当芳香烃含量从 4.5% 增加到 20% 时，NO_x 排放量增加 2.1%。其次是未燃烃排放的增加，这是因为芳香烃含量过高的汽油，会使燃烧室积炭增加，从而使燃烧室容积减少，发动机实际的压缩比大于设定值，因而增加了爆震燃烧的倾向；同时，燃烧室大量积炭后，室壁导热能力降低，造成汽油燃烧不完全，导致排气中未燃烃增加。再则是增加苯的排放，许多研究证实汽油中苯及芳香烃增加后，尾气中苯含量也增加，且成比例关系。加拿大、德国、美国的数据表明，大气中 80%～85% 的苯来自汽车尾气排放。苯是一种致癌物质，任何污染水平都会引起白血病患者的增加。许多国家都对汽油中的苯和芳香烃加以严格限制。美国在《清洁空气法》中规定汽油中苯含量不得超过 1%（体积分数）。

③ 烯烃含量控制。烯烃类物质排放增加也是十分危险的，其中轻烯烃是反应活性很强的化学物质，易形成以 O_3 为主的黄褐色光化学烟雾。汽油中烯烃增加，又会引起 1,3-丁二烯排放的增加，这也是一种无安全下限的致癌物质。1,3-丁二烯的排放是烯烃在发动机中燃烧的产物，而烯烃又是在汽油热裂化过程中产生的。我国汽油中烯烃含量平均为 30%～35%，美国、日本等国汽油中烯烃含量平均为 13%～20%。因此，汽油无铅化后还要严格控制汽油中烯烃的含量，以减少光化学烟雾的生成机会和 1,3-丁二烯的排放污染。

④ 汽油加氧。最新的研究还表明,提高汽油辛烷值也可增加一定量的甲基叔丁基醚(MTBE)为代表的含氧化合物,使汽油在较低的空燃比下即能充分燃烧,以减少CO、HC的排放。当汽油中MTBE含量为15%时,HC排放减少5%,CO排放减少11.2%。我国有关科研部门研究结果是,MTBE为14%时,CO的实际排放减少29%～33%,HC减少16.7%～18.2%。美国《清洁空气法》要求美国41个城市车用汽油中含氧量不能低于2.7%。

⑤ 重组合汽油。这是美国首先开发使用的一种清洁燃料。重组合汽油性能优于过去任何一种汽油,而排污最低。美国国家环保局规定重组合汽油成分中至少含有2%的氧,低于1%的苯系物,不含铅和其他重金属,不含或少含硫、磷等杂质,添加高级活性剂。目前常用的充氧剂为甲醇、乙醇、乙基叔丁基醚(FTBE)、甲基叔丁基醚(MTBE)。使用重组合汽油,各种污染物的排放比传统汽油少15%～17%。重组合汽油成本比传统汽油略高,适用于所有新旧车辆,对现有汽油供应系统不需做任何改动。

除此之外,为了减少汽油使用过程中在各个环节上的蒸发,对车用汽油蒸气压加以控制是十分必要的。蒸气压表示各种烃类物质从汽油中逸出倾向的大小,降低蒸气压即可减少汽油的蒸发,还可降低HC排放浓度。据测定,蒸气压从82kPa降到62kPa时,汽油中烃类蒸发可降低50%。为了减少HC的排放而又不影响汽车启动性能,工业化国家汽油标准中都规定了冬夏不同的蒸气压范围。蒸气压多用雷氏蒸气压(RVP)表示。美国1992年发布的ASTM 4814-92C汽油新标准中,规定了AA、A、B、C、D、E 6个等级的蒸气压。用户可根据当时当地的气温选择不同级别蒸气压的汽油。目前,我国汽油蒸气压冬季为88kPa,夏季为74kPa,均偏高。

(2) 氢燃料 氢燃烧反应的生成物为H_2O,不存在排气中HC、CO的污染问题,是非常理想的燃料。氢的燃烧热极高,即使稀薄燃料混合物作汽车燃料,也能适应发动机动力要求。同时,使用氢作燃料可以使用过量的空气,因而降低了发动机汽缸温度,减轻或避免了NO_x的污染问题。采用氢作燃料其混合气体积小,可提高发动机内气体压缩比,因此提高了发动机功率。

氢可由H_2O电解制取,资源丰富,技术成熟,但成本较高。目前,各种制取氢的方法研究已蓬勃开展,加上固氢(以金属Ni、Mg等为骨架吸附、固定氢)技术已渐成熟,因此氢作为清洁、高能燃料也将实现。

(3) 清洁气体燃料 所谓清洁气体燃料主要是指液化石油气(LPG)、压缩天然气(CNG)、工业煤气等。

液化石油气主要成分为丙烷、丁烷及甲烷;天然气是甲烷、低碳分子的混合物,属自然资源;工业煤气主要为CO,低碳的烷、烯及H_2,是煤化工产物。与汽油相比由于这些气体的分子一般碳链较短,使燃料反应比较容易进行。从CH_4、C_3H_8、C_4H_{10}的组成与结构看,含氢量较高,所以有比汽油高的燃烧热,可减少燃料气用量,有利于提高发动机压缩比,有利于降低汽车排气量。另外,气体燃料有良好的抗爆性能,因此亦有利于改善发动机性能。

我国曾在20世纪60年代成功地应用煤气及天然气替代汽油,解决了汽油暂时紧缺的困难。现在北京市等大城市已开始逐步使用液化石油气(LPG)和压缩天然气(CNG)作为公交车的替代燃料。

(4) 清洁液体燃料 清洁液体燃料主要是指甲醇或乙醇,作为汽油替代品,目前在技术方面和成本方面已达到实用阶段。醇类燃料的特点主要有以下几方面：燃料抗爆性能好，有利于提高发动机压缩比、发挥发动机功率；这些燃料相对分子质量低，燃烧安全，所以排气中有害物质含量低；常温下为液体，操作容易，储带方便；有些燃料热值较低，但是通过提高燃料混合气压缩比，可以得到克服；与传统的发动机技术有继承性，发动机结构变化不大。

我国乙醇、甲醇的产量较高，作为替代燃料是有前途的。目前我国与德国大众汽车公司合作对乙醇作汽车燃料进行了研究与开发，与美国福特汽车公司合作进行了甲醇燃料的研究。我国进行的乙醇-汽油混合燃料的研究已获工业化应用。

（5）新型动力汽车

① 混合动力汽车（hybrid cars）。混合动力汽车是采用传统的内燃机和电动机作为动力源，通过混合使用热能和电力两套系统开动汽车，达到节省燃料和降低排气污染的目的。使用的内燃机既有柴油机又有汽油机，但共同的特点是排量小、质量轻、速度高、排放好。使用的电动力系统中包括高效强化的电动机、发电机和蓄电池（即电动汽车的基本组成）。一般情况下，启动及低负载时由电动机系统驱动，高负载状态则由汽油发动机取代，并且在减速和发动机运动的过程中，将能量储存到电池内，将能源循环利用，因此又称双动力汽车。

电动汽车持续行驶的最大关键是电池，目前的动力电池有铅酸电池，但由于生产和使用时会造成铅和酸污染，因此需开发适合电动汽车需求的高性能电池。目前镍氢电池较具批量生产规模，锂电池则可望在未来取代镍氢电池。但是这些电池的能量及电池效率以及充电问题仍是电动汽车商业化的关键。

② 燃料电池（fuel cell）汽车。燃料电池的工作原理很简单，化学上水经过电解生成氢和氧，燃料电池则相反，是由氢和氧结合生产水，同时释放出电能。氢气是燃料电池消耗的主要原料，有的燃料电池直接携带氢气，使用铝制高压气罐。也有采用甲醇或汽油做原料，经过重整技术，生成氢气。各种燃料电池中氢气和氧气发生反应的条件和方式不同，其中质子交换膜（PEM）燃料电池的工作温度较低（70℃），适合用在电动汽车上。质子交换膜上涂有贵金属催化剂，可使氢气和氧气产生离子，再通过膜结合成水，并产生电能。在电化学反应中一块电池只产生 1V 电压，因此要把数百块电池组成电池组，以产生千瓦级的电力，并作为汽车的动力。

燃料电池的零排放、高效、能源安全和巨大的高技术潜在市场等特点将使其具备无可比拟的综合竞争优势，引起世界汽车厂商的高度重视。

8.4.3.3　动力系统改进

动力系统改进又称机内净化。在汽车以汽油（柴油）作动力燃料的情况下，开发机内净化技术是减少汽车排气污染的根本途径。汽车排气的机内净化包括回收利用燃油蒸气、对曲轴箱废气进行密封循环、改进发动机的燃料控制有害物质的产生等，使排放的废气尽可能无害。

（1）汽油机改进

① 汽油箱蒸气控制。普通汽油箱中的汽油会形成汽油蒸气从加油口排泄出，既浪费燃料又污染环境。汽油箱汽油蒸气的控制系统主要是采用密封式汽油箱蒸气控制装置。在此装置中汽油箱中汽油蒸气经过液气分离后，汽油流回油箱，蒸气流向炭罐并被吸收、储存。当发动机工作时，利用化油器的真空将储存的汽油蒸气吸入化油器，回收作为燃料。密封式汽油箱汽油蒸气控制系统并不复杂，设备对材料及加工也无特殊要求，而节油、防污染的效果

显著，值得推广。

② 曲轴箱排气回收。汽缸体及曲轴箱是发动机的骨架。汽缸体、曲轴箱的曲轴部分引导活塞做往复运动，部分燃料及其废气穿过活塞环而窜入活塞箱，使箱内温度上升，影响曲轴箱的作用而产生漏油。常采用通风方法将燃料气及废气除掉。所谓自然通风，即将抽出的气体直接放空，既浪费又造成空气污染。将抽出的气体引入发动机进气系统，强制通风，既可以回收燃料，又减少了空气污染。

③ 汽油直接喷射技术。汽油直喷技术是改善燃料混合气的重要一环，已在航空发动机上获得了广泛的应用，它可有效地控制燃料混合气的数量及浓度，提高燃料混合气气化、雾化的质量，保证发动机各个汽缸燃料均匀分布，使燃料充分利用并降低有害物质的排放。

汽油直接喷射系统可分为机械式汽油直接喷射系统和电子式汽油直接喷射系统。

a. 机械式汽油直接喷射系统。这种喷射系统的关键装置是空气流量传感器及汽油分配器。空气流量传感器由可浮动的流量感应片及锥形喉管组成，为适应特定工况（启动、息速、加速）对燃料混合气的特殊要求，锥形喉管以不同锥度做成阶梯形。

b. 电子式汽油直接喷射系统。电子式汽油直接喷射系统中氧传感器能迅速测得氧含量，并以电压变化为信号为燃油喷射系统接收，改变喷油量，从而实现精确地动态地控制供油量、供油时刻，进而把排气氧含量控制在一定的范围内，以利于三效催化剂净化汽车排气中三种有害物质 HC、CO 和 NO_x。经过燃料气调节和三效净化后，其排气净化效果可达：HC 0.12g/km，CO 1.8g/km，NO_x 1g/km。

像这种由电子系统控制将燃料由喷油器喷入发动机进气系统中的发动机，人们习惯称其为电喷发动机，目前我国生产的轿车基本上采用了电喷系统。

④ 废气再循环。所谓废气再循环，就是将一部分汽车排气从排气管引入进气系统。废气再循环的优点在于，在不增加过量氧的情况下就能稀释混合气，以降低最高燃烧温度。同时废气对新鲜混合气的稀释，也减少混合气中的氧浓度，从而有效降低 NO_x 的生成。废气再循环的程度采用废气再循环率（EGR）表示。

$$EGR = \frac{G_r}{G_r + G_a} \times 100\%$$ (8.1)

式中 EGR——废气再循环率；

G_a——每个循环新鲜混合气的质量流量；

G_r——每个循环再循环废气的质量流量。

EGR 一般控制在 15% 以内比较合理。如 EGR 过大（超 15%～20%），会减缓燃烧速率，影响燃烧完全程度和燃烧稳定性，导致内燃机动力性能及经济性能急剧下降。

废气再循环装置既适用于汽油机，也适用于柴油机。在采用三效催化转化器的发动机上，往往也同时采用尾气再循环装置，以降低催化器的负荷。

（2）柴油机改进

① 改进进气系统。经验证明，采用增压的方法，通过增加空气量，可以减少缺氧和减弱缺氧状态。较低的空燃比表明混合气中燃料的量较多，燃烧不完全会造成排气中炭烟黑度增加。可以通过调节空燃比、增加空气量来减少炭烟黑度。

② 改变喷油时间。加大喷油提前角，即提早喷油的时间，可使更多的燃油在着火前喷入燃烧室，可加快燃烧速度而使炭烟黑度降低。但是过早喷油会引起更大的燃烧噪声，并增加 NO_x 的排放，所以喷油时间要严格控制。

③ 改进供油系统。改进喷嘴结构，提高喷油的速度，缩短喷油的持续时间，也可使炭烟黑度降低。

④ 降低供油量。适当减少启动油量，可降低低速、低负荷时的颗粒物排放；适当降低最大供油量，可降低全负荷条件下的颗粒物排放，但降低供油量会造成车辆的动力性能下降，因此要慎重。

8.4.3.4　尾气净化

尾气净化也称机外净化，是汽车排气进入大气前的最后处理手段，净化效果直接决定有害物质的排放浓度。由于汽油车和柴油车排放尾气特性的不同，其净化方法也不尽相同。

(1) 汽油车尾气三效净化　目前对汽油车机外净化的通用且成功的方法是三效催化转化。这种方法利用排气自身温度及气体组成，在催化剂的作用下能将有害物质 HC、CO 及 NO_x 转化为无害的 H_2O、CO_2、N_2。净化过程中，HC、CO 作为还原剂被氧化，NO_x 作为氧化剂被还原，因此称为氧化还原法。由于氧化还原法可同时净化三种有害物，所以又称为三效净化法，其催化剂称为三效催化剂。

$$HC+NO_x \xrightarrow{\text{催化剂}} CO_2+H_2O+N_2$$

$$CO+NO_x \xrightarrow{\text{催化剂}} CO_2+N_2$$

在上述反应中，还原剂 CO、HC 和 H_2 被氧化，而氧化剂 NO_x 同时被还原。在同一催化剂下，为同时有效处理三个成分，必须使三个成分在一定范围内达到化学计量平衡，因此精确地控制空燃比在 14.7 ± 0.1 的范围内非常重要。当空燃比小于此值时，反应器处于还原气氛，NO_x 的转化率升高，而 HC 和 CO 的转化率则会下降；反之当空燃比大于此值时，反应器处于氧化气氛，HC 和 CO 的转化率会提高，而 NO_x 的转化率则会下降。

汽车排气的组成、温度和排气量都随发动机工况的瞬变而经常变动，这种瞬变的特性给催化过程带来一系列的复杂性。例如排气组成的变化直接影响反应物浓度的变化并影响化学平衡；温度的变化直接影响反应速率，也影响化学平衡；排气量的变化影响气体与催化剂的接触时间，对净化率有影响；空燃比的变化使催化反应时而处于氧化气氛，时而处于还原气氛；汽油的质量（含硫量和含铅量等）将影响催化剂的寿命等。

近年来由于电子技术、催化技术的发展，以及微机自动控制程序的应用，使空燃比能严格控制在 14.7 ± 0.1 精度范围。实验证明当空燃比严格控制在此范围时，HC、CO 和 NO_x 三者的转化率均可大于 85%。

由于汽车行驶的状态不但要求催化剂能在很宽的参数（包括温度、浓度和气量）范围内有效地工作，其行驶的强震动和尾气频繁的冷热交变对催化剂的强度提出了极其高的要求。汽车苛刻的工作条件对汽车排气净化催化剂提出了比一般工业用催化剂高得多的要求，一般应具备如下条件：催化剂应具有较高的去除有害物质的效率；要求催化剂有尽可能高的活性和较高的机械强度，特别是抗流体冲刷、抗磨损、抗撞击、抗震动、抗挤压等机械性能要强；抗毒性强、化学稳定性好、选择性好；有较高的耐热性和热稳定性；有尽可能长的寿命；不产生二次污染。

常用的三效催化剂有以下几种。

① 贵金属三效净化催化剂。贵金属作为催化剂有特殊性能或有较大的适应性，可作为活性组合。Pt 作为活性组分，活性好，抗毒性能强，起燃温度低，对 NO_x 的氧化还原反应也有较好的选择性。钌（Ru）具有很好的 NO_x 氧化还原性能，Ru 要求较高反应温度的困

难也被 Pt 使 HC、CO 氧化放热所解决，且价格较低。Pt、Ru 作为三效催化剂的主要活性组分是合理的。Pd 也有较好的选择催化性能，价格略高。铑（Rh）价格奇贵，很少采用。

② 金属氧化物催化剂和合金催化剂。金属氧化物催化剂多由 CuO、Fe_2O_3、Cr_2O_3、Mn_2O_3 等两种以上的氧化物载于载体上制成。汽油中的铅对 $Cu-Al_2O_3$ 催化剂起促进作用，可增加选择性。以钴的氧化物为主的多组分催化剂作为三效催化剂也有广阔的前景。

铅合金催化剂也称为蒙乃尔合金催化剂，对 NO_x 的催化还原也较有效。Cu-Ni 催化剂可在很宽的温度范围内有效地脱除 NO_x 而不生成氨。日本学者提出的 Cu-Ni 系催化剂，在 600℃可净化汽车排气中 NO_x 的 98%，同时能净化相当量的碳氢化合物和一氧化碳，还可用于含铅汽油。

③ 钙钛矿型复合氧化物三效催化剂。我国贵金属资源匮乏，而稀土储量丰富，自 20 世纪 60 年代发现钙钛矿型复合氧化物（ABO_3）可同时具有多重催化性能以来，已开展了大量研究，期待以此代替贵金属催化剂达到三效净化目的。我国技术人员经过多年努力，已初步开发出具有中国特色的稀土催化剂。这种性能优良的稀土催化剂在汽车发动机空燃比偏离理论值时，除对 CO、HC 有较高的净化作用外，对 NO_x 也有 50%～70% 的转化作用。稀土添加少量贵金属的催化剂在净化性能方面已可与贵金属催化剂相媲美。

目前，国外汽车排气的三效催化剂多以贵金属作活性组分，因为它有良好的活性、选择性和抗毒性能，制备工艺简单，所以被广泛采用。我国除少数单位采用贵金属催化剂外，多以钙钛矿型复合氧化物作为三效净化催化剂。与贵金属催化剂不同，后者可用于 NO_x 分解反应的催化，因此具有更加广阔的应用前景。经过多年的研究，我国已经掌握了一整套以蜂窝陶瓷为载体的专门用于汽车尾气净化的催化剂制备工艺，并可进行工业化生产。

目前国际上先进的汽车排放控制系统，采用了一种简称为 OBD（on-board-diagnostic）的排放控制技术，即车载诊断技术。美国目前使用的是 OBD-Ⅱ系统，而欧洲从 2000 年起在轿车上应用的是 E-OBD 技术，两者的基本技术原理是一致的，但在一些代码上存在差别。该系统采用一系列穿管器和复杂的监控软件，对汽车上与排放相关的所有部件进行实时监控，一旦出现异常即通过指示灯报警，提醒车主及时进行修理。这套系统不仅可以使汽车在里程数低时满足排放法规，而且可以保证汽车在整个寿命期限内不超过排放限值，只要车主根据 OBD 指示灯和中央处理器储存的故障信息及时进行维护即可。OBD 系统除了监控催化转化器的效率外，还对汽车蒸发控制系统的碳罐、二次空气装置、废气再循环装置、点火系统等进行监测，以确保整个排放系统始终处于正常工作状态。

由于闭环电子控制燃油喷射系统加三效催化净化技术的广泛使用，已经将汽油车排放的污染物降到了相当低的程度。一辆配备现代排放控制技术的汽车，其尾气排放的 CO、HC 和 NO_x 均比没有采用现代排放控制技术的传统汽车减少 90% 以上。由于催化转化器需要达到一定的温度才能正常工作，因此，在达到催化转化器的起燃温度之前的几分钟冷启动状态，汽车尾气排放的污染物量在汽车排放的污染物总量中的比例越来越高。随着排放法规对冷启动阶段的排放控制日益严格，近年来的三效催化转化技术主要是在改善冷启动净化性能方面进行了提高，采取的技术措施包括催化转化器电加热装置、安装前级催化转化器等。

（2）柴油机尾气净化 由于柴油机尾气的构成与汽油机不同，其治理方法也不同，所以这里再简要介绍一下柴油机尾气的净化方法。

与相同排气量的汽油机相比，柴油机排出的污染物（颗粒物除外）均较少，柴油机的排气污染物主要是黑烟，尤其是在特殊工况下，当柴油车急速加油、爬坡、满载或超载时冒黑烟更为严重。这是由于发动机的燃烧室内燃烧与空气混合不均匀，燃料在高温缺氧情况下发生裂解反应，形成大量高碳化合物所致。

从技术历程来看，欧Ⅳ排放法规实施前，柴油车主要通过机内措施，如废气再循环（exhaust gas recirculation，EGR）、高压喷射、可变涡轮增压等，降低有害物排放。欧Ⅳ及以上法规实施后，一般需要采用不同的后处理技术并结合机内技术满足法规要求。

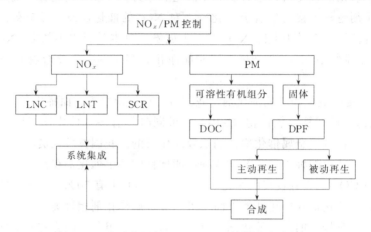

图 8.19 柴油车尾气 PM 和 NO_x 控制技术路线图

常用的柴油机后处理技术包括 SCR、LNT、DPF（diesel particulate filter）、柴油机氧化催化转化器（diesel oxidation catalysts，DOC）等（图 8.19）。SCR 技术一般默认采用 NH_3 作为还原剂，通过往排气管喷射尿素水溶液获得 NH_3。采用碳氢化合物燃料作为还原剂的选择性催化还原技术称为碳氢催化还原（HC-selective catalytic reduction，HC-SCR）。为了降低柴油机排放中的 CO 和 HC，并调节 NO_2 在 NO_x 中的比例和提高排气温度，DOC 也得到广泛的应用。为了达到严格的排放法规要求，需要综合使用 DOC、DPF、SCR、LNT 等后处理技术。

DOC 是目前柴油车使用最多的后处理装置，除了能降低 CO 和 HC 排放之外，对 DPF 和降低 NO_x 的后处理技术都有重要作用。DOC 从功能上可以分成两类：一类是把排气中的 NO 氧化成 NO_2，提高尿素 SCR 催化剂的低温活性和反应速率，促进 DPF 被动再生的效果；另一类的主要作用是氧化 HC 等还原性气体，这既可以降低柴油机 HC 和 CO 排放，又可以在 DPF 主动再生时氧化 HC 提高排气温度，甚至还可以氧化 LNT、HC-SCR 和 SCR 催化剂末端排出的有害气体，包括 HC 和 NH_3 等。这两类 DOC 催化剂的配方有所不同。提高排气温度和排气中 NO_2 比例对 DPF 和 SCR 都有重要作用，兼顾这两种效果的 DOC 将得到广泛应用。DPF 是处理 PM 排放最常用的后处理技术。通常 DPF 是指壁流式 DPF。另一种过滤器为流通式颗粒捕集器（POC），具有 50% 左右的颗粒物捕集效率，POC 质量轻、体积小、尺寸可变，易于集成到排气系统中，在欧Ⅳ阶段得到了一定的应用。轻型柴油车从欧Ⅴ第二阶段、重型柴油车从欧Ⅵ阶段起，对颗粒物排放要求提高后，通流式 DPF 的应用会受到挑战。壁流式 DPF 将成为降低 PM 的主流技术。DPF 的主体部分是过滤载体，主要分为陶瓷基和金属基两大类。陶瓷基 DPF 载体材料有堇青石（cordierite）、碳化硅（SiC）、莫来石（mullite，多铝红柱石）、莫来石/氧化锆等。金属基 DPF 载体材料有烧结金属式、泡沫金属、金属丝网等。DPF 过滤效率取决于孔径和颗粒成分，一般都可以达到 85% 以上，经过 DPF 后排气已经接近环境空气中的 PM 水平。DPF 在应用中需对过滤留下的 PM 进行再生。习惯上将 DPF 的再生分为主动再生和被动再生。主动再生一般是指通过外在提供能量增加排气或过滤体的温度，将干炭烟（soot）氧化掉，如进排气节流、推迟喷油时间、缸内后喷、燃烧器、电加热、微波加热等主动再生技术。被动再生一般是指在过滤体表面涂覆催化剂或在燃油中添加催化剂以降低干炭烟的氧化反应温度。

以尿素水溶液作为还原剂载体的 SCR 技术已成为最为成熟的 NO_x 后处理技术，在世界范围内得到了广泛应用。典型的尿素 SCR 系统包括催化剂、尿素喷射系统以及各种传感器。尿素水溶液通过喷射系统，定量地喷入排气管中，尿素分解生成 NH_3。在 SCR 催化剂表面，NO_x 被 NH_3 还原生成 N_2。尿素 SCR 催化剂以钒基催化剂和沸石催化剂为主。钒基催化剂具有转化效率高、高效温度窗口宽、抗硫性好、成本低的优点，但在温度高于 $600\sim$ $800℃$ 时会失去活性。当 SCR 系统和 DPF 系统耦合（DPF 在前，SCR 在后）时，由于 DPF 主动再生时会产生短时间的高温，这时需要采用沸石型 SCR 催化剂。

LNT 是利用发动机混合气浓度变化而进行周期性的 NO_x 吸附和还原的技术。LNT 催化剂包括 Pt 等贵金属和碱金属氧化物、碱土金属氧化物等 NO_x 吸附材料，在柴油机正常工作时用催化剂吸附 NO_x，吸附一定量后柴油机增大喷油量，在浓混合气条件下燃烧，产生还原性的排气氛围，使得吸附的 NO_x 被还原为 N_2，催化剂完成再生。LNT 技术是轻型柴油机降低 NO_x 的主流技术，特别适用于空间不足以安装 SCR 系统的应用场合。

8.4.3.5 在用车排放污染的检测/维护（I/M）制度

在用车污染排放控制是汽车污染排放控制的重要环节，而 I/M 制度是削减在用化油器车辆污染排放的主要措施，也是通过对三效催化净化技术车辆的正常维护，保障其在使用中真正达到污染削减效果的有力手段。

在用车 I/M 制度是指通过对在用车的排放进行定期检测和随机抽查，促进车辆进行严格的维修、保养，使车辆保持在正常的技术状态，努力达到出厂时的排放水平。

定期的检测和维护，确保车辆排放控制系统的功能作用维持在一合理水平，对机动车污染控制起着非常重要的作用。首先，实行 I/M 制度有助于识别并调整因故障或其他机械问题而导致高排放的车辆，而这小部分高排放车辆往往对污染物总排放量贡献占有相当大的比例。国外的相关研究表明，5% 的机动车排放占总排放量的 25%，15% 的机动车的排放占总排放量的 43%，20% 的机动车排放占到总排放量的 60%。对于未安装排放控制装置的机动车，得到正确维护与修理的发动机与未进行调整的发动机相比，CO 和 HC 的排放量相差可达 4 倍以上。其次，I/M 还可用于识别故障类型、防止拆除排放控制装置。若车辆的催化转化器或氧传感器失效，CO 和 HC 的排放可增加 20 倍以上，NO_x 的排放则增加 $3\sim5$ 倍。但由于它并不影响行驶性能，因此常常不能引起驾驶员的注意。而 I/M 制度的作用正在于它可识别出存在问题的车辆并要求它们进行修理和维护，从而保证机动车的排放始终处于正常水平。

目前，美国、日本、欧洲及众多发展中国家已对轻型车建立起定期 I/M 制度，其中部分国家已将这一制度扩展到重型卡车和摩托车上。

目前，我国 I/M 制度的测试方法仍以怠速法为主，部分地区尝试采用简易工况法。与其他的 I/M 测试方法相比，怠速法最为简单易行，但它与实际工况的相关性也最差。

习　　题

8.1　某电厂采用石灰石湿法进行烟气脱硫，脱硫效率为 90%。电厂燃煤含硫为 1.9%，含灰为 14.5%。试计算：

（1）如果按化学剂量比反应，脱除 1kg SO_2 需要多少千克的 $CaCO_3$；

（2）如果实际应用时 $CaCO_3$ 过量 20%，每燃烧 1t 煤需要消耗多少 $CaCO_3$；

（3）脱硫污泥中含有 60% 的水分和 40% $CaSO_4 \cdot 2H_2O$，如果灰渣与脱硫污泥一起排放，每吨燃煤会排放多少污泥？

8.2　一台 500MW 的机组使用的煤含硫量为 2.0%，热值为 23240kJ/kg。电厂的热效率为 38%，灰分为 11.5%。

（1）为达到现有污染源大气污染物排放标准，脱硫效率应为多少？

（2）如果脱硫设备的化学计量比为 1.1，试计算石灰石的日消耗量。其中化学计量比定义为：

$$SR = CaCO_3 实际用量 / 进口烟气中 SO_2 被 100\% 脱除需要的 CaCO_3 理论用量$$

（3）本题中石灰石的利用率为多少？

（4）如果脱硫污泥的含水率为 60%，其余 40% 包括反应产物 $CaSO_4 \cdot 2H_2O$、未反应的 $CaCO_3$ 以及灰渣（注意 $CaSO_4$ 中的水分是结晶水，不包括在 60% 的自由水中），求脱硫渣的产生量。

8.3　某座 600MW 的火电站热效率为 38%，根据排放系数，计算下述 3 种情况下 NO_x 的排放量（以 t/d 计）：

（1）以热值为 25662kJ/kg 的煤为燃料；

（2）以热值为 42000kJ/kg 的重油为燃料；

（3）以热值为 37380kJ/m^3 的天然气为燃料。

8.4　大型燃煤工业锅炉的 NO_x 排放系数可取为 8kg/t，试计算排烟中 NO_x 的浓度，以体积分数表示。假定烟气中 O_2 的浓度为 6%，煤的组成以质量计为：C 77.2%，H 5.2%，N 1.2%，S 2.6%，O 5.9%，灰分 7.9%。如用尿素作为还原剂采用 SNCR 工艺脱氮，如要求脱氮率为 50%，则每吨煤消耗还原剂多少？

8.5　一 300MW 的重油机组，其燃油的成分分析结果为：C 85.1%，H 11.8%，S 2.8%，灰分 0.038%，水分 0.1%。重油的高位热值 42340kJ/kg，低位热值为 39960kJ/kg。为该机组装设同时脱硫脱氮装置，要求脱硫效率 95%，脱氮效率 91%。测得烟气中 NO_x 浓度为 285×10^{-6}（含 14.4% 的 CO_2）。计算：

（1）机组的 NO_x 排放量，假设烟气中含 3% 的 O_2；

（2）如果烟气中 92% 的 NO_x 以 NO 形式存在，每小时需要多少 NH_3。假设 NH_3 与 NO_x 之间只发生如下反应：

$$4NH_3 + 4NO + O_2 \longrightarrow 4N_2 + 6H_2O$$

$$8NH_3 + 6NO_2 \longrightarrow 7N_2 + 12H_2O$$

8.6　采用活性炭吸附法处理含苯废气。废气排放条件为 298K、1atm，废气量 20000m^3/h，废气中含有苯的体积分数为 3.0×10^{-3}，要求回收率为 99.5%。已知活性炭的吸附容量为 0.18kg 苯/kg 活性炭，活性炭的密度为 580kg/m^3，操作周期为吸附 4h，再生 3h，备用 1h。试计算活性炭的用量。

8.7　拟采用生物过滤器处理含乙醇气体。现场中试的气体流量为 15m^3/min，温度 28℃，生物过滤器尺寸为 3m×2m×1m（高）。净化性能的数据如下表所示。

入口浓度/10^{-6}	200	300	350	400	450	500	550	600	650
净化效率/%	98	98	98	98	89	81	74	68	63

试确定消除能力。

8.8 据文献报道，泥炭生物过滤器处理苯乙烯的最大消除能力为 $100g/(m^3 \cdot h)$，临界负荷在 $60 \sim 75 g/(m^3 \cdot h)$ 之间，进一步的研究表明，在负荷为 $40g/(m^3 \cdot h)$ 时净化效率可达 97%。为满足当地恶臭污染控制标准的要求，设计处理效率必须大于 90%。根据以上数据试估算用来处理来自造船厂排放的 $10000 m^3/h$ 含苯乙烯 200×10^{-6} 废气的生物过滤器的尺寸。通常过滤床层的高度要大于 1m，表面负荷不能超过 1.5m/min。

8.9 采用堆肥生物过滤器净化苯系混合物（BETX）。采用 $4m \times 1m \times 0.75m$（高）的中试设备运行后的结果如下表所示。中试过程的其他数据如下：气体流量 $5m^3/min$，$T = 30℃$，$P = 1atm$，压差 = 40mm 水柱。BETX 的平均相对分子质量为 92。

BTEX 入口浓度/10^{-6}	去除效率/%	BTEX 入口浓度/10^{-6}	去除效率/%
25	95	125	65
37.5	95	150	53
50	95	175	47
75	90	200	40
100	75		

试绘出污染物质量负荷率与消除能力关系图并确定最大消除能力和临界负荷值。

8.10 利用冷凝-生物过滤法处理含丁酮和甲苯混合废气。废气排放条件为 388K、1atm、废气量 $20000 m^3/h$，废气中甲苯和丁酮体积分数分别为 0.001 和 0.003，要求丁酮回收率大于 80%，甲苯和丁酮出口体积分数分别小于 3×10^{-5} 和 1×10^{-4}，出口气体中的相对湿度为 80%，出口温度低于 40℃，冷凝介质为工业用水，入口温度为 25℃，出口为 32℃，滤料丁酮和甲苯的降解速率分别为 $0.3kg/(m^3 \cdot d)$ 和 $1.2kg/(m^3 \cdot d)$，阻力为 $150mmH_2O/m$。比选设计直接冷凝-生物过滤工艺和间接冷凝-生物过滤工艺，要求投资和运行费用最少。

第9章 废气净化系统的设计、施工和运转

本章提要

掌握大气污染控制系统的构成和净化系统设计的基本程序，了解大气污染处理工艺中预处理、后处理及大气污染物控制设备选型原则等方面的基本情况，了解管道系统的设计原则，理解最合适管道流速的由来，基本掌握管道系统的设计计算，能够根据地形、背景浓度以及风向、风速、温度层结等气象要素及模式估算烟囱高度和对厂址选择提出初步方案；了解净化系统施工安装和运转的基本管理过程。

9.1 净化系统设计的基本程序

废气净化系统的设计过程可分为基础调查阶段、技术设计阶段和总结并提供成果阶段，以及后期工作。主要设计工作的程序如图9.1所示。

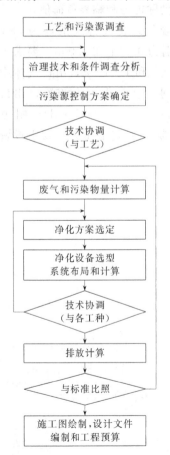

图 9.1　净化系统设计基本程序

9.1.1 基础调查

在接受设计任务后，应首先编制设计工作计划，确定设计内容和技术要求、技术关键、进度安排、人员配备、要求工艺和土建等方面提供的资料、向工艺和其他工种提出的要求与提供的资料等。在此基础上首先进行基础调查。

(1) 工艺调查　需要了解与设计项目有关的基本工艺流程和布局、产品的种类和数量、生产周期和班次、生产工艺对室内外空气环境和治理设施的要求。

(2) 污染源调查　根据设计需要，了解产生污染物的工艺环节和设备的种类和分布情况，掌握污染物种类、发生量、发生规律、排气温度和速度、除主要污染物外的其他成分，掌握产生污染物的工艺设备的运转规律和操作要求。

在缺乏资料的情况下，可与工艺方面协作，进行必要的试验或物料平衡计算。

(3) 背景情况调查　要根据项目的规模和对环境的影响程度，确定调查内容和范围。对大型项目，需要收集所在地区的气象和地形资料、规划布局（近期和远期）、大气环境质量（现状和预测）及厂区布局。

(4) 技术经济条件调查　需调查与设计有关的法规，如大气质量标准、污染物排放标准、排污收费标准、相关

的卫生和安全标准等；了解所在地区对大气环境质量是否有特定要求。

调查与设计项目相关的适用技术，可供使用的设备、原材料和能源情况（种类、规格和价格等），施工技术水平及使用单位运转管理水平等。还需了解污染物综合治理和利用的条件或污染物的出路。

（5）类比调查　对与设计项目相同或相近的已投产项目进行调查。这种调查对设计有很好的参考价值，可以借鉴成功的经验，改进不足之处，使设计质量进一步提高；通过查阅资料，甚至进行必要的现场测试，获得宝贵的技术数据；还可通过类比，核实建设单位提出的技术要求的合理性和提供资料的正确性。

基础资料和数据可从项目可行性研究报告、环境影响报告书（或表）等文件中获得，或由建设单位提供，但所有数据设计者均应核实其可靠性。

9.1.2　技术设计

在完成基础调查后，进行技术设计。根据工程的重要性、工程量的大小和复杂性，可采用两阶段设计（扩大初步设计和施工图）或三阶段设计（初步设计、技术设计和施工图）方式进行。设计工作主要包括污染源控制方案的确定和污染物计算，废气净化方案的选定，净化设备的选型（或设计）计算，技术经济分析，设备、管道布置和计算，设计图绘制，工程概（预）算及设计文件编制。

（1）污染源控制方案的确定　这项工作是设计的第一个重要环节，对污染控制系统的合理性、有效性和经济性起决定性作用。污染源控制方案的确定特别要注意与工艺密切配合，协同进行，才能选出最佳控制方案。对复杂的项目，要从工艺和污染控制两方面进行专题研究和设计。对有污染物散发的设备，要重点进行集气罩的设计和计算。最后要得出废气量、污染物和其他重要组分的含量、废气的温度和压强等参数。

（2）净化方案的选定　应根据废气的流量、成分和性质，设备和原材料条件，综合治理（是否有可作吸收剂、吸附剂或反应物的废液、废渣等）和利用途径，拟订净化方案，并做技术、经济分析。如果采用新的净化方法和工艺，还需要进行必要的试验。

（3）设备选型或设计　净化设备应根据废气的数量、成分、性质和净化设备的规格、性能选用。如果没有净化设备的产品或图纸可供采用，则需进行设计。通过设备选型，确定净化设备的型号、规格和数量；或通过设计，确定设备构造、尺寸、材料和加工工艺。这项工作的指导原则是，在最经济、合理的条件下，保证污染物排放量达到有关标准规定的要求，或保证污染物排放后其影响范围内的大气质量符合要求。因此，设计计算时要将净化设备和排放设备（烟囱或排气筒）联系起来。如果以大气质量作为设计考核标准，则需要进行污染物排放后的扩散计算。

（4）净化系统的设计和计算　这一部分工作包括设备和管道布置、系统阻力计算、风机选用、排气筒（或烟囱）的计算或校核、辅助设施（如净化系统附属的供水、供气管道和设备）设计。在进行设备和管道布置时，要与工艺和其他工种（特别是土建）密切配合，互相协调。设计进行到此，就可以向其他工种提出技术要求和提供技术资料。

向土建（建筑和结构）方面应提的要求和资料主要有：设备和管道的名称、位置、尺寸、重量，所需净空，支承件的位置，门和孔口的尺寸、位置和预埋件等。如果需要机房，则应提出机房位置、平面和剖面尺寸、起重设备的规格、安全要求（如防火、防爆、防腐蚀等）、隔声要求等。

向给排水和水污染控制方面应提的要求主要有：用水设备名称、数量、位置，供水的水质、水量和水压；排放废水的设备名称、数量、位置，废水的水质、水量和净化要求（如果回用）等。

向电气方面应提的要求有：用电设备的名称、位置、供电电压、电流、同时运转情况，控制要求等。

如果净化系统需要供应燃油、燃气、压缩空气等，应提出需要供应能源的设备名称、位置，所需能源的品种、规格、用量等。

9.1.3　成果表达

（1）施工图绘制　施工图是设计成果的主要表达形式，也是设备加工制作和施工安装的主要技术依据。因此，施工图必须具有完整性、正确性，并符合规范化的要求。

一般情况下施工图包括以下几项。

① 净化系统的平面和立面图。应充分表达系统中的设备和管道的位置、高度、外形尺寸和设备编号，在附表中应列出设备编号、型号、规格、数量，说明中应规定管道材料、制作要求、防腐和保温措施及系统施工安装的技术要求。

② 净化系统的轴测图。对比较复杂的系统，需绘轴测图，反映设备和管道的空间相对位置和关系，图中需注明设备编号（与系统平面和立面图一致）、管道直径、坡度、管段长度、横向直管起止点标高、管道部件编号。在附表中需列出部件编号、名称、型号、规格和数量。对大型管道系统应根据外形尺寸按比例绘双线轴测图。

③ 非标设备设计图。应包括装配图、零部件加工图和加工、装配等方面的技术要求。

（2）设计文件编制

① 设计说明书。主要包括设计任务的依据、设计内容和技术要求、设计标准、设计思想、方案探讨、设计工作程序（包括试验研究）、施工和运转调试要求、运转管理建议等。

② 设计计算书。主要包括基础资料和数据（注明来源）、设计计算方法和程序、计算过程和结果。

设计工作基本完成后，需按规定进行校对、审核，以保证设计质量。

9.1.4　后期工作

前面已经介绍了废气净化系统设计的基本内容和程序。在完成设计后，为了保证顺利施工以至投入正常运转，还必须做好后期工作。后期工作主要包括以下几项。

（1）技术交底　施工前的技术交底是衔接设计和施工的重要环节，除需介绍工程的内容、规模和特点外，应重点交待指导思想、设计意图、技术关键、施工要求和预计的工程难点等。

（2）现场配合　施工过程中与施工单位密切联系，协商解决施工中出现的问题，并根据实际情况做必要的局部调整。

（3）运转调试　与施工单位、建设单位共同制订调试工作计划，对净化系统各部分进行检测、调试和全系统联动试车。

（4）竣工验收　参加工程竣工验收，按照设计任务书中的技术要求做全面检验，评价工程质量，对不符合要求部分与施工单位商定改进和弥补措施。

9.2　净化过程的预处理和后处理

9.2.1　废气的预处理

当废气的成分、性质和状态不符合净化过程的要求，就要进行预处理。例如，袋式除尘器受到滤料耐热性能的限制,处理气体的温度不能太高;高温气体不利于吸收或吸附。这些情况下,如果废气温度太高,就要进行预冷却。又如,废气中含有颗粒物(粉尘、液滴),对吸收、吸附和催化转化均不利。如果废气含尘浓度过高,就要进行预除尘。燃烧和催化转化要在一定温度下进行,如果废气温度较低,应进行预热。预处理主要是冷却(或加热)、除尘、除湿及去除不利于净化过程的组分等。

(1) 废气冷却 各种冷却方式及其特点、冷却设备构造和计算过程已在第 7 章中做过介绍。这里将常用的烟气冷却方式的特点、适用条件等汇总于表 9.1 中。传热计算可参照有关书籍,传热系数取值可参考表 9.2。

表 9.1 各种烟气冷却方式的特点和适用范围

冷却方式		图示	适用温度范围/K	优点	缺点	适用场合
间接冷却	水冷 水套冷却		>720	传热效果好,热水可以利用	耗水量大,一般出水温度不高于318K,以免产生水垢,影响冷却效果和水套寿命	高温炉窑出口处的烟罩、烟道;专门设备,高温旋风除尘器的外壁和排气管
	水箱冷却		>520	传热效果好,水箱清洗方便,出水温度高,可以提高热水的利用价值	耗钢量大	袋式除尘器前的烟气冷却
	汽化冷却		>720	比水套冷却节约用水几十倍,蒸汽可以利用	对水质有一定要求,设备本身比水套要求严格,并需增加汽包和一套仪表	同水套冷却
	余热锅炉		>970	具有汽化冷却的优点,蒸汽温度较高,利用价值较大	设备的设计、制造、管理等要求都很严格,耗钢量也大	高温炉窑烟气冷却
	表面淋水		>770	设备简单,可以按生产情况和气候情况调节水量来控制烟气温度	淋水孔会堵塞,使淋水不均匀,以致设备变形;热量不能利用	高温炉窑烟气冷却的临时措施,烟气温度变化较大或季节性温差较大,需要调节的管道和设备
	风冷 风套冷却		870~1070	热风可利用,不像水套会结垢而影响传热	动力消耗大,冷却效果不如水冷	高温炉窑的出口烟气冷却
	管道冷却		一般进口<870;出口>430	清灰较容易,消耗动力少,不用水,效果比较稳定	设备庞大,用钢量多,热量不能利用	袋式除尘器前的烟气冷却

续表

	冷却方式	图示	适用温度范围/K	优点	缺点	适用场合
直接冷却	水冷 喷雾冷却	冷却水 烟气	一般干式运行>720；高压干式运行>420；湿式运行不限	设备简单,投资省,消耗水量和动力也不大	增加烟气的含湿量,设备易腐蚀,产生泥浆	湿式除尘前的高温烟气冷却,电除尘器前的烟气冷却(降低粉尘电阻率)
	风冷 混冷风降温	空气 烟气	一般>470	设备简单,可自动控制,使温度维持在一定范围内	增加烟气体积,需要增加除尘设备和风机能力,电耗增加较大	袋式除尘器前的烟气温度的调节,流量较小的烟气降温

表 9.2　烟气冷却设备传热系数

冷却方式	烟气温度/K		$K/[W/(m^2 \cdot K)]$
	进口	出口	
管道冷却	870	390	6.98~9.30
	770	390	5.82~8.14
水套冷却	1270	770	31.4~37.2(出水温度按318K考虑)
	1170	770	29.1~32.6(出水温度按318K考虑)
风套冷却	1270	770	20.9~23.3(强制通风)
	970	770	19.8~22.1(强制通风)
汽化冷却	1270	770	25.6~29.1
	1170	770	23.7~25.6
表面淋水	1270	770	26.7~30.2

（2）**废气预净化**　如果烟气中存在过多的颗粒物、高沸点物质的蒸气和其他有害成分，需要进行预净化。当含尘气体的浓度高、尘粒大时，可采用重力沉降、惯性分离和离心分离等方法去除。要求更高时，可用过滤、静电沉积和洗涤等方法去除。高沸点物质的蒸气可用冷凝去除。这些净化方法在前面的有关章节均已详细介绍。

9.2.2　污染物的后处理

对净化设备捕集下来的污染物进行后处理是净化过程的最后阶段，也是十分重要的环节。如果处置不当，引起二次污染，会前功尽弃。所以在选择废气治理方案时，不但要考虑净化方法和工艺，而且要考虑捕集下来的污染物的处理和处置。

捕集下来的污染物有灰渣、淤泥、清液等几种存在形式。

在收集、输送、加工和利用等后处理工序中，要特别注意防止飞扬、蒸发、泄漏、流失。污染物的处置方式有两种：合理利用和经无害化处理后处置。

（1）**利用**　捕集下来的污染物，可作为原材料或产品回收利用。回收利用可分为直接回收和处理回收两种。捕集下来的污染物，如果符合工艺要求，可直接返回生产流程加以利用。例如，水泥窑收尘设备收集的就是水泥原料，可将其返回窑中。这种回收方式经济、简便。多数情况下，捕集下来的污染物不适于直接回收，需要适当处理后利用。例如，干粉料要加湿或成型；浆料需要沉淀；淤泥需要脱水、干燥；清液可能需要浓缩、蒸发结晶或分解回收。

有些污染物作为原料或产品回收，在技术上有困难或在经济上不合算，可考虑降级使用，作为建筑材料、填充材料等。对这一类利用方式，也要注意污染物不能有放射性或缓慢释放有毒有害物质的可能性。

另外，回收价值不大的可燃污染物，若燃烧产物不是污染物，则可采用焚烧法处理，并利用燃烧产生的热量。

（2）抛弃　对捕集下来的污染物，应首先考虑回收、综合利用。但如果污染物没有再利用的可能性或经济上不合算，则应经妥善处理后抛弃。无害废渣可用于建筑、筑路或平整场地。

9.3　净化设备选型

净化设备的选型是设计中的关键，必须根据排放要求、工艺条件、废气的性质（载气和污染物）、净化设备的性能、经济条件和管理水平等因素，进行调查研究、综合分析，选用适当型号、规格的设备。基本的技术要求是：排气的性质与净化设备的性能相适应，废气流量与设备处理能力相配合。

9.3.1　微粒污染物净化设备的选型

除尘器的选型方法和程序如图 9.2 所示。有关待处理气体的性质和净化设备性能方面需要考虑的主要因素讨论如下。

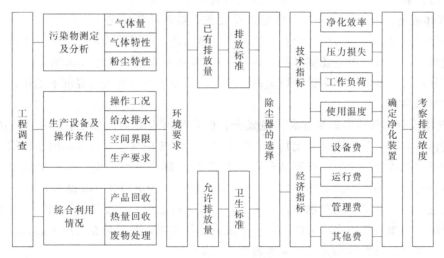

图 9.2　除尘器选型方法和程序

（1）待处理气体的性质　包括颗粒物和载气两方面的主要物性参数。

① 颗粒物的粒度分布。这是捕集难易的关键，也是设备选型首先要考虑的因素。对大颗粒，可选用机械式除尘器，如重力沉降室、惯性除尘器、旋风除尘器等。对细小颗粒，只能从过滤、湿式洗涤和静电沉积三类设备中选取。

② 颗粒物浓度。气体含尘浓度对净化设备的运转有影响。通常机械式除尘器的效率随入口气体含尘浓度提高而稍有提高。含尘浓度提高对湿式洗涤器影响不大，或使效率略提高，但需要处理的淤泥量增加。文丘里洗涤器喉管内流体流速很高，如果气体含尘浓度过大，会使磨损过快。对于电除尘器，由于电晕阻塞、振打飞扬等问题，气体含尘浓度不宜过

高，不能超过 $30g/m^3$，而以 $10g/m^3$ 以下为好。袋滤器处理的气体含尘浓度也不宜过高，浓度范围为 $0.2\sim10g/m^3$，而以 $5g/m^3$ 以下为好。对于高浓度含尘气体，如果净化要求较高，可采用两级或两级以上设备串联的净化系统，其初级设备多用机械类除尘器。纸过滤器只用于很低浓度下的精净化。

③ 颗粒物的黏附性。黏性尘易引起设备堵塞，对过滤式除尘器尤为不利，而对湿式除尘器影响不大。

④ 颗粒物的亲水性。颗粒物亲水，对洗涤过程有利。吸湿性颗粒物对过滤不利。湿式设备不宜处理水硬性颗粒物（如水泥尘）。

⑤ 颗粒物的导电性。对电除尘器是应考虑的重要条件。

⑥ 颗粒对设备的磨损作用。内部气流速度高的设备，磨损问题较突出，例如离心式除尘器（入口气流冲刷处、锥底）、惯性除尘器（气流转折处）、自激式除尘器（弯曲通道）及文丘里洗涤器（喉管）等。处理坚硬、有棱角的颗粒物，磨耗问题尤其要重视。防腐措施有：用耐磨材料（如花岗岩）、加耐磨衬垫（如铸石）或耐磨涂料（如矾土水泥）。

⑦ 可燃性。可燃颗粒物与空气混合，达一定浓度范围，就有爆燃的可能。所以整个净化系统内，可燃颗粒物浓度应避开易燃易爆范围，最好低于易燃易爆浓度的下限，并且要防止系统内某些部分颗粒物滞留，同时采取其他安全措施（如防止电火花产生）。

⑧ 气体流量。被处理气体流量变化，对净化设备的运转有影响。气体流量变化对离心、惯性、重力沉降等设备的效率影响较大，对静电沉积和洗涤也有一定影响。过滤和某些洗涤设备（如卧式旋风水膜除尘器）对负荷变化的适应性较好。

⑨ 气体温度。被处理气体的温度是选择设备和材料的条件之一，特别对于过滤装置滤料的选择至关重要。结露会引起设备腐蚀和颗粒物黏结，所以干式除尘器应该在被处理气体露点温度以上工作（一般应比露点温度高 20K）。温度对颗粒物导电性影响很大，所以电除尘器的工作温度应避开电阻率处于峰值的温度。湿式除尘器宜在较低温度下工作，否则气体带出水蒸气太多。

⑩ 气体成分。气体中如果有高沸点成分，就容易出现凝结。烟气中的水蒸气凝结，并与酸性气体（如硫氧化物、氮氧化物等）发生反应，生成的酸会对设备起腐蚀作用。烟气中有少量的三氧化硫，就会使露点明显升高（酸露点）。露点升高，更容易发生结露。某些导电性气体存在（例如氨、三氧化硫），能显著降低颗粒物的电阻率。易燃气体与空气的混合物，浓度在一定浓度范围内有爆炸性。所以，如果有可燃成分，要严格控制浓度，并采取其他防爆措施。如果气体中有毒害性成分，系统应保证气密，并尽量在负压下运转。

（2）净化设备的性能和特点　参考表 9.3～表 9.5。

表 9.3　各种除尘器的压力损失

除尘器类型	文丘里洗涤器	袋式除尘器	旋风除尘器	惯性除尘器	电除尘器	重力除尘器
压力损失/Pa	4000～10000	900～1800	800～1500	300～800	250～400	50～150

表 9.4　常见除尘设备的投资费用和运行费用

设　　备	投资费用/万元	运行费用/万元	设　　备	投资费用/万元	运行费用/万元
高效旋风除尘器	100	100	塔式洗涤器	270	260
袋式除尘器	250	250	文丘里洗涤器	220	500
电除尘器	450	200			

表9.5 各类除尘器对各类因素的适应性

除尘设备名称 \ 因素	粗粉尘	细粉尘	超细粉尘	气体相对湿度高	气体温度高	腐蚀性气体	可燃性气体	风量波动大	除尘效率>99%	维修量大	占空间小	投资小	运行费用小	管理困难
重力沉降室	★	☉	☉	□	★	★	★	☉	☉	★	☉	★	★	★
惯性除尘器	★	☉	☉	□	★	★	★	☉	☉	★	★	★	★	★
旋风除尘器	★	□	☉	□	★	★	★	☉	☉	★	★	★	☉	□
冲击除尘器	★	★	□	★	□	□	□	★	□	☉	★	□	□	□
泡沫除尘器	★	★	★	★	□	□	□	★	□	☉	□	□	□	□
水膜除尘器	★	★	☉	★	□	□	★	☉	□	★	★	★	☉	□
文丘里洗涤器	★	★	★	★	★	★	★	□	★	□	★	□	☉	□
袋式除尘器	★	★	★	☉	□	□	☉	★	★	☉	☉	□	□	□
滤筒式除尘器	★	★	★	☉	□	★	☉	★	★	☉	★	★	□	□
塑烧板除尘器	★	★	★	□	□	★	☉	★	★	□	★	□	□	□
颗粒层除尘器	★	★	★	□	□	★	□	□	★	★	★	□	□	□
电除尘器(干)	★	★	★	☉	□	★	☉	□	★	★	☉	☉	★	□

注：1. 粗粉尘指50%（质量分数）的粉尘粒径大于$75\mu m$；细粉尘指90%（质量分数）的粉尘粒径小于$75\mu m$；超细粉尘指90%（质量分数）的粉尘粒径小于$10\mu m$。

2. ★表示适用；□表示采取措施后可适用；☉表示不适用。

① 设备性能。设计选型时主要考虑的方面有：设备的适用条件；效率，特别是分级效率；阻力；对负荷变化的适应性；成本；运转费用；维护管理的技术要求等。

② 设备处理能力（容量）。设计时设备容量选定要恰当。对于大多数净化设备，处理能力富裕，对保证净化效率是偏安全的；但对于离心和惯性分离装置，如果设备的处理能力超过实际需要，则运转时分离装置的入口和内部气流速度偏低，效率比预定的会有所下降。

③ 辅助装置。净化设备选定后，还要选用适当型号规格的排灰装置与其配合。对湿式净化设备，还要设沉淀池、脱水器等污水和淤泥处理装置。

9.3.2 气态污染物净化设备的选型

气态污染物净化方法和流程很多，要在净化方法和流程确定后再进行设备选型。这里就应用最广泛的吸收法和吸附法讨论设备选型，其他净化方法的设备选用在有关章节中已有叙述。

（1）吸收设备的选型 吸收设备种类很多，每种设备都有其特点和适用条件。吸收设备的选型，需要考虑废气流量和稳定性，废气、吸收剂和吸收后产物的性质，吸收操作条件，以及施工技术和运转管理水平等因素。

为了增加气液传质面积，在吸收设备中气液两相分散接触。吸收设备中气液分散形式有三种：液相分散、气相连续，如喷淋塔；气相分散、液相连续，如板式塔；气液同时分散，如高速文丘里洗涤器。分散相流体（液滴、气泡）内部湍动程度低，膜层厚，传质阻力大；连续相流体湍动程度高，膜层薄，传质阻力小。

根据双膜理论分析，对易溶气体的吸收过程，气膜阻力起控制作用；对难溶气体的吸收，液膜起控制作用。所以，处理易溶污染物宜采用液相分散型吸收设备；处理难溶污染物宜采用气相分散型吸收设备。

几种常用吸收设备的主要性能、特点和操作参数汇总于表9.6。目前在废气净化工程中广泛使用的吸收设备是填充式和板式两类吸收塔，这两类吸收塔主要特点的比较见表9.7。根据主要考虑因素选择塔型的顺序如表9.8所示。

表 9.6　几种主要吸收设备的特性

吸收设备名称	接触形式	分散形式	主要特点	空塔气速/(m/s)	压降/Pa	液气比
				操作参数		
喷淋塔	连续	液相分散气相连续	结构简单；压降小；气速低；液膜更新慢，不宜用于液膜阻力控制的过程；操作弹性小	0.5~1.5	20~200	0.2~1.5
填料塔	连续	液相分散气相连续	气液接触好；压降较小；气速较低；有一定的操作弹性；可根据物料性质变换填料；小塔吸收效率比大塔高，清理维修工作比大塔方便	0.3~1.5	500~2000	0.5~2.0
湍球塔	连续	液相分散气相连续	气速较高；气、液、固三相相对运动剧烈，湍流度大，液膜更新快，不会发生物料积聚和堵塞；小球上下翻腾，引起吸收液返混，影响推动力；小球磨损快	2.0~6.0	400~1200	0.2~2.0
筛板塔	阶段	气相分散液相连续	气速高；效率稳定；操作弹性较大；制作要求较高；大塔的效率较小塔高，大塔安装和检修较小塔方便	1.0~3.5	每层塔板200~1000	1.5~3.8
文丘里洗涤器	连续	液相分散或气液同时分散	气速很高，体积小，压降很大；气液接触好，效率高；不易堵塞	45~150（喉管）	2500~25000	0.3~2.2
机械喷洒洗涤器	阶段	液相分散	液气比小，压降小，效率较高，体积较小，构造复杂；不耐腐蚀	0.5~2.0	2.5~20	

表 9.7　填料塔与板式塔比较

对比条件	填料塔	板式塔	对比条件	填料塔	板式塔
压降	小	大	持液量	少	多
操作弹性	小	大（允许任意低的液流量）	温度变化	可能使填料损坏	适应性好
设备堵塞	容易	不太容易	耐腐蚀	好	差
散热	不易解决	可设冷却管	化学吸收		容易控制,有利于吸收
总重量	大	小	起泡液体	能用	不能用
液体分散	可能不均匀	一般均匀	塔径	小塔经济、高效	大塔经济、高效

表 9.8　吸收塔选择顺序

考虑因素		选择顺序
塔径	<800mm	填料塔
	≥800mm	带降液管的板式塔
强腐蚀性物料		1. 填料塔 2. 穿流板塔 3. 筛板塔 4. 固舌板塔
污垢物料		1. 大孔筛板塔 2. 穿流板塔 3. 固舌板塔 4. 浮阀塔
高操作弹性		1. 浮阀塔 2. 泡罩塔 3. 筛板塔
大液气比		1. 导向筛板塔 2. 多降液管板式塔 3. 填料塔 4. 浮阀塔

（2）吸附设备的选型　当废气连续排出，应采用连续或半连续吸附流程；废气若间歇排出，可采用间歇吸附流程。

固定床吸附器构造简单，可靠性好，是废气净化中使用最多的吸附器，可用于间歇式和半连续式流程，适合于各种场合。如果排气连续，且气量较大，可考虑用回转床吸附器。对连续排出的大气量废气，可考虑用流化床或沸腾床吸附器。

厚床层固定床和多级流化床吸附器不易穿透，吸附剂利用率较高，但气体压降较大，适用于净化要求高的场合。薄床层固定床和回转床吸附器床层阻力小，但易穿透，吸附剂利用率较低，可用于低浓度废气或净化要求不高的场合。

在确定流程和选用设备时，还要考虑脱附再生和污染物回收利用等问题。

9.4 排气筒设计

在适当的地点、时间，将一定数量的废气排放，利用污染物在大气中的扩散稀释，使污染物的浓度保持在大气质量标准容许的范围内，是一种有效而经济的大气污染控制措施，通常称为稀释控制。稀释控制主要是通过设计合适的排气筒（或烟囱），使废气在一定高度以一定的速度和温度排放来实现的。

9.4.1 排气筒高度的计算

（1）排放量控制法计算　现行的 GB 3840《制定地方大气污染物排放标准的技术原则和方法》中，污染物排放量按 P 值法控制，用正态分布扩散模式计算高架点源并分别给出了二氧化硫、其他有害气体和颗粒物的允许排放量计算式。

在允许排放量已确定的条件下，可按上述计算式计算有效源高，再计算排气筒高度。

$$h_s = h_e - \Delta h \tag{9.1}$$

式中　h_s——排气筒高度，m；

　　　h_e——有效源高，m；

　　　Δh——抬升高度，m。

① 排放二氧化硫：

$$h_e = \left(\frac{Q_s}{P \times 10^{-3}}\right)^{\frac{1}{2}} \tag{9.2}$$

式中　Q_s——二氧化硫允许排放量，kg/h；

　　　P——允许排放指标，kg/(h·m²)；

$$P = P_0 P_1 P_2 P_3 P_4 \tag{9.3}$$

式中　P_0——平均风速稀释系数，kg/(h·m²)；

　　　P_1——横向稀释系数；

　　　P_2——风向方位系数；

　　　P_3——排气筒密集系数；

　　　P_4——经济技术系数。

$$P_0 = 15.37 c U_a \tag{9.4}$$

式中　c——大气环境质量标准规定的浓度限位，mg/m³；

　　　U_a——规定风速，m/s。

式(9.2)适用于平原地带的农村和城市远郊区，及平原地带城区内高度大于 40m 或排放量大于 40kg/h 的排气筒。抬升高度、各种系数（$P_1 \sim P_4$）和规定风速等的计算或取值应按 GB 3840 的规定进行。

② 排放其他有害气体：

$$h_e = \left(\frac{Q_g}{12.8 \times 10^{-3} P_2 K U_{10}} \right)^{\frac{1}{2}} \tag{9.5}$$

式中　Q_g——有害气体允许排放量，kg/h；

K——地区调节系数；

U_{10}——距地面 10m 处的平均风速，m/s。

上式适用于排放除二氧化硫外其他有害气体，且高度大于或等于 15m 的排气筒。

③ 排放颗粒物：

$$h_e = \left(\frac{Q_p}{P \times 10^{-3}} \right)^{\frac{1}{2}} \tag{9.6}$$

式中　Q_p——颗粒物允许排放量，kg/h。

上式仅适用于电厂锅炉烟囱，排热率 Q_p 应满足 GB 3840 规定的条件。

排放量控制法主要是在污染物排放量大，所在地区污染物本底浓度较高的条件下采用。

（2）污染物浓度控制法计算　按照扩散计算得出的污染物最大地面浓度值不大于大气环境质量标准规定的允许限值的原则，可计算出所需的排气筒高度。

① 按地面最大浓度计算。当扩散参数 σ_z / σ_y 等于常数时：

$$h_s = \left(\frac{2q\sigma_z}{\pi e \, \bar{v} \, (c_p - c_b) \sigma_y} \right)^{\frac{1}{2}} - \Delta h \tag{9.7}$$

式中　σ_y，σ_z——横向和竖向扩散参数，m；

q——源强，mg/s；

c_p——污染物允许浓度，mg/m³；

c_b——污染物本底浓度，mg/m³；

$\bar{v}$——排气筒出口处的平均风速，m/s；

e——自然对数的底（2.718）。

计算时 σ_y / σ_z 取 0.5～1.0。

当 $\sigma_y = \gamma_1 x^{a_1}$、$\sigma_z = \gamma_2 x^{a_2}$ 时：

$$h_s = \left[\frac{qa^{\frac{a}{2}}}{\pi \bar{v} \gamma_1 \gamma_2^{1-a} (c_p - c_b) e^{a/2}} \right]^{\frac{1}{a}} - \Delta h \tag{9.8}$$

$$a = 1 + \frac{a_1}{a_2} \tag{9.9}$$

【例 9.1】　锅炉烟气量 $V_s = 19\text{m}^3/\text{s}$、二氧化硫排放量 $q = 20\text{g/s}$、烟囱口烟气温度 $T_s = 418\text{K}$，烟囱口内径 $d_s = 1.8\text{m}$。估计烟囱口气温 $T_a = 289\text{K}$、风速 $\bar{v} = 6\text{m/s}$。所在地区的二氧化硫本底浓度 $c_b = 0.04\text{mg/m}^3$，二氧化硫允许浓度 $c_p = 0.06\text{mg/m}^3$。按地面最大浓度不超标的要求，计算 D 级大气稳定度条件下所需的烟囱高度。

解　本题按《制定地方大气污染物排放标准的技术原则和方法》中规定的计算式和参数进行计算。

（1）计算烟气抬升高度

烟气出口流速：

$$v_s = \frac{4V_s}{\pi d_s^2} = \frac{4 \times 19}{\pi \times 1.4^2} = 12.34 (\text{m/s})$$

烟气热释放率：

$$Q_H = 353.8 \frac{T_s - T_a}{T_s} V_s = 353.8 \times \frac{418 - 289}{418} \times 19$$
$$= 2074.5 (\text{kW}) < 2093\text{kW}$$

则烟气抬升高度：

$$\Delta h = \frac{2(1.5v_s d_s + 9.55 \times 10^{-3} Q_H)}{\bar{v}}$$
$$= \frac{2 \times (1.5 \times 12.34 \times 1.4 + 9.55 \times 10^{-3} \times 2074.5)}{6}$$
$$= 15.24 (\text{m})$$

(2) 计算烟囱高度 按 $\sigma_y = \gamma_1 x^{a_1}$、$\sigma_z = \gamma_2 x^{a_2}$ 计算。

假定最大地面浓度点至排放源的水平距离 x_{max} 在 1～10km 范围内，再按 D 级稳定度查表得：

$$a_1 = 0.888723 \qquad \gamma_1 = 0.146669$$
$$a_2 = 0.632023 \qquad \gamma_2 = 0.400167$$

按式(9.9)
$$a = 1 + \frac{a_1}{a_2} = 1 + \frac{0.888723}{0.632023} = 2.406$$

用式(9.8) 计算烟囱高度：

$$h_s = \left[\frac{qa^{\frac{a}{2}}}{\pi \bar{v} \gamma_1 \gamma_2^{1-a} (c_p - c_b) e^{a/2}} \right]^{\frac{1}{a}} - \Delta h$$
$$= \left[\frac{20 \times 10^3 \times 2.406^{2.406/2}}{\pi \times 6 \times 0.147 \times 0.4^{(1-2.406)} (0.06 - 0.04) e^{2.406/2}} \right]^{\frac{1}{2.406}} - 15.24 = 97.16 (\text{m})$$

(3) 计算并校核 x_{max} 有效源高：

$$h_e = h_s + \Delta h = 97.16 + 15.24 = 112.4 (\text{m})$$

则
$$x_{max} = \left(\frac{h_e^2}{a\gamma_2^2} \right)^{\frac{1}{2a_2}} = \left(\frac{112.4^2}{2.406 \times 0.4^2} \right)^{\frac{1}{2 \times 0.632}} = 3740 (\text{m})$$

所以原假定的 x_{max} 范围与计算结果相符。

② 按地面绝对最大浓度计算。地面最大浓度的数值与风速有关，当风速达到危险风速值 $\bar{U}$ 时，地面最大浓度达到极大值。按地面绝对最大浓度与本底浓度叠加后不超过允许浓度的原则计算排气筒高度，能保证在最不利风速下污染物浓度不超标。

当 σ_z / σ_y 为常数，且 $\Delta h = B/\bar{U}$ 时：

$$h_s = \frac{Q\sigma_z}{2eB(c_p - c_b)\sigma_y} = \sqrt{\frac{Q\sigma_z}{2e\bar{U}(c_p - c_b)\sigma_y}} \qquad (9.10)$$

式中 B——抬升高度计算式中除风速外的其他参数。

当 $\sigma_y = r_1 x^{a_1}$、$\sigma_z = \gamma_2 x^{a_2}$，且 $a_1 \neq a_2$、$\Delta h = B/\bar{U}$ 时：

$$h_s = \left[\frac{Q(a-1)^{a-1}}{\pi B \gamma_1 \gamma_2^{1-a} a^{a/2} (c_p - c_b)} \exp\left(-\frac{a}{2}\right) \right]^{\frac{1}{a-1}} \qquad (9.11)$$

用前一种方法计算，一般计算风速取年平均风速，当实际风速小于年平均风速，就会出现污染物浓度超标；用后一种方法计算，能保证任何风速下污染物浓度均不超标，但排气筒高度增加，使造价提高。为了做到经济合理，可根据所在地区的大气环境质量要求和气象条件，定出适当的保证率，以此来确定风速，再进行排气筒高度计算。

③ 计算公式和参数的选取。设计计算时应选用比较符合实际情况的扩散模式、抬升高度计算式和其中的计算参数。前述的计算式由锥形烟流正态分布扩散模式导出，适合于平坦地区、正常温度层结条件下应用。对于地形复杂或城市中低矮污染源，应结合具体情况，确定计算式和计算参数。

④ 其他需要考虑的问题。为了避免因建筑物对气流的影响而造成污染气流下洗，排气筒高度不得低于它所附属建筑物高度的 1.5～2.5 倍。为了避免排气筒（烟囱）本身造成的污染气流下洗，排气速度不得低于排放口高度处平均风速的 1.5 倍。在排出口加装直径大于出口直径的水平圆盘，能有效减少下洗现象。

排放含生产性粉尘的排气筒，自地面算起的高度不得低于 15m。

9.4.2　提高排气扩散效果的措施

（1）增加排气速度　排气速度高，动力抬升高度大，对扩散稀释有利。一般排气筒的出口气速不低于 18m/s，必要时可提高到 27～30m/s。为了提高出口气速，可将排气筒出口段做成锥形收缩喷口或曲线收缩喷口。提高出口气速会增加能量消耗。

（2）提高排气温度　提高排气温度有利于热力抬升。对于热烟气，尽量减少烟道和烟囱的热损失，既能增加排烟的热压头，又能增加烟气抬升高度。

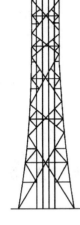

图 9.3　集合式
排气筒

（3）增大排气量　排气量大，也有利于动力抬升。如果条件允许，可将多个污染源合并排放，或将多个排气筒组合为集合式排气筒（烟囱）（图 9.3）。

9.5　管　道　设　计

9.5.1　管道的材料和构造

输送废气的管道常用材料有钢板（包括塑料复合钢板）、混凝土、砖。要求防腐蚀的管道，可采用硬聚氯乙烯、聚丙烯或玻璃钢（玻璃纤维增加塑料）。管材的选择主要根据被输送气体的物理、化学性质，并考虑技术经济条件等因素。

输送废气的管道大多数采用圆断面，在某些特定条件下可采用矩形或其他形状的断面。由于这类管道规格复杂，用量较少（相对于其他通用管道而言），所以目前很少有定型产品，多数是根据设计要求预制或现场加工的。

常用的钢管道和塑料管道由板材卷制并焊接。管段之间，或管道与部件之间用法兰连接。法兰之间需加石棉绳、石棉板或橡皮（常温下）等材料，以保证气密。

9.5.2　管道系统的安排

（1）系统划分　排气系统的划分首先必须考虑排气的性质。例如，排高沸点液体的蒸气或水蒸气，不能与排粉尘合为同一系统；排可燃气体、粉尘或油雾，不能与排热烟气合为同一系统。其次要考虑同时运转的可能性，不同时使用的设备分系统设置，可以保证运转的灵活性，减少能耗。

除尘系统规模不宜过大，管道力求简单，吸尘点不宜过多（一般不超过 5~6 个）。若吸尘点较多，最好用集合管（图 9.4），以利各支管的阻力平衡。集合管内气体流速不宜超过 3m/s，集合管内部设排灰装置。由于生产的实际需要，近年来出现了大型的除尘系统，吸尘点多、输送距离长。对于这类系统，要精心布局、准确计算、高质量施工安装、严格运转调试和管理。

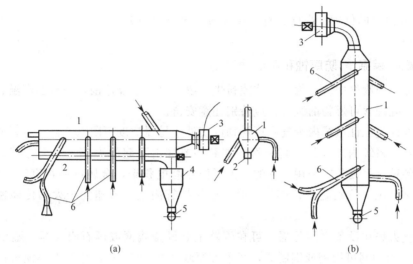

图 9.4　吸尘集合管
1—集合管；2—螺旋机；3—风机；4—集尘箱；5—卸尘阀；6—吸尘管

（2）管道布置　管道布置合理与否，直接影响到系统建造和运转的经济性和可靠性。所以应根据现场情况（建筑物、其他设备或管线）、工艺要求和输送气体的性质，确定管道走向和辅助部件位置（如阀门、阻火器、泄压口、检查口、清扫口、卸灰口、放液口、监测口）等。其主要原则有以下几项。

① 管道尽量顺直，不影响生产和交通，避免与建筑物、其他设备和管线发生矛盾，少占有效空间，并且要便于安装和维修。

② 管道应避免断面和方向的突变（如突扩、突缩、急转弯），减少合流气流的冲突，以降低气流压损，避免积尘或磨损。

③ 输送含尘气体的管道，应尽量避免横管。如果要进行水平方向较长距离的输送，可将管道布置成若干段倾斜管（与水平面的夹角要在 45°~60°），或在横管上连续设排灰斗。

④ 输送含高凝结点蒸气、水蒸气或雾滴的废气，横管应保持不小于 0.005 的坡度，以便排液。排液方向最好与气流方向一致，并在容易积液的地方（如管道末端、弯头等）设放液口。

⑤ 管道沿建筑物设置，或与其他管线平行设置，应保持必要的安装、检修距离，及有关规范规定的距离。

（3）附件设置

① 在需要关闭或调节流量处（如各吸气点、管路分支处）设置阀门。但除尘系统的管道上应避免设调节阀，以免堵塞。阀门的种类较多（如蝶阀、插板阀、密闭阀等），性能

各异，应注意选择使用。

② 在管道容易积尘的地方，设检查口或清扫口。在需要进行测试的地方（如直管段、净化设备进出口等处），设可启闭及便于与测试、取样仪器连接（法兰或带螺纹短管）的检测口。

③ 输送含可燃物、腐蚀性气体的废气，要采取防火、防爆和防腐蚀措施。

④ 输送高温气体的管道，要有补偿因温度变化而引起管道伸缩的措施，如设补偿器或弯管。

⑤ 排气筒出口的位置、高度、直径需经过扩散计算确定，以保证对周围环境的影响符合要求。

9.5.3 防爆、保温、防腐蚀和防磨损措施

（1）防爆 当废气中可燃物（气体或粉尘）浓度处于易爆范围，一旦遇高温、明火，就会发生爆炸。处理含可燃物的废气，应特别注意安全。

首先是设计应保证系统内废气中可燃物浓度处于易爆浓度下限以下，并且要避免局部出现污染物积聚。系统内应杜绝一切火源，如摩擦或撞击引起的火花、电火花等。为此，风机、电机及各种电气设备应采用防爆的。为了防止静电积聚，金属罩和管道等应有效接地。设计燃烧净化系统（特别是直接燃烧）时，应保持管内废气流速大于火焰传播速度，防止回火。

为了防止火焰在设备之间传播，可在管路上装设金属网或砾石阻火器。金属网阻火器 ［图 9.5(a)］ 内的网可用钢或铜制成，每平方厘米 210～250 孔，孔的大小视气体或蒸气的着火危险程度而定。砾石阻火器 ［图 9.5(b)］ 内填入粒径为 3～4mm 的砾石，也可填入小型陶土环，厚度取为 100mm 左右即可。断面气速可取 1～2m/s。

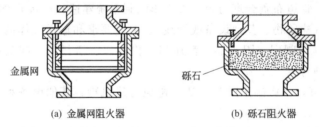

(a) 金属网阻火器 (b) 砾石阻火器

图 9.5 阻火器

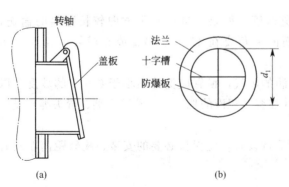

(a) (b)

图 9.6 泄爆门

在容易发生爆炸的部位，应设置泄爆门。常用的泄爆门有重力式和片式两种，分别见图 9.6(a) 和（b）。

气体管路中所采用的连接水封（图 9.7），除能够调节因温度变化引起的管道伸缩外，也能够起一定程度的泄爆作用。图 9.8 所示水封装置既可防止回火，又可泄爆，适用于大气量、高浓度排气系统。

（2）保温 当废气温度较高，且其中存在水蒸气或其他高沸点物质蒸气时，为了避免在管道和设备内出现液体凝结，必须对管道

326

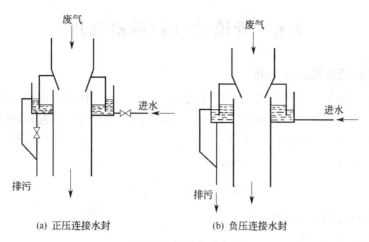

图 9.7　管道连接水封

和设备采取保温措施。寒冷地区的液体管道和湿式净化设备，也需要保温，防止冻结。

　　常用的保温材料有蛭石、膨胀珍珠岩、加气混凝土、玻璃棉、发泡性聚苯乙烯和聚氨酯泡沫塑料等。其中无机保温材料能耐高温，有机保温材料质轻、保温效果好，但不耐高温。

　　保温层可用上述各种材料的预制件粘贴于管道和设备表面，外包玻璃纤维布、塑料薄膜等，或装上金属薄板保护层。松散保温材料可填充于夹层中，或制成砂浆，做成保温粉刷层。

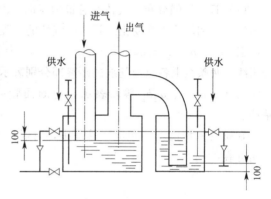

图 9.8　防火防爆水封

　　(3) 防腐蚀　设备、管道受腐蚀会缩短使用寿命，影响工作性能，以至失效；还会引起跑、冒、滴、漏等无组织排放，甚至造成事故。

　　对金属材料，可增加耐腐蚀金属镀层；也可采用非金属保护膜，如表面加涂料、搪瓷、刷沥青、复合塑料、衬贴橡胶等。

　　采用适当的耐腐蚀材料，也是重要的防腐措施。常用的材料有：特殊成分和结构的金属，如铅、铸铁、高硅铁，以及铬、镍、铜的合金等；无机非金属材料，如陶瓷、花岗岩、低钙铝酸盐水泥和高铝水泥等；有机材料，如聚氯乙烯、聚四氟乙烯、玻璃钢等。选择材料不仅要考虑在使用条件下材料的耐腐蚀性能，而且还应考虑材料的强度、加工难易度、耐热性能、价格和来源等。

　　(4) 防磨损　除尘系统的设备和管道易受磨损，磨损引起漏气，会严重影响效果。气态污染物净化系统如果使用含固体颗粒的浆料，也有磨损问题。

　　防止磨损的主要措施：保持气体流速适当，改进管道（主要是弯管）和设备（如离心分离器）的形状和构造；采用耐磨材料作衬里或使用耐磨材料制成的部件。

　　常用的耐磨材料有铸石、耐磨铸铁和矾土水泥等高硬度材料，也可用橡胶、塑料等韧性材料。

9.6　管道计算和风机选用

9.6.1　管内气体流动和压强分布

（1）流动过程的压损　排气系统由通风机提供能量，使气体在管道和设备内流动。流动过程中，由于气体的黏性、与壁面的摩擦和局部流动情况的改变，引起流动能量的损失（转化），气体出现全压降低（压损）。压损可分为沿程（摩擦）压损和局部压损两类。风机提供的作用压头，用来补偿系统的全部压损，即：

$$H = \sum \Delta P_r + \sum \Delta P_1 \qquad (9.12)$$

式中　H——风机作用压头，Pa；

　　　ΔP_r——沿程压损，Pa；

　　　ΔP_1——局部压损，Pa。

（2）管内压强分布　气体在管道内流动，由于管道断面和气体流量的变化及能量损失，使气体的动压和静压不断变化。管道内气体的压强分布如图 9.9 所示。以 O—O 为基线，表示大气压强。a_1-a_2(a_2')-a_3-a_4-a_5-a_6-a_7 为全压线，b_1-b_2(b_2')-b_3-b_4-b_5-b_6-b_7 为静压线。两条线上各点与基线的距离即分别表示管内相应断面的全压值和静压值。两线间的垂直线段（如 a_1b_1、a_2b_2 等）表示相应断面管内动压值。支管以与其轴线平行的 O'—O' 为基线。

在排气系统的调试和运转管理中，可通过测定压强分布情况来判断系统运转是否正常和分析存在的问题。

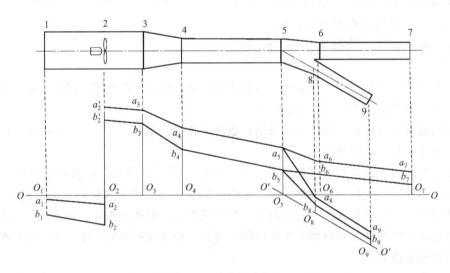

图 9.9　管内压强分布

9.6.2　管道计算

（1）计算方法

① 断面积计算。根据气体流量和选定的管内气速（参考表 9.9 和表 9.10），按下式计算管道断面积：

表 9.9　一般排气系统管内常用气速　　　　　单位：m/s

管道材料	总管	支管
钢板	6～14	2～8
砖、混凝土	4～12	2～6

表 9.10　含尘气体管内最低流速　　　　　单位：m/s

粉尘	竖直管	水平管	粉尘	竖直管	水平管
粉状黏土、砂	11	13	钢铁尘末	13	15
耐火泥	14	16	钢铁屑	19	23
型砂（干、细）	17	20	煤粉	10	12
砂尘、灰土	16	18	锯屑、刨屑	12	14
水泥尘	8～12	18～20	染料尘	14～16	16～18
轻矿物尘	12	14	棉尘	8	10
重矿物尘	14	16	谷物尘	10	12

$$f = \frac{V_g}{v_g} \tag{9.13}$$

式中　f——管道断面积，m²；

　　　V_g——气体流量，m³/s；

　　　v_g——管内气体流速，m/s。

由管道断面积可求得管径，并需按定型化规格选定采用的管径值，再按此值重新核算管内气体流速。

②压损计算。任何复杂的管道系统都可分解为串联和并联两类管段连接方式。串联管路中前后各管段流量相等，总压损等于各串联管段压损之和。并联管路中汇合后的流量等于各支路流量之和，各支路压损相等，即在交汇点保持流量和压损平衡。在设计中若按计算流量所求得的各支路压损不等，到实际运转时，系统仍会自动平衡，但流量分配就与设计要求不符。只有进行过阻力平衡的系统，才能在运转中达到预定的流量分配要求。

管道中气流的沿程压损按下式计算：

$$\Delta P_f = \frac{\lambda l}{4 r_h} \times \frac{v_g^2 \rho_g}{2} \tag{9.14}$$

式中　l——直管长度，m；

　　　ρ_g——气体密度，kg/m³；

　　　λ——管道摩阻系数；

　　　r_h——管道的水力半径，m。

管道摩阻系数与管内气体的流态（Re）和管壁粗糙度有关，不同的流态范围有不同的计算式。对一般的通风和废气净化系统的管道，较多采用流态适用范围较广的科莱布若克（Colebrook）式计算：

$$\frac{1}{\sqrt{\lambda}} = -2 \lg \left(\frac{K}{3.71d} + \frac{2.51}{Re \sqrt{\lambda}} \right) \tag{9.15}$$

式中　K——管壁粗糙度，m。

圆断面管道的水力半径：

$$r_h = \frac{d}{4} \tag{9.16}$$

式中　d——圆管直径，m。

矩形断面管道的水力半径：

$$r_h = \frac{ab}{2(a+b)} \qquad (9.17)$$

式中　a，b——矩形断面的边长，m。

令

$$\Delta P_f = R_f l \qquad (9.18)$$

则

$$R_f = \frac{\lambda}{4r_h} \times \frac{v_g^2 \rho_g}{2} \qquad (9.19)$$

R_f 是单位长度直管的沿程压损，称为比摩阻。通常按一定条件求出圆断面管道的比摩阻，制成线算图或计算表，供设计计算时使用。

对于矩形断面管道，可按式(9.20)求出流速当量直径，再用流速当量直径和管内气体流速计算或查图表，求得比摩阻。

$$d_v = \frac{2ab}{a+b} \qquad (9.20)$$

式中　d_v——管道流速当量直径，m。

管道材料不同，其粗糙度不同，计算时应按实际采用的管道的粗糙度查图表。气体的温度对比摩阻有影响，而一般的比摩阻图表都按 293K 编制，如果气体温度不等于此值，要将查得的比摩阻值乘以温度修正系数。

管道中气流的局部压损可按下式计算：

$$\Delta P_l = \zeta \frac{v_g^2 \rho_g}{2} \qquad (9.21)$$

式中　ζ——局部阻力系数。

各种部件的局部阻力系数是通过实验求得的，通常将实验结果编制成图表，供计算时应用。

（2）计算步骤

① 确定管道布局，绘制系统轴测图，在图上标注各管段气量、长度及局部管件种类。

② 根据技术和经济要求，确定管内气体流速，并计算管径。

③ 按定型化要求选定管径，重新核算管内气速。

④ 计算沿程压损［式(9.14) 或式(9.18)］。

⑤ 计算局部压损［式(9.21)］。

⑥ 计算最不利管路总压损。最不利管路指系统中压损最大的一条管路。总压损是所有串联管段、管件及设备的压损之和，以此作为选择风机的依据。

⑦ 如果系统中各支管需要进行压损平衡，则要分别计算各支路的压损。若并联支路间压损相差 10% 以上，必须调整管径，再进行复核。

初步调整管径值可按下式计算：

$$d' = d \left(\frac{\Delta P}{\Delta P'} \right)^{0.225} \qquad (9.22)$$

式中　d'——调整后的管径，m；

　　　　d——调整前的管径，m；

　　　$\Delta P'$——调整后的压损，Pa；

　　　ΔP——调整前的压损，Pa。

⑧ 根据系统总气量、总压损和气体性质选用风机。选择风机的风量按下式计算：

$$Q_0=(1+K_1)Q \tag{9.23}$$

式中 Q——管道计算的总风量，m^3/h；

K_1——考虑系统漏风所附加的安全系数。一般管道取 $K_1=0.1$；除尘管道取 $K_1=0.1\sim$ 0.15。

选择通风机的风压按下式计算：

$$H=(1+K_2)\Delta P\frac{\rho_0}{\rho}=(1+K_2)\Delta P\frac{TP_0}{T_0P} \tag{9.24}$$

式中 ΔP——管道计算的总压力损失，Pa；

K_2——考虑管道计算误差及系统漏风等因素所采用的安全系数。一般管道取 $K=$ 0.1~0.15，除尘管道取 $K=0.15\sim0.2$；

ρ_0,P_0,T_0——通风机性能表中给出的标定状态的空气密度、压力、温度。一般说，$P_0=$ 101.3kPa，对于通风机 $T_0=20℃$，$\rho_0=1.2kg/m^3$；对于引风机 $T_0=200℃$；$\rho_0=0.745kg/m^3$；

ρ,P,T——运行工况下进入风机时的气体密度、压力和温度。

计算出 Q_0 和 H 后，即可按通风机产品样本给出的性能曲线或表格选择所需通风机的型号规格。

【例 9.2】 耐火泥加工的除尘系统如图9.10所示，各管段长度、气体流量、局部构件均标注于图中，管道材料为钢板，气体温度为293K。进行管道计算，并选用风机。

解 (1) 确定管径 根据粉尘种类参照表9.10选定管内气速 $v_g=16m/s$，并据此计算管径。

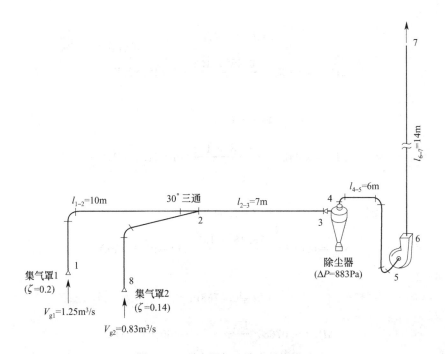

图 9.10 耐火泥加工除尘系统图示

管段 1—2：

断面积
$$f_{1-2} = \frac{V_{g1}}{v_g} = \frac{1.25}{16} = 0.0781 (\text{m}^2)$$

管径
$$d_{1-2} = \sqrt{\frac{4f_{1-2}}{\pi}} = \sqrt{\frac{4 \times 0.0781}{\pi}} = 0.315 (\text{m})$$

按管径系列值选取 $d_{1-2} = 0.32\text{m}$，则实际气速 $v_{g1-2} = 15.58\text{m/s}$。

管段 2—3：

断面积
$$f_{2-3} = \frac{V_{g1} + V_{g2}}{v_g} = \frac{1.25 + 0.83}{16} = 0.13 (\text{m}^2)$$

管径 $d_{2-3} = 0.407\text{m}$，取 $d_{2-3} = 0.4\text{m}$，实际气速 $v_{g2-3} = 16.48\text{m/s}$。

管段 4—5 和 6—7 均与 2—3 相同。

管段 8—2：

断面积
$$f_{8-2} = \frac{V_{g2}}{v_g} = \frac{0.83}{16} = 0.052 (\text{m}^2)$$

管径 $d_{8-2} = 0.257\text{m}$，取 $d_{8-2} = 0.26\text{m}$，实际气速 $v_{g8-2} = 15.70\text{m/s}$。

（2）计算沿程压损　根据管径和管内气体流速查《全国通用通风管计算表》得 λ/d 值，再按式(9.14) 和式(9.18) 计算沿程压损值。

管段 1—2：
$$\lambda/d = 0.0566\text{m}^{-1}$$

$$\Delta P_f = \frac{\lambda}{d} \times \frac{v_g^2 \rho_g}{2} l = 0.0566 \times \frac{15.58^2 \times 1.2}{2} \times 10 = 82.43 (\text{Pa})$$

管段 2—3：
$$\lambda/d = 0.0428\text{m}^{-1}$$

$$\Delta P_f = 0.0428 \times \frac{16.48^2 \times 1.2}{2} \times 7 = 48.82 (\text{Pa})$$

管段 4—5：
$$\lambda/d = 0.0428\text{m}^{-1}$$

$$\Delta P_f = 0.0428 \times \frac{16.48^2 \times 1.2}{2} \times 6 = 41.85 (\text{Pa})$$

管段 6—7：
$$\lambda/d = 0.0428\text{m}^{-1}$$

$$\Delta P_f = 0.0428 \times \frac{16.48^2 \times 1.2}{2} \times 14 = 97.64 (\text{Pa})$$

管段 8—2：
$$\lambda/d = 0.0768\text{m}^{-1}$$

$$\Delta P_f = 0.0768 \times \frac{15.7^2 \times 1.2}{2} = 60.01 (\text{Pa})$$

（3）计算局部压损　用《采暖通风设计手册》中的局部阻力资料查各构件的局部阻力系数，

再用式(9.21)计算局部压损值。

管段1—2：

集气罩（已知）$\zeta_1 = 0.12$；90°圆形弯头（三中节二端节，$R/D = 1.5$）$\zeta_2 = 0.23$。

合流三通（$f_1 + f_2 \approx f_3$，$\alpha = 30°$）：

$$\frac{V_{g2}}{V_{g3}} = \frac{0.8}{2.03} = 0.39$$

$$\frac{f_2}{f_3} = \left(\frac{d_2}{d_3}\right)^2 = \left(\frac{0.247}{0.397}\right)^2 = 0.39$$

按此两数值查表并插值得$\zeta_3 = 0.5$。

则

$$\sum \zeta = \zeta_1 + \zeta_2 + \zeta_3 = 0.12 + 0.23 + 0.5 = 0.85$$

$$\Delta P_1 = \zeta \frac{v_g^2 \rho_g}{2} = 0.85 \times \frac{15.58^2 \times 1.2}{2} = 123.79(\text{Pa})$$

管段2—3：

变断面管 $\zeta = 0.15$。

$$\Delta P_1 = 0.15 \times \frac{16.48^2 \times 1.2}{2} = 24.44(\text{Pa})$$

管段4—5：

90°圆形弯头 $\zeta_1 = \zeta_2 = \zeta_3 = 0.23$；渐缩管（$\alpha = 45°$）$\zeta_4 = 0.1$。

$$\sum \zeta = \zeta_1 + \zeta_2 + \zeta_3 + \zeta_4 = 0.23 \times 3 + 0.1 = 0.79$$

$$\Delta P_1 = 0.79 \times \frac{16.48^2 \times 1.2}{2} = 128.73(\text{Pa})$$

管段6—7：

变断面管 $\zeta = 0.13$。

$$\Delta P_1 = 0.13 \times \frac{16.48^2 \times 1.2}{2} = 21.18(\text{Pa})$$

出口动压：

$$P_d = \frac{v_g^2 \rho_g}{2} = \frac{16.48^2 \times 1.2}{2} = 162.95(\text{Pa})$$

管段8—2：

集气罩（已知）$\zeta_1 = 0.19$；90°圆弯头 $\zeta_2 = 0.23$。

合流三通（查表方法与管段1—2中的三通相同）$\zeta_3 = -0.32$。

$$\sum \zeta = \zeta_1 + \zeta_2 + \zeta_3 = 0.19 + 0.23 - 0.32 = 0.1$$

$$\Delta P_1 = 0.1 \times \frac{15.7^2 \times 1.2}{2} = 83.04(\text{Pa})$$

计算结果汇总于表9.11中。系统最不利管路总压损为1615.23Pa。

(4)并联管路压损平衡 管段1—2与管段8—2并联：

$$\frac{\Delta P_{1-2} - \Delta P_{8-2}}{\Delta P_{1-2}} = \frac{206.62 - 83.04}{206.62} = 59.8\% > 10\%$$

用式(9.22)计算调整后的管径：

$$d_{8-2} = d_{8-2}\left(\frac{\Delta P_{8-2}}{\Delta P_{1-2}}\right)^{0.225} = 0.25 \times \left(\frac{83.04}{206.62}\right)^{0.225} = 0.203(\text{m})$$

取管段 8—2 的管径为 0.2m。

表 9.11　管道计算表

管段编号	管长 l /m	流量 V_g /(m³/s)	管径 外径 D/内径 d /m	流速 v_g /(m/s)	$\dfrac{\lambda}{d}$ /m⁻¹	动压 $P_d=\dfrac{v_g^2 \rho_g}{2}$ /Pa	摩擦压损 $\Delta P_f=\dfrac{\lambda}{d}P_d l$ /Pa	局部阻力系数 $\sum\zeta$	局部压损 $\Delta P_l=\sum\zeta P_d$ /Pa	总压损 $\Delta P=\Delta P_f+\Delta P_d$ /Pa	附注
1—2	10	1.23	0.32/0.317	15.58	0.0566	145.64	82.43	0.85	123.79	206.62	
2—3	7	2.03	0.40/0.397	16.48	0.0428	162.95	48.82	0.15	24.44	73.26	
3—4		2.03								883	除尘器
4—5	6	2.03	0.40/0.397	16.48	0.0428	162.95	41.85	0.79	128.73	170.58	
6—7	14	2.03	0.40/0.397	16.48	0.0428	162.95	97.64	0.13	21.18	118.82	
										162.95	出口动压
最不利管路总压损										1615.23	
8—2	6	0.80	0.2/0.197	15.70	0.0768	147.89	68.15	0.1	14.79	82.94	

9.6.3　风机选用

9.6.3.1　风机的分类

（1）按风机的作用原理分类

① 离心式风机。离心式风机由旋转的叶轮和蜗壳式外壳组成，叶轮上装有一定数量的叶片。气流由轴向吸入，经 90°转弯，由于叶片的作用而获得能量，并由蜗壳出口甩出。根据风机提供的全压不同可分为高、中、低压三类：高压 $P>3000\text{Pa}$；中压 $3000\text{Pa}\geqslant P\geqslant1000\text{Pa}$；低压 $P<1000\text{Pa}$。

② 轴流式风机。轴流式风机的叶片安装于旋转轴的轮毂上，叶片旋转时，将气流吸入并向前方送出。根据风机提供的全压不同分为高、低压两类：高压 $P\geqslant500\text{Pa}$；低压 $P<500\text{Pa}$。

轴流式风机的叶片有板型、机翼型多种，叶片根部到梢常是扭曲的，有些叶片的安装角是可以调节的，调整安装角度能改变风机的性能。

③ 贯流式风机。贯流式风机是将机壳部分地敞开使气流直接径向进入风机中，气流横穿叶片两次后排出。它的叶轮一般是多叶式前向叶型，两个端面封闭。它的流量随叶轮宽度增大而增加。贯流式风机的全压系数较大，效率较低，其进、出口均是矩形的，易与建筑配合。它目前大量应用于大门空气幕等设备产品中。

（2）按风机的用途分类

① 一般用途风机只适宜输送温度低于 80℃，含尘浓度小于 150mg/m³ 的清洁空气，如 4-68 型风机等。

② 排尘风机适用于输送含尘气体。为了防止磨损，可在叶片表面渗、喷镀三氧化二铝、硬质合金钢等，或焊上一层耐磨焊层如碳化钨等。如 C4-73 型排尘风机的叶轮采用 16 锰钢制作。

③ 防爆风机是选用与砂粒、铁屑等物料碰撞时不发生火花的材料制作。对于防爆等级低的风机，叶轮用铝板制作，机壳用钢板制作；对于防爆等级高的风机，叶轮、机壳则均采用铝板制作，并在机壳和轴之间增设密封装置。

④ 防腐风机输送的气体介质较为复杂，所用材质因气体介质而异。F4-72 型防腐风机采用不锈钢制作。有些工厂在风机叶轮、机壳或其他与腐蚀性气体接触的零部件表面喷镀一层塑料，或涂一层橡胶，或刷多遍防腐漆，以达到防腐目的，效果很好，应用广泛。

另外，用过氯乙烯、酚醛树脂、聚氯乙烯和聚乙烯等有机材料制作的风机（即塑料风机、玻璃钢风机），质量轻，强度大，防腐性能好，已有广泛应用。但这类风机刚度差，易开裂。在室外安装时，容易老化。

⑤ 消防用排烟风机供建筑物消防排烟使用，具有耐高温的显著特点。一般在温度大于280℃的情况下可连续运行 30min。目前在高层建筑的防排烟通风系统中广泛应用。

⑥ 屋顶风机直接安装在建筑物屋顶上，其材料可用铜制或玻璃钢制，有离心式和轴流式两种。这类风机常用于各类建筑物的室内换气，施工安装极为方便。

⑦ 高温风机。锅炉引风机输送的烟气温度一般工作在 140～200℃，最高使用温度不超过 250℃，在该温度下碳素钢材的物理性能与常温情况下相差不大。所以一般锅炉引风机的材料与一般用途风机相同。若输送气体温度在 300℃以下时，则应用耐热材料制作，滚动轴承采用空心轴水冷结构。

9.6.3.2 风机的性能参数

（1）性能参数　在风机样本和产品铭牌上通常标出的性能参数是风机在标定状态下得出的数据。对于通风机，是按大气压力 101.325kPa，空气温度 20℃，此时空气密度为 $\rho=120kg/m^3$；对于电站锅炉引风机标定条件为：大气压力 101.325kPa，空气温度 140℃，空气密度为 $\rho=0.85kg/m^3$；对于工业锅炉引风机标定条件为：大气压力 101.325kPa，空气温度 200℃，空气密度为 $\rho=0.745kg/m^3$。当使用条件与标定条件不同时，应对各性能参数进行修正。在选择风机时，应注意风机性能参数的标定状态。

① 风量。风机在单位时间内所输送的气体体积流量称为风量或流量 Q，单位为 m^3/s 或 m^3/h。它通常指的是工作状态下输送的气体量。风机一旦确定后，当输送介质的温度和密度发生变化时，风机的体积流量不变。

② 全压。风机的风压是指全压 P，它为动压和静压两部分之和。样本上风机全压指风机的压头，即出口气流全压与进口气流全压之差。

③ 转速。风机的转速是指叶轮每分钟的旋转速度，单位为 r/min，常用 n 来表示。

④ 功率

a. 有效功率。有效功率指所输送的气体在单位时间内从风机中所获得的有效能量，即：

$$N_e=\frac{PQ}{1000} \tag{9.25}$$

式中　N_e——有效功率，kW；

$\quad\quad P$——风机的全压，Pa；

$\quad\quad Q$——风机的风量，m^3/s。

b. 内功率。风机内功率指风机有效功率加上风机的内部流动损失功率，即：

$$N_{in}=\frac{PQ}{1000\eta_{in}} \tag{9.26}$$

式中　N_{in}——风机内功率，kW；

$\quad\quad \eta_{in}$——风机内效率，等于风机有效功率与内部功率的比值，它反映了风机内部流动过程的好坏，也是判定高效风机的指标，可从风机样本中查找。风机的选用设计工况效率，不应低于风机最高效率的 90%。

c. 轴功率。通风机的轴功率等于内部功率加上轴承和传动装置的机械损失功率，轴功率又称输入功率，也是原动机（如电动机）的输出功率，即：

$$N_{sh} = \frac{PQ}{1000 \eta_{in} \eta_{me}} \tag{9.27}$$

式中 N_{sh}——风机轴功率，kW，可从风机样本中获得；

η_{me}——机械传动效率，是反映风机轴承损失和传动损失的指标，与传动方式有关；

η_{me} 可由表 9.12 查得。

表 9.12 传动方式与机械效率

传动方式	机械效率 η_{me}	传动方式	机械效率 η_{me}
电动机直联	1.0	减速器传动	0.95
联轴器直联传动	0.98	V 带传动	0.92

d. 所需功率。所需功率是指在风机轴功率的基础上考虑电机功率储备所计算的功率，即：

$$N = \frac{PQ}{1000 \eta_{in} \eta_{me}} \times K \tag{9.28}$$

式中 N——所需功率，kW；

K——电机的功率储备系数，主要从两方面考虑：一是为设计计算的精度误差，二是要满足电机启动条件，即要进行电机的启动验算。其经验系数见表 9.13。

e. 电机功率。电机功率应大于或等于风机的所需功率。一般可由样本获得。值得注意的是，当电机和电机功率初步选定后，还需根据净化工艺可能出现的特殊工况进行电机功率的校核。如冷态启动、冬季运行、系统最大风量等。

表 9.13 功率储备系数 K

电机功率/kW	功率储备系数 K			
	离心式			轴流式
	一般用途	灰尘	高温	
<0.5	1.5			
0.5~1.0	1.4			
1.0~2.0	1.3	1.2	1.3	1.05~1.10
2.0~5.0	1.2			
>5.0	1.1			

（2）风机性能参数的变化关系 风机样本性能参数表（或特性曲线）是按国家标准规定的标定条件得出的，当使用条件（大气压力、空气密度、温度）发生变化时，风机的性能参数将发生变化。可根据以下公式进行修正。

通风机：

$$Q = Q_0 \tag{9.29}$$

$$N = N_0 \frac{B}{101.325} \times \frac{273+20}{273+t} = N_0 \frac{\rho}{1.2} \tag{9.30}$$

$$P = P_0 \frac{273+20}{273+t} \times \frac{B}{101.325} = P_0 \frac{\rho}{1.2} \tag{9.31}$$

锅炉引风机：

$$Q = Q_0 \tag{9.32}$$

$$P = P_0 \frac{273+200}{273+t} \times \frac{B}{101.325} = P_0 \frac{\rho}{0.75} \tag{9.33}$$

$$N = N_0 \frac{B}{101.325} \times \frac{273+200}{273+t} = N_0 \frac{\rho}{0.75} \tag{9.34}$$

式中　Q，P，N——使用条件下通风机的风量、风压和功率；

Q_0，P_0，N_0——通风机样本上标定的风量、风压和功率；

ρ——被输送气体的密度，kg/m^3；

B——风机使用当地大气压，kPa；

T——被输送气体的温度，℃。

风机使用时，当风机转速、叶轮直径、输送气体密度发生变化时，风机的性能参数相应改变，详见表 9.14。

表 9.14　风机的性能发生变化的关系式

项目	计算公式	项目	计算公式
空气密度 ρ 发生变化	$Q_2 = Q_1$ $P_2 = P_1 \dfrac{\rho_2}{\rho_1}$ $N_2 = N_1 \dfrac{\rho_2}{\rho_1}$ $\eta_2 = \eta_1$	风机转速 n 发生变化	$Q_2 = Q_1 \dfrac{n_2}{n_1}$ $P_2 = P_1 \left(\dfrac{n_2}{n_1}\right)^2$ $N_2 = N_1 \left(\dfrac{n_2}{n_1}\right)^3$ $\eta_2 = \eta_1$
叶轮直径 D 发生变化	$Q_2 = Q_1 \left(\dfrac{D_2}{D_1}\right)^3$ $P_2 = P_1 \left(\dfrac{D_2}{D_1}\right)^2$ $N_2 = N_1 \left(\dfrac{D_2}{D_1}\right)^5$ $\eta_2 = \eta_1$	ρ，n，D 同时发生变化	$Q_2 = Q_1 \left(\dfrac{n_2}{n_1}\right)\left(\dfrac{D_2}{D_1}\right)^3$ $P_2 = P_1 \left(\dfrac{n_2}{n_1}\right)^2 \dfrac{\rho_2}{\rho_1}\left(\dfrac{D_2}{D_1}\right)^2$ $N_2 = N_1 \left(\dfrac{n_2}{n_1}\right)^3 \dfrac{\rho_2}{\rho_1}\left(\dfrac{D_2}{D_1}\right)^5$ $\eta_2 = \eta_1$

注：下标"1"、"2"表示变化前、后的相应参数。

9.6.3.3.　离心式风机的命名

风机的全称包括名称、型号、机号、传动方式、旋转方向和风口位置六个部分。

（1）名称　按其作用原理称之为离心式风机，在名称之前可冠以用途代号（汉字或汉语拼音的第一个字母）。

（2）型号　离心风机的型号组成及书写顺序如下：

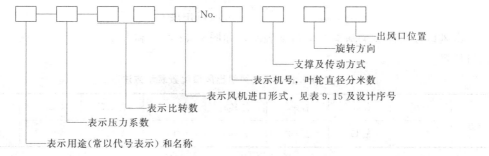

表 9.15　通风机进口形式代号

代　号	0	1	2
通风机进口形式	双侧吸入	单侧吸入	二级串联吸入

（3）机号　风机的机号用风机叶轮直径分米数，尾数四舍五入，在前冠以"No."表示。

（4）支撑与传动方式　风机的支撑与传动方式共分 A、B、C、D、E、F 六种形式，见表 9.16 和图 9.11。A 型风机的叶轮直接固装在风机的轴上；B、C 与 E 型均为皮带传动，这种方式便于改变风机的转速，有利于调节；D 型和 F 型为联轴器传动；E 型和 F 型的轴承分布于叶轮两侧，运转比较平稳，大都应用于较大型的风机。

表 9.16　风机的 6 种传动方式

代　号		A	B	C	D	E	F
传动方式	离心式风机	无轴承，电机直联传动	悬臂支撑，皮带轮在轴承中间	悬臂支撑，皮带轮在轴承外侧	悬臂支撑，联轴器传动	双支撑，皮带在外侧	双支撑，联轴器传动
	轴流式风机	无轴承，电机直联传动	悬臂支撑，皮带轮在轴承中间	悬臂支撑，皮带轮在轴承外侧	悬臂支撑，联轴器传动（有风筒）	悬臂支撑，联轴器传动（无风筒）	齿轮传动

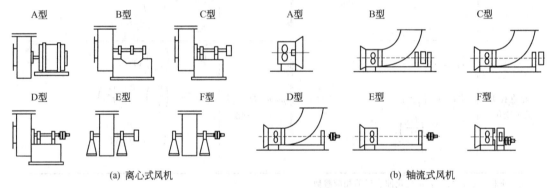

（a）离心式风机　　　　　　　　　　　（b）轴流式风机

图 9.11　风机的传动方式

（5）旋转方向　旋转方向是指离心风机叶轮的旋转方向，从传动端或电机位置看叶轮转动方向，顺时针为"右"，逆时针为"左"。

（6）风口位置　风机的风口位置分为进风口和出风口两种。离心风机的风口位置用叶轮的旋转方向和进出口方向（角度）表示。写法是：

$$右(左)\frac{出风口角度}{进风口角度}$$

出风口方向按 8 个基本方位角度表示，如图 9.12 所示和表 9.17 所列。特殊用途可增加风口位置。

表 9.17　离心风机出风口位置表示方法

表示方法	右 0°	右 45°	右 90°	右 135°	右 180°	右 225°	右 270°	右 315°
	左 0°	左 45°	左 90°	左 135°	左 180°	左 225°	左 270°	左 315°

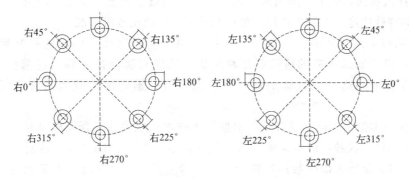

图 9.12 离心式风机的出风口位置图

离心式风机基本进口位置有 5 个：0°、45°、90°、135°、180°，特殊用途例外。若不装进气室，则进风口位置不予表示，这时风口位置的写法是：右（左）出风口位置，如左 135°。

轴流式风机的风口位置，用气流进出角度表示。基本风口位置有 4 个，特殊用途可增加，见表 9.18。轴流风机气流风向一般以"入"表示正对风口气流的进入方向，以"出"表示风口气流的流出方向，如图 9.13 所示。

表 9.18 轴流式风机的风口位置

基本出风口位置/(°)	0	90	180	270
补充出风口位置/(°)	45	135	225	315

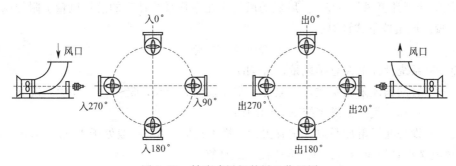

图 9.13 轴流式风机的风口位置图

【例 9.3】 某一般通风机压力系数为 0.4（4），比转速为 72，单侧吸入（1），第一次设计（1），叶轮直径 1000mm（No.10），用三角皮带传动、悬臂支撑，皮带轮在轴承外侧（C），从皮带轮方向正视叶轮为顺时针旋转，出风口位置是向上（右 90°）。按规定其全称应为：

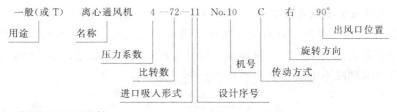

9.6.3.4 风机选型原则与计算

（1）风机的选型原则

① 在选择风机前，应了解国内风机的生产和产品质量情况，如生产的风机品种、规格和各种产品的特殊用途，以及生产厂商的产品质量、后续服务等情况。

② 根据风机输送气体的性质不同，选择不同用途的风机。如输送易燃易爆气体的应选防爆型风机；输送煤粉的应选择煤粉风机；输送有腐蚀性气体的应选择防腐风机；在高温场合工作或输送高温气体的应选择高温风机；输送浓度较大的含尘气体应选用排尘风机等。

③ 在风机样本给出的标定条件下，根据风机样本性能参数选择风机型号。风机选择应使工作点处在高效率区域，即不应低于风机最高效率的 90%。同时还要注意风机工作的稳定性。样本中以表格形式提供数据的性能表上的数据点都是处在高效而又稳定工作的工况点，可以直接选用。当出现有两种以上的风机可供选择时，应优先考虑效率较高、机号较小、调节范围较大的一种。

④ 当风机配用的电机功率≤75kW 时，可不设预启动装置。当排送高温烟气或空气而选择离心锅炉引风机时，应设预启动装置及调节装置，以防冷态运转时造成过载。

⑤ 对有消声要求的通风系统，应首先考虑低噪声风机，例如效率高、叶轮圆周速度低的风机，且使其在最高效率点工作；还要采取相应的消声措施，如装设专用消声设备。风机和电机的减震措施，一般可采用减震基础，如弹簧减震器或橡胶减震器等。

⑥ 在选择风机时，应尽量避免采用风机并联或串联工作。当风机联合工作时，应尽可能选择同型号同规格的风机并联或串联工作；当采用串联时，第一级风机到第二级风机之间应有一定的管路联结。

（2）风机的选型计算

① 风机选型计算风量（Q_f）。风机的风量应在净化系统计算的总排风量上附加风管和设备的漏风量。风量按下式计算：

$$Q_f = K_1 K_2 Q \tag{9.35}$$

式中　Q——系统设计最大总排风量，m^3/h；

K_1——管网漏风附加系数，一般送、排风系统 $K_1=1.05\sim1.1$，除尘系统 $K_1=1.1\sim1.15$，气力输送系统 $K_1=1.15$；

K_2——设备漏风附加系数，按有关设备样本选取，K_2 一般处于 $1.02\sim1.05$ 范围。

② 风机选型计算全压（P_f）。全压按下式计算

$$P_f = (P\alpha_1 + P_s)\alpha_2 \tag{9.36}$$

式中　P——管网计算总压力损失，Pa；

P_s——设备的压力损失，Pa，可按有关设备样本选取；

α_1——管网计算的总压力损失附加系数。对于定转速风机，按 $1.1\sim1.15$ 取值；对于变频风机，按 1.0 取值；气力输送系统则取 1.2；

α_2——通风机全压负差系数，一般可取 $\alpha_2=1.05$（国内风机行业标准）。

③ 所需功率校核。风机选定后应对电机所需功率进行校核，即应计算风机在实际运行工况条件下所需的电机功率，与风机样本给出的电机功率进行对比，不足时应加大电机的型号和功率，富余时则减小电机的型号和功率。

$$N = \frac{PQ}{1000\eta_{in}\eta_{me}} \times K \tag{9.37}$$

式中　N——所需功率，kW；

Q——风机样本工作点风量，m^3/s；

P——风机样本全压数值换算成运行工况条件下的全压值，Pa；

K——电机的功率储备系数。

9.6.3.5 风机性能的特性曲线与运行工作点

（1）特性曲线 在通风系统中风机的性能仅用参数表格表达是不够的，为了全面评定风机的性能，必须了解在各种工况条件下风机的风量与全压、功率、转速、效率的关系。这些关系形成了风机的特性曲线。各种风机的特性曲线都是不同的。图9.14为4-72-11 No.5风机的特性曲线。由图可知风机特性曲线（转速一定）通常包括全压随风量的变化、功率随风量的变化、效率随风量的变化。因此，一定的风量对应于一定的全压、功率和效率，对于一定的风机类型，将有一个经济合理的风量范围，如图9.14所示。

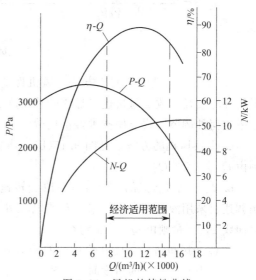

图9.14 风机的特性曲线

通风机特性曲线是在一定的条件下提出的。当风机转速、叶轮直径和输送气体的密度改变时，对风压、功率及风量都会有影响。

（2）管路的性能曲线 风机总是与一定的管路系统连接的。管路系统一旦确定后（管网、管径、长度、三通、弯头、阀门等），系统压力损失与系统的风量存在抛物线关系，即：

$$P = SQ^2 \tag{9.38}$$

式中 P——系统压力损失，Pa；

S——管网综合阻力系数。反映了管网的综合阻力特性；当系统中阀门开度变化时，S 将发生变化；

Q——风量，m^3/s。

（3）风机运行工作点 由风机的特性曲线可以看出，风机可以在各种不同的风量下工作。但实际运行时，风机只在其特性曲线上的某一点工作，该点是由风机特性与管网特性共同确定的，称为风机运行工作点，即工作点是风机特性曲线与管网性能曲线的交点。工作点对应的风量和全压就是风机实际运行时提供的风量和压头。

（4）风机的工况调节 根据生产工艺的要求，净化系统的流量和压力需要经常变化，也即风机运行工作点需要发生变动，这种改变风机运行工作点的方法和措施称为风机的工况调节。

风机工况调节通常有两种方法：一是通过改变管路系统的压力损失来改变工作点；二是通过改变风机的性能特性来改变工作点。

① 改变管路系统压力损失的调节方法。通常通过减少或增加管网系统的阻力（如改变管路系统阀门的开度），即改变管网的特性曲线来实现，见图9.15(a)。例如，曲线1由于阻力降低变成曲线2，风量则由 Q_1 增加到 Q_2。

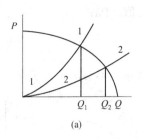 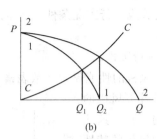 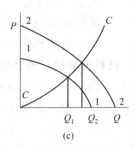

图 9.15　风机工作的调整

② 改变风机性能的调节方法。风机性能的改变有多种方式，如改变风机的转速、改变风机叶轮直径、改变风机进口导流叶片角度、改变风机叶片宽度和角度、风机串并联等，至于采用何种调节方式应做技术经济比较。

a. 更换风机的方法。见图 9.15(b)，当更换风机时，风机特性曲线 1 变为曲线 2，风量则由 Q_1 增加到 Q_2。

b. 改变风机转速的调节方法。改变转速的方法很多，如改变皮带轮的转速比、电机变频调速、采用液力耦合器、采用双速电机等。图 9.15(c) 转速提高后，风机特性曲线 1 变为曲线 2，风量则由 Q_1 增加到 Q_2。

c. 改变风机进口导流叶片角度的调节方法。某些大型风机的进口处设有供调节用的导流叶片。当改变叶片的角度时，风机的性能发生变化，这是因为导流叶片的预旋作用使进入叶轮叶片的气流方向有所改变所致。导流叶片是风机的组成部分，也可视为管路系统的调节装置，它的转动既改变了风机的性能曲线，也改变了管路系统的阻力特性，因而调节上比较灵敏。

d. 改变风机叶片宽度或角度的调节方法。风机的叶片宽度或角度改变时，风机的性能将发生变化，从而实现工况调节。

(5) 风机的联合工作

① 两台型号相同的风机并联工作情况。当系统中要求的风量很大，一台风机的风量不够时，可以在系统中并联设置两台或多台相同型号的风机。并联风机的总特性曲线是由各种压力下的风量叠加而得。然而，在设计管网系统中，两台风机并联工作时的总风量不等于单台风机单独工作时风量的 2 倍，风量增加的幅度与管网的特性等因素有关。

图 9.16 表示了并联风机的工作。A、B 两台相同风机并联的总特性曲线为 A+B。若系统的压力损失不大，则并联后的工作点位于管网特性曲线 1 与曲线 A+B 的交点处。由图中可以看出，此时风机的风量由单台时的 Q_1 增加到 Q_2。增加量虽然不等于两倍的 Q_1，但增加得还是较多。如果管网系统的压力损失很大，管网的特性曲线为 2，则与 A+B 的交点所得到的风量为 Q_2'，比单台风机工作时的风量 Q_1' 增加得并不多。

一般情况下尽量避免采用风机并联，确需并联时，则应采用相同的风机型号。

② 两台型号相同的风机串联。在同一管网系统中，当系统的压力损失很大时，风机可以串联工作。工作的原则是在给定流量下，全压进行叠加。

图 9.17 表示出了两台风机串联的工作情况：全压由 P_1（管路曲线 1 与虚线 A 或 B 交点）增加到 P_2（管路曲线 1 与实线 A+B 交点），风量越小，增加的风压越多。

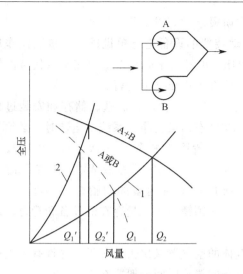

图 9.16　两台型号相同风机的并联

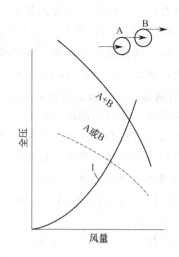

图 9.17　两台型号相同风机的串联

9.7　净化系统的施工安装和运转管理

9.7.1　施工安装

净化系统的施工必须按照设计意图、设备的技术条件和施工规范的技术要求进行。如果发现确系设计不够合理或与现场情况有出入，应向设计部门提出，或与设计人员共同研究，按一定程序修改。在安装前必须对设备认真检查、验收。设备的定位和安装，管道及构件的加工和安装，管道及设备的防腐蚀和保温等都必须确保质量。施工完毕后，要经过严格检验，再进行全面调试。工程结束后，各方会同进行竣工验收。

对运转状态有重要影响的关键部分的安装，要有严格的技术控制措施，如系统的气密性、电除尘器的极间距离、板式吸收塔的塔板水平度、管道的坡度等。

9.7.2　运转管理

（1）运转前的准备

① 原材料及备品、备件的准备。按照设计要求，准备好试运转所需要的各种原料材料、设备备品和备件、分析仪器和试剂、运转记录、检修工具、劳动保护用品等。

② 技术文件的准备包括工艺技术规程、安全规程、各岗位的操作规程以及试车方案等。

③ 操作人员的安全技术培训：操作人员需在装置施工阶段配齐，在试运转前培训完毕。

④ 装置的检查。由建设单位和施工单位以设计图纸为依据，共同对整个系统及辅助设施进行详细检查。

⑤ 水压试验。净化装置投产前，对承受较高液体或气体压力的设备、管道和阀件均应进行水压试验。

⑥ 气压试验。设备的气密性试验通常称为气压试验。对一般除尘系统，可用常压下空气进行。对气态污染物净化系统，一般用压缩氮气进行。当设备经过清洗、置换、检测，确认无有害物质时，也可用压缩空气试验。气压试验的压强应大于最大工作压强5%。

（2）试运转　装置正式投产使用前，必须经过试运转阶段。在试运转阶段若发现设计和安装中存在问题，应进行必要的补充和纠正。这一阶段落做好以下几项工作。

① 单机试车。结合开车准备工作，对具有传动装置的设备进行单机试车。按照操作规程，逐个将运转设备开动起来，连续运转不少于 24h。单机试车应在设备内充水以代替液体物料，处理固体和气体物料的设备可空转。试运转要在工作压强下进行。

② 清洗置换。设备、管道、阀件内壁往往会有些油脂污物，在制造、储存和安装过程中也会使设备、管道内部增加焊渣和灰尘。因此，在气态污染物净化系统试运转时，必须先对设备和管道进行全面清洗，并对清洗情况做记录。一般用清水洗 2～3 次，对于油污较多或要求很洁净的设备、管道，用清水洗两次后，再加入 2%～3% 稀碱液清洗。有条件时可在设备内将稀碱液加热到 340K。在搅拌的情况下维持 1h，使附着的油脂充分皂化，再以 1% 的稀酸洗一次，最后再用清水洗 2～3 次。对于不允钙镁离子大量存在的设备和管道，还需用软化水清洗。

置换是用洁净压缩空气将设备内含水和有机气体的空气置换出去。对于不允许有氧气存在的设备和管道，可用压缩氮气进行置换。每一设备的置换时间一般要在 1h 以上。

③ 假试车。假试车是在投入物料运转前对装置进行的一次系统检查，也是投料试车的演习。假试车一般以水代替液体工作介质，以空气代替被处理气体来模拟运转，通常也称作水试车。假试车的操作应按照工艺规程和操作规程进行。通过假试车，既可以发现一些新问题，使缺陷在投料试车前得到处理，又可以进行技术演练。

④ 投料试车。投料试车前应对原料、设备、辅助设施再进行一次全面检查。投料试车的各项操作都要严格按工艺规程进行。经一次或多次投料试车后，可转入试运转。在试车和试运转中发现的较大问题，应由设计和施工单位按各自的责任，修改设计或另行施工安装，以使净化装置能投入正常运转。

(3) 运转管理

① 运转管理的主要问题。净化系统在日常运转中会遇到各种各样的问题，从管理的角度看需注意以下问题。

a. 严格遵守工艺技术规程、安全规程和岗位操作规程。这些规程是运转操作和管理的基本法规，严格遵守这些法规是日常运行中最重要的原则。

b. 认真执行各项规章制度。除了严格遵守上述规程外，还应有一套符合实际情况的运转管理制度，如岗位责任制度、交接班制度、设备维护和检修制度、质量检验制度和经济核算制度等。

c. 加强各工种的相互配合。

② 运转换作的主要问题。在净化装置的日常运转操作中，除应严格遵守有关规章制度外，还应注意以下几个具体问题。

a. 净化装置经试运转后，应将调节阀门固定或作出标志，不要随意变动。若一个净化系统连接几个排气点时，在某一排气点的工艺设备停止运转时，其集气罩也不宜关闭，以免改变其他集气罩的排气量。

b. 应按规定的工艺设备和净化设备之间的开、停车顺序启闭设备。一般除尘装置应在工艺设备启动之前启动，在工艺设备停止运转数分钟之后再关闭，以防粉尘等污染物在设备和管道内沉积或滞留。为防止离心风机的拖动电机启动时过载，特别是对于高温烟气净化系统，要关小调节阀门再启动。

c. 应记好运行日志，内容包括换班时间与交接情况、当班时间设备的运转情况、各种设备的停车时间和原因等。当设备发生故障时，应详细记载发生故障的原因、情况及时检修的参考性意见等。运转时要记录净化系统中各部位的压强、温度、电机的电流和振动、烟色和捕集的污染物量、相关的生产工艺等情况。

定期运转记录内容包括：发生源设备的输出功率或产品产量；原料的种类、耗量、成分、混合比；燃料的种类、耗量、成分、混烧率、空气和氧气的耗量；废气的性质、流量、成分、温度、湿度、露点、压强等；粉尘的性质、含尘浓度、成分、粒径分布、密度、电阻率等；电特性，如一次电流、二次电流、二次电压，水和蒸气的耗量、压强、温度、酸碱度（pH 值）等。

d. 加强设备的日常维护。日常维护的主要任务是消除设备、管道、集气罩、清扫口、观察口等处的漏气，调节好系统的供液量，排除一切可能产生故障的隐患。

e. 定期消除管道和设备的积尘等沉积物。管道中积尘是除尘系统常见的故障，其原因主要是：由于漏气或个别部件阻力增大，造成某些管段内气速降低，管道内温度降低，废气中的水蒸气凝结，造成粉尘在壁面黏附；系统的水平管段过长或弯曲率半径过小，发生积尘；集气罩吸入的空气含尘浓度过高。

f. 加强设备检修。专业检修人员应每月对废气净化系统全面检查一次，根据实际情况确定检修的内容、时间、要求和方法等。检修可分为小修、定期检修和大修三种。小修一般只消除小缺陷和小故障，主要是根据值班人员的报告进行。定期检修是一种计划性检修，根据不同设备的耐久性能，每年进行 1~2 次，以防设备过早损坏。大修需更换主要设备的易损零部件，按原设计要求对系统全面修整，一般与工艺设备的大修一起配合进行。大修后应对系统进行试运转和测试调整，使各项技术性能达到要求，并需进行交工验收。

习 题

9.1 某固定床活性炭吸附系统由两个高 900mm 的床层组成，装填 6mm×16mm 规格活性炭。此吸附系统运行时表面气流速度为 0.3m/s。若通过系统的总压降（不包括固定床的压降）为 1500Pa，试确定风量为 25000m³/h 的系统所需的风机功率。

9.2 某污染源 SO_2 排放量为 80g/s，烟气流量为 265m³/s，烟气温度为 418K，大气温度为 293K。这一地区的 SO_2 本底浓度为 0.05mg/m³，设，$\sigma_z/\sigma_y=0.5$，$\overline{u}_{10}=3m/s$，$m=0.25$，试按《环境空气质量标准》的二级标准来设计烟囱的高度和出口直径。

第10章 室内空气污染控制

本章提要

掌握室内空气污染物的主要类型和主要来源,通风与室内空气质量的关系,主要的室内空气污染控制措施。

前面章节讨论的是环境(即室外)空气质量问题,本章主要讨论室内空气质量的有关情况。所谓室内环境是指采用天然材料或人工材料围隔而成的小空间,是与外界大环境相对分隔而成的小环境。目前所指的室内环境包括了居室环境、教室、会议室、办公室、候车(机、船)大厅、医院、旅馆、影剧院、商店、图书馆等各种非生产性室内场所的环境,还包括交通工具内部的乘员空间。

近几十年来的现场测定和科学研究结果表明,很多公共场合(办公室、商场等)和家庭居室内的空气中含有各种已达到一定浓度并会产生不利影响的气态或颗粒态的污染物。据美国环保局对各种建筑物室内空气连续 5 年的监测结果表明,迄今已在室内空气中发现有数千种化学物质,其中某些有毒化学物质含量比室外绿化区多 20 倍,新建筑物完工后的 6 个月内,室内空气中有害物质含量比室外空气中的含量高 10~100 倍。此外,据统计,人在每天 24h 中平均约有 22h 是在室内或交通工具内度过的,室外活动时间仅 2h 左右,因而室内空气的质量与人的健康问题有着更加密切的关系。由于室内空气污染的危害性及普遍性,有专家认为继"煤烟型污染"和"光化学烟雾型污染"之后,人们已经进入以"室内空气污染"为标志的第三污染时期。也正因为如此,室内空气质量问题已越来越受到关注。

10.1 室内空气污染与室内空气品质

10.1.1 室内空气污染及特征

室内空气污染可以理解为由于人类活动或自然过程引起某些物质进入室内空气环境,呈现足够的浓度,持续足够的时间,并因此危害了人体健康或室内环境。室内空气污染包括物理性污染、化学性污染和生物性污染。物理性污染是指因物理因素,如电磁辐射、噪声、振动,以及不合适的温度、湿度、风速和照明等引起的污染。化学性污染是指因化学物质如甲醛、苯系物、氨气、氡及其子体和悬浮颗粒物等引起的污染。生物性污染是指因生物污染因子,主要包括细菌、真菌(包括真菌孢子)、花粉、病毒、生物体有机成分等引起的污染。室内空气污染主要是人为污染,以化学性污染最为突出。尽管化学污染物的浓度较低,但多种污染物共同存在于室内,长时间联合作用于人体,涉及面广,接触人多,特别是老弱病幼等敏感人群。而且还可通过呼吸道、消化道、皮肤等途径进入机体,对健康危害显著。

室内空气污染与大气空气污染由于所处的环境不同,其污染特征也不同。室内空气污染具有如下特征。

(1)累积性 室内环境是相对封闭的空间,其污染形成的特征之一是累积性。从污染物进入室内导致浓度升高，到排出室外浓度渐趋于零，大都需要经过较长的时间。室内的各种物品，包括建筑装饰材料、家具、地毯、复印机、打印机等都可能释放出一定的化学物质。如不采取有效措施，它们将在室内逐渐积累，导致污染物浓度增大，构成对人体的危害。而在通风环境较好的室内环境中污染物的浓度一般较低。

（2）长期性　一些调查表明，大多数人大部分时间处于室内环境。即使浓度很低的污染物，在长期作用于人体后，也会影响人体健康。因此，长期性也是室内污染的重要特征之一。

（3）多样性　室内空气污染的多样性既包括污染物种类的多样性，又包括室内污染物来源的多样性。室内空气中存在的污染物既有生物性污染物，如细菌；化学性污染物，如甲醛、氨气、苯、甲苯、一氧化碳、二氧化碳、氮氧化物、二氧化硫等；还有放射性污染物氡气及其子体。

10.1.2　室内空气品质

所谓住宅室内空气品质，是指住宅室内的空气质量。但目前而言，室内空气品质还没有一个统一明确的定义。丹麦 P. O. Fanger 教授提出：品质反映了满足人们要求的程度，如果人们对空气满意就是高品质；反之，就是低品质。这个定义简单明了地说明了室内空气品质的本质，但较多地将它归结为人们的主观感受。ASHRAE 标准 62—1989R 中提出了可接受的室内空气品质，即房间内绝大多数人没有对室内空气表示不满意，并且空气中没有已知的污染物达到了可能对人体健康产生严重威胁的浓度；感受到的可接受的室内空气品质，即室内绝大多数人没有因为气味或刺激性而表示不满，它是达到可接受的室内空气品质的必要而非充分条件。这个定义涵盖了客观指标和人的主观感受两方面的内容，比较科学全面。衡量室内空气环境的主要参数有：温度、湿度、空气速度、清洁度，其中清洁度是评价室内空气品质的指标。清洁度是指空气中的有害物质，如 CO_2、可吸入颗粒物、VOCs、细菌等的含量。

10.2　室内空气污染物及污染来源

10.2.1　室内空气污染物

室内空气污染物种类很多，一般按其存在状态可分为悬浮颗粒物和气态污染物两大类。前者是指悬浮在空气中的固体粒子和液体粒子（主要指空气动力学直径小于等于 $10\mu m$ 的粒子），包括无机和有机颗粒物、微生物及生物溶胶等（见表 10.1）；后者是以分子状态存在的污染物，包括无机化合物、有机化合物和放射性物质等（见表 10.2）。

表 10.1　室内悬浮颗粒物种类

污染物类型	典　型　组　分
无机和有机颗粒物	石棉、玻璃纤维、凝结金属颗粒(砷、镉、铅和汞等)、纸屑、苯并[a]芘；
微生物和生物溶胶	真菌、细菌、原生动物、病毒、花粉、非活性微生物颗粒

表 10.2　室内气态污染物种类

污染物类型	典　型　组　分
无机化合物	一氧化碳、二氧化碳、二氧化氮、二氧化硫、氨气

续表

污染物类型	典 型 组 分
有机化合物	(1)易挥发性有机化合物(VVOC),其沸点小于0~50℃,在空气中很快挥发,包括甲烷、乙烯(-100℃)、乙炔(-84℃)、氟利昂12(-30℃)、甲醛(-21℃)、氯化乙烯单体(-14℃)、甲胺(-0.6℃)、丁烷(-0.5℃)、甲基硫醇(6℃)、乙醛(20℃)、戊烷(36℃)、二氯甲烷(40℃); (2)挥发性有机化合物(VOCs),其沸点介于50~240℃之间,在空气中慢慢挥发,包括正己烷(69℃)、乙酸乙酯(77℃)、乙醇(78℃)、苯(80℃)、甲基乙基酮(80℃)、甲苯(110℃)、三氯乙烷(113℃)、丁醇(117℃)、二甲苯(140℃)、癸烷(174℃)、柠檬烯(178℃)、对二氯苯(186℃); (3)半挥发性有机化合物(SVOCs)。其沸点介于240~380℃之间,挥发很慢,有沉降性和凝缩性。如L-尼古丁(247~260℃)、磷酸三丁酯(290℃)、噻苯哒唑(300℃)、邻苯二甲酸二丁酯(350℃)、邻苯二甲酸二辛酯(380℃)
放射性物质	氡及其子体

按存在形态,室内空气污染物可分成3类:

① 游离的、未被化合的污染物质。例如从胶黏剂和保温隔声的脲醛泡沫塑料材料中挥发出的游离甲醛。

② 已被不同程度化合的污染物,例如石棉水泥中的石棉。

③ 经吸收及积累后形成的污染物质,例如粉尘。此类物质本身无毒害但可以吸收沉积有毒气体微粒,从而造成室内空气的恶化。

10.2.2　室内空气污染物的主要来源

室内空气污染物的来源很多,根据各种污染物形成的原因和进入室内的不同渠道,室内空气污染物的来源可分为室内和室外两个方面。

表10.3为按照室内和室外来源归纳的室内空气污染物来源的一些情况。

表10.3　室内空气污染中的主要污染物和污染源（按来源分类）

项　目	物　质	来　源
污染物主要来源 (室外)	SO₂、悬浮颗粒物,可吸入颗粒物	燃料燃烧、冶炼
	O₃	光化学反应
	花粉	树木、草地、植物
	Pb、Mn	机动车
	Pb、Cd	工业排放
	VOCs、PAH	溶剂、未燃烧燃料的挥发
污染物 (室内、室外共同源)	NOₓ、CO	燃料燃烧
	CO₂	燃料燃烧、代谢活动
	悬浮颗粒物,可吸入颗粒物	吸烟、再扬尘、蒸气和燃烧产物的冷凝
	水汽	生物活动、燃烧、挥发
	VOCs	挥发、燃料燃烧、油漆、代谢活动、杀虫、杀菌剂
	孢子	真菌、霉菌
污染物主要来源 (室内)	氡	土壤、建筑材料、水
	HCHO	绝缘材料、装修、吸烟
	石棉	防火材料、绝缘材料
	NH₃	清洁产物、代谢活动
	PAH	吸烟
	VOCs	油漆、胶黏剂、溶剂、烹调和化妆
	汞	杀菌剂、油漆及含汞产品的破裂和洒漏
	气溶胶	消费品和房屋尘
	微生物	感染的人体,不洁的水

10.3 室内空气污染及控制历程概况

早期控制空气污染的着眼点主要是降低固定污染源和流动污染源向空气排放污染物，降低空气环境的污染物浓度，满足环境空气质量标准。毋庸置疑，这对于保障人体健康起到了积极的作用。然而，由于建筑材料的围隔作用，室内空气与室外空气间是存在差异的。特别是随着节能、温度和湿度舒适要求的提高，建筑物密闭程度不断增大，室内与室外空气交换量减小，室内、外的环境差异也更加明显。

室内空气质量问题可追溯到远古时代，以原始人类将火种引入洞穴引起洞穴内烟尘污染为标志。采用科学的方法对待室内空气问题的历史至少可追溯到 20 世纪上半叶，1939 年美国成立了工业卫生协会（AIHA），这标志着生产环境对人体健康的影响已受到社会关注。不过，当时人们关心的问题主要是生产场所的生产资料和生产过程排出的有害物质对工人健康的危害，特别是工业粉尘的危害。对非生产场所，如住宅、办公室、会议室、教室、医院、旅馆、图书馆、候车（机、船）厅等室内空气的关注始于 20 世纪 60 年代的北欧和北美，正是在那个时期提出了室内空气质量（IAQ）的概念。当时，促使人们关注室内空气质量问题的原因主要有两个：一是随着环境保护工作的开展和环境科学的发展，人们的环境意识不断加强；二是空调开始普及，为了节省能源，建筑物密闭程度不断提高，门窗开启时间越来越短。同时各种化学制品也开始涌入室内，导致室内化学污染物浓度提高，于是长期在室内滞留的人群常常感到不适。

20 世纪 80 年代开始，美国、日本、加拿大和欧洲各国的报纸杂志上频繁出现 SBS、BRI 和 MCS 三个英文缩写，分别代表室内空气污染引发的三种疾病名称，即病态建筑综合征（sick building syndrome，SBS）、建筑相关疾病（building-related illness，BRI）和化学物质过敏症（multiple chemical sensitivity，MCS），室内空气质量问题越来越为公众所关注。人们逐渐发现室内空气污染与哮喘和肺癌等疾病发病率的上升有着密切关系，并注意到室内同样存在所谓"环境毒素"、"环境激素"和"环境荷尔蒙"等，认识到室内环境质量不一定比室外好，甚至比室外更糟。

围绕室内空气质量的系统研究最初主要着眼于室内与室外空气质量的关系，以及室内空气污染物对人体健康的影响。1965 年，荷兰学者 Biersteker 等进行了世界上第一个系统的、大规模的室内与室外空气质量关系的研究。他们以鹿特丹 60 个住户为对象，测定了室内、外 SO_2 和烟尘的关系，获得了空气污染事件期间的室内环境相对安全性、抽烟对于室内溶胶生成、室内 SO_2 衰减与建筑物新旧程度的关系等重要信息。这一研究表明室内与室外空气质量存在显著的差异，并且揭示室内空气质量对人体健康的影响可能超过室外。随后，关于室内与室外空气质量关系的研究一直未停止过，而且涉及面越来越宽。通过这些研究，人们对各种条件下，不同污染物的室内与室外关系有了全面的认识，并建立了一系列室内与室外空气质量关系的模型。

20 世纪 60 年代开始关于室内空气污染健康效应的研究主要集中在各种人类活动引起的呼吸性健康疾病。这些研究包括吸烟人群和不吸烟人群居室内的人体健康状况比较，母亲吸烟对婴幼儿呼吸系统机能的影响，燃烧污染物的健康效应等。同一时期，北欧、美国和其他国家先后开始大量使用甲醛制品，如用脲醛树脂和酚醛树脂作原料制成胶黏剂、墙缝填充剂和多种人造板材等。其中，脲甲醛泡沫树脂隔热材料在那个时期曾被大量用于构建房屋，特别是移动住房。于是，大量甲醛释放到室内，很多居住者出现了急性刺激和急性中毒症状，甚至引起中毒性肝炎或过敏性紫癜。这些问题在当时的社会上引起了很大的震动。于是，工业卫生、环境保护、化学化工和建筑装潢等专业的工作人员围绕着甲醛污染问题，相继开展了环境监测、流行病学调查、临床观察、毒理实验、工艺改革及相应的实际工作和科学研究。

氡是地下矿工肺癌的主要致病污染物早就广为人知，它也普遍存在于室内空气中。但是，居室氡的污染问题直到 20 世纪 70 年代末才被重视起来。当时，在美国宾夕法尼亚州部分地区检测到的居室氡水平达到了地下铀矿的水平。

20 世纪 80 年代，美国 EPA 的总暴露评价方法学研究提供了一个全面评价室内和室外暴露对人体总暴露贡献的模型。这个研究得到一个令人吃惊的结论：对于挥发性有机化合物来说，通常情况下，室内污染源对人体总暴露的贡献远远高于室外工业污染源。

随着对室内空气污染问题认识的不断深化，室内环境作为卫生和环境科学的重要组成部分越来越受到重视。一批专门从事室内环境检测、宣传教育、学术研究和学术交流、咨询和评估的机构开始形成。如美国工业卫生协会（AIHA）专门设立室内环境质量（IEQ）委员会。"国际室内空气质量与气候协会（ISIAQ）"、"美国绿色建筑委员会（USGBC）"和"室内空气质量协会（IAQA）"也于 1992 年、1993 年和 1995 年相继创立。与此同时，室内环境管理机构也开始在发达国家或地区形成，如美国环保署于 1988 年在其空气与辐射司下设了室内空气质量（IAQ）程序办公室，1995 年又与较早设立的氡分部合并成立了室内环境处，并附设了两个与室内环境相关的国家实验室，在相关部门设立了室内环境的监管、执法机构。我国的香港特别行政区也于 1998 年在其环境署内设立了室内环境主管部门，并于 1999 年公布了楼宇的 IAQ 指南。在室内环境管理机构的指导下，室内环境立法也开始进行，到目前为止，欧美发达国家，亚洲的日本、韩国和我国香港地区，以及世界卫生组织均已建立比较完善的室内环境法规。

在我国，20 世纪 80 年代以前，室内污染物主要是燃煤所产生的 CO_2、CO、SO_2、NO_x。大量研究表明：厨房炉灶炊事时释放出污染物也是室内空气污染的主要来源之一。近来，随着人们生活水平的提高，特别是在建材业高速发展、装修热兴起的今天，由装饰材料所造成的污染成为了目前室内污染的主要来源。随着空调的普遍使用，要求建筑结构有良好的密封性能，以达到节能的目的，而现行设计的空调系统多数新风量不足，从而更造成了室内空气质量的恶化。此外，日常生活中杀虫剂的使用也是导致现代居室空气品质下降的一大原因。

10.4 常见室内空气污染物的性质和影响

10.4.1 甲醛

（1）甲醛的化学性能及危害性　甲醛（HCHO）是一种无色易溶的刺激性气体，甲醛可经呼吸道吸收，其水溶液"福尔马林"可经消化道吸收。

现代科学研究表明，甲醛对人体健康有负面影响。当室内空气中含量为 $0.1mg/m^3$ 时就有异味和不适感（美国环保署认为人长期逗留在甲醛浓度达 $0.1×10^{-6}$ 的室内时就会产生不适感）；$0.50mg/m^3$ 可刺激眼睛引起流泪；$0.60mg/m^3$ 时引起咽喉不清或疼痛；随着浓度升高还可能引起恶心、呕吐、咳嗽、胸闷、气喘；当大于 $65mg/m^3$ 甚至可以引起肺炎、肺水肿等损伤，甚至导致死亡。

长期接触低剂量甲醛（0.017～0.068mg/m³）可以引起慢性呼吸道疾病、女性月经紊乱、妊娠综合征，引起新生儿体质差、染色体异常，甚至引起鼻咽癌。高浓度的甲醛对神经系统、免疫系统、肝脏等都有毒害，长期接触较高浓度的甲醛会出现急性精神抑郁症。甲醛还有致畸、致癌作用，据流行病学调查，长期接触甲醛的人，可引起鼻腔、口腔、鼻咽、咽喉、皮肤和消化道的癌症，国际癌症研究所已建议将其作为可疑致癌物对待。

（2）室内空气中的甲醛来源　用作室内装饰的胶合板、细木工板、中密度纤维板和刨花板等人造板材中均含有甲醛。因为甲醛具有较强的黏合性，还具有加强板材的硬度及防虫、防腐的功能，所以用来合成多种黏合剂，如脲醛树脂、三聚氰胺甲醛、氨基甲醛树脂、酚醛树脂等。目前生产人造板使用的胶黏剂是以甲醛为主要成分的脲醛树脂，板材中残留的和未参与反应的甲醛会逐渐向周围环境释放，是形成室内空气中甲醛的主体。含有甲醛成分并有可能向外界散发的其他各类装饰建筑材料包括脲醛泡沫树脂作为隔热材料的预制板、贴墙布、贴墙纸、化纤地毯、泡沫塑料、油漆和涂料等。生活用品，如液化石油气、消毒剂、清洗剂等也会是室内甲醛释放源，但比起室内家装建材而言，生活用品的甲醛释放量就微乎其微了。另外，香烟及一些有机材料燃烧后也会散发甲醛。

室内空气中甲醛浓度的高低与室内温度、相对湿度，室内建材散发率指标，室内建材的装载度及室内换气数（即室内空气流通量）等因素密切相关。从图 10.1 可以看出，室内的温度和湿度增加后会使室内空气中的甲醛浓度增大。当房间温度提高 5～6℃时，甲醛的浓度会加倍，而当湿度提高 40％时，也会使甲醛的浓度增加 40％。因此夏天室内甲醛的挥发相对要大于冬天的情况。在一定的条件下，室内空气中甲醛浓度可累积到标准允许水平以上，而且释放期比较长，日本横滨国立大学的研究表明，室内甲醛的释放期一般为3～15年。

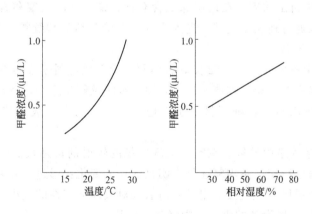

图 10.1　温度和湿度对对室内甲醛浓度的影响

10.4.2　氡及其子体

众所周知，一些天然石材具有放射性危害，它对健康的危害主要有两个方面，即体内辐射与体外辐射。

体内辐射主要来自于放射性辐射在空气中的衰变而形成的一种放射性物质氡及其子体。氡是自然界唯一的天然放射性气体，氡在作用于人体的同时会很快衰变成人体能吸收的核素，进入人的呼吸系统造成辐射损伤，诱发肺癌。

体外辐射主要是指天然石材中的辐射体直接照射人体后产生一种生物效果，会对人体内的造血器官、神经系统、生殖系统和消化系统造成损伤。

(1) 氡的化学性质及其对健康的危害　自然界中任何物质都含有天然放射性元素，只不过不同物质的放射性元素含量不同罢了。经检测，石材中的放射性主要是镭、钍、铀三种放射性元素在衰变中产生的放射性物质。如可衰变物质的含量过大，即放射性物质的"比活度"过高，则对人体是有害的。氡是由放射性元素镭衰变产生的自然界唯一的天然放射性惰性气体，它没有颜色、也没有任何气味。氡在空气中的氡原子的衰变产物被称为氡子体，为金属粒子。常温下氡及其子体在空气中能形成放射性气溶胶而污染空气，由于它无色无味，很容易被人们忽视，但它却容易被呼吸系统截留，并在局部区域不断积累。长期吸入高浓度氡最终可诱发肺癌。

氡对人类的健康危害主要表现为确定性效应和随机效应。

① 确定性效应表现为：在高浓度氡的暴露下，机体出现血细胞的变化。氡对人体脂肪有很高的亲和力，特别是氡与神经系统结合后，危害更大。

② 随机效应主要表现为肿瘤的发生。由于氡是放射性气体，当人们吸入体内后，氡衰变产生的 α 粒子可对人的呼吸系统造成辐射损伤，诱发肺癌。专家研究表明，氡是除吸烟以外引起肺癌的第二大因素。世界卫生组织（WHO）的国际癌症研究中心（IARC）以动物实验证实了氡是当前认识到的 19 种主要的环境致癌物质之一。从 20 世纪 60 年代末期首次发现室内氡的危害至今，科学研究发现，氡对人体的辐射伤害占人体一生中所受到的全部辐射伤害的 55% 以上，其诱发肺癌的潜伏期大多都在 15 年以上，世界上有 1/5 的肺癌患者与氡有关。据美国国家安全委员会估计，美国每年因为氡而死亡的人数高达 30000 人。据不完全统计，我国每年因氡致肺癌为 50000 例以上。

(2) 室内氡的来源　室内氡的来源主要有以下几个方面。

① 从地基土壤中析出的氡。在地层深处含有铀、镭、钍的土壤和岩石中可以发现高浓度的氡。这些氡可以通过地层断裂带，进入土壤，并沿着地的裂缝扩散到室内。一般而言，低层住房室内氡含量较高。

② 从建筑材料中析出的氡。1982 年联合国原子辐射效应科学委员会的报告中指出，建筑材料是室内氡的最主要来源，如花岗岩、砖沙、水泥及石膏之类，特别是含有放射性元素的天然石材易于释放出氡。各种石材由于产地、地质结构和生成年代不同，其放射性也不同。

③ 从户外空气带入室内的氡。在室外空气中氡的辐射剂量是很低的，可是一旦进入室内，就会在室内大量地积聚。室内氡还具有明显的季节变化：通过实验可得，冬季最高，夏季最低。可见，室内通风状况直接决定了室内氡气对人体危害性的大小。

④ 从用于取暖和厨房设备的天然气中释放出的氡。

我国存在着严重的氡污染问题，1994 年以来我国调查了 14 座城市的 1524 个写字楼和居室，每立方米空气中氡含量超过国家标准的占 68%，氡含量最高的达到 569Bq，是国家标准的 6 倍。有关部门曾对北京地区公共场所进行室内氡含量调查，发现室内氡含量最高值是室外的 3.5 倍。

10.4.3　VOCs

(1) VOCs 的危害　室内空气中挥发性有机物包含的种类非常多。除许多 VOCs 的个体具有危害外，国外有学者还提出用总挥发性有机物来考察多种 VOCs 联合作用时对人体健康的影响，指出 TVOC 在 $0.2\,mg/m^3$ 以下时不会影响人体健康，在 $0.2\sim3\,mg/m^3$ 范围内可能产生刺激等不适应症状，在 $3\sim25\,mg/m^3$ 范围内会产生刺激、头痛及其他症状，而 $>25\,mg/m^3$ 时，对人体的毒性效应非常明显。有实验研究显示，暴露于 $0.025\,mg/m^3$ 的 22 种 VOCs 会使人产生头痛、疲倦和瞌睡，浓度在 $0.188\,mg/m^3$ 时导致昏眩和昏睡，而当浓度超过 $35\,mg/m^3$ 时可能会导致昏迷、抽筋、甚至死亡。即使室内空气中单个 VOCs 含量都远远低于其限制浓度，但由于多种 VOCs 的混合存在及其相互作用，使危害强度增大，整体暴露后对人体健康的危害仍相当严重。

（2）室内 VOCs 的来源　室内 VOCs 除来自于室外污染源外，主要来自于室内污染源。这些室内污染源包括建筑和装潢材料，干洗、胶水、化妆品等日常用品的使用和烹调、吸烟等日常生活及新陈代谢活动等。

随着人们生活水平的提高和居住条件的改善，大量新型的建筑和装潢材料被用于居室中。建筑材料和装潢材料散发产生的污染物列于表 10.4，其中包含了很多的 VOCs。这些污染物不仅在施工过程中释放，而且还在长期使用过程中缓慢释放，不同程度地对居室内的人体健康起到危害作用。

表 10.4　装潢材料散发气体污染物种类及发生量　　　单位：$\mu g/h \cdot cm^2$

污染物	胶黏剂	胶水	油毡	地毯	涂料	油漆	稀释剂
烷烃	1200						
丁醇	7300						760
癸烷	6800						
甲醛			44	150			
甲苯	250	750	110	160	150		310
苯乙烯	20						
三甲苯	7300	120					
十一烷						280	
二甲苯	28						310

人体（包括宠物及植物）散发的气体污染物如表 10.5 中所示。人在室内抽烟也会散发出大量的气体污染物（见表 10.6），使空气品质变差。这其中都包含了 VOCs。

表 10.5　人体散发气体污染物种类及发生量　　　单位：$\mu g/h$

污染物	发生量	污染物	发生量	污染物	发生量
乙醛	35	一氧化碳	10000	三氯乙烯	1
丙酮	475	二氯乙烷	0.4	四氯乙烷	1.4
氨	15600	三氯甲烷	3	甲苯	23
苯	16	硫化氢	15	氯乙烯	4
丁酮	9700	甲烷	1710	三氯乙烷	42
二氧化碳	32000000	甲醇	6	二甲苯	0.003
氯代甲基蓝	88	丙烷	1.3		

表 10.6　香烟散发的气溶胶及气体污染物种类及发生量　　　单位：mg/支

污染物	发生量	污染物	发生量	污染物	发生量
二氧化碳	10~60	丙烷	0.05~0.3	氨	0.01~0.15
一氧化碳	1.8~17	甲苯	0.02~0.2	焦油	0.5~35
氮氧化物	0.01~0.6	苯	0.015~0.1	尼古丁	0.05~2.5
甲烷	0.2~1	甲醛	0.015~0.05	乙醛	0.01~0.05
乙烷	0.1~0.6	丙烯醛	0.02~0.15		

（3）室内 VOCs 存在状况　表 10.7 则按类别列出室内空气中常见 VOCs 的浓度范围。从表 10.7 可以看出，在各种类型的室内环境中都存在大量的 VOCs，检测出的 VOCs 种类多达 200 多种，主要是脂肪烃、芳香烃及其卤代化合物。VOCs 的浓度变化范围很大，这是因为室内 VOCs 的浓度受到室外大气质量、室内污染源（主要是装饰材料），及 VOCs 的相互化学反应、通风状况等因素的影响。一般新建或刚装修过的室内环境 VOCs 浓度较高。目前，室内空气中 TVOC 的研究数据较少，并且文献报道的 TVOC 通常不具有直接可比性。

表 10.7　室内空气中常见 VOCs 的浓度范围

VOCs		浓度范围 /(μg/m³)	VOCs		浓度范围 /(μg/m³)
脂肪烃	环己烷	5～230	卤代烃	三氯氟甲烷	1～230
	甲基环戊烷	0.1～139		二氯甲烷	20～5000
	己烷	100～269		氯仿	10～50
	庚烷	50～500		四氯化碳	200～1100
	辛烷	50～550		1,1,1-三氯乙烷	10～8300
	壬烷	10～400		三氯乙烯	1～50
	癸烷	10～1100		四氯乙烷	1～617
	十一烷	5～950		氯苯	1～500
	十二烷	10～220		1,4-二氯苯	1～250
	2-甲基戊烷	10～200	醇	甲醇	0～280
	2-甲基己烷	5～278		乙醇	0～15
芳香烃	苯	10～500		2-丙醇	0～10
	甲苯	50～2300	醛	甲醛	0.02～1.5
	乙苯	5～380		乙醛	10～500
	正丙基苯	1～6		己醛	1～10
	1,2,4-三甲基苯	10～400	酮	2-丙酮	5～50
	联苯	0.1～5		2-丁酮	10～600
	间/对-二甲苯	25～300	酯	乙酸乙酯	1～240
萜烃	α-蒎烯	1～605		正醋酸	2～12
	莱烯	20～50			

10.4.4　氨

（1）氨的化学性质及其对人体的危害　氨是一种无色而具有强烈刺激性臭味的气体，比空气轻（相对密度为 0.5），可感觉最低浓度为 5.3×10^{-6}。氨是一种碱性物质，它对接触的皮肤组织都有腐蚀和刺激作用。可以吸收皮肤组织中的水分，使组织蛋白变性，并使组织脂肪皂化，破坏细胞膜结构。氨的溶解度极高，所以主要对动物或人体的上呼吸道有刺激和腐蚀作用，减弱人体对疾病的抵抗力。浓度过高时除腐蚀作用外，还可通过三叉神经末梢的反射作用而引起心脏停搏和呼吸停止。氨通常以气体形式吸入人体。进入肺泡内的氨，少部分为二氧化碳所中和，余下被吸收至血液，少量的氨可随汗液、尿或呼吸排出体外。

（2）室内空气中氨的来源　主要来自建筑施工中使用的混凝土外加剂，特别是在冬季施工过程中，在混凝土墙体中加入尿素和氨水为主要原料的混凝土防冻剂，这些含有大量氨类物质的外加剂在墙体中随着温、湿度等环境因素的变化而还原成氨气从墙体中缓慢释放出来，造成室内空气中氨的浓度大量增加。

另外，室内空气中的氨也可来自室内装饰材料中的添加剂和增白剂，但是，这种污染释放期比较快，不会在空气中长期大量积存，对人体的危害相应小一些。

10.5　通风与室内空气质量

10.5.1　室内空气质量与室外空气质量的关系

通常认为室内环境能保护人们受到室外污染空气的危害，西方国家在出现烟雾报警期间也要求人们尽量停留在室内减少户外活动。但实际上室内环境对免受室外污染危害的保护作用是有限的。对于一些反应活性较大的气体如 SO_2 和 O_3，其室内浓度往往只有室外浓度的几分之一。通常对于 SO_2 而言，当室外 SO_2 浓度较高时，室内室外的浓度比值（I/O）在 $0.3 \sim 0.5$；而当室外 SO_2 浓度较低时，I/O 在 $0.7 \sim 0.9$。由于 O_3 的活性很高，其在从室外向室内迁移过程中衰减很快，所以 I/O 通常在 $0.1 \sim 0.3$，有时也能达到 0.7。室内臭氧的来源并不是室外而是室内的一些臭氧发生源如静电空气净化器、离子发生器和办公室的静电复印机等。

NO_2 同样也是活性较高的气体，在无室内源的情况时，I/O 通常小于 1，如国外报道过采用电加热炉的房间 NO_2 的 I/O 为 0.38。但在使用燃气烹调器具和无通风的气体或柴油取暖器时，室内的 NO_2 浓度就可能会是室外的 2 倍或以上。

由于 CO 是化学不活泼气体，无明显的迁移衰减情况，在无室内污染源的情况下，CO 的 I/O 接近 1，所以在烟雾报警时期停留在室内是无法减轻 CO 的暴露水平的。但当室内使用燃烧装置时，室内的 CO 浓度会高出环境 CO 浓度很多。

各类非甲烷烃（NMHCs）广泛存在于室内和室外空气中。由于室内放置了各式各样的含溶剂的物件，所以室内的 NMHCs 浓度要大于室外（I/O 为 $1.5 \sim 1.9$）。

对于颗粒物而言，报道的 I/O 值范围在 $0.3 \sim 3.5$ 不等。室内的颗粒物浓度取决于吸烟、烹调等室内活动的情况。还取决于采用何种烹调燃料、是否使用了空气净化器和通风情况等。吸烟是室内可吸入颗粒物浓度增加的一个极其重要的因素。表 10.8 所示为两起吸烟对可吸入颗粒物 I/O 的影响研究结果。值得一提的是，即使在没有吸烟的情况下，室内空气中可吸入颗粒的浓度也比室外要高。

表 10.8　吸烟对可吸入颗粒物 I/O 的影响研究结果

研究 1	I/O 比值
吸烟的居室	4.4
不吸烟的居室	1.4
办公室	1.1
研究 2	I/O 比值
一个吸烟者的居室	1.7
两个以上吸烟者的居室	3.3
无吸烟者的居室	1.2

尽管土壤、岩石等会向环境中释放氡，但室外环境中的氡浓度还是很低的。而由于一些特殊的物理现象，室内空气中的氡往往比室外高好几个数量级。

甲醛是在室外和室内都广泛存在的一种空气污染物。室外环境中的甲醛主要来自于机动车尾气的直接排放和大气化学反应的生成物。在污染严重时段空气中甲醛的峰值浓度可达 0.1×10^{-6}。但一般城市空气中的甲醛浓度很少超过 0.05×10^{-6}，通常在 0.01×10^{-6} 以下。而居室内甲醛浓度取决于污染的来源和测试时的环境条件，通常范围在 $(0.02 \sim 0.40) \times 10^{-6}$

或更高。因此，通常是室内的甲醛对人体造成危害。

10.5.2　通风换气作用

室内空气污染物的浓度可以通过污染程度较低的室外空气的稀释作用而降低。这些稀释作用可以部分或完全地通过渗漏、自然通风、强制或机械通风来完成。对于民用建筑，在较适宜的天气条件下可通过打开门窗来换气；在夏天和冬天则因门窗的关闭而主要通过渗漏来换气。另外，渗漏对于那些主要通过强制通风的公共场所的换气也有一定的作用。

（1）渗漏风　所有的建筑物结构都有通透性，即建筑物的壳体含有很多空气进出的通道，包括门窗、进出管道周围的缝隙等，也包括进出风口。室内、室外空气的渗漏交换取决于建筑物的密封程度及室内外温差和风速等环境因素。以上环境因子对建筑物换气的影响如图 10.2 所示。在大风和寒冷的天气中换气率高，而在平静适宜的天气时室内外温差小换气率也较低。在取暖季节，室内外温差所导致的压差会在建筑物的底部吸入空气而在顶部排出空气。这也就是所谓的拔风效应。对所有的建筑物（包括单层结构）而言都有这样的现象存在，不过在高层建筑中表现的明显。

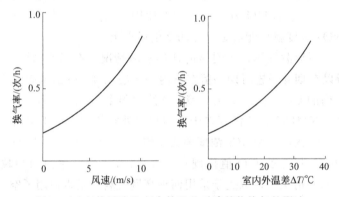

图 10.2　室外风速和室内外温差对建筑物换气的影响

（2）自然通风　当建筑物的门窗打开的时候，也就是处于自然通风的状态。自然通风的换气率取决于门窗的开度、门窗相互之间的排列位置、通风的时间和温差、风速等环境因子。除那些常年空调的建筑物外，民用建筑和一些非居住的建筑物往往在温暖的天气里通过自然通风来确保室内的舒适。

（3）机械通风　大型的办公、商业和公共机构建筑通常采用机械通风来控制室内污染的程度。机械通风既包括全面稀释通风，又包括局部排气通风。

很多大型建筑物通过全面稀释通风来稀释和除去人体散发的污染物（如表 10.5 所示）和降低室内空气污染的水平。采用机械通风来进行污染控制主要是基于以下的规则，即每次换气可将室内污染物的浓度稀释降低一倍。机械通风对于吸烟、复印等过程的阵发性的污染和人体散发的污染较为有效，而对于扩散散发的甲醛和 VOCs 等的污染效果不明显。

很多研究工作试图评估全面稀释通风与减低室内污染物浓度和减少房屋使用者不适抱怨间的关系。总的来说，在 $36m^3/(h \cdot 人)$ 的通风量值以下增大通风量的话，控制效果明显，而在该量值以上进一步提高通风量的话，改善的效果就不明显了。多年以来形成了这样的共识，为保证舒适和无异味必须有足够的通风量才行。因此形成了许多通风量的指导值以供通风系统的设计和运行之用。通常通过通风稀释要将室内的 CO_2 浓度控制在 800×10^{-6} 或 1000×10^{-6} 的水平以下。我国的室内空气中 CO_2 卫生标准（GB/T 17094—1997）也要求将

室内的 CO_2 浓度控制在 1000×10^{-6} 的水平以下。

局地排气可用于一些特定场合的室内空气污染水平的降低。当污染源已知且污染源的散发速率较高而同时难以采用全面通风的情况下就需要采用局地排气系统。在室内空气污染控制中，局地排气可用来控制卫生间异味、燃烧装置的烟气及实验室的排气等场合。局地排气系统通常包括集气、管道、净化装置、风机、排气筒等部分。

10.5.3　通风换气中的一些基本概念

新风量（air change flow）：在门窗关闭的状态下，单位时间内由空调系统通道、房间的缝隙进入室内的空气总量，单位 m^3/h。

空气交换率（air change rate）：单位时间（h）内由室外进入到室内空气的总量与该室室内空气总量之比，单位 h^{-1}。

换气率（ventilation rate）：指在 1h 内由室外进入室内空气量与该室室内空气量之百分比。

10.6　室内空气污染源的控制

对于室内空气污染的控制可以通过防止问题的产生和对已经比较明显的问题进行控制处理两个方面进行。室内空气污染控制主要可以通过三种途径实现，即污染源控制、通风和室内空气净化。其中污染源控制是指从源头着手避免或减少污染物的产生；或利用屏障设施隔离污染物，不让其进入室内环境。消除或减少室内污染源是改善室内空气质量、提高舒适性的最经济有效的途径，在可能的情况下应优先考虑。

室内污染源的控制管理包括两个方面。一是减少室内污染源的数量，二是减少室内污染源的散发。

从理论上讲，最理想的室内空气污染控制方法是用无污染或低污染的绿色建筑装饰材料取代高污染材料、室内尽量采用洁净的能源等，从而避免或减少室内空气污染物产生。如，新建或改建楼房时，应尽可能停止使用产生石棉粉尘的石棉板和产生甲醛的脲醛泡沫塑料。使用原木木材、软木胶合板和装饰板，而不用刨花板、硬木胶合板、中强度纤维板等，可减少室内甲醛散发量。集中供热，用电取暖和做饭，或配备性能可靠的通风系统，可避免燃烧烟气进入室内空气环境。良好的建筑设计可以减少来自室外的汽车尾气等的污染。正确选址或使用密闭性强的建筑材料，可避免或减少氡进入室内。正确选择涂料及家具，例如，用水基漆替代油基漆，可以避免或减少挥发性有机化合物进入室内。另外，通过综合途径而不是依赖杀虫剂来控制室内的害虫。通过这类措施和方法可排除那些可能造成室内污染的源。

污染源的去除，即识别并从室内去除污染源从而减低室内污染程度，也是一种有效方法。对于一个多污染源的室内环境而言，识别并移去主要污染源是有效控制的先决条件。

不使用不带通风系统的煤油炉和明火煤气炉、使用电炉烹调可有效减少燃烧副产物的污染。在办公室和公共建筑物内，良好的建筑设计可以阻止机动车尾气进入人员活动区域。

正确勘察选择建筑物的基地可以避免氡污染。

在有霉菌类污染的建筑物中应清除霉变的建筑材料和家具陈设。

室内禁止吸烟也是污染源排除的措施之一。

对于已经存在的室内空气污染源，应在摸清污染源特性及其对室内环境的影响方式的基础上，采用撤出室内、封闭或隔离等措施，防止散发的污染物进入室内环境，即通过对污染源的处理和改善以减少污染物的散发（散发速率）。

例如，对于暴露于环境的碎石棉，可通过喷涂密封胶的方法将其严密封闭，其成本远低于彻底清除。对于新的刨花板和硬木胶合板之类散发大量甲醛的木制品，可在其表面覆盖甲醛吸收剂。这些材料老化后，可涂覆虫漆胶，阻止水分进入树脂，从而抑制甲醛释放（水分会帮助树脂释放游离态甲醛）。如通过乙烯基材料的表面涂层方式延缓建材装饰材料中所含甲醛的挥发速率，从而控制减少室内浓度。

可通过密封大理石贴面、地板和混凝土的接缝减少氡的逸出。

10.7　室内空气污染净化控制技术概要

与前述的污染控制技术一样，室内空气污染的净化控制也可分为颗粒污染物的净化和气态污染物的净化两大部分。但由于室内空气中污染物的浓度较低，温度为常温及排气一般还要回到室内等特点，使得对净化工艺和设备的选择有了限定。

（1）颗粒物的净化　颗粒物的净化很早就应用于空调通风系统。通常采用的设备有过滤器和静电沉积器。

纤维过滤器又可分成低效、中效、高效及超高效等类型。粗效过滤器主要用于阻挡 $10\mu m$ 以上的沉降性微粒和各种异物；中效过滤器主要用于阻挡 $1\sim10\mu m$ 的悬浮性微粒，以免其在高效过滤器表面沉积而很快将高效过滤器堵塞；高效过滤器（或亚高效过滤器）主要用于过滤含量最多、用粗效和中效过滤器都不能或很难过滤掉的 $1\mu m$ 以下的亚微米级微粒。室内空气过滤器形式主要包括家用滤尘袋、居室空气净化器、通风过滤单元、空调过滤单元、真空吸尘器滤袋及呼吸器等。滤料采用合成纤维、玻璃纤维及纤维素纤维。

静电沉积器属高效净化系统。其工作原理如前面相关章节所述。

目前超高效过滤净化器对于最难控制的 $0.3\mu m$ 颗粒的净化效率可达 99.97%。高效、超高效的颗粒物净化系统可有效的去除室内空气中的颗粒物和霉菌孢子。

与以下的气态污染物控制技术相比，颗粒物的控制技术相对较为容易，且较为经济有效。

（2）吸附技术控制室内 VOCs　吸附技术是目前去除室内 VOCs 最常用的控制技术，常用的吸附剂有：颗粒活性炭、活性炭纤维、沸石、分子筛、多孔黏土矿石、活性氧化铝及硅胶等，其中又以颗粒活性炭、含高锰酸钾的活性氧化铝及改性颗粒活性炭最常用。

活性炭能有效的吸附净化那些大分子量的化合物（如苯系物、氯仿等），但对于甲醛之类的小分子量物质的净化效果一般，必须采用含高锰酸钾的活性氧化铝及改性颗粒活性炭。据报道，活性炭对浓度在 $100mg/m^3$ 左右的 VOCs 有较好的净化效果，其使用周期约在 1000h 以上，但是净化效果随使用时间的延长会有所下降。日本开发了一种清除细菌的活性炭过滤器，可以有效吸收 VOCs，但使用期很短，运行费用高。目前，商业化的活性炭空气净化器层厚度在 $1.25\sim7.5cm$ 之间，停留时间在 $0.025\sim0.1s$。

（3）光催化氧化技术　光催化净化是基于光催化剂在紫外线照射下具有的氧化还原能力而净化污染物。目前的研究表明，室内空气中的大多数 VOCs 都能被光催化氧化（见表10.9），但对挥发性有机物的气相光催化降解产物一直存在争议，一般认为挥发性有机化合物的光催化降解比较完全，主要生成 CO_2 和 H_2O，但目前越来越多的研究发现，光催化降解有大量的副产物生成，反应的最终产物形式取决于反应时间、反应条件等因素。理论上光催化反应可能会产生如醛酮、酯和酸等中间产物。

表 10.9 可被光催化氧化技术处理的 VOCs

类别	化合物	类别	化合物
芳香族	苯,甲苯,二甲苯,苯乙烯	脂肪烃类	乙烯,丙烯,四甲基乙烯,1,3-丁二烯
含氮环状化合物	嘧啶,甲基吡啶,尼古丁	萜烯	蒎烯
醛	乙醛,甲醛	含硫有机物	甲基噻吩
酮	丙酮,丁酮	氯乙烯	二氯乙烯,三氯乙烯,四氯乙烯
醇	甲醇,乙醇,丙醇	乙酰氯化物	二氯乙酰氯,三氯乙酰氯

近年来,光催化净化空气技术越来越受到重视,成为各国研究和开发的热点,其原因是该法具有以下优点:①广谱性,迄今为止的研究表明光催化对几乎所有的污染物都具有治理能力;②经济性,光催化在常温下进行,直接利用空气中的 O_2 作氧化剂,气相光催化可利用低能量的紫外灯,甚至直接利用太阳光;③灭菌消毒,利用紫外光控制微生物的繁殖已在生活中广泛使用,光催化灭菌消毒不仅仅是单独的紫外光作用,而是紫外光和催化的共同作用,无论从降低微生物数目的效率,还是从杀灭微生物的彻底性,从而使其失去繁殖能力的角度考虑,其效果都是单独采用紫外光技术或过滤技术所无法比拟的。

(4) 组合技术控制室内 VOCs 由于活性炭的吸附有一定的使用期限,需定期的更换,并且对小分子 VOCs 的吸附能力较差,但这部分 VOCs 却对人体健康有着重要影响。光催化技术也存在着催化剂的失活及催化剂固定化后催化效率的降低等困难。通过活性炭吸附与光催化氧化技术组合应用,利用活性炭的吸附能力将 VOCs 浓集于特定区域,从而提高光催化氧化反应速率,且可以吸附中间副产物使其进一步被催化氧化,达到完全净化。另外,由于被吸附的污染物在光催化剂的作用下,参与了氧化反应,使活性炭经光催化氧化而去除吸附的污染物得以再生,从而延长使用周期。目前,此项技术尚处于探索阶段,有关活性炭与光催化剂的组合方式及机理等,还不十分清楚。将光催化氧化与臭氧氧化组合,即将臭氧装置产生的臭氧进入光催化反应装置,利用其协同作用高效分解有机污染物、灭菌和除臭等也是目前重要的研究方向之一。

另外还有一些空调厂家提出了等离子净化的概念,其实际的效果还有待实践的考察。对于室内污染而言,建筑装饰材料的合理选择、良好的换气通风是解决问题的根本措施。在使用室内净化系统时必须加强对净化系统本身的维护和管理,否则一些净化设备本身会成为新的污染来源。

综合思考题

1. 通过收集资料谈谈你对当前我国大气污染现状、趋势和控制对策的看法。

2. 通过收集资料总结国外空气质量控制的经验与得失。

3. 通过第 2 章学习，谈谈你对空气污染气象学在大气污染控制中作用的认识。

4. 试说明压力表式高度计的工作原理。

5. 试分析城市热岛效应对大气污染扩散的影响。

6. 从控制燃烧条件的角度出发，谈谈不完全燃烧产物和 NO_x 控制之间的关系的认识。

7. 根据表 4.1 的数据，分析燃料替代策略对大气污染的影响。

8. 通过收集我国能源消费量信息，结合污染排放因子分析我国大气污染物的来源。

9. 与废水收集系统相比，空气污染物收集系统有哪些特点。你对提高集气罩的捕集率有何建议。

10. 收集资料调研美国的大气污染源排放标准系统，与我国现有的大气污染控制标准体系进行比较，并予以评述。

11. 试分析区域联防联控的必要性。

12. 试从互联网上找出所在城市当天的空气污染物浓度公报值，计算出 AQI 并与公报的 AQI 比较。

13. 收集资料讨论空气中的 $PM_{2.5}$ 与污染源排放的 $PM_{2.5}$ 的关系。

14. 与颗粒物净化相比气态污染物的净化工艺具有什么特点？

15. 与物理吸收相比，化学吸收在哪些方面改善了吸收过程？

16. 对于径向流吸附装置，污染气流方向从里向外还是从外向内好，为什么？

17. 对于大风量低浓度的有机气体，可行的净化工艺路线有哪些？

18. 蓄热燃烧是如何降低燃烧过程能耗问题的，其气路所用切换阀门技术发展情况如何。

19. 与传统的气态污染物净化方法相比，新的气态污染物转化降解技术的开发推动力是什么？

20. 设计试验方案测定一定流速下吸附床层的 MTZ 不饱和度。

21. 与传统的气态污染物净化方法相比，新的气态污染物转化降解技术具有什么特点。

22. 试通过对主要室内空气污染物散发特性的比较提出相应的控制对策。

附　　录

附录1　空气的重要物性

温度 /℃	密度 /(kg/m³)	比热容		导热系数		黏度 /(10⁻⁵Pa·s)	运动黏度 /(10⁻⁶m²/s)	普兰特数 Pr
		/[kJ/(kg·K)]	/[kcal/(kg·℃)]	/[W/(m·K)]	/[kcal/(m·h·℃)]			
−50	1.584	1.013	0.242	0.0204	0.0175	1.46	9.23	0.728
−40	1.515	1.013	0.242	0.0212	0.0182	1.52	10.04	0.728
−30	1.453	1.013	0.242	0.0220	0.0189	1.57	10.80	0.723
−20	1.359	1.009	0.241	0.0228	0.0196	1.62	11.60	0.716
−10	1.342	1.009	0.241	0.0236	0.0203	1.67	12.43	0.712
0	1.293	1.005	0.240	0.0244	0.0210	1.72	13.28	0.707
10	1.247	1.005	0.240	0.0251	0.0216	1.77	14.16	0.705
20	1.205	1.005	0.240	0.0259	0.0223	1.81	15.06	0.703
30	1.165	1.005	0.240	0.0267	0.0230	1.86	16.00	0.701
40	1.128	1.005	0.240	0.0276	0.0237	1.91	16.96	0.699
50	1.093	1.005	0.240	0.0283	0.0243	1.96	17.95	0.698
60	1.060	1.005	0.240	0.0290	0.0249	2.01	18.97	0.696
70	1.029	1.009	0.241	0.0297	0.0255	2.06	20.02	0.694
80	1.000	1.009	0.241	0.0305	0.0262	2.11	21.09	0.692
90	0.972	1.009	0.241	0.0313	0.0269	2.15	22.10	0.690
100	0.946	1.009	0.241	0.0321	0.0276	2.19	23.13	0.688
120	0.898	1.009	0.241	0.0334	0.0287	2.29	25.45	0.686
140	0.854	1.013	0.242	0.0349	0.0300	2.37	27.80	0.684
160	0.815	1.017	0.243	0.0364	0.0313	2.45	30.09	0.682
180	0.779	1.022	0.244	0.0378	0.0325	2.53	32.49	0.681
200	0.746	1.026	0.245	0.0393	0.0338	2.60	34.85	0.680
250	0.674	1.038	0.248	0.0429	0.0367	2.74	40.61	0.677
300	0.615	1.048	0.250	0.0461	0.0396	2.97	48.33	0.674
350	0.566	1.059	0.253	0.0491	0.0422	3.14	55.46	0.676
400	0.524	1.068	0.255	0.0521	0.0448	3.31	63.09	0.678
500	0.456	1.093	0.261	0.0575	0.0494	3.62	79.38	0.687
600	0.404	1.114	0.266	0.0622	0.0535	3.91	96.89	0.699
700	0.362	1.135	0.271	0.0671	0.0577	4.18	115.4	0.706
800	0.329	1.156	0.276	0.0718	0.0617	4.43	134.8	0.713
900	0.301	1.172	0.280	0.0763	0.0656	4.67	155.1	0.717
1000	0.277	1.185	0.283	0.0804	0.0694	4.90	177.1	0.719
1100	0.257	1.197	0.286	0.0850	0.0731	5.12	199.3	0.722
1200	0.239	1.206	0.288	0.0915	0.0787	5.35	233.7	0.724

附录 2 空气的物理参数（101325Pa）

| 空气温度 $t/℃$ | 1m³ 干空气 | | | 饱和水蒸气 压力/kPa | 饱和时水蒸气的含量/g | | |
	质量 /kg	自 0℃换算成 t℃时的体积值 $(1+at)/m^3$	自 t℃换算成 0℃时的体积值 $\left(\dfrac{1}{1+at}\right)/m^3$		在 1m³ 湿空气中	在 1kg 湿空气中	在 1kg 干空气中
−20	1.396	0.927	1.079	0.1236	1.1	0.8	0.8
−19	1.390	0.930	1.075	0.1353	1.2	0.8	0.8
−18	1.385	0.934	1.071	0.1488	1.3	0.9	0.9
−17	1.379	0.938	1.066	0.1609	1.4	1.0	1.0
−16	1.374	0.941	1.062	0.1744	1.5	1.1	1.1
−15	1.368	0.945	1.058	0.1867	1.6	1.2	1.2
−14	1.363	0.949	1.054	0.2065	1.7	1.3	1.3
−13	1.358	0.952	1.050	0.2240	1.9	1.4	1.4
−12	1.353	0.956	1.046	0.2642	2.0	1.6	1.6
−11	1.348	0.959	1.042	0.2642	2.2	1.6	1.6
−10	1.342	0.963	1.038	0.2790	2.3	1.7	1.7
−9	1.337	0.967	1.031	0.3022	2.5	1.9	1.9
−8	1.332	0.971	1.030	0.3273	2.7	2.0	2.0
−7	1.327	0.974	1.026	0.3544	2.9	2.2	2.2
−6	1.322	0.978	1.023	0.3834	3.1	2.4	2.4
−5	1.317	0.982	1.019	0.4150	3.4	2.6	2.60
−4	1.312	0.985	1.015	0.4490	3.6	2.8	2.80
−3	1.308	0.989	1.011	0.4858	3.9	3.0	3.00
−2	1.303	0.993	1.007	0.5254	4.2	3.2	3.20
−1	1.298	0.996	1.004	0.5684	4.5	3.5	3.50
0	1.293	1.000	1.000	0.6133	4.9	3.8	3.80
1	1.288	1.001	0.996	0.6586	5.2	4.1	4.10
2	1.284	1.007	0.993	0.7069	5.6	4.3	4.30
3	1.279	1.011	0.989	0.7582	6.0	4.7	4.70
4	1.275	1.015	0.986	0.8129	6.4	5.0	5.00
5	1.270	1.018	0.982	0.8711	6.8	5.4	5.40
6	1.265	1.022	0.979	0.9330	7.3	5.7	5.82
7	1.261	1.026	0.975	0.9989	7.7	6.1	6.17
8	1.256	1.029	0.972	1.0688	8.3	6.6	6.69
9	1.252	1.033	0.968	1.1431	8.8	7.0	7.12
10	1.248	1.037	0.965	1.2219	9.4	7.5	7.64
11	1.243	1.040	0.961	1.3015	9.9	8.0	8.07
12	1.239	1.044	0.958	1.3942	10.6	8.6	8.69
13	1.235	1.048	0.955	1.4882	11.3	9.2	9.30
14	1.230	1.051	0.951	1.5876	12.0	9.8	9.91
15	1.226	1.055	0.948	1.6931	12.8	10.5	10.62
16	1.222	1.059	0.945	1.8047	13.6	11.2	11.33
17	1.217	1.062	0.941	1.9227	14.4	11.9	12.10
18	1.213	1.066	0.938	2.0475	15.3	12.7	12.93
19	1.209	1.070	0.935	2.1817	16.2	13.5	13.75
20	1.205	1.073	0.932	2.3186	17.2	14.4	14.61
21	1.201	1.077	0.929	2.4658	18.2	15.3	15.60
22	1.197	1.081	0.925	2.6210	19.3	16.3	16.60

续表

空气温度 t/℃	1m³ 干空气			饱和水蒸气压力/kPa	饱和时水蒸气的含量/g		
	质量 /kg	自 0℃换算成 t℃时的体积值 $(1+at)$/m³	自 t℃换算成 0℃时的体积值 $\left(\dfrac{1}{1+at}\right)$/m³		在 1m³ 湿空气中	在 1kg 湿空气中	在 1kg 干空气中
23	1.193	1.084	0.922	2.7849	20.4	17.3	17.68
24	1.189	1.088	0.919	2.9577	21.6	18.4	18.81
25	1.185	1.092	0.916	3.1398	22.9	19.5	19.95
26	1.181	1.095	0.913	3.3315	24.2	20.7	21.20
27	1.177	1.099	0.910	3.5337	25.6	22.0	22.55
28	1.173	1.103	0.907	3.7465	27.0	23.1	24.01
29	1.169	1.106	0.904	3.9706	28.5	24.8	25.47
30	1.165	1.110	0.901	4.2061	30.1	26.3	27.03
31	1.161	1.111	0.898	4.4538	31.8	27.8	28.65
32	1.157	1.117	0.895	4.7142	33.5	29.5	30.41
33	1.154	1.121	0.892	4.9878	35.4	31.2	32.29
34	1.150	1.125	0.889	5.2750	37.3	33.1	34.23
35	1.146	1.128	0.886	5.5765	39.3	35.0	36.37
36	1.142	1.132	0.884	5.8930	41.4	37.0	38.58
37	1.139	1.136	0.881	6.2250	43.6	39.2	40.90
38	1.135	1.139	0.878	6.5731	45.9	41.1	43.35
39	1.132	1.143	0.875	6.9380	48.3	43.8	45.93
40	1.128	1.147	0.872	7.3203	50.8	46.3	48.64
41	1.124	1.150	0.869	7.7208	53.4	48.9	51.20
42	1.121	1.154	0.867	8.1401	56.1	51.6	54.25
43	1.117	1.158	0.864	8.5788	58.9	54.5	57.56
44	1.114	1.161	0.861	9.0380	61.9	57.5	61.04
45	1.110	1.165	0.858	9.5181	65.0	60.7	64.80
46	1.107	1.169	0.856	10.0203	68.2	64.0	68.61
47	1.103	1.172	0.853	10.5450	71.5	67.5	72.66
48	1.100	1.176	0.850	11.0931	75.0	71.1	76.90
49	1.096	1.180	0.848	11.6657	78.6	75.0	81.45
50	1.093	1.183	0.845	12.2634	82.3	79.0	86.11
51	1.090	1.187	0.843	12.8872	86.3	83.2	91.30
52	1.086	1.191	0.840	13.5369	90.4	87.7	96.62
53	1.083	1.194	0.837	14.2171	94.6	92.3	102.29
54	1.080	1.198	0.835	14.9249	99.1	97.2	108.22
55	1.076	1.202	0.832	15.6626	103.6	102.3	114.43
56	1.073	1.205	0.830	16.4313	108.4	107.3	121.06
57	1.070	1.209	0.827	17.2322	113.3	113.2	127.98
58	1.067	1.213	0.625	18.0660	118.5	119.1	135.13
59	1.063	1.216	0.822	18.9340	123.8	125.2	142.88
60	1.060	1.220	0.820	19.8374	129.3	131.7	152.45
65	1.044	1.238	0.808	24.9242	160.6	168.9	203.50
70	1.029	1.257	0.796	31.0768	196.6	216.1	275.00
75	1.014	1.275	0.784	38.4661	239.9	276.0	381.00
80	1.000	1.293	0.773	47.2823	290.7	352.8	544.00
85	0.986	1.312	0.763	57.7346	350.0	452.1	824.00
90	0.973	1.330	0.752	70.0472	418.8	582.5	1395.00
95	0.959	1.348	0.742	84.4862	498.3	757.6	3110.00
100	0.947	1.367	0.732	101.325	589.5	1000.0	∞

附录 3 《环境空气质量标准》规定的各项污染物的浓度限值（摘自 GB 3095—2012）

污染物名称	取值时间	浓度限值		浓度单位
		一级标准	二级标准	
二氧化硫 SO_2	年平均	0.02	0.06	mg/m²（标准状态）
	日平均	0.05	0.15	
	1 小时平均	0.15	0.50	
总悬浮颗粒物 TSP	年平均	0.08	0.20	
	日平均	0.12	0.30	
可吸入颗粒物 PM_{10}	年平均	0.04	0.07	
	日平均	0.05	0.15	
$PM_{2.5}$	年平均	0.015	0.035	
	日平均	0.035	0.075	
二氧化氮 NO_2	年平均	0.04	0.04	
	日平均	0.08	0.08	
	1 小时平均	0.2	0.2	
一氧化碳 CO	日平均	4.00	4.00	
	1 小时平均	10.00	10.00	
臭氧 O_3	日最大 8 小时平均	0.10	0.16	
	1 小时平均	0.16	0.20	
铅 Pb	季平均	1.00		μg/m²（标准状态）
	年平均	0.50		
苯并[a]芘 B[a]P	日平均	0.0025		
	年平均	0.001		
氟化物(F) （参考）	1 小时平均	20[①]		
	日平均	7[①]		
氟化物(F) （参考）	年平均	1.8[②]	3.0[③]	μg/(dm²·d)
	植物生长季平均	1.2[②]	2.0[③]	

[①] 适用于城市地区。

[②] 适用于牧业区和以牧业为主的半农半牧区，蚕桑区。

[③] 适用于农业和林业区。

附录 4 排气柜工作口气速

生产工序		主要污染物	工作口气速/(m/s)
热处理	油槽淬火	油蒸气和分解产物	0.3
	盐槽淬火	盐雾	0.5
	熔铅(673K)	铅烟	1.5
	氰化(1073K)	氰化物	1.5
电镀	镀镉	氰氢酸蒸气	1～1.5
	镀铬	铬酸雾	1～1.5
	氰化物镀铜	氰氢酸蒸气	1～1.5
	镀铅	铅烟	1.5
	脱脂：汽油	汽油蒸气	0.3～0.5
	氯化烃	氯化烃蒸气	0.5～0.7
	电解	碱雾	0.3～0.5
	酸洗：硝酸	硝酸雾	0.7～1.0
	盐酸	盐酸雾	0.5～0.7

续表

生产工序		主要污染物	工作口气速/(m/s)
涂装	喷漆	漆雾、溶剂蒸气	1～1.5
	溶剂发发	苯、甲苯、二甲苯蒸气	0.5～0.7
		煤油、松节油蒸气	0.5
粉料使用	装料、筛分、混料	粉尘	1～1.5
	小件喷砂清理	硅酸盐尘	1～1.5
	小件金属喷涂	金属及其氧化物	1～1.5
焊接	小件电焊：优质焊条		0.5～0.7
	裸焊条	金属氧化物	0.5
	热焊：用铅或铅锡	金属氧化物	0.5～0.7
	用不含铅金属		0.3～0.5
用汞			
不加热		汞蒸气	0.7～1.0
加热		汞蒸气	1.0～1.25
有特殊污染物(如放射性物质)		气体、蒸气或粉尘	2～3
化学试验		气体或蒸气： 　容许浓度＞10mg/m³ 　容许浓度＜10mg/m³	0.5 0.7～1.0

附录 5　镀槽表面控制风速

镀槽种类	镀液中主要有害物	镀液温度/K	电流密度/(A/cm²)	控制风速/(m/s)
镀铬	H_2SO_4、CrO_3	328～331	20～35	0.5
电化学抛光	H_3PO_4、H_2SO_4、CrO_3	343～363	15～20	0.4
电化学腐蚀	H_2SO_4、KCN	288～298	8～10	0.4
氰化镀锌	ZnO、$NaCN$、$NaOH$	313～343	5～20	0.4
氰化镀铜	$CuCN$、$NaOH$、$NaCN$	328	2～4	0.4
阳极腐蚀	H_2SO_4	288～298	3～5	0.35
镀镉	$NaCN$、$NaOH$、Na_2SO_4	288～298	1.5～4	0.35
镀镍	$NiSO_4$、$NaCl$、$COH_6(SO_3Na)_2$	323	3～4	0.35
铝电抛光	Na_3PO_4		20～25	0.35
钢电化学氧化	$NaOH$	353～363	5～10	0.35
退铬	$NaOH$	室温	5～10	0.35
酸性镀铜	$CuCO_3$、H_2SO_4	288～298	1～2	0.3
电解钝化	Na_2CO_3、K_2CrO_4、H_2CO_3	293	1～6	0.3
铝阳极氧化	H_2SO_4	288～298	0.8～2.5	0.3
镀黑镍	$NiSO_4$、$(NH_4)_2SO_4$、$ZnSO_4$	288～298	0.2～0.3	0.25
热水槽	水蒸气	＞323		0.25

附录 6　各种粉尘的爆炸浓度下限

粉尘种类	爆炸浓度下限/(g/m³)	粉尘种类	爆炸浓度下限/(g/m³)
蒽	5.0	铝粉末	58.0
萘	2.5	沥青	15.0
樟脑	10.1	硬橡胶尘末	7.6
染料	270.0	木屑	65.0
硫黄	2.3	面粉	30.0
硫矿粉	13.9	甜菜糖	3.9
页岩粉	58.0	烟草末	68.0
泥炭粉	10.1	棉花	25.2
煤末	114.0	饲料粉末	7.6
谷仓尘末	227.0		

附录7　几种可燃气体或蒸气的特性

可燃物	在空气中的易燃极限浓度(体积分数)/%		自燃温度/K	发火点/K	燃烧热/(kJ/kg)
	低限	高限			
苯	1.4	8.0	853	284.3	40189
甲苯	1.2	7.0	825		40578
二甲苯	3.0	7.0		302～323	40863
甲醇	6.0	36.5	733	273～305	24162
乙醇	3.5	18.0	699	282～305	29178
丙酮	2.2	13.0		255	30936
乙酸乙酯			759		25586
汽油	1.3	6.0		233～303	
一氧化碳	12.5	74.0			10115

附录8　圆断面风管统一规格

外径/mm	钢板通风管		塑料风管		外径/mm	钢板除尘风管		钢板气密性风管	
	外径允许偏差/mm	壁厚/mm	外径允许偏差/mm	壁厚/mm		外径允许偏差/mm	壁厚/mm	外径允许偏差/mm	壁厚/mm
100					80				
					90				
					100				
120					110				
					120				
140		0.5		3.0	(130)				
					140				
160					(150)				
					160				
180					(170)				
					180				
200					(190)				
					200				
220	±1		±1		(210)	±1	1.5	±1	2.0
					220				
250					(240)				
					250				
280					(260)				
					280				
320		0.75		4.0	(300)				
					320				
360					(340)				
					360				
400					(380)				
					400				
450					(420)				
					450				

外径/mm	钢板通风管		塑料风管		外径/mm	钢板除尘风管		钢板气密性风管	
	外径允许偏差/mm	壁厚/mm	外径允许偏差/mm	壁厚/mm		外径允许偏差/mm	壁厚/mm	外径允许偏差/mm	壁厚/mm
500	±1	0.75	±1		(480) 500	±1	1.5	±1	2.0
560				4.0	(530) 560				
630					(600) 630				
700		1.0			(670) 700				
800			±1.5	5.0	(750) 800				3.0~4.0
900					(850) 900		2.0		
1000					(950) 1000				
1120					(1060) 1120				
1250					(1180) 1250				
1400		1.2~1.5		6.0	(1320) 1400				
1600					(1500) 1600				
1800					(1700) 1800		3.0		4.0~6.0
2000					(1900) 2000				

注：未加括弧的数值为优选系列。

附录 9　局部阻力系数

序号	名称	图形和断面	局部阻力系数 ζ（ζ 值以图内所示的速度计算）											
1	带有倒锥体的伞形风帽			h/D_0										
				0.1	0.2	0.3	0.4	0.5	0.6	0.7	0.8	0.9	1.0	∞
			进风	2.9	1.9	1.59	1.41	1.33	1.25	1.15	1.10	1.07	1.06	1.06
			排风	—	2.9	1.9	1.50	1.30	1.20	—	1.10	—	1.00	
2	伞形罩		$\alpha/(°)$	10		20		30		40	90		120	150
			圆形	0.14		0.07		0.04		0.05	0.11		0.20	0.30
			矩形	0.25		0.13		0.10		0.12	0.19		0.27	0.37

367

| 序号 | 名称 | 图形和断面 | 局部阻力系数 ζ（ζ 值以图内所示的速度计算） | | | | | |

序号 3　渐扩管

F_1/F_0	α				
	10	15	20	25	30
1.25	0.02	0.03	0.05	0.06	0.07
1.50	0.03	0.06	0.10	0.12	0.13
1.75	0.05	0.00	0.14	0.17	0.19
2.00	0.06	0.13	0.20	0.23	0.26
2.25	0.08	0.16	0.26	0.38	0.33
3.50	0.09	0.19	0.30	0.36	0.39

序号 4　渐缩管

当 $\alpha \leqslant 45°$ 时，$\zeta = 0.10$

序号 5　90°圆形弯头（及非 90°弯头）

$\alpha = 90°$

R/D	二中节二端节	三中节二端节	五中节二端节	八中节二端节
1.0	0.29	0.28	0.24	0.24
1.5	0.25	0.23	0.21	0.21

非 90°弯头的阻力系数修正值

$\zeta\alpha = C\alpha\,\zeta 90°$	α	60°	45°	30°
	$C\alpha$	0.8	0.6	0.4

序号 6　90°矩形弯头

$\alpha = 90°(R/b = 1.0)$

h/b	0.32	0.40	0.50	0.53	0.80	1.00	1.20	1.60	2.00	2.50	3.20
ζ	0.34	0.32	0.31	0.30	0.29	0.28	0.28	0.27	0.26	0.24	0.20

序号 7　圆形弯头

$\alpha/(°)$ \ R	D	$1.5D$	$2.0D$	$2.5D$	$3D$	$6D$	$10D$
7.5	0.028	0.021	0.018	0.016	0.014	0.010	0.008
15	0.058	0.044	0.037	0.033	0.029	0.021	0.016
30	0.11	0.081	0.069	0.061	0.054	0.038	0.030
60	0.18	0.41	0.12	0.10	0.091	0.064	0.051
90	0.23	0.18	0.15	0.13	0.12	0.083	0.066
120	0.27	0.20	0.17	0.15	0.13	0.10	0.076
150	0.30	0.22	0.19	0.17	0.15	0.11	0.084
180	0.33	0.25	0.21	0.18	0.16	0.12	0.092

$$\zeta = 0.008\,\frac{\alpha^{0.75}}{n^{0.6}}$$

式中 $n = \dfrac{R}{D}$

序号 8　合流三通

$F_1 + F_2 = F_3$　$\alpha = 30°$

局部阻力系数 ζ（ζ_1/ζ_2 值以图内所示速度 v_1/v_2 计算）

F_2/F_3	L_2/L_3											
	0	0.03	0.05	0.1	0.2	0.3	0.4	0.5	0.6	0.7	0.8	1.0
	ζ_2											
0.06	−1.13	−0.07	−0.30	+1.82	10.1	23.3	41.5	65.2	—	—	—	—
0.10	−1.22	−1.00	−0.76	+0.02	2.88	7.34	13.4	21.1	29.4	—	—	—
0.20	−1.50	−1.35	−1.22	−0.84	+0.05	+1.4	2.70	4.46	6.48	8.70	11.4	17.3
0.33	−2.00	−1.80	−1.70	−1.40	−0.72	−0.12	+0.52	1.20	1.89	2.56	3.30	4.80
0.50	−3.00	−2.80	−2.6	−2.24	−1.44	−0.91	−0.36	0.14	0.58	0.84	1.18	1.53
	ζ_1											
0.01	0	0.06	+0.04	−0.10	−0.81	−2.10	−4.07	−6.60	—	—	—	—
0.10	0.01	0.10	0.08	+0.04	−0.33	−1.05	−2.14	−5.60	5.40	—	—	—
0.20	0.06	0.10	0.13	0.16	+0.06	−0.24	−0.71	−1.40	−2.30	−3.34	−3.59	−8.64
0.33	0.42	0.45	0.48	0.51	0.52	+0.32	0.07	−0.32	−0.83	−1.47	−2.19	−4.00
0.50	1.40	1.40	1.40	1.36	1.26	1.09	+0.10	+0.50	+0.16	−0.52	−0.82	−2.07

续表

序号	名称	图形和断面	局部阻力系数 ζ(ζ值以图内所示的速度计算)							
9	合流三通(分支管)	v_1F_1 α v_3F_3 v_2F_2 $F_1+F_2>F_3$ $F_1=F_2$ $\alpha=30°$	$\dfrac{L_2}{L_3}$	F_1/F_2						
				0.1	0.2	0.3	0.4	0.6	0.8	1.0
				ζ_2						
			0	−1.00	−1.00	−1.00	−1.00	−1.00	−1.00	−1.00
			0.1	+0.21	−0.46	−0.57	−0.60	−0.62	−0.63	−0.63
			0.2	3.1	+0.37	−0.06	−0.20	−0.28	−0.30	−0.35
			0.3	7.6	1.5	+0.50	+0.20	+0.05	−0.08	−0.10
			0.4	13.50	2.95	1.15	0.59	0.26	+0.18	+0.16
			0.5	21.2	4.58	1.78	0.97	0.44	0.35	0.27
			0.6	30.4	6.42	2.60	1.37	0.64	0.46	0.31
			0.7	41.3	8.5	3.40	1.77	0.76	0.56	0.40
			0.8	63.8	11.5	4.22	2.14	0.85	0.53	0.45
			0.9	58.0	14.2	5.30	2.58	0.89	0.52	0.40
			1.0	83.7	17.3	6.33	2.92	0.89	0.39	0.27
10	合流三通(直管)	v_1F_1 α v_3F_3 v_2F_2 $F_1+F_2>F_3$ $F_1=F_2$ $\alpha=30°$	$\dfrac{L_2}{L_3}$	F_2/F_3						
				0.1	0.2	0.3	0.4	0.6	0.8	1.0
				ζ_1						
			0	0.00	0	0	0	0	0	0
			0.1	0.02	0.11	0.13	0.15	0.16	0.17	0.17
			0.2	−0.33	0.01	0.13	0.18	0.20	0.24	0.29
			0.3	−1.10	−0.25	−0.01	+0.10	0.22	0.30	0.35
			0.4	−2.15	−0.75	−0.30	−0.05	0.17	0.26	0.36
			0.5	−3.60	−1.43	−0.70	−0.35	0.00	0.21	0.32
			0.6	−5.40	−2.35	−1.25	−0.70	−0.20	+0.06	0.25
			0.7	−7.60	−3.40	−1.95	−1.2	−0.50	−0.15	+0.10
			0.8	−10.1	−4.61	−2.74	−1.82	−0.90	−0.43	−0.15
			0.9	−13.0	−6.03	−3.70	−2.55	−1.40	−0.80	−0.45
			1.0	−16.30	−7.70	−4.75	−3.35	−1.90	−1.17	−0.75

附录 10 常用风机的性能范围

型号	名称	机号(No.)	构造特点	全压范围/Pa	风量范围/(m³/h)	输送介质最高允许温度/K	功率范围/kW	主要用途
4-72-11	离心通风机	2.8~20	后向式机翼型叶片 10 片	196~3175	991~227500	353	1.1~210	一般厂房通风换气
Y4-73-11	锅炉离心引风机	8~20		363~3695	15900~326000		5.5~380	锅炉引风
G4-73-11	锅炉离心通风机			578~2636	15900~326000		10~550	锅炉通风
4-62-101	离心通风机	3~20	平板叶片 12 片	196~3920	600~185000	323	1~210	一般厂房通风换气
4-62-11	离心通风机	3~20	平板叶片 12 片	196~3528	510~185000	323	1.1~210	一般厂房通风换气
8-18-12	高压离心通风机	4~16	前向式叶片 12 片,叶轮最高圆周速度小于 120m/s	3381~16562	619~48800		1.5~410	高压通风,气力输送
9-27-12	高压离心通风机	4~14	前向式叶片 12 片,叶轮最高圆周速度小于 120m/s,叶轮宽度比 8-18-12 大	3626~12201	1485~83100		4~570	高压通风,气力输送

型号	名称	机号 （No.）	构造特点	全压 范围 /Pa	风量 范围 /(m³/h)	输送介质最 高允许温度 /K	功率 范围 /kW	主要用途
9-57-11	离心通 风机	3～16		196～ 2450	750～ 180000	323	0.6～245	一般厂房通 风换气
7-40-11	排尘离 心通风机	5～8	前向式叶片6片	49～ 2744	1300～ 20000		0.6～40	含尘量较大 的厂房排尘
6-46-11	排尘离 心通风机		前向式叶片6片	392～ 1960	600～ 50000		4.5～55	含尘量较大 的厂房排尘
B4-72-11	防爆离 心通风机	3～12	铝制	196～ 3175	991～ 227500	323 303（输送易 燃气体时）	1.1～210	防爆厂房排风
B4-62-11	防爆离 心通风机	2.8～12	铝制	196～ 3920	500～ 185000		1～210	防爆厂房排风
F4-62-11	防腐离 心通风机	3～12	不锈钢制	196～ 3920	500～ 185000		1～210	一般含腐蚀性 气体厂房排风
营塑-A式	塑料离 心通风机	3～7	塑料制	98～ 1568	576～ 11500	268～318	1～45	防腐蚀、防爆 厂房排风
4-62-1	塑料离 心通风机	3～8	塑料制	196～ 2264	510～ 23300	268～323	1.1～22	防腐蚀、防爆 厂房排风

参 考 文 献

[1] A·J·博尼科，L·西奥多．气态污染物工业控制设备．化学工业部化工设计公司译．北京：化学工业出版社，1982．

[2] 白良成．生活垃圾焚烧处理工程技术．北京：中国建筑工业出版社，2009．

[3] 岑可法，姚强，骆仲泱．燃烧理论与污染控制．北京：机械工业出版社，2004．

[4] 德利克·埃尔森著．烟雾警报·城市空气质量管理．日文等译．北京：科学出版社，1999．

[5] 郝吉明，马广大等．大气污染控制工程．北京：高等教育出版社，2012．

[6] 郝吉明，王书肖，陆永琪．燃煤二氧化硫污染控制技术手册．北京：化学工业出版社，2001．

[7] 郝吉明，傅立新，贺克斌等．城市机动车排放污染控制．北京：中国环境科学出版社，2001．

[8] 蒋文举．烟气脱硫脱硝技术手册．第 2 版．北京：化学工业出版社，2012．

[9] 蒋维楣．空气污染气象学．南京：南京大学出版社，2003．

[10] 季学李．大气污染控制工程．上海：同济大学出版社，1992．

[11] S．卡尔弗特，H．M．英格伦．大气污染控制技术手册．北京：海洋出版社，1989．

[12] 理查特·丹尼斯．气溶胶手册．梁鸿富，卢正永译．北京：原子能出版社，1988．

[13] 李宗恺等．空气污染气象学原理及应用．北京：气象出版社，1985．

[14] 保罗．A．巴伦，克劳斯·维勒克．气溶胶测量：原理、技术及应用．白志鹏，张灿等译．北京：化学工业出版社，2006．

[15] 马广大主编．大气污染控制工程．北京：中国环境科学出版社，2004．

[16] 祁君田，党小庆，张滨渭．现代烟气除尘技术．北京：化学工业出版社，2008．

[17] 羌宁．城市空气质量管理与控制．北京：科学出版社，2003．

[18] 裘元焘．基本有机化工过程及设备．北京：化学工业出版社，1981．

[19] 孙克勤，钟秦．火电厂烟气脱硫系统设计、建造及运行．北京：化学工业出版社，2005．

[20] 孙克勤，钟秦．火电厂烟气脱硝技术及工程应用．北京：化学工业出版社，2006．

[21] 孙一坚．简明通风设计手册．北京：中国建筑工业出版社，1997．

[22] 童志权．工业废气净化与利用．北京：化学工业出版社，2001．

[23] W·C·Hinds．气溶胶技术．孙聿峰译．哈尔滨：黑龙江科学技术出版社，1989．

[24] 吴忠标．大气污染控制工程．北京：科学出版社，2002．

[25] 徐志毅．环境保护技术和设备．上海：上海交通大学出版社，1999．

[26] 赵毅，李守信．有害气体控制工程．北京：化学工业出版社，2001．

[27] 张殿印，王纯．除尘工程设计手册．北京：化学工业出版社，2003．

[28] 朱天乐．室内空气污染控制．北京：化学工业出版社，2003．

[29] Anthony J. Buonicore，Wayne T. Davis. Air Pollution Engineering Manual. Van Nostrand Reinnold Press. New York，1992．

[30] Butterwick，L.，Harrison，R.，Merritt，Q. Handbook for Urban Air Improvement，1991. Commission of the European Communities，Brussels，1992．

[31] C. David Cooper，F. C. Alley. Air Pollution control a design approach. Waveland Press，2002．

[32] Daniel Vallero. Fundamentals of Air Pollution. Fifth Edition. Academic Press，2014．

[33] EMP/CORINAIR. Emission Inventory Guide book. 3rd Edition. European Environmental Agency，Copenhagen，2001．

[34] Godish，T.. Indoor Air Pollution Control. Lewis chelsea，MI，1990．

[35] Godish，T.. Air Quality. 3th. ed.. CRC Press，LCC Lewis Publisher，1997．

[36] Harold J Rafson. Odor and VOC control Handbook. McGraw-Hill，1998．

[37] Howrde Hesketh. Air Pollution Control：Traditional and Hazardous Pollutants. Technomic Publishing，1991．

[38] Igor Agranovski. Aerosols Science and Technology. Wiley-VCH，2010．

[39] John H. Seinfeld，Spyros N. Pandis. Atmospheric chemistry and physics：from air pollution to climate change. Wiley-Interscience，2006．

[40] J. S. Devinny，M. A. Deshusses，T. A. Webster. Biofiltration for air pollution control. Lewis，Boca raton，

FL，1999.

[41] Karl B. Schnelle，Charles A. Brown. Air Pollution Control Technology Handbook. CRC Press LLC，2002.

[42] Lawrence K. Wang，Norman C. Pereira，Yung-Tse Hung. Advanced Air and Noise Pollution Control. Humana Press，2005.

[43] Louis Theodore. Air pollution control equipment calculations. John Wiley & Sons，2008.

[44] Nicholas P. Handbook of Air Pollution Prevention and Control . Butterworth-Heinemann，2002.

[45] Noel de Nevers. Air Pollution Control Engineering. 2th ed. McGraw-Hill，2000.

[46] Manahan S E. Environmental Chemistry. 7th ed. Lewis publishers，2000.

[47] Mycock，John C. et al.. Handbook of Air Pollution Control Engineering and Technology. CRC Press Inc. ，1995.

[48] Paige Hunter，S. Ted Oyama. Control of Volatile Organic Compound Emission- Conventional and Emerging Technologies，a Wiley-Interscience Publication. John Wiley & Son Inc. ，2000.

[49] Robert A. Corbitt. Standard Handbook of Environmental Engineering. McGraw Hill，1990.

[50] Robert A. Zerbonia et al. Survey of Control Technologies for Low Concentration Organic Vapor Gas Streams，EPA-456/R-95-003，1995.

[51] Robert Jennings Heinsohn，John M. Cimbala. Indoor Air Quality Engineering. Marcel Dekker，Inc. ，2003.

[52] Roger D. Griffin. Principles of air quality management. Taylor & Francis Group，LLC，2007.

[53] R. J. Heinsohn，R. L. Kabel. Sources and Control of Air Pollution. Prentice Hall，NJ，1999.

[54] USEPA Compilation of air Pollutant emission factors，AP-42. Fifth edition，2001.

[55] http：//www. who. int/phe/health_topics/outdoorair/outdoorair_aqg/en/.

[56] Schifftner，Kenneth C. Air Pollution Control Equipment Selection Guide. 2nd Edition. Taylor & Francis，2013.

[57] http：\\www. epa. gov/ttn/oarpg.

[58] Wayne T. Davis. Air pollution Engineering Manual. 2rd Ed. Air & waste management association，Wiley-Interscience Publication ，John Wiley & Son Inc. ，2000.

[59] Yang R. T. Adsorbents：Fundamentals and Applications. Wiley-Interscience，2003.

[60] Zarook Shareefdeen，Brian Herner，Ajay Singh. Biotechnology for Odor and Air Pollution Control Springer Berlin Heidelberg，2005.

[61] http：//eippcb. jrc. ec. europa. eu/.